少年 励志经典

用你的一生去奋斗出
一个绝地反击的故事

会说话的人，
开口就赢了

廖晨＼本册编写
张芳＼主编

东北师范大学出版社
NORTHEAST NORMAL UNIVERSITY PRESS

长 春

青春寄语

　　一言之辩，重于九鼎之宝；三寸之舌，强于百万雄师。说话并不是件容易的事，而要把话讲好就更难了。一言可兴邦，一言也可抵三军，言论的力量是巨大的。

　　在我们的世界里，人与人之间交流思想、沟通感想，最直接、最方便的途径就是使用语言。我们通过语言来表达自己的意思，很多时候，我们在私底下可以口若悬河，一旦站在讲台上讲话时，就会出现面红耳赤、语无伦次的尴尬情况。有些人不敢开口说话，怕被人笑，若与陌生人在一起更是沉默寡言。很多性格内向的同学平日里沉默不语，不敢多讲话，一直生活在自己的小圈子里，这样容易脱离群体，不被大家接受。人是社会性动物，必然要生活在群体里，过于内向则得不到大家的肯定。

　　我们要克服不敢说话的缺点，要敢于说话，说就行了，不要顾虑太多。要有自信，每个人身上都有闪光点，要从心底肯定自己。敢说之后，还要说得好，这就需要口才的培养了。

　　口才课是一门实践课。如果只讲理论，而不让学习者去说话，则理论再好，也是空洞的，没有实际效果。其结果只能是珍珠深埋，宝剑藏匿匣中。好口才是讲出来的，说出来的，我们只有多说多讲，才能不断提高演讲水平和能力。

　　要学会与人沟通，平时主动地与人交流，多拉拉家常，也就是多散讲，这是练就好口才的捷径。说多了，也就顺了。不管什么场合，只要有机会说，就当仁不让，站起来，说出来。培养好口才不是一朝一夕的事，需要我们长时间努力。

　　总之，要开口，把自己想讲的话讲出来，不用在乎讲得好与不好。努力了，总有一天会有收获。

名人名言

思想充满庄严的人，言语就会充满崇高。

——朗加弩斯

演讲，不仅仅是一种职业，而且是一种事业，一种伟大的事业。演讲，

不仅仅是一种科学，而且是一种艺术，一种卓越的艺术。

——李燕杰

有口才能使你的雄辩滔滔，占尽上风。

——埃及谚语

如果你的舌头变成刀子，就会割破你的嘴唇。

——西方谚语

语言之美并不是耍贫嘴。

——老舍

不知道何时闭嘴的人就不知道何时开口。

——英国谚语

微笑是人类一种高尚的表情。

——胡世宗

独揽话题的人，既无礼，又无情。

——余光中

发生在成功人物身上的奇迹，至少有一半是由口才创造的。

——汤姆士

Contents 目录

第 一 章

口才的塑造

　　一副好的口才可以给我们的学习和生活带来极大的便利，让我们在学习和生活中游刃有余。三寸之舌，强于百万雄兵。昔日苏秦、张仪一言以倾国，一言以覆国，凭借三寸之舌撬动整个战国，不可说只凭口舌之争。一副好的口才，实乃我们不可多得的一笔巨大精神财富。要想有一副好的口才，先从口才的塑造开始，这是好口才的必备技能。

话有三说，巧说为妙

心灵导读

　　中国有句古话，话有三说，巧说为妙。意思是表达同一个意思，有很多种说法，最妙的就是巧说。什么是巧说？巧说是指在了解对方的基础上，用对方喜欢的语言去表达意思的方法。

　　生活中有些人说话很多时候本是好心，说出来后却激怒了别人，让大家很难堪。同样的一句话，表达方式不一样，会取得截然相反的效果。说话不能只求自己说得酣畅淋漓，更要看别人对你说话的反应，时刻察言观色才是王道。

说服对方，先去了解对方

　　1914年，章太炎被袁世凯幽禁在北京龙泉寺，他非常气愤，宣布绝食。

　　章太炎绝食，震动四方。第二天，他的几个著名的弟子钱玄同、马夷初、吴承仕等去看望他。从早到晚，弟子们劝他进食，章太炎躺在床上，两眼翻白，一味摇头。

　　这时，深知先生个性特点的吴承仕灵机一动，想起了三国故事，便说："先生比祢衡如何？"章太炎瞪了他一眼说："祢衡怎么能比我？"

　　吴承仕连忙道："刘表当年要杀祢衡，自己不愿背负杀士之名，就假借黄祖之手。现在，袁世凯比刘表高明多了，他不用劳驾黄祖这样的角色，叫先生自己杀自己！""什么话？"章太炎一听，一骨碌翻身跳下床来。弟子们一看情形，赶忙趁机拿出了荷包蛋等先生爱吃的食品，让他吃下去。

要说服对方，必须了解对方，吴承仕深知章太炎不畏强权，很容易以死明志，如果站在关心他的角度劝说他进食，是不起作用的。心病还需心药医，吴承仕深知章太炎刚正不阿，就拿同样刚正不阿的祢衡对比，祢衡被人借刀杀人，章太炎自称比祢衡强却自己想要绝食，岂不是恰恰遂了袁世凯的心愿，这是不明智的行为。两件事相比，高下立见，只有好好活着才是对敌人最大的反抗。吴承仕在深入了解章太炎的基础上，打蛇打七寸，不是劝他进食，而是以历史人物的事例做对比，聪明之人一说就透，肯定会明白这个道理。

纵观历史上的成功谏言，很多进言者不是直接表达自己的意思，而是自己先铺路，让对方顺着自己的思路，自己领悟出事情的道理，这样比自己直接说的效果好太多，每个人都深信自己想

出来的道理。相反，直接对别人进言，灌输自己的观点，对方会觉得自己被压迫，被强迫接受，心里自然而然地有反抗情绪。

巧说为妙

皇帝梦见自己所有的牙齿都掉了，醒来后，吓出了一身冷汗，觉得很奇怪。他立刻叫来一个解梦家，问他这个梦是不是暗含着什么意义或者预示着将来。

"唉，陛下，很不幸地告诉您，"解梦家说道，"每一颗掉落的牙齿，都代表着您的一个亲人的死亡！"

"什么？你这胡说八道的家伙。"皇帝愤怒地对着他大喊，"你竟敢对我说这种不吉利的话，给我滚出去！"他下令道："来人啊！打这个家伙五十大板。"

不久，另一个解梦家被传召来了，他细心地听完皇帝讲述的梦境，脸上露出一抹微笑，说道："陛下，我很荣幸能为您解梦，您真是洪福齐天！您将活得比所有的亲人都要长久！"

皇帝听后，立即眉开眼笑，他说："你的解梦之术实在高明啊！"然后，安排侍从盛情款待他，临走时还赏赐他五十个金币。

在一旁的侍从私下问这个解梦家："就我听来，你的解释和第一个解梦人不都是同样意思吗？恕我直言，我并不觉得你的解梦之术有什么高明之处！"那个聪明的解梦家狡黠地答道："你说得不错，不是我的解梦术高明，而是我说话的方式比别人稍稍高明了一些。话有很多种说法，问题就在于你如何去说！"然后，他高高兴兴捧着金币回去了。

同样的意思，只是换一种方式表达出来，说话人所得到的待遇竟然是如此不同，可见说话艺术的重要性。

　　话有三说，巧说为妙，如何巧妙地准确表达真正的意思，而不违己心，不得罪对方，这需要用一颗慧心去慢慢体会。

　　所谓巧说，就是站在对方的立场上，充分考虑对方的感受后再去组织语言。这样自己不但说得委婉，而且表达了自己的真实意图，更重要的是不让对方难堪。

　　因此，我们在每次说话前，特别是说很敏感的话时，语言应先经过自己的脑子过滤一下，预想一下别人可以接受的范围，站在对方的立场去想问题。

编 者 寄 语

　　我们平时在说话时，同样的意思必然有多种说法：遇到熟人时，尽量在了解他们的基础上，用他们平时的喜好厌恶做话题的引子，然后晓以利害，阐明自己的意图；遇到陌生人时，尽量照顾到别人的感受，照顾到别人的喜好厌恶，不违己心，不得罪对方，双方都有台阶下。这就是说话艺术的至高境界。

口才与口德

心 灵 导 读

有了一副好口才，有的人不是恃宠而骄就是口无遮拦，好口才用在正途可以帮助自己建功立业，要是作为一个卖弄自己的手段，有口才无口德，便会人人厌恶。正所谓：成也萧何，败也萧何。

古人云：木秀于林，风必摧之；堆出于岸，流必湍之；行高于人，众必非之。一个人有了好的辩才，如果逢人就卖弄，不知收敛，必然会招致忌恨，灾难必然降临自己的头上。有口才无口德的人是人人喊打的靶子，不能不让人警醒。

成于口才，亡于口德

祢衡是三国时期的名士，他的记忆力特别好，"目所一见，辄诵于口；耳所瞥闻，不忘于心"。尤其是其出色的口才，给人留下了深刻的印象。

经孔融推荐，他被曹操召见。施了礼，曹操却不赐座。祢衡便不高兴了，故意仰天长叹："天地虽大，却没什么能人！"曹操问："我的手下都是当今的英雄，怎能说没人？"祢衡哈哈大笑，当众卖弄口才，将曹操麾下的文臣武将一个个贬得一文不值。曹操这时正在招揽人才，虽然心中不舒服，但也没跟他计较，还封了他一个鼓吏的小官，打发他走了。

祢衡并不满意，他认为自己有如此才华，不甘心做一个鼓吏，因此决定伺机报复。

过了几天，曹操在厅堂大宴宾客，命令鼓吏击鼓助兴。祢衡穿着一身旧衣服进来。出于礼貌，将士叫他更衣，祢衡竟当着所有客人的面，把衣服脱下来，全身赤裸，让来客十分尴尬。曹操斥他无耻，他又开始卖弄起来："我暴露的是清白的身体，有何羞耻？"曹操问他："你标榜清白，那谁是污浊的？"祢衡随即击鼓骂道："汝不识贤愚，是眼浊也；不读诗书，是口浊也；不纳忠言，是耳浊也；不通古今，是身浊也；不容诸侯，是腹浊也；常怀篡逆，是心浊也！"

这一番羞辱，即使是一个普通人也会受不了，更何况是"挟天子以令诸侯"的曹操。老实说，此时的曹操已经动了杀机，但因为顾忌祢衡的名气，不愿意背上"容不得人才"的坏名声，便使了一个计谋将他送给刘表。

后来，祢衡被辗转送给江夏太守黄祖。刚开始，祢衡的文采和才华深得黄祖赏识，可是，祢衡仍然改不了"嘴臭"的毛病，越发恃宠而骄。有一次，黄祖在战船上设宴，喝到高兴处，他问祢衡："我在你心目中如何？"祢衡嗤之以鼻："你就像庙中的神，虽然受到祭祀，但是并不灵验！"黄祖可没有曹操那么深的城府，他勃然大怒，下令将祢衡斩首。祢衡死时才26岁，很多人都为他惋惜。

祢衡的口才好是不容置疑的，但他不分场合、不分对象地卖弄，不给对方一点面子。中国人的哲学是做事、说话要留有余地，即使自己有理，还"得饶人处且饶人"呢！像祢衡这样一介书生，生活在那个杀人如儿戏的年代，不懂得积点"口德"，反而出言不逊，狂妄无礼，所以他的死是注定了的。因此，无论是在生活中，还是在职场上，有"口才"还要有"口德"，才能见容于人，走得更远。如果把特长作为卖弄甚至炫耀的资本，离倒霉也就不远了。

口才救自己于危难

战国时期，赵国有一个人叫武灵，大家都传他有一块无与伦比的美玉，国君知道后，就派人到他那里去取。

武灵哭笑不得地说：“这都是谣言，我根本就没有美玉。”事实上他确实没有。

国君求玉心切，根本不相信，让士兵去抓武灵，想通过严刑拷打让他说出美玉在哪里。武灵提前知道消息，赶紧逃跑了，国君就在全国张贴武灵的画像，命令地方官员抓捕武灵。

武灵知道赵国不能待了，想逃往秦国，不料在边境被守将抓住。守将非常高兴，认为邀功的机会到了，就把武灵捆绑起来，要交给国君。

这时，武灵不慌不忙地说：“将军，如果你把我送给国君，你的死期就到了。”

守将根本不信，说：“是你的死期到了吧，我抓到你会有很多赏赐，怎么会死呢？”

武灵笑道：“将军如果把我送给国君，我就说把美玉交给你了，你拿不出美玉，国君会放过你吗？”

守将气呼呼地说：“你敢诬陷我！我什么时候拿你的美玉了？我现在就杀了你，把你的脑袋献给国君。”

武灵平静地说：“你要是真那么做，会死得更惨，因为你是最后接触我的人，国君一定会怀疑是你私吞了美玉，你的后果可想而知。”

守将闻言大惊失色，只好偷偷把武灵送到了秦国，好像武灵从没有来过一样。

　　武灵用自己的辩才保住了自己的性命，对守将分析利弊，然后晓以利害，守将不得不放过自己。好的口才把握适当可以拯救自己，把握不好就会给自己造成麻烦，或者让别人给自己穿小鞋。因此，有了一副好口才，要知道收敛自己，不能有口才无口德，招人忌恨，引来祸患。

编 者 寄 语

　　历史上有很多人恃才傲物，到头来招致祸患。我们在练就好口才的同时，为人处世更加要谨小慎微，有口才更加要有口德，如此才能有和谐的人际关系，才能立于不败之地。

倾听，说话的起点

　　文学泰斗莎士比亚曾经说过：多听，少说，接受每一个人的责难，但是保留你的最后裁决。倾听可以使对方受到肯定与鼓舞，从而迅速拉近双方的距离。因为不管是什么人，我们如果学会倾听，都能够让他们感到自己被尊重。我们每个人的天性中，总是期待着自己关注的问题能够引起他人的兴趣，而恰巧这时候有人愿意听你谈论自己关注的事情，那么你自然就会有一种被别人重视的感觉。

　　倾听是说话的前提，一个不会听别人讲话的人，自己说的话也必然让别人感到厌烦。倾听在于用心去领悟别人的感受和想法，与对方意见相左时，不要轻易反驳，而是要先听对方说完理由，看看是不是真的很有道理，自己冷静分析之后，再发表自己的观点。

倾听是对别人的尊重

　　有一天，戴尔·卡耐基去纽约参加一场重要的晚宴，在这场晚宴上，他碰到了一位世界知名的植物学家。戴尔·卡耐基从始至终都没有与植物学家说上几句话，只是全神贯注地听着，听这位知名的植物学家介绍有关外来植物和交配新品种的许多实验。

　　等到晚宴结束以后，这位植物学家向主人极力称赞戴尔·卡耐基，说他是这场晚宴中"能鼓舞人"的一个人，更是一个"有趣的谈话高手"。其实戴尔·卡耐基几乎没怎么说话，只是让自己细心聆听，最后却博得了这位知名植物学家的好感。

从只是全神贯注地倾听到有趣的谈话高手，戴尔·卡耐基一个字没有说却成了谈话高手，这就是倾听的魅力。仔细而认真地倾听，在听的过程中看着对方的眼睛且频频点头示意，这既给了别人说下去的勇气和信心，又给了别人尊重，自己也会获得别人的好感。在别人滔滔不绝的同时，你在全神贯注地倾听，这是说话最完美的搭配。

生活中我们往往在自己不懂的领域向别人请教时会仔细倾听，可是在自己的意见和别人相左时，由于急于表达自己的想法而不断地打断别人的话，这是对别人特别不尊重的行为。我们不能为了表达自己的意见去剥夺别人说话的权利，每个人都有说话

且说完的权利。

倾听让你快速提升自己

有人说，上帝创造人的时候，为什么只有一张嘴，却有两个耳朵呢？那是为了让我们少说多听。

在美国，曾有科学家对同一批受过训练的保险推销员进行过研究。因为这批推销员虽然受过同样的培训，业绩却差异很大。科学家取其中业绩最好的10%和最差的10%做对照，研究他们每次推销时自己开口讲多长时间的话。

研究结果很有意思：业绩最差的那一部分，每次推销时说的话累计为三十分钟；业绩最好的10%，每次累计只有十二分钟。

大家想，为什么只说十二分钟的推销员业绩反而高呢？

很显然，他说得少，自然听得多。听得多，对顾客的各种情况、疑惑、内心想法自然了解得多，他也就会采取相应措施去解决问题，结果业绩自然优秀。

与其滔滔不绝向别人拼命灌输自己的想法，不如少说一点话，在生活中多多倾听，听听别人的社会经验，听听别人的解决问题的方法，然后有针对性地说别人想听的解决方案，话虽然少，可是句句说到对方心坎里，说的正是对方想听的。

善于倾听，意味着要有足够的耐心去使自己对别人感兴趣。如果你认为生活像演戏，自己就站在舞台上，而别人只是观众，自己正发挥得淋漓尽致，而别人也都注视着自己。如果你有这种习惯，那你会变得自高自大，以自我为中心，也永远学不会聆听，永远无法了解别人！你或许很有才能，可你最终会成为一个强势的人，盲目自大，永远觉得自己才是强者，别人只是一群小学生，久而久之，你会越来越不受大家的欢迎，没人会去喜欢一个眼中只有自己的人。

倾听是对别人的一种尊重，会赢得别人对你的好感；在听对方说话的过程中，你学到了经验，少走了弯路，增长了知识，增强了技能，如此一来，你再去说话，话可以少，但是句句有理有据，有条有理，每次发言都能切中要害，找到问题的关键点，正所谓打蛇打七寸，这样你不仅受到别人的尊重，更能赢得大家的喝彩。

编 者 寄 语

　　戴尔·卡耐基曾经说过："专心地听别人讲话，就是我们所能给予别人的大赞美。"倾听是说话的最基本的艺术，是蹒跚学步的起点，这一步走好了，以后就会走得器宇轩昂、虎虎生风。学会了听，说起话来就头头是道，有理有据，自己思路清晰，博学多才，给自己以知识的沉淀，给别人以沉稳有为的好印象。

自己编织的枷锁

心灵导读

相信很多人说过谎言，并且饱尝谎言的苦果，没有人在生活中会做到滴水不漏，毫无破绽，总有一天这个谎言会被揭穿。就像一句日本谚语所说的：泥人经不起雨打，谎言经不起调查。

我们为什么会说谎？是因为害怕事实被无情地揭露。我们不想去承担责任，选择了逃避，所以我们编织了一个谎言去掩盖事实的真相，但是这个谎言就像滚雪球似的越滚越大，之后一发不可收拾，说了一句谎言，却用千万句谎言去证实最初那句谎言的合理性。于是，我们无形中给自己编织了一个牢牢的枷锁，直至诺言被揭穿。

谎言的背后是逃避责任

法律老师有个癖好，喜欢提问，提问之前必高声重复一遍问题。有一次正在上课，发现二毛在睡觉，他突然提高声音开始提问，所有同学都恐惧地盯着老师，唯恐被喊到。

"25号！"老师点道。

一片沉默(二毛正在发呆)。

"25号——二毛！来了没有？"老师重复道。

整个教室的人都看着二毛。

"没有！"二毛大叫。

全班人愣了！不过很快开始佩服二毛的勇气。

"怎么没来？"老师又问。

"他病了！"二毛无奈，只得撒谎，全班一阵哄堂大笑。

"你是他宿舍的吗？"

"是的。"面对老师的盘问，二毛脸都绿了。"太不像话了，回去让他下午到办公室来找我！"

"啊！"二毛头皮都开始发麻了，心想：下午谁替我去挨骂呢？就三强吧，唉，又得请那小子吃饭了。二毛正为逃过一个问题而庆幸，老师又补充道："那个问题你替他回答吧。"

"哦！"二毛极不情愿地站了起来，郁闷之情可想而知，教室里已经有人笑痛肚子。

"老师，能不能重复一下您的问题？"

"这个问题我已经重复三遍了，你怎么上课的？"

"不好意思，我没听清！"二毛额头上已经有汗珠了。

"那好，我重复一遍……"

"报告老师，这个问题我不会答。"二毛想反正是一死，何必死得那么窝囊呢，于是理直气壮起来。

"那好，下午两点钟和二毛一起到办公室来！"

所有同学笑得前仰后合，从此，法律课再无一人敢说某某没来。

有时候，人们为了应付眼前的尴尬而随口撒一个谎，却没料到，为了圆这一个谎言，要接着撒上一连串的谎，最终漏洞百出，谎言不攻自破，徒然贻人笑柄。切记，宁愿尴尬一时，也不可信口撒谎。

为了编织一个美丽的谎言，自己不得已说出一句又一句的谎言来弥补自己的漏洞，说得越多，漏洞也越多，最后谎言架不住别人轻易地推理，不攻自破。生活中我们总是存在侥幸心理，用谎言来逃避自己的责任，不想或者不愿意去履行自己的义务，也没有勇气去承担自己的责任，最后决定用谎言来弥补自己的不足，结果只能是作茧自缚。

谎言的背后是人性的贪念

就像一部影片《驴得水》讲的那样，老师们开始虚构了一个"驴得水"老师来骗取经费，后来特派员来检查，却引出了一个又一个谎言，张一曼用美人计诱使目不识丁的铜匠来假扮驴得水老师，蒙混过关后，送走了特派员。

谁料这件事被铜匠媳妇知道了，于是前来找张一曼算账，一顿争吵后，铜匠突然跑了过来。原来铜匠爱上了张一曼，不想跟原来的媳妇一块儿过了。张一曼于是说出实情，是为了让他帮忙才会跟他在一起，就算铜匠换成一个瓦匠、木匠，张一曼都会跟他在一起，并骂铜匠在自己眼中就是牲口。铜匠大失所望，觉得自己被利用了，自己的尊严遭到了践踏，于是一气之下一走了之。

特派员在铜匠走后再次来到学校，正当学校想要向特派员坦白的时候，铜匠突然又来了。铜匠答应特派员会帮他得到外国教育专家的捐助款，但是他向特派员提出要求，要处罚张一曼，剪掉张一曼最珍惜的头发。在校长的剪刀下，张一曼的头发越来越短。当张一曼看到镜子里自己的样子时，突然就疯了。喜欢张一曼的男老师准备发起反抗，但是被特派员的手枪吓得魂飞魄散，屈服于强权之下，开始沦为狗腿子……

影片开始的一句"做大事者不拘小节"看似特别有道理，却在一个又一个的谎言下各个主人公都暴露了人性的阴暗面，本就是一个特别小的谎言，可是大家为了圆谎，说了一个又一个谎言，贪念越来越多，每个人做出的牺牲越来越大，最后使得学校分崩离析。自己亲手编织的枷锁，最后把每个人都逼上了绝路，把每个人生生绞杀，这就是谎言的可怕之处。

其实谎言并不可怕，可怕的是谎言背后的人性贪念。如果没有这种最初的贪念——教育经费，就不会有后来的一系列谎言，贪念越来越多，以至于最终悲剧发生。人们都为了自己心中的那一点私心，开始慢慢背离自己的道德观念，一步步走入罪恶的深渊，最后无法自拔，难道起因不就是最初的那一句"有一个驴得水老师"吗？

编 者 寄 语

　　无意间的一句谎话，最后不得不用千万句谎言来弥补缺漏，可是补得越多缺漏同样越多，把自己戴上了沉重的枷锁。谎言，就是自己亲手打开了地狱之门，里面全是人性的贪念，一发不可收拾。所以，这道门千万不能开启。

自信，口才的加油站

心灵导读

　　什么是口才？自信就是最好的口才。自信是源自于自己内心的一种自我感觉，无论现实的自己好与坏，都仍然对自己发自内心的一种肯定，一种良好的自我感知。有了自信我们才会敢于自我表达，只要敢于表达，何愁没有你的舞台。

　　自信就是最好的口才。只要你敢于表达，就能说出你的精彩！自信就是口才的加油站。

　　格林是一个孤独的孩子，他没有朋友，每天独来独往，不跟任何人说话。格林的父母听老师说他在学校很孤单，上课也从来不回答问题，从来不跟同学交流，成绩一直上不去。父母很为格林担忧，不知道这孩子是怎么了。于是，父母把格林送到医院去检查，检查的结果是格林没有任何疾病。父母束手无策，更加忧心，这可怎么办啊？

　　孤独的格林不但没有朋友，在学校里还经常受到同学们的欺负，大家都说他是聋哑人。每当格林听到同学们说他是"聋哑人"，他就会跳起来，冲同学吼道："你才是聋哑人呢！"同学们听了就会嘻嘻哈哈笑起来，说："原来你不是聋哑人啊！"格林很生气，可也无可奈何。他不敢动手，一旦动起手来，同学们一哄而上，非把他打倒在地不可。

　　父母看到一脸阴郁的格林，知道他又被同学欺负了，就更为他担心，长此以往，格林只怕会走向极端。这天晚上，父亲对格林说："我知道，其实你有很多心里话，可是你不敢表达出来，这样吧，你回你的屋子，把门关上，你对着墙壁说，没有人会听到你说什么！"格林真的进了自己的屋子关上门，然后对着墙壁说了起来。

格林说了一句又一句，一下子就说了几十句，把他的许多心里话都说了出来。从此之后，每天晚上格林都会关上房门，在自己的屋子里对着墙壁说上几十句话。格林越说越流利，越说越有精神，越说越觉得自己有说不完的话。因为说了许多心里话，所以格林非常轻松，心情非常好。

父亲发现格林比以前精神了，也快乐了，便对他说："你既然跟一堵墙壁都有说不完的话，那么面对鲜活的人，你应该有更多的话要说。以后，你就多跟我们交流吧。"格林听了点了点头。

每天，格林都会跟父母说上很多话。格林从父母那儿得到了不少信息，还跟父母增进了感情，他发现说话原来是那样快乐。于是，他开始跟班里的同学们说话了。格林的话匣子一打开，就跟同学聊得十分开心。同学们都暗暗吃惊，他们没想到格林有这么多话，还能说得很有水平，大家都不再叫他"聋哑人"，纷纷跟他交朋友。只要格林一说话，大家就会围上去跟他聊起来。格林从中得到了不少乐趣，每天他的脸上都洋溢着灿烂的笑容。

格林成为班里乃至学校最受欢迎的人，不管是班里还是学校举办活动，格林都会成为小主持人。只要格林在台上，就能调动气氛，就能让人感到兴奋，感到快乐。

许多年后，能说会道的格林成为英国一家电视台的节目主持人，他还有另外两个身份：演讲家和谈判专家。在一些大型晚会上，人们经常看到他的身影。由他主持的节目，收视率很高。格林成为英国最受欢迎的主持人。

有一天，格林在演播室里接受采访，主持人提到他小时候的故事，问他从一个"聋哑人"变成一个"话匣子"，这里面有什么秘密。格林笑着讲了父亲让他对着墙壁说话的故事，他说："以前我之所以是一个'哑巴'，是因为我非常害羞。自从我对着墙壁说话后，我找到了自信，于是才敢于说话，敢于交流。其实，自信就是最好的口才。只要你敢于表达，你就能说出你的精彩！"

格林从一个从不轻易说话甚至有些自卑的孩子，到后来成长为一名主持人和演讲家，是父亲让他找到了自己的自信，而自信就是最好的口才。只要找到了自信，我们就会自然而然地向大家表现自己，渴望得到大家的肯定，不会再害羞，表达次数多了，就会成就自己的好口才。所以说，自信是口才的加油站。

编 者 寄 语

　　自信，不仅是成就好口才的必要因素，而且是做人的必备素质。自信在人际关系中发挥着举足轻重的作用，自信不仅对自己的身心健康非常有利，而且会为自己赢得别人的青睐，领导、朋友和异性都喜欢自信的人，喜欢和他们打交道，因为他们身上散发着一种安全感，让他们魅力大增。

第 二 章

幽默的妙用

幽默，一个耀眼的字眼，多少人却忽略了这个技能，生活中多了平淡无奇，少了些许欢乐。一个严肃认真的人总是不如一个幽默的人受人欢迎，幽默不仅给自己也给他人带来欢乐。一个幽默的人肯定是一个乐天派，会受到周围人的热烈欢迎。现在，就给大家带来幽默的妙方，让我们开启幽默的大门，走进幽默的世界。

被搁浅的幽默

心 灵 导 读

　　钱锺书说过，一个真有幽默的人别有会心，欣然独笑，冷然微笑，为沉闷的人生透一口气。这句话饱含哲理，一个人真的有幽默感会使他人感受到莫大的舒适感。可是生活中，人们的幽默似乎被搁浅了，很少有人会幽默，这是说话艺术的悲凉。

　　林语堂说："我很怀疑世人是否曾体验过幽默的重要性，或幽默对于改变我们整个文化生活的可能性——幽默在政治上，在学术上，在生活上的地位。它的机能与其说是物质上的，还不如说是化学上的。它改变了我们的思想和经验的根本组织。我们须默认它在民族生活上的重要。"这段话真切地表达了幽默对于我们生活的重要性，幽默是政治的润滑剂，是学术的面纱，是生活的开心果。

幽默让政治锦上添花

　　第二次世界大战期间，英国首相丘吉尔来到华盛顿会见当时的美国总统罗斯福，要求美国与他们共同抗击德国法西斯，并给予英国物资援助。丘吉尔受到热情接待，被安排在白宫居住。一天早晨，丘吉尔正躺在浴缸里，抽着他那特大号的雪茄烟，门开了，进来的正是罗斯福。

　　丘吉尔大腹便便，肚皮露出水面……这两个首脑人物此刻相见，不免有些尴尬。此刻丘吉尔灵机一动，把烟头一扔，说：

"总统先生，我这个英国首相在您面前，可真是开诚布公，一点儿隐瞒也没有啊。"说完，两个人哈哈大笑起来。随后，双方的会谈非常成功。

幽默能使人发笑，这是启人心智的笑，是智慧的闪现。我们不难看出故事中丘吉尔那句"一点儿隐瞒也没有"是一语双关，不仅缓解了当时个人和国家的窘境，而且含有坦诚求助、彼此信任的含义。有智慧的人不一定幽默，幽默的人一定是有智慧的。

通常一句妙语能胜千言万语，不仅可以给别人带去欢乐，更让别人觉得你有趣，所以说幽默在人际关系中起着润滑剂的重要作用。会幽默也是一个人自信的表现，自信的人会让别人更欣赏。

幽默是生活中的小情调

美国著名演说家罗伯特，头秃得很厉害，在他头顶上很难找到几根头发，他过60岁生日那天，有许多朋友来给他庆贺生日，妻子悄悄地劝他戴顶帽子，罗伯特却大声说："我的夫人劝我今天戴顶帽子，可是你们不知光着头有多好，我是第一

个知道下雨的人！"

人的一生，谁都难免会有失误，身上都难免会有缺点，都难免会遇上尴尬的处境，有的人喜欢遮遮掩掩，有的人喜欢辩解。其实越是遮遮掩掩，心理越是失衡，而辩解只会越辩越糟，越描越黑，这是不自信的表现。

我们不会也不可能成为十全十美的人，就算圣贤也做不到，面对自己的不足，面对别人的挖苦，能够不加掩饰地正视自己的问题，运用幽默甚至自嘲的方式缓解尴尬，这不失为一种睿智的表现，既然现实无法改变，那就坦然接受。

幽默是夫妻关系长久的保障

一对夫妻因为一点儿生活琐事吵了半天，最后丈夫低头喝闷酒，不再搭理妻子。吵过之后，妻子先想通了，便想和丈夫和好，但又感到没有台阶可下，于是她便灵机一动，炒了一盘菜端给丈夫，说："吃吧，吃饱了我们接着吵。"一句话把正在生闷气的丈夫给逗乐了，见丈夫真心地笑了，她自己也乐了。

就这样，一场矛盾在笑声中化解。

雪莱说："笑实在是仁爱的表现，快乐的源泉，亲近别人的桥梁。"笑是快乐的象征，是快乐的源泉。

很多时候一句充满智慧的幽默话语，会让尴尬瞬间化解，尤其是在与别人有了矛盾时，等到你有所悔悟后，一句幽默的话语能瞬间化解所有尴尬，让自己下台，也让别人开心，正所谓一笑泯恩仇。

生活和工作中的很多小矛盾通常令我们不快，而这些小矛盾越积越多时，将会导致不可收拾的结局。但是，如果我们及时把这些小矛盾通过幽默的方式解决掉，这个雪球就不会滚起来，我们的生活和工作都会变得和谐。

　　可是我们通常把我们的幽默感给搁浅了，放到了无人问津的地方，遇到问题不会运用幽默的方式，不是赔礼就是抱怨，如果我们说话时运用幽默的方式，相信会取得很不一样的效果。

编 者 寄 语

　　幽默不等同于开玩笑，开玩笑只是一种娱乐，而幽默是一种智慧，是更高级的为人处世方式。幽默不仅可以缓解人际关系的尴尬，提高自己的修养，还可以解决生活中的难题，更重要的是让自己培养一种乐观的生活态度，放松自己的身心，既让自己身心健康，又让自己以乐观的精神对待生活中的种种挫折，可谓一举多得。

给自己加分的幽默

心 灵 导 读

我很怀疑世人是否曾体验过幽默的重要性，或幽默对于改变我们整个文化生活的可能性——幽默在政治上，在学术上，在生活上的地位。它的机能与其说是物质上的，还不如说是化学上的。它改变了我们的思想和经验的根本组织。我们须默认它在民族生活上的重要。

——林语堂

梁实秋先生学贯中西，在散文、文学批评、翻译等领域举重若轻、游刃有余。无论在作品中，还是生活中，处处彰显一代大师的幽默和谦逊。

当谈到孩子时，他劈头就说："我一向不信孩子是未来世界的主人翁。"你正惊讶，他又补一句："因为我亲见孩子到处在做现在的主人翁。"两句话，把孩子称王的现象全形容了。谈到节俭，他则说："晚上开了灯，怕费电，关了灯，又怕费开关。"

幽默的最高境界是拿自己开玩笑，既要有谦逊的品格，又要有充分的自信。

翻译莎翁全集

梁实秋先生毕生致力于研究莎士比亚，遂成为这方面的权威。他原计划用20年时间把《莎士比亚全集》译成中文，结果却用了30年的时间。他在庆功会上发表演讲时说道："要翻译

《莎士比亚全集》必须具备三个条件。"大家洗耳恭听，他停了一下，又说："第一，他必须没有学问。如有学问，他就去做研究、考证的工作了。第二，他必须不是天才。如是天才，他就去做写小说、诗和戏剧等创意工作了。第三，他必须能活得相当久，否则就无法译完。很侥幸，这三个条件我都具备，所以我才完成了这部巨著的翻译工作。"幽默的话语赢得笑声、掌声一片。

他们请我吃夜宵，我就请他们吃早点

梁先生跟韩菁清结婚之后，两个人的生活习惯完全不同。二人分房睡，梁实秋每天清晨4点起床，5点写作，晚上8点就睡了。韩菁清恰恰相反，不过中午不起，夜里总要到两三点才睡。"这样也好。"梁实秋说，"她早上不起，正好我可以安静、专心写作。我晚上睡得早，正好她得到自由，可以跟她那群夜猫子朋友去吃夜宵。""如果她的朋友要请您一块儿去吃夜宵，怎么办？"有一天，朋友开玩笑地问他。"那简单！"梁实秋一笑，"他们请我吃夜宵，我就请他们吃早点。"

缓解不满情绪

梁实秋在台湾师范学院任教期间，当时的校长刘真常请名人到校讲演。有一次，主讲人因故迟到，在座的师生都等得很不耐烦。于是，刘真便请梁实秋上台给同学们讲几句话。梁实秋本不愿充当这类角色，但无奈校长有令，只好以一副无奈的表情，慢吞吞地说："过去演京戏，往往在正戏上演之前，找一个二三流的角色，上台来跳跳加官，以便让后台的主角有充分的时间准备。我现在就是奉命出来跳加官的。"话不寻常，引起全场哄堂大笑，驱散了师生们的不快。

为人洒脱的梁实秋用调侃的语气化解了尴尬，妙语连珠，妙趣横生，这不仅消除了他由于伤及面子而带来的紧张气氛，而且尽显自己的诙谐、幽默，增加了自己的人格魅力！

做一个受人欢迎的普通人，应该有点幽默感。一脸正经、语言乏味，虽然比面目可憎要好一些，但对普通人来说，大家还是会敬而远之的。

生活中，我们常常遇到上级、同事或者陌生人的排挤、打压乃至围攻。很多时候，我们不是以暴制暴，就是逃之夭夭，其结果不是被打得遍体鳞伤，就是甘居人后，一蹶不振。其实，完全有第三条路可走，那就是见招拆招，借力发力，以柔克刚，运用自己的幽默，这是一把没有硝烟的利器，这样自己将毫发无损，既维持住自己的立场和态度，还可以让对方知难而退，给对方以有效回击，让对方打心底里钦佩自己，有时候还能化敌为友，为赢得最后的成功增加更多筹码。

编者寄语

你不能老是板着面孔与人相处。幽默感是很重要的，它会使你的工作变得更为容易，同时会给你的生活带来阳光。再有学问有涵养的人，如果老是一副冷面孔，哪怕你是彬彬有礼的，别人也会对你敬而远之。幽默是最容易拉近人与人之间距离的说话艺术。

妙用幽默

心 灵 导 读

　　幽默是一切智慧的光芒，照耀在古今哲人的灵性中间。凡有幽默的素养者，都是聪敏颖悟的。他们会用幽默手腕解决一切困难问题，而把每一种事态安排得从容不迫，恰到好处。

——钱仁康

　　一个幽默的人总是会给别人留下深刻的印象，一个充满智慧的人可以不必是幽默的人，一个幽默的人必然是一个充满智慧的人。幽默，拉近你我的距离，让大家在欢乐的氛围中畅谈。

　　教育和文学大师给人的印象都是口齿伶俐，言语风趣幽默，他们到底是如何演讲的呢？

妙用"闭口音"

　　中国著名语言文字学家、教育家钱玄同，1934年在北京师范大学中文系讲传统音韵学，讲到"开口音"与"闭口音"的区别时，他举了一个例子：北京有一位京韵大鼓女艺人，因一次事故掉了两颗门牙。一天，她应邀赴宴，但尽量避免开口，万不得已，她一概用"闭口音"答话，避免用"开口音"，这样就可以遮丑了。有人问她："贵姓？""姓胡。""多大岁数？""十五。""家住哪里？""保安府。""干什么工作？""唱大鼓。"以上的答话，都是用"闭口音"，可以"守口如瓶"不露齿。等到这位女艺人牙齿修好了，再与人交谈时，她又全部改用"开口音"，于是对答又改成了："贵姓?""姓李。""多大年纪?""十七。""家住哪里?""城西。""干什么工作?""唱戏。"露出亮闪闪的金牙。学生听了哈哈大笑。

鸡啄米

教育家陶行知先生非常善于演讲，在他一生无数次的演讲中，有一次别开生面的演讲，令人拍案叫绝。

1938年，陶行知在武汉大学做演讲。那天大礼堂里人挤得满满的，有几位先生先后上台做了演讲。轮到陶行知时，会场上

响起了一阵热烈的掌声。只见他不慌不忙地拿着一个包走上了讲台。出人意料的是，陶行知并没有讲话。他从包里抓出一只活蹦乱跳的大公鸡。接着，陶行知从口袋里掏出一把米，放在桌上。他左手按住鸡的头，逼它吃米，鸡只叫不吃。陶行知又掰开鸡的嘴，把米硬塞进去，鸡挣扎着仍不肯吃。

接着，陶行知轻轻松开手，把鸡放在桌子上，自己后退了几步。只见大公鸡抖了抖翅膀，伸头四处张望了一下，便从容地低下头吃起米来。

这时，陶行知说话了："各位，你们都看到了吧。你逼鸡吃米，或者把米硬塞到它的嘴里，它都不肯吃。但是，如果你换一种方式，让它自由自在，它就会主动地去吃米。"

陶行知又向会场扫视了一圈，加重语气说："我认为，教育就跟喂鸡一样。老师强迫学生去学习，把知识硬灌给他们，他们是不情愿学的，即使去学也是食而不化，过不了多久，他还会把知识还给老师的。但是，如果让学生主动去学习，充分发挥他的主观能动性，那效果一定会好得多！"此时大家恍然大悟，爆发出热烈的掌声。

拿抽水马桶说事

文学家林语堂素有幽默大师之称。他不但写文章幽默，演讲时也十分风趣。有一回，哥伦比亚大学请他去讲中国文化。他从衣食住行谈起，一直讲到文学、哲学，大赞中国文化的博大精深、美妙绝伦。

一个美国女学生实在忍不住，手举得老高，语带挑衅地问："林博士，您好像是说什么东西都是你们中国的好，难道我们美国没有一样东西比得上中国吗？"话音刚落，林语堂微笑着说：

"有的，你们美国的抽水马桶比中国的好。"举座喝彩。

若是单纯地说教，未免太过单调，只不过是填鸭式的教学罢了，通过妙用幽默使得这些教育和文学大师们更好地展现自己的风采，不但达到了深入浅出的教学目的，而且通过幽默风趣的方式让学生们更加乐于接受。教育的本来目的就是老师给学生们一把兴趣的钥匙，让他们拿着这把钥匙自己去打开通向知识的大门，兴趣是最好的老师，而幽默的表达是激发兴趣的最有效工具，让学生们有兴趣才会达到教学的本来目的。

编 者 寄 语

生活中要多采用幽默的表达方式，这不仅可以增进人际关系，而且给自己添加魅力，同时让对方更容易接受自己的观点，双方都进入一种愉快的氛围中。情绪到位了什么都好说，没有轻松愉悦的情绪，再多的交谈也无法让对方产生共鸣。妙用幽默是一种特别有效的方式，没有人不喜欢一种欢乐的氛围。

幽默是智慧的化身

心 灵 导 读

　　正如王蒙所说，幽默是一种成人的智慧，一种穿透力，一两句就把那畸形的、讳莫如深的东西端了出来。既包含着无可奈何，更包含着良好的希冀。

　　毋庸置疑，一个幽默的人必然是一个拥有智慧的人，而一个拥有智慧的人不一定是一个幽默的人。一个平时有幽默感的人，在乐观的生活态度下有自己的智慧做后盾，这是生活的精髓。

幽默戏弄小偷

　　清代书画家郑板桥年轻时家里很穷。因为无名无势，尽管字画很好，也卖不出好价钱，家里什么值钱的东西都没有。

　　一天，郑板桥躺在床上，忽见窗纸上映出一个鬼鬼祟祟的人影。郑板桥想：一定是小偷光临了，我家有什么值得你拿呢？便高声吟起诗来："大风起兮月正昏，有劳君子到寒门！诗书腹内藏千卷，钱串床头没半根。"

　　小偷听了，转身就溜。郑板桥又念了两句诗送行："出户休惊黄尾犬，越墙莫碍绿花盆。"

　　小偷慌忙越墙逃走，不小心把几块墙砖碰落到地上，郑板桥家的黄狗叫着追上小偷就咬。郑板桥披衣出门，喝住黄狗，还把跌倒的小偷扶起来，一直送到大路上，作了个揖，又吟了两句诗："夜深费我披衣送，收拾雄心重作人。"

　　郑板桥在戏弄小偷一番后反而用幽默的诗句劝他向善，不仅体现了自己的智慧，而且在智慧下面展示了自己的幽默。如果你能看透世间的一切人情世故，对芸芸众生怀着浓厚的同情，你一样能发出善意的微笑。幽默，其实是人生的大智慧，谈笑间，你也不要忘记给自己幽上一默。

向鱼儿打听情况

有一次，但丁出席威尼斯执政官举行的宴会。侍者端给各城邦使节的是一条条肥大的鱼，而给但丁的是很小很小的鱼。但丁没有表示抗议，也没有吃鱼。他用手把盘里的小鱼一条条拿起来，凑近自己的耳朵听，好像听见了什么，然后逐一放回盘子里。执政官见状很奇怪，问他在做什么。但丁大声说道："几年前，我的一位朋友逝世，举行的是海葬，不知他的遗体是否已埋入海底，我就挨个儿问这些小鱼知不知道情况。"执政官问："小鱼说些什么？"但丁说："它们对我说，它们都还很幼小，不知道过去的事情，我可以向其他桌的大鱼打听一下。"执政官哈哈大笑起来，立马吩咐侍者给但丁端上来一条最大的煎鱼。

我当时的表现，就和你们现在一样

赫鲁晓夫在揭批斯大林个人崇拜的大会上发言时，忽然收到底下传上来的一张小纸条，上面写道："尼基塔·谢尔盖耶奇，你自己抨击斯大林，可当斯大林在那里乱来的时候，你自己在干吗？"赫鲁晓夫不动声色，中断了发言，然后对着会议大厅里的所有听众公开朗读了小纸条上的话，坐在下边的听众都默不作声。这时，赫鲁晓夫忽然怒吼道："那个写小纸条的人，你现在给我站出来！"听众依然默不作声，许多人甚至惶恐、紧张地低下头去，不敢再看赫鲁晓夫。赫鲁晓夫看了看听众，微笑了一下，说道："亲爱的同志们，你们明白了吧，我当时的表现，就和你们现在一样！"

　　假如但丁因为鱼小而向侍者抗议来换取大鱼，其结果未必理想，甚至会落得个尴尬的下场。而赫鲁晓夫如果凭借自己的个人权威对提意见者粗暴镇压，也许会让人一时噤声，却终不会让人心悦诚服。因而，作为智者，尽管彼时他们很不满自己遭遇的境况，仍大度地幽了自己一默，从而让后来的人们深深记住并喜欢上了他们。

　　不论是诗人还是执政者，在公共场合化解尴尬是自己的必修课，既然是公开场合就必然需要注意自己的形象，如何大方优雅地让自己下来台，他们不约而同地选择了用幽默的方式，不仅体现了自己的智慧，更重要的是缓解了自己的尴尬境地，树立了良好的个人形象，同时给大家留下了深刻印象。

编 者 寄 语

　　当我们想要生气时，幽默是最好的替代，适当的时候幽默一下，不仅可以提高自己的修养，而且会突出自己的美好形象，在别人心中加分。幽默是智慧的化身，生活不易，我们要学着幽默，学着用智慧处世。

自黑是幽默的美好形式

心灵导读

> 我相信幽默感也是魅力的一个组成部分。有了幽默感，人们可以在一种非常融洽的气氛中彼此交流思想和看法。缺乏幽默感，生活就变得非常单调和枯燥。
>
> ——索菲亚·罗兰

"自黑"大概是幽默的最高境界。成功的演讲者常常巧妙地拿自己"开涮"，借此拉近与听众的距离，调节现场气氛，为自己博得"满堂彩"。

林肯的两张脸

美国第16任总统林肯的长相谁都不敢恭维，他本人也从不避讳。一次竞选时，对手道格拉斯与林肯辩论，指责他说一套做一套，是个地地道道的两面派。林肯回答说："道格拉斯说我有两张脸，大家说说看，如果我有另一张脸的话，我能带着这张脸来见大家吗？"他的话逗得满堂爆笑，连道格拉斯也笑了。林肯嘲弄自己的短板，再引申发挥，这种尖锐而不刻薄的反击，显示出说话者的气度和智慧。

天生励志的马云

马云是中国当代最擅长拿自己的长相"说事儿"的企业家。2006年在首届中国创业者论坛上，马云自嘲说："首先，说我'瘦马'的有，说我'骏马'的很少，说我'俊'，说明你的眼光真的很不一样。"马云在演讲时更喜欢频频爆料："我考高中失败两次，考大学复读了3年，参加过30多次面试，被拒绝了30多次。去肯德基应聘，24个人收下了23个，我是唯一一个被拒绝的。我去考警察，5个人招4个，我又是唯一一个被拒绝的。我向哈佛大学递交过10次入学申请，每次都毫无例外地被拒绝。"马云以"习惯了被拒绝"劝导年轻人。难怪听众点评说：有人天生丽质，马哥是天生励志。

TED 演讲者的自黑绝技

在风靡全球的TED演讲视频当中，我们看到很多演讲者身怀自黑绝技。2010年2月，美国的女神经解剖学家吉尔·泰勒博士做了一场激动人心的18分钟演讲，她讲述了自己在左脑中风后，右脑的神奇开悟经历。她描述自己中风那一刻的情形，引得观众哈哈大笑。她说："我意识到：'天啊！我中风了！我中风

了！'当时，我的第一反应是："哇！这太酷了！有几位神经学家有机会研究自己的大脑啊？'"这时，吉尔博士像喜剧演员般抓住了这一表现幽默的最佳时机："紧接着我的脑袋里又蹦出来一个念头：'可我那么忙，哪有时间中风！'"

另一位女性，莱温斯基，也站上了TED的演讲台。她以《羞辱的代价》为题，讲述网络暴力给自己以及这个社会带来的伤害。演讲开始，她说到一个27岁的男人向她主动搭讪，但是被她拒绝了。她说对方之所以搭讪失败，是因为他竟然说"我能让你重回22岁"，而她恐怕是全世界所有41岁的女人中唯一不想回到22岁的那位。她自信稳重、风趣自嘲的演讲，赢得了如雷掌声。

自黑实际上是在暗示听众"其实我也不怎么样，别太把我当盘菜"。放下身段的自黑，能博得听众的认同感，让人觉得演讲者可亲可爱，立刻拉近了距离。自信的人是自卑吗？回答是否定的，自黑的人是否特自信？答案是"Yes"。敢于自黑的人必然是心理特别强大的人，敢于自黑就是敢于正视自己的不足，这是勇者的表现。

正视自己的失误

温哥华冬奥会开幕式上，有一个人所共知的败笔：火炬台的一根欢迎柱出现了故障，没有按照预先设定的方案竖起来，开幕式的点火仪式成了一个残缺的作品。

但闭幕式让我们看到了另外一幕：

闭幕式的大幕徐徐拉开，火炬台依然以"残缺"的状态搭建着，开幕式上的失误就这样被组委会十分客观地摆在亿万观众眼前。

一个装扮成电工模样的小丑蹦跳着来到会场，径直来到那根没有竖起的欢迎柱前面。他装作检查的样子，憨态可掬地找到了故障原因，如释重负般将电源插好，拍拍手，开始试着将那根硕大的柱子费力地拉起来，欢迎柱缓缓竖了起来，慢慢和其他几根欢迎柱连在一起。

这时，奥运速滑冠军勒梅多恩被小丑请出场，她点燃了奥运火炬，奥运圣火熊熊燃烧起来。

开幕式上的失误，竟然以这样一种幽默的方式予以纠正。观众在大开眼界的一刹那，禁不住欢快地鼓起掌来。人的一生中难免会犯错误，我们许多时候都想着如何回避错误，害怕承担嘲讽和责任。其实面对已成事实的错误，勇敢面对要比想方设法逃避更能彰显一个人的成熟和魅力。

编 者 寄 语

只要勇于承担，错误也可以变得伟大。只要勇于面对自己的不足，就可以赢得别人的喝彩。哪怕只是自嘲，也会赢得肯定自己的掌声。

第 三 章

根据说话对象去说话

　　说话是要分人的，对于不同的人应采取不同的说话技巧，只有这样我们才能更好地融入特定的集体，别人才会感到与你谈话很舒服。根据说话对象去说话，首先要了解对方喜欢什么，不喜欢什么，自己一一充分了解，才能做到有备无患。其次，还要尊重对方，不能盛气凌人，否则无论你有多少谈话技巧别人都是反感的。

怎么跟父母说话

心 灵 导 读

从我们呱呱坠地的那一刻起就注定了我们与父母之间永远无法分割的关系，父母成了我们生命中最重要的人，可是不知道从何时起，伴随着我们的长大，我们与父母渐行渐远，话题越来越少，不知道说什么，也不清楚从何说起，最后无奈地选择了沉默。

不知道大家有没有发觉，我们在和外人说话的时候，总是非常有礼貌有素质。但是和自己的父母说话时，就凶巴巴的，很不耐烦，甚至嫌弃父母啰唆，嫌父母这样，又嫌父母那样。父母生我们养我们，最后就因为他们是自己最亲近的人，便肆无忌惮地跟他们说话，因为父母的一点儿不足便一阵怒吼。想想真的是不应该，父母年事已高，思想观点在某些地方跟不上也是情有可原，我们应该选择体谅父母。

每次父母要找你聊天的时候，你总是匆匆忙忙的，好像有很重要的事情等着你。其实没有，只是在你看来任何一件小事都比父母重要，请留一点时间给你的父母吧！

很多人在成长的过程当中，和父母发生很多冲突。

有些旧事重提，讲到就容易双方动怒。有些人到了一定的阶段，就不想再按照父母的想法处理事情，只好避而不谈。有些人在养育下一代的问题上，和父母也有不同观念。也有些人，意识到自己对父母有许多不满，可是又不能改变父母，所以话题越来越少。当父母渐渐老了，他们一直想着该如何和父母和好。偏偏又拉不下脸来，生怕一回家开口，不到三分钟又会和父母意见不合。

我们最不忍心的就是看见父母真的老了，老到原本可以自己处理的事情，都变得非常困难。或者身体出了状况，却无法独自处理。我们想要好好贴近父母，告诉他们自己其实非常在意对方，可是总是隔着一堵墙。

其实，贴近父母最好的方式，就是关心他们的健康。这是一个共同的话题，也是个不牵涉过去事件的话题。如果可以的话，利用这种理性的对话，带入感性的元素，让双方都能感受到彼此的关心，这是一种最有用的正向互动机会。

很多长辈不容易改变自己，也不轻易承认自己需要改变。但是他们不能否认的是，自己的确渐渐老迈，而且内心深处很渴望和子女更亲近，也希望得到更多的关心。尤其是在子女成家以后，或是失去老伴的时候，他们其实非常寂寞。寂寞不是一个容易提起的话题，更难对自己的子女开口。

做子女的，应该接纳父母就像接纳自己的孩子一样，父母还能陪在身边的日子有限，就像自己的子女有一天也会有自己的家庭而离开自己一样，那么就不难体会到自己有一天老了以后，也会希望被子女陪伴和接纳，被他们关心问候，这比其他任何事情都重要。

只要选对了话题，就能让双方减压，让大家觉得轻松。聪明的子女可以避开话题，也可以制造话题，将话题带往健康、休闲方面，少和父母讨论主观的议题，避免去讨论彼此观点不同的部分，才能帮父母减压。

　　和父母相处最简单的方式就是，关心他们的健康，和他们分享关于健康的资讯，询问他们身体的状况，即使是反复地、周期性地询问关心，父母也不会觉得厌烦，虽然以前父母不断询问自己的身体状况时，自己可能曾经感到不耐烦，但这时候是一个很好的互动方式。

　　子欲养而亲不待，父母不是要子女养而已，更多时候，是子女提早开始陪伴关心，通过话题引导，改善和他们的关系。

　　父母和子女之间都有代沟，随着父母渐渐老去，我们要去接纳父母，多去聊一些有趣的话题，逗父母开心。不要再给父母一脸的不耐烦，这种脸色谁都不爱看，父母需要的是子女的尊敬和关爱。我们要设身处地为父母着想。

编 者 寄 语

　　人老了就会慢慢变得话少和孤独，人也会变得自卑，知道子女忙，父母也会不愿意拖累子女，明明心里非常思念，却还是不想打扰。这个时候，我们无论多么忙，都要主动问候一下父母，给父母情感上的寄托，让父母宽心。哪怕是一个电话，也能让父母欣慰许久。

怎么跟陌生人说话

心 灵 导 读

　　内向的人往往倾向于把自己内心的想法、情绪、感受等放在心里，所以他们不会轻易去表达自己内心的情感，这导致内向的人容易出现沟通障碍。

　　小D一直是个比较内向的胖子，但他内心一直渴望和别人交流，获得别人的认可和交到知心的朋友。他也知道要获得这些，平时必须多多和别人去交流，多去关心他人，但是，他很烦恼，就是每当他和别人在一起的时候，总是找不到共同的话题，总是没说几句就交流不下去了。每当朋友遇到不开心的事情的时候，他也想去关心对方，安慰对方，但是总是不知道该采取怎样的方式，说什么样的话。所以总觉得内心有很多的话想说，却不知道怎么说出来。

　　我相信很多内向的朋友都会有小D这样的问题：想说却不知道怎么说，想聊却不知道聊什么，想讲却害怕讲错话，想表达却担心对方不感兴趣。

从对方熟悉的事物中找话题

　　假如有一天，你去一个敬仰很久的老师家里拜访他。见到他之后，你可能会担心你没有话题跟他说，或者你更担心的是你说的不是他感兴趣的。这时，你可以从他周围的事物中寻找话题。这些事物都是他熟悉的，所以如果你能够围绕他身边的事物来说，他一定会感兴趣。

例如，你看到了墙上挂的照片，你可以问他这张照片的来历，问他为什么会选择这样一张照片挂在墙上，对他来说，这张照片是否有什么意义。你看到了茶叶，你可以问问他喜欢喝什么茶。你看到他桌子上的笔记本电脑，可以问问他这个牌子的笔记本电脑是否好用，是否会卡机。

你也可以从对方的身上找到聊天的话题。例如，你看到对方穿了很有气质的衬衣，你可以问他衬衣的牌子，问他在哪里买的；你看到对方戴着手表，你可以告诉他你很喜欢他这款手表，也可以称赞他戴着很有气质；你看到对方手上拿着一份报纸，你也可以问问他最近有什么特别的新闻，他对这些新闻有什么看法，等等。从对方熟悉的事物中寻找话题，能够让你有话可说，并且能够保证这些都是他感兴趣的。

用你的联想来寻找话题

联想就是运用想象的方式，从一个小小的话题延伸到一个个相关联的话题，这样就会做到有话可说，不至于使双方陷入尴尬的境地。我们在聊话题时不能跳跃太大，话题之间要有关联性，围绕一个中心，慢慢地拓展开。

我们在想的过程中，一定要让自己的思维保持发散而不是收拢的状态，只有这样，我们才能想到更多的话题。我们想到的话题，一定要和主题有一定的关联性，否则会让倾听者有点跳跃的感觉而影响了聊天的质量。

很多时候，我们希望自己的聊天内容能够具有深度，而不仅仅是东拉西扯，从这一个主题跳到另一个主题。比如，我们知道了对方喜欢关于环境方面的话题，那我们就可以把"环境问题"这个话题谈深、谈透。首先，我们要想到环境问题有哪些，比如气候变暖、大气污染、海洋污染。接下来，我们针对每一个问题，再进行深入探讨。可以聊这些环境问题的危害。例如，气候变暖的危害有：会导致海平面上升，导致地球上那些海拔不高的岛屿消失；会导致极端天气的频繁出现，如欧洲、美洲、亚洲多个国家陆续出现的暴雪、暴雨等极端天气；会导致全球冰川的消失，哥本哈根现在是受到全球变暖影响最为严重的地方，很多房屋被冰川融化所淹没，等等。

内向的人总是倾向于通过独处来获得能量，他们一般会通过自我反省来把问题想清楚，而不是和一群人共同交流来解决问题。这样的特质让内向的人很容易存在沟通交流的障碍。因为沟通交流需要你主动地表达和倾听，任何一方面做得不好都会让沟通交流不顺畅。所以内向的人要提高自己说话的能力，让别人喜欢和自己聊天，达到这一目的需要做到以下几点：

让自己热情一点

"高冷""让人难以接近"，这往往是对内向的人的性格描述。当别人觉得你是这样的人的时候，你们之间就很难进行愉快的聊天。所以，在跟别人沟通的时候，我们可以让自己变得更加热情。这不是要求你改变自己的性格，而是在聊天之前，要学会给自己加一点儿"热量"，例如一个微笑，一个称赞，积极倾听，都是热情的行为，这将会给你带来巨大的帮助。

不要纠结太多

内向的人喜欢纠结，纠结别人会怎么看你，纠结自己讲错话了别人会不会批评你，纠结在交谈的过程中没有话题冷场怎么办。其实，你越纠结，这些情况就越会出现。我们任何一个人，都会做错事，不要给自己太高的要求，不要让自己活得太完美，就算错了又能怎么样呢？尝试让自己想说什么就说什么，坚持下来，你会发现自己爱上了说话。

让自己主动一点

沟通的基本要求就是主动。在企业里面，大家不是主动地求助就是主动地支援，在沟通交流中，只有主动才会产生话题。比如，有人主动和你聊天，问你一个问题，你回答之后，没有主动地去问一下对方，或者没有主动了解对方的欲望，那这个对话可能在一两句话中就结束了。所以不管你有多内向，试着去多关心别人一点，早上的时候主动打个招呼，吃饭的时候主动打个招呼，这样才能让你有更多的沟通机会。

也许外向的人在沟通表达方面会有优势，但是内向的人只要充分运用自己的优势，再结合思维方面的训练，相信一样可以做到有话可说，把话说好！

编 者 寄 语

　　主动跟陌生人讲话最重要的就是克服自己的心理障碍，克服自己的恐惧，克服自己的自卑、不自信的心理，不要怕说话，要把自己放到一个和对方平等的位置，就像和自己的朋友说话一样，游刃有余，不要怯场，自信最大的敌人就是恐惧。

怎么跟同学说话

心灵导读

在上学的时候，我们身边最重要的人就是同学，我们和同学之间有共同的话题、共同的爱好、共同的欢乐。所以，和同学好好相处，和同学好好地交流，就成了最重要的事情。要想好好交流，就得好好说话。

个人认为，同学之间的相处分为两种：一种是可以坦诚交流的，还有一种是只有"一面之缘"的。

可以坦诚交流的同学，我们把他们称为好友，无论你的生活或者学习有任何的困难，内心有任何想法，都可以毫不掩饰地与他们交流，并且不必担心他们会向别人透露半个字（包括他们的家人），对于这些人，你所要做的，是"有福同享，有难同当"。他们在你有困难的时候帮助了你，你也要在他们有困难的时候力所能及地帮助他们。否则，你们只能做普通朋友了。

只有"一面之缘"的人，指的是平常基本不交流，上几年学只讲过几句话的同学，或者是你不喜欢的同学。对于这些人，你所要做的，就是面带微笑，和善地与他们交往。

无论是什么类别的同学，你都要和善地与之相处，因为同学毕竟是同学，他们还保存着一份未曾消失的"真"，他们是我们未踏入社会的一个可贵的、真诚的集体。

那么到底怎么和同学交流，和同学说话呢？

加强自我修养

"物以类聚，人以群分"，要建立良好的人际关系，就要有良好的个性品质，不断加强自我修养。一个虚怀若谷、谦逊正直、热情大方的人是不会与一个心胸狭窄、自私虚伪、猜忌多疑的人交往的，自我修养直接影响到我们人际关系的质量。

容忍、理解对方

出现矛盾的双方，虽然都有责任，但很少是出于恶意的攻击。所以，要能理解、容忍对方的一时之举。俗话说：退一步海阔天空。对于同学间偶尔的评头论足，不要过分在意，耿耿于怀。因为这可能只是他一时失言，没想过要与你结怨。所以，如果你能以一种高姿态去看待问题，矛盾就容易化解。要善于换位思考，多为他人着想，出现矛盾时，多思己过，少议人非，宽容待人，这样才能赢得更多的朋友。

同学之间要互相帮助

在学习上，受益的不仅是被帮助者，而且你帮助别人的同时也会得到相应的提高。就好比你给别人讲解了一道难题，也就加深了自己的印象，这使得你对这方面的知识掌握得

更牢固。同学之间学习上的交流是十分有益的，古人说："独学而无友，则孤陋而寡闻。"说的就是这个道理。知识的交换不同于物的交换——你有一个苹果，我有一个苹果，交换之后，每个人还是只有一个苹果；但是，你有一种知识，我有一种知识，交换之后，每个人就有了更多的知识，这何乐而不为呢？

同学之间要互相谅解

同学在一起，难免有点磕磕碰碰，这时一定要互相谅解。据我多年来的了解，同学之间的摩擦多数都是无意的，只要一方说句"对不起"，另一方说句"没关系"，都会很快得到解决。即便个别情况下一方是故意的，如果不太过分，只要另一方表现得大度一点，也不会造成什么矛盾。一个人对别人能宽容忍让，有时表面看好像吃了点亏，其实他保持了愉快的心情和良好的人际关系，恰恰是最大的受益者。一个在班级里人际关系好的同学，并不是他和任何人都没有发生过摩擦，而是他及时化解了各种矛盾。

把同学关系看作一种缘分

全世界那么多人，恰恰我们几十位同学相聚在一个班里学习、生活，这是很难得的。大家来自不同的地方，几年后又将走向四面八方，人生短暂，知音难觅，同学关系都处理不好，何谈将来处理好社会上的各种复杂关系？又何谈事业的成功？人们常说，500年的回眸才换来今生的一次擦肩而过，我们更要珍惜这种来之不易的缘分。

改善人际关系要从自身做起

人际关系处理不好，多半是由个人原因造成的。要看看自己的哪些思想、言行、习惯影响了人际关系，自觉地改变自己。改变自己不是完全改变自己的个性，而是不能要求别人都来适应自己。

《庄子·山木》中写道："且君子之交淡若水，小人之交甘若醴；君子淡以亲，小人甘以绝。"和同学说话，和同学交流，就要坦诚相待，不能欺骗对方，大家都要以心换心，多年以后，我们会发觉学生时代的友情是我们人生的一大笔财富。

编 者 寄 语

　　有朋自远方来，不亦乐乎？在上学阶段我们要多交朋友，要想朋友多，我们必须学会说话，同龄人之间有同龄人的说话方式，不要伤害对方的自尊心，要坦诚相待。

怎么跟小孩子说话

心 灵 导 读

随着时代的进步，科技的飞速发展，我们的生活变得多姿多彩。但我们在享受着足不出户就能知天下事的便捷时，忽略了许多问题。这些问题一个接一个，让人应接不暇。而最简单的问题便是沟通，忽略了怎么跟人沟通，怎么跟小弟弟小妹妹沟通，与人沟通就要从与小孩子沟通做起。

那么身为大孩子的青少年怎么和小孩子沟通交流呢？

注意姿态

如果想要和小孩子愉快地聊天，首先要让小孩子感觉到安全，并且喜欢你。这个时候要特别注意自己的姿态，千万不要让自己居高临下地和小孩子聊天。因为你的年龄比小孩子大，所以这本身就让心智不够成熟的小孩子产生恐惧感，天生的弱者对于强者的恐惧。你这时候就不要以大孩子自居，要放低自己的姿态，可以简单地和小孩子打个招呼，然后蹲下来和小孩子进行聊天，这样的话，小孩子就会对你产生一些好感，接着就愿意和你聊天了。孩子和孩子之间是很容易建立联系的，只要一开始他接受了你，之后很自然地就会和你玩得很愉快。

保持耐心

如果想要和小孩子愉快地聊天，虽然刚开始的情况下，很多小孩子可能会拒绝你，但这个时候你只要保持一点耐心，然后让自己的态度和善一些，小孩子就会感觉到你的和善，慢慢地小孩子就愿意和你聊天了。

另外，当你受到家长的委派负责照顾弟弟妹妹时，要有耐心，不仅和他们玩得愉快，还要保护他们，不让他们受伤，这也会培养你的责任心。

保持关注

如果想要和小孩子愉快地聊天，而小孩子拒绝和你聊天，因为小孩子表达喜欢和不喜欢是比较直接的，这个时候你也没必要放在心上，在接下来的时间里，保持对小孩子的关注，时不时地和小孩子来一些互动，他们可能刚开始不搭理你，多互动几次，小孩子就愿意搭理你了。小孩子刚开始都是比较内向的，只要与他们多加交流，小孩子是很喜欢和哥哥姐姐玩耍的。

不要对小孩子进行否定

如果想要和小孩子愉快地聊天，刚开始的时候，小孩子可能不愿意搭理你，这种情况下，很多人就会武断地评价这个孩子很内向，对于小孩子来说，这样的评价是比较负面的，这样会导致他们更加不愿意搭理你，所以想要和小孩子聊天，千万不要随意地评价他们。

要明确一点，小孩子是很有自尊心的，如果因为一点小事就轻易否定他们，会对他们的小小心灵造成很大的伤害。大哥哥大姐姐要多肯定他们，善于表扬小孩子，多教他们一些做人的道理，同样的道理，父母说小孩子可能听不进去，但是大哥哥大姐姐说他们就很容易听进去。

找到感兴趣的点

如果想要和小孩子愉快地聊天，在刚开始聊天的时候，可以试着发掘一下小孩子喜欢的东西，比如小孩子正在玩皮球，这种情况下你可以和他们一起玩皮球，然后以玩篮球的技巧来玩皮球，这样的话，小孩子就会发现你的厉害之处，就会更加愿意和你玩，这个时候聊天也就是非常自然而然的事情了。

根据实际情况来表扬小孩子，比如小孩子正在拍皮球，这个时候你可以表扬小孩子拍皮球的架势像明星。这样适时地表扬小孩子，小孩子就愿意和你聊天了。

跟小孩子聊梦想

如果想要和小孩子愉快地聊天，可以跟他们聊梦想。相信每个孩子心中都有个梦，要是可以跟小孩子一起聊梦想，不仅可以更加了解对方，还能加深彼此之间的感情。可以问小孩子长大了想做什么，先说一说自己的梦想，然后再让小孩子说出他的梦想，大家相互交流，相互学习。告诉小孩子有了梦想就要坚持下去，长大后一定要想办法实现自己的梦想，不抛弃，不放弃。

编 者 寄 语

在沟通的时候，需要让小孩子充分思考发生了什么，慢慢地表达，让他体会到哥哥姐姐对他的话感兴趣，哪怕他的话题再怎么天马行空，也要认真听下去，你只有仔细听了孩子内心的世界，才会找到沟通的方式，他才会把你当成他的好朋友，才会愿意说，喜欢说。给孩子充分表达的机会，他们才会愿意听我们说，不要老是想着管束小孩子，这反而会激起他的叛逆心理，要把小孩子当朋友，教育他，保护他。

第 四 章

生气，你就输了

　　常常生气，对人是没有什么好处的。一个有修养的人通常是不会轻易生气的，大多数事情是可以通过沟通来解决的，轻易生气，会让人对你敬而远之，主动疏远你。因此，不要动不动就暴跳如雷，和别人交谈时，对方开几句玩笑，你不要太过认真，要学会包容。

慈悲的断喝

心灵导读

　　人有好口才是好事，但运用不当则会变成坏事。把毒舌当成一种"快乐"，动不动就暴跳如雷，破口大骂，说别人的缺点一点都不留情面，让对方无地自容，这是最大的悲哀。不要把毒舌美化成慈悲的断喝。

　　生活中我们经常会遇到某些事情看不下去，从而大发雷霆，然后就用毒舌把对方说得体无完肤，在自己看来好像是为了对方好，让对方更加清楚自己的错误，但是一点不留情面，把别人的退路全部堵死，那别人又怎么会记得你的好。

在关爱中点拨

　　"小艺，这次你考了二十多分，我看了一下，觉得都是不应该的丢分，但没有关系，老师觉得你可以做得更好。有个超级简单的方法，可以保证你以后考试及格，可以保证你顺利考过会考。想尝试吗？"

　　小艺充满渴望地看着老师，一再保证她一定会按照老师的方法学习。期末的时候，她考了七十多分，她自己都不敢相信。

　　大家可能都已经注意到了，这种方式其实简单——先用简单的共情术获取对方的认同，再点出原因，提出方法，最后把决定权交到对方手上。这样就很容易把同样的东西，用不同的方式，真正地送进对方的耳朵里，让对方觉得选择更好的改进方式是自己的选择。与其劈头盖脸批评一通，倒不如让学生自己认识到不足，这比填鸭式的教学强千百倍，自己的选择是最有效的选择。

毒舌高管的故事

有人曾经打过一个不那么恰当的比方，说如果比尔·盖茨是一颗卵子的话，那么鲍尔默就是一颗精子，他们两位的碰撞和结合，造就了庞大的微软帝国。鲍尔默和盖茨相识于哈佛的校园，唯一的共同点大概是两位都是数学天才，都曾经炒过世界名校的"鱿鱼"。

鲍尔默和盖茨从来都是不同的，鲍尔默最为人所熟知的是他那近似疯狂的演讲风格。一年一度的微软全体员工大会上，五颜六色的光束照射在体育馆的上空，员工们最期待的表演开始了。鲍尔默像个摇滚歌星一样跑上台，挥动双手，他高大魁梧的身躯在台上不知疲倦地奔跑，用演说家一般的语言令在场的上万名员工热血沸腾，欢呼声响彻云霄……

不过，微软的高管们对于鲍尔默的感情大约是又爱又恨的。爱他，是因为他的商业天才，他超凡脱俗的管理能力，以及能够"踢盖茨屁股"的强硬；恨他，是因为他的敏锐精明、咄咄逼人

和不留情面。

　　鲍尔默在大学时代和盖茨同住一间宿舍，那间屋子被称为"雷电屋"，因为他们在宿舍里讨论问题的声音竟然如雷电一般能把人从半夜惊醒。他是一个和盖茨并驾齐驱的数学天才，尽管之后他不再涉足技术而专心于管理，但他对大块数据的消化能力令人生畏。他喜欢用逻辑或推理的方式，仔细推敲各种市场战略的利弊。鲍尔默在评价竞争对手时，经常语出惊人，他曾把Linux称为"毒瘤"，并认为Google是一匹"只会一招的小马驹"。

　　所以，这样的毒舌用在管理上，会使下属们异常痛苦，曾经有无数下属对鲍尔默的训斥不寒而栗，只要被他训斥一顿都会掉一层皮，下属怨声载道。语言犀利是一种办事风格，心平气和也是一种办事方式，我们为什么不能选择后者呢？

　　要时刻牢记：逼人不可太甚，要给自己留条后路。

　　为此，你必须谨记：

　　第一，口才是用来说明事理的，而不是用来战斗的。不要把口才当成一种攻击别人的武器。

　　第二，有好的口才，也必须要有相应的内涵，否则别人会笑你全身只有舌头最发达。

　　第三，在反驳对方、捍卫自己的观点时，点到为止，切莫让对方"无地自容"，换句话说，要给对方台阶下。别人得罪你时，你虽理直气壮，但不必把对方骂得狗血淋头。凡事留有退路，你好我好大家好。

　　第四，若自己的观点有错，要勇于认错，并接受对方的观点，切莫用辩论的技巧死命反击，因为黑就是黑、白就是白，一味地硬辩只会让人看不起你，也会让自己伤痕累累。

真心向谁伸出手的时候，我们可以先搓搓手，传达一丝暖意。语言是我们一辈子修行的兵器，平和才能把它打造得更加趁手。

跋涉在人生的荆棘路上，心已经这么疲惫，何苦再用毒舌来上一刀？不要拿慈悲的断喝当作毒舌的借口。

编 者 寄 语

留有余地，如果得理穷追猛打，逼得对方走投无路，有可能激起对方"求生"的意志，而既然是"求生"，就有可能"不择手段"，这将对你造成伤害。任何人都是有尊严的，不要把对方说得体无完肤。要记住，给对方留有退路，就是给自己留有退路。

你的话，刺痛了我的心

心灵导读

　　古人云：良言一句三冬暖，恶语伤人六月寒。语言是一种杀伤力很大的武器，有形无形中给人造成莫大的心灵创伤。说者无意，听者有心。很多时候往往因为说者的话说得不妥帖，太直接，不注意场合，丝毫没有照顾到别人的感受，于是让别人很难下台，让别人很尴尬。别人已经厌倦了自己，自己还浑然不知。

　　生活中我们经常会因为说话得罪人，明明别人已经很讨厌你了，自己却蒙在鼓里。所以，说话是一门艺术，既然是艺术就有一定的境界，很少有人到达化境，大部分人只是在说话，用语言作为表达自己意思的工具，却不会说话，不懂说话，没有领悟语言艺术的真正含义。真正会说话的人既可以表达自己的意思，又不让别人难堪，甚至在你说话之后，别人还能欣赏你。纵使你在批评别人，听者也觉得有理有据，心悦诚服。急赤白脸地乱批一通，有的没的轻的重的滔滔不绝，自己倒是痛快了，话不能服人不说，还让人对你心生厌倦。

我一辈子也忘不了

　　有一个寓言故事，在茂密的山林里，一位樵夫救了一只小熊，母熊对樵夫感激不尽。一天樵夫迷路到熊窝借宿，母熊安排他住宿，还用丰盛的晚餐款待了他。

　　翌日清晨，樵夫对母熊说："你招待得很好，但我唯一不喜欢的地方就是你身上的那股臭味。"母熊快快不乐，但嘴上说："作为补偿，你用斧头砍我的头吧。"樵夫按她的要求做了。

若干年后樵夫遇到了母熊，问她头上的伤口好了吗。

母熊说："那次痛了一阵子，伤口愈合后我就忘了。不过那次你说过的话，我一辈子也忘不了。"

真正伤害心灵的不是刀子，而是比刀子更厉害的语言。恶语伤人六月寒，刀子留在人身上的伤可以愈合，语言留在人心灵里的伤，却无法愈合。这个伤疤会根深蒂固，人们对于这个伤疤的起因和对于造成这个伤疤的人记忆犹新。即便你有一颗"豆腐心"，也不要纵容自己的"刀子嘴"。如果樵夫可以委婉一点给母熊提意见，那么母熊的心灵就不会受到那么大的伤害，以至于记一辈子。

说话之前，先想一想你的话会给对方带来什么，如果是赞美，那么请你发自肺腑，如果是批驳，那么请你委婉含蓄，同样的话知道说出来不好但是不得不说，那么就请你柔和一点，特别是当着众人的面，给对方充分的面子，一批到底的人，只是为了自己的发泄，根本就不会做人，永远不可能赢得别人的尊重，只会被人嘲笑没有素质。你不去尊重别人，别人又怎么会尊重你，自己都不会说话，又怎么赢得别人对你的尊重。

钉子的故事

还有一个故事，一个男孩特别爱生气，父亲跟他说，每当你生一次气的时候，就在大门上钉一个钉子。这个男孩照做了，每当他火冒三丈的时候，就在门上钉一个钉子。日子久了，门上布满了钉子。这个男孩开始意识到自己的问题，心中略有悔意，这时爸爸跟他说，每当你生气时，能够压制住心中的怒火，就去门上拿下一颗钉子。又过了很多天，门上的钉子一颗一颗地减少，最后都没了。男孩很高兴地让爸爸看，爸爸语重心长地说："虽然你每次生气时控制住了自己的脾气，钉子也慢慢变少了，但是拔下钉子的洞永远在那里，无论你怎么做，都不会消失，这就是生气给别人留在心底的疤痕。"

　　每个人都会生气，都会有这样那样的烦恼，可是这不是恶语伤人的理由，没有人有义务承担你的愤怒。自己有了烦恼，自己去排解，不要拿着语言的矛去攻击别人的盾，这必然留下印记。生活中注意说话的方式，就会少得罪人，你的机会也大大增加。生活中注意说话的方式，什么时候刚什么时候柔，什么时候委婉什么时候直接，什么时候私下说什么时候对大众说，什么时候先照顾别人的感受什么时候先顾及自己的感受，什么时候义正词严什么时候幽默诙谐……这都是说话的艺术，需要在生活中慢慢揣摩，细细品味，在察言观色中小心驾驭，方能游刃有余，不让你的话刺痛别人的心。

编 者 寄 语

　　一句话有无数种方式说出口，要想说得完美，开口前不如把自己当作说话的对象，自己先去体会，合不合适一目了然。会说话是一个人高情商的表现，更是一个人成熟的标志。会说话，说者顺心，听者舒心，说得有理有据，听得心悦诚服。

平和的反击

很多时候面对别人的挑衅或者尴尬局面，我们会选择用生气来表明自己的立场。"生气"不是一个人拥有好口才的表现，其实只要我们生气了，那么我们也就输在气势上了，真正自信的人是不会轻易生气的。面对一些尴尬局面，采用幽默的方式来进行平和的反击是很有效的方式，有时候这不仅仅是反击，还会是一种化解矛盾的方式。

心智成熟者为人处世必然有一个基本的原则，那就是评估这件事对自己的影响如何。有些时候我们生气，气的不是事情本身，因为稍加思考便会发现不值得。那为什么还会生气呢？就是太执着于别人的某个说法或者评价。真正有教养的人，从来都会控制好自己的情绪，不生气。与人产生矛盾时，不会争强斗狠，发脾气，总会大度地让一让，让大事化小，小事化无，还可以采取一些迂回的策略。要知道解决问题的方式，远远不止生气这一种。

威尔逊：财政部长在殡仪馆

美国前总统威尔逊在担任新泽西州的州长时，他的一个好朋友，也就是新泽西州的财政部长去世了。

当威尔逊还沉浸在悲痛的情绪中，正准备去参加葬礼时，忽然电话铃响了，原来是一位政界人士打来的。

"州长，"那人急切地说，"请让我接替财政部长的位置。"

威尔逊对此人迫不及待地讨要官位，完全不顾死者的尊严，感到极为不舒服，但他强压住心中的怒火，平静地说："好吧！财政部长目前在殡仪馆，我会通知殡仪馆的，你赶快做好准备。"

看到了没有？有时候反击别人并不一定要通过激烈的言辞。威尔逊的回答不可谓不经典，在表达拒绝的意思的同时，释放了强烈的信号：你让我很讨厌。但是，让听到这句话的人无可反驳，同时避免了争吵。

如何幽默反击别人的嘲讽

接过话头反唇相讥的幽默法是在受到语言攻击的情况下，及时、巧妙地利用对方讲话内容中的漏洞或套用对方的进攻套路来灵活反击，回击恶意的挑衅，解脱自身的窘境的方法。那么，如何幽默反击别人的嘲讽呢？

丹麦著名的童话作家安徒生衣着不讲究。有一天，他戴着破帽子在街上走，有个路人讥笑他："你脑袋上边的那个玩意儿是什么？能算是帽子吗？"安徒生回敬道："你帽子下边的那个玩意儿是什么？能算是脑袋吗？"

安徒生面对路人的讥笑，适时地采用了反唇相讥的幽默战术，让路人赶紧闪躲。运用反唇相讥的幽默法，你可以借用对方的某些语句，借助比喻、夸张、反讽等修辞手法，来给予对方致命痛击，以揭露丑恶，戏弄无知。可以说，这是一种快速反应的智慧，是一种幽默机智。它的表现是受攻击时保持冷静，冷静中敏捷反击，反击时一剑封喉。

这种幽默战术能体现人的机敏和语言的灵活性，是说话高手尽情展现自己才华和风采的舞台。晏子使楚的故事，就十分典型地体现了晏子在突然遇辱的情况下迅速反击、巧言善辩的才能。

晏子使楚

晏子为齐国出使楚国，是在楚强而齐弱的情况下成行的。刚到楚国，楚王便命侍者让矮小的晏子从大门旁供狗出入的小门进城。面对这种侮辱人格和国格的闹剧，晏子自然十分犀利地反击，他当即声明："出使狗国的人，才从狗门入城。现在我出使楚国，不应当从此门进入吧。"此语一出，对方自然自讨没趣。因为如果再让晏子钻狗门，等于自认楚国为狗国，所以只好打开大门，让晏子昂首而入。

由此可见，及时、机敏、有效地反击，确实是舌战中坚硬的语言盾牌。晏子套用对方的进攻套路来灵活反击，在对方的思维框架下寻找漏洞，回击恶意的挑衅，化解自身的窘境，不失为一种明智的方法，值得我们借鉴。

编 者 寄 语

气大伤身，生气是一个人愤怒的反映，而不生气是一个人自我修养的反映。遇到一件棘手的事，有很多种处理方式，而生气是最为极端的，我们在生气的时候会做出许多不理智的事情，说出很多不理智的话，到头来只能让自己追悔莫及。

示弱，是一种勇气

心灵导读

比丘问佛陀："佛，怎样才能控制情绪，遇事不生气呢？"佛陀："深信因果，则不生迷惑，一切恩怨皆因因果所致，无迷则无嗔。"生气，就好像自己喝毒药而指望别人痛苦。生活中我们碰到不顺心之事常常大发雷霆，发泄自己的情绪，为此造成了很多不必要的恶果。其实，有时候示弱是一种勇气。

熟知历史的人都知道，那些为人处世特别强硬的人结局通常不是很好，处处要强，锋芒毕露，不见得是一件好事，得到善终的往往是那些能刚则刚、能柔则柔的人。柔弱不是软弱，是一种为人处世的智慧，是一种博大胸怀的体现。

示弱是快乐的传递

某天，小王在珠宝店的柜台前，把一个装着几本书的包放在旁边。他在挑选珠宝时，一个衣着讲究、仪表堂堂的男士也过去看珠宝，小王礼貌地把他的包移开。但这个人愤怒地看着小王，告诉小王他是个正人君子，绝对无意偷小王的包。他觉得他受到了侮辱，重重地把门关上，走出了珠宝店。"哼，神经病。"莫名其妙地被人这么嚷了一通，小王也很生气，也没心思看珠宝了，出门开车回家。

马路上的车流像一条巨大而蠢笨的毛毛虫，缓慢地蠕动着。看着前后左右的车小王就生气，"哪来这么多车，哪来这么多臭司机，简直就不会开车""那家伙开这么快，不要命了""这家伙开这么慢，怎么学车的，真该扣他教练的奖金"。后来小王与一辆大型卡车同时到达一个交叉路口，他想："这家伙仗着车大，一定会冲过去。"

当小王下意识地准备减速让行时，卡车却先慢了下来，司机将头伸出窗外，向小王招招手，示意小王先过去，脸上挂着一个愉快的微笑。当小王将车子开过路口时，满腔的不愉快突然全部无影无踪。珠宝店中的男士不知道从哪里受了气，又把坏情绪传染给小王，带上这种情绪，小王眼中的世界都充满了敌意，每件事、每个人都在和小王作对。直到看到卡车司机灿烂的笑容，他的好心情消除了小王的敌意，小王有了快乐的心情，才听到了鸟儿的歌唱。

小王一天的坏情绪因为司机的一个微笑而消失，这就是司机示弱的魔力，对别人示弱，别人不可能会无动于衷。俗话说：伸手不打笑脸人。一个简单的微笑就轻而易举化解了小王一天的坏心情。司机给小王一个微笑，这是示弱，是需要勇气的。这种勇气来自于自身的修养，来自于高尚的个人品德，来自于对于生活的包容心。

以退为进，避其锋芒

故事发生在唐代武则天时期。一代贤相娄师德得到武则天的赏识，武则天对他恩宠有加，这招来了很多人的嫉妒。有一次，在他弟弟外放做官的时候，他对弟弟说："我现在得到陛下的赏识，已经有很多人在陛下面前诋毁我了，所以你这次在外做官一定要事事忍让。"他弟弟说："就算别人把唾沫吐在我的脸上，我自己擦掉就可以了。"娄师德说："这样还不行，你擦掉就是违背别人的意愿，要让别人消除怒气，你就应该让唾沫在脸上自己干掉。"这就是唾面自干的故事，千古流传。

试想一下，如果娄师德不处处示弱，那么身在高位的他必然遭到小人忌恨，所谓伴君如伴虎，恩宠不会长久，很可能丢了前程甚至生命。处处示弱是一种很恰当的自我保护的方法，磨平自己的棱角，不让自己锋芒太盛，如此才可自保。像"唾面自干"这般示弱，必然需要巨大的勇气，示弱不是软弱，示弱是人际关系的润滑剂，是人与人之间和谐相处的纽带。

示弱，不是一味地懦弱，而是有目的地选择一种柔和的为人处世方式，避开别人的锋芒，借此保全自己，这也是一种和谐的人际关系处理方式，生活中没有人喜欢高傲的强者，动不动显摆自己的才能，锋芒太盛，就成了别人攻击的对象，好比三国时期的杨修，最后落得个身首异处的下场。因此，必要时刻我们要学会示弱，鼓起勇气学会忍让，才能立于不败之地。

编 者 寄 语

　　生活不易，以强硬的方式行走于天下，不如以一颗柔和之心怀抱天下，示弱是一种人生哲学，需要拿捏有度，过了则是软弱，不及则是强硬，太过强硬则易断，太过软弱则被欺辱。

头顶的利剑

心灵导读

　　不争就是慈悲，不辩就是智慧；不闻就是清净，不看就是自在；原谅就是解脱，知足就是放下。生活中很多的人常常因为一件小事去生气，却不知道自己亲手打开了罪恶的大门，生气就是悬在自己头顶的一把达摩克利斯之剑，随时会掉下来。

　　无法控制自己的情绪是情商低的表现，生气会造成很大的伤害。生气就是一根导火索，会让我们做出很多意想不到的事情，最后追悔莫及。生气会让我们丧失理智，思维能力降低，严重者会做出错误的判断，后患无穷。

一个口角，一车人的生命

　　人生不如意之事十之八九，在面对生活中很多不如意的事情时，很多人选择生气。愤怒的情绪占据着内心，支配着大脑，有时还会让人做出过激的举动，后果不堪设想。

　　2018年10月，万州公交车坠江事件激起了无数人的极大愤慨，仅仅因为一个口角就夺去了一车人的生命，如果女乘客能够稍微控制一下自己的情绪，怎么会酿成弥天大祸。

　　从公交车坠江前的视频我们可以看出，由于路线的改变，刘某坐过站了便不服气，去找司机的麻烦。反正你是司机，是为大众服务的，我不满意可以投诉你。最终口舌之争升级为肢体冲突。

很难想象，这种举动居然是一个成年女性做出来的，做事情丝毫不考虑后果，拿一车人的生命开玩笑。

坐过站和自己的生命比起来孰轻孰重？为了一个坐过站而丢掉自己乃至全车人的性命，岂不是很傻吗？我想，假如在不生气的情况下让刘某重新做一次选择，她肯定不会对公交车司机动手，然而说什么都晚了，人生没有如果！

要想少生气，首先要开阔自己的心胸。世界上没有什么事情是不可以协商解决的，遇到问题不冷静只是生气，非但不能解决问题，有的时候还会加剧矛盾冲突。

如果刘某不对司机动手，司机就不会还手，公交车会失控坠江吗？这一切都是因为刘某没有意识到生气的危害，从而付出了生命的代价！

不要理会"三季人"

有一天，孔子的一个学生在门外扫地，来了一个客人问他：

"你是谁啊？"

他很自豪地说：

"我是孔先生的弟子！"

客人就说："那太好了，我能不能请教你一个问题？"

学生很高兴地说："可以啊！"

他心想：你大概要问什么奇怪的问题吧。

客人问："一年到底有几季啊？"

学生心想，这种问题还要问吗？于是回答道："春夏秋冬四季。"

客人摇摇头，说："不对，一年只有三季。"

"哎，你搞错了，四季！"

"三季！"

最后两个人争执不下，就决定打赌：如果是四季，客人向学生磕三个头。如果是三季，学生向客人磕三个头。

孔子的学生心想自己这次赢定了，于是准备带客人去见老师孔子。

正巧这时孔子从屋里走出来，学生上前问道："老师，一年有几季啊？"

孔子看了一眼客人，说："一年有三季。"

这个学生快吓昏了，可是他不敢马上问。

客人马上说："磕头，磕头！"

学生没办法，只好乖乖磕了三个头。

客人走了以后，学生迫不及待地问孔子："老师，一年明明有四季，您怎么说三季呢？"

孔子说："你没看到刚才那个人全身都是绿色的吗？他是蚂蚱，蚂蚱春天生，秋天就死了，从来没见过冬天，你讲三季他会满意，你讲四季吵到晚上都讲不通。你吃亏，磕三个头，无所谓。"

从某种意义上说，生气就是拿别人的错误来惩罚自己。

对于一些鸡毛蒜皮的小事我们又何必牵肠挂肚，让自己的心情烦乱呢？

让生气影响到我们

的睡眠、健康、快乐是不是因小失大呢？生气不是惩罚别人，而是用别人的错误来惩罚自己，明白了这一点，你还会因为一些鸡毛蒜皮的小事而生气吗？

对任何人、任何事，当你要发脾气时，当你的情绪很不稳定时，你就想那是"三季人"，是"三季人"做的事，马上就会心平气和了。

对于很多人，和他讲道理是根本讲不通的，他有他的价值观，你有你的价值观，与其浪费口舌，不如一笑置之。你对他说破大天，他都在自己的小圈子里来回转圈，根本不知道外边的世界有多大，世界风起云涌，自己却故步自封。

编 者 寄 语

为了小事发脾气那是不成熟的行为，发脾气会让自己的心更痛，生气会降低自己的思考力，让自己做出愚蠢的决定，所以生气是人头顶上的一把利剑。当你想要生气时，要先想一下你这么做的后果，考虑到恶果后气也就消了一大半。

第 五 章

有技巧地表达

　　表达是需要技巧的，同样是说话，别人说一句可能超过自己说十句，话在精不在多。要想把话说得精，就得学会有技巧地表达。表达的技巧是多种多样的，其中包含了很多心理学的知识，需要我们不断地揣摩、思考，只有仔细揣摩，不断运用到实践中去，自己才能慢慢成为聊天高手。

换位思考方为道

心 灵 导 读

口才，一个耀眼的字眼。一件沮丧的事，有的人就能把它说得绘声绘色，一件惊讶的事，有的人就能把它说得平淡无奇。古人云：一言之辩，重于九鼎之宝；三寸之舌，强于百万雄师。

练就好的口才，我们才能在职场和学习中游刃有余，换位思考是一个很有效的方法，无论是让别人接受自己的想法，还是面对别人的刁难，都会起到不可忽视的作用。

站在对方立场上，化劣势为优势

第二次世界大战时，美国军方推出了一个保险：每个士兵每月交10美元，一旦牺牲了，他会得到20万美元。这个保险推出来以后，竟然没有一个士兵愿意购买。

士兵们的心理其实很简单：在战场上连命都要没有了，还买保险有什么用呀？10美元还不如买两瓶酒喝呢！所以大家都不愿意购买。

后来，亨特先生被派到美国新兵培训中心推广军人保险。听他演讲的新兵百分之百都自愿购买了保险，培训主任想知道他的销售之道，于是悄悄来听他对新兵讲些什么。

"小伙子们，我要解释军人保险带来的保障。"亨特说，"假如你在战争中不幸阵亡了，政府将会给你的家属赔偿20万美元。如果你没有买保险，政府只会支付6000美元的抚恤金……"

"这有什么用？多少钱都换不回我的命。"一个新兵沮丧地说。

"你错了。"亨特不紧不慢地说，"一旦发生战争，政府会先派哪一种士兵上战场？买了保险的还是没买保险的？"

士兵们听了亨特的一番话以后纷纷投保，因为大家都不愿成为第一个上战场的人。

好的口才不是一朝一夕之间练就的，但是掌握了好的方法，会事半功倍。口才拼的不仅是知识，还是心理学的博弈。情商加上智商铸就一个人好的口才。

亨特跳出保险这个框架，通过换位思考了解到每个人都有天生的求生欲望，战士也不例外，站在这个角度再去推销保险，问题就会迎刃而解。如果亨特一直围绕保险怎么怎么好，哪怕说得天花乱坠战士也不会买账，因为战士的核心问题没有解决，自然不会有好的结果。通过换位思考把战士的这个困扰解决掉，接下来的事就会迎刃而解。

无知战胜有知

南唐翰林学士徐铉学识渊博，口才绝佳，是天下一等一的辩才。

南唐晚期，后主李煜派遣徐铉出使宋朝进行谈判，谋求和平。宋朝的满朝文武知道他的厉害，故十分紧张，商量如何对付这个"徐铁嘴"。大家商量来商量去也没想出什么好办法，就向赵匡胤请示。赵匡胤却非常放松，表现出胸有成竹的样子。他说："你们先退下，我自有妙计。"

赵匡胤已经稳坐大宋江山，实力雄厚，没把南唐看在眼里，但也不想失礼于人，所以就想出了一个奇特的办法。

　　没过多久，他下旨挑选了10个大字不识几个的人，组成了迎接徐铉的使团。正当满朝文武惊诧之时，赵匡胤大笔一挥，在名单上圈出一位不仅不识字，而且甚至连话都不会讲的大老粗，得意地说："就让这位当团长，去迎接徐大学士吧。"

　　他的决定让满朝文武大惊失色，这位团长也受宠若惊。虽然自己不才，但皇命不可违，他只好硬着头皮上阵。

　　宾主双方刚一落座，徐铉就先声夺人。他口若悬河，引经据典，说得头头是道。大宋方面呢，从团长到团员，一个个目瞪口呆，无言以对。

　　徐铉讲了半天也没得到回应，以为这些人对他的高谈阔论不屑一顾，自感没趣，满腹经纶也无法施展，顿时就哑火了。

　　对付高手，不见得非要大动干戈，只要能让其无用武之地，就不失为一条妙计。

　　赵匡胤就是很巧妙地站在徐铉的立场上，知道他的辩才天下无双，因此避其锋芒不去碰这个钉子，反而招来一些没有学问的人，让他的才能无处发挥，正所谓秀才遇见兵，有理说不清。这一招看似粗鲁，实则心思巧极。

编 者 寄 语

　　换位思考是练就好口才的捷径，在别人开口之前你就已经料到别人要说什么，此时你的心里就有了对策，这样一来，无论说话还是办事都会做到心中有数。

介绍自己的艺术

心灵导读

　　介绍自己是一门艺术，目的是打动对方。生活中，会说的人说得对方心服口服，不会说的人说得双方不欢而散，更有因为说话不当招来杀身之祸者。谈话的时候要认清对象。只有认清对象，才能达到目的。认清对象，就要认清对方的身份、年龄、性格等，这样才能有的放矢，真正把话说到对方的心里去。

　　想要介绍自己，首先要了解听你说话的对象，这一点很重要，明白对方是个什么样的人，喜欢什么，讨厌什么，什么样的做事风格，你的要求是什么，对方会不会满足你，假如不满足又该采取什么措施。这些问题都要想好了，在自己脑海里有个框架再去说话，只有这样才能更好地介绍自己。

　　《陈情表》中，李密就清楚地知道这一点。他清楚，自己面对的是一个通过阴谋和屠杀建立起政权的君王，这样的君王，其疑心和狡诈可想而知。如果不应召，肯定会被认为是"矜守名节"，不与司马王朝合作，给自己招来杀身之祸。怎样躲过这一劫，就看自己怎样说了。而在这样强大的对手面前，任何辩解都会显得苍白无力。认清了对象的身份，摸清了对象的心理，李密就厘清了应对的思路。于是，他不厌其烦地叙述，自己作为亡蜀降臣，本来就希望宦途显达，并不顾惜什么名节，现在受到皇上的提拔和优待，更不敢也不会产生别的想法了，只是，祖母已

"日薄西山，气息奄奄，人命危浅，朝不虑夕"。所以自己"尽节于陛下之日长，报养刘之日短也"，希望皇上能允许自己先尽孝，后尽忠，祖母百年之后，自己定当不遗余力为国尽忠，报答皇上对自己的恩情。对于这样一个"忠""孝"两全的臣子，晋武帝还有什么理由拒绝他的合情又合理的要求呢？

此外，说话要以情动人。感人心者莫先乎情。那些充满真情的话语总是能打动别人，收到意想不到的效果。拉罗什富科说："真诚是一种心灵的开放。"罗曼·罗兰也说："伟大的诚实是雄辩的利斧。"李密清楚地知道，要想让皇上真正相信自己，体谅自己的苦衷，必须先动之以情，然后才能晓之以理。

于是，他就从自己坎坷不幸的遭遇说起，"生孩六月，慈父见背"。在自己最需要爱抚之时，慈父离自己而去，这是人生的一大不幸；父亲死后，本还有母亲，可是母亲并没有从一而终，而是"舅夺母志"，使自己的幼年雪上加霜。对这两大不幸的描述，已经让人对他产生怜悯之心了，幸好还有祖母"悯臣孤弱，躬亲抚养"，祖孙二人相依为命，但屋漏偏逢连夜雨，失去父母的他体弱多病，"九岁不行"。

这几大不幸使得祖母在养育自己时备受辛劳，而自己的家族，"既无叔伯，终鲜兄弟"，真是"零丁孤苦""形影相吊"。自己幼年唯一的依靠，就是祖母；祖母晚年唯一的依靠，就是自己。而祖母今年已"九十有六""夙婴疾病，常在床蓐"，该是多么需要"臣侍汤药，未曾废离"呀！这诸多的不幸，这真情的告白，怎能不让每一个听者动容？这样的真情自然也令晋武帝感动。

他说出了自己不应召的原因不是晋武帝顾虑的他爱惜名节，

不想臣服晋朝，而是因为爱护祖母心切，幼时祖母对自己有养育之恩，现在祖母病危更加需要自己来贴身照顾，毕竟尽孝是天下人的共识。这样既打消了晋武帝的顾虑，又为自己的不应召提出了合情合理的理由，而且李密进一步阐释自己"尽节于陛下之日长，报养刘之日短也"，说明自己以后有大把的时光为皇帝服务，希望皇帝不必急于一时，况且自己的心早已归属晋朝。

　　人在说话的时候，很多时候都是在谈论自己。但没有人有义务对你所说的表示关切，如何让别人听进去你的"陈情"，比你陈什么样的情更重要。如果你还没张嘴，别人就来一句："你不要再说了，你说的我都知道。"这样直接就把路堵死了，自己哪里又有机会"陈情"，应该先打消别人的顾虑，让对方给自己说话的机会，让别人能够听得下去。避开对方的锋芒，不去触碰对方敏感的话题，然后缓缓引导，说一些别的事例和对方建立起联系，让对方完全接纳你，这时候再"趁热打铁"阐明自己的真实意图，这要比顶风而上效果强很多。

编 者 寄 语

　　说话的真谛不是信息的交流，而是人与人之间真挚情感的流露，因为我们面对的是活生生的有感情的人，这就要求我们讲话时必须发自内心，更重要的是让对方感受到你的真情。有了情感的共鸣，对方才会设身处地为你着想，才更容易接纳你。

巧妙化解攻击

心灵导读

在日常生活中，我们常常会遭受别人的攻击，令自己深陷尴尬境地，很是难堪，那么，如何成功化解攻击，消除尴尬，让自己变被动为主动，就是一门很重要的语言学问了。这需要我们不仅有不卑不亢的态度，更要有说话的技巧，从而体现出自己的无穷魅力。

面对别人的攻击不要立即还以颜色，要在不声不响中让别人对自己的话折服，这样比一味生气更加有修养，更加有说服力。一味生气会让人无法冷静思考，失去分析判断能力，也让自己的话失去理论依据。

机智的哥伦布

哥伦布发现了新大陆，这被视为划时代的伟大发现，他本人也因此一举成名，成了举国上下崇敬的英雄。但也有一些傲慢无礼、心胸狭窄的人想使哥伦布难堪。有一次在为哥伦布举行的庆功宴会上，就有人跳出来发难："听说你在大西洋的彼岸发现了新大陆，但那有什么了不起？任何人通过航行，都可以像你那样到达大西洋彼岸，并发现新大陆。这是世界上再简单不过的事了，为什么要小题大做呢？"

面对这样的挑衅，哥伦布没有立刻回击，而是从容地站起来，从桌上拿起一个鸡蛋，对在场的宾客们说："先生们，这是一个普通的鸡蛋，谁能把它立起来呢？"好奇的宾客们一个接一个试图办到这件事，但鸡蛋传了一圈，也没有人能成功。于是大家都摇摇头，认为这是不可能的。

哥伦布一言不发，接过鸡蛋，轻轻地在蛋壳上敲出一个小坑，毫不费力地把鸡蛋立了起来，顿时全场哗然。

哥伦布转身对大家说："这不是世界上最简单的事吗？然而你们说这是不可能办到的。是的，当人们知道某件事情该怎么做之后，也许谁都能做到了。"

大家听完都沉默不语，那些企图使哥伦布难堪的小人也没有再为难他了。

在这个故事中，哥伦布以一个简单的实例，构成了一个严密的模拟推理，证明了一个道理，即在一件事情未获得验证前，是极度困难的，但只要有人找到解决的方法，这件事就变得再简单不过了。因此，在说服别人的时候，如果能够找到合适的事实，往往会胜于雄辩。哥伦用自己的语言艺术给自己解围，变被动为主动。

曾有人说："拥有才智、诚实和力量固然不错，但当今你需要的是魅力。"那些鼎鼎大名的人物一旦全力展现他们迷人的个性——或者是名声，或者是微笑，或者是口才，又或者是专注的神情——没人能够抵御。

语言的魅力

一个西方记者问周总理："请问总理先生，现在的中国有没有妓女？"不少人纳闷：怎么提这种问题？大家都关注周总理怎样回答。周总理肯定地说："有！"全场哗然，议论纷纷。周总理看出了大家的疑惑，补充说了一句："中国的妓女在我国台湾省。"顿时掌声雷动。

　　这个记者的提问是非常阴毒的，他给周总理设计了一个圈套。中华人民共和国成立以后封闭了所有的妓院，原来的妓女经过改造都已经成为自食其力的劳动者。这个记者问"中国有没有妓女"这个问题，如果说"没有"就中了他的圈套，他会紧接着说"台湾有妓女"，这个时候你总不能说"台湾不是中国的领土"。这个提问的阴毒就在这里。当然周总理一眼就看穿了他的伎俩，这样回答既识破了对方企图分裂中国领土的险恶用心，又反衬出大陆良好的社会风气。

　　周总理考虑问题周密细致，同时反应快速，令人钦佩不已！面对别人的敌意，周总理从容应对，冷静分析出别人不怀好意的目的，不按对方的既定套路说话，反而出其不意，令对方猝不及防，从而出奇制胜，这不可谓不机智，周总理实在是把语言的艺术运用得炉火纯青，他的风采也令在场的记者深深折服。

编 者 寄 语

　　众所周知，成功是许多要素的累积，而好口才是我们的一张名片，有一副好的口才会减少我们很多的麻烦，让成功之路更加顺畅，所以说好口才是成功的润滑剂。在生活中，很多人明明有很好的想法，却苦于无法表达，以至于自己的观点被埋没；有时候面对别人的冷嘲热讽和充满敌意的攻击，只是徒劳生气，苦于没有理由反击对方，使自己处于弱势地位。以上都是生活中的家常便饭，倘若有一副好的口才，就很难会出现这样的局面。

引君入瓮

有些规劝之语，听者很可能不买账，但是换一种让听者很容易接受的说法，他很可能就听得进去了，这就是规劝的艺术。规劝别人绝对不是简单地提意见，而是有一定的思维逻辑，按部就班地引导对方，使其无法反驳，这才是正确方法。

同样一句话，同样的意思，说话的方式不一样很可能收到截然相反的效果，这就是说话的艺术。而在规劝别人时，一定要注意自己的逻辑，找对方法，请君入瓮通常是一种很有效的方式。

落入别人的圈套

阿西莫夫从小就很聪明，在年轻时多次参加"智商测试"，得分总在160左右，属于"天赋极高"之列。有一次他遇到一位汽车修理工，是他的老熟人。修理工对阿西莫夫说："嘿，博士！出道思考题，看你能不能回答正确。"

阿西莫夫点头同意。修理工便开始说思考题："有一位聋哑人，想买几根钉子，就来到五金商店，对售货员做了这样一个手势：左手食指立在柜台上，右手握拳做敲击的样子。售货员见状，先给他拿来一把锤子，聋哑人摇摇头。于是售货员就明白了，他想买的是钉子。聋哑人买完钉子，走出商店，接着进来一位盲人。这位盲人想买一把剪刀，请问：盲人将会怎样做？"

阿西莫夫顺口答道："盲人肯定会这样——"他伸出食指

和中指，做出剪刀的形状。听了阿西莫夫的回答，汽车修理工开心地笑起来："哈哈，答错了吧！盲人想买剪刀，只需要开口说'我买剪刀'就行了，他为什么要做手势呀？"

先进行误导，然后让你回答，有时候很简单的问题，许多聪明人也会落入圈套。之所以出现这种失误，是因为听者已经被别人的思路带走，不知不觉间掉入了别人的思维圈套，落入了别人的陷阱。自己一时疏忽大意，没有细想，仓促间做出轻率决定，才导致做出错误判断。

巧妙地规劝

墨子听说楚王要攻打宋国，就星夜兼程，赶去见楚王，对楚王说："假如现在这里有个人，他放着自己彩饰的车不坐，偏想去偷邻居的破车；放着自己丝织绣花的衣服不穿，偏想去偷邻居的粗布短袄；放着自己的好米肥肉不吃，偏想去偷邻居的糟糠，这算个怎样的人呢？"楚王不知底细，就回

答说："这个人一定是得了偷窃病了。"

墨子接着说："楚国有方圆五千里的国土，而宋国不过方圆五百里，就好像漂亮的彩车同破车一样。楚国有江河湖泊，物产丰富，宋国物产匮乏，拿楚与宋相比，就如同好米肥肉同糟糠一样。楚国有森林木材，而宋国连大树都没有，这就如同丝织绣花的衣服同粗布短袄一样。我认为，大王攻打宋国正是同这个人患偷窃病一样。"

在墨子的劝说之下，楚王取消了攻打宋国的计划。

采用迂回的方式，先说一个相类似的故事，让对方在不知底细的情况下认同某一个观点，然后回到要说的焦点上，这时，对方因无法否定自己的观点而只得认同。这是一种常见的劝说人的方式，对方也比较容易接受。墨子的巧妙之处就在于开始闭口不提与战争有关的话题，而是通过举例使得对方掉入自己的思维框架中，通过例子的不可争辩性取得对方的肯定回答，然后通过例子与事实的相似性结论，使得对方做出符合自己逻辑的选择。

若中道而归，何异断斯织乎

乐羊子上山学艺，一年后回到家中，妻子问他回来的缘故。乐羊子说："出行在外久了，心中想念家人，没有别的特殊的事情。"妻子听后，就拿起刀来快步走到织布机前说道："这些丝织品都是从蚕茧中生出，又在织布机上织成的。一根丝一根丝地积累起来，才达到一寸长，一寸一寸地积累，才能成丈成匹。现在如果割断这些正在织着的丝织品，那就会丢弃成功的机会，荒废时光。您要积累学问，就应当'每天都学到自己不懂的东西'，用来成就自己的美德；如果中途就回来了，那同切断这丝织品又有什么不同呢？"乐羊子被他妻子的话感动了，又回去修完了自己的学业，七年没有回来。

　　乐羊子妻"引刀趁机"，以自己织布必须日积月累"遂成丈匹"的亲身体会，说明求学必须专心致志、持之以恒的道理，最后归结到"若中道而归，何异断斯织乎"。妻子这一番借织布来讲道理的话，使乐羊子深受感动，最后"复还终业"。

　　通过说理来规劝别人，运用生活中浅显易懂的事例，是很有效的方法，使听者易于接受，使说者易于顺水推舟来达到自己的目的。

编 者 寄 语

　　好口才的表现形式多种多样，归根结底是以心理学为思维方式，通过艺术的表达来达到自己的目的。生活中要多听多看，通过细致的观察体会生活中的语言艺术。

有一种智慧叫表达

心 灵 导 读

　　表达是一种力量，同样的意思，不同的表达方式会收到完全不同的效果。巴尔扎克曾说："言谈是衣着的精神部分，用上它、撇开它，就和戴上或摘下装饰着羽毛的女帽一样。"同样是说话，同样是表达，收到的效果有天壤之别。

　　好的表达会让自己的话显得相当有说服力，运用恰当的表达方式，让自己的话如同清晨的阳光，照耀大地。好的表达很容易让别人信服，从而产生莫大的感染力，收到意想不到的效果。

渴望春天

　　在一个寒冷的冬天，一个衣衫褴褛、双目失明的老人，忍受着刺骨的寒风，可怜巴巴地跪在一条繁华的街道上行乞。他脏兮兮的脖子上挂着块木牌，上面写着"自幼失明"。

　　一天，一位诗人走到老人身旁，老人便伸手向诗人乞讨。诗人摸了摸干瘪的口袋，无奈地说："我也很穷，但我可以给你点别的东西。"说完，他从兜里掏出笔，在木牌上写了几个字，然后告别了老人。

　　从那以后，老人得到了很多人的同情和施舍，可他对此大感不解。不久，诗人与老人重逢。老人问诗人："你那天在我的木牌上写了些什么呀？"诗人笑了笑，捧着老人脖子上的木牌念道："春天就要来了，可我不能见到它。"诗人一抬头，看见老人的眼睛里饱含着晶莹的泪花。

大多数的人只用语言简单地说出事实，让事实增值达到自己的目的才是最好的语言表达方式。这就是语言在不同情形下所产生的不同效果。大多数人体会不到失明对于一个人所造成的遗憾，"自幼失明"这种表达很难打动人，因为生活中见得太多，同情之心也减弱了很多。反观诗人的表达，"春天就要来了"与"不能见到"形成了鲜明对比，春天多么美好，百花齐放，郁郁葱葱，可是"我"失明了，这立刻激发了路人的同情心，他们纷纷施舍，诗人语言表达的目的随即达到。

以子之矛攻子之盾

罗斯福当海军助理部长时，有一天一位好友来访。谈话间好友问及海军在加勒比海某岛建立基地的事。"我只要你告诉我，"朋友说，"我所听到的有关基地的传闻是否确有其事。"

这位朋友要打听的事在当时是不便公开的，但是好朋友相求，那如何拒绝是好呢？只见罗斯福望了望四周，然后压低声音向朋友问道："你能对不便外传的事情保密吗？""能。"好友急切地回答。

"那么，"罗斯福微笑着说，"我也能。"朋友顿时无言以对。

任何时候都不能指望别人对某事守口如瓶，你可以跟好朋友说，他也会同样地跟他的好朋友说。罗斯福的办法就很聪明，主动设问，然后再按对方的答案答，以子之矛攻子之盾。巧妙地用别人的回答作为自己的答案，罗斯福既做到了堵住他人之口，又可以以理服人，让对方不再追问，这就是语言的魅力，艺术的表达需要智慧这个添加剂，生活中需要我们不断思考，不断体会，

不断感悟人生。

以柔克刚

旅人穿着件大衣急匆匆地赶路。大风看见了，便对太阳说："咱俩来比赛一下吧，看看谁能让这位旅人脱下他的大衣。""好吧。不过，这场比赛一定是我赢。"太阳说。

"你赢？哈哈哈！"大风骄傲地说，"你一定没有见识过我的威力。我发起威来，可以吹倒庄稼，吹倒树木，吹倒房子。我能让世界上的一切在我的威力下瑟瑟发抖。别说从他身上吹掉件大衣，就是把屋顶统统吹翻，我也办得到。"大风说完，便开始发起威来。它鼓足了劲儿，拼命吹了起来。河水翻起了波浪，树木东摇西晃，鸟儿们躲藏了起来，大地上的万物果然在它的威力下颤抖了起来。

然而那个旅人呢，他不但没有脱掉大衣，而且把大衣越裹越紧，大风累得筋疲力尽，仍然不能让旅人脱掉大衣。大风无计可施。"现在看我的吧。"太阳微笑着升入空中，慢慢地，旅人感到越来越热，于是他解开了衣扣。过了一会儿，他干脆脱下了大衣。

大风累得筋疲力尽，却不能让旅人脱掉大衣。太阳稍显身手，旅人便情不自禁脱掉大衣。

正如语言的表达，很多时候不是说得大声就是有理，正所谓有理不在声高，有些人为达目的总是企图用言语对对方实施狂轰滥炸，而他们忘记了温和和微笑的威力远远比狂轰滥炸大。要以柔克刚，很多人吃软不吃硬，与其用强势威逼别人服从自己，不如用微笑、温柔以及道理，让别人心服口服，别人还会发自真心地为你办事。

表达的艺术包含着智慧的哲理，什么时候柔，什么时候刚，什么时候刚柔并济，什么时候以理服人，什么时候对比，需要因时而异，因地制宜。在充分判断双方的实际情况后选择合适的对策，不拘泥于形式，才会达到表达的目的。

编 者 寄 语

    所谓表达的智慧，其根本是运用多种形式的表达手段来达到自己的目的，这其中的方式可谓多种多样，需要读者在生活中多看多思，然后取长补短，把自己的感悟和别人的技巧运用到自己的生活中去。

赞扬，无形的力量

威尔·史密斯主演的电影《当幸福来敲门》里面有这样
的经典台词，父亲对儿子说："别让别人告诉你，你成不了
才，即使是我也不行。"

在生活中我们常常忽视赞美的力量，什么是赞美？赞美是
对别人当下的一种肯定，是对未来的一种期许，是对别人的一种
表扬，这种东西对自己来说看似微小，对别人却是一种极大的鼓
励，会给别人一种精神上莫大的支持，从而使得别人更加认可自
己的行为，更加有自信，继续完成有意义的事情。同时对别人的
真诚赞美，也会让自己获得对方的颇多好感。

石头与城堡

曾有一名邮递员在送信途中不小心被一块石头绊倒了，他刚
想抱怨，低头发现这是一块形状奇异的石头。他想，若是用许多
这样的石头建成城堡，该多好啊！他好奇心顿生，便欣喜地将石
头捡起来，装进邮包。之后，每天送信，他总会捡一块奇异的石
头。日复一日，他捡的石头堆满了家门。于是他白天送信，晚上
堆砌城堡。

渐渐地有路人欣赏、赞美他的努力成果，并给予极大的鼓
励，纷纷说这座城堡建得真是漂亮，仿佛一座魔幻城堡，尤其是
那些奇形怪状的石头，真的是太奇异了。年轻人听到这些赞美顿
时觉得自己做得特别对，心中充满了激情，有了继续做下去的动

力，带着喜悦的心情把城堡建得更加精致辉煌。

终于，他建成了一座好看的城堡，有一天竟登上报纸的头条，许多人慕名而来，其中包括著名画家毕加索，他惊叹年轻人的技艺，大加赞赏。这里渐渐成为著名旅游区。

别人不经意的一句话，让不起眼的地方摇身一变成了旅游区，这就是赞美的力量。赞美不是夸大，更不是有意吹捧，是发自内心的一种称赞。说一千道一万，这件事只不过是年轻人突然从脑海中冒出的一个想法，被别人无意间认可，于是这个年轻人产生了极大的热情，因为别人的一句小小的赞美，他就有了辉煌的成就。赞美，真的是一种无形的力量。

然而生活中我们的赞美真的是太少了，要么是没有赞美的意识，要么是只看到事情的反面。女孩子穿一件新裙子，如果这时候你来一句赞美，可能会让她一整天都特别高兴，我们这时候就不应该纠结于她的长相普通而不去赞美，她头发挺乱没打理好而嘲讽。

安东尼·罗宾讲过一个故事：

他的小女儿经常淘气，而他不得不常常责骂她。但有一天她表现得特别好，没有做惹人生气的事。那天晚上，他把她安顿上床后正要下楼时，突然听到她在低声哭泣。他不禁问她出了什么事，她一边哭一边问道："难道我今天不是一个很乖的小姑娘吗？"

如果没有赞扬和鼓励，任何人都会丧失自信。我们大家都有一种双重需要，即被别人称赞和去称赞别人。赞扬别人，可以得到别人的认同。被别人赞扬，可以得到自己的认同。我们每个人都渴望别人的赞扬，小孩子也不例外，没人不喜欢表扬，因为这是对我们自己的一种肯定，更是我们的一种前进动力。假如这位渴望赞美的女孩没有说出自己的心声，父亲也没有看出她的渴望，我相信此后女孩肯定不会再做一个乖巧的女孩，因为她本来可以得到赞美的行为没有换来应得的赞美。这，本就是一种不公平的待遇。

赞美，是一种无形的力量。因为你讲的不经意的一句话可以让别人成才，成就非凡，激发出他巨大的潜力；也因为你没有讲出不经意的一句话可能让别人失望，甚至自暴自弃。不要让别人认为在你的眼里他永远是一个失败者，你应该善于发现美，善于赞美，看到别人的闪光点，每个人都渴望自己的付出得到与之相称的肯定。这种肯定，这种赞美，是他前进下去的无穷动力，是一针强心剂，是人生路上的加油站。

编 者 寄 语

　　尝试向别人说："你必成大器，现在我就看出了你的潜力，我真的看好你。"小小的赞美，巨大的能量，赞美不仅是说话的艺术，是人际关系融洽的润滑剂，更是促进他人前进的动力。在生活中善于发现别人的美，然后不要吝啬自己的赞美，久而久之，你也会发现自己的美，从而让自己变得更加自信、乐观。一句中肯的赞美，能赢得别人惊喜的赞叹，甚至可能让别人以此为目标，不断约束自己，积极进取，去成就一番事业。

第 六 章

拒绝与道德

　　不是每个要求都是合理的，不是我们要答应每件事才是帮助了别人。有些人碍于情面很难拒绝别人，于是本来自己完不成的事，仍然答应了下来，当时对方很高兴，可到最后你完不成任务时，对方立马变了脸色，自己本来是好心却办了坏事。因此，我们一定要学会拒绝别人，一定要敢于拒绝，这对自己对他人都是负责任的行为，没有什么可难为情的。拒绝时一定要选择恰当的语言，不然很容易让对方下不来台，自己也陷入尴尬的境地。

拒绝，人性的大德

心 灵 导 读

被拒绝的一般都是一些让人为难的要求，但有时候可能
是一种荣誉，拒绝荣誉才是对人性最大的考验，拒绝荣誉比
拒绝别人的要求难上千百倍。

如果有衡量人性的标尺，那么荣誉是很重要的一个方面，这
也是考验人性的最有效的手段。古往今来，多少人为了荣誉和权
力不惜手足相残，父子反目，这种诱惑真的是太强了。

伯夷与叔齐

商朝末年，北方有一个小国叫孤竹国，孤竹国的国君复姓
墨胎，名叫墨胎初。他生有三个儿子，大儿子墨胎允，字公信，
谥号"夷"，二儿子名字不详，三儿子墨胎智，字公达，谥号
"齐"。因为古代兄弟间习惯以"伯仲叔季"排序，伯是老大，
仲是第二，叔是第三，季是最小的，所以后世称大儿子墨胎允为
"伯夷"，三儿子墨胎智为"叔齐"。

这兄弟俩都秉性忠厚，谦虚有礼，但是老国君比较偏爱三儿
子叔齐。按照当时的传统惯例，应册立长子伯夷为世子，日后继
承王位，但老国君在临终前把王位传给了三儿子叔齐，并嘱咐叔
齐一定要把孤竹国治理好，让老百姓过上好日子。叔齐为了让父
王临终能闭眼，满口答应了。

而叔齐在父王死后，觉得由自己来继承王位，与祖制不符，
同时觉得大哥伯夷比自己的德才要高，所以提出要把王位让给伯

夷。伯夷倒也是爽快，直接就给拒绝了，拒绝的理由是不敢违背父王的遗命。

　　为了不让叔齐为难，伯夷连夜出走离开了孤竹国。叔齐以寻找大哥伯夷为名，也连夜逃离了孤竹国。

　　伯夷、叔齐都走了，这下孤竹国的大臣们着急了。幸好老国君还有一个名不见经传的二儿子，众大臣没有办法，只好让二儿子继承了孤竹国的国君之位。

　　叔齐离家出走后，在外面风餐露宿，多方打听，历尽千辛万苦终于找到了自己的大哥伯夷，兄弟重逢，相拥而泣。后来在首阳山上，两人因不食周粟而亡。有人说，天道无亲，常与善人。像伯夷、叔齐，可以称为善人了，难道不是吗？积累仁德、洁身自好，并因此而饿死！

　　身居高位而一身正气，居庙堂之高而怜悯众生，面对如此显赫的王位诱惑兄弟俩都选择了拒绝，这就是高风亮节的真实写

照。伯夷、叔齐面对王权的巨大诱惑，不仅没有展现人性的阴暗面，反而恪守道德的底线，始终坚持自己心中的道德标准，哪怕是用自己的生命去捍卫它。

反观历史上为了争夺皇位，多少兄弟父子相残，不惜牺牲一切，哪有什么拒绝，只有不断地掠夺攫取。

夺门之变

明朝历史上的"夺门之变"就是一个典型的反例。明英宗朱祁镇亲征瓦剌部，由于指挥失误，大军被包围，精锐损失殆尽，朱祁镇被俘虏，这就是"土木堡之变"。但是，国不可一日无君，众臣推举朱祁镇的弟弟朱祁钰即位，尊朱祁镇为太上皇，这一措施粉碎了瓦剌部首领欲以朱祁镇为王牌要挟明朝的阴谋。但是，后来朱祁镇被释放回国后，朱祁钰立刻命人把哥哥朱祁镇监视起来，派人日夜守候，明为保护，实则监视哥哥的一举一动，唯恐朱祁镇复辟，不允许任何人探视，将其一关就是七年。

但是好景不长，朱祁钰病重，拥护哥哥的大臣把朱祁镇解救出来，夺位称帝，史称"夺门之变"。重新称帝后的朱祁镇的做法和弟弟如出一辙，把弟弟监禁起来。不久朱祁钰在惶恐之中郁郁而终。

朱祁镇与朱祁钰本是同根生，但他们费尽心思要把对手牢牢看管，甚至置于死地，如果双方都能学会拒绝，哪怕是不争，也不会落得兄弟相残的局面。伯夷、叔齐面对权力的诱惑，选择了拒绝，选择了不争，不为权力所迷惑，不想为了权力伤了兄弟之情，但是朱祁镇、朱祁钰被权力迷失心智，最终被权力驱使，手足相残，人性的大德泯灭了。

遥想当年朱祁钰刚被拥护称帝时百般拒绝，到后来痴迷权力，前后对比也是滑天下之大稽。丧失了心智，丧失了品德，自己就变得不是自己，不懂得拒绝，迷恋权力，会让自己深陷泥潭，无法自拔。

拒绝荣誉需要更高的道德修养，要做到也更加困难。拒绝荣誉更是一种处世智慧，虽然拒绝了，却获得了别人的称赞与爱戴，不至于受到小人构陷，这是一种生存智慧。

编 者 寄 语

　　拒绝好事是一种品德，拒绝坏事是一种人格独立，两者不可或缺，相辅相成，拒绝别人是一种自我态度的体现，是一种品格独立的表现。遇事不要一味退让，不要性格太过柔弱，要有狼性，要保持自我。

拒绝，需要你的勇气

心 灵 导 读

　　人生就像是在完成一张试卷，在这张试卷里出现的是一道道单项选择题。对一个选项的肯定，就是对另一个选项的否定。要选择一个答案，就要勇敢地对具有诱惑性的另一个选项说不！因此，生活中我们要学会拒绝的艺术。

　　很多人觉得，拒绝别人是一种不好的行为。但是我们必须要知道，拒绝是一种权利，就像生存是一种权利一样，我们每个人都拥有这个权利。因此，我们需要克服心里这样一种声音：拒绝别人是错的，是不应该的。所以，你无须为拒绝感到罪恶、羞耻或内疚。另外，你需要提醒自己，你拒绝的是对方的一个请求、一个需要而已，不是对方这个人。我们是否应该拒绝？你若不能接受，那就必须拒绝，不能违背自己的本心。

　　学会拒绝是良性交流的关键部分，没有它，任何关系都是危险的，就像驾驶有油门没有刹车的小汽车一样，你无法控制别人对你的行为。如何优雅地拒绝，更是考验你的说话能力、社交能力的方式。

　　庄子《秋水》中有一个故事：一次，庄子正在河边悠闲地钓鱼，突然来了两位楚王的使臣，他们恭恭敬敬地对庄子说："先生，我们大王想请您到朝廷做官，您同意吗？"

　　庄子无意于当官，直截了当地拒绝又有失礼貌，于是做了一个这样的回答："我听说从前楚国有一只神龟，已死去三千多年了。大王对它十分敬仰，用精美的竹器盛着，上面还盖着极华贵的丝巾，高高地供在庙堂之上。"庄子接着说："不过有一点我搞不明白，你们替我说说看：在那只龟自己看来，究竟是死后被人把骨头当作宝贝高高地供起好呢，还是像生前那样快活地生活在泥里摇头摆尾好呢？"

两位使者听了立刻回答："当然是快活地在泥里摇头摆尾好呀！"庄子听了也就立即答道："那么二位请回吧，且容我继续在泥里摇头摆尾吧！"

庄子的这段妙答，既是温暖的又是明确的，即便是拒绝，也可以拒绝得礼貌得体。

在生活中我们可以通过以下方法来优雅地拒绝别人。

直接分析法：直接向对方陈述拒绝对方的客观理由，包括自己的状况不允许、社会条件限制等。一般的人肯定会了解你的苦衷，不会强人所难的，只要你的态度坚定一些。

不用开口法：有时开口拒绝对方不是件容易的事，往往在心中演练 N 次该怎么说，一旦面对对方又下不了决心，总是无法启齿。这个时候，肢体语言就派上用场了。一般而言，摇头代表否定，别人一看你摇头，就会明白你的意思，之后你就不用再多说了，面对推销员时，这是最好的方法。另外，微笑中断也是一种暗示，当谈话时，突然中断笑容，便暗示着无法认同和拒绝。类似的肢体语言包括：眼神游移不定、频频看表、心不在焉……但切忌伤了对方的自尊心。

给出你的回复：如果你帮不上忙，看看有没有可能给对方一个替代方案，比如你可以说："我知道这对你很重要，不过我去不了，我可以推荐你找另外一个人。"如果没有，可以告诉对方：“我仔细考虑了一下，很希望能帮上你，不过这件事我做不了。”觉得自己真的做不了，就礼貌而干脆地拒绝，没有金刚钻，别揽瓷器活，不要为难自己，自己做不到却应承下来，最后完不成工作，给别人造成的伤害更大。

拒绝别人的时候有一定的困难，尽管如此，拒绝对我们每个人来说都是必要的，不能拒绝，势必会导致生活中需要处理的事情越来越多，甚至自己的事情无暇顾及，外部压力越来越大；不能坦然地、无挂碍地拒绝，结果内心长期盘踞着焦虑、自责、内疚，也极大地影响人际关系的质量。

礼貌地拒绝，话不在多，但说出来需要勇气，关键是回应要及时，态度诚恳，展示对对方的尊重和理解。有了这样的态度，你的拒绝就是温和而坚定的，没有那么大的破坏性和杀伤力。

编 者 寄 语

在复杂的人际关系中，我们不要一味地做老好人，别人拜托的事，不管自己能不能做到，想不想做，有没有时间，为了照顾别人的面子都答应下来，这是要不得的。始终明确一个观点，拒绝不等于伤害，要知道你的些许妥协对别人而言很可能结出恶果。

好口才的大用

心 灵 导 读

　　好的口才不仅可以引领自己走向成功，而且好口才作为一种社交技巧在很多场合可以发挥化解尴尬的作用，是自我保护的武器，是让自己飞翔的翅膀。

　　平时练就一副好口才，会让它在关键时候发挥重要作用，毕竟良好的表达能力会让自己增色不少，你的表达能力好，也让别人更加容易接受你。

口才决定命运

　　中央电视台《东方时空》栏目曾做过一个"杨利伟怎样成为我国进入太空第一人"的节目，被采访的航天局领导说了三个原因：一是杨利伟在五年多的集训期间，训练成绩一直名列前茅；二是杨利伟处理突发事件的能力特别强，在担任歼击机飞行员时，多次化解飞行险情；三是他的心理素质好，口头表达能力强，说话有条理、有分寸。有了以上三个优势，杨利伟最终通过了淘汰考验。

　　航天局领导还透露了这样一个细节：在最终确定三个人为首飞候选人时，这三个人各方面都十分优秀，难分高下，只是考虑到作为我国第一个进入太空的宇航员，他将要面对全世界的瞩目，接受新闻媒体的采访，还将进行巡回演讲，领导才最后决定让口才好的杨利伟首飞。

　　这个原因令收看此节目的我感触颇深。

节目中还介绍：杨利伟认为航天无小事，所以不管做什么事情，都尽自己的最大努力做好。学技术、学政治是如此，训练后的总结会、训练小结也是如此。在总结会上，杨利伟准备充分，积极发言，发言条理清晰，逻辑性强，再加上不慌不忙，因而给领导留下了深刻的印象。

所以，当口头表达能力强作为选择的一个重要条件时，天平就偏向了杨利伟。这个机会看似偶然，实则若是没有杨利伟平时严格要求自己，有一副好的口才，幸运的大门不会向他打开。

一言以倾国

春秋战国时期，君主崇尚好口才，天下学者俊士更是对口才好的人趋之若鹜。以推行连横策略而著称的张仪，就颇懂得好口才的珍贵。他初到楚国当说客时，一天，碰巧相国家丢失玉璧，主人咬定他是窃贼，将其严刑拷打后逐出门去。回家后，妻子叹着气说："你若不读书游说的话，怎么会遭到这样的奇耻大辱呢？"谁知张仪并无愠怒之色，答非所问地说："你看看我的舌头还在吗？"张仪听说舌头还在，舒了一口气说"够了"，因为他懂得，舌头在，他就有飞黄腾达

之望。后来，他真的扶摇直上，当上了"一人之下，万人之上"的相国。

周总理的妙语连珠

周恩来总理在风云变幻的国际政治生活中善于辞令，才华横溢，不仅长了中国人民的志气，而且大大提高了中国的国际地位和声望。在这里引用一个例子：一位美国记者曾对周总理说："我发现你们中国人走路都喜欢低着头，而我们美国人走路大都是仰着头！这是为什么？"只见周总理回答道："你们美国人走的是下坡路，当然要仰着头走路了；而我们中国人走的是上坡路，当然是低着头走了。"说完，哈哈大笑。这个回答，既有反唇相讥的意味，又带着半开玩笑的意思；既不影响谈话的友好气氛，又符合当时说话的场景和说话者的身份。

一位美国记者在采访周总理的过程中，无意中看到总理桌子上有一支美国产的派克钢笔。那个记者便用带有几分讥讽的口吻问道："请问总理阁下，你们堂堂的中国人，为什么还要用我们美国产的钢笔呢？"周总理听后，风趣地说："谈起这支钢笔，说来话长，这是一位朝鲜朋友的抗美战利品，作为礼物赠送给我的。我无功受禄，就拒收。朝鲜朋友说，留下做个纪念吧。我觉得有意义，就留下了这支贵国的钢笔。"美国记者一听，顿时哑口无言。

什么叫搬起石头砸自己的脚？这就是一个典型事例。这个记者的本意是想挖苦周总理：你们中国人怎么连好一点的钢笔都不能生产，还要从我们美国进口。结果周总理说这是朝鲜战场的战利品，反而使这个记者丢尽颜面。

好口才是一门语言的艺术，是用口语表达思想感情的一种巧妙形式。从个人角度来看，懂得语言艺术的人，往往善于准确、生动地表达自己的思想感情，进而一步步引导自己走向人生的辉煌。反之，不懂得语言艺术的人，不但自己会陷入困境，甚至可能会给所在的单位、部门造成难以估量的损失。因此，良好的交际能力和表达能力成为现代人才的基本素质构成。

编 者 寄 语

语言的艺术博大精深，具有无穷无尽的化学反应，通常一两句简短的话会令气氛顿时不一样，语言的无穷魅力尽在其中。

好口才的后盾

心 灵 导 读

　　平常我们只是讨论怎么练就好口才，怎么说一口流利的话，却没有想过好口才背后的支撑是什么。答案是发言权，这就是好口才的后盾。没有自己在某个领域权威性的发言权，自己不可能有说话的权利，也不可能练就别人认可的好口才。

　　"读小学的时候，他的嘴可是全班最笨的。"她小声跟我说。她说的是她的一位男同学。那个男同学跟她分别三十多年了，这次同学聚会，不论是说到如何教育孩子，还是说到如何做生意赚钱，也不论是说养生保健，还是说修身养性，他都能说得头头是道、妙趣横生，让同学们频频点头，不时爆发出笑声。

　　终于有人忍不住，笑着对他说："你读小学时，连老师都说你是石磙都轧不出一个屁来，可是现在，你好像变得比哪个都会说了，我想知道，你是怎样让自己拥有如此好的口才的？是接受过专业培训，还是读过这方面的书？"

　　大家都笑了起来，并且都用探询的目光望着他。这时就见他的脸稍稍红了一下，然后喝了一口茶，很认真地说："我既没有受过培训，又没读过这方面的书，我现在之所以变得如此能说，不是我的口才变好了，而是因为我在很多方面拥有了自己的发言权。"

　　大家纷纷点起头来。"是呀，是呀，我们这些同学中，就你的孩子是通过读书出国的，他现在也是混得最有出息的啊。""是啊是啊，你那么早就敢于辞职经商，同学中间，就你开的车档次最高、住的房子最好啊。""而且在座的男同学，就你不抽烟——哦，你早先抽过烟，后来戒了？那你更是了不起……"

看来，他真的在许多方面都有了发言权。正是因为拥有了发言权，他才能在交谈中拥有"制空权"——让那些没有发言权的人，只能听自己说。拥有了"制空权"自己就可以高屋建瓴地对某些话题发表自己的看法，抒发自己的情怀，就能更好地指点江山。

他的话让我想到，一个人的口才再好，但如果他没有取得某个方面的发言权——他在那方面没有亲身体验，没有切实感受，没有取得令人信服的成果，那么说起那方面的话题，他的好口才就只能被闲置，他也只能听别人说。优秀的口才必须建立在对生活的无限热爱、对生活的深切体会、对生活的深刻领悟上，发言权的取得有赖于自己对一些事情的亲身经历以及自己平时的感悟。没有调查就没有发言权，不从实际出发，只是一味地夸夸其谈，说出来的话只是长篇大论，没有切实可行的具体办法，这样的人就没有发言权，更别谈有一副好口才了。好口才是建立在实践的基础上的，只有在充分调查研究的基础上才能造就一副好口才。

说到口才，很多人以为只要学会了说话的技巧，就算有好口才了。其实不然。一个人如果不在拥有发言权上下功夫，所谓的好口才，就只能是无本之木，无源之水，甚至会沦为让人厌烦、鄙视的"耍嘴皮子"。没有调查研究做底子，说出来的话总是不切实际，很难让人付诸行动。

　　一个人的发言权，往往只能来自于他的远见卓识，敢作敢为——他总是处于一种奋斗、追求、创新的状态。那些在某个方面取得了发言权的人，实际上都是在某个方面拥有了非凡经历、创造了非凡成就的人，那种非凡经历和非凡成就，正是他们说起话来高屋建瓴、妙语连珠的资本。

　　一个人只有在某一方面真抓实干，不断进取，做出了自己的业绩，有了自己的深切感悟，发表自己的意见时才会一针见血，得到同行的尊敬和钦佩，这个时候一副好的口才才真正有了用武之地，自己才能滔滔不绝地提出自己的见解，而不是毫无内涵地夸夸其谈。

　　或许可以说，拥有发言权，才是拥有好口才的真谛。好口才的后盾就是发言权，没有发言权，好口才无从谈起。

编 者 寄 语

　　好口才是一种说话的技巧，是一种更好表达意思的工具，一个人若是没有真知灼见，再锋利的工具也是无济于事，提出的看法只能是空洞的，没有内涵的。所以，好口才的后盾是发言权，想要说得好先要取得说话的权利。

好口才需要道德的支撑

心 灵 导 读

　　一个人若是练就了一副好口才，却没有道德的支撑，也不会有所成就。好口才不是我们谋利的工具，背后需要道德的力量来支撑。

　　王先才天生好口才，上台演讲时面对满席观众，他脸不红心不跳，不列提纲不打草稿，只身往台上一站，张口就来。在演讲的过程中，王先才还很会煽情，他能将死的说成活的，假的说成真的，虚的说成实的，让现场观众感动得稀里哗啦，佩服得一塌糊涂，巴掌拍得震天响……

　　也许有人会说，这人怎么像在搞传销啊？不错，王先才就是个搞传销的。由于他天生一副三寸不烂之舌，加入组织不久，就成了该组织的中坚力量，追随他的人越来越多，其手下的"团队"也越带越大了。王先才正满怀信心，铆足劲头，要去采摘头顶上那片百万富翁的神话彩云，谁知，人算不如天算，公安、工商联合执法队人员接到举报后，有如神兵天降，突然间包围了传销组织的授课教室，王先才与几个主要头目涉嫌诈骗被抓捕拘留，非法所得全部没收，王先才的财富梦破灭了。

　　从看守所出来，王先才回到了自己的家乡。然而，他刚进屋，屁股尚未将凳子焐热，就有乡亲们闻风而来，找他讨要说法。那些曾经被他骗走了血汗钱，耽误了生产，荒芜了田地的老乡们，见他回来，一个个怒火冲天，对他说道："当初，是你骗我们过去的，你得还我们大伙的血汗钱！"

眼看家也没法待了，王先才背上行李包，辗转来到深圳打工，并在一家公司里找了个保安的工作。星期天，队长过生日，大家一起到酒店去祝贺，王先才也去了。中途，王先才上了趟厕所，走出门的时候，突然与一个戴眼镜的年轻人撞了个满怀。王先才一边避让，一边说了声："对不起！"那人推了推架在鼻梁上的眼镜，突然冲他喊了一声："哎，你不是王先才吗？老同学，我可算找着你了！你别忙着走啊，等会儿我有话要对你说……"那人说罢，就急忙冲到厕所里。

王先才一见那人，顿时吓得腿肚子直发软。原来，那个戴眼镜的小伙子竟然也是被自己骗过一回的老乡。"眼镜"的名字叫张超越，还是王先才高中时的同桌。王先才高考落榜，张超越却考上了大学。别看他拥有本科学历，王先才却瞧不起他，因为他看上去傻乎乎的。一年前，王先才回乡物色传销对象时，见张超越大学毕业后没有找到工作，当即就打起了他的主意。登门造访时，对他一番胡吹乱侃，让张超越那个书呆子佩服得五体投地。后经王先才的"引荐"，张超越乖乖地拿钱加入了传销组织。

这晚，王先才失眠了，他在仔细反省自己的人生经历。落到这个地步，全是因为他误入了传销的歧途，怪只怪自己当初犯了迷糊，昧着良心，将亲人、老乡、朋友全都给骗了，才使自己的路越走越窄，在生活中无立锥之地了。看来，这里也待不下去了，为了逃避那些老乡、熟人的问责，自己只好再次出走了，他决定，明天一早就悄悄离职，坐火车到上海去发展。主意拿定之后，他天不亮就收拾好行李，直奔火车站。

王先才正在窗口排队买票，突然听见有人在叫他："王先才，你要到哪里去？我到处找你，你赶紧出来吧，我有话要跟你说呢！"

王先才一回头，发现张超越也来到了火车站，他那一双小眼睛，透过镜片，像幽灵般紧盯着自己，盯得王先才心里直发毛。王先才见状，只得走出队伍，拉着张超越的手，走到一个清静的地方站定，然后带着哭腔说："老同学，求你放我一马好不好，当年骗你做传销，是我不对，我给你赔个不是，可我现在真的是山穷水尽了，也没钱赔你的损失啊！"

张超越听罢一愣，继而呵呵一笑说："老同学，我啥时候怪过你了？啥时候说要你赔钱了？你可真有意思！"王先才说："你不怪我，不跟我要钱，那你跟踪我做什么？"

"我找你，是想给你介绍个新工作，想请你到我们公司去做业务经理呢！你口才那么好，做业务经理也一定差不了的！"

王先才将信将疑地问道："老同学，你不会是骗我回去吧？要出气，你现在就在这里打我一顿吧，我绝不会还手的！"

"我干吗要骗你呢？实不相瞒，本人现在在一家公司担任总经理助理，业务销售这一块归我管！"

"是吗？那太好了，我的好老乡，好老同学，你大人有大量，我当年骗了你，你不但不记恨我，还惦记着要帮我找工作，真是太谢谢你了！"

王先才当即用手拍着胸膛，信誓旦旦地对张超越说："老同学请放心，只要你请我，我保证做到最好，再难推销的产品，我也能给你杀出一条血路来……"张超越听他越吹越牛气了，忍不住提醒了一句："虽然你口才很好，但我们公司讲的是诚信经营，像以前传销那种骗人的把戏，你可千万不能再用了！"王先才猛然醒悟过来，点头如捣蒜："那是当然，那是当然……"

编 者 寄 语

　　王先才纵然有一副好口才，但是由于没有道德的支撑，自己误入歧途，最后成为人人喊打的过街老鼠，追悔莫及。因此，好口才不是卖弄的手段，更不是牟取暴利的工具，而需要以道德为支撑，从而成为自己人生的不竭动力。

结束语

好口才并不是一种天赋的才能，它是靠刻苦训练得来的。随着生活节奏的加快，好的语言表达能力越来越受到人们的重视。因此，我们有必要说一口流利的话语，把自己想说的，完整无误地表达清楚。有好口才的人说话具有"言之有物、言之有序、言之有理、言之有情"等特征。有一副好的口才，你才能赢得别人的尊重和重视，才能有更好的发展前途。

少年励志经典

时间就像一张网，
你撒在哪里，你的收获就在哪里

没有特别幸运，
那么请先特别努力

张芳 / 主编

灵芝姐姐 / 本册编写

东北师范大学出版社
NORTHEAST NORMAL UNIVERSITY PRESS
长 春

青春寄语

　　青春是一首歌，它能奏出一支支激昂的乐曲，谱写出华彩的乐章，让我们踏着音乐的节拍以愉悦的心情迈入青春的门槛；青春如一支神笔，它能描绘出一幅幅多彩的画卷，画卷上印染着我们的理想、我们的目标，我们为了实现它而付出的辛劳都会在画中体现；青春是仅属于你一次的花季，让你在幸福的时候要倍加珍惜，苦难的时候要倍加坚韧，悉心地采撷每一种花的标本，留住那永恒的生命的芬芳。青春对于每个人都只有一次，请珍惜人生最宝贵的青春的时光，去实现你的梦想。

　　青春的美丽离不开梦想的放飞，放飞的梦想如果没有拼搏的汗水，没有付诸行动，没有经过失败和挫折的洗礼，就没有智慧的凝聚，梦想就只能是虚妄的幻想。请记住：

　　努力是成功腾飞的翅膀；

　　行动是通向成功的阶梯；

　　奋斗是打开理想之门的钥匙；

　　吃苦能跨越实现梦想的障碍；

　　梦想是通向成功的羽翼；

　　安逸是葬送梦想的坟墓。

　　年轻是你们人生中最大的资本！你选择了怎样的青春，就会拥有怎样的人生！此时，从我们踏入青春之门开始，就要规划好自己的人生，设计好自己的梦想，并用实际行动践行青春梦想。所以，请不要辜负在校园里的大好时光，在缤纷多彩的校园生活中，一定要怀揣青春的梦想，珍惜青春年华。

　　青春不是驻足等待，昂扬前行才是青春。请不要在最能吃苦的年纪选择了安逸，没有谁的青春是在红毯上走过的。既然梦想成为那个别人无法企及的自我，就应该选择一条属于自己的道路，付出别人无法企及的努力。用踏实的步伐舞出青春的梦想，用辛勤的汗水酿造美丽的人生。

　　将来的你，一定会感激现在努力的自己，奋力拼搏！不负青春，不负自己！

名人名言

志不强者智不达。

——墨翟

穷且益坚，不坠青云之志。

——王勃

大鹏一日同风起，扶摇直上九万里。

——李白

古之立大事者，不唯有超世之才，亦必有坚忍不拔之志。

——苏轼

奋斗这一件事是自有人类以来天天不息的。

——孙中山

贫不足羞，可羞是贫而无志。

——吕坤

形成天才的决定因素应该是勤奋。

——郭沫若

一个人必须经过一番刻苦奋斗，才会有所成就。

——安徒生

业精于勤，荒于嬉；行成于思，毁于随。

——韩愈

Contents 目录

欲戴王冠，必承其重

　　所有的成功，不可能是不劳而获，想要成功就要付出百分之百的努力，否则，就算是天才也会变成庸才。

　　《孟子》云：天将降大任于斯人也，必先苦其心志，劳其筋骨，饿其体肤……一个人经历了贫穷，经历了苦难的磨炼，并且有一颗积极向上的心，这类人将是承担大任的人。古往今来，凡是有所成就的人，无不是通过自己的努力得来的。

没有伞的孩子必须努力奔跑

心 灵 导 读

　　如果你碰到一场大雨，而且你没有伞，你会怎么办？是努力奔跑，还是雨中漫步？有人奋力向前跑，但也有人坚持原来的步调。他们都没有错，不同的是自己的选择、不同的人生态度。其实生活亦是如此，有些人会接受生活的挑战，努力争取，无所畏惧，对人生充满希望，心中充满理想，懂得积极主动地为自己创造机会。而有些人，对生活的态度则是逃避挑战，消极被动，逆来顺受。

　　著名相声演员郭德纲说过这么一段话："我小时候家里穷，那时候在学校一下雨，别的孩子就站在教室里等伞，可我知道我家没伞啊，所以我就顶着雨往家跑，没伞的孩子你就得拼命奔跑！"在现实生活中，绝大多数人和你我一样，都是没有伞却刚好碰到大雨的孩子，我们都很平凡，平凡到这个世界简直感觉不到我们的存在。像我们这样没背景、没家境、没关系、没金钱的，一无所有的人，只能奋力向前奔跑，才能跑出最美人生。

　　小蜗牛问妈妈："为什么我们从生下来，就要背负这个又硬又重的壳呢？"

　　妈妈："因为我们的身体没有骨骼的支撑，只能爬，又爬不快，所以要这个壳的保护。"

　　小蜗牛："毛虫姐姐没有骨头，也爬不快，为什么她却不用背这个又硬又重的壳呢？"

妈妈："因为毛虫姐姐能变成蝴蝶，天空会保护她啊。"

小蜗牛："可是蚯蚓弟弟也没骨头爬不快，也不会变成蝴蝶，他为什么不背这个又硬又重的壳呢？"

妈妈："因为蚯蚓弟弟会钻土，大地会保护他啊。"

小蜗牛哭了起来："我们好可怜，天空不保护，大地也不保护。"

蜗牛妈妈安慰他："所以我们有壳啊！我们不靠天，也不靠地，我们靠自己。"

人生不也是如此吗？我们会抱怨自己的出身和成长环境不如他人，抱怨自己没有他们那样的优势，没有天生的保护伞。抱怨是没有任何作用的，我们只有在人生路上迎着风雨坚强地奔跑，靠自己去努力、去拼搏，才能使自己强大起来，才能实现自己的梦想。

感动了亿万人的无臂钢琴师——刘伟，说："我的人生中只有两条路，要么赶紧死，要么精彩地活着！活着就值得庆祝！"这句深入人心的人生感悟被广为传颂，这个有着不幸命运的中国男孩坚韧不拔、积极乐观的精神感动了全世界。

1987年出生的刘伟，他不是幸运眷顾的宠儿，却是我们身边的传奇。命运让他失去双臂，他用心灵拥抱更大的世界，他用双脚演绎生命的精彩，他用青春体验梦想的力量。小时候的他，曾梦想成为一名职业足球运动员，可在他十岁那年，一场意外事故差点将他推向鬼门关，梦想也随之破灭。

那天，他同小伙伴们玩捉迷藏，刘伟在翻墙的时候触碰到了高压线。醒来的时候，刘伟已经彻底失去了双臂。起初，刘伟并不能坦然面对这个事实，他也曾想过放弃自己，对生活失去了信心和希望。后来，在医院康复中心，刘伟遇到了生命中的一位贵人，他带给了刘伟截肢后的第一次改变。那是一位同样失去双手的病人，他叫刘京生，北京市残联副主席，全国第一位"口足画家"。和刘伟一样，刘京生也是因为一次意外事故失去了双手，但他凭借惊人的毅力，用嘴叼着毛笔学习书法和绘画。他对刘伟说："我们虽然跌倒在山谷底下，要用好几百倍的努力才能爬到山坡上，跟人家在同一起跑线上起跑，但人家能做到的事情，我们一样能做到。"刘伟很感谢刘京生，正因有着同样的遭遇，刘伟开始向刘京生学习。半年以后，刘伟已经能够自己用脚刷牙、吃饭、写字。

12岁时，刘伟开始学习游泳，并且进入了北京残疾人游泳队。两年的时间，他就在全国残疾人游泳锦标赛上获得了两金一银的好成绩。正当他满怀信心备战2008年北京残奥会时，命运对他仍然是那么的无情，由于高强度的体能消耗导致他免疫力下降，他患上了过敏性紫癜，他必须放弃训练，否则将危及生命。他陷入迷茫，此时的他多么渴望找寻到一个新的方向。决不向命运低头的刘伟选择再一次从头开始，再一次向命运挑战。在放下足球、游泳之后，他把期望放在他的另一项爱好上——音乐。确定了自己的音乐之路后，刘伟开始用脚练琴，我们能够想象这需要付出多大的努力。要知道很多正常人用手练了很多年都不一定会有起色。为了能有所收获，刘伟每天练琴的时间超过7小时。在脚趾头一次次被磨破之后，刘伟逐渐摸索出了如何用脚来和琴键相处的办法。如同在足球、游泳上的表现，他对音乐的悟性同样惊人。三年后，刘伟的钢琴水平达到了专业七级。

2010年8月，当刘伟空着袖管走上《达人秀》舞台时，所有人都知道他要表演什么，但没人能想象他究竟要怎样用双脚弹奏钢琴。而当他坐到特制的琴凳上之后，《梦中的婚礼》奏响，优美的旋律从他脚下流出，十个脚趾在琴键上灵活地跳跃着，全场鸦雀无声。曲终，全场掌声雷动，他是当之无愧的生命强者。他获得了成功，成功地登上《达人秀》冠军的宝座！2011年，刘伟走进维也纳金色大厅，演奏中国名曲《梁祝》，受邀前往英国伦敦与前首相夫人切丽·布莱尔会面。2011年，他的首本自传《活着已值得庆祝》发行。2012年2月3日，他成为"感动中国十大人物"获奖者，并获得"隐形翅膀"的称号。

没有伞的孩子，只有努力奔跑，才不会被雨淋到。没有伞代表没有依靠，没有保障我们就要比别人更努力才能成功。《孟子》云：天降大任于斯人也，必先苦其心志，劳其筋骨，饿其体肤……经历了地狱般的折磨，才有征服天堂的力量；只有流过血的手指，才能弹奏出世间的天籁。没有遮风避雨的港湾，没有温暖宽大的依靠，没有温暖贴心的关怀，那就迎风奔跑，去追逐自己的信念。

编者寄语

不要遇到一点微不足道的小事就开始怀疑人生，生活不会辜负任何人的奋斗，梦想，永远属于那些敢于追梦的人。趁我们还年轻，趁我们年华还在，趁一切年少如花，趁现在还不晚，就要努力地去实现自己的梦想，去创造自己想要的生活。只要你迈开脚步，再长的路也不在话下；停滞不前，再短的路也难以到达。无论生活多么艰难，不管前方有多少困难和坎坷，我们都要坚持向前冲，不让一切外力阻挡我们前进的步伐。只有努力奔跑在追梦的路上，才能成为这个时代最耀眼的光芒。

要么出众，要么出局

心灵导读

　　要么出众，要么出局，并非是一道简单的选择题，更多的是一种追求、一种生活态度。在这个不停变化的时代里，只有那些不可替代的人，才能过上稳定的日子，只有拼尽全力，才能过上自己想要的生活。这个世界上之所以有那么多比我们优秀的人，是因为他们通过坚持不懈的努力，才使自己从平凡走向卓越，没有谁能随随便便地走向成功，成功永远属于那些不断拼搏努力的人。这是一个物竞天择、适者生存的世界，你不能怪现实太残忍。只有竞争，才能去除人性的弱点，才能发展优秀的品质，既然你不想被淘汰，那么你就必须努力提升自己。

　　生活不可能总是一帆风顺、一马平川，我们也会遭遇失败和挫折；生活不可能总是如歌行板、水乡夜曲，我们也会碰到厄运和灾祸。想要自己的人生光彩照人，就要敢想、敢做、敢走出第一步。如果你想要比别人成功，你就必须付出比别人更多的艰辛和努力。每天空想着自己要比别人强，要比别人成功，而不付出行动，注定一事无成。

　　"物竞天择，适者生存"，一句话道尽了竞争是无处不在的。老鹰是所有鸟类中最强壮的种族，根据动物学家所做的研究，这可能与老鹰的喂食习惯有关。老鹰一次会生下四五只小鹰，但是由于它们的巢穴很高，所以它们猎捕回来的食物一次只能喂食一只小鹰。而且老鹰的喂食方式并不是以平等的原则，而是谁抢得凶就给谁吃。在这种情况下，那些瘦弱的小鹰吃不到食物都死了，只有最凶狠的存活下来。代代相传，老鹰一族也就越来越强壮。企鹅能适应严寒而生存于南极，骆驼能适应干旱而成为"沙漠之舟"。而人类有了适应自然的能力，才得以繁衍至今。

纵观中国历史，但凡精彩纷呈、人才辈出的时代，无不是竞争激烈、非胜即亡的时代。

春秋战国时期，列国争雄，每一个国家要想生存下来，必须政治修明，武力强大。在此基础上，才有了勾践卧薪尝胆，与民同耕，通过10年的努力，终于使国力超过了吴国，灭夫差称霸。

童第周出生在浙江省鄞州区一个偏僻的小山村里。由于家境贫困，小时候他一直跟父亲学习文化知识，直到17岁才迈入中学的大门。由于他基础差，学习十分吃力，第一学期末平均成绩才45分，学校勒令其退学或留级。在他的再三恳求下，校方才同意他跟班试读一学期。

第二学期，童第周发愤学习。天渐渐黑了，他在路灯下读外语；夜熄灯后，他在路灯下自修复习。功夫不负有心人。期末，他的平均成绩达到70多分，数学还得了100分。这件事让他悟出了一个道理："一定要争气。我并不比别人笨，别人能办到的事，我经过努力，一定也能办到。"

童第周28岁时，在亲友们的资助下远渡重洋，来到北欧比利时的首都——布鲁塞尔留学，跟一位在欧洲很有名气的生物学教授学习。在那位教授的指导下，童第周研究胚胎学，一起学习的还有别的国家的学生。旧中国贫穷落后，在世界上没有地位，外国学生瞧不起中国学生。童第周暗暗下定决心，一定要为中国人争气！

几年来，那位教授一直在做把青蛙卵的外膜剥掉的实验。这是一项难度很大的手术，青蛙卵只有小米粒大小，外面紧紧地包着三层像蛋白一样的软膜，因为卵小膜薄，手术只能在显微镜下进行，所以需要熟练的技术，还需要耐心和细心。同学们都不敢尝试，那位教授自己做了几年也没有成功。

童第周不声不响地刻苦钻研，反复实践，终于完成了这项实验任务。那位教授抑制不住内心的喜悦，连声称赞："童第周真行!中国人真行！"这件事震动了欧洲的生物学界，也为中国人争了气。

人不可有傲气，但不可无骨气，同时心中还要有不变的决心。童第周坚守着"一定要争气"的誓言，怀着振兴祖国科学事业的志向前进，终于做出了让人意想不到的成绩。

每个人都会有或自卑或堕落或沮丧或沉沦的时光，倘若甘于生活的平淡，让琐事消磨了打拼的激情，那些所谓的未来与梦想终会如美丽的泡沫迟早会破碎。

成功从来都没有什么捷径与秘密可言，如果说有，那应该就是努力和坚持了，越努力，越幸运。物竞天择，适者生存，你要么出众，要么出局，没谁喜欢听一个失败者讲故事。

编 者 寄 语

这个社会每个人都很忙碌，社会从来不关心你的遭遇，社会只关心你有没有本事。不要怪现在的人太现实，样样比你强的人，瞧不起你很正常。要想获得尊重，必须要靠实力证明自己。成功必然要付出代价，踏踏实实静下心来，好好提升自己的价值，用事实证明自己的本事，证明自己是不可被取代的，才能让别人对你刮目相看。

你总要一个人，走过一些艰辛

当我们站在生活的面前，总会有一些特定的时刻，是容不下你伤春悲秋的。在成长的路上，我们会受伤难过，也会懊悔；会纠结害怕，也会抗拒。这都是必须要经历的路程，没有捷径可走。只有经历过无数失败，才能懂得成功的艰辛；只有在磨难中苦苦煎熬，才会明白人生的曲折。汗与泪浇灌的花更美丽，痛苦与艰辛缔造的成功更辉煌，绚丽的人生注定不平坦。谁都会有难熬的日子，当你独自熬过那些在生命中最难熬的时刻，你才会塑造出更好的自己。

冰心说："成功的花，人们只惊羡它的明艳，然而当初的芽儿浸透了奋斗的泪泉，洒遍了牺牲的血雨。"人生的路上总是一波三折，而成功的背后，却有着艰辛、痛苦，成功是用汗水与泪水灌溉才绽放的花，成功的路充满艰辛。成功，并不遥远，但它需要你付出行动，付出耕耘。

你是否也曾羡慕那些成功人士所取得的成就，是否也希望自己能成为他们中的一员。然而，面对现代都市繁重的生活压力，你还想着周末美美地睡一觉，你还想着哪家上了新衣服，这样的人并不能成为人生赢家。看看那些成功人士的作息表，你会发现，他们的成功是必然的，因为他们付出了超出我们十倍、百倍的努力，没有谁的成功是偶然的。

亚洲流行天王周杰伦是家喻户晓的大明星，拥有许多脍炙人口的创作歌曲。当年一曲《青花瓷》火遍大江南北，周杰伦的歌曲让人百听不厌，模糊的声带总会将你的耳朵酥化掉，越听越上瘾。但其实，周杰伦作为一个没有什么背景的音乐人，能够取得这么大的成就，离不开他自己的音乐才华和坚持不懈的努力。

周杰伦3岁的时候，就表现出惊人的音乐天赋。母亲拿出多年的积蓄为他买了架钢琴，妈妈对他的要求很严格，童年的周杰伦被剥夺了玩的权利，所有的日子都是在钢琴边度过的。读高中的时候，因为他弹得一手好琴，又很会打篮球，一下子成了学校里的风云人物，也就是从那时起，他确立了自己的音乐梦想。1996年6月，高中毕业后的周杰伦一时找不到工作，便只好应聘到一家餐馆当了名服务生。

1997年9月，周杰伦在母亲的鼓励下，报名参加了台北星光电视台的娱乐节目《超级新人王》，并在节目中邀人演唱了自己创作的歌曲《梦有翅膀》，第一轮就惨遭淘汰。却意外得到了台湾省乐坛老大吴宗宪的垂

青，吴宗宪邀请周杰伦到阿尔发唱片公司担任助理，助理这个工作什么杂事都得做，有时还得帮大家买饭盒，而且薪水又很少，不过周杰伦做得很快乐。逐渐的，他从小扎扎实实打下的音乐根基让他的表现越来越亮眼，老板吴宗宪看在眼里，决定给这个很有才华的小伙子一个机会，让他拥有自己的舞台，当个创作歌手。周杰伦不停地写歌，结果都被吴宗宪搁置一旁，甚至有些被当面扔进纸篓。但周杰伦没有泄气，吴宗宪被他的努力感动了，答应找歌手唱他的歌。

1998年2月，周杰伦写了一首《眼泪知道》，吴宗宪将这首歌推荐给天王刘德华来唱，可是刘德华因为不喜欢歌词，当场就拒绝了。他又为张惠妹写了一首《忍者》，可结果还是一样，因为他写的歌太稀奇、太古怪，没有人愿意唱他的歌。最后，吴宗宪决定尝试让他自写自唱。他们约定，如果周杰伦能在10天之内，写50首歌，吴宗宪能从中挑选出10首，就帮他出唱片。

他一头钻进创作室，任由激情迸发，一首接一首地创作。饿了就泡包方便面，困了就倒头睡一会儿，他没日没夜，绞尽脑汁，拼命写歌。近乎疯狂的10天过去了，他竟然创作出了50首新作品！半年之后，他的第一张专辑问世，立即轰动歌坛。紧接着他的第二张专辑《范特西》又风靡流行音乐界。在第八届全球华语音乐榜中榜评选中，他被评为"最受欢迎的男歌手"。

在平时，我们都希望一步到位地取得成功，可是这只是一种美好的期待罢了，因为你的知识、你的能力是需要一步步巩固，一步步提高的。所以即便现在的你生活得很平淡，没有什么波澜，你也要潜心修炼，当哪天机会来临时，你牢牢地抓住它。

只有锲而不舍地努力，耐心地等待，才能换来一鸣惊人的迅速出击。只有经历过无数失败，才能懂得成功的艰辛。与其抱怨这个世界不美好，不如用自己的努力争取更多的美好和幸运，面对困难迎难而上，勇于与困难做斗争，把成功路上的艰辛，当作人生一笔宝贵的精神财富。

编 者 寄 语

　　人生漫漫，想要到达繁华，必经一段荒凉。人世沧桑，你总有一个人，熬过所有的苦难。只有靠自己，才能真的实现自救，也只有自己走过每一次人生的起伏，内心才会豁然开朗，才会更有底气。在成长的路上，我们可能会迷失方向，可能对生活失去了希望，会受伤难过，也会纠结害怕，这都是必须要经历的路程。但眼前的生活无论看起来多么的糟糕，生活得多么艰辛，我都希望，你始终能昂着倔强的头说"我决不认输"。唯有如此，才可以靠着这股信念挺过艰辛，历尽千帆，梦想才会实现。

你若盛开，蝴蝶自来

　　曾经，有人为了得到美丽的蝴蝶，追逐跑了很久，累得气喘吁吁，满头大汗，终于抓到了几只。可是蝴蝶在网里恐惧挣扎，丝毫没有美丽可言，而且一有机会，蝴蝶就会飞走。而有的人买来几盆鲜花放在窗台上，然后静静地坐在沙发上品着香茗，望着蝴蝶翩翩而来。花儿绽出了花蕾，引来了翩翩起舞的蝴蝶。世界上，有很多事情都是这样，如果想飞翔，就要经历苦痛，想要追求梦想，就要让自己拥有一对羽翼丰满的翅膀。你若盛开，蝴蝶自来；你若精彩，天自安排。

　　同是一块石头，一半做成了佛，一半做成了台阶。

　　台阶不服气地问佛："我们本是一块石头，凭什么人们都踩着我，而去朝拜你呢？"

　　佛说："因为你只挨了一刀，而我却经历了千刀万剐，千锤万凿。"

　　台阶沉默了。人生亦是如此，经得起打磨，耐得住寂寞，扛得起责任，肩负起使命，人生才会有价值。看见别人辉煌的时候，不要嫉妒，因为别人付出的比你多。

　　光阴荏苒，日月如梭。看那岁月慢慢消逝，还有多少精力用来盛开自己的美呢？珍惜你的岁月，不断地完善自身，充实提高自己，创造自身的吸引力，坚持不懈地去努力，去拼搏，终有一天，会实现你心中的梦想。

彤彤和珂珂是一对双胞胎。姐妹俩人见人爱，更是全家人的骄傲和开心果。聪明活泼的姐妹俩很快到了上学的年龄，但两人调皮贪玩得很，因此学习成绩一塌糊涂。

很快姐妹俩初中毕业，要参加中考了，她们第一次郑重地坐在一起，讨论未来。姐姐说："只有把学习成绩提上去，我们将来才能考上自己想上的大学，从今天开始我们要努力学习。"

两人一拍即合，制订出了详细的学习计划，最后还把它打印出来，一式两份，贴在了自己的床头旁，时刻提醒自己并监督对方。这样一年下来，两人各自摸索着，找到了适合自己的学习方法。课余时间，两人不是在图书馆就是上网查资料学习，她们的学习成绩也由入学时的100名上升到50名、30名、20名。她们经常在微博上晒照片，既是向对方交代各自的生活，又是在向对方挑战。

所有的天赋中，刻苦可能是最容易被人忽略，而又最难以获得的。通过刻苦的努力，她们达到了自己设定的一个又一个目标，两人也由原来入学时的年级100名跃为年级数一数二的学霸，令全校师生刮目相看。

苦，从来不是白吃的! 高考的时候，姐妹俩分别考上了清华大学的中文系和新闻系，两人完成了一个重大的逆袭。刚刚20岁的双胞胎姐妹，因一同考入清华大学，被媒体广泛关注。入学当天，姐妹俩被记者拦住采访、拍照，她们刚入校门，就成了学校的公众人物。大学里，她们仍是学霸，拿奖学金，当学生会干部，修双学位。好像所有的好运都在偏向她们，其实，这些都是她们自身努力的结果，是努力改变了她们的命运，好运才会接踵而来。

　　每个人都是自己命运的建筑师，命运永远掌握在自己的手里。不甘于平庸，那便找回梦想，为梦想而奋斗！找到梦想，就要精进自己，不断地缩短目标距离，并持之以恒。如果想飞翔，就要经历苦痛，想要追求梦想，就要让自己拥有一对羽翼丰满的翅膀。

编 者 寄 语

　　时间是一场盛大的酝酿和安排，总会在某个节点，一些期待中的事情如愿发生。并非侥幸，也绝不都是运气，所有的看似偶然，其实不过是百炼成钢罢了。人们总会羡慕别人叱咤风云的光鲜，却忽略了他们为今天的成就所付出的艰辛努力。你若怀揣梦想，努力行动，命运会成全你应有的高度。人生没有太多的幸运和偶然，只有付出努力之后，才能得到的理所当然。要想站在高处俯瞰风景，就得学会奔跑和攀岩。要想成功，就要努力地去规划自己，克制自己。只有努力过，才能有所作为。

只有不认命，命运才会认你

托尔斯泰说："人生不是享乐，而是一项十分沉重的工作。"每个人的人生只有一次，短暂且独一无二。我们每个人都应该在有限的生命里，创造属于自己的价值。青春是一生中最好的年华，青春代表着梦想，拼搏，青春代表着更多的生活体验，代表着更多尝试新事物的机会。当青春正好，当我们还年轻的时候，就应该做自己想做，做自己能做的事。若干年后，当我们回忆起自己的青春时，可以毫无遗憾地大声说"我的青春不悔"。

每一只鲜艳美丽的蝴蝶背后，都曾有过毛毛虫的丑陋与痛楚；每一次耀眼的成功背后，都充满艰辛的汗水与痛苦。无论做什么事，都需要不断奋斗、挑战自我。温水煮青蛙的故事告诫我们，太过安于现状，不知未雨绸缪，必然会给我们带来不可预知的伤害。我们要想取得成功，就必须不断地提醒自己，坚持拼搏奋斗。

可在现实生活中，却有不少人表着激昂的决心，却依然过着我行我素的生活，他们安于悠闲的生活，懒于用脑，饱于口福，甚至认为躺在沙发上美美地睡上一觉，就是一种福气，他们甘愿做一个对世界满腹牢骚却又随波逐流的人。他们都在嘲笑那个渴望着天上掉馅饼的人。可是细想，他们这种一边渴望着挣大钱，一边却又不愿付出努力的人，与期待天上掉馅饼的人又有什么区

别呢？但与此同时，也有一些这样的人：他们严于律己，每天按计划行事，有条不紊地生活，把握住每一分每一秒，每天都以最好的状态和心境迎接生活。因为他们相信舍弃安逸，放手一搏，结束庸碌的生活，不断提升自己，才有可能开创一番属于自己的天地。

没出名之前，汪涵在湖南电视台从事场务的工作。其实就是在电视台里打杂，他搬摄影器材，修理东西，做客串主持，甚至做节目中的托，有时候也会爬到很高的架子上，往下撒花瓣。这样的工作他做了好几年，每天定时开工不定时下班，24小时都傻乎乎地被人呼来喝去。

他深知自己只有中专学历，要在电视台立足谈何容易，所以在工作时格外卖力。一次，台里搞大型活动，搬桌子扛凳子的事总是少不了的。编导让他搬200张凳子，凳子是实木的，汪涵那时还比较瘦弱，凭他的体力一次只能搬动两张，这样来回一百多次，他累得满头大汗，两腿发软，但他没有一句怨言，他工作时常苦中作乐，给自己减压。他乐呵呵地跟周围同事开玩笑地说："没准，今天我扛的椅子，有可能会是毛宁坐的呢。"

在台里比他资历、经验、职位高的人很多，他被人指挥是可想而知的事。但是在一档节目中，唯独有一个环节他可以指挥别人。在节目正式录制前，导演一定要先拍好观众大笑或鼓掌的场面。他就在这个时候出场，站在一群人前面，挨个地排好位置，然后带头大笑。一场秀下来，他好像傻瓜一样笑几十次。镜头拍得很好的时候，编导会走下来拍拍他的肩膀说："很好，笑得很傻，再努力。"

于是，那期节目又多了一两个特写镜头是属于他的。没有人知道被人要求再傻一点是什么样的滋味，也许他真的在乎过这些经历，所以现在他对片场的每一个人都很好，包括打扫卫生的工人。

汪涵曾经给湖南电视台的一档节目《真情》做剧务，这成为他命运的巨大转折点，那时候领导正在考虑让谁担任男主持，是《真情》的主持人仇晓说了一句话："可以让汪涵试试，这男孩子还不错！"这句话改变了汪涵的一生。就这样，汪涵做起了主持人。他的主持风格幽默风趣，还擅长脱口秀，精通多种方言，他凭借自身的努力，如今稳坐湖南卫视主持一哥的宝座，汪涵从以前的"抬柱子"到现在的"台柱子"，近20年的主持生涯中，他获得过许多荣耀。

从做剧务到做节目主持人，汪涵只用了两年的时间。对此，他感触颇深："要学会承受!就是用心地做好该做的每一件事。上天抛给你的东西，用自己的双肩去承受，不管抛多少先扛着，扛着的目的是为了让你的身体更加坚强，双臂更加有力。这样的话，有一天它馈赠给你更大礼物的时候，你能接得住。"汪涵在生活比较艰难的时候仍在坚持不懈的努力，皇天不负有心人，他用自己的努力和汗水，成就了如今的辉煌和荣耀。

这是一个爱拼才会赢的时代。汪涵只是专科毕业，连本科都不是，但他从没有向命运妥协，他用心地做每一件事，在年轻的时候为自己的梦想奋力拼搏，终于开辟出一条属于自己的路。所以，我们每个人都要靠自己的努力、积累和感悟，靠自己良好的习惯，为自己积累一些前进的能量。努力向生活，向命运，向嘲笑自己的人证明：只要努力，都有改变命运的机会。不断改变自己的命运，就是努力奋斗的意义，也是努力奋斗的力量，比任何豪言壮语都让人感动。

　　总之，不管自身的条件是多么不足、有缺陷甚至恶劣，现在所处的环境是多么艰难，不要忘记，逆境不等于绝境，只要保持高昂的斗志，那么就有希望重新谱写自己命运的新篇章。生活就是这样，不放弃，不认命，命运才会垂青于你，才会给你翻盘的机会。

编 者 寄 语

　　雨果说："当命运递给我一个酸的柠檬时，让我们设法把它制造成甜的柠檬汁。"人生在世，我们或多或少总会遇到这样或那样的困难。面对困难，有的人选择绕道而行，有的人选择迎难而上。如果只是痛哭或接受命运的安排，那只会让自己越陷越深。如果想要绝处逢生，就要勇敢地挑战困难，战胜困难，向命运挑战，让目前的困境成为我们将来走向成功的垫脚石，勇敢地踩上去，走向成功。

第 二 章

不勤于始，将悔于终

　　每条河流都有一个梦想：奔向大海。长江、黄河都奔向了大海，方式不一样。长江劈山开路，黄河迂回曲折，轨迹不一样，但都有一种水的精神。水在奔流的过程中，如果像泥沙般沉淀，就永远见不到阳光了。

　　每个人在其一生中都会拥有这样或那样的梦想，但拥有梦想，仅仅是万里长征的第一步，它就像微弱的火苗，而要想使火苗变成熊熊大火，需要的是我们将梦想变成现实的实践活动。

天再高，踮起脚尖就更靠近阳光

　　成功学有一句名言："成功者不是比你聪明，只是在最短的时间采取最大的行动。"如果你有一个梦想，或者决定做一件事，就应该立刻行动起来。要知道，100 次心动不如一次行动，一个实干者胜过 100 个空想家。一花凋零荒芜不了整个春天，一次挫折也荒废不了整个人生。不要去想是否能够成功，既然选择了远方，便只顾风雨兼程，付诸行动。

　　成功学创始人拿破仑·希尔说："生活如同一盘棋，你的对手是时间，假如你行动时犹豫不决，或拖延行动，将因时间过长而痛失这盘棋，你的对手是不容许你犹豫不决的！"成功没有秘诀，想要成功，就必须付诸行动。只要肯积极行动，每天都更努力，让自己变得更加的强大，你就会越来越接近成功。

　　"心动专家"与"行动大师"

　　有两个和尚，一个很贫穷，一个很富有。

　　一天，穷和尚对富和尚说："我打算去一趟南海，你觉得怎么样呢？"

　　富和尚不敢相信自己的耳朵，认真地打量一番穷和尚，禁不住大笑起来。

　　穷和尚有些莫名其妙，问："怎么了？"

　　富和尚说："我没有听错吧，你也想去南海？你凭借什么东西去南海啊？"

穷和尚说："一个水瓶、一个饭钵就足够了。"

富和尚大笑说："去南海来回好几千里路，路上的艰难险阻多得很，可不是闹着玩的。我几年前就准备去南海了，等我准备充足了粮食、医药、用具，再买上一条大船，找几个水手和保镖，就可以去南海了。你就凭一个水瓶、一个饭钵，怎么可能去南海呢？还是算了吧，别白日做梦了。"

穷和尚不再与富和尚争执，第二天就只身踏上了去南海的路。他遇到有水的地方就盛上一瓶水，遇到有人家的地方就去化斋，一路上尝尽了各种艰难困苦，很多次，他都饿晕、冻僵、摔倒。但是，他一点儿也没想到过放弃，始终向着南海前进。

一年过去了，穷和尚终于到达了梦想的圣地：南海。

两年后，穷和尚从南海归来，还是带着一个水瓶、一个饭钵。穷和尚由于在南海学习了许多知识，回到寺庙后成为一个德高望重的禅师，而那个富和尚还在为去南海做各种准备工作呢。人的思维决定他的行动，而他的行动又决定他能否修得正果。

其实，在生存处世中也是如此。一个人为自己做了N多的计划与构想，天天沉浸于幻想之中，但却一直不采取行动，他会找各种借口来拖延，久而久之这些计划也就成了空想。如果不善于采取行动，他是很难有所作为的。但也有这么一些人，他们善于把想法落实到实处，他们会想出各种办法完成心愿，他们始终相信虽然行动不一定会成功，但不行动则一定不会成功。那些空想幻想未来的人只能称为"心动专家"，成大事者，则属于勤于行动的"行动大师"。

行动是通向梦想之路必要的基石。如果没有行动，梦想只是白日做梦，永远也不会实现。越王勾践拥有灭吴的梦想，所以每日卧薪尝胆，苦练剑术，最终只凭三千越甲即可吞吴。居里夫人拥有提炼镭的梦想，所以她夜以继日地工作，从万吨煤渣中提炼出了0.1克的镭。两弹一星的研发之路十分艰难，邓稼先等科学家在荒凉的大西北刻苦研制，终于开辟了属于中国的核技术之路。没有行动，梦想如未点燃的火花，尽管绚丽却无法展现。只有付出行动，梦想与行动兼而有之，梦想才会实现。若有一项缺少，我们将会在奋斗之路中迷失。只有将两者紧密地结合在一起，才能在奋斗之路上留下成功的脚印。

所以，心中有什么未完成的梦想，勇敢地去追逐吧，别让它一直搁浅，直到成了你心中的伤。你必须果断地迈出第一步，勇敢地行动起来。如果你制订了计划，就按照计划执行，这不仅仅是行动力的问题，也是对时间的把握问题。养成立即行动的习惯，我们就能抓住更多的机遇，成就梦想的可能性就增大了。

编 者 寄 语

　　不要总想着"从明天开始做"，而是要从现在做起，不要为了自己的梦想夸夸其谈，而要从做好身边的小事开始。"心动不如行动"，在行动中实现梦想就要求青少年敢想敢做，只要你心中还有梦，就应该迅速地行动起来，不要在彷徨中裹足不前。虽然，前方会有巨浪滔天，但也会有长虹贯日。马云曾说过：今天会很残酷，明天会更残酷，后天会很美好，但大部分人会死在明天晚上。所以让我们拿出"吹尽狂沙始到金"的毅力，拿出"直挂云帆济沧海"的勇气，去迎接人生中的风风雨雨！

把每一天都看成生命的最后一天

古人说过："一寸光阴一寸金，寸金难买寸光阴。"或许你现在觉得昨天和今天没什么大区别，今天和明天也没有什么不一样，一年四季，春夏秋冬循环往复。你听说过玛雅人预言的2012年世界末日吗？当然世界末日没有来临，人类也没有从世界上消失。可是，你有想过，倘若生命真的剩下最后一天，你会做些什么吗？

年少的时候，我们总以为人生很漫长，我们常憧憬着未来，怀念着过去，往往会忽视现在。然而，过去的永远不会回来，未来似乎遥不可及，我们能把握的只有现在。我们活在今天，只要做好今天的事就好了，无须担心明天或后天的事，我们活在此刻，就要好好珍惜此刻的时光，因为每一个瞬间都是独一无二的。不要再想着从明天起开始做什么，而是要从现在起就去做自己想要做的。

巴蒂斯特·卡米耶·柯罗是法国画家，他是使法国风景画从传统的历史风景画过渡到现实主义风景画的代表人物。他曾经三次旅游意大利，遍游法国，深入大自然，创作了一批简练、淳朴、继承传统又有新意的风景画和人物画。有一天，一位青年画家来到柯罗家里，把自己的作品拿出来给柯罗看。柯罗指出了对方作品中几处他觉得不满意的地方，青年画家很感动，连忙表示："谢谢您，明天我全部修改。"柯罗激动地问道："为什么要明天？您想明天才改吗？要是您今天就死了呢？" 可见，柯罗是多么珍惜时间。要是人们把活着的每一天都看作是生命的最后一天，去好好珍惜它，善待它，珍惜它的每一分每一秒，认真对待每一件事，好好利用这一天，去做一些有意义的事，这一天将过得更有意义、有朝气。

时光永流逝，十三四岁正处于最令人羡慕的年龄，正是我们将青春的光芒毫无保留地释放出来的最好的年龄。有些同学却不懂得珍惜，他们每天把"好累啊，我不想活了"挂在嘴边，并感叹"时间怎么过得这么慢啊!"

现如今，校园里的打架斗殴、自杀事件已屡见不鲜，足以可见同学们是多么轻视生命。当"一天要二十四个小时做什么啊，十二个小时就够了，八个小时睡觉，四个小时吃饭，这不是很好吗？"之类的话在校园里传开并被奉为经典时，是不是可以说明学生的时间观出现了很大的问题？

"浪费时间等于谋财害命。"千千万万的人因虚度年华而最终悔恨，到头来只能"白了少年头，空悲切"。现在的我们却还未体会到这些，待到体会到时，已经晚了，逝去的时光再也不会回返。为了不致将来后悔，请珍惜每一天的时间吧!

珍惜时间就是珍惜生命，青春在生命中有那么几年，却只有一次，丢掉了就不会再拥有。每个人的生命只有一次，同样的一天24小时，如果让今天白白流失，那就相当于毁掉了人生最重要的一页。在生活中，听过不少人说"以后，我要怎么怎么样""以后，我一定会怎么样怎么样"……可是，你不从现在做起，又怎么能有以后，有未来？人生这条路，看似长远却又很短暂。别让我们的今天白白浪费，别让我们的今天不如昨天。不管你现在正在做什么，从事什么职业，好好把握今天吧。做好手里的工作也好，陪家人吃顿饭也罢，不要虚度今天。

浪漫主义诗人珀西·比希·雪莱曾经说过："过去属于死神，未来属于自己。"无论过去你的人生是轰轰烈烈，还是平平凡凡，都不重要了，况且，我们不是时光老人，可以穿梭时空，我们更不是外星人，可以预见未来，我们能做的就是把握现在！只有活在今天，才能使未来多一分希望，这样才能把握未来的方向。

编 者 寄 语

"明日复明日，明日何其多。我生待明日，万事成蹉跎。"很多时候，我们总以为我们的人生还有很多个明天，其实对于每个生命来说，属于你的"明日"是有限的，过一个就少一个。假如一直把今天想做的事情都拖到明天去做，其实就是在不断地占用明天的时间，占用未来的时光。人生来来往往，没有那么多来日方长，抓紧今天，才能创造明天，趁阳光正好，趁微风不燥，去做想做的事。如此，才是对人生最大的不辜负。

今朝最可贵，拥有当珍惜

　　昨天如水，逝而不返；今天虽在，正在流走；明天在即，却也即逝。只有放下昨天，珍惜今天，才能无悔明天。在我们身边，总有一些人陷在对往事的追忆里不能自拔，为已经打翻的牛奶而哭泣，这些人不会明白，现在所拥有的才是我们最值得珍惜的。幸福没有明天，也没有昨天，它不怀念过去，也不向往未来，它只有现在。

　　"杨柳枯了，有再绿的时候；花儿谢了，有再开的时候；燕子去了，有再来的时候。"自然界的事物就是这样循环反复，周而复始。然而，有一样东西是一去不复返的，那就是时间。过去的终已过去，永远再也挽不回，时间是不会倒流的。只有把握好现在，珍惜生命中的每一个今天，这样的人生才不会虚度，才会取得一定的成就。

　　鲁迅说过："过去的生命已经死亡。"就是告诉我们，人的一生当中，现在和未来会比过去对人生更有意义。多少个昨天已经变成历史，多少个今天也将成为昨日。时间是一条永不静止的河流，与其浪费光阴，倒不如珍惜现在，用今天的一举一动去充实自己的生命。这样的人生，才不会在生命即将终止的那一刻，因自己虚度而懊悔。时间无情，人生有限，没有人能预料明天将发生什么？就连过往的昨日，也一样遥不可及。在生命奔驰的过程中，能掌握的唯有今日，人生只有一个今天，今天永远是行动的最佳时机。

　　司马光是北宋时期著名的政治家，也是当时了不起的大学问家。流传千古、影响深远的历史著作《资治通鉴》就是他编写的。

　　司马光小时候在私塾里上学，他总认为自己不够聪明，甚至觉得自己比别人的记忆力差。为了训练自己的记忆力，他常常要花比别人多两三倍的时间去记忆和背诵书上的东西。每当老师讲完书上的东西，其他同学读一会儿就能背诵了，于是纷纷跑出去玩耍的时候，司马光就一个人留在学堂里，关上窗户，继续认真地朗读和背诵，直到读得滚瓜烂熟，背得一字不差，才肯罢休。

　　他还利用一切空闲的时间，比如骑马赶路的时候，或者夜里不能入睡的时候，一面默诵，一面思考文章的内容。久而久之，他不仅能够

觉得为时已晚的时候，恰恰是最早的时候。

背诵所学的内容，而且记忆力也越来越好，少时所学的东西，竟然终身不忘。由于他从小学习一丝不苟，勤奋用功，为他后来著书立说奠定了很坚实的基础。

司马光一生坚持不懈地埋头学习、写作，常常忘记饥渴寒暑。他住的地方，除了书本，只有非常简单的摆设：一张板床、一条粗布被子、一个圆木做的枕头。

为什么要用圆木做枕头呢？原来，司马光常常读书到很晚，他读书读累了，就会睡一会儿，而人睡觉的时候是要翻身的，当他翻身的时候，枕头就会滚到一边，这时他的头会碰到木板上，这样一振动，人就醒了，于是，他马上披衣下床，点上蜡烛，接着读书。后来他给那个圆木枕头起了个名字，叫"警枕"。

就是凭着这种永不自满、永不懈怠的精神，司马光和他的助手，花了整整19年的时间，编成了《资治通鉴》这本历史巨著。

不得不说时光总是太匆匆，伫立于回忆的门槛，只能遥望，而我们却再也回不到最初的原点。我们常说："时间过得太快，一晃就快老了。"中年人总觉得青春去得太早，青年一晃就觉得少年不再；少年总觉得自己再也不是小孩子了。尤其是上了年纪的人，对人生最有感触，他们常为时间去得太快而叹息。不要纠结昨天的一切，昨天已经回不去了，就像人们说的昨天的太阳，晒不干今天的衣裳，我们要调整好心态去迎接明天的到来，就算昨天和今天有多么的不容易，那样的不容易到了明天也都会变成过去。

昨天是基础，今天是行动，明天是计划。昨天是努力的起点，明天是奋斗的目标。如果没有今天，昨天就不会进步，明天的计划就会落空。如果没有今天，昨天就无法从起点出发，更无法达到明天的目标。有太多人将一切寄望于未来。当然梦想是伟大的，但也需要付诸行动，而"现在"就是推动梦的那双手，因为，美好的未来都源于今天的努力，今天付出多少，未来才会收获多少，只有通过今天的不断努力，才会有更美好的未来。

编 者 寄 语

　　"黑发不知勤学早，白首方悔读书迟。"现在我们的努力，是为了将来能过上想要的生活，不用为生活所迫，做自己不喜欢做的事情。所以，从现在开始，珍惜眼前所拥有的一切吧，不要等到失去的时候才懂得珍惜，到那个时候就来不及了!已经过去的昨天是一张过期的"支票"，明天是一张还未填写数字的空白"支票"，只有今天的"支票"是最有效的。所以，如果你想要美好的生活，从现在做起，从今天开始努力读书，发愤学习，用所有的热情和精力去把握现在吧！

没有白费的努力，也没有碰巧的成功

心灵导读

世上没有白费的努力，也没有碰巧的成功，一切无心插柳，其实都是水到渠成。人生没有白走的路，也没有白吃的苦，跨出去的每一步，都是未来的基石与铺垫。踏实地做好每件小事，勤恳地付出努力，认真地对待生活，你现在的努力和准备，它们都是一种沉淀和积累，它们将来会在某个时间，帮助你迸发出强大的力量。终有一天，你的每一分努力，都将绚烂成花。

任何人与事的成功都无法一蹴而就，每一阶段的抵达，身后都是一步一个脚印的积累。只要不急不躁，耐心努力，保持对新事物、新领域探索的好奇，就是行进在成为更好自己的路上。一个人若想在社会上赢得一席之地，就必须实实在在地贡献自己的价值和力量，在价值和力量的背后，一定付出过比常人更多的艰辛、积累与努力。

岳云鹏的相声，不仅幽默，还能与时代相结合，更符合年轻人的口味。喜剧演员展示给我们的总是快乐，但我们可能会忽略他们比常人付出了更多的艰辛。

岳云鹏是农村出来的孩子，生于河南濮阳，因为家庭并不富裕，加上姐妹众多，父母种地的收入难以维持生计，他14岁就被迫辍学，出来闯荡社会。在最初的那几年，正值流行北漂，农村出来的孩子，因为向往大都市的繁华，以为那里，处处都是商机，想着出人头地的那天，可以衣锦还乡，光宗耀祖。想法是美好的，但现实却是残忍的。在偌大的城市里，没有高的学历又没有一门手艺，想要生活下去尚且不容易，还谈什么赚钱呢？

初到北京的岳云鹏在一家餐馆里打工，每个月拿着一千元的工资，除去自己的花销，每个月要给父母邮寄800元，这样的日子实属艰辛。试想一下，现在的孩子，14岁出去打工，有哪个父母舍得呢？但是屋漏偏逢连夜雨，岳云鹏遇到了改变他人生的一件事情，让他一辈子无法释怀。因为有一次岳云鹏把3号桌的两瓶啤酒错写在了5号桌，顾客就对岳云鹏进行言语攻击，甚至辱骂他长达三个多小时，期间岳云鹏不断地道歉，但是这并没有让顾客消气，最后岳云鹏赔了几百元钱，要知道，那时岳云鹏的工资非常少，从此岳云鹏真切地感受到生活的不易，更加清楚了人性的现实。

其实在很多平常人眼里，没有必要去为难一个服务员，都是打工的，往上数三辈自己也是农村人出身，人与人之间应该相互尊重，相互扶持。这件事对年少的岳云鹏打击很大，后来经人介绍岳云鹏拜入郭德纲门下，学习相声这门艺术。

岳云鹏其实天资不是很聪慧，但是他性子倔强，踏实肯学。为了说好相声，岳云鹏在大冬天站室外拿着报纸大声朗读，练习普通话；在小剧场打杂时，也经常通过看别人表演来学习。空闲的时候，岳云鹏经常观看其他师兄的表演，三个月后他才正式学习相声。经常可以看到，在大半夜，剧场里空荡荡的，岳云鹏就对着空无一人的座位嬉笑怒骂。

就这样，一年一年熬了过来，岳云鹏虽然没有说相声的天赋，祖师爷不赏他饭吃，一切的坏事都发生在他身上，但他还是平常心面对，用努力和汗水提高自己。岳云鹏学习相声非常的刻苦，而这正是促使他成功的主要原因。现在的岳云鹏，家喻户晓，路人皆知。他的成名之路，绝对是一部活生生的屌丝逆袭史。

　　成名之后的岳云鹏并没有膨胀，而是继续为观众带去欢乐，他也用自己的方法去帮助和鼓励那些还奋斗在路上的朋友。的确，岳云鹏的成功是振奋人心的。像他这样年少离家、外出打拼的年轻人不计其数，但是有多少人能像他那样，历尽艰辛却永不放弃梦想？岳云鹏能有今天，和自己的努力与踏实的性格分不开，有句话说得好：这个世界上最快的捷径，就是脚踏实地。岳云鹏的成功不是偶然的，机会是留给有准备的人的，付出总会有回报。

　　所以，人生在世，有些追求真的不是用来实现的，只是为了鼓励自己一直奋发向上地活着，所有的付出都会让我们成为更好的自己。你现在的努力和准备，都是一种沉淀和积累，它们将

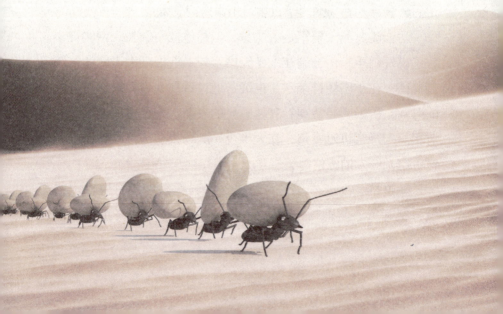

来会在某个时间，帮助你迸发出强大的力量。总有一天，你的努力，会为你证明自己。

我们人生中的每一步，都有其潜在的意义和价值，不要觉得你眼下的努力没有什么立竿见影的效果，就觉得再努力也没有意义，很多时候，效果是长时间后才能呈现出来的，你每一步的努力和辛苦都有不可替代的价值，世上没有白费的努力，更没有碰巧的成功，不要揠苗助长，不要急于求成，只要一点一点去做，一步步去走，所有的付出和努力都会让我们成为最好的人。

编 者 寄 语

　　花儿在绽放其灿烂绚丽之前，也是必须经过风吹雨打的。人生也是如此，我们要明白，人生没有白费的努力，也没有碰巧的成功，真想活出自己的精彩，就不能怕辛苦，就不能不努力。没有一口吃成的胖子，也没有一步就能爬到顶的山峰，想成功就要学会努力积累，想辉煌就得一步一步地来，没有一步一步地积累，就不可能取得最后的成功。

机遇只给有准备的人，而不会给空想家

生活中，我们周围常有一些人总是感叹命运不公，说上天没有赋予自己良好的发展机遇，抱怨社会没有给他们施展才华的机会。其实，人的一生中有许多成功的机遇，但是大多数的人却没有成功，因为他们不愿付出代价，他们总是想着机遇降临，却从未想过抓住机遇。只有那些努力奋斗，一见机遇就穷追不舍，并把潜能发挥到最大的人，才能获得命运之神的垂青。

著名科学家爱因斯坦曾说过："机遇只偏爱有头脑的人。"机遇其实就藏匿在我们身边，可惜我们大多数人太喜欢眺望远方，却总是错过眼前，只有认真做好现在，不断地完善自己，才能发现并好好把握住自己面前的每一个机会。抓住机遇也是一种能力，它会帮助你在苦苦跋涉中来一次人生的飞跃，让你目睹成功之神的微笑。

机遇偏爱有准备的人。中国有句古话：台上一分钟，台下十年功。每个人都希望自己的梦想能实现，能取得非凡的成绩，可是却很少有人去了解成功的背后都蕴含着什么。我们常羡慕别人的机遇好，羡慕命运对别人的垂青，羡慕别人的成功。然而，他们在荣耀和鲜花背后所付出的艰辛努力，却很少有人看到。

牛顿在苹果树下，被苹果砸中了脑袋，从而发现了万有引力定律，有人把这一重大发现的原因归结为偶然的机遇，这实在是一种谬论。因为人们忽视了，多年来，牛顿一直在苦苦思索、研究重力问题。

在发现万有引力定律漫长的过程中，牛顿思考了该领域内的许多问题及其相互之间的联系，可以说，关于重力问题的一些极为复杂深刻的问题他都反复思考推敲过。苹果落地这一常见的现象之所以为常人所不在意，而能激起牛顿对重力问题的思考，能激起他灵感的火花并进一步做出异常深刻的解释，很显然，这是因为牛顿对重力问题已有了深刻的理解。

成千上万个苹果从树上掉下来，却很少有人能像牛顿那样归纳出深刻的定律。有许多发现和发明看起来纯属偶然，其实，仔细探究就会发现，这些发现和发明绝不是偶然得来的，不是什么天才灵机一动或凭运气得来的。事实上，在大多数情形下，这些在常人看来纯属偶然的事件，不过是从事该项研究的人长期苦思冥想的结果，也就是说，纯粹的偶然性虽以偶然事件的形式表现出来，但它其实也是在不断实验和思考之后所必然出现的一种形式。试想，牛顿的成就难道仅仅是因为苹果砸中了他吗？其实他在机遇来临之前早已经有大量知识的储备，他的头脑早已做好把握机遇的准备。

有个落魄不得志的中年人，每隔两三天就到教堂祈祷，而且他的祷告词几乎每次都相同。第一次到教堂时，他跪在圣坛前，虔诚地低语："上帝啊，请念在我多年来敬畏您的份上，让我中一次彩票吧！阿门。"几天后，他又垂头丧气地来到教堂，同样跪着祈祷："上帝啊，为何不让我中彩票？我愿意更谦卑地服从您，求您让我中一次彩票吧！阿门。"

又过了几天，他再次出现在教堂里，同样重复他的祷告。如

此周而复始，不间断地祈求着。到了最后一次，他跪着说："我的上帝，为何您不聆听我的祷告呢？让我中彩票吧，只要一次，让我解决所有困难，我愿终身侍奉您……"

就在这时，圣坛上空传来一阵庄严的声音："我一直在聆听你的祷告，可是最起码，你该先去买一张彩票吧！"

这个故事虽然看起来好笑，可它告诉我们一个道理：如果自己不做准备，上帝也帮不了你。

伟大的成功从来都不是偶然的，它从来只属于那些用自己的血汗拼搏的人。我们常常乞求成功的辉煌而忽视奋斗和付出的艰辛。其实，天上不会掉馅饼，世界上没有白捡的便宜，一分耕耘才会有一分收获。我们比别人多付出几分努力，就意味着比别人多创造一次成功的机会，当机遇来了，我们才能牢牢地抓住它。

总之，机遇是用来珍惜的，不是用来挥霍的。错过一次机遇，也许就是另一种人生。机遇永远在能力和努力之后，永远是真刀真枪拼实力之后，决定成败的核心竞争力，可遇不可求，却又客观存在。机遇固然重要，但哪怕你没有开枪的机会，在机遇来临之前，也得为自己的枪里备好子弹，机遇一旦降临，你扣动扳机，才会有所收获。而有时候，你就算真的抓住了机遇，也并不等于已经成功，还得付出不懈的努力。

编 者 寄 语

很多人都在等待机遇降临，但这种等待不能是消极的等待，不付出努力就不能品尝到成功的果实，即使那些伟人也是在经历一次又一次的失败后走向成功的。没有人能不经过一次次的学习和磨难，就可以摘到成功的果实。记住，成功永远都属于不断充实自己，完善自己的人，永远都属于不懈努力的人。即便你现在的生活很平淡，没有什么波澜，那你也要潜心修炼，因为你的知识，你的能力是需要一步步巩固，一步步提高的。

第 三 章

青春如火，勇于拼搏

　　生活中最让人感动的日子总是那些一心一意为了一个目标而努力奋斗的日子，哪怕是为了一个卑微的目标而奋斗也是值得我们骄傲的，因为无数卑微的目标累积起来可能就是一个伟大的成就。金字塔是由一块块石头累积而成的，每一块石头都很普通，但金字塔却是宏伟而永恒的。

　　人生是需要奋斗的，只有奋斗了，失败后才会问心无愧；人生是单行路，只有奋斗了，才会有光明的前途。人生中有许多的竞争对手，正因为他们的存在，所以我们更得奋斗。

你迎风奔跑的时候，最美

心 灵 导 读

困难和挫折是一时的，而生命力却是顽强的。再大的困难和挫折，即便一时不能战胜，只要能坚持生命的信念顽强地挺过去，事情总会有转机的。只要你奔跑，这个世界就会跟着你奔跑；只要你停住，这个世界就会舍弃你独自奔跑。在人生道路上满怀希望奔跑的人，其生命才能闪烁出夺目的光辉，赢得令人尊敬的目光。

不经历风雨，哪能见到彩虹。困难和挑战面前，有的人积极应对，战胜了困难和挑战，获得了成功。有的人消极面对，在困难和挑战面前妥协退让，最终放弃而失去了发展的机遇。

活出自己想要的样子，从来就不是一件轻松的事。人要幸福，就得撸起袖子加油干。

在一次树木雕刻展览会上，凳子非常不满，对木雕抱怨道："我们原本都一样，凭什么你会被世人参观，被千万人赞颂，而我只能任人坐踏，真是不公平！"

木雕开玩笑似的回答："我比你挨的刀多啊！你只挨了几刀，而我却经历了千刀万剐、千凿万磨。"

顿时，凳子哑口无言。

生活中，像凳子这样的人有很多，明知道别人"挨的刀"比自己多，却总是埋怨上天不公，经常感叹：如果努力了还是没有回报，怎么办？是继续努力，还是放弃？

即便有人真的努力了，又有多少人坚持到最后呢？何必去管梦想会不会实现呢，向前走、向前奔跑就是了。有的时候梦想会比较近，有的时候梦想会很远，但是它们总会实现的。

鲁西娅是一个刚刚步入中年的妇女，丈夫不幸去世。尽管她是一个意志比较坚强的人，但埋葬了丈夫以后，她一直萎靡不振，鼓不起继续生活的勇气。

有一天，家人带她去观看有很多人参与的马拉松大赛训练。在父母和儿女的鼓励之下，她穿上了运动衣，换上了运动鞋，参加了马拉松大赛的训练。这是她在丈夫死后，做出的第一件有"朝气"的事情。

她的父母和儿女看到她有所振奋，都非常高兴，不断地为她加油、喝彩。但是，他们心中有数，她目前的身体还很虚弱，是根本不可能坚持跑到马拉松终点的。不过，只要她能参加，能跑出起点，就很值得庆贺了，因为她又鼓起了生活的勇气。

比赛从早上持续到下午，该跑到终点的人都跑到了，跑不到终点的人也都在中途停了下来，然后跟着自己的家人回去了。但是，鲁西娅的家人始终没见到她回来，于是只好到马拉松的终点处等她，可一直等到傍晚，还是不见鲁西娅的影子。

原来，鲁西娅在参赛的人群散去后，才气喘吁吁、一步一步地跑向终点。一些路人眼看夜幕已经降临，她仍在马拉松的赛程上艰难跋涉，也许是出于敬重，也许是出于什么其他的原因，便打电话通知了组委会和电视台。

结果，当她狼狈不堪地接近终点的时候，她的家人，电视台记者和组委会的人，还有一群好奇的热心人，都在终点为她欢呼雀跃。鲁西娅无疑是"最后一名"，但是大家对她的尊敬毫不亚于冠军。

电视台播放了"最后一名"鲁西娅的新闻之后，引起了轰动效应。鲁西娅在接受记者采访时说："我一生最大的一个愿望，就是和丈夫白头偕老。没想到丈夫先走了，我感到我也到达了人生的终点，不想再继续跑下去了。但是，在参加马拉松训练的过程中，我逐步领会和接受了丈夫临终前的遗言：'我的人生终点，并不是你的人生终点。只要没有到达人生的终点，为了爱你的儿女，为了爱你的父母，为了爱你的我，也为了爱你的更多的人，你一定要在人生马拉松道路上继续满怀希望地奔跑，不论那道路有多么孤单、多么黑暗、多么危险。'"

在她的身上，我们真切地明白了：一个人如果能设想和相信什么，就能以积极的心态去完成什么。要注意的是，没有什么人，没有什么事会把成功送到我们手里，想要获得成功，首先要

有渴望成功的心态，其次是付诸行动，最后是不怕苦不怕累，这三点缺一不可。

无论你现在在做什么、想做什么，只要选定目标，就要坚持下去，只有坚持下去，我们才能继续向前奔跑，才能完成从流泪到微笑这一质的转变。

编 者 寄 语

作为一个有志青年，我们要从小培养自己的奋斗意识和吃苦精神，因为一个竞争的社会要求每一个人社会成员必须具备这种能力，只有具备了这种能力并拥有这种意志的人才能出人头地。如果只是一味地享受安逸和幸福，就会不思进取，一生终将碌碌无为；如果想要有一番作为，就要接受人生路上的艰难险阻，不怕吃苦，经受得了挫折，直至达到成功的彼岸。

你只管努力，剩下的交给时光

心灵导读

　　蝴蝶花，没人欣赏，也像蝴蝶一样在风中翩翩起舞；骆驼，没人心疼，依然奔忙着在沙漠里行走；小草，没有花的芳香，依然努力生长，为大地添绿。花草树木，飞禽走兽尚且如此，我们人类岂不更要努力坚持，好好把握自己的人生。人的一生，总是会充满各种挫折和坎坷，你所做的事或许总会受到别人的冷嘲热讽，但做事不需要人人都理解，只需要自己尽心尽力，哪怕遍体鳞伤，也要撑起坚强，不放弃一丝的希望，只管好好地努力，其他的一切交给时光。

　　人生是一个多彩的舞台，每个人都是这个舞台的主角，想要成功就需要付出，付出的越多，你得到的也将会越多。每一滴汗水都是付出，每一点努力都是感动，每一步成长都是收获，任何成功都需要付出，坚持付出才会有收获。

　　成功就在身边，只要把握自己的方向，然后慢慢地奋斗，坚持自己的选择，就算是没有收获，也是属于自己的劳动。若不努力付出，如何能离成功更近呢？努力付出就是成功的根源。你只管努力，时间一定会给你应有的回报。

　　有一位南非女孩，从16岁开始就徒步旅行，她用两年多的时间，途经14个国家，步行16181公里，纵跨非洲大陆，闯入吉尼斯世界奇迹榜，这就是菲奥娜·坎贝尔。在菲奥娜的整个旅途中，最艰苦的日子是在扎伊尔境内。

1991年9月，那里政局混乱，她被法国外籍军团空运出境。当她又回来时，她的野外生存训练教练米尔斯陪她日行五十公里。但以后的几个月如噩梦一般，她走到哪里都遭到满怀敌意者的攻击，他们向她扔石头，肆意侮辱她、打她。

她在答记者问时说："当地人既仇视又害怕我们，以为我们是人贩子，专吃妇幼的野人，当大大小小的石头落在身上，你唯一的办法是保持原来的速度继续前进，一切都是注定了的，不要抱怨，不要消沉。"不幸的是她和米尔斯又得了痢疾，之后他们在热带雨林里整整被困了七个月，从早到晚，头发就没干过，衣服也发霉了，身上处处是疮，难以愈合。她指着身上圆锥形脓包对记者说："你光看外表干了，以为已经好了，其实不然，里面还是烂的。"

尽管如此，菲奥娜从未想过放弃。菲奥娜说："当你不知道

何去何从的时候，你会感到世界是如此空旷、广漠而令人迷茫。这是一次折磨人的探险，你一般只要吃几个月的苦就足够了，这一次却整整持续了两年时间。所以我必须好好地安排生活。"在这样周游世界的真实跋涉中，菲奥娜的许多想法都在发生根本的转变。她曾因为不得不随着身为皇家海军军官的父亲搬了22次家、转了15次学而怨恨父亲。但在她走完了从悉尼到珀斯的五千公里路程时，也走出了对父亲的怨恨。

现在的菲奥娜已显得超出自己年龄的成熟与自信，她的周游计划没变，但周游的初衷已经变了。她认真地说："我现在明显地变了一个人，虽然我说不出到底哪儿变了，但我肯定是有不少变化。我现在已经看到我需要的一些东西，以前我从未意识到我需要它们——比如家庭。"

一路上她对自己原有的文化背景也禁不住做了深刻的反思："在非洲的有些日子是我一生中最幸福的时光。从那些非洲人中间，我看到一种恬淡与和谐，一种愉悦与温馨，我真想成为他们中的一员。他们拥有真正的快乐与友谊，他们对人的洞察力远比我们西方人强，我们不善于倾听别人讲话，而他们注意你的一举一动，包括你的身体语言。在他们面前，你无法掩饰。"

菲奥娜的行动可能也是许多年轻人的梦想，但她勇敢地将梦一个个赋予了行动。而且她在行动中，表达并升华了自己对一个个崭新环境的敏锐的感悟和理解能力。这种超凡脱俗的经历和心路积淀成为她一生的精神宝藏，那些极特殊的环境挫折从不同角度开发了她的潜能，激活了她潜在的耐受力、爆发力、应变力、支配性和独创性。当她亲历了各种文化环境后，她才更知道自己是谁，自己能做什么，才真正懂得了生命的真谛。

要知道，成功者一面不懈地追求，一面用胸中灼热的鲜血浇灌出永不凋谢的花朵。

余下的时光，趁着岁月正好，带着内心热忱，朝心之所向，往前走吧！相信世界不会亏欠每一个努力的人，也会记得每个人的梦想。你只管努力，剩下的交给时光。

编 者 寄 语

　　生命短促，没有时间可以浪费，你所做的每一次努力，都在潜移默化地影响你的人生轨迹。也行你现在做的事，暂时还看不到结果，但不要害怕，你并不是没有成长，而是在奋力拼搏，努力扎根。成功的人之所以能成功，就是因为在别人放弃的时候，他们还在坚持努力。所以，只管努力就好，把结果交给时间。放心，当你义无反顾开始努力时，好运气已经在路上了。

你有多想赢，你离成功就有多近

　　拿破仑曾经说过："如果说梦想是取得成功的蓝图，那么欲望就是取得成功的助推器。"这个世界"想"成功的人很多，但是一定"要"成功的人不多，尽管二者只有一字之差，便使人错过了很多成功的机会。一个没有成功欲望的人注定会一辈子庸庸碌碌，一个没有强烈成功欲望的人，要么在浪费生命，要么在不着边际，最终是理想的"巨人"，行动的"矮子"。成功的欲望越强，也越容易达到目的，取得成功。

　　一分付出一分收获，老天对每个人都是公平的。在不停地重复着付出和收获的过程中，逐渐形成了两种人。一种人通过辛苦的努力付出，收获成功，长此以往，越来越努力，越来越成功，所以他的世界是乐观的；另一种人想要成功，却又懒于付出，只能收获失败，长此以往，越来越不努力，越来越失败，所以他的世界是悲观的。你想要赢，想要成功，就要付出足够多的努力。

　　地球人几乎没有人不知道"马云"这个名字，他在1998年创办了阿里巴巴，20多年的时间，他将阿里巴巴打造成为中国电子商务龙头、全球企业首选的商务平台，市值2600多亿美元。其实马云的成功来之不易，其实马云过去也曾经历过无数次的失败。马云在小学和初中的时候，有数不清次考试不及格的记录。就连考大学，他也是连续考了三次，才考上杭州师范大学。还有，他曾经申请过10次哈佛大学，却全部被无情拒绝！马云大三的时候，他曾经试图找工作，但他被拒绝了30多次，没有人想聘用他。马云曾在无数公开场合讲过："我曾经去面试肯德基店员，一共有24个人应聘，其他23个人都被录用了，我是唯一没上的人。"后来，他也曾去应征警察，一共5个人应征，而他同样是唯一没被录用的人。后来，马云相继开了2家公司，最终也都以失败收场。直到1998年，他和朋友开始创办阿里巴巴，但创业过程一开始并不那么顺利，他们曾在硅谷被投资人讲，这公司不会赚钱，最后投资人当然拒绝投资了。马云说："创业前3年，我们的收入完全是零。我还记得，那时候好几次，我吃完饭要结账的时候，都已经有人先帮我付了。"有人留纸条给我：马先生，我是阿里巴巴平台的客户，我赚了很多钱，但我知道你没有，所以我帮你结账了。但即使被拒绝多次，前方道路艰难险阻，马云都始终不放弃、不气馁，最后20多年的时间里，让阿里巴巴成为受全球瞩目的公司之一。更让自己在不到50岁的年纪，就登上福布斯富豪榜，如果他参与的其他公司上市，他的财富还将增加。很多时候，人生中的不幸并不能阻止我们完成想要做的事情。如果我们尝试着，并坚持做下去，就一定能够做到，或许还会做得比别人更好。所以，不幸并非都令人悲哀，它往往也是给强者力量的催化剂。

一个美国青年，家里十分贫穷，一日三餐都勉强维持，更别说像样的衣服了。可是，这个青年却有一个不切实际的梦想，那就是当演员，成为明星。那个时候，好莱坞共有500多家电影公司，青年逐一记下来，然后根据自己认真划定的路线与排列好的名单顺序，带着自己量身定做的剧本前去拜访。但第一遍下来，所有的电影公司没有一家愿意聘用他。

　　500多家公司全部拒绝他，这种事情很多人都接受不了，恐怕会就此罢手了。但这个青年并没有放弃，他从最后一家被拒绝的电影公司出来之后，又从第一家开始，继续他的第二轮拜访和自我推荐。然而同上一回一样，500多家电影公司依然全部拒绝了他。于是，青年又进行了第三轮、第四轮。终于，当拜访完第349家后，第350家电影公司的老板破天荒地答应愿意让他留下剧本先看一看。青年苦苦等待了数天后，被公司请去详细商谈。就在这次商谈中，这家公司决定投资拍摄这部电影，并请这位年轻人担任剧中的男主角。电影播出后，引起了巨大的轰动，它就是《洛奇》。而这位青年就是著名的影星、导演、制作人兼作家——席维斯·史泰龙。你以为你够拼命了，但永远有比你更拼命的人。在通往成功的路上，往往有很多寻常人想象不到的挫折与失败，也会经历很多煎熬和折磨，你只有跨越生命中的重重障碍，才能有所突破，有所进步。如果你想赢，就要付出比常人多的努力，你有多努力，你离成功就有多近。

编 者 寄 语

　　为什么站在金字塔尖的始终是少数人？因为他们深深知道，要想成为少数人，就要付出比常人无法想象的努力。如果想创出一番事业，学习有所建树，面对失败是必须的。另外还要付出努力，并不断地向着既定的目标努力前进，这样我们才能变不可能为可能，让梦想成为现实，才能通向成功之路。我们只有不断地超越自己，让自己的人生充实、有意义，成功距离我们才不会太遥远。

莫等闲，白了少年头

　　岳飞的《满江红》中有这样一句脍炙人口的话："莫等闲，白了少年头，空悲切。"他告诉我们年少时，不要把大好青春等闲虚度，等到年纪大了，才后悔没有抓紧时间做有意义的事。世界上最长的东西莫过于时间，因为它永无穷尽；最短的东西也莫过于时间，因为它眨眼即逝。

　　人生短短几十年，弹指一挥间。待走到生命的终点，后悔还有那么多计划未来得及完成，为时已晚。与其到那时后悔，不如今天多做一点。

　　"孩子，趁年轻，何不埋头苦干，以成就一番事业呢？"一老人劝告一少年。

　　少年满不在乎地回答说："何必那么急呢？我的青春年华才刚刚开始，时间多得很！再说，我的美好蓝图还未规划好呢。"

　　"时间可不等人啊！"老人说，并把少年引到一个伸手不见五指的地下室里。

　　"我什么也看不见。"少年说。

　　老人擦亮一根火柴，对少年说："趁火柴未熄，你在这地下室里随便选一件东西出去吧。"

　　少年借助微弱的亮光，努力辨认地下室里的物品，还未等他找到一样东西，火柴就燃尽了，地下室顿时又变得漆黑一片。

　　"我什么也没拿到，火柴就灭了。"少年抱怨道。

老人说："你的青春年华就如同这燃烧的火柴，转瞬即逝，年轻人，你要珍惜啊！"

时间，它是人们生命中匆匆的过客，往往在不知不觉中，它便悄然而去，不留一丝痕迹。人们常常在它逝去后，才渐渐发觉，自己的时间已经所剩无几了，也正因如此，才有了古人一声叹息：少壮不努力，老大徒伤悲。时间流逝得无影无踪，来得快，去得也快，而能否把握时间，往往决定着一个人一生的命运。

历数古今中外一切有建树者，无一不惜时如金。

西汉丞相匡衡勤奋好学，但家中没有蜡烛。邻家有蜡烛，

但光亮照不到他家，匡衡就在墙壁上凿了洞引来邻家的光亮，继续读书。县里有个大户人家，家中富有，有很多书。匡衡到他家去做雇工，但不要报酬，主人感到很奇怪，问他为什么这样，他说："我想读遍主人家的书。"主人听了，深为感叹，就资助匡衡读书。后来匡衡成了大学问家。

晋时，有一个叫孙敬的年轻人，他勤奋好学，闭门从早读到晚，很少休息，有时候到了三更半夜的时候很容易打瞌睡，为了不因此而影响学习，孙敬想出一个办法，他找来一根绳子，一头绑在自己的头发上，另一头绑在房子的屋梁上，这样读书疲劳打瞌睡的时候只要一低头，绳子牵住头发扯痛头皮，他就会因疼痛而清醒，起来再继续读书，后来他终于成为赫赫有名的政治家。

战国时期的苏秦是有名的政治家，但是他在年轻的时候学问并不多，他到过好多地方都没有人关注，即使有雄心壮志也得不到重用，于是他下定决心发愤图强努力读书。由于他经常读书到深夜，疲倦到想要打盹的时候，就用事先准备好的锥子往大腿上刺一下，这样疼痛使他猛然清醒起来，他振作精神继续读书。

孙康从睡梦中醒来，把头侧向窗户时，发现窗缝里透进一丝光亮，原来那是大雪映出来的光。他发现可以利用它来看书。于是他倦意顿失，立即穿好衣服，取出书籍，来到屋外。孙康不顾寒冷，看起书来，手脚冻僵了，他就起身跑一跑，搓搓手指。此后，每逢有雪的晚上，他都不放过这个好机会，孜孜不倦地读书。这种苦学的精神，促使他的学识突飞猛进，成为饱学之士。后来，他当了御史大夫。

莎士比亚说："抛弃时间的人，时间也会抛弃他。"

时间都是自己不经意间浪费的，不要抱怨时间太少，时间对每个人都是公平的，它不会偏向任何人。年轻的时候不要太过轻狂，要知道时光一去不复返，无论今后的道路多么坎坷，只要抓住今天，珍惜每分每秒，迟早会在奋斗中尝到人生的甘甜。抓住人生中的一分一秒，胜过虚度中的一月一年！

编 者 寄 语

人生，最宝贵的莫过于光阴。不要总以为时间很长，其实人生如烟，转瞬即逝，岁月总在不经意间溜走，很多人都在感叹时间都去哪儿了，时间都在自己的指间溜走了。不要等到渐渐老去的时候才明白"一寸光阴一寸金，寸金难买寸光阴"。趁年轻的时候，好好珍惜时间，不要留下任何的遗憾，因为时间不会给我们再来一次的机会。

那条叫作不放弃的路，
才是青春唯一的出路

心 灵 导 读

　　人的一生有许多曲曲折折、起起落落。曲折、起落是考验自己的试题，这样的人生才有滋有味。倘若浑浑噩噩地过一生，那么你就白来这世上一趟。掌握自己的命运，也许你尝试了不一定成功，如果没有尝试就永远不可能成功。放弃，你就成了它的奴隶。就像你种花，要浇水，要有阳光，种子才会从泥土里冒出来。只要不放弃，希望永远都在！

　　人生弹指一挥间，说长也长，说短也短，我们没有任何理由去埋怨。一个人在人生低谷中徘徊，感觉自己支持不下去的时候，其实就是迎来了黎明，再坚持一下，前面肯定是一道亮丽的风景。很多时候，其实打败自己的不是别人，而是我们自己；只要不放弃自己，就没人能打倒你。只要不放弃希望，奇迹就会出现。

　　在马来西亚举行的一个国际心理学会议上，一个俄国人做过一个积极心理治疗试验：将两只大白鼠丢入一个装了水的器皿中，它们会拼命地挣扎求生，一般它们坚持的时间是8分钟左右。然后，他在同样的器皿中放入另外两只大白鼠，在它们挣扎了5分钟左右，放入一个可以让它们爬出器皿的跳板，这两只大白鼠得以活下来。若干天后，再将这对大难不死的大白鼠放入同样的器皿，结果真的令人吃惊，这两只大白鼠竟然坚持了24分钟，3倍于一般情况下能够坚持的时间。

这位心理学家总结说：前面的两只大白鼠，因为没有逃生的经验，它们只能凭自己的本能挣扎求生；而有过逃生经验的大白鼠却多了一种精神的力量，它们相信在某一个时候，一个跳板会救它们出去，这使得它们能够坚持更长的时间。这种精神力量，就是积极的心态，或者说是对一个好的结果心存希望。

有人说：有希望又怎么样，最后它们还不是死了。可是出乎大家的意料，在第24分钟时，心理学家看它们实在不行了，就把它们捞出来了。他说："有积极心态的大白鼠有价值，更值得活下去。我们人类应尊重一切希望，哪怕是大白鼠内心的希望。"希望给人动力，给人光明。

在体校，女孩并不是一个很出色的球员，因为此前她并没有受过系统的训练，踢球的动作、感觉都比不上先入校的队友。女孩上场训练踢球时常常受到队友们的奚落，说她是"野路子"球员，女孩为此情绪一度很低落。每个队员踢足球的目标都是进职业队当主力。职业队也经常去体校挑选后备力量，每次选人，女孩都卖力地踢球，然而终场哨响，女孩总是没被选中，而她的队友有不少已经陆续进了职业队，没选中的有的也悄悄离队了。于是，这个平时训练最刻苦、认真的女孩便去找一直对她赞赏有加的教练，教练总是很委婉地对她说："名额不够，下一次就是你。"天真的女孩似乎看到了希望，又树立了信心，努力地接着练了下去。一年之后，女孩仍没有被选上，她实在没有信心再练下去了，她认为自己虽然在球场上的意识不错，但个头太矮，又是半路出家，再加上每次选人时她都迫切希望被选中，因此上场后就显得紧张，导致自己的水平发挥不出来。她为自己在足球道路上黯淡的前程感到迷茫，就有了离开体校的打算。

　　这天，她没有参加训练，而是告诉教练："看来我真的不适合踢足球，我想读书，想考大学。"教练见女孩去意已决，默默地看着她，什么也没说。第二天，女孩却意外地收到了职业队的录取通知书。她激动不已，马上跑去找教练，她发现教练的眼中同她一样闪烁着喜悦的光芒。教练这次开口说话了："孩子，以前我总说下一次就是你，其实那句话不是真的，我是不想打击你而告诉你说你的球艺还不精，我是希望你一直努力下去啊！"女孩一下子什么都明白了。在职业队受到良好系统的实战训练后，女孩充满信心，很快便脱颖而出。这个女孩就是获得"20世纪世界最佳女子足球运动员"的中国球星孙雯。

　　坚持一下，成功就在你的脚下。持之以恒地挑战挫折，直到最后的成功。让压力成为你冲向终点的动力。一个绝境就是一次挑战、一次机遇。世界上没有不能克服的困难，只要坚持一下，苦难总会过去的。命运如同掌纹，弯弯曲曲，然而无论它怎样变化，永远都掌握在我们自己的手中。只要你自己不放弃自己，这个世界上就没有人能够放弃你。

编 者 寄 语

　　希望是人们对美好生活的向往，一个人只有有了向往和追求以后，心中的信念才会生根、发芽、开花、结果，才会在任何艰难困苦中仍旧奋勇前进。即使你一无所有，也要心存希望，只要永不放弃希望，那么明天一定会更加辉煌。坚持吧，只有坚持了，你才能有机会，才能有希望。坚持下去，希望，就在不远处向你招手。

第 四 章

向死而生，
苦才是人生真谛

大文豪托尔斯泰曾说："当苦难来访时，有些人跟着一飞冲天，也有些人因之倒地不起。"诚然，面对苦难，唯有勇敢克服的人，才能在苦难中品尝出成功的甜蜜，方能成为人上人。

年轻一代的我们，初踏人生之路，不可避免地遇到各种各样的苦难。我们应该不畏苦难，敢于屡败屡战，全力以赴，不消极等待，不断地战胜自己。要知道，如果我们对苦难摇头，那么我们就无权在胜利面前微笑。胜利的果实往往需要苦难的土壤孕育。

不经冬寒，不知春暖

心 灵 导 读

　　乍暖还寒，在生命的沃土中，埋下一粒种子，不久，种子开始生根发芽，秋季，它将硕果满枝。不经夏暑，不知秋实；不经冬寒，不知春暖。成功的果实需要苦难的催熟。人生亦是如此，人生难免会遇到挫折，挫折虽给人带来痛苦，但它往往可以磨炼人的意志。生活中也没有所谓的一帆风顺。要想学会走路，先要学会摔跤，跌倒后再爬起来。只有明白了跌倒的疼痛，才能成功地站起来，大踏步地前进。

　　没有经历过失败的人生是不完整的人生。没有河床的冲刷，便没有钻石的璀璨；没有挫折的考验，便没有不屈的人格。科学家贝佛里奇说："人们最出色的工作往往是在处于逆境的情况下做出的。"挫折虽给人带来痛苦，但它往往可以磨炼人的意志，激发人的斗志；可以使人学会思考，调整行为，以更佳的方式实现自己的目的，成就辉煌的事业。

　　一位孤独的年轻画家，在历尽挫折后，终于找到了一份工作。他住在废弃的车库里，深夜常常听到一只小老鼠吱吱的叫声。久了，小老鼠竟爬上他的画板嬉戏，他与它享受着相互依赖的时光。

　　不久，画家被介绍到好莱坞去制作一部有关动物的卡通片，一开始，他的工作进度很缓慢，他常常为画些什么而苦思冥想。终于，在一个深夜，他回忆起那只在画板上跳舞的老鼠。于是，灵感如泉水涌出，作品一气呵成。

这位年轻的画家就是美国极负盛名的沃特·迪士尼先生，他创造了风靡全球的米老鼠。上帝给了他一只老鼠，让他的大脑储存了珍贵的灵感。

每个人都有创造卓越的潜能，上天给每个人的机会都是均等的，只是更垂青那些不畏逆境而善于思考的头脑。每一个成功都包含无数的挫折与无奈，每一条通向成功的路上都洒满了数不清的辛酸和痛苦，每一条通向成功的路上都饱含着成功者的泪水和汗水。

多年前有一个美国人叫卡纳利，家里经营着一家杂货店，生意一直不好。年轻的卡纳利告诉他的父母，既然经营了这么多年都没有成功，就应该换一个思路，想想别的办法。他家附近有几所大学，学生经常出来吃快餐。卡纳利想，附近没有一家比萨饼屋，卖比萨饼肯定能行。他就在自家的杂货店对面开了一家比萨饼屋。他把比萨饼屋装修得精巧温馨，十分符合学生追求高雅情调的特点。不到一年的时间，卡纳利的比萨饼屋每天都顾客爆满，他又开了两家分店，生意

也很好。

卡纳利的胃口大起来，他马不停蹄地在俄克拉荷马又开了两家分店。但是不久，一个个坏消息传来，他的两个分店严重亏损。起初，他一个店准备五百份比萨饼，结果总有一半卖不出去。后来，他又按二百份准备，还是剩下很多。再后来，他干脆只准备五十份，这是一个连房租都不够的数字，但仍然不行。最后，一天只有几个人光顾的情景也出现了。同样是卖比萨饼，两个城市同样有大学，为什么在俄克拉荷马就失败了呢？不久他发现了原因，两个城市的学生在饮食和口味上存在巨大差异，另外，在装潢和配方上面他也犯了错误。他迅速改正，生意很快兴隆起来。

在纽约，他也吃尽了苦头。他做了细致的市场调查，但是比萨饼就是打不开市场。后来，他发现，卖不动的原因是比萨饼的硬度不合纽约人的口味。他立即研究新配方，改变硬度，最后比萨饼成为纽约人早餐的必备食品。

从第一家比萨饼店算起，19年后卡纳利的比萨饼店遍布美国，共计3100家，总值三亿多美元。

卡纳利说，我每到一个城市就开一家新店，十分之九是失败的，最后成功是因为失败后我从没有想过退缩，而是积极思考失败的原因，努力想新的办法。因为不能确定什么时候成功，所以你必须先学会面对失败。

要想获得成功，首先必须学会失败。只要不断地敲门，成功之门总会被打开。失败往往是成功的前奏，所以在失败面前不要咬牙切齿，正因为失败的降临，才能让我们更好地收获成功。

历史上许多仁人志士在挫折面前都有不朽的成绩。汉代史学家司马迁虽受官刑，却忍辱负重，发愤著书，写出了被鲁迅誉为"史家之绝唱，无韵之离骚"的《史记》。音乐家贝多芬，一生遭遇的坎坷是难以形容的。他17岁失去母亲，28岁耳聋，接着又陷入失恋的痛苦之中。对于一个音乐家来说，这接二连三的打击是多么的大啊！但他始终顽强地生活，艰苦地创作，他在一封信中写道，"我要扼住命运的咽喉，它妄想让我屈服，这绝对做不到。"最终贝多芬创作了《命运交响曲》，成为世界上不朽的音乐家。

挫折是每个人都会遇到的，有的人面对挫折就打退堂鼓，不去勇敢地面对。殊不知只有经历了这些磨难，才会到达幸福的彼岸。失败是成功之母。面对困难，勇敢地解决，毅然决然地前行，只有这样才会成功。只有经历了风雨，才会看到彩虹；不经历冬寒，则不知春暖。

编 者 寄 语

苦难中孕育希望。苦难是压力，但也是一种动力。苦难就像弹簧，你软它就硬，你硬它就软。当苦难来临时，我们不要怀疑自己的能力，而要学会在逆境中努力地坚持下去。生命就是在苦难中不断地历练与成长，承受痛苦，勇于跋涉，生命才更有价值。假如你正在被生活或事业的种种挫折所困扰，那么，请坚持自己的信念，努力进取，就能战胜一切苦难。

自弃者扶不起，自强者击不倒

人的一生要面对无数的挫折，有的人面对它，垂头丧气；有的人面对它，永不言弃。自弃者扶不起，自强者击不倒。世上没有绝望的处境，只有对处境绝望的人。绳锯木断，水滴石穿，靠的是顽强的毅力与永不言弃的精神。你每一天的努力，都将是明日成功的基础。

人生若一首歌，高低不一，跌宕起伏。人生的旅途中布满荆棘，没有谁能够平步青云。无论是谁，都会在人生的道路上遇到大大小小的挫折。面对挫折，不少人放弃了奋斗目标，然而，自强的人知道虽然挫折是人生路上的绊脚石，但必须去努力奋斗，只有战胜自我，才能走向成功的彼岸。

班里的一个同学因为各门功课都考得一塌糊涂，所以忧心忡忡，在哲学课上无精打采。他的异常引起了教授的注意，教授把他从座位上叫了起来，请他回答问题。教授拿起一张纸扔到地上，请他回答：这张纸有几种命运？

也许是惊慌，也许是心不在焉，那位同学一时愣住了，好一会儿，他才回答："扔到地上就变成了一张废纸，这就是它的命运。"教授显然并不满意他的回答。教授又当着大家的面在那张纸上踩了几脚，纸上印上了教授沾满污垢的脚印，然后，教授又请这位同学回答这张纸片有几种命运。

"这下这张纸真的变成废纸了，还有什么用呢？"那个同学垂头丧气地说。

教授没有说话，捡起那张纸，把它撕成两半扔在地上，然后，心平气和地请那位同学再一次回答同样的问题。大家被教授的举动弄糊涂了，不知道他到底要说什么？

那位同学也被弄糊涂了，他红着脸回答："这下纯粹变成了一张废纸。"

教授不动声色地捡起撕成两半的纸，很快，就在上面画了一匹奔腾的骏马，而刚才踩下的脚印恰到好处地变成了骏马蹄下的原野。骏马充满了刚毅、坚定和张力，让人充满遐想。最后，教授举起画问那位同学："现在请你回答，这张纸的命运是什么？"

那位同学干脆利落地回答："您给一张废纸赋予了希望，使它有了价值。"教授脸上露出一丝笑容。很快，他又掏出打火

机，点燃了那张画，一眨眼的工夫，那张纸变成了灰烬。

最后教授说："大家都看见了吧，起初并不起眼的一张纸，我们以消极的态度对待它，就会使它变得一文不值。我们再使纸片遭受更多的厄运，它的价值就会更小。如果我们放弃希望使它彻底毁灭，很显然，它就根本不可能有什么美感和价值了，但如果我们以积极的心态对待它，给它一些希望和力量，纸片就会起死回生。一张纸片是这样，一个人也一样啊。"

一张纸片可以变成废纸被扔在地上，任我们踩来踩去；也可以作画写字；更可以折成纸飞机，飞得很高，让我们仰望。生活中，我们难免被挫折苦难击倒，我们只有勇敢地战胜困难，永不言弃，才能自强。

希望源于失望，奋起始于忧患。正如一位诗人所说：有饥饿感的人一定食欲好，有紧迫感的人一定效率高，有危机感的人一定进步快。我们也知道，努力了并不见得就立马能成功，但是如果我们放弃努力，坐以待毙，就必败无疑。坚持就是胜利，在最后的时刻还未到来之前，结果永远是个未知数。

在第28届奥运会上，中国女排的姑娘们一路过五关斩六将，好不容易闯进了决赛。在决赛中，她们的对手是强敌俄罗斯队。面对俄罗斯女排，中国女排的姑娘们没有退缩，她们抱着永不放弃的信念，开始了与对手激烈的竞争。但是雅典女神似乎并没有保佑中国女排，中国女排开局不利，连失两局。这时，只要俄罗斯女排再胜一局，那么她们就可以登上冠军的宝座了。

面对如此大的威胁和压力，中国女排没有被吓倒，没有被压垮，她们凭着坚强的毅力和为国争光的信念，连胜三局。当最后一球重重地砸在俄罗斯女排的场地上时，体育场沸腾了，中国人民欢呼了，女排姑娘们哭了，全世界的人民则被中国女排的精神深深地感动、折服了。中国女排登上冠军的领奖台，她们当之无愧。

后来，记者采访时问女排姑娘，是什么精神促使了她们最终的胜利？一位队员答道："因为我们有着共同的信念，那就是即使下一局仍然是失败，我们也永不放弃。"

自弃者扶不起，自强者击不倒。只要路是对的，就不怕路途遥远；只要心中有梦，就不怕坚持信念。或许，在逆境中成长，才更容易成为生命的强者。你看道路两边的野菊花，它们没有袭人的芬芳，没有高贵的名号，更没有多少人欣赏，但是它们依旧顽强地生长在田间地头、山林荒野，沐浴雨露，迎风而曳。它们的盛开，与邀宠无关，与信念有染。只有不畏艰难困苦，自强不息，才能活出个样来给自己看，也给别人看！

编 者 寄 语

人生最精彩的章节，并不是你在哪一天拥有了多少金钱，也不是你在哪一刻获得了多高的权力，而是你在某一关键的瞬间，咬紧牙关战胜了自己。在困难面前，只要拿出不畏艰难、勇于超越自我的勇气，永不言弃，即使是所谓的弱者，也能最终实现自己的梦想，克服牵绊自己的绊脚石。只要还有希望，就不要放弃目标，站起来，继续向前走，因为人生的旅途买不到返程的车票。

在苦难中奋起，成就坚强的自己

心灵导读

　　我们的生命就像是蝴蝶蜕变的过程，每一次华丽的起舞必定要经历一次破茧的苦难；我们的生命就像冬天里傲然于雪中的腊梅，不经一番寒彻骨，怎得梅花扑鼻香；我们的生命是一个在苦难中行走的过程，只有经过苦难的洗礼，才能领略"会当凌绝顶，一览众山小"的风采。在苦难中行走，最华丽的破茧需要最无悔的付出和最坚韧的毅力。在苦难中行走，懂得了，坚韧和付出；学会了，享受苦难，战胜苦难；收获了，美丽人生。

　　《孟子》云："天将降大任于斯人也，必先苦其心志，劳其筋骨，饿其体肤，空乏其身，行拂乱其所为，所以动心忍性，增益其所不能。"在漫长的人生路上，遇到挫折是在所难免的，但是要从失败中汲取经验，越挫越勇，离成功就指日可待了。

　　据英国BBC消息，尼日利亚人哈里森·奥凯内所工作的拖船杰森4号在尼日利亚附近海域遭遇大风浪，翻入海底。他被困在30多米深的海底约60小时，最后终于获救生还，他也是船上唯一的生还者。

　　据悉，哈里森是这艘船上的厨师。拖船遇到风浪时，他正在卫生间。就在船翻转沉入海底之际，他努力使自己躲到气穴区域。如此才能够在30多米深的海底存活约60个小时。哈里森接受媒体采访时表示，海底一片漆黑，他以为海水会把整个卫生间都填满淹没，结果并没有。他所处的位置正好是船体的气穴区，所以能够保证呼吸。

哈里森在海底一直忍受饥饿和干渴，还有恐惧。他说："我能感觉到鱼在啃食周围尸体的声音。" 有好几次他都快要坚持不下去了，每次他快要放弃的时候，他都暗自告诉自己，只有活着，才有希望。60个小时后，他终于被营救了出来。

在生命的旅途中，我们常常会遭遇各种挫折和失败，会陷入意想不到的困境。这时，只要心头坚定的信念不熄灭，努力地去寻找，总会找到渡过难关的方法。成功属于那些有着坚定信念的强者，属于那些有着顽强意志的强者，属于那些敢于抬起头勇敢地面对厄运的强者。

加拿大人萨姆·苏利文，一个不折不扣的奇人。在他19岁那年，一次滑雪，他与朋友做游戏，他要从朋友张开的双腿间滑过去，结果却撞在了朋友的身体上，折断了脖子，导致颈以下全身瘫痪。自此以后，这个高大英俊的青年变成了一个只能摇头的残疾人，终生依靠轮椅生活。苏利文是如何由一个重症残疾人变成一个奇人的呢？

在折断脖子后的几年里，待在家里的苏利文陷入了选择生还是死的挣扎中。他把受伤前打工赚的钱都取了出来，买了辆专门为残疾人设计的汽车。为了不让父母太伤心，他选择了开车坠崖这种自杀方式，所幸的是，他的几次"坠崖"都没有成功。此后，要强的苏利文不忍再拖累两位老人，便离开了家，搬到了一个半公益半营利性的公寓。

一天晚上，苏利文又一次独自在房间中品味绝望的痛苦。他盯着苍白的四壁，感觉自己的生命就像它们一样空虚。他坐着轮椅来到户外，看到远处的城区正掩映在落日的余晖中。他想那里有沸腾的生命活力，人们正摇动着生活风帆向前航行。此刻，苏利文忽然想到自己的大脑很好用，也能够独立吃饭穿衣，甚至还能微笑。苏利文决心"要做一个完整的人，我要工作。"苏利文此时对自己说道，"受伤前我有十亿个机会，而现在我还有五亿个。"从那一刻起，一个新的萨姆·苏利文诞生了。

从那以后，苏利文广泛涉猎知识，勇于挑战生活。他不但学会了驾驶飞机，而且还教会了另外20位残疾人飞行。由于温哥华的华人超过三分之一，在加拿大土生土长的苏利文还学会了中国广东话，这在他以后的竞选中收效奇特。苏利文一讲广东话，就会得到华人的掌声和鼓励。市长选举中，华人几乎把选票都投给了苏利文。是什么神秘的力量将这传奇经历赋予了萨姆·苏利文？答案是不屈不挠地与生活抗争的精神，这是一种坚韧的气质。他曾说过：一个人能走多远取决于他面对挑战时的表现，这与他是否坐轮椅无关。

花儿从逆境中奋起，实现了生命的绽放；大鹏从逆境中奋

起，实现了生命的腾飞；贝从逆境中奋起，实现了生命的价值。物犹如此，人何以堪？我们应当学习这种精神，学习这种永不放弃的执着与永不言败的意志。人生命的意义就在于拼搏奋斗，克服困难，挑战自我。

编 者 寄 语

　　法国巴尔扎克说："苦难就是人生的导师。"我们的人生旅程，挫折和逆境是无法避免的，我们唯一能做到的，便是抱着坚定的信念从逆境中奋起，必须要有勇气去面对挫折，并战胜挫折，使人生的价值上升到一个新的高度。不经历风雨、泥泞，在平坦、坚硬的大路上，什么也不会留下。只有那些从风雨中走过来的人，才更懂得人生的意义。

跌倒了，爬起来

心灵导读

拿破仑说："人生的光荣不在于永不言败，而在于能够屡败屡战。"在成功的道路上总会有许多绊脚石，有些人在绊倒后便不会再站起来；有些人站起来过几次，但最终还是放弃；有些人却一直坚持着站到了最后。每每都是如此，只有那些不厌战的人，才会是最终的佼佼者，才能站到金字塔的顶端。

人的一生，总有不如意和跌倒的时候，有些人受挫后就一蹶不振，可有些人却越挫越勇。老鹰需要经过断翅之苦，才能翱翔蓝天；梅花需要饱经风霜，才能一枝独秀；人需要被击倒后，还能够再爬起来，继续努力奋进，才能受到成功的青睐。

有一个走夜路的人，遇到了绊脚石，他重重地跌倒了。接着，不幸的事情又发生了，他走进了一个死胡同，前面是墙，左面是墙，右面也是墙，无法绕过去了。可是，若重新选择一条路再走的话，得再花去多少时间成本和精力成本啊？而且你能保证走另一条路就不会再走进死胡同吗？

这个人没有悲观绝望，而是静下心来，好好地观察了一下周围的地势。他发现前面的墙刚好比他高一头，他费了很大力气，还是攀不上去。忽然，他灵机一动，想起了刚才绊倒自己的那块石头，为什么不把它搬过来垫在脚底下呢？

想到就做，他折了回去，费了很大力气，才把那块石头搬了过来，踩着那块石头，他轻松地越过了那堵墙，前面豁然开朗，他很快就顺利地到达了目的地。人人都会遇到不幸，但是更多的人在被绊脚石绊倒以后，就再也爬不起来了。而只有生活中的智者，才晓得如何把绊脚石变成垫脚石。

尼可罗·帕格尼尼是一位天才的音乐家，但他却是从苦难的沼泽中爬出来的。帕格尼尼从3岁就开始学拉小提琴，没想到在他4岁时，帕格尼尼几乎被一场麻疹和强直性昏厥症送进棺材。7岁时他又患上严重的肺炎，治疗中不得不大量放血。病魔并没有吓倒帕格尼尼，他始终坚持着练琴，即使是在病床上。

由于他的勤奋，帕格尼尼在12岁就举办了音乐会，并取得了很大的成功。据说，帕格尼尼的演奏曾使帕尔马首席提琴家罗拉惊讶得从病榻上跳了下来，木然而立，自觉无颜收他为徒。帕格尼尼一时间成了焦点人物，各媒体铺天盖地地进行报道。随后帕格尼尼的琴声遍及法、意、奥、德、英、捷等国。

病魔始终没有放弃过对帕格尼尼成功的阻挠，在帕格尼尼46岁那年，他的牙床突然长满脓疮，不得不拔掉所有的牙齿。牙病刚愈，又染上了可怕的眼疾，从此，他失去了光明，幼小的儿子成了他行路的拐杖。在50岁后，帕格尼尼又患上了关节炎、肠道炎、喉结核等多种疾病，病魔再一次疯狂地吞噬着他的生命。后来，帕格尼尼的声带也出了问题，就只能靠儿子按口型翻译他的思想。

帕格尼尼面对病魔的挑战，永远都是那么乐观。他长期把自己关闭起来，每天练琴10—12个小时，小提琴让他忘记了饥饿、苦恼，甚至是死亡。苦难是他的情人，他终生都把她拥抱得那么热烈和悲壮。

这位天才的小提琴演奏家只活了58岁，死时口喷鲜血，仿佛要把终生的苦难都倾吐出来。但是，似乎是魔鬼在嫉妒帕格尼尼所取得的成绩，觉得他所受的苦难还不够，帕格尼尼的遗体也历经磨难，先后被迫搬迁了八次。帕格尼尼的琴声产生了神奇的效果，意大利有人传说他被精灵暗授了妖术，所以才魔力无穷。

维也纳有位盲人，听到帕格尼尼的琴声，以为是乐队在演奏，当得知台上只有帕格尼尼一人时，他禁不住狂呼："他是魔鬼！"然后，匆忙逃走。巴黎人被他的琴声所陶醉，即使在瘟疫横行时期，帕格尼尼的演奏会依然会场场爆满，他的琴声使人们把正在流行的霍乱都抛在了脑后……歌德称赞帕格尼尼的演奏是"在琴弦上展现了火一样的灵魂"。李斯特惊呼："天啊，在这四根琴弦中包含着多少苦难、痛苦和受到残害的生灵啊！"

没有波涛澎湃的大海，怎会有沙滩的光洁与柔软；没有磨刀石的磨砺，怎会有宝剑耀眼的光辉；没有风吹和雨打，怎会有古树强壮的筋骨。在生活中，面对挫折苦难发起的一次次挑战，敢于去寻求成功，上帝总会把开牢笼的钥匙送到我们手上。

编 者 寄 语

牛顿说过一句名言："跌倒了，爬起来，就是成功！"人生中最大的失败不是跌倒，而是跌倒后再也爬不起来。挫折并不可怕，只要有一颗坚持勇敢的心，就会获得意想不到的收获。面对困境，我们首先要相信有成功的可能。吸取了每次失败带来的教训，便有了下一次的进步。在坚强意志的统帅下，矢志不渝地前行，那么成功就不再遥远了。不要害怕失败，成功永远属于不被失败打垮的人。

不怕吃苦的人，后来都成就了自己

　　漫漫荒漠中独行的探险者，为了征服暴风和狂沙，宁可付出生命的代价也决不回头；挖山不止的愚公，为了子孙后代不被大山阻隔，付出了常人难以付出的努力。俗话说："吃得苦中苦，方为人上人。"求索是痛苦的历程，追求是艰难的跋涉，功成名就永远不是用巧嘴吹出来的，而是用心血写出来的。正如平静的湖泊练不出强悍的水手，安逸的生活造不出时代的伟人。唯有经过苦难的洗礼，才能铸就不凡的业绩。

　　"大鹏一日同风起，扶摇直上九万里"，大鹏之所以能一飞冲天，是因为它经历了太多的磨砺与苦难，它积蓄的力量一日勃发，才能冲上云霄，俯瞰大地。伟大的成功从来都不是偶然的，它永远属于那些用一生的血汗乃至生命去拼搏的人。

　　潘晓婷的同事说："潘晓婷能有今天的成绩，在意料之中。因为她付出的努力是常人无法比拟的。"

　　潘晓婷15岁开始在父亲的球馆里练打台球，一待就是4年。球馆里有个小屋子，里面的一张单人床、一个衣柜便是她全部的财产。那4年里，父亲给她做了硬性规定：每天练球8—12小时，没有周末，一个星期只能休息半天。即使生病了，上午在医院打点滴，下午回到球馆还是要补足当天的练球时间。

　　在北京参加比赛的时候，潘晓婷和父亲要尽量节省开支，他们只能住18元一晚的地下室。地下室阴暗潮湿，推门就能闻到刺鼻的霉味儿。

那场全国比赛聚集了五十多名选手，潘晓婷是年龄最小的一个，却有惊无险地杀入了决赛。由于潘晓婷和对手激烈缠斗，决赛比一般情况超出了几乎一个小时，以至于准备在赛后进行表演的国际大师们纷纷打起了哈欠。打完最后一个9号球，潘晓婷撇撇嘴，"总算熬过来了"。

但这个略显意外的冠军，对她的父亲来说意义非凡，他打定主意让潘晓婷走打台球这条路，绝不能浪费了天赋。父亲告诉潘晓婷，台球之王斯蒂芬·亨得利每天花在练球上的时间是12个小时，你球技差远了，所以必须练习更多时间。父亲为她定下目标，"打赢中国男子最好的9球选手，然后就可以去世界上跟女子打了"。那两年潘晓婷经常跟父亲闹别扭，严苛的训练总让她想自己是不是父亲亲生的这种可笑问题。

父亲告诉潘晓婷想要做金字塔尖上的人，就要付出比常人多的努力，为实现这样的目标，人家练3个小时的球，潘晓婷要多练好几个小时，这样才可能赶超别人。后来，潘晓婷又获2002年首届亚洲区"球王杯"男女9球混合赛冠军、日本大阪第35届世界女子9球公开赛冠军、2004年度世界女子9球"世界杯"季军、2005年全日本（9球）锦标赛女子组冠军等奖项。

如果潘晓婷吃不了这份苦，受不了这份罪，就不可能有今天的成就。想要成功，吃苦就成了最基本的准备，耐受力强的人早晚都能品尝到成功的喜悦。苦难是最好的大学。逆境可以锻炼一个人不屈的意志，困境可磨炼一个人的坚韧，不经风雨，何来彩虹。苦难是挑战，更是机遇。

被誉为"东方毕加索"的韩美林，曾在"文革"时期因莫须有的罪名，被害入狱数年之后，他被打折了腿，还被锯断了三根手指。

苦难使他妻离子散，家破人亡，在平反后，他还得了一场差点要了命的大病，种种苦难，韩美林挺了过来，他能乐观地对待生活的挫折和人生的苦难，因为他心中充满了对艺术的向往。数以万亿的书面作品以及巨型雕塑，使得韩美林最终成了艺术大师。

"生活中确有一些人想用苦难毁掉你，但往往是苦难塑造了你。"这是经历苦难后，韩美林得到的人生感悟。

挫折面前，不妨学一学《西游记》中的孙悟空，孙悟空在经历取经途中九九八十一难的磨炼后，才能成为斗战胜佛，最终修得正果，孙悟空就是我们学习的榜样。不怕吃苦的人，都活成了自己想要的样子。

苦难对人生是一种雕琢。一块璞玉，只有经过工匠的细心打磨和雕琢，才能展露风华。一个人只有耐心接受岁月的雕琢，才能在风雨的洗礼下屹立不倒，迈向成功的殿堂。

编 者 寄 语

那些成大事的人，都是能吃苦耐劳的人。一个人所经历的困难和挫折，都将是他一生中最珍贵的一笔财富。苦难是人生旅途中不可以绕着走的驿站，我们只有知苦还尝，知难而上，跌倒后再爬起来，失败后再鼓起勇气去奋斗，才能培养出过硬的素质，才能有抵达辉煌的希望。只有比别人付出更多的努力，并且一直坚持到底，才能比别人优秀，才能先于别人取得成绩。所有的成长都需要我们的付出，只有诚心付出，不害怕吃苦，你的人生才有意义。

第 五 章

以梦为马，不负韶华

　　"愿你的每次流泪都是喜极而泣，愿你筋疲力尽时有树可倚。愿你学会释怀后一身轻，愿你走出半生，归来仍是少年。"张永言的《愿你》送给正在奋斗的你。而"以梦为马，不负韶华"送给正值青春的我们。

　　青春是一本打开就合不上的书，人生是一段踏上就回不了头的路。我们一路小心谨慎，细细雕琢，每走一步，花开遍地，梦想便在行走的过程中孕育而生。

用心灌溉，梦想之花终会开

心 灵 导 读

英国著名诗人丁尼生说："梦想只要能持久，就能成为现实。"我们每个人都有自己的梦想，只不过最终梦想成真的人，从来也没有放弃过自己的梦想，而那些无所作为的人，早已遗弃了自己的梦想。梦想是生命的源泉，失去它，生命就毫无意义。如果你有一个梦想，就要抓紧它，努力去实现它，有一天，梦想之花终会绽放。

没有罗盘的风帆，只能四处漂泊。有梦的人生是生机勃勃、丰富多彩的，为梦想奋斗的人生是斗志昂扬、充实快乐的。美好的梦想就像是美丽花朵的种子，相对于频繁琐碎的现实土壤，梦想的天空总是高远而美妙。梦想的种子需要适宜的土壤和气候、适中的雨水和精心的呵护。

两个年轻人酷爱画画。一个很有绘画的天赋，一个资质明显差一些。20岁的时候，那个很有天赋的年轻人开始沉醉于灯红酒绿，整天美酒轻歌醉眼迷离，丢掉了自己的画笔。

而那个资质较差的年轻人虽然生活极为贫困，每天需要打柴，下田劳作，但他始终没有丢掉自己钟爱的画笔。每天回来得再晚再累，他都要点亮油灯，伏在桌面上全神贯注地画上一个小时。即使在他走村串户为别人打制桌椅床柜的时候，他的工具箱里也时刻装着笔墨纸砚，在休息的短暂间隙，行路时的路边稍坐，他都会铺上白纸，甚至以草棍代笔，在泥地上画上一通。

40年后，他成功了。他从湖南湘潭一个名不见经传的小镇上的一个木匠，变成了蜚声世界的画坛大师。这个人就是齐白石。

齐白石成功后，曾和他一起酷爱过绘画的那个年轻人到北京来拜访他。此时，这个人和自称"白石老人"的齐白石一样，已经年过六旬了。两个人促膝交谈，齐白石听他慨叹美术创作的艰辛和不易，听他诉说对自己从事绘画半途而废的深深惋惜。齐白石听完莞尔而笑说："其实成功远不如你想的那么艰辛和遥远。从木艺雕刻匠到绘画大师，仅仅只需要4年多的时间。"

"只需要4年多一点？"那个人一听就愣了。

齐白石拿来一支笔一张纸，伏在桌上给他计算说：我从20岁开始真正练习绘画，35岁前，一天只能有一个小时绘画的时间，

一年365天，只有365小时。365小时除以24，每年绘画的时间是15天。20岁到35岁是15年，这15年间绘画的全部时间是225天。35岁到55岁的时候，我每天练习绘画的时间是2小时，20年合计是620天。从55岁至60岁，我每天用于绘画的时间是10小时，5年共用760天。20岁到60岁之间，我

绘画共用1605天，总折合4年零4个月。

4年零4个月，这是齐白石从一个乡村的懵懂青年成为一代画坛巨匠的时间。很多人对齐白石仅用了4年零4个月的时间就成功了很惊愕，但何须惊愕呢？其实成功离我们每个人并不远。只要你坚持，只要你勤奋，成功的阳光便会照射到你的身上。

不要害怕成功的遥遥无期，成功其实不需要太长的时间，用上你发呆或喝咖啡的时间已经足够了。世界上最难的事是坚持。只有坚持信念，才能获得成功。无论环境如何的困苦，不要向它低头，要坚持。沙地虽然贫瘠干燥，绿色的仙人掌还是挺直身躯，让自己开出缤纷的花。成功贵在坚持，期待梦想花开。

一百多年前，一个穷苦的牧羊人带着两个幼小的儿子以替别人放羊为生。有一天，他们赶着羊来到一个山坡上，一群大雁鸣叫着从他们头顶飞过，并很快消失在远方。牧羊人的小儿子问父亲："大雁要往哪里飞？"牧羊人说："它们要去一个温暖的地方，在那里安家，度过寒冷的冬天。"大儿子眨着眼睛羡慕地说："要是我也能像大雁那样飞起来就好了。"小儿子也说："要是能做一只会飞的大雁该多好啊！"

牧羊人沉默了一会儿，然后对两个儿子说："只要你们想，你们也能飞起来。"两个儿子试了试，都没能飞起来，他们用怀疑的眼神看着父亲，牧羊人说："让我飞给你们看。"于是他张开双臂，但也没能飞起来。可是，牧羊人肯定地说："我因为年纪大了才飞不起来，你们还小，只要不断努力，将来就一定能飞起来，去想去的地方。"两个儿子牢牢地记住了父亲的话，并一直努力着，等他们长大——哥哥36岁，弟弟32岁时——他们果然飞起来了，因为他们发明了飞机。这两个人就是美国的莱特兄弟。

不是每一个人的梦想都能实现，但也并不是每一个人的梦想，都不能实现，最重要的是看他有没有为自己的梦想努力、拼搏。信念和梦想加在一起就是一支火把，它能点燃我们心中的激情与活力，它能最大限度地燃烧一个人的潜能，指引他飞向梦想的天空。

编 者 寄 语

心若在，梦就在。用心灌溉，梦想之花终会开放。每个人的前途，都取决于他所拥有的志向。如果没有志向，没有梦想，前途和光明都将遥不可及。如果你还敢于做梦，就要心无旁骛、矢志不渝地用汗水和心血去辛勤浇灌，梦想之花定会结出丰硕的果实。真正为梦想奋斗的人，是值得尊重的人。

坚持，让梦想起航

"人都应该有梦，有梦就别怕痛。"一个人有了坚定的人生方向，可以提高他对于小挫折的忍受力。他知道目标逐渐接近，挫败只是暂时的耽搁，如果坚持不懈，问题一定能迎刃而解。要想达成自己的梦想，首先要坚持自己的目标，不论多么困难，都要坚持不懈地朝着自己的目标前进，因为有了坚持，梦想才有可能实现。

一只螃蟹在小河边享受着午后的阳光。

"嘿，蚯蚓老弟，你在忙啥呀？"螃蟹向不远处的蚯蚓打着招呼。

"我在挖洞，冬天要来了。"蚯蚓回答道。

"你还会挖洞，真是笑死人了。你没有强健的臂膀，又是先天的软骨症，还是省省劲吧。"

听到螃蟹的嘲讽，蚯蚓并没有灰心丧气，它每天都在那儿慢慢地将自己的洞穴往前推进一点，而螃蟹挖洞时总是三心二意。

冬天很快就来了，蚯蚓搬进了自己舒适的新家，而螃蟹却不知道新家在哪里。

人生，最不能放弃的，是不断的自我成长。在人生的马拉松中，只要心中认定一个目标，无论他人如何嘲笑，你都要保持初心，不断奔跑，坚持下去，就有成功的机会。

柏拉图说过："成功唯一的秘诀就是坚持到最后一分钟。"

失败的次数越多，离成功的机会就越近，成功往往属于能坚持到最后的人。只要坚持，你终究可以享受到成功的甘甜。

我们在饭桌上品尝美味的三文鱼时，它们那奇迹般的生命循环故事可曾令你感动？三文鱼的一生，充满危险和悲壮。它们克服种种困难，躲避无数危险，在生命的最后时刻，逆水搏击，洄游产卵，为自己的生命画上句号。

三文鱼是一种分布在北半球高纬度地区的冷水鱼类，有着十分奇特的生命循环。它主要在加拿大、挪威、俄国和美国部分地区的离大洋几百以至上千千米的淡水河湖中孵化。

每年的10月份，加拿大佛雷瑟河上游的亚当斯河段，平静的水面就变得沸腾起来，成千上万条三文鱼从太平洋逆流而上，来到这里繁殖后代。银白色鱼身的三文鱼在逆流而上的过程中变成猩红色，整个水面因为有太多的三文鱼而变成一片红色。

三文鱼的一生是令人惊叹的。每条雌鱼能够产下大约四千多个鱼卵，并想方设法将其藏在卵石之下。但大量的鱼卵还是被其他鱼类和鸟类当作美味吃掉，幸存下来的鱼卵在石头下熬过冬天，发育长成幼鱼。在无边无际的北太平洋中，它们一边努力成长，一边面对鲸、海豹和其他鱼类的进攻；同时还有更加具有危险性的大量捕鱼船威胁着它们的生命。整整4年，它们经历无数艰险，才能长成3公斤左右的成熟三文鱼。

成熟之后，一种内在的召唤使得它们开始了回家的旅程。10月初，所有成熟的三文鱼在佛雷瑟河口集结，浩浩荡荡地游向它们的出生地。自河口开始，它们就不吃任何东西，全力赶路。十几天的时间，它们逆流而上，消耗掉几乎所有的能量和体力。它们要不断从水面上跃起以闯过一个个急流和险滩，有些鱼跃到了岸上，变成了其他动物的美食；有些鱼在快到目的地之前竭力而亡，和它们一起死去的还有肚子里的几千个鱼卵。

到达产卵地的三文鱼，不顾休息，开始成双成对地挖坑产卵受精。在产卵受精完毕后，三文鱼精疲力竭地双双死去，结束了只为繁殖下一代而进行的死亡之旅。冬天来临，白雪覆盖了大地，整个世界一片静谧，在寂静的河水下，新的生命开始成长。

三文鱼的一生从出生到死亡，从原点出发又回到原点，是拼搏抗争的一生，是对生命的敬畏。生命的进程中，我们应该像三文鱼那样坚持不懈地努力，使生命变得成熟，变得美丽。

如果梦想是一道门，坚持便是开启这道门的钥匙；如果梦想是一片海，坚持便是在海里自由航行的船只；如果梦想是一支火箭，坚持就是供火箭冲上太空的燃料。我坚信，只要朝着梦想前进，坚持努力，便会成功。所以，朋友们，就让梦想引导我们的人生，坚持带我们走向成功吧！

编 者 寄 语

　　人们都希望自己的生活中能够多一些快乐，少一些痛苦；多一些顺利，少一些挫折。可是命运却似乎总爱捉弄人，折磨人，总是给人以更多的失落、痛苦和挫折。此时，我们要相信，不经历风雨，怎么见彩虹，阳光总在风雨后，只要努力，只要坚持，只要心存希望，梦想终将变成现实。

心里有梦，就要付诸行动

 心灵导读

　　"人生来就是为了行动，就像火光总是向上腾。"敢于行动，人生才能成功，活在世上的人，没有不想成功的，但如何追逐成功，恐怕除了奋斗，还要敢于行动，那些整日做白日梦，想法千万种，却总不付诸行动的人，永远不可能成功。行动是抵达成功最佳也是唯一的途径。自己的路必须自己走，一切的获得都依附于实际行动。

　　一条小毛虫朝着太阳升起的方向缓慢地爬行着。它在路上遇到了一只蝗虫。

　　蝗虫问它："你要到哪里去？"

　　小毛虫一边爬，一边回答："我昨晚做了一个梦，梦见我在大山顶上看到了整个山谷。我喜欢梦中看到的情景，我决定将它变成现实。"

　　蝗虫很惊讶地说："你烧糊涂了，还是脑子进水了？你怎么可能到达那个地方？你只是一条小毛虫耶！对你来说，一块石头就是高山，一个水坑就是大海，一根树干就是无法逾越的障碍。"

　　但小毛虫没有理会蝗虫的话。小毛虫不停地挪动着小小的躯体，继续向前爬。

　　后来，蜘蛛、鼹鼠、青蛙和花朵都以同样的口吻劝小毛虫放弃这个打算，但小毛虫始终坚持着向前爬行。

终于，小毛虫筋疲力尽。于是，它决定停下来休息，并用自己仅有的一点力气建成一个休息的小窝——蛹。

最后，小毛虫"死"了。山谷里，所有的动物都跑来瞻仰小毛虫的遗体。那个蛹仿佛也变成了梦想者的纪念碑。

一天，动物们再次聚集在这里。突然，大家惊奇地看到，小毛虫贝壳状的蛹开始绽裂，一只美丽的蝴蝶出现在它们面前，随着轻风吹拂，飞到了大山顶上。重生的小毛虫终于实现了自己的梦想。

有人说：拥有梦想是一种智力，实现梦想就是一种能力。只要你舍得付出，梦想与现实就是一步之遥；如果你坐享其成，梦想与现实就相隔千里。雄心壮志固然重要，但更重要的还在于行动，在于行动中有没有坚韧的毅力，有没有顽强的信念。所以，不必和别人比高低，更不必瞧不起自己。既然你是一个完整的生命，你就应该拥有生命的辉煌。但是，那辉煌不

是别人给予的，而是自己创造的。

比尔·克利亚是美国犹他州的一个中学教师。有一次，他给学生们布置了作业，要求学生们以"未来的梦想"为题写一篇作文。

一个名叫蒙迪·罗伯特的孩子，兴高采烈地写下了自己的梦想。他梦想长大后拥有一个一流的牧马场。他在作文里将牧马场描述得很详尽，还画下了一幅占地二百英亩的牧马场示意图。其中有马厩、跑道和种植园，还有房屋建筑和室内平面设计图。

第二天，他自豪地将这份作业交给了比尔·克利亚老师。然而作业批回的时候，比尔·克利亚老师在第一页的右上角写下了一个大大的"F"（差），并让蒙迪·罗伯特到办公室去找他。

在办公室里，比尔·克利亚打量了一下站在眼前的毛头小伙子，认真地说："蒙迪·罗伯特，我承认你这份作业做得很认真，但是你的梦想离现实太远，太不切合实际了。"

蒙迪·罗伯特低着头，没有辩解，但一直珍藏着那份作业。正是那份作业鼓励着他，一步一个脚印地不断前进在实现梦想的创业征程上。多年以后，蒙迪·罗伯特终于如愿以偿地实现了自己的梦想。

无巧不成书。十几年过去了，比尔·克利亚老师带领他的学生们参观一个一流的牧马场。牧马场的主人极其热情地接待了前来参观的全体师生。比尔·克利亚老师没有想到牧马场的主人不是别人，正是自己当年的学生蒙迪·罗伯特，更没想到那份作业还被珍藏着。

比尔·克利亚老师流下了既高兴又忏悔的泪水，他庄重地对蒙迪·罗伯特和参观的同学们说："现在我明白了，当时我做老师的时候，就像一个偷窃梦想的小偷，偷窃走了很多孩子的美好梦想。但是，蒙迪·罗伯特依靠坚韧不拔的努力，终于实现了自己的梦想。现在，我期望所有的同学，都展开梦想的翅膀，用梦想挽起明天，拥抱生活的灿烂！"

与痴心梦想相比，凡事皆不愿付出行动，对我们的人生来说要更为可怕。心动不如行动。只要敢于行动，习惯行动，成功在很多时候不过是一道虚掩的门。生命是一张弓，那弓弦就是梦想，要想实现梦想，就要付诸行动。

编 者 寄 语

青春的梦想，人类的梦想，是对未来的美好憧憬，是未来的真实投影。很多人带着梦想活了一辈子，却从来没有认真地去尝试实现梦想，对于新时代的青少年来说，不仅要有远大的理想，还要有付诸行动的勇气，只要心中有梦想，就要用心用行动去做，把自己的梦想变成现实，不要把自己的梦想带进坟墓。

青春有梦，勇敢去追

> 青春本就是一个短暂的旅程，我们总是漫无目的地寻找，却忽略了一直陪在我们身边的梦想。我们每个人都有属于自己的梦想，让自己的梦想与青春结合吧。梦想就像一座灯塔，而青春之路便是那汪洋大海，有了梦想的引导，我们的青春就不会迷茫。

青春是人生中最美好的岁月。它是生命含苞待放的时期，生机勃勃，朝气蓬勃；它意味着进取，意味着上升，是蕴含巨大希望的未知数。青春是人生之花，是生命的自然表现。青春期的我们都有属于自己的梦想，一个人心中有了梦想，就会在希望中生活，并不断地创造生命的奇迹，在追梦期间是不会风平浪静的，总会遇到许许多多的挫折，所以我们应该具有尝试失败的勇气，力求上进。为了梦想，勇敢去追，终将有成。

1987年3月30日晚上，洛杉矶音乐中心的钱德勒大厅内灯火辉煌，座无虚席，人们期盼已久的第59届奥斯卡金像奖的颁奖仪式正在这里举行。在热情洋溢、激动人心的气氛中，仪式一步步地接近高潮——高潮终于来到了。当主持人宣布：玛莉·马特琳在《小上帝的孩子》中有出色的表演，获得最佳女主角奖时，全场立刻爆发出雷鸣般的掌声。玛莉·马特琳在掌声和欢呼声中，一阵风似的快步走上领奖台，从上届影帝——最佳男主角奖获得者威廉·赫特手中接过奥斯卡小金人。

手里拿着小金人的玛莉·马特琳激动不已，她不敢相信这一切都是真的。她似乎有很多话要说，人们也想听听这位新晋影后会说些什么。可是在期盼中人们没有看到她的嘴动，她却把手举了起来，可又不是那种向人们挥手致意的姿势，眼尖的人已经看出她是在向观众打手语，内行的人已经看明白了她的意思：说心里话，我没有准备发言。此时此刻，我要感谢电影艺术科学院，感谢全体剧组同事，感谢影迷的支持……

原来，玛莉·马特琳不仅是一个哑巴，还是一个聋子。这个奥斯卡金像奖颁奖以来最年轻的最佳女主角奖获得者，竟然是一个不会说话的哑女。其实，玛莉·马特琳出生时是一个正常的孩子，但，她在出生18个月后，被一次高烧夺去了听力和说话的能力。可是这位聋哑女孩对生活没有失去信心，她像正常人一样对生活充满了希望，充满了激情。她从小就喜欢表演，早在8岁时就加入了伊利诺伊州的聋哑儿童剧院，1年后就在《盎司魔术师》中扮演多萝西。但16岁那年，玛莉被迫离开了儿童剧院，毕竟她已经长大了，她不能总待在这里，走是迟早的事情。所幸的是，她还能时常被邀用手语表演一些聋哑角色。正是这些表演，使玛莉认识到了自己生活的价值，克服了失望心理。她利用这些演出机会，不断锻炼自己，提高自己的演技。

1985年，19岁的玛莉参加了舞台剧《小上帝的孩子》的演出，她饰演的是一个次要角色。可就是这次演出，彻底改变了玛莉的命运，使玛莉走上了银幕。

由于舞台剧《小上帝的孩子》大获成功，女导演兰达·海恩丝随即决定将《小上帝的孩子》拍成电影。可是为物色女主角——萨拉的扮演者，使导演大费周折。她用了半年时间先后在美国、英国、加拿大和瑞典寻找，但竟然都没找到中意的人选。于是她又回到了美国，观看舞台剧《小上帝的孩子》的录像。她发现了玛莉高超的演技，决定立即启用玛莉担任影片的女主角，饰演萨拉。玛莉扮演的萨拉，在全片中没有一句台词，全靠极富特色的眼神、表情和动作，揭示了主人公矛盾复杂的内心世界——自卑和不屈、喜悦和沮丧、孤独和多情、消沉和奋斗。玛莉十分珍惜这次机会，她勤奋、严谨、认真地对待每一个镜头，用自己的心去拍，因此表演得惟妙惟肖，让人拍案叫绝。

就这样，玛莉·马特琳成功了。她成为美国电影史上第一个聋哑影后。正如她自己所说的那样：我的成功，对每个人，不管是正常人，还是残疾人，都是一种激励。

世上没有人能够有幸得到上帝的照顾，要想成功，就要抛开自身条件的限制，要相信没有什么事情能够指望苍天，一切均取决于你自己。每个人都是自己命运的建筑师。你的一生是否精彩，在于能否抓住机遇，当机遇来敲门的时候，你就要勇敢地去追，不要让机会随之溜走。

青春，就是拼尽全力地奔跑，然后华丽地摔倒，这是成长历程中必经的溃烂，但是，当你忍着疼痛带着微笑站起来时，身上的泥土、污渍却也成了青春路上最张扬的印迹。记得，请一定要相信自己，只要充满坚定的信念，成功的那天迟早会到来。

编 者 寄 语

梦想不抛弃苦心追求的人，只要不停止追求，我们就会沐浴在梦想的光辉之中。青春有梦就要去追，趁着青春还在，趁着遥远的未来还未到来，趁着梦想之花还没有枯萎。用我们尚且稚嫩的肩膀拥抱青春的现在，用我们尚且瘦弱的双臂托举青春的未来！勇敢追求自己的梦想，为我们的梦想付出，这花季的青春会因为梦想而闪耀！

坚守梦想，永不言弃

　　梦想的实现少不了不幸和苦恼，我们的生活何尝不是这样？每一个人都有过像丑小鸭那样的美好梦想，渴望着幸福和美，渴望"飞向蔚蓝的天空"，成为"高贵的天鹅"。不有的人很努力，因为他坚信只要努力，梦想就会实现；而有的人守株待兔，不愿付出，他只相信天上掉馅饼的这种好事。可是，只有保持心中那份恒久的梦想，并为之努力奋斗，才会有成功的一天。有句话说得好，没有梦想的人就是一条咸鱼，但是有了梦想却不为之努力奋斗的人更是一条翻过身后的咸鱼。只要你认定了梦想，为之努力奋斗，你就一定会有所收获，无论结局好坏，坚持的过程中你会不断地升华，不断地进步。

　　也许，我们的人生旅途上沼泽遍布，荆棘丛生；也许，我们追求的风景总是山重水复，不见柳暗花明；也许，我们前行的步履总是沉重、蹒跚；也许，我们需要在黑暗中摸索很长时间，才能找寻到光明；也许，我们虔诚的信念会被世俗的尘雾缠绕，而不能自由翱翔；也许，我们高贵的灵魂暂时在现实中找不到寄放的净土。那么，我们为什么不用勇敢者的气魄，坚定而自信地对自己说一声"再试一次！"再试一次，你就有可能达到成功的彼岸！一个梦想是当一名作家的小男孩儿，十分喜欢写作，可是语文课成绩却很糟糕，因为他觉得语法又复杂又枯燥，所以他讨厌冗长的、毫无生趣的写作训练。因此，语文老师并不看他的想象作文。不过小男孩儿从未改变过自己的梦想，他对语文课的态度也没有变，直到有一名叫弗里格的先生担任他的语文老师。一天，弗里格先生给学生们一张家庭作业表，上面列满了想象作文。

小男孩儿发现这个老师好像很不一样，于是他开始选择题目，他看了几行想象作文的标题，都觉得没意思，一点写作的欲望也没有。忽然，他的目标停留在了"吃意大利通心粉的艺术"这个题目上，生动的记忆便从他脑海中倾泻出来：那是一个非常温馨的夜晚，窗外圆月高挂，皎洁的月光洒满了庭院，全家人围坐在餐桌旁，静静地等着姑姑端来意大利通心粉，虽然这是姑姑第一次做通心粉，味道怪怪的，可是全家人吃得很认真，还不停地赞美和鼓励姑姑，整个屋子里充满银铃般的笑声。男孩立刻把它写下来，当然仍以他自己喜欢的方式在写，而将学校里学的那些想象作文技巧和语法规则统统抛在了脑后。几乎是一气呵成，男孩儿觉得浑身舒畅，那是从来没有的写作经历，他也几乎忘了自己是在完成老师布置的作业。

想象作文交上去之后，男孩儿并不抱期望会受到表扬，因为这种事从来都不会发生在自己身上。可是出乎男孩的意料，他的文章竟被老师当范文在全班同学面前朗读，教室里只有老师浑厚的声音在回荡。老师读完后，同学们不约而同地发出了赞叹的掌声。后来，男孩长大了，在一家地方报当上了记者，由于写作和选材敏感超人，被主编派驻白宫，后又受聘于《纽约时报》，成为著名的专栏作家。

他就是罗素·贝克，两次普利策新闻奖的得主，后来又担任了普利策新闻奖的评委，他的理想真的实现了。每个人的心中都有美丽的梦想，可是总是出于某种原因，尤其是环境的压力，使我们改变了最初的想法，迷失了真正的自我。而罗素·贝克，他坚定着自己的信念，坚守着自己最初的梦想，全心全意地做一件事，最终走向了成功。

1948年，英国牛津大学举办了一次"成功奥秘"讲座，邀请当时的英国首相丘吉尔来大学讲演。讲演的那一天，会场内人山人海。全世界各大新闻媒体几乎都到齐了。人们都在等着洗耳恭听这位政治家、外交家、曾经的诺贝尔文学奖得主的"成功秘诀"。只见丘吉尔走上讲台，两手抓住讲台，两眼注视着观众，用手势止住大家雷鸣般的掌声，说："我的成功秘诀有三个：第一是，决不放弃；第二是，决不、决不放弃；第三是，决不、决不、决不放弃！我的演讲结束了。"说完，他就走下了讲台。会场内沉寂了一分钟后，突然爆发出热烈的掌声。成功的秘诀就是如此简单！成功就是"决不放弃"的精神和行动。梦想永远建立在执着、汗水、努力与泪水之上，坚守自己心中的梦想，为了自己的梦想不断去奋斗，才能收获属于自己的成功。

编 者 寄 语

　　"只有流过血的手指，才能弹出世间的绝唱！"永远不要因为人生路上的一个绊脚石而自暴自弃，坚持下去，不要遗弃最初的梦想，梦想每个人都有，成功每个人都想要。但如果今天你的梦想尚未达到，成功遥不可及，你可曾问过自己：我为自己的理想付出了多少努力？我是不是经常找一大堆借口为自己的失败而狡辩？其实，我们不要为失败找借口，而应该为达到成功寻找方法。只要努力去开发，命运之神将垂青于你。

第 六 章

奋斗的年纪，拒绝安逸

少时斗志昂扬、满腔热情，要成为什么样的人，以后一定会成为什么样的人，诸如此类的对未来的承诺，满满当当地挤满了整个少年时代。可是，人们往往安于现状，贪图安逸的生活，久而久之就磨灭了自身的意志，甚至梦想都被安逸给葬送了。董明珠说过，年轻人不要在应该奋斗的年龄选择了安逸，只有不断努力，才能实现自己的梦想，走向成功。面对未来，或许你还是一片迷茫，如果距离梦想还很遥远，那请继续前进，没有克服不了的困难，没有到不了的远方。只要你肯放弃安逸，迈出脚步，奋勇向前，梦想终将会实现。

最孤独的时光，会塑造最坚强的自己

心 灵 导 读

　　我们出生时，因与母亲分离而孤独，那时候我们以哭声拒绝孤独，相伴而来的却是一个全新的世界。在这个世界面前，我们渐渐忘记了孤独，战胜了寂寞，并爱上这个全新的世界，像所有新生事物一样，迅速地在孤独中成长、在寂寞中壮大。因此，在短短的几年之中，我们学会了说话，行走与陌生的世界交流。孤独让我们成长。

古往今来，凡是在事业中成功的人物，无不遭遇和感受过孤独，体验和认识过孤独，把握和拥抱过孤独，最终使自己的生命在孤独中得到升华，获得永恒的价值。法国启蒙思想家卢梭就是在坚守孤独的过程中，写成了伟大的《孤独散步者的遐思》；汉代大学者董仲舒，为了做学问，把自己关在屋里不分昼夜苦读，终成一代大儒；梵高在孤独中表现了永恒的美；而释迦牟尼也正是在博大的孤独中，参悟了佛道，看透了人生。

陈景润1933年出生在一个邮局职员的家庭。父亲希望这个孩子的降生能给家中带来"滋润"的日子，因此给他起了个吉利的名字。在学校，沉默寡言、不善言辞的他经常被同学无端打骂。

少年陈景润酷爱数学，数学成绩在班里总是名列前茅。他不善言谈，不喜欢交际，在那些穿着整齐、欢声笑语的同学面前，总是自惭形秽。

有一次上数学课，老师讲了一个故事：200年前，有一位名叫哥德巴赫的德国数学家提出了一个猜想：凡是大于2的偶数一定可以表示为两个素数之和。比如4=2+2，6=3+3，8=3+5。他本人虽然对许多偶数进行了验证，都验证是正确的，但他却无法进行逻辑证明。他写信向著名的数学大师欧拉请教，欧拉花了多年的精力，到死也没有证明出来。从此这道世界难题就吸引了成千上万的数学家，但始终没有人能攻下，因此，它被称为"数学皇冠上的明珠"。自从听了这个故事后，哥德巴赫猜想就时常萦绕在陈景润的脑海中。他暗下决心，一定要拿下这道题。从此他更加发愤地学习数学，有时简直到了如痴如醉的程度。

陈景润有着超人的勤奋和顽强的毅力，多年来孜孜不倦地致力于数学研究，废寝忘食，每天工作12个小时以上。正因为陈景润具有勇攀科学高峰的雄心壮志和刻苦钻研的精神，博览群书，不断地充实完善自己，他少年时代的梦想才终于变成了现实。1973年，他发表了论文《大偶数表为一个素数与不超过两个素数乘积之和》（即"1+2"），把几百年来人们未曾解决的哥德巴赫猜想的证明向前大大地推进了一步，在世界上引起了轰动，在国际上被命名为"陈氏定理"。

陈景润像一颗璀璨的明星，升上了数学王国的天空，为数学事业的发展做出了重大贡献。世上没有绝对的天才，但这二字却可指那些与寂寞为伍、以独创显世的伟人，他们虽与孤独为伴，但却造就出独一无二的伟绩，在孤独中奋战，在孤独中创新。

叔本华曾说过"人，要么孤独，要么庸俗。"社会发展越来越快，飞快的生活节奏和物质欲望让不少人变得急功近利，面对充满诱惑、浮躁的生活表象，他们在孤独中堕落，随波逐流。罗马不是一夜之间建成的，也没有一个人是一步登天的，再远的征程也是由一个个脚印组成的。难熬时，总渴望某个人能给予你帮助，孤独时，总想有个人陪着你。可生命中难熬的日子多的是，孤独的日子更少不了，你必须忍耐那些痛苦的时光，习惯一个人熬过所有艰难。最孤独的时光会塑造最坚强的自己，耐得住寂寞，才能把握住人生！

地球每一天都在转，人每一天都在成长，学会在喧嚣的世界中渐渐地沉淀自己，提升自己，用丰富的知识来装饰自己的世界，顺着自己的想法改变自己的"本真"。痛也受得，甜也受得，生活可以千姿百态，任凭身边的人如何评价，骨子里却拥有特殊的魅力，这也许是一种内涵。

编 者 寄 语

　　"不经一番寒彻骨，怎得梅花扑鼻香。"一个人远离了世界的喧嚣，独自孤单地生活，虽然看上去有些寂寞，但实际上却能给我们一个难能可贵的自我成长的机会。孤独才能遇见最真实的自己，能让自己默默地成长，并能明白人生的真正意义。为了自己的理想和奋斗目标，我们应该学会在孤独与寂寞中沉思。

过早地选择安逸，等于失去了未来

心 灵 导 读

爱默生（拉尔夫·沃尔多·爱默生）说："坐在舒适软垫上的人容易睡去。"人总是习惯性地选择安逸，过着没有压力的生活。可是后来会发现，舒服过日子的人，生活中却屡屡碰壁。而不断挑战自我的人，以后的日子却越来越顺。爱自己的方式，不是过早地选择安逸，而是在一开始为自己扫平道路，这样才能在以后的日子里看风景。

我们每个人都有自己的梦想，都有想要达成的目标，都有希望成为的样子，但在这个过程中，总会出现各种干扰。当你周围都是米的时候，你很安逸；当有一天米缸见底，才发现想跳出去已无能为力。有一种陷阱，名叫安逸！过早地选择安逸，等于失去了未来。

一只小鹰在鹰妈妈外出觅食时不慎从巢里掉了出来，刚巧被鸡妈妈看到，便捡回去和一群小鸡放在一起喂养。

随着时光流逝，小鹰一天天长大了，鸡习惯了鸡的生活，并且鸡们也都把它看成是自己的同类，它也像鸡们一样出外往后刨着寻食，从来没试过要飞向高空。

一天，小鹰出外觅食时，忽然碰到了鹰妈妈，鹰妈妈见到小鹰惊喜极了，对它说："小鹰，你怎么在这里？随我一起飞向高空吧！"小鹰说："我不是小鹰，我是小鸡呀，我可不会飞，天那么高，怎么飞得上去呀？"

鹰妈妈对小鹰有些生气，但它还是大声地鼓励它说："小鹰，你不是小鸡，你是一只搏击蓝天的雄鹰呀！不信，咱们到悬崖边，我教你高飞。"

于是，小鹰半信半疑地随鹰妈妈来到悬崖边，它紧张得浑身发抖。鹰妈妈耐心地说："孩子，不要怕。你看我怎么飞，学我的样子，用力拍打翅膀，用力。"小鹰战战兢兢，在鹰妈妈的带动下终于飞了起来……

人人都是鹰，只不过按鸡的方式或在鸡的环境下生活得久了，便不再相信自己的潜力。天上人间，区别不过是扇动一下翅膀而已。请相信自己，相信自己原来也是一只鹰。小鹰习惯了安逸的生活，越来越害怕冒险，越来越淡化理想，如果不舍得为难自己，挑战自我，终将无法飞上蓝天。

我们许多人何尝不是如此？随着职业的稳定、生活的安逸，小富即安、不求进取的想法就日渐滋生，几年、十几年甚至几十年干着日日相似的工作，过着始终如一的日子。在岁月的侵蚀下，不少人激情消退，棱角磨平，也逐渐适应并习惯了这样的生活，求稳怕变的思想

与日俱增，开拓进取的精神每况愈下，自我学习、自我提高、自我完善的紧迫感日益减弱。只有不安于现状，敢于挑战，直到有一天，人生的另一扇窗被打开，才发现原来人生还有不一样的精彩。

在第十二届全国冬季运动会上，长春15岁小将李子君包揽了花滑赛女子单人表演自由滑、女子单人短节目、女子单人自由滑三枚金牌，成为家喻户晓的明星。李子君5岁走上花滑之路，每天四五点钟起床，午饭在去训练馆的路上吃，中午训练结束后回学校上课，晚上放学再去训练，一直练到晚上十点。即使这样艰苦，她也没有想过放弃。年少的她对体育的理解很深刻，"我很享受比赛的过程，真是乐在其中，每一次跳跃成功都能让我获得满足感。不论能不能上领奖台，我都喜欢参加比赛，只要每一次都有进步，就是对自己的突破，每一次都为了更强的目标而努力，这样就是跨越新生。"

蔡康永有这么一段话：15岁觉得游泳难，放弃游泳，到18岁遇到一个你喜欢的人约你去游泳，你只好说"我不会耶"。18岁觉得英文难，放弃英文，28岁出现一个很棒但要会英文的工作，你只好说"我不会耶"。该奋斗的年龄千万不要选择安逸，很多东西你不学，那么你就永远不会。你如果永远都不努力，那么你只能被那些努力的人超越，而你只能在原地停留。所以，千万不能选择安逸的生活，这不是你应该有的状态。过于安逸的你也许在别人眼里是让人羡慕的，因为你只需要付出一点点就能够取得很大的回报。但是其实你才是最可悲的人，因为你失去了很多让自己变得更加优秀的机会。

不安于现状才能够做更好的自己，也许现在的你不愁吃穿，日子也过得滋润，但是未来的你一定会讨厌现在的自己。

英国著名小说家、剧作家威廉·萨默塞特·毛姆说过："在这个并非尽善尽美的世界上，勤奋会得到报偿，而游手好闲则要受到惩罚。"在职场中，如果你选择了安逸，那么你会为你的未来埋下危机。要相信只有勤奋的人才能够得到报偿，而过于安逸总是游手好闲的人终究是一事无成的。

编 者 寄 语

俞敏洪先生有一句话说得非常好，"艰难困苦是幸福的源泉，安逸享受是苦难的开始"。如果你在年轻的时候选择了享乐，担心改变带来的疼痛，而不愿去打磨锤炼自己，人生遇见的风沙越少，你看到的世界就越小，只有保持不断成长，勇于打破昨天的旧我，重塑今天的新我，才能遇见更美的人生。

别在最能吃苦的年纪选择了安逸

> 如果想要现在舒服，就去睡觉；如果你想要将来舒服，就去努力。这世界很公平，你想要比别人强，你就必须去做别人不想做的事。你想要更好的生活，那么你就必须去承受更多的困难，不吃拼搏的苦，就会吃生活的苦。没有等来的成功，别轻易放弃梦想，别在最能吃苦的年纪选择了安逸！

李宇春曾在一首歌中唱过"再不疯狂我们就老了"。趁着年轻，你需要多吃一些苦，人生晚吃苦，不如早吃苦；你现在不累，以后就会更累。你要知道，现在吃的苦，是以后享的福。将来的你，一定会感谢现在拼命的自己。"不经一番寒彻骨，怎得梅花扑鼻香。"青春最厚重的底色是奋斗，最可贵的精神是拼搏。别在最好的时光选择安逸，人越懒，越安逸，就越可能错过美好的风景。

元末明初文学家宋濂，被明太祖朱元璋称为"开国文臣之首"宋濂苦学的故事，是一段苦学励志的经典故事，少时贫穷的宋濂，通过自己的苦学，成就了自己的梦想，他的故事告诉我们一个道理：谦虚刻苦，学有所成。

小时候的宋濂十分喜欢学习，由于家里贫穷，买不起书，但好学的宋濂经常借别人的书读，并能够按时归还，因此，宋濂总能借到书。每每有书读的时候，他便废寝忘食。即便是在寒冷的冬天，苦学的宋濂依然坚持不懈，砚台里的墨水结成坚硬的冰，手指冻得不能弯曲和伸直，也不能阻断宋濂勤学上进的心。

成年之后的宋濂，比少年时期学习更加刻苦，此时的宋濂既仰慕古代圣贤的学说，又担心没有才学渊博的老师和名人相交往，因此，他经常向有名望的前辈求教，提出疑问，询问道理，弯着身子侧着耳朵请教。

宋濂外出求师求学，无论是迎着凛冽的北风，还是冒着倾盆的大雨，始终没有一丝要放弃的念头，在锦衣玉食的富家子弟面前，宋濂也从未觉得矮人几分。宋濂把所有的心思，都花在了学业上，花在了拜访名师上，宋濂心中有自己的乐趣，从不羡慕别人衣服的华美，也对食之山珍无多大的兴趣，宋濂求学时的勤恳与刻苦，可见一斑。

李嘉诚幼年丧父，家庭的重担由他一人扛起。少年时期，本应是无忧无虑的，然而迫于生计他不得不辍学，走上谋职一途。他好不容易在一座茶楼找到一份工作。每天清晨五点左右，当一般人都还在睡梦中的时候，他就必须提起精神从温暖的被窝中爬起，然后赶到茶楼准备茶水及茶点。每天，他的工作时间长达15小时以上。生活对他来说，就是一场严酷的考验与磨炼。李嘉诚的舅父非常疼爱他，为了让他能够准时上班，就买了一只小闹钟送他。李嘉诚就把闹钟调快了十分钟，以便能最早一个赶到茶楼工作。茶楼的老板对他的吃苦肯干深为赞赏，所以李嘉诚很快就成为茶楼中加薪最快的一名员工。正是这种精神，才让他一步步地走上了成功之路。李嘉诚的故事，给了我们这样的启示：人生中任何一种成功都不是唾手可得的，不能吃苦、不肯吃苦，是不可能获得任何成功的。

锦瑟流年，花开花落，岁月蹉跎匆匆过，而恰如同学少年，在最能学习的时间你选择恋爱，在最能吃苦的时候你选择安逸，自是年少，却韶华倾负，再无少年之时，错过了人生最为难得的吃苦经历，对生活的理解和感悟就会浅薄。

20岁的贪玩，造就了30岁的无奈。30岁的无奈，导致了40岁的无为。40岁的无为，奠定了50岁的失败。50岁的失败，酿造了一辈子的碌碌无为。请不要在该奋斗的年纪选择了安逸。否则，当自己回首过去，除了蹉跎岁月，你还是一无所有。

青春是一个人一生当中最美好的一段时光，青春是用来奋斗的。请不要在最能吃苦的时候选择安逸，没有人的青春是在红地毯上走过，既然梦想成为那个别人无法企及的自我，就应该选择一条属于自己的道路，为了到达终点，付出别人无法企及的努力。从现在开始奋斗，趁还年轻，真正的安逸是拼出来的，现在的"劳"，才能带来将来的"逸"。

编 者 寄 语

"韶华不为少年留，恨悠悠，几时休"，青春是离梦想最近的年纪。在离梦想最近的年纪，不去追逐梦想，只会庸碌一生。有些人之所以能达到别人到不了的高度，全是因为他们吃过很多别人吃不了的苦。这世上从来就没有横空出世的运气，只有不为人知的努力。真正的安逸，是拼出来的。努力吧，少年！与其畏缩不前，何不趁青春年少，放手一搏，让人生从此与众不同。

你不甘堕落，却又不思进取

心灵导读

　　生活中，我们总是羡慕别人，羡慕别人的地位，羡慕别人的生活。我们总是渴望成为那样的人，获得更为优越的环境，却总想要得到暂时的安逸，不愿付出行动。我们成不了想成为的那种人，不是因为我们比他们差，而是因为我们贪图安逸、懒惰成性，我们总是一边不甘堕落，又一边不思进取。如果你不想自甘堕落，那就抛弃不思进取，坚持不懈，将来有一天，你一定会感激现在努力的你。

最怕你不甘堕落，却又不思进取。

最怕你不甘平庸，却又安于现状。

最怕你不甘平凡，却又不好好努力。

不要在最美好的年纪，虚度人生。如果现在的你有打算去坚持一件事情，希望你可以坚持下去，从来都不是苦难造就了人才，无论处于何种境地，不甘堕落的心灵，才是成功的翅膀，为目标砥砺前行才是不朽的关键。

一代儒学大师董仲舒，自幼天资聪颖，少年时酷爱学习，读起书来常常忘记吃饭和睡觉。其父董太公看在眼里急在心上，为了让孩子能歇歇，他决定在宅后修筑一个花园，让孩子能有机会到花园散散心，歇歇脑子。

第一年，董太公一边派人到南方学习，看人家的花园是怎样建的，一边准备砖瓦木料。头一年动工，园里阳光明媚、绿草如茵、鸟语花香、蜂飞蝶舞。姐姐多次邀请董仲舒到园中玩，他手捧竹简，只是摇头，继续看竹简，学孔子的《春秋》，背先生布置的《诗经》。

第二年，小花园建起了假山。邻居、亲戚的孩子纷纷爬到假山上玩。小伙伴们叫他，他低着头在竹简上刻写诗文，头都顾不上抬一抬。

第三年，后花园建成了。亲戚朋友携儿带女前来观看，都夸董家花园建得别致。父母叫董仲舒去玩，他只是点点头，仍埋头学习。中秋节晚上，家人在花园中边吃月饼边赏月，可就是不见董仲舒的踪影。原来董仲舒趁家人在赏月之机，又找先生研讨诗文去了。

随着年龄的增长，董仲舒的求知欲愈加强烈，他遍读了儒家、道家、法家等各家书籍，终于成为令人敬仰的儒学大师。

隋朝的时候，有一个叫李密的人。他原本出身贵族，但后来家境没落了，只好到宫廷去当侍卫。有一次，隋炀帝回宫时，看到在当值的李密，他仔细地打量了一下李密，然后问身边的一位大臣：“那个侍卫是谁？”

大臣回答说：“他是已经去世的蒲山公李宽的儿子，名叫

李密。"

隋炀帝继续说："我看他总是东张西望，以后别让他在宫里当侍卫了。"

这位大臣是一个非常善良的人，他觉得如果直接赶李密出宫，会让李密很难过。于是，他对李密说："我觉得你非常有天资，像你这样的人应该凭才学来获得官职，而不是做一个每天管理琐碎事情的宫廷侍卫。所以，我希望你能多多学习，不要把时间浪费在一些没用的事情上。"李密听了这位大臣的话，很受鼓舞。于是，他回到家里，专心致志地读书。

一次，李密听说包恺先生在缑山，就想去拜访。他用蒲草做成鞍，放在牛背上，骑着牛出发了。为了能抽空看书，李密把一套《汉书》挂在牛角上，他一只手拉着牛绳，一只手翻书阅读，看得十分专注。路上的行人都被他这种奇怪的行为吸引住了。这时，越国公杨素刚好也坐车外出，他看到坐在牛背上专心读书的李密，心想：这位少年一定非常喜欢看书。于是，他让驾车的仆人放慢车速，慢慢地跟在李密的后面。

当李密看完一本书，准备再换一本的时候，杨素急忙下车走上前问："年轻人，你叫什么名字？"

李密看到有人跟自己说话，急忙放下书，礼貌地回答："我叫李密，是辽东襄平人。"

杨素又问："你读的是什么书？"

"我正在读《项羽本纪》。我非常喜欢项羽，我觉得他是一个大英雄。"李密说。

接着，杨素亲切地跟李密交谈了一会儿。他觉得这个少年是个有志向的人，将来一定会有一番大作为。他鼓励李密说："你一定要时刻保持这种好学的品质呀！"

杨素回家后，把遇到李密的事情讲给儿子杨玄感听，还对他说："我觉得李密的学识和才能比你们几个兄弟都要强。将来你们有什么紧要的事，可以找他商量。"杨玄感听后，决定去拜访李密。来往的次数多了，杨玄感和李密成了知心朋友。后来，好学并且爱思考的李密还成了起义军首领。

世界上唯一不用努力就能得到的，只有年龄。所以你不努力，除了越活越老，你什么都不能得到。如果你想要不负光阴，不甘堕落，那么请你从今天开始努力，既然不喜欢现在自己的状态，也不甘心就这样堕落，那就狠下心来改变，从每件小事做起，循序渐进，让你对自己的不满，变成自己努力改变的动力，去触碰理想的高度。既然想成为让人羡慕的人，就要从现在努力，这样未来的你，才会感谢现在的你。

编者寄语

我们常看到周围人的成功，却往往看不到人家背后的努力，其实每一个人的成功都是来之不易的，与其羡慕别人，不如自己成为那样的人。不要做言语的巨人，行动的矮子，想到什么就要付出行动去做什么，而不能只停留在嘴上说说而已。不能只"临渊羡鱼"，更要有"退而结网"的本领。这个世界上，最不会亏本的投资，就是投资自己。如果你不甘平庸，就要努力改变，努力就是最好的自己。

告别安逸，无惧一路风雨

俞敏洪说："艰难困苦是幸福的源泉，安逸享受是苦难的开始。"人生就是一路风雨，一路前行。温室里的花朵是经不起风吹雨打的，想要自己取得成功，成就一番事业，就不能让自己太安逸。安逸的环境会磨灭一个人的志气，千万别在最能吃苦的年纪，选择了安逸，告别安逸，无惧一路风雨，方能走向成功。

古人说得好："流水不腐，户枢不蠹。"美国科学家富兰克林也说过类似的话："懒惰像生锈一样，比操劳更能消耗身体。经常用的钥匙总是亮闪闪的。"可见，贪图安逸的危害以及努力的好处。在生活中，无论在何种环境之下，当我们处于安逸的状态时，久而久之，你会发现我们丢失了勇气，缺乏了毅力；反之，选择了奋勇拼搏，你就会明白自己想要的是波澜壮阔，即使前方巨浪滔天，也会有搏击长空的无畏无惧。因为真正的强者，不是没有眼泪，而是含着眼泪，依旧奔跑的人。

安逸的环境会磨灭一个人的意志，安逸的生活需谨慎，安逸的生活有风险。别让自己待在舒适区里太久，要适当突破舒适区。今天居安思危，努力奋斗，明天才会春风得意，光辉璀璨；今天若是贪图安逸，不思进取，明天必将黯然神伤，一败涂地。经历过风雨的洗礼，才能见到夺目的彩虹。

这让我想起了一位80岁的"中国少年"，他演绎了多种传

奇人生。他的名字叫王德顺，一位超越年龄界限又魅力无限的
艺术家。

　　1936年，王德顺出生在沈阳一个普通的农村家庭。成年后
的他，先是在沈阳电车公司当售票员，后来又去沈阳军工厂当工
人，那时候沈阳工人文化宫上课不要钱，他主动报名了话剧班、
舞蹈班、声乐班、朗诵班，为自己打基础。

1960年，王德顺进入沈阳军区抗敌话剧团，成为正式的话剧演员，1970年在沈阳军区抗敌话剧团当了10年话剧演员的王德顺，复原后被分配到长春话剧院。

49岁那年，他来到北京成了一名北漂，没车没房，一切从头开始。这期间通过在国际布莱希特体系研讨会上表演哑剧《人与蛇》，创造了"造型哑剧"世界唯一哑剧种类，并在澳门新春国际艺术节以及法国欧利亚斯第八届国际戏剧节中创造了世界唯一的"活雕塑"，从此多次参加各国艺术节，并将他的造型哑剧和名字载入世界名人表。

在国际上已有卓越成就的王德顺，并没有停止脚步，他50岁开始进健身房健身，如今已经练了30年，从来没有间断过，70岁开始有意识地锻炼自己的腹肌，时时刻刻在努力追求奋斗着，79岁走上了国际时装周发布会的T台，再度成功！此时的他才真正让大江南北的人了解他！如今80多岁，他依旧怀揣一颗赤子之心。

"东北大棉袄"的T台走秀，健硕的身材和抖擞的精气神，展现出不一样的人生。即使衰老依然帅气，简直就是"中国最帅大爷"。他在这短短几年时间参演多部电影及电视剧，并与很多的知名导演有过合作。他的一生就像他自己说的一样：相信我，人的潜能是可以挖掘的。当你说太晚了的时候，你一定要谨慎，它可能是你退却的借口。没有谁能阻止你成功，除了你自己。该炫自己的时候，千万不要对自己手软。

人的一生都是靠自己的双手去创造的，完美的生活也需要自己去创造，命运掌握在自己手里，每个人都是自己未来的主宰者。我们知道，世上最锋利的兵器，都要经过多次的烧烤捶打，而没有经过烧烤捶打的兵器，永远不可能成为精品。事实证明：只有经过磨炼的人，才有可能成功。所以，想成功，就要告别安逸的生活，对自己狠一点。

既然选择了远方，便只顾风雨兼程，舍弃安逸，奋勇向前。在最美好的年华，走向坚定的方向，不计较得失，最终属于你的一切，一定会在前方某个角落等你，虽然过程中少不了狂风暴雨，却也正是因为有了风暴，所以洗礼后的灵魂，才会更加坚强，青春也会因此熠熠生辉。

编 者 寄 语

　　青春是一个人一生中最美好的一段时光，也是决定一个人未来最关键的几年。所以，年轻人不要还站在原地，看着别人奔跑了。趁着自己还在最能拼搏的年纪奔跑起来，不断地武装自己，让自己强大起来，你才有拼搏奋斗的能力。人生从来没有捷径，唯有努力才能看见彩虹。

结束语

只要你不停地向上走，一级级楼梯就没有尽头，在你向上走的脚下，它们也在向上长。——卡夫卡《律师》

有人说，人的生命很漫长，对未来拥有着无限憧憬。

有人说，人的生命很短暂，与其奋斗，还不如选择安逸度过。

而我觉得趁年轻，怀揣梦想努力奋斗，才是启动青春之门的钥匙。

没有谁的生活总是一帆风顺的，你总要一个人尝尽这世间的千姿百态。

成长也从来都不是温和的，你总要一个人，度过一段难熬的时光。

每个人都要成长，这是一条必经的路，也是一条逃避不了的路。

只有踮着脚尖全力以赴往上走，才能看到人生绚烂的风景。

只有不断磨炼自己，才会成长变强。

不愿成长的人，只能被现实拉扯着跌跌撞撞向前，然后遍体鳞伤。

千万别在最该奋斗的年纪，选择了安逸，那是对自己最大的残忍。

只有选择成长，才是对未来最好的奖赏。

少年励志经典

面对一切，用倔强的骄傲，
活出无人能及的精彩

你当善良，
且有锋芒

牟友林＼本册编写
张芳＼主编

东北师范大学出版社
NORTHEAST NORMAL UNIVERSITY PRESS
长 春

青春寄语

　　作为一名工作二十余年的教育工作者，我做过普通教师、班主任、校长。不论我的身份发生了怎样的变化，我始终希望我的学生们能够做一个真诚、善良的人。

　　其实，判定一个人的善恶不能马上下定论，可能需要很长的时间去了解，但"善"永远是人类心灵最甘甜的营养。研究表明，在和睦的环境下，人的患病率更低，成功率更高。一棵树虽然需要风雨磨炼，但足够的阳光雨露仍然是它长成参天大树的前提条件。选择善良，也是给自己的心灵一次接受雨露的机会。

　　从古至今，凡是对这个世界有影响力的人都是那些有坚定的良善之心的人。中国的孔老夫子，一心以仁爱治天下；美国的林肯总统，一生致力于黑奴解放……这些人都在人类文明史上书写了浓墨重彩的一笔。但太多人并没有看到善良的可贵，一直生活在浑浑噩噩的状态下，凡事只以自己为中心，为一点得失就失去了人格的操守，进而失去了很多获得优秀朋友和更广阔发展平台的机会。

　　"善良"一词是我国传统文化中的一个重要符号，一直被国人所提倡、宣扬。但是，什么是善良，如何做一个善良的人，却是需要我们用心思考的问题。

　　面对校园欺凌，我要善良，我忍受、我宽容，全然不想这是不是对他人的纵容；

　　面对不良现象，我要善良，我出手、我奋战，不去思考自己的能力是否能够承担；

　　面对无理要求，我要善良，我满足、我奉献，混淆了善良的本真……

　　善良不代表软弱，不代表无力。

　　你当善良，且有锋芒！

名人名言

善良的心地，就是黄金。

——莎士比亚

人之为善，百善而不足。

——杨万里

一颗好心抵得过黄金。

——莎士比亚

在一切道德品质之中，善良的本性在世界上是最需要的。

——罗素

我愿证明，凡是行为善良与高尚的人，定能因之而担当患难。

——贝多芬

善良的行为使人的灵魂变得高尚。

——卢梭

人而好善，福虽未至，祸其远矣。

——曾子

没有单纯、善良和真实，就没有伟大。

——托尔斯泰

慈善的行为比金钱更能解除别人的痛苦。

——卢梭

Contents 目录

第 一 章

善良比聪明更难

　　有个年轻人信佛，他天天寻师求道但不务正业，让关心他的母亲伤透了心，可年轻人置之不理。一天，他听说某某山上有名高僧，就不远千里求法去了。高僧见了他，说："若你碰到有穿鞋穿反的人，加以供养，必能成就。"年轻人听后高兴地走了。他苦苦寻找，可毫无线索。当他心灰意冷地回家时，他的母亲见到远游的儿子归来立刻上前迎接，连鞋都穿反了。年轻人恍然大悟。

善良，并非与生俱来，而是出于选择

心 灵 导 读

　　关于什么是善良，著名国学家季羡林老先生曾有这样的表述，"一个人考虑别人比考虑自己多一点就是善良"；科学家王选的观点则是，一个人考虑别人和考虑自己一样多就是善良。两者的表述虽有差异，但是都不约而同地关注了自我的需求，也就是说善良是可以有顺序的，它是在确保自我需求得到满足或基本满足的基础上再去考虑他人的感受。孩子，你现在的年纪，尚不具备独立的物质能力，同样精神世界也在不断丰满的过程中，这种背景下，不妨让我们先学会做自己，再尝试做善人。

　　如果人性本善，那么这个世界又何来战争？如果人性本恶，那么无数的感人事迹又从何而来？我们更愿意相信，我们的身体里既有恶的种子，也有善的种子。善恶的表现关键是在成长过程中你做出的选择。

　　如果有一天，有人问你"你是一个善良的人吗"，你将如何作答？答案暂放心中，让我们先看看他人的案例。

　　有一个富有的老人，他喜欢无所保留地施舍帮助穷人，他积累了很多福德以至惊动了上天，天神怕他的福德超过自己，就下界到老人身边说："老人家，你不知道施舍穷人是要下地狱受折磨的吗？赶紧停下吧，不信你看看。"说完就展示了地狱里的恐怖景象，并问地狱中受苦的众生："你们为什么下了地狱？"天神早就和他们串通好了，所以地狱众生都信誓旦旦地说："我们是因为总做好事才下地狱的。"老人却说："我为大家做好事，我很快乐。下地狱，就下吧。看那么多人受了我的帮助，我很满足。"天神听了很惭愧，说明了真实意图，并让老人积累了更多的福德，老人死后升上天界做了天王。

如果明知道你行善后并不会好心有好报，你还会坚持吗？如果会的话，至少说明你是一个考虑别人比考虑自己多一点的善良人。

公交车上，一个小女孩给一个老大爷让座，老大爷和他的女儿很尴尬，女儿使劲给老大爷使眼色，可老大爷还是说了声谢谢，然后坐下了。过了一会儿，小女孩高高兴兴地下车了，可她没有注意到老大爷一直咬紧牙关。老大爷和他的女儿下车后，女儿抱怨道："爸，你明知道自己屁股受伤了，为什么还要坐下呀？"老大爷说："我不想让善良的人失望。"

现在，请你想想，如果你身边的人对你的善举适得其反，你会怎样做？

现实生活中，我们可以看到，有的人能够感受到来自他人的善意并能用自己的善行回

应，他们的逻辑是"世界对我充满善意"。有的人，无论别人怎么对他好，都很难跟他成为朋友，除非有人能对他有求必应、百依百顺，这种人的逻辑是"这个世界跟我对立"，并深陷其中不能自拔。

女孩叫花藤，她来自乡下，性格温厚朴实，待人真诚实在，但不擅交际。在大学校园里，她变得越来越不合群，人际关系成了大学里最令她头疼的事情。眼看毕业季来临，花藤对自己的未来充满了恐惧。纷乱的社会现象、复杂的人际关系……她感到无所适从，最终去向心理学老师寻求解决问题的方法。心理学老师告诉她：这个世界上其实有文明人和野蛮人之分，文明人是经过教化懂得善之意义的人，他们会先把陌生人当成好人，而野蛮人还停留在最原始的动物性，喜欢把陌生人当成坏人，凡事以自己的利益为中心。

老师建议花藤先从"假设无敌"开始做练习，也就是假设周围大多数人都是好的，目光聚焦在他人的优点上。在职责清晰的情况下，对他人给予你的任何细微的帮助都心怀感激，适当的时机把这份感激表达出来。

心理学老师随后讲的故事更是让花藤受益匪浅。他告诉花藤，切基罗人流传着一个寓言故事：人的内心深处，一直在进行着一场鏖战，交战是在两只狼之间展开的。一只狼是恶的——它代表恐惧、生气、悲伤、悔恨、贪婪、傲慢、自怜、怨恨、自卑、谎言、妄自尊大、高傲、自私和不忠。另外一只狼是善的——它代表喜悦、和平、爱、希望、承担责任、宁静、谦虚、仁慈、宽容、友善、同情、慷慨、真理和忠贞。同样，交战也发生在所有人的内心深处。两头狼决定不了胜负，真正决定胜负的是你的内心，取决于你内心深处选择喂食哪头狼。

随后的工作中，花藤陆陆续续见证了更多的人心善恶：有的同事会为了团队发展而牺牲小家幸福，有的上司会为了给职员争取合法利益而影响自身升迁，也有的同事会为了升职加薪而选择放弃多年坚守的道德底线……

人的选择，没有对错，但是一旦做出了选择，将会影响事件的善恶走向，并有可能会改变自己或他人的人生走向。

花藤始终按照老师提供给她的方案来应对纷繁的生活，"假设无敌"帮助花藤度过了职场小白阶段，顺利地成为职场白领。她深深地感悟到：没有人是天生的恶人，也没有人天生愿意做恶人。所谓的善与恶，其实更多的是自己的选择。

作为一名学生，可能职场离你们还有一段距离，但是我们不妨从花藤的经历中抽丝剥茧。我们身边的同学、亲戚、朋友，面对他们的请求，你是怎样选择的？假如你从来没有思考过这个问题，就从现在开始，从阅读了花藤的故事开始，试着做出自己的选择。不论是向左还是向右，无关善恶，只求问心无愧。

编 者 寄 语

现实中，我们都会遇到不好的人或不好的事，关键是你用什么样的态度去看待它，去应对它。如果一味地选择拒绝和否定，那么你最后赢得的也是拒绝和否定；如果选择积极善良，那么你也会赢得健康的关系和健康的发展。

善良，是这个世界的黄金。它闪着独特的光，照亮着世界。真正善良的人从不软弱，因为他有着金子般坚定的内心。只有内心强大，才能给予。

你无须把自己放得太低

老人摔倒了不敢搀扶的今天，许多人纷纷表示"人心不古，世风日下"。是善良不好吗？是善行不对吗？都不是，我们要相信既不是善良不好，也不是善行不对，只是我们对待善良的方式出了问题。

善良是一分力量，是一种良知，它可以让彼此缺乏信任的陌生人瞬间放下心中的戒备。我们不否认老人扶不起的个别事件的存在，但是我们应更多地看到身边的温暖：疲惫的你见到了身边的孕妇先说一声"我到站了"，然后换个位置悄然站立；寒冬的深夜，遇到路旁晚归的商贩，掏钱购买一些自己不急用的东西，助他早点回家……

媛媛是非常善良的女孩，平时无论谁求她帮忙，她都不会拒绝，并且她自己不爱求人，也不喜欢给别人添麻烦。按理说，这样的姑娘会有很多人喜欢才是，事实上热心带来的并不全是友好。

能力不够、主动帮忙反出错的经历是令媛媛难忘的事件之一。一次团队协作中，媛媛没有重点关注责任分工，她顺利地完成了自己负责的部分，又习惯性地帮助其他部门完成了部分工作。巧合的是，这部分工作属于能力不够时怎么做都要错的那种挑战性工作。换句话说，就是谁能力不够却做了，谁就会出错，就要担责。事件的结果不言而喻，媛媛的主动帮忙非但没有获得肯定，反而帮了倒忙，给公司带来了损失，实际责任人在上司面前落井下石，推卸责任，上司因为这件事对一向表现出色的媛媛十分失望。

一向秉持与人为善的媛媛特别不解，非常难过。晚上她一个人出门散步，路过前同事居住的小区。这位前同事以前失业兼失恋的时候，曾在媛媛家借住过一个月：媛媛为她做饭，陪她逛街，听她哭诉……最终帮助她走出低谷。此时的媛媛突然很想找个人说说话，她打电话给这位前同事，告诉她自己情绪低落，刚好路过她家楼下，问她能不能出来吃个饭。没想到前同事的态度冷淡，借口是一会儿要给狗洗澡，走不开。听闻同事的借口，媛媛深感悲哀，她在路边的长条椅上痛哭流涕。

全心全意帮人忙、自己遇事反被拒的经历是令媛媛印象深刻的另一件事情。媛媛的同学要买房，打电话向她借钱，媛媛二话没说就将一万元钱打了过去，朋友为此感动万分，媛媛自己却觉得这种帮助是理所应当的。之后，这位同学等级考试没有过关，要求媛媛请她吃饭，媛媛也爽快地请她吃了海底捞火锅。

可是，当媛媛的考试没过关，找到这个同学，想请她出来陪陪自己的时候，这个同学认为一次考试不过关没啥大不了的，拒绝了她的要求。

媛媛虽然难过，但也没有太放在心上。

如果不是和表姐的一次深聊，媛媛可能仍旧会这样不求回报地善良下去。媛媛、表姐和她们共同的朋友于萍一起逛街，于萍看中了一件衣服，当时觉得价格偏贵，犹豫了一会儿就依依不舍地离开了。走了好远，于萍后悔了，想买那件衣服，就赖着表姐和媛媛一起回去，表姐直接拒绝了这个请求，原因是表姐要和媛

媛一起去咖啡厅写东西,否则就不能按计划完成工作任务了。于萍虽然不太开心,但还是一个人嘟着嘴回去买衣服了。于萍知道这是表姐一直坚守的原则,所以这次拒绝并没有影响她们之间的友谊。

媛媛有些不理解,按照她的想法,二话不说就会跟回去,毕竟不会花费太长的时间。但是表姐的观点是:每个人都有自己的事情要做。帮助他人,享受友谊,固然是一件快乐的事情,但是真正健康的友谊应该建立在平等之上。有时候,你放下自己,毕恭毕敬地对待一个人,对方不一定会感激你,甚至会看不起你,将你的付出视作理所当然,从而无止境地索求下去。相反,先做好自己,平等公正地对待一个人,对方反而会尊重你,甚至会敬仰你,将你的帮助看作及时雨,从而视情况提出请求。所以,不要一味地迁就别人而委屈自己,但凡你觉得不亏欠于他,就应该坦荡地坚定自己的立场。

大冬天也不能阻挡人们读书的热情,在浮躁的都市里实属不易。来图书馆看书的人很多,外边的积雪很厚,鞋底将很多雪带进来,这可苦坏了清洁工。她来来回回地拖地,累得气喘吁吁,可穿戴得体的读者们沉浸在读书的乐趣中无暇顾及。这时,一个衣衫褴褛的换水工来换水,他看见了正在休息的清洁工。他们对视了一眼,换水工没进来,清洁工松了口气。过了一会儿,换水工进来了,当清洁工拿着拖布准备清扫时,她看见换水工的脚上绑了两个塑料袋,她的眼睛湿润了。

此情此景,请你再想想:你对在身边默默奉献的人是什么态度?或者说你注意过他们吗?

美国的一个小镇上,一个年轻人殉情自杀了,这在信仰天主教的居民中引起了轩然大波，他们认为自杀是有罪的，从此那个家庭不会有好的名声，也不会有好男孩青睐这个家庭的女孩，或者好女孩青睐这个家庭的男孩。警察来了，他们勘查了现场，询问死者家人后得知，这个年轻人把他心仪女孩送给他的项链当了定情信物，生前随时戴着。没多一会儿，警长大声宣布："这是他杀，不是自杀。死者随身戴着的项链没了，凶手一定是为财杀人的，后将死者伪装为自杀！"大家都说有道理，镇上的人们开始纷纷安慰这个家庭，但他们没人想到死者的那条项链就在警长兜里。

天主教徒是不能接受人的自杀行为的，警长的言行，你又做何感想呢？

编 者 寄 语

　　生活不是用来妥协的——你退缩得越多，能让你喘息的空间就越有限。在有些事中，无须把自己摆在太低的位置，属于自己的，都要积极地争取。在有些人面前，不必一再地容忍，不要轻易地突破自己的底线。你怎样看待自己，世界就会怎样看待你！

　　在中国传统文化中庸思想的影响下，国人以自谦为荣，这与适当地表现自己其实是不矛盾的。我们在生活中，既要保持谦逊，更要合理地自我定位，这样将更利于创造美好生活。

好说话，无须没底线，反要有原则

心灵导读

英国哲学家、数学家、逻辑学家罗素说："在一切道德品质之中，善良的本性在世界上是最需要的。"

小时候，我们一直被教育要与人为善，我们理所当然地认为好说话、没脾气、性格安静的孩子会受到大家的欢迎，以后才能有成就。孩童时期的我们都以为，只要自己足够乖，就能少犯错，于是我们越来越乖。直到成年后，我们才发现，与单纯的善良相比，那些心存善良且个性鲜明的人，往往过得更好。

有一个村子，村中有条路是那个地区来往车辆行驶的必经之路。靠山吃山，靠水吃水，村民们开始设置路障打劫车辆，打劫后村民们一哄而散，政府也拿他们毫无办法。一天，一个年轻司机载着很多白色的化学药品路过，他自然也被抢了。村民们没有文化看不懂化学药品的名称，认为那是面粉。当年轻司机知道村民的意图后，说："那些东西给你们我认了，可这东西千万别吃，吃了会中毒的！"村民们不信，后来年轻人急了，求他们千万别吃。村民们犹豫了，他们把那东西喂了鸡，鸡一会儿就死了，村民们很惭愧，放了年轻人，并归还了所有的化学药品，从此，他们再也没干过打劫的勾当。

对待对你有恶意的人，你能保持善良吗？或者是，需要保持善良吗？

生活中的老好人，基本不和别人闹矛盾，即便有些事，别人都开始为他愤愤不平了，而他却觉得没有什么。时间久了，老好人就给别人留下没有原则、没有脾气的印象，最终，他的话语权越来越弱，成了可有可无的边缘人。

莉莉是一个好学、善良、开朗的女孩，她喜欢追星，逛街，品尝美食，在一家出版公司做数学编辑。

刚工作那段时间，莉莉每天都早早到公司，主动打扫卫生；听到谁说一句"没吃早餐，好饿呀"，她就会主动拿出自己的零食递过去；炎炎夏日，她还会带些冷饮分给大家吃……很长一段时间，只要是别人一句话，哪怕是一个眼神，莉莉都会选择帮忙，即便是自己手里也有工作要忙，抑或是自己身体很不舒服。

半年后的一次聚会，大家热火朝天地商量聚餐的事宜，彼此询问对方喜欢吃什么，唯独没有人问莉莉的喜好。莉莉其实挺委屈的，那顿饭她没说话。饭后，莉莉忍不住问同事，为什么在吃饭之前没人寻求她的意见呢？同事瞪大眼睛，非常惊讶地说："问你干什么？你又没有主见。即便是问你，你也只会说什么都行。问不问你，结果都是一样的，知道结果的事情为什么还要问呢？"莉莉听到这句话感到十分惊讶，原来这段时间她的和善和热情给别人的印象是没有主见。

那天晚上，莉莉躺在床上反思自己的言行，确实，她很少拒绝同事的要求，面对各种问题，莉莉都选择了回避矛盾。其实，莉莉能力很强，尤其善于合理安排时间，所以同时进入公司的小伙伴们手忙脚乱的时候，莉莉有精力、有时间、有能力帮助他们；更重要的是，莉莉很少拒绝老板的工作安排，困难的任务老板首先会想到交给莉莉做，同事们也习惯于把"难啃的骨头"推给她……

　　她一直无怨无悔地这么做，为什么同事们会认为她没有主见呢？莉莉很久才想明白：一个人对别人的评价带有一定的主观性，很多时候给别人贴标签的时候，有一定的随机性。其实，他很可能没有好好观察过她，甚至也没有和她交谈过。虽是这样，长久的无原则帮助，容易给别人没有主见的印象。

　　想清楚之后，莉莉慢慢地调整了自己的言行，制定了几条规则作为自己帮助别人的底线。同事请她帮忙工作方面的事情时，她不再全盘接手，而是耐心地告诉他们工作的技巧、方法、途径；同事生活方面的事情需要帮助时，她会选择在适当的时间提醒他们做好相关准备；同事们遇到棘手的事情没有主动张嘴求助的时候，莉莉也会选择淡然面对，不再自作主张地出手帮忙……

　　就这样，莉莉的做事风格发生了改变，同事们对待莉莉的态度也随之发生变化，大家越来越喜欢与莉莉交流，越来越喜欢遇到事情向莉莉请教，莉莉的职场生涯随之顺风顺水起来。

莉莉的朋友越来越多，当莉莉成为公司的"老人"时，看到新来的"菜鸟"们，有重走莉莉老路的，她都会用合适的方式提醒一下，因为她用自己的经历总结了一条人生哲理：帮助别人是善良之举，但不应是简单的替代劳动。适时、适用、因人而异的恰当出手，坚守自己原则的同时，也能有效地帮助别人。

编 者 寄 语

　　当一个人具备了足够的帮助别人的能力时，愿意出手相助固然是好事。但我们帮助别人之前，需要思考这样两个问题：一是如何帮助，帮助别人不是简单的代替别人做事，选择恰当的方法更有利于达成助人的愿景；二是什么时间帮助，有些时候别人张嘴相求的时候，可能是他真正遇到困难了。

　　坚持原则，明确边界，能够让我们在有限的时间和空间里，更好地呈现自己。既帮助了别人，表达了自己的善良，又教会了别人，展示了自己的才能。记住，无论如何我们终将选择做一个善良的自己！

学会把珍贵的东西留给值得的人

有结果的付出叫付出，没结果的付出叫代价。曾听过这样一句谚语：千万不要把珍珠丢在猪的面前，以免它践踏了珍珠，反过来咬你。我们一直在说做人要善良，要善待自己，善待生活，善待世界。是的，善待自己真的是其他善待的基础。这个世界有美善的天使，也有狰狞的魔鬼，在给予美好的事物之前，要有分辨的智慧。

每个人来到世界上所拥有的都大致相同，都很有限，比如：健康、经历、青春，甚至是情感，适当留点关心给自己、给家人、给亲朋、给好友、给善良的陌生人……总之，把珍贵的东西留给值得的人。

知名歌星刘若英在她的某次演唱会现场，动情地说道："在我小的时候，我常常觉得只要戴上皇冠，自己就是公主，能够俯视群臣；披上一个被单，自己就是超人，可以去拯救世界。但是人越长越大才发现，别说拯救全世界，有时候我连自己都拯救不了。"

是的，我们不是机器猫，没有百宝袋，不可能对每个人都有求必应；我们不是超人，没有能力去帮助每一个人。因此，我们就不要把自己当成救世主，全然不顾地奉献自己的光和热，温暖身边的所有人。

《简·爱》一书的女主人公简是一个正直、高尚、纯洁的女性，我们以她想要追求的真挚的爱情为主线，来梳理整本书的梗概。简在孤儿院长大，因为成绩优异，被一个庄园选去做家庭教师。她在随后的家教生涯中，通过点滴细节逐步发现庄园主人罗切斯特先生是个面冷心热的人，简坚信罗切斯特先生是个善良、正直的人。

彼此的相处中，两人相爱了，由于主人公所处的历史时代正是欧洲宗教统治的黑暗期，虔诚的教徒即便是被骗婚的罗切斯特先生，也只能选择守护精神异常的妻子，而无法选择离婚后再娶。

简独自一人离开了庄园，并意外得到了叔父的一份遗产。狂热的教徒圣约翰是简的表哥，他对简展开了追求，理由是简适合做传教士的妻子、他的助手。简最终看清了表哥的本质，拒绝了这场婚姻。

一场大雪过后，简来到了曾经的庄园，颓废的残骸预示着这里的巨变，一场大火夺走了罗切斯特先生的财产及健康，也带走了他浑浑噩噩的妻子。

就这样，经过种种磨砺，罗切斯特先生恢复了自由身，简最终和真正爱自己的罗切斯特先生在一起了，虽然他失去了财产与健康，但收获了幸福的婚姻。

不得不说简是一个聪慧的女性，她才华横溢，勇于追求内心所向往的美好，她懂得何为真正的幸福，她懂得把最珍贵的东西留给最值得的人。对简而言，婚姻是珍贵的，发自内心的爱是珍贵的，即便罗切斯特先生失去了庄园主的身份，失去了财产，甚至身体变得不再强健，但是简毫不怀疑，罗切斯特先生对自己的那份真情、那份实意是切切实实的。简选择与罗切斯特先生共度余生。

与此相比，如若简选择了圣约翰表哥，他传教士的传教生活，视宗教为唯一的生活预设，最终不会使简得到幸福，作为传教士妻子的体面身份与社会地位，对简来说都不重要，圣约翰表哥对于简而言，是不值得付出的人。

把珍珠戴在公主的脖颈上，才能彰显珍珠的美丽和公主的高贵；把宝剑交给真正的勇士，才能发挥宝剑的威力和价值。

人生最宝贵的东西，如善良、健康、青春……需要我们考虑，是否把珍贵的东西留给了值得的人。

编 者 寄 语

千百年来，美好的事物被各种文学作品和民间故事传颂，但是现实中看到的却并不多，为什么会这样呢？因为美好的东西稀缺而柔弱，它更需要保护。《奇葩说》里面讲道："善良是很珍贵的，但如果善良没有长出牙齿来，那就是软弱。"

你的付出，遇到不懂珍惜的人，就会化为对你的伤害。遇到懂得珍惜的人，就会倾情待之。我们都要学会断舍离，如简与表哥。我们要做出坚守，如简和罗切斯特先生。要把珍贵的东西留给值得的人。

善良比聪明更难

心 灵 导 读

　　人有善心善行，不表示他已经领悟了善良背后的真谛。屠夫与和尚相互约定，早起一方一定要唤醒另一方，相互执行至终老。两人死后，屠夫升入天堂，和尚坠入地狱。问其缘由，答案是：和尚唤屠夫早起杀生，屠夫唤和尚早起诵经。每个人因为受道德、教养、宗教等不同因素的影响，所理解的善良也不同。和尚自认为坚持诵经即是善良，却无意中也唤醒了持刀杀生的屠夫。善良是不是比聪明更难呢？

　　亚马逊的总裁贝佐斯先生，是有名的成功人士，年纪轻轻就跻身世界富豪榜前十名，他很爱自己的祖父母，并且经常和他们一起去旅行，但是他的祖母喜欢吸烟，这是影响健康的。年少的贝佐斯曾做过一件大事：他按照广告提供的吸烟影响寿命的计算公式进行了详细的计算，预估了一下祖母的寿命。并计划在合适的时间展示一下自己的计算结果。

　　旅行的路上，祖母又开始吸烟了，他捅了捅坐在前面的祖母，又拍了拍她的肩膀，然后骄傲地宣称，"每天吸两分钟的烟，你就少活九年！"

　　事情的发展都在他的意料之外，他本来期待自己的小聪明和高超的算术技巧能赢得掌声。但那并没有发生，相反，他的祖母哭泣起来。然后他的祖父把车停在了路边，走下来打开他的车门，带他走下车，用平静的语气对他说："杰夫，有一天你会明白，善良比聪明更难。"

贝佐斯通过这件事，总结了一句经典名言，"Cleverness is a gift; kindness is a choice。"（聪明是一种天赋；善良是一种选择。）英文里的"kind"不止中文"善良"的字面意思那么简单，它还包括同理心、包容度和对人的尊重。现实中我们遇见太多"clever"（聪明）的人，但是很少看到"kind"（善良）的人。

是的，有太多人想做一个善良的人，也有太多人用善良的名义做着每一件事，有时候我们执着地认为自己是为别人好，但是却做了令人无法理解甚至是使人痛苦的事情。

生命是可贵的。敬畏生命，是善良里最该具备的方向和品质，同时，敬畏生命也需要一份高尚的情怀和对自己和他人深刻的理解。凡是有敬畏生命之品德的人，都是为这个世界带来正面意义的人。善良是一盏明灯，你永远不知道，在什么时候，它能

照亮别人的路，也能照亮自己的心。

非洲北部的撒哈拉沙漠，是世界上最大的沙质荒漠，它的气候条件非常恶劣，被评为"地球上最不适合生物生存的地方"。其总面积约900万平方公里，所以又被称为"死亡之海"。

进入沙漠者基本都是有去无回，但是1814年却发生一个奇迹，一支考古队第一次打破了这个死亡魔咒。

当时，考古队一行人顶着烈日在一望无际的荒漠中艰难前行，随处可见的不是动物，不是仙人掌，而是二十位逝者的骸骨。队长不停地让大家停下来，选择一个高地挖坑，把骸骨掩埋起来，还请大家用树枝或石块为他们竖起简易的墓碑，以表对逝者的尊重。队员们本来承受着沉重的身体负荷，口干舌燥，纷纷抱怨："我们是来考古的，不是来替死人收尸的。"但队长固执地说："每一堆白骨，都曾是我们的同行，怎能忍心让他们陈尸荒野呢？"

一个星期后，考古队找到沙漠中的很多古迹遗址，足以震惊考古界。对于一个考古队来说，这是莫大的惊喜。但当他们离开时，突然刮起风暴，飞沙漫天，几天几夜不见天日，更糟糕的是，指南针全部失灵了，考古队完全迷失了方向，食物和淡水开始匮乏，他们明白了同行没能走出去的原因。

奇迹的发生是因为他

们沿着来时一路掩埋骸骨竖起的墓碑，突破了困境，走出了"死亡之海"。这一奇迹震惊了英国，在接受《泰晤士报》记者采访时，考古队员们都感慨："善良，是我们为自己留下的路标！"

队长因为懂得敬畏生命，做了一件看似多余的事情，最终拯救了自己和他人。敬畏之心其实是善良的核心。古代的圣人、智者，之所以不凡、不朽，是因为他们有所畏惧，也有所敬仰。往大了说，万物众生，都值得我们敬畏，从一朵向阳的花、一棵摇摆的草，到一只弱小的蚂蚁。敬畏生命，敬畏自然，生命和自然会给予你美好的回报。

编 者 寄 语

　　聪明是一种天赋，而善良是一种选择。天赋得来很容易——毕竟它们与生俱来，而选择则颇为不易。现实中，我们可以轻易地用善良评价一个人或一件事，其实善良是一个具有丰富内涵的词汇。随着时间的推移，随着我们对世界的认知越来越深刻，我们就会越来越懂得，做一个聪明的人很容易，但做一个善良的人，却很难。如果一不小心，你可能被天赋所诱惑，这可能会损害到你做出的选择。

第 二 章

善良先要学会善待自己

人生路上，要学会善待他人，也要懂得善待自己。

善待他人，能让人生走得更远；善待自己，能让生命活得更滋润。善待，是一个亲切的姿态，是一种温和的态度。处于逆境的时候，要懂得善待自己，同时不忘善待他人。人生，无非就是这两件事。善待自己，要学会向自我寻求帮助，遇事不骄不躁，不固执，不纠结，永远对明天抱有希望。善待他人，要学会换个角度思考问题，做一个豁达大度的人，你就能慢慢领悟，一个人的悲欢沉浮相对广袤的宇宙而言，不过是沧海一粟。

说出自己想要的

　　口才是口语才能的简称，是我们口语表达能力的直接外在表现，它不唯一指向语言华美。更多的时候，它是我们生活中不可或缺的"语言工具"，能够帮助我们更好地达到自己的目标。

　　生活中，你是否遇到过这样的情况？你表达的意思与别人理解的意思完全不搭调。此时你会怎么办？发脾气表达自己的不满，还是默不作声任由事情发展下去？其实，掌握了一定的说话技巧，许多难题就能够迎刃而解。

　　这年的暑假，14岁的懿轩过得特别纠结，年迈的爷爷奶奶对于照顾他这件事情，感到了从未有过的吃力。一方面，懿轩的脾气越来越大，爷爷奶奶越来越听不懂他的表达，每次追问带来的结果，要么是懿轩的沉默，要么是懿轩的暴跳如雷。另一方面，懿轩和伙伴们的关系越来越差，能说上话的朋友越来越少……他未来的发展状况令爷爷奶奶担忧。

　　没有懿轩参加的家庭会议紧急召开了，会议的结果改变了他的生活轨迹：结束留守状态，跟随父母去异地借读。小学毕业的父母，实在是想不到比这更好的办法了。

　　经过一天的跋涉，一家三口终于从河南老家来到了海滨城市烟台。父亲特意请了假，带着懿轩到海边游玩。一切都是那么的美好，清凉的海风拂面而过，脚下的沙滩微微下陷，海边的骄阳晒着皮肤……这些曾经美好的憧憬，如今带给他的却是孤单、无助、悲伤、害怕……这些感受他不知道怎样向父母表达。此时，懿轩小小的肩膀，承受着莫大的痛苦，他不想给打工的父母添麻烦，也不想让他们失望，他需要帮助，非常需要，可是他不知道怎样表达。

这是父母第三次为他办理转学手续了，每转一次学，懿轩都会面临一次留级，新的教材、新的教室、新的同学，甚至是新的不适应……以至14岁的他学籍刚刚六年级。这次也不例外，更为糟糕的是，懿轩的转学检测成绩勉强能够插班小学四年级，就这样14岁的懿轩每天只能与10岁的"小屁孩们"混在一起。

"见多识广"的懿轩很快成为弟弟妹妹们眼中的"偶像"。面对他们的跟随，他很无奈。一方面，"小屁孩"们的追捧能够暂时缓解他的孤独感，另一方面，由于年龄的差距、地域的不同等原因，他说的话他们听不懂。懿轩的每次表达，同学们要么哄笑，要么听错，理智告诉懿轩他们并没有恶意，但是这种认知改变不了懿轩的难受。老师看出了他的孤独，找他谈话，少年的敏感又促使他拒绝了老师的好意。

情况越来越糟糕，懿轩发现发脾气几乎不管用了，在学校里他是弟弟妹妹们的偶像，不能发脾气。回到家里，爸爸妈妈晚上十点之前很难回家，即便是发脾气，爸爸妈妈也不会像爷爷奶奶那样暂时地关注他。爸爸妈妈太累了，以至于面对他的表达，爸爸妈妈都不能静下心来回应。他们听不懂他的话，他说自己很孤单想回老家，妈妈的办法是给他买一条狗，让他和狗做朋友，可笑的是他对狗毛过敏这件事情，妈妈竟然忘记得一干二净，结果不言而喻，养狗这件事情非但没有减少他的孤独，反而给他带来了新的麻烦。爸爸的做法很现代，直接给他准备了一台电脑，"没事，儿子，你不是爱玩游戏吗？玩游戏就不会孤单了。"

接下来，爸爸和妈妈再没有听到懿轩说孤单，他们以为一切都搞定，万事大吉了。

直到老师打来电话，"孩子上午放学后正常回家了，可是下午没来上学，是生病了吗？"

"可能是生病了吧，没事老师，他自己认识医院，能自己去看医生。"

"三天了，孩子的病好了吗？今天能来上学吗？"

"还没有。"

"老师，懿轩离开的时候，有说什么吗？他的朋友你知道是谁吗？他跟朋友说什么了吗？"

"我们已经报案了，警察正在关注。"

"有人在××网吧看到他了，我们这就去。"

"老师放心吧，他手里有八千多块钱，饿不着的。"

煎熬了一个多月，亲戚们在老家的街道上发现了懿轩的身影。面对头发染黄、身着花衬衫的懿轩，大家无比担心。几句话后，大家却惊喜地发现了懿轩的变化。懿轩变得会说话了，轻声细语，自信大方，口出软言……

原来，幸运的懿轩在此前的流浪之旅中，结识了一位忘年交。这位忘年交在那个月，除了照顾他的生活，还教会了他很重要的一点，那就是"说别人能听懂的话"。之后的某一天，懿轩主动地告诉了他事情的来龙去脉，同时提出了自己的新想法：回爷爷奶奶家。

"爸爸妈妈，请你们陪陪我，我已经一个月没有和你们一起吃饭了，陪我吃顿饭，好吗？""爷爷奶奶，我之前不懂事，做了许多错事，我以后会改。我发脾气，是因为我不知道怎么表达我的感受，以后我会直接说出我的想法，可以让我和你们一起生活吗？""爷爷奶奶，我回家了，感觉非常好。"

"懿轩回家后，现在怎么样？"

"老师放心吧，懿轩越来越会说话了。光说大人话，很讨人喜欢，爷爷奶奶非常疼爱他。不跟我们出来了。"

"老师过年好，之前我不告而别，给您添麻烦了，我很想念同学们，以后有机会来河南的话，我一定会好好招待他们的。"

编 者 寄 语

　　这是生活中一个相对真实的案例。懿轩很幸运，遇到了一名忘年交，也学会了受用一生的口才技巧：说别人能听懂的话。说别人能听懂的话，其实很简单：少说含糊不清的感受词，多说目的要求；少暴跳如雷，多轻声细语；少默不作声，多感恩体贴。生活中的口才应用，就是这么简单，而你一旦养成习惯，将会受益终身。

热爱自己的父母

心 灵 导 读

　　这个世界有一种联系，来自生命深处，是永远无法剪断的，无论你走向天南海北，这种联结一直紧紧牵系你，让你知道自己出发的那个地方。这种联系来自我们的父母，我们如一棵小树一样，在父母的精心呵护和关照下，沐浴着爱的阳光，吮吸着甘甜的雨露，茁壮成长。父母为了我们，付出全身心的爱。面对真诚的爱，多少次带着愉悦的心情进入甜蜜的梦乡；面对深沉的厚爱，多少次含着感动的泪花畅想美好生活；面对父母的恩情，多少次脑海中浮现他们日夜操劳的身影。

　　中国人传统观念里，"孝"永远是最重要的品德，尊重父母其实就是尊重自己，凡是历史上备受尊重的人，都是孝顺父母的人。父母永远比我们先老，所以行孝要趁早，一旦有了遗憾是不能补救的。

　　文学家季羡林老先生一辈子最遗憾的事情就是小时候离开了自己的母亲。他在文章中写道："我是一个最爱母亲的人，却又是一个享受母爱最少的人。我六岁离开母亲，以后有两次短暂的会面，都是由于回家奔丧。最后一次是分离八年以后，又回家奔丧。这次奔的却是母亲的丧。回到老家，母亲已经躺在棺材里，连遗容都没能见上。从此，人天永隔，连回忆里母亲的面影都变得迷离模糊，连在梦中都见不到母亲的真面目了。这样的梦，我生平不知已有多少次。直到耄耋之年，我仍然频频梦到面目不清的母亲，总是老泪纵横，哭着醒来。对享受母亲的爱来说，我注定是一个永恒的悲剧人物了。奈之何哉！奈之何哉！"

"树欲静而风不止，子欲养而亲不待。"季羡林老先生少年离开母亲，出国留学，然后回北大教书，一直是备受敬仰的大儒，然而，他却愿意为了母亲抛弃这些，在他看来，只要能弥补失去母亲的遗憾，他宁愿做一个平凡人。可见，错过孝顺父母之痛之于他是何等深楚。所以，应该在我们还能孝敬父母的年纪，好好地善待他们，莫留遗憾。

不是所有的父母都会理解你。大多数人在成长的过程中都会有一段和父母闹不愉快的时期。青少年时期，是我们与父母的心理断乳期，意味着我们离开父母的监护，摆脱对成人的依赖，成为独立的人的过程。当心理断乳尚未完成时，我们仍与父母有

着千丝万缕的联系。这时，我们与同龄人的交往上升到了主要地位，但在经济上仍依赖父母。尽管我们会住校，甚至会远走他乡，较少与父母接触，但这只是表面上的自立，父母的思维方式、父母的经济干涉，仍旧影响着我们的人格发展。

现今时代发展速度加快，我们与父母的"代沟"在所难免，我们会突然觉得他们总是无端地施压给我们，不再是我们所依赖的靠山了。但我们要懂得，真正的成熟与独立决不意味着对父母和家庭的冷漠，而是在摆脱心理依赖的同时，对父母报以理解、尊重和关切，并懂得以适当的方式处理两代人之间的矛盾。其实，有的两代人也在相互尊重、信任的基础上结成了"忘年交"，家长丰富的阅历、深厚的知识功底、深沉练达的处事方法，都是我们成长过程中的丰富养料。

世界上没有完美的人，自然也没有完美的父母，甚至有些人的父母不但不完美，可能几十年都不会真正懂得自己的儿女，理解自己的儿女。就像前段时间的热播剧《都挺好》，明玉因为是家里的女儿而不受重视，年纪轻轻就自己出去打工，虽然在公司拼下了半壁江山，但是内心始终是一个缺爱的女孩，使人不易接近。她爸爸也只有在老年痴呆的时候，才展现出了对她的怜爱。

父母有可能做了一些让我们受伤的事情，但因为爱，我们不知道该如何处理这种矛盾的情感。其实每一个原生家庭都会多多少少地存在一些问题，就像这个世界有光明，也同时有黑暗，一个家庭也可能就在那个黑暗的不幸里。

苦难是一把磨刀石，它是你认识世界和认识自己的必经之路。如果你与父母关系紧张，要随时地反省自己，然后学着成熟地面对和处理与父母之间的问题。比如正面沟通，用平等的方式表达自己的看法，同时要多与要好的朋友交流，寻找妥善的解决方法。

　　但前提是你要好好地反省自己，是不是太依赖父母，是不是没有做好自己分内的事，是不是犯了错让父母很伤心，这些都要学着努力地面对和改正。如果父母的错误占了多半，最后也可以向自己信任的亲戚朋友寻求帮助。

　　同时要保持积极乐观的心态，要知道，每个人都会经历各种各样的不顺利，所有的不顺利，都是为了让你成为更好的自己。

编 者 寄 语

　　西方有句谚语说：一个人独居不好。所以我们会有家庭，有社会，有国家，有各种各样的组织，而孩子和父母永远是这个世界上最深刻的联结体，有父母陪伴的时候要学会享受亲情，回馈亲情。在亲情出现问题的时候，学着与父母共同成长，家是你走向自己梦想人生的第一站，所以要认真地走好。

永远对自己抱有希望

心灵导读

人生可以没有很多东西，但是不能没有希望。

尽管我们不知道明天是否会比今天更糟，但仍要报以希望。

希望是人类生活最重要的一项价值。有希望，生命就会生生不息。

小说《最后一片叶子》里有这样一个故事：秋季，天气渐凉，万物凋零。生命垂危的琼西从房间里看见窗外的一棵长春藤，叶子正一片片地掉落下来。琼西望着眼前的落叶，身体也随之每况愈下。她认为，当叶子全部掉光时，她就会死了。

画家贝尔门得知后，用彩笔画了一片叶脉青翠的藤叶挂在藤枝上，叶子始终没有掉下来。只因为生活中的这片绿，琼西竟奇迹般地活了下来。

生命中的很多时候，其实都是这样。你若心怀希望，世界就不会彻底绝望。你怎样看待世界，世界就是怎样。

如果从一个跨度很长的时间轴上看当下发生的某件事，你会发现，正是因为有低谷，才会有巅峰，所以，不必因为低谷而恐惧，或是产生情绪。你只须报以希望，付出努力，迟早会迎来巅峰。

哲学家威廉·詹姆斯说："要乐于承认事情就是这样的情况。能够接受已经发生的事实，就是客服任何不幸的第一步。"

每当遇到低谷的时候，想一想这句话，调整好自己的状态，情况或许会好很多。

人在低谷时，请记住求人不如求己。每当困难来临时，多数人会选择求助他人，却忘了求助自己。

对于困难，不求诸己，但求诸人。所求得到了帮助还好说，一旦求而不得，自身必将灰心失望。其实，这恰好证明了我们内心的贫穷。

就像乞丐乞讨一样。第一次向别人乞讨时，别人出于同情，会帮助你。当你第二次乞讨时，或许会被冷眼相对。但是，当你第三次向同一人乞讨时，换来的很可能是嘲讽甚至是殴打。一味地期望他人的帮助，只会让自己失去人格和尊严。

古人云："天助自助者。"面对困难，我们自己主动解决，才是一种自信、自强的表现。

拿破仑年轻时，在郊外打猎的途中，突遇一个人落水，在河边大呼救命。当时，河道并不宽，河水也不湍急。拿破仑就端起

猎枪，对准落水的人，大声喊道："你若不自己游上来，我就把你打死在水里！"那人见求救无果，反而添了一层危险，便只好奋力自救，终于游上了岸。

人只有在面临危机时，无限的潜能才会被激发出来。如果，遇事只知道求人，尽管当时会有一时的轻松与便利，最后的结果只能使让我们丧失成长的机会。

求人不如求己，成功源于自救。每当挫折来临之时，我们要想想这句话，因为你能靠得住的永远只有自己。

如果问这世上长相最丑陋的人是谁，也许有人会想起《巴黎圣母院》里的敲钟人卡西莫多，一个天生有一副怪异面孔的畸形人。在人群中，他永远显得那么刺眼。在别人看来，他仿佛如怪物一般，高高的个子，曲驼的后背，被钟振聋的耳朵，如同一颗肿瘤般的脸，喜怒无常的脾气，似乎只剩一身的缺点。但他却心地善良，无比单纯，始终保持着人性的纯洁。

对此，雨果也曾说过："丑就在美的旁边，畸形靠近着优美。"在这部小说中，雨果用强烈的美丑对照原则将人性的善恶表现得淋漓尽致。

圣经故事中有这样一条原则：不要单单以貌取人。

撒母耳在选取继任君王时，看扫罗个子高大，刚黑且英俊，而大卫容貌俊美，带有些许稚气，看似不像是可以委以重任的人。

现在很多电视节目常会吹捧外表的光鲜，并不重视内在的灵性，这样一旦偶像垮了，便会对其代言的产品造成灾难性的后果。

最了解自己的，永远只有自己。我们虽无法改变自己的容貌，但可以改变自己可以改变的一切。在这一点上，每个人都有掌控权。

所以，在不了解情况时，随意评论别人是不尊重对方的行为。曾经有一位网友对此发表过这样的看法，引起了众人热议：

"我们生活在不同的世界，你生活在一艘豪华的大船上，船上什么都有，有一辈子喝不完的美酒，还有许多跟你一样幸运登船的人。而我抓着一块浮木努力漂啊漂，海浪一波一波拍过来，怎么躲也躲不掉，随时都有被淹死的危险，还要担惊受怕有没有鲨鱼经过。你还问我：为什么不抽空看看海上美丽的风景？"

人一成年，往往就会陷入两个极端。要么过于世故圆滑，要么缺失思考和成熟。

当李亚鹏现身时，当年《将爱》中骑着单车的杨铮和杨慧，似乎又回到了我们眼前。时光匆匆过去了数十载，他们却还如从前那般真实可爱。

提到心智成熟又不谙世故的成年人，便想起了"永远的徐静蕾"。虽然她已经四十多岁了，但言谈举止，无时无刻不散发着少女般的天真烂漫。2018年因为参加《跨界歌王》，让很多人重新认识了她。栗坤感叹徐静蕾的样子还是能让她想起青春的时光；张宇说听她唱歌，有种想跟她恋爱的感觉。

身处灯红酒绿的娱乐圈，却能与之保持距离，真实坦荡，懒于计较，成熟独立，不活在他人的评价里，这一切才是成就她的原因。

同为成功女性的杨澜，也是大众眼里才华、知性、独立、成熟的集合体，却也有着鲜为人知的天真和洒脱。

用她自己的话说："也正是因为拥有了这份天真，自己才越来越成熟。"

当我们这个时代的众人都被污染到"心如止水"，杨澜依然保持着一份天真，仍然还在那个节拍上，经年不变。

一个人，能在阅尽世事繁华之后还保持着元气和初心，才是真正心智成熟的人。因为他们懂得，什么才是真正的自我。

编 者 寄 语

德国哲学家布莱尼范茨说："世上没有两片完全相同的树叶。"同样的，这世上也没有两个人能拥有完全相同的生活。每个人都不一样，所以不要随便以自己的价值观来评价别人。不轻易评价别人的生活，不随意打扰别人的幸福，是一种修养。不以外貌而欣赏一个人的优点，是大智慧，更是一种最高级的修养。

不论怎样，不要忘了，首先要对自己抱有希望，所以，善待你现在拥有的一切，善待芸芸众生，善待自己，因为世间所有的经历和故事，都是可遇而不可求的。珍惜当下，不忘恩情，方可始终。

学会管理自己的情绪

心灵导读

悲伤、愤怒、兴奋、激动、暴躁等情绪来临时，你会做些什么呢？我们学过物理，知道能量是不会自行消失的，往往需要在不断的转化中慢慢地消减。不论是什么情绪，存在都是必要的，人毕竟是情感动物，总要有情绪的伴随。做情绪的主人，不受负面情绪的影响，是善待自己的重要表现。

当我们读一本好书，为了其中的细节而落泪；当我们看一场电影，为了其中的人物而伤感，这些还都称不上悲伤，充其量可算作难过。真正的悲伤是一种无法用言语表达的痛楚。

曾经在医院的住院部看到一位匆匆赶来的父亲，他原本正在农田里干活，被学校通知，他的儿子突发股骨头骨折，导致坏死而需要住院治疗。这位父亲看着自己躺在床上的孩子，笑着说："不怕，爹来了，有病咱治，爹带着钱呢。"可是，仅仅一夜的时间，这位父亲的头发就全都白了。没有人知道他这一夜是怎样过的，可他心里一定装满了悲伤。

当年的情景喜剧《我爱我家》红遍了大江南北，里面有一句台词：平淡的故事要用一生才能讲完。生命原本是平淡的、琐碎的，正是因为我们有了情绪，才增加了无数的情感纠葛，而悲伤就是这情感里最为痛入骨髓的一个环节。

大家在劝慰一个悲伤者时常说：你要坚强。可是每个人又都没明白或者懂得，真正的悲伤，如果不是当事人自己时过境迁，

走出伤痛，任凭别人说再多的话，也都于事无补。

其实，我们每个人都明白，但凡能让我们悲伤至极的事情，肯定都是无法逆转的事情，我们悲伤，是因为我们走不出自己的心结，我们情愿流连在悲伤的氛围中，也许，这是我们唯一能够做的事。

大山是来自加拿大的帅气小伙子，他曾经在春节晚会上表演过相声，自此在中国成了家喻户晓的人物。他之所以能得到中国人的喜爱，除了他能说一口流利的汉语外，还因为他热情爽朗的性格。

大山在多伦多曾经念的是中国研究专业，来到中国后，又在北京大学中文系继续研究中文专业。在长时间对中国文化的探索中，他练就了说相声的本领，最终，他拜姜昆为师，成了外籍相声表演第一人。

他在中国的这么多年，每个人提起他都会想起他笑容可掬的模样，好像他是一个欢乐的使者，他的到来只是为了给人们增加喜悦。岂不知，大山背后也有一个悲伤的故事。

在战争年代，河南商丘突然来了一对外国夫妇，他们是医生，同样也是父母，他们身边带着三个孩子。这对医生夫妇单纯而善良，为当地百姓的身体健康，做出了奉献。可没想到，他们为了别人日夜操劳之际，自己的孩子却患上了当时无法医治的肺痨，不久就离开了人世。当这对夫妻回国的时候，三个孩子只剩下了一个，而这唯一的孩子，就是大山的父亲，那对老夫妻就是大山的爷爷奶奶，这也是大山为什么励志要研究中国文化的原因。他从小就发誓，一定要学好汉语，到爷爷奶奶曾经去过的地方，继续爷爷奶奶未完成的事业。

大山每次讲到这里都会热泪盈眶。有人问他，你还悲伤吗？他说："已经过去的事情，只能用做怀念，为什么要悲伤？"一切都已经随风而逝，莫不如让它顺其自然。这句话说得多好，我们对于故去的人，有许多怀念方式，悲伤在大义面前反而成了最渺小的存在。

悲伤是每个人生命中都会接触到的一种情绪，虽然一辈子不会有很多次，可这种情绪出现一次，就会有一次致命的打击。当人生中遭遇到悲伤之事时，请允许我们运用逆向思维想一下，原本事情已经至此，我们也无力改变，与其让自己在悲伤中沉溺，不如顺其自然。

虽然说，生命里有了百般的滋味，才算活出了生活的真谛。然而，毕竟还有一句老话叫作人生苦短。如果我们的生命以天计算，确实不是天文数字，那么，我们为什么不在有限的时间里，好好把握住生命的时钟，管理好自己的情绪，而是将时间白白地浪费在什么都解决不了的悲伤情绪中呢？所以，学会顺其自然，让我们在云淡风轻中波澜不惊地享受这似水流年。

面对极端情绪，我们又要如何应对呢？不妨让我们了解几个小方法。通过学习不同的情绪表情来了解真实的自我感受。动笔画各种表情和情绪的卡通脸，可以画在纸上，也可以用粉笔画在黑板上，还可以画在气球上，等等。或者去网上下载一些表情，和孩子一起为各种表情命名，然后将这些色彩鲜艳、图案简单的表情图黏在教室、卧室等醒目的地方，提醒自己，情绪没什么大不了的。

正确了解情绪。大脑中有很重要的一部分叫作"边缘系统"，用来负责人的感受，例如快乐、悲伤、兴奋等。我们需要意识到我们不可能总是感到开心，难过、担心、挫败都是很正常的情绪。我们要帮助自己定义情绪，比如说，"你脸红、挥拳头、说话急、大声吵，这是生气了"，学习用语言或者合适的行为表达情绪。

深呼吸是一种很好的释放负能量的方法，用深呼吸来分散注意力，能帮助自己放松极端情绪。

橙子挤压法。想象自己手里紧握着一个橙子，必须紧紧地握拳挤压出橙子里的橙汁，以借助道具的方式帮助自己释放坏情绪。但是有一点需要特别注意，在生气时，特定的道具可以帮助人们适当地宣泄情绪，但是绝不能通过打人、扔东西的方式来宣泄。打人会伤害别人，扔东西会破坏环境。可以预先思考一下，什么样的发泄方式既不伤害别人，也不伤害自己，更不破坏东西。

根据自己的兴趣爱好制作一张"情绪解决表"。生气时，可以听一些舒缓的音乐；感到挫败时，可以做一些有趣的小游戏等。

编者寄语

要让自己知道，情绪是可以控制、处理的，是生活的一部分，只要通过合理的方法处理情绪，我们可以很快从不安中恢复平静和快乐。如亚里士多德所言："任何人都会生气，这没什么难的，但要能适时适所，以适当方式对适当的对象恰如其分地生气，可就难上加难。"

情绪管理是一门学问，也是一种艺术，要掌控得恰到好处。因此，要成为情绪的主人，必先觉察自我的情绪，并能觉察他人的情绪，进而能管理自我情绪，要以愉快的心情面对人生。

宽恕不是为了别人，而是为了自己

心 灵 导 读

　　不要总是抱怨你不够快乐，那是因为你不懂得满足。一个人的快乐，不是因为他拥有得多，而是因为他计较得少。多是负担，是另一种失去；少非不足，是另一种有余；舍弃也不一定是失去，而是另一种更宽阔的拥有。一个人站得有多高，看得就有多远。同样的，一个人的心越开阔，能包容的事就越多。海可以纳百川，人可以笑看世故人情，一个"容"字，就可以做到。

　　多年前，美国华盛顿一个商人的妻子，在一个冬天的晚上不慎把一个皮包丢失在一家医院里。商人焦急万分，连夜去找，因为皮包里不仅有10万美元，还有一份十分机密的市场信息。

　　当商人赶到那家医院时，他一眼就看到清冷的医院走廊里靠墙根蹲着一个冻得瑟瑟发抖的瘦弱女孩，在她怀中紧紧抱着的正是妻子丢失的那个皮包。

　　原来，这个叫西亚达的女孩，是来这家医院陪病重的妈妈治病的。她家里很穷，卖了所有能卖的东西，凑来的钱仅够一个晚上的医药费。

　　没有钱，妈妈明天就得被赶出医院。晚上，无能为力的西亚达在医院走廊里徘徊，她天真地想求上帝保佑，能碰上一个好心人救救她妈妈。突然，一个从楼上下来的女人经过走廊时，腋下的皮包掉在了地上，可能是她腋下还有别的东西，皮包掉了竟毫无知觉。当时走廊里只有西亚达一个人，她走过去捡起皮包，急忙追出门外，那位女士却上了一辆轿车扬长而去了。

西亚达回到病房，当她打开那个皮包时，母女俩被里面成沓的钞票惊呆了。那一刻，她们心里都明白，用这些钱可以治好妈妈的病，可妈妈却让西亚达在走廊里等丢包的人回来找包。妈妈说，丢钱的人一定很着急。人的一生最该做的就是帮助别人，急他人所急；最不该做的就是贪图不义之财，见财忘义。

虽然商人尽了最大的努力，西亚达的妈妈还是永远地离开了人世。母女俩不仅帮商人挽回了10万美元的损失，更主要的是那份失而复得的市场信息，使商人的生意如日中天，不久就成了大富翁。

被商人收养的西亚达，读完了大学就协助商人料理商务。虽然商人一直没委任她任何实际职务，但在长期的历练中，商人的智慧和经验潜移默化地影响了她，使她成了一个成熟的商业人才。到商人晚年时，他的很多意向都要征求西亚达的意见。

商人生命垂危之际，留下一份令人惊奇的遗嘱：在我认识西亚达母女之前我就已经很有钱了。可当我站在贫病交加却拾巨款而不昧的母女面前时，我发现她们最富有，因为她们恪守着至高无上的人生准则，这正是我作为商人最缺少的。我的钱几乎都是尔虞我诈、明争暗斗得来的。是她们使我领悟到了人生最大的资本是品行。我收养西亚达既不是为知恩图报，也不是出于同情，而是请了一个做人的楷模。有她在我的身边，生意场上我会时刻提醒自己哪些该做、哪些不该做，什么钱该赚、什么钱不该赚，这就是我后来的事业兴旺发达的根本原因，我成了亿万富翁。我死后，我的亿万资产全部由西亚达继承，这不是馈赠，而是为了我的事业能更加辉煌昌盛。我深信，我聪明的儿子能够理解爸爸的良苦用心。

商人在国外的儿子回来时，仔细看完父亲的遗嘱，毫不犹豫地签了字：我同意西亚达继承父亲的全部资产。只请求西亚达能做我的夫人。西亚达看完商人儿子的签字，略一沉吟，也提笔签了字：我接受先辈留下的全部财产，包括他的儿子。

刘备去世以后，蜀国丞相诸葛亮准备北伐中原。当时蜀国南部少数民族的大酋长孟获发动叛乱，诸葛亮决定亲自领兵平息叛乱，先解除这个后顾之忧。有人建议派一员大将南下足以消灭孟获，丞相就不必深入不毛之地了。但是诸葛亮考虑得更长远，他要对孟获恩威并施，以收服人心。

孟获有万夫不当之勇，豪侠仗义，在少数民族中很有威望。诸葛亮命令部下，遇到孟获千万不要伤害他，要抓活的。

第一次战斗，蜀军在诸葛亮的指挥下逮住了孟获。当士兵押孟获进营时，诸葛亮亲自给他松绑，还叫人摆酒席款待他。

第二天，诸葛亮陪他参观蜀军营地后，问孟获："我们的军营怎么样？"孟获不仅不赞扬，反而说："不过如此。以前我不知道你的虚实，所以战败了。现在我看到了你们的部署，如果放我回去，再战，定能战胜你们。"

诸葛亮笑着，把孟获放走了。几天后，孟获果然带兵来挑战，结果又战败被俘。可是，孟获还是不服输，诸葛亮又放了他。孟获和诸葛亮一战再战，一连战了七次，被擒七次。第七次，孟获又被押解到蜀军营帐。士兵传下诸葛亮的将令说：丞相不愿意再见孟获，下令放孟获回去，让他整顿好人马，再来决一胜负。

孟获想了很久说："七擒七纵，这是自古以来没有过的事情，丞相已经给了我很大的面子，我虽然没有多少知识，也懂得做人的道理，怎么能那样不给丞相面子呢？"说完跪在地上，流着眼泪说："丞相天威，我们再也不反叛了！"

诸葛亮很高兴，赶紧把孟获搀扶起来，请他入营帐，设宴招待，最后还客客气气地把孟获送出营门，让他回去。自此之后，孟获死心塌地归顺蜀汉，直到诸葛亮死，他都没有叛乱。这在客观上为蜀汉出兵中原扫清了后顾之忧，而且对西南少数民族的生活安定和经济发展有很大的促进作用。诸葛亮七擒七纵孟获，把智慧和宽容演绎得淋漓尽致，赢得了一方长治久安。

宽容是一份接纳，海纳百川，不计前嫌，以博大的胸怀包容一切，只有能接纳世界的人才能得到世界，那些成功人士之所以能成就大业，原因就在于他们懂得宽容。

毕加索对冒充他作品的假画，毫不在乎，从不追究。看到有人伪造他的画时，最多只把伪造的签名涂掉。

"我为什么要小题大做呢？"毕加索说，"作假画的人不是穷画家，就是老朋友。我是西班牙人，不能为难老朋友。而且那些鉴定真迹的专家也要吃饭，而我也没吃什么亏。"

宽容有时候是对别人最大的恩惠，一个小小的宽容都能让人得到幸福，何乐而不为呢？

拿破仑在长期的军旅生涯中养成了对他人宽容的美德。作为全军统帅，批评士兵的事经常发生，但每次他都不是盛气凌人的，他能很好地照顾士兵的情绪。士兵往往欣然接受他的批评，而且对他充满了热爱与感激之情，这大大增强了他的军队的战斗力和凝聚力，使它成为欧洲大陆一支劲旅。

在一次征服意大利的战斗中，士兵们都很辛苦。拿破仑夜间巡岗查哨，在巡岗过程中，他发现一名巡岗士兵倚着大树睡着了。他没有喊醒士兵，而是拿起枪替他站起了岗，大约过了半小时，士兵从沉睡中醒来，他认出了最高统帅，十分惶恐。

拿破仑却不恼怒，他和蔼地对他说："朋友，这是你的枪，你们艰苦作战，又走了那么长的路，你打瞌睡是可以谅解和宽容的，但是目前，一时的疏忽就可能断送全军。我正好不困，就替你站了一会儿，下次一定小心。"

拿破仑没有破口大骂，没有大声训斥，没有摆出元帅的架子，而是语重心长、和风细雨地批评士兵的错误。有这样大度的元帅，士兵怎能不英勇作战呢？如果拿破仑不宽恕士兵，那只能增加士兵的反抗意识，丧失了他本人在士兵中的威信，削弱了军队的战斗力。

宽容是一种艺术，宽容别人，不是懦弱，更不是无奈的举措。在短暂的生命里学会宽容别人，能使生活平添许多快乐，使人生更有意义。正因为有了宽容，我们的胸怀才能比天空还广阔，才能尽容天下难容之事。

有一次，理发师正在给周总理刮胡须时，总理突然咳嗽了一声，刀子立即把总理的脸给刮破了。理发师十分紧张，不知所措，但令他惊讶的是，周总理并没有责怪他，反而和蔼地对他说："这并不怪你，我咳嗽前没有向你打招呼，你怎么能知道我要动呢？"这虽然是一件小事，却使我们看到了周总理身上的美德——宽容。

早在半个多世纪之前，陶行知先生就把民主与宽容的思想渗入自己的教育实践中，让它们发挥了奇妙的作用。

陶行知先生当校长的时候，有一天看到一位男生用砖头砸同学，便将其制止并叫他到校长办公室去。当陶校长回到办公室时，男孩已经等在那里了。陶行知掏出一颗糖给这位同学，"这是奖励你的，因为你比我先到办公室。"接着他又掏出一颗糖，"这也是给你的，我不让你打同学，你立即住手了，说明你尊重我。"男孩将信将疑地接过第二颗糖。陶先生又说道，"据我了解，你打同学是因为他欺负女生，说明你很有正义感，我再奖励你一颗糖。"

这时，男孩感动得哭了，说："校长，我错了，同学再不对，我也不能采取这种方式。"陶先生于是又掏出一颗糖，"你已认错了，我再奖励你一块。我的糖发完了，我们的谈话也结束了。"

编者寄语

　　宽容就是不计较，事情过去就算了。每个人都有错误，如果执着于过去的错误，就会形成思想包袱，不信任，耿耿于怀，放不开，限制了自己的思维，也限制了对方的发展。即使是背叛，也并非不可容忍。能够承受背叛的人才是最坚强的人，他将以坚强的心志在氛围中占据主动，其威严更能给人以信心、动力，因而更能防止或减少背叛。

　　生活需要温和的理性、善意的包容，去分担泪水与伤痛，不要让那些负面情绪干扰了生活，困惑了生活，甚至丢掉了生活，能够用欣赏的心态去面对生活，而不是依靠对生活的后知后觉。

　　相处时需要包容，相爱时需要真心，快乐时需要分享，争吵时需要沟通，孤单时需要陪伴，难过时需要安慰，生气时需要冷静，幸福时需要珍惜。

第 三 章

给善良穿上铠甲

　　生活当中，那些自以为是、嚣张跋扈、随便欺负他人的恶人，又何尝不是我们大多数人用自己的善良换来的呢？现实生活中，我们大多数人的心态是"事不关己"，永远只想做一个"吃瓜群众"，做一个旁观者，看别人笑话。

　　没有谁是上帝的宠儿，总有一天你这个旁观者，会成为事件的"主角"。当别人看你笑话的时候，你才会知道内心的感受。

不要越俎代庖，也不要被越俎代庖

心 灵 导 读

孟子说过：夫人必自侮，然后人侮之，家必自毁，而后
人毁之，国必自伐，而后人伐之。

人不犯我，我不犯人；人若犯我，礼让三分；人再犯
我，我还一针。这是让我们在保持善良底线的同时，还能抵
御这世界的恶意。在确立底线的同时，也维护了自己的尊严
与地位，这一切皆源于一种豁达知足的心态。

世界充满阳光，那么就一定会存在黑暗，那些潜在的危
险，就像伺机而动的恶狼盯着小白兔一般，悄无声息，但是危
机四伏。

我们一天天长大，在人生的路上默默努力，为的是拥有精彩
的生活和美好的未来。少年生活本该充满希望和惊喜，身边的学
生都来自不同的家庭，生活习惯各不相同，有时候难免会产生碰
撞和摩擦，我们应该正确处理，但是谁可曾想过，会有更严重的
事发生呢？

公仪休，是鲁国的博士，由于才学优异做了鲁国宰相。他
遵奉法度，按原则行事，丝毫不改变规制，因此百官的品行自
然端正，他命令为官者不许和百姓争夺利益，做大官的不许占
小便宜。

子明拜访老师公仪休，见老师不在，便坐下读书。公仪休
进来见子明已在房中，问："子明，你来好久了吧？"子明忙

起身向老师行礼，回答道："老师，我刚来一会儿，您吃过饭了吧？"

"嗯，刚吃过。"公仪休回味似的，"鲤鱼的味道实在是鲜美呀！我已经很久没吃鱼了，今天买了一条，一顿就吃光了。"子明点点头，应道："是的，鱼的确好吃。"公仪休哈哈大笑："要是天天有鱼吃，我就心满意足了。"

这时，侍者来报："大人，有一位管家求见。"

公仪休道："子明，烦你去看一下，是谁来了？"子明出门去看，过了一会儿引领手提两条大鲤鱼的管家进门。管家满脸堆笑："大人，我家主人说，您为国为民日夜操劳，真是太辛苦了！特叫小人送两条活鲤鱼，给大人补补身子。"公仪休关照管家，回去务必转告主人："谢谢你家大人的盛情，可这鱼我不能收。你不知道，现在我一闻到鱼的腥味就要呕吐，请你务必转告你家大人。"

子明不解地

望了望公仪休，管家无可奈何地摇了摇头，提着鲤鱼走了。

子明奇怪地问："老师，您不是很喜欢吃鱼吗？现在有人送鱼来，您却不接受，这是为什么呢？"

公仪休语重心长地说："正因为我喜欢吃鱼，所以才不能收人家的鱼。你想，如果我收了人家的鱼，那就要按人家的意思办事，这样就难免要违反国家的法纪。如果我犯了法，成了罪人，还能吃得上鱼吗？现在想吃鱼就自己去买，不是一直有鱼吃吗？"子明恍然大悟："老师，您说的对，今后我一定照着您的样子去做。"

公仪休吃了蔬菜感觉味道很好，就把自家园中的冬葵菜都拔下来扔了。他看见自家织的布好，就立刻把妻子逐出家门，还烧毁了织布机。他说："如果我们做官的人家都经营产业，农工妇女生产的东西卖给谁呢？"

从公仪休与学生子明不多的对话中，我们不难看到，一个身体力行的师者形象。"老师，您说得对，今后我一定照着您的样子去做。"目睹了老师"拒收鲤鱼"的行为，子明的心中有了一个标准，像老师这样做，像老师这样想，就是子明将来做人、为官的准则。公仪休用最简单又最有力的行为诠释了"为师"的方法。他是这样说的，更是这样做的。"师者，为人师表。"不仅是为了教育别人，教育的过程不就是生活的过程吗？但是，我们又要看到，人是分为不同层次的，官吏也不例外，儒家学说中，也有类似的官吏的廉政故事，这说明儒家廉政理论的务实性与多层次性。因为，儒家学说是用世的学说，凡用世的学说，除了培育高层次的、先进分子的理论外，还要有针对普通人的理论，才能完备而又实用。这是我们今人应该从儒家学说中学到的东西。

公仪休是聪慧圆通的智者。有一个很小的细节，公仪休关照对方的管家，回去务必转告主人："谢谢你家大人的盛情，可这鱼我不能收。你不知道，现在我一闻到鱼的腥味就要呕吐。""务必"一词并不多余，公仪休特别强调转告"行贿人"拒收鲤鱼的原因是"一闻到鱼的腥味就要呕吐"，不是"不想收"，实在是"收不了"。俗话说"盛情难却"，但公仪休却硬是"巧却盛情"，不失为避免伤害感情的圆通之举。如果有下次，我不知道主人会不会了解了公仪休的其他爱好再来"对症下药"，但至少这次的"谎言"既达到了拒收的目的，又保全了行贿者的脸面，保护了彼此的情意。

如果公仪休不是一国之相，他必是一个非常知足的人。"要是天天有鱼吃，我就心满意足了。"对于公仪休来说，也许"有鱼吃"就是一种富足。尽管文中很多地方似乎给人公仪休"贫寒"的暗示，但我更愿意觉得，身为鲁国宰相的公仪休物质生活应该是富有的，只是，他不想太奢侈而已。富足的勤俭相对于贫穷的勤俭，价值应该是更大的。

不与民争利。公仪休担任鲁国宰相以后，规定鲁国一切官员，不得经营产业，与民争利，他认为，官员是在大的方面已经得到利益了，民众务农，务工，做生意，是取得一些小利，"受大者不得取小"，因此，官员是不能兼做生意的。

公仪休自己也是身体力行的。他自家园子里种的冬葵菜，很好吃，他就把这些冬葵菜全拔掉了；他妻子织布自己用，他就把织布机烧了，叫妻子回娘家。他说："如果我们做官的人家都经营产业，农工妇女生产的东西卖给谁呢？"

他的种种做法与他规定的"受大者不得取小"相符合。由此可以看出，他是一个关心百姓生活的好官，他宁可自己多花钱从外面买菜买布，也不让自家人种菜织布，为的就是让卖菜织布的普通老百姓有生意做，有钱赚，他的确是一个难得的好官。

编 者 寄 语

　　建立个人边界，确立自己的原则，敢于说出自己的真实意见和想法，不依赖，不取悦。不一味忍让妥协。掌握好一个原则：不要越俎代庖，也不要被越俎代庖。在自己能力范围内的，可以帮一把，超出自己能力范围的，适当示弱，果断拒绝。这是一种对风险边界和责任边界的确认，避免以后的生活中因一些小事引发的矛盾。遵循好人与人之间的亲密距离，要像两只抱团取暖的刺猬，坚韧而又包容。

行善不是施舍，而是引路

告子认为"生之谓性"，人性本身是一张白纸，看后天如何谱写；庄子认为"性者，生之质也"，他相信远古时期的人性是朴素善良的，但是人心也有不好的一面，所以引起了很多社会的弊端。

善良是人的本性，现实生活中你的善良未必能换回他人对你的友善。你越是善良、谦让，不去与他人计较，往往得到的伤害就越大，不管是社会、工作、亲戚关系，无一例外都是这种结果。

生活中你会被认为老实、好说话，时间慢慢长了，别人也就不拿你当回事了，随便什么人都能对你指手画脚，没有人尊重你的内心感受，这一切都是你的善良给自己换来的结果。

在一个冬天里，有两只野鹅不小心被困在一个湖中，无法南下避寒。

这时，住在湖边的老人大发善心，每天给野鹅喂食物。

第二年，野鹅再次来到湖边，这次还带来了许多同伴，老人继续喂养，于是，随着时间的推移，野鹅越来越多，它们知道在老人这里可以吃到食物，于是都不想辛苦南下避寒了。

可是忽然有一年，老人去世了。

这个冬天，湖边饿死了数百只野鹅。

稻盛和夫说："因为老人的一个善举，导致死了数百只野鹅，这，就是小善造大恶。"

读完这则故事发觉，我们可能每天都在无意识地进行一些看似善良、实则愚蠢的小善。

看到街头有乞讨的残疾儿童，大发善心，施舍给他们一点小钱，结果人贩子看到有利可图，便残害健康儿童。

看到动物可怜，于是买来放生，却不知放生如杀生，破坏生态链的同时，还会传播某些疾病。

人有感性和理性，善心属于感性，但是行善却一定要理性。

若是只顾着行自己的善，却丝毫不考虑后果，虽然称不上伪善，但是却由善变恶，也就是我们所说的"小善如大恶"。

《道德经》言：天地不仁，以万物为刍狗。意为：天地无所谓善与不善，天地孕育了万物，但是天地对待万物却像对待那个丢掉的草狗一样。

这就是大善无情。

1990年左右，美国政府可怜落基山脉的4000头野鹿，于是命令士兵杀死那片森林里所有的野狼。

不出一年，落基山脉再无一只野狼。

但是令美国人没想到的是，野鹿没有了天敌，开始疯长。数年间，4000头野鹿增加到10万头，野鹿们吃光了落基山脉周围所有可食的植物，自身开始被饿死。

美国政府没有办法，只好启动"引狼入室"计划，从外地引来一批野狼，鹿群重新焕发了生机。

天地间的关系环环相扣，落基山脉的食物链也是如此，植物从土壤中吸取养分，然后被野鹿吃掉，而野狼捕杀野鹿，野狼死后，在微生物的作用下，变成泥土，又是一个循环过程。

天道规则是一个有机整体，在一张网中，只要一个结点断了，整张网就会崩溃。

万事万物以规则为首，因此天道无情，才能做到"独立而不改，周行而不殆"。

整个世界循环演变，假如老天爷有情，和美国政府一样偏向某种生物，那世界也就乱套了。

所以孔子曾经说，"天何言哉。"天地不会表达什么，也不会干涉什么。

看似无情，其实却是天地的大善。这才是真正的善良。

真正的善良有三个层次。

第一层，是能够吃喝不愁，自己与亲朋好友幸福快乐。

第二层，是在第一层的基础上，行有余力，能够帮助他人，使他人幸福快乐。

第三层，自身有所成就，同时令他人从你的成就中获益。

这三个层次，与著名的马斯洛需求层次理论，有异曲同工之妙。

"勿以善小而不为，勿以恶小而为之。"在他人遇到危难的时候，大多数人会想帮一把，但如果仅仅是为了"不忍"而去做善行，不考虑最终得失，只会是"小善"。

这样的善行，只能让对方陷入新的危险之中。

真正的善良，一定要匹配以智慧，人们既要洞悉世相人心，也需明白自然法则。只有这样，善行才能合乎天道。

不违背自然而又能帮助别人摆脱困境，这样的善良才是真正的善良。

有一位朋友，在银行工作。她很温婉，但她的温婉中又透着一股力量。当有朋友向她借钱时，她会先了解情况。有时候，她觉得不适合帮助人家，她会用很诚恳的态度告诉人家："我是很想帮你的，但如果我现在帮你，就是在害你。这些事都是你必须要学的。你可以自己处理，我相信你可以做到的。"因为她的语气十分诚恳，朋友听后不怪她，等到事后反而总是很感激她。她也因此得到了同事和客户的信任，大家都知道，她的每一个决定都是经过深思熟虑的，她不会承诺自己做不到的事情，不会老好人，也不会任意妄为。大家生活中有什么困惑都愿意找她咨询意见，很多事也喜欢找她帮忙，她也因此获得了朋友和同事的尊重。

编 者 寄 语

　　人性究竟是善是恶，千百年来，中西方都有不同的答案。中国伟大的教育家孟子认为，"人之初，性本善"，他认为人性经过引导可以通向仁、义、礼、智四种"常德"，推向极致之后，甚至"人皆可以为尧舜"；而荀子则认为"人之性恶，其善者伪也"，也就是说人生好利多欲，内中根本不存在礼仪道德，一切符合善的行为都是后天理性思考之下的选择。他们的思想对中国后世的发展起到了深远的影响。其实仔细查阅，诸子百家对人性更多的看法是中性的，一切都取决于后天的环境和自身的选择。

小善如大恶，大善似无情

心灵导读

胡适先生说："一个肮脏的国家，如果人人讲规则而不是谈道德，最终会变成一个有人味儿的正常国家，道德自然会逐渐回归；一个干净的国家，如果人人都不讲规则却大谈道德，谈高尚，天天没事儿就谈道德规范，人人大公无私，最终这个国家会堕落成为一个伪君子遍布的肮脏国家。"

做一个善良的人不难，但是绝对不能对那些恶人心存善念。要让这些恶人成为"过街老鼠"，人人喊打，要让他们为自己的行为感到羞愧，无地自容，这些人就连上帝也拯救不了他们，所以只能用生活的"皮鞭"狠狠地抽醒他们。

善良是一种修养，但这种修养绝不能成为恶人利用的工具，我们也要学会感恩，感恩在生活中给予我们点滴帮助的人，善待我们身边的每一个人。

给善良一个拥抱，让我们生命中的"善良之花"永不凋谢。感恩有你常在。

请保护好自己，别忘了，给自己的善良穿上铠甲。

春秋时期，鲁国规定，凡是鲁国人到其他的国家去，看到本国人在其他的国家为奴隶的，可以先垫钱赎回，回国后到官府报账。

孔子的学生子贡在国外赎回了一个鲁国人，但却没有到官府报账。

国人都夸子贡人品高尚，但孔子却不以为然。

孔子批评子贡不该这么做。他批评子贡说：你的"高尚"的行为，最终会导致没有人愿意赎回奴隶。

因为买了不报账是品德高尚，如果买了再去报账就会被说人品不好，谁还会再去垫钱赎奴隶。

事实证明孔子是对的，从子贡以后，很少有人去官府报账，而且被解救的奴隶也少了。

《了凡四训》里有个故事，宰相吕文懿公正廉洁，后来辞官还乡。

有一个人喝醉了背后破口大骂吕公，有人将这件事告诉了吕公，吕公却发了善心，没有追究。

但不久后，这个人犯了更严重的罪行，被处以死刑。

吕公心中愧疚，没想到当时的一念之仁竟然放纵他变得更肆无忌惮，以至于犯下死罪。如果当时惩戒他一下，说不定能让他回归正途。

为人处世，要秉持一颗善心，但并不是所有的好心都能带来好的结果，很多的"小善"反而会酿成大祸。

这两个故事告诉我们：盲目的善良，有可能就是作恶。

所谓的小善、盲目的善，就是被情绪左右，被情感蒙住了双眼，一念仁慈，顺手为之，这就叫小善。

比如有人不喜欢杀生，喜欢放生，但盲目放生却破坏了当地的生态环境，给很多其他生物带来灭顶之灾。

人们看到街上的残疾小孩求助，不免施舍钱财，这些小善可能解决一时温饱，却不能从根本上改变他们的命运。

更为可恶的是，很多犯罪团伙，看到可以利用人们的善心有利可图，不惜拐卖孩子，把他们打成残疾，逼其上街乞讨。

大善最无情。孔子还有个学生叫子路，有一天在河边走路，在河里救出一个落水的农民。

农民送了子路一头牛，以示感谢。要知道，在农耕时代，一头牛是很贵重的礼物。

子路高高兴兴地牵走了牛，众人纷纷议论，这人救人不错，但却收了人家的牛，人品真差。

孔子知道后当众表扬了子路。因为救人收了别人的礼物，以后会引起更多的人去救快被淹死的人。

真正的善良，一定都是理性的，它摒弃了感性的、情绪的、情感的因素。

不被情感左右，不被情绪困扰。理性的善良，要考虑长远，考虑事情背后的因果链条。

编 者 寄 语

　　《道德经》中说，"天地不仁，以万物为刍狗。"天地有其固有之规律，不会被情感左右，也就无所谓善与不善。孔子曰："天何言哉？四时行焉，百物生焉，天何言哉？"天地有大美而不言，天地生养孕育了万物，但却不把这看成恩惠，所以最"无情"。规则和规矩能保证道德，但道德和善良却不一定带来规则和好的结果。天地无言，不仁。大善无迹，无情更无言。这就是所谓的"大善最无情"。

别让善良害了你

保姆纵火案，江歌案，都让我们重新思考善良的代价，是不是一个好人就要无条件的善良？一直善良？其实古人早就给了我们答案，古人说："善为至宝，一生用之不尽；心作良田，百世耗之有余。"

我们要善良，但却不能让没有原则的善良害人害己。

升米恩，斗米仇。古代有个故事说：从前有贫富两家邻居，平时关系很好。一年，老天降下灾祸，田中绝收。穷人家颗粒无收，马上要断炊了，而富人家有很多粮食，想着大家都是邻居，就给穷人家送去了一升米。

穷人到富人家感谢，富人又送去了一斗米。富人走后，穷人反而抱怨：一斗米能做什么？除了吃以外，还不够明年地里的种子，为什么不多送一些粮食和钱？才给这么一点，真不是好人。这话传到了富人耳朵里，他很生气，本来关系不错的两家人反而成了仇人。

还有一个故事。一群游客来到了神秘的可可西里。一只小藏羚羊跑了过来，可爱的小藏羚羊引得游客们纷纷上前拍照，他们拿出食物和饮用水，要喂这只可爱的小动物。

突然有人怒吼一声：住手！禁猎区的保护队长冲过来，打跑了可爱的小藏羚羊，不许游客们喂食。

面对愤怒的游客，禁猎区保护队长说，"你们这是在造孽！

如果你们对待野生动物太友善，它们就会以为人类都是善良的，一旦遭遇盗猎者，它们就有可能惨遭猎杀。"

有时候，过分的"善良"会害人害己，没有原则的让善良泛滥，只能带来坏的结果。

你的善良可能会让一些没有底线、没有良知的人得寸进尺，甚至被坏人利用，去做坏事。

真正的善良，要有原则。在一所学校里，有的同学很有钱，他们吃喝玩乐，可有的同学却经常吃不饱。有一次，有个富翁的儿子发现书包里的30英镑不见了。老师和同学们都非常气愤，一定要查出谁是小偷。

就在大家七嘴八舌讨论的时候，富翁的儿子却说："谢谢大家的热心，我不打算找回那些钱了。我觉得偷钱的人一定因为太穷了，太饿了。何况我不在乎这点钱。"

大家都被他的善良打动了，纷纷鼓起掌来，可这时却有人说："这不是真正的善良，这是害人的善良。你的宽恕很有可能会助长他偷窃，你是在害他。真正的善良是把这个人找出来，并且给予追究甚至是惩罚，如果他确实有困难，我们大家再一起想办法帮助他。"

最终在压力下，一个面红耳赤的男同学承认是自己偷了钱，他果然是因为饥饿而偷窃。

这个偷钱的同学就是后来成为法院大法官的拖吉拉·凯卡提，而那个主张寻找小偷的人就是著名诗人纪伯伦。

晚年，拖吉拉·凯卡提在回忆录中写道："当时如果不是纪伯伦，或许我并不需要承担任何后果，但我并不恨他，相反我还非常感谢他，因为他是一个真正善良的人，他使我得到了真正的教育。如果不是这样，在饥饿时我难保不会有第二次偷窃，但那次深刻的教训，使我彻底避免了再次做出同样的事情，不然，或许根本无法成为后来的我。"

编 者 寄 语

　　不知道感恩的人，不会因为你的善良而感动。很多时候，他们认为那是你应该做的，你帮助他们不是因为你善良，而是因为他们自己运气好。这种人就像冷血动物，永远不会对你的帮助心怀感激。

　　不知自强的人，天生就有依赖性。他们不知满足，对别人的帮助贪得无厌。久而久之，会对施与帮助的人产生依赖，甩都甩不掉，他会成为你身上的蛀虫。

　　不是所有的善良都会带来好的结果。我们既要心存善念，又要懂得尊重规则，不要认为自己的出发点是善良的就够了。

所谓善良，其实就是心安理得

善恶自古以来本是共同一体存在的，皆在我们每个人彼此的心中；自分裂后，善恶相互对立以来，彼此之间的距离只隔着一张纸的尺度。一念成佛，一念成魔；不忘初心，方得始终。

"知善致善，是为上善。"善是客体具体事物的完好运动组成状态，是价值和意识的具体存在和表现形式之一，是和负价值、负意识相互对立的正价值、正意识，是和恶对立的相对抽象事物或元实体。

择其善者而从之，其不善者而改之。

中国传统文化历来追求一个"善"字：待人处事，强调心存善意、向善之美；与人交往，讲究与人为善、乐善好施；对己要求，主张独善其身、善心常驻。

曾经有一位名人说过，对众人而言，唯一的权利是法律；对个人而言，唯一的权利是善良。善良就是一颗悲悯心，善良就是对芸芸众生的尊重和宽容。

东晋名士顾荣，早年在洛阳时，应别人的邀请去赴宴。在宴席上，他发觉烤肉的仆人脸上显露出对烤肉渴求的神色。

于是他拿起自己的那份烤肉，让仆人吃。同席的人都耻笑他有失身份。顾荣说："一个人每天都在烤肉，怎么能让他连烤肉的滋味都尝不到呢？"

后来战乱四起，晋朝大批人渡长江南流，每当顾荣遇到危难，经常有一个人在左右保护他，于是顾荣感激地问他原因，才知道他就是当年烤肉的那个仆人。

梁晓声说："善良不是刻意做给别人看的一件事，它是一件愉快并且自然而然的事，就像有时候，善良就是为了心安理得。"

一句话可以说，也可以不说；一件事可以做，也可以不做。但是说了，做了，却可以让自己心安理得。

善良就是为了心安理得。明朝年间，高邮有位姓张的低级军官负责漕运事宜。路过家乡的时候，他另外雇了一条小船打算回家料理一些事情，船在湖上行到半路忽然刮起了大风，船翻了，只有他一个人幸免于难。

于是他改从陆地上沿着湖堤回家。走了一半，远远看到一条船，船底朝上，在水面上一起一落，有人蹲在船背上喊救命。

由于烟雾缭绕，也看不清那人到底是谁。姓张的军官心生怜悯，喊岸边停靠的小渔船过去救人，但船主人不肯。

他便解开衣服，掏出白银给船主人。船主人这才划船过去营救。

人救上岸来了，姓张的军官惊讶地发现，被救之人居然是他的儿子！——原来听说父亲要回来，儿子便过来等候父亲，没想到遇上大风翻了船，被困在水中大半天了。

赠人玫瑰，手留余香。不要吝惜自己的善良，善良无底线，付出了善良，是为了让自己心安和快乐。

很多人在很多时候，单纯地认为善良是指向他人的，是需要苛待自己的，往往忽视了善良的本真——真正的善良，是尊重他人，也是善待自己。

有个女人，她勤奋、善良、能力强，打拼出一片天地，事业有成，让家人过上了好日子。她是一个孝顺体贴的好女儿，是一个贤惠的好妻子。然而，她没有兼顾好身体，老天也并没有因为她是一个好人而放过她，最终还是把她带到了另外一个世界。

女人想，我生前积德行善，死后应去天堂，可是被上帝一脚踢到了地狱。女人百思不得其解，于是去天堂想问清原委。上帝将她带到一个可以看到人间百态的窗口，女人清楚地看到：由于自己的离开，年迈的老母亲不得不去捡垃圾糊口。丈夫搂着别的女人，再也不管孩子的学习生活。再看看心爱的孩子，学习越来越差，也因为无力支付高昂的学费，遭受同学们的排斥与嘲笑。女人将这一切看到眼里，心在滴血。

这时，上帝说话了："因为你的离去，你的至亲至爱陷入极度痛苦之中，在人间过着地狱般的生活，凭什么你该进天堂？"爱家人从爱自己开始，爱自己才有能力爱别人，有健康的身体才能够给家人遮风挡雨……

所以，再苦再累，为了家人，微笑着说：该休息了，没有了身体，一切都是浮云……

编 者 寄 语

当你看见人家墙要倒，如果不能扶，那么不推也是一种善良。当你看见人家伤心落泪，不想安慰，幸灾乐祸也是一种善良。我们都不喜欢盲目善良，其实，这个世界从来没有一件绝对正确的事，善良也是如此。不刻意、不表演，用悲悯之心面对浑浊世界。更多的时候，伸出善良之手，就能收获更多的温暖。

善良我们可以做到很多，当恶人欺负他人时，悄悄打电话报警也是一种善。当正义遭到践踏，有人挺身而出维护正义，默默的给他点赞支持，也是善。

不忘记自己的本心、自己最初的纯净的世界观、价值观、坚守原则，才能在人生路上有始有终，不至于迷了心智。

善言、善心、善行，发乎于心的善，现乎于行的德，贤善成就，共筑人间美好！

第 四 章

这样的善良，
才是最好的善良

　　有一种美丽，是看不见、摸不着的，它需要我们用心来感受，这种美丽就是善良；有一种气质，是至尊的、高贵的，它需要我们用心来品味，这种气质源自善良。一个人的外表可以平凡，但内在的东西却可以使这个人不平凡。善良是一种高贵的气质，它可以令你在人群中发出耀眼的光芒。

　　善良是一种高贵的品质、崇高的境界，是精神的成熟，心灵的丰盈。

回归善良的本真

心灵导读

中国传统文化历来追求一个"善"字：待人处事，强调心存善良、向善之美；与人交往，讲究与人为善、乐善好施；对己要求，主张善心常驻。记得一位名人说过，对众人而言，唯一的权利是法律；对个人而言，唯一的权利是善

一场暴风雨过后，成千上万条鱼被卷到海滩上，一个小男孩每捡到一条便将它送回大海，他不厌其烦地捡着。

一位恰好路过的老人对他说："你一天也捡不了几条。"小男孩一边捡，一边说道："起码我捡到的鱼，它们得到了新的生命。"一时间，老人为之语塞。

还有一则故事发生在巴西丛林里，一个猎人在射中一只豹子后，竟看到这只豹子拖着流出肠子的身躯，爬了半个小时，来到两只幼豹面前，喂了最后一口奶后倒了下去。看到这一幕，这位猎人流着悔恨的眼泪折断了猎枪。

如果说前一个故事讲的是孩子的生命善良的本性，那后一个故事中，猎人的良心发现也不失为一种"善莫大焉"。

美国作家马克·吐温称善良为一种世界通用的语言，它可以使盲人"看到"，聋子"听到"。心存善良之人，他们的心滚烫，情火热，可以驱赶寒冷，横扫阴霾。善意产生善行，同善良的人接触，往往智慧得到开启，情操变得高尚，灵魂变得纯洁，胸怀更加宽阔。与善良之人相处，不必设防，心底坦然。

播种善良，才能收获希望。一个人可以没有让旁人惊羡的姿色，也可以忍受"缺金少银"的日子，但离开了善良，人生将会搁浅和褪色——因为善良是生命的黄金。多一些善良，多一些谦让，多一些宽容，多一些理解，让人们在生活中感受美好和幸福，这是善良的人们所向往和追求的，也是我们勤劳善良的中华民族所提倡和弘扬的。

真正的善良是以人的品质表现出来的。从时间上来说，真正的善良之举不是一时的心血来潮，而是长期坚持善举，终身不悔。如深圳的艺人丛飞多年来向希望工程捐款数百万元，即使在得知自己患绝症时，仍未停止捐款。"一个人做点好事并不难，难的是一辈子做好事。"从空间上来说，真正的善良之举是对万事万物都有善心、善意，普度众生。真正的善良之举是隐姓埋名、不张扬、不作秀、不图回报的善举。

善良之善事、善举，何止千千万万，而我要说的不只是这些具体的东西，我要说的是善良的本质。

人之初，性本善。随着社会的发展，劳动成果除满足自己的生活需要外还有剩余，因此产生了贫富差距，便有了强弱；如何对待贫富、强弱，便有了善恶，善与恶相对而又相

伴。佛教中的普度众生，即劝人向善。古人的善良体现在多方面，打猎者不猎杀幼仔和孕兽，打鱼者不用密网网小鱼，伐木者不伐稚苗等。可见，善良的社会性及作用于社会的意义。善良是中华民族的美德，人人都有善心、善意、善举。善良在社会中产生互动，便是和谐社会。

编 者 寄 语

　　人世间最宝贵的是什么？法国作家雨果说得好：善良。善良即是历史中稀有的珍珠，善良的人便几乎优于伟大。心与心的沟通，爱与爱的传递，本来是生活中稀松平常的举动。可是，为何有时爱心变成了奢望，善良也只能可望而不可即呢？反倒是那些看似毫不相干的人，在危难时伸出一双手，在渴望慰藉时掏出了一颗心。其实，爱是没有界限的，给善良设防的是冷漠的心。

　　人与人之间充满善意与亲和，是激励人们奉献爱心、忘我奋斗的动力，是消除内耗，形成和平、安定、幸福社会的重要原因。为了未来，我们需要用善良和真爱来涤荡和净化我们的心灵。

　　因为善良的人深信，善良是幸福之源，善良才能和平愉快地彼此相处，善良才能把精力集中在有意义的事上，善良才能摆脱没完没了的恶斗与自我消耗，善良才能天下太平。

学会尊重他人

心 灵 导 读

尊重是人与人之间交往最重要的美德。尊重一个人对自身来说，是素质的体现。对他人来说，则是一定意义上的礼貌。善良的人是不糊涂的，他们是有所为有所不为的。他们不以善小而不为，不以恶小而为之。有的时候，善良的人不是不会自卫和抗争，只是不滥用这种"正当防卫"的权利罢了。

在一次巡回表演的过程中，卓别林通过朋友的介绍，认识了一个对他仰慕已久的观众。卓别林和对方很谈得来，很快就成了关系不错的朋友。

在表演结束之后，这个新朋友请卓别林到家里做客。在用餐前，这个身为棒球迷的朋友带着卓别林观看了自己收藏的各种各样和棒球有关的收藏片，并且和卓别林兴致勃勃地谈起了棒球比赛。

朋友爱棒球到了痴迷的境界，一旦打开话匣子就收不住了，滔滔不绝地和卓别林谈起了棒球运动。从对方谈起棒球开始，卓别林的话就少了很多，大多数的时候都是朋友在讲，他则微笑注视着对方并认真地听着。

朋友说到高兴的地方，两只手兴奋异常地比画了起来，他说起一场精彩比赛时，仿佛已经置身于万人瞩目、激动人心的棒球场上了，完全沉浸在了对那场比赛的回忆之中。卓别林仍旧微笑着看着对方，偶尔插上几句，让朋友更详细地介绍当时的情景。朋友越说越兴奋，只是对一直没能得到那场比赛里明星人物的签名有些沮丧。不过，这种沮丧的情绪很快就被他对那场比赛的兴奋所冲淡了。

那天中午，沉浸在兴奋之中的朋友说得兴起，差点把午饭都忘记了，直到他夫人嗔怪着让他快点带客人来吃饭的时候，他才不好意思地笑着拉起卓别林来到了餐桌前。那天的午餐，大家的兴致都非常高，尤其是卓别林和这位新认识不久的朋友，彼此之间相谈甚欢。

在当地的演出结束之后，这位新朋友非常舍不得卓别林，一直将他送出了很远，才恋恋不舍地道别。

不久之后，这次巡回演出也告一段落。回到家里，卓别林通过各种关系费尽周折找到了朋友说起的那个棒球明星，请他在一个棒球帽上签了名字之后，卓别林亲自把这个棒球帽寄给了远方那个对棒球极度痴迷的朋友。

卓别林的举动让他身边的人非常不解，因为大家都知道，喜欢安静的卓别林对棒球从来就没什么兴趣，他们简直就无法想象一个对棒球丝毫不感兴趣的人只是为了朋友的一句话，就费了这么大的周折去要一个签名。尤其是当大家听说对棒球一无所知的卓别林居然和朋友聊了大半天的棒球比赛之后，大家更加想不明白了。多年之后，朋友回忆起这段往事仍旧赞叹不已："我今生能够成为卓别林的朋友，是我最大的荣幸。是他让我明白了什么叫作真正的尊重和真正的友谊。他的人格光芒，照亮了我的一生。"

这世界上有千千万万的人，每个人的兴趣爱好各有不同。我们只有尊重他人所尊重的一切，尊重别人的爱好和兴趣，才能和他们产生共鸣，成为朋友。世上的悲剧，往往是由于不懂得尊重别人的兴趣，不懂得欣赏别人的行为方式和不懂得包容别人的生活方式而产生的。一个真正拥有智慧的人，必定是一个懂得尊重和包容他人一切的人。

编 者 寄 语

关心别人、尊重别人必须具备高尚的情操和磊落的胸怀。当你用诚挚的心灵使对方在情感上感到温暖和愉悦，在精神上感到充实和满足，你就会体验到一种美好、和谐的人际关系，你就会拥有许多的朋友，并感受到善良的魅力。在竞争激烈的当今社会，善良同忠厚一样，不知不觉地变成了无用的别名，今天，再提善良，似乎显得有些过时或老土了，特别是现今的青年一代，更是对"善良"这个词熟悉而又陌生。

善良的人是单纯的，他们拥有一颗广博的心。对于他们来说，哪里都是天堂，他们没有私心杂念，头脑简单，他们从不知道要去设防别人，在他们看来，别人都和他一样的有善心。

尝试低调

　　善良的人是低调的。他们不会炫耀，不会卖弄，不随意抬高自己价值，不会不遗余力地"推销"自己，他们会正确地估量自己的人生价值。善良的人总是把自己当成一个平常人，与别人没有什么两样。有一则谚语说得好："口袋里装着麝香的人不会在街上大吵大嚷，因为他身后飘出的香味已经说明了一切。"

　　公元前521年春，孔子得知他的学生宫敬叔奉鲁国国君之命，要前往周朝京都洛阳去朝拜天子，觉得这是个向周朝守藏史老子请教礼制学识的好机会，于是征得鲁昭公的同意后，与宫敬叔同行。到达京都的第二天，孔子便徒步前往守藏史府去拜望老子。正在书写《道德经》的老子听说名满天下的孔丘前来求教，赶忙放下手中刀笔，整顿衣冠出迎。孔子见大门里出来一位年逾古稀、精神矍铄的老人，料想便是老子，急趋向前，恭恭敬敬地向老子行了弟子礼。进入大厅后，孔子再拜后才坐下来。老子问孔子为何事而来，孔子离座回答："我学识浅薄，对古代的'礼制'一无所知，特地向老师请教。"老子见孔子这样诚恳，便详细地阐述了自己的见解。

　　回到鲁国后，孔子的学生们请求他讲解老子的学识。孔子说："老子博古通今，通礼乐之源，明道德之归，确实是我的好老师。"同时还打比方赞扬老子，他说："鸟儿，我知道它能飞；鱼儿，我知道它能游；野兽，我知道它能跑。善跑的野兽我可以结网来逮住它，会游的鱼儿我可以用丝条缚在鱼钩来钓到它，高飞的鸟儿我可以用良箭把它射下来。至于龙，我却不能够知道它是如何乘风云而上天的。老子，其犹龙邪！"

编 者 寄 语

　　善良能使人美丽，美好的品行能帮你塑造美好的外貌。一个人只要有善心，就会变得有修养，有品位，他会魅力一生的。

　　你做过的事，说过的话，动人之处都会存在心里，点点滴滴积累起来，慢慢地令你周身透出可亲、动人和美丽的光芒，充满迷人的魅力。开启我们隐藏的真心、热心和爱心，让善良在这世界变成主流。那么，不管我们的口袋多么羞涩，我们的生活多么贫穷，我们的心灵将无比的富裕，善良将是永远值得我们骄傲的勋章。

信任而不轻信

心灵导读

　　关于信任，每个人都有自己的想法，而究竟什么事情或者什么人该相信没有绝对的标准。信任是对一个人的尊重，是对其人格的赞赏和肯定。

　　轻信，则是一种不负责任的表现，既是对自己的不负责任，也是对他人的一种不负责任。

　　一只被猎人打成重伤的狼，躲进了羊圈，倒下后就再也爬不起来了，它需要一些时日疗伤。

　　牧羊人发现了它，照着它的头举起了棍棒，受伤的狼眼里涌动着泪水，哀求着说："你打死我这只愿意为你看羊的狼吧！为了这一愿望，我受了伤。在你手中死去，我死而无怨了。因为我是这样的爱羊，现在终于和羊在一起了。"

　　牧羊人的棍棒迟迟没有落下，狼看到了希望。它接着说："你是羊的主人，也就是我的主人。主人，难道你没有看见，它们就在我身边，我却没有伤害任何一只羊吗？我实在是和其他的狼不一样，我温顺极了。你看，那只黑色的小羊羔，踩了我好几脚，我都不生气，没有对它报复。"

　　牧羊人相信了狼的话，不仅没有打死它，还给了它一些骨头啃。

　　狼在羊圈里养好了伤，它首先咬死了头羊。

　　因为这只狼非常狡猾，它知道羊群没有了有经验的头羊，要吃掉其他的羊就更方便了。

轻信，总是酿成祸患。

一天猎人带着猎狗去打猎。猎人一枪击中一只兔子的后腿，受伤的兔子开始拼命地奔跑。猎狗在猎人的指示下飞奔着去追赶兔子。

可是追着追着，兔子跑不见了，猎狗只好悻悻地回到猎人身边，猎人开始骂猎狗："你真没用，连一只受伤的兔子都追不到。"猎狗听了很不服气地回答："我尽力而为了呀！"

再说兔子带伤跑回洞里，它的兄弟们都围过来惊讶地问它："那只猎狗很凶，你又带着伤，怎么跑得过它的？""它是尽力而为，我是全力以赴呀！它没追上我，最多挨一顿骂，而我若不全力地跑，我就没命了呀！"

人本来是有很多潜能的，但是我们往往会对自己或对别人找借口："管它呢，我们已尽力而为了。"

事实上尽力而为是远远不够的，尤其现在这个竞争激烈、到处充满危机的年代。常常问问自己，我今天是尽力而为的猎狗，还是全力以赴的兔子？

一队商人骑着骆驼在沙漠里行走，突然空中传来一个神秘的声音："抓一把沙砾放在口袋里吧，它会成为金子。"有人听了不屑一顾，根本不信，有人将信将疑，抓了一把放在袋里。有人全信，尽可能地抓了一把又一把沙砾放在大袋里，他们继续上路，没带沙砾的走得很轻松，而带了的走得很吃力。

很多天过去了，他们走出了沙漠，抓了沙砾的人打开口袋欣喜地发现那些粗糙沉重的沙砾都变成了黄灿灿的金子。

我曾想了很多次，一直未想出这故事的寓意所在。

慢慢我明白，在漫长的人生中，时间、责任就像是地上的沙砾，唯有紧紧抓住机遇、勇于承担责任的人，才能将这些普通粗糙的沙砾变成可贵的金子。不紧紧抓住机遇的人、不愿承担责任的人固然轻松潇洒，但他们生命的长河会黯淡粗糙，他们始终发不出金子般的光辉。

问问自己，今天我们抓了多少沙砾？

其实人生最怕一个"混"字！抱着混的心态，看似偷巧、轻松、没压力，然而就是在不知不觉中，混没了青春，混尽了精力，混掉了激情，混失了口碑，到头来混得黄粱美梦一场空。

一个人对待他人的态度，能真实地反映出自己的心理状态。比如那些容易信任别人的人，在一般人看来也许有些傻，但牛津大学的研究表明，聪明人更容易信任别人。因为聪明人勤于思考，善于观察别人的行事动机、肢体语言、态度以及面部的微妙变化，从而能做出准确的判断。所以，敢于信任别人，也是一种自信。

我给你钱，你给我东西，这是物质交换；我信任你，你信任我，这是感情交换。后者

则更为高级。缺乏自信的人不会珍惜对方的感情，从而得不到他人的信任，却不知道问题出在自己身上。信任是一种能力，也是对自我的肯定，就像商人对自己的商品充满信心一样。信任别人是理智的结果，往往能衡量一个人的智商。

编 者 寄 语

　　人与人之间能否维持稳定的感情，根本在于彼此的信任。但信任并不等于轻信，信任应该在一定的范围内，有相应的基础，否则就是不负责任。信任是对朋友最高级的礼物，是对他人最高级别的礼遇。缺乏信任的人，经常用自己的经验来检测他人的可靠度，导致没有人愿意相信他，成为孤家寡人，他还以为自己聪明。

　　不要对不信任你的人过多地解释，对疑神疑鬼的人，无论你多么真诚的解释，基本上是徒劳的。也许我们经常被人质疑，但这并不影响我们成为一名值得人们信任的人。真主说："他们中有人伤害先知，并说他是耳朵。你说：'他是你们的好耳朵，他信仰真主，信任信士们，他是你们中信士们的慈恩。'"

第 五 章

善良的回报，
人生最大的财富是品行

当你很累很累的时候，你应该闭上眼睛做深呼吸，告诉自己你能坚持得住，不要轻易地否定自己。谁说你没有美好的未来，关于明天的事，后天才知道。在一切变好之前，我们总要经历一些不开心的日子，不要因为一点瑕疵而放弃一段坚持，即使没有人为你鼓掌，也要优雅地谢幕，感谢自己认真的付出。

学会恭敬他人

心灵导读

　　尊重不是盲目的崇拜，更不是肉麻的吹捧。懂得了尊重别人的重要，并不等于学会了如何尊重别人。尊重是一门学问。学会了尊重别人，就学会了尊重自己，也就掌握了人生的一大要义。"爱人者，人恒爱之；敬人者，人恒敬之。"是出自《孟子·离娄章句下》的一句话，指爱别人的人，别人也永远爱他；恭敬别人的人，别人也永远恭敬他。孟子说："君子与一般人不同的地方在于，他内心所怀的念头不同。君子内心所怀的念头是仁，是礼。仁爱的人爱别人，礼让的人恭敬别人。爱别人的人，别人也会爱他；恭敬别人的人，别人也会恭敬他。"

　　从前有一个盲人，夜晚打着灯笼在路上行走，有人笑他说："你是瞎子，打着灯笼不是多此一举吗？"那个盲人笑着说："不，我看不见，可是别人看得见。我打着灯笼，虽然在我身上是多此一举，可为别人照亮了路，同时还避免了别人撞着我，对我也是有好处的。"　这虽是一则短小的故事，可却蕴含了深刻的道理。瞎子打灯笼，也许很可笑，可是他们的灯笼为别人照亮了路，为别人带来了方便，还避免自己受到伤害，这是两全其美的事。自己渺小，但在小事上是能够为社会效力的。给别人一片光明就是为社会带来温暖。

　　理查德·斯蒂尔曾说过："一个有优越才能的人，懂得平等待人，是最伟大、最正直的品质。"我们自身的光明要像太阳的光亮一样，对待万物一视同仁。无论你关爱的人是丑的还是美的，只要我们保持一颗平等的心，世界就是和谐与美丽的。

让善良之心在内心永存，"道人善，即是善，人知之，愈思勉"，当我们看到别人有善的地方，有优点、有好处，我们必定要称赞。他听到你这样赞美他，他就会更加的努力向上，把他的善处、优点更加发扬下去。所以这是对他的一个鼓励，也是劝勉自己，看到有人善，要见贤思齐。

一代伟人邓小平古稀之年说："我是中国人民的儿子，我深深地爱着我的祖国和人民！""落红不是无情物，化作春泥更护花"是落叶对根的感恩，"谁言寸草心，报得三春晖"是儿子对母亲的感恩。

"爱人者，人恒爱之，敬人者，人恒敬之。"大禹爱民，为民谋利，深受爱戴。范仲淹爱民，"先天下之忧而忧，后天下

之乐而乐"，他先人后己的无私精神，照亮了北宋，也闪耀了自己。孔繁森爱人民，他视阿里的贫穷为他的耻辱，视脱贫致富为他的天职，全心全意为人民服务。杨善洲爱人民，曾经的荒山披上葱绿的新装，挺拔的树木镌刻下他的信念，"做一辈子人民的公仆"。"爱人"的美德如一束阳光，温暖着每一个从善的心灵。"敬人"的善念犹如一道溪流，滋润着每一个无私的心灵。因为爱照亮别人，哺育着伟大。

著名导演沃尔特为《中央车站》选角，他挑选了很多艺校生试镜，都不满意。

一筹莫展的沃尔特到城市西郊办事，遇上一个十多岁的擦鞋小男孩。小男孩衣衫褴褛，肚子干瘪，他向沃尔特借了几个硬币，并保证一周后还给他。钱很少，沃尔特只当施舍。

半个月后，沃尔特已经将借钱给小男孩的事忘得一干二净。不料，在他又一次经过西郊火车站时，孩子跑到他面前，把几枚汗津津的硬币放进他手心，"先生，我在这里等您很久了，今天总算把钱还给您了。"沃尔特看着被汗水濡湿的硬币，一股暖流在心中涌动。

沃尔特再次端详面前的小男孩，忽然发现他很符合自己电影中"小男孩"的角色形象。沃尔特让孩子第二天到市中心的影业公司导演办公室来找他，他对小男孩说，"我会给你一个很大的惊喜"。

第二天一大早，一大群孩子在公司门口，他诧异地出去看，就见那个小男孩兴奋地跑过来，一脸天真："先生，这些孩子都是同我一样没有父母的流浪孩子，他们也渴望有惊喜。"

某种东西瞬间击中了沃尔特，他流泪了，他没想到一个穷困流浪的孩子竟会有一颗如此善良的心。在那天的试镜中，沃尔特发现确实有几个人比小男孩更机灵，更适合出演剧本中的小主人公。但他最后坚持留下了小男孩。他只在录用合同上写了这样几个字：善良无须考核！

一个十多岁的孩子，在自己面临困境的时候，却把本属于自己一个人的希望，无私地分享给别人，这是怎样的一种善良啊？而电影中的孩子，正是这样一个善良、博大、无私的人。用生命本色出演，无须化装！

后来这个孩子成功扮演了剧中"小男孩"的角色，电影上映的海报广告是这样写的：一个孩子在寻找他的家，一个女人在寻找她的心，这个国家在寻找它的根。当年很多人说它是最好看的电影，它获殊荣无数。

若干年后，孩子长大了，再后来成为一家影视文化公司的董事长，他就是文尼斯基。当他把自己的自传体小说《我的演艺生涯》恭恭敬敬地送给沃尔特题字时，沃尔特亲笔写下：善良无须考核！他还是若干年前的那个孩子，却早已脱胎换骨。是善良，曾经让他把机遇让给别的孩子；同样也是善良，让人生的机遇不曾错过他。

国王亚瑟被俘，本应被处以死刑，但对方国王见他年轻乐观，十分欣赏，于是就要求亚瑟回答一个十分难的问题，如果答出来就让他重获自由。这个问题就是："女人真正想要的是什么？"

亚瑟开始向身边的人征求答案，结果没有一个人能给他满意的回答。有个人告诉亚瑟，郊外的阴森城堡住着一个老女巫，据说她无所不知，但收费高昂，且要求离奇。期限马上就要到了，亚瑟别无选择只好去找女巫；女巫答应回答他的问题，但条件是要和亚瑟的圆桌武士加温结婚。亚瑟惊骇极了，他看着女巫——驼背，丑陋不堪，只有一颗牙齿，身上散发着臭水沟难闻的气味……而加温高大英俊、诚实善良，是最勇敢的武士。亚瑟说："不，我不能为了自由强迫我的朋友娶你这样的女人！否则我一辈子都不会原谅自己。"加温知道这个消息后，对亚瑟说："我愿意娶她，为了你和我们的国家。"于是婚礼被公之于世，而女巫也回答了对方国王所提出的那个问题。她说："女人真正想要的，是主宰自己的命运。"女巫说出了一条伟大的真理，于是亚瑟自由了。

婚礼上女巫用手抓东西吃，打嗝，说脏话，令所有的人都感到恶心；亚瑟也在极度痛苦中哭泣，加温却一如既往的谦和。

新婚之夜，加温不顾众人劝阻坚持走进新房，准备面对一切；然而一个从没见过面的绝世美女却躺在他的床上；女巫说："我在一天的时间里，一半是丑陋的女巫，一半是倾城的美女；加温，你想让我白天变成美女，还是晚上变成美女？"

"这是个很难回答的问题，各位，如果你是加温你会做怎样的选择呢？"

人格心理学教授话音一落，同学们先是静默，继而开始讨论，答案更是五花八门，不过归纳起来不外乎两种：第一种选白天是女巫，夜晚是美女，因为老婆是自己的，不必爱慕虚荣；另一种选白天是美女，因为可以得到别人羡慕的眼光，而晚上可以在外作乐，回到家一团漆黑，美丑都无所谓。听了大家的回答，教授没有发表意见，只说这故事其实是有结局的：加温做出了选择。于是大家纷纷要求老师说出结果。老师说，加温回答道："既然你说女人真正想要的是主宰自己的命运，那么就由你自己决定吧！"女巫听后热泪盈眶，"我选择白天夜晚都是美丽的女人，因为你懂得真正的尊重我！"听到这里所有人都沉默了，因为没有一个人做出加温类似的选择。

听完这个故事，不知道你有何感想。我们有时候是不是很自私？总想以自己的喜好去主宰别人的生活，却从没有想过别人是不是愿意。而当你学会尊重理解别人时，也许你将得到的更多。

尊重他人是一种高尚的美德，是个人内在修养的外在表现。为明星运动员呐喊与喝彩是尊重，给普通运动员以鼓励和掌声同样是尊重。在生活中，对各级领导的崇敬是尊重，对同事对下级对普通的平民百姓以诚相待、友好合作，倾听他们的声音，同样是尊重。当他人功成名就时，给以赞扬而不是贬低是尊重，对情趣相投的人真诚相待是尊重，对性格不合的人心存宽容同样也是尊重……尊重他人是一个人政治思想修养好的表现，是一种文明的社交方式，是顺利开展工作、建立良好的社交关系的基石。对上级、同事、下级、平民百姓尊重，有利于对上负责和对下负责的一致性，有利于密切党群关系、干群关系，有利于团结合作，提高工作效率。对家人的尊重，有利于和睦相处，形成融洽的家庭氛围；对朋友的尊重，有利于广交益友，促使友谊长存。总之，尊重他人，生活就会多一分和谐，多一分快乐。

每个人都需要获得尊重，每个人也都需要尊重他人。尊重不是流于嘴上的唯唯诺诺抑或无端夸赞，更不是溜须拍马的曲意迎合。真正的尊重是发自内心的把对方当回事，是一种不由自主的高贵人格的自然流露。

一个朋友与一位台商老总谈业务，午餐时在酒店点了菜品，老总指着酒水说："请随意饮用，我们不劝酒。"朋友知道很多南方商人商务会餐时绝不饮酒，也客随主便，草草用饭。

席间酒店服务生端来一道特色菜，那位老总礼貌地说："谢谢，我们不需要菜了。"服务生解释说这道菜是酒店免费赠送的，那老总依然微笑着回答说："免费的我们也不需要，因为吃不了，浪费。"饭毕，老总将吃剩下的菜打了包，驱车载着朋友出了酒店。

一路上，老总将车子开得很慢，四下里打量着什么。朋友正纳闷时，老总停下车子，拿了打包的食物，下车走到一位乞丐面前，双手将那包食物递给了乞丐。朋友看到那位老总双手递食物给乞丐的一刹那，差一点就热泪奔流。

一次，叶淑穗和朋友一起拜访周作人。他们走到后院最后一排房子的第一间，轻轻地敲了几下门，门开了。开门的是一位戴着眼镜、中等身材、长圆脸、留着一字胡、身穿背心的老人。他们推断这位老人可能就是周作人，便说明了来意。可那位老人一听要找周作人，就赶紧说"周作人住在后面"。于是，叶淑穗和友人就往后面走，再敲门，出来的人回答说周作人就住在前面这排房子的第一间。他们只得转回身再敲那个门，来开门的还是刚才那位老人，说他自己就是周作人，不同的是，他穿上了整齐的上衣。

夏衍临终前，感到十分难受。秘书说："我去叫大夫。"正在他开门欲出时，夏衍突然睁开眼睛，艰难地说："不是叫，是请。"随后昏迷过去，再也没有醒来。

顾颉刚有口吃，再加上浓重的苏州口音，说话时很多人都不易听懂。一年，顾颉刚因病从北大休学回家，同寝室的室友不远千里坐火车送他回苏州。室友们忧心顾颉刚的病，因而情绪并不高。在车厢里，大家显得十分沉闷，都端坐在那儿闭目养神。顾颉刚为了打破沉闷，率先找人说话。

顾颉刚把目光投向了邻座一个和自己年龄相仿的年轻人，他主动和对方打招呼"你好，你也……是……是去苏州的吗？"年轻人转过脸看着顾颉刚，却没有说话，只是微笑着点点头。

"出去……求学的？"顾颉刚继续找话。年轻人仍是微笑着点点头。一时间，两个人的谈话因为一个人的不配合而陷入了僵局。"你什么……时候……到终点站呢？"顾颉刚不甘心受此冷遇，继续追问着。年轻人依旧沉默不语。

而这时，坐在顾颉刚不远处的一个室友看不过去了，生气地责问道："你这个人怎么回事？没听见他正和你说话吗？"年轻人没有理他，只是一个劲儿地微笑着，顾颉刚伸手示意室友不要为难对方。室友见状，便不再理这个只会点头微笑的年轻人，而是转过身和顾颉刚聊起来。

当他们快到上海站准备下车的时候，顾颉刚突然发现那个年轻人不知什么时候已经走了，只留下果盘下压着的一张字条，那是年轻人走时留下的，"兄弟，我叫冯友兰。很抱歉我刚才的所作所为。我也是一个口吃病患者，而且是越急越说不出话来。我之所以没有和你搭话，是因为我不想让你误解，以为我在嘲笑你。"

冯友兰的尊重就在于"不说话"。

而路易十六的王后上绞刑架的时候，不经意间踩到了刽子手的脚，她下意识地说了一声"对不起"，这是一种极其高贵的尊重，让每个人都肃然起敬。

67岁的玛格丽塔·温贝里是瑞典一名退休的临床医学家，住在首都斯德哥尔摩附近的松德比贝里。一天早上，温贝里收到邮局送来的一张请柬，邀请她参加政府举办的一场以环境为主题的晚宴。

温贝里有些疑惑，自己只是一名医务工作者，跟环境保护几乎没有什么关联，为什么会被邀请呢？温贝里将请柬仔仔细细地看了好几遍，确认上面写的就是自己的名字后，放下心来，"看上去没什么不对的，我想我应该去"。于是，温贝里满心欢喜地穿上只有出席重要场合时才穿的套装，高高兴兴地赴宴去了。

赶到现场，温贝里不由得吃了一惊，参加晚宴的竟然都是政府高级官员，其中就有环境大臣莱娜·埃克，他们曾经在其他活动中见过面。看到温贝里后，埃克先是一愣，然后马上向她报以最真挚的笑容，"欢迎你，温贝里太太"。接着热情地将温贝里带到相应的座位上。温贝里和政府要员们一起进餐，并聆听了他们对环境问题的看法和建议。

宴会结束后，按惯例要拍照留念，埃克邀请温贝里坐在第一排，就这样，温贝里度过了一个愉快的晚上。

几天后，温贝里浏览报纸时，看到了自己参加晚宴的合影和一则新闻报道"政府宴请送错请柬，平民赴约受到款待"。

原来，环境大臣埃克本来邀请的是前任农业大臣玛格丽塔·温贝里，由于工作人员的失误，把请柬错送到和农业大臣同名同姓的平民温贝里手中。对此，埃克表示"不管她是谁，只要来参加宴会，就应该受到尊重和礼遇"。

看到这里，温贝里不由得心头一热，敬重之情油然而生，埃克明知她是一个"冒牌货"，非但没有当场揭穿，反而给予了她大臣一样规格的礼遇，这样不动声色的尊重足以令她欣慰一生。

尊重的最高境界不是体现在轰轰烈烈的大事之中。有时候，越是微不足道的生活细节，越是不经意的自然流露，越发显得尊重的可贵。

编者寄语

尊重，是一种修养，一种品格，一种对别人不卑不亢、不仰不俯的平等对待，一种对他人人格与价值的充分肯定。任何人都不可能尽善尽美、完美无缺，假如别人在某些方面不如自己，我们不能用傲慢和不敬去伤害别人的自尊；假如自己在有些方面不如他人，我们也不必以自卑或嫉妒去代替应有的尊重。一个真正懂得尊重别人的人，必然会以平等的心态、平常的心情、平静的心境去面对所有事业上的强者与弱者、所有生活中的幸运者与不幸者。尊重，是一缕春风、一眼清泉。给成功的人以尊重，表明了自己对别人成功的敬佩、赞美与追求；给失败的人以尊重，表明了自己对别人失败后的同情、安慰与鼓励。只要有尊重在，就有人间的真情在，就有未来的希望在，就有成功后的继续奋进，就有失败后的东山再起。

处世要低调

心灵导读

能够把自己压得低低的，那才是真正的尊贵。

无论何时都要做一个善良的人。生活幸福就祝福别人也快乐，遭受不幸就祈祷别人不要和自己一样痛苦。我们常常羡慕那些被上天眷顾的宠儿，他们没有出众的家世容貌，没有三头六臂的本事，没有八面玲珑的世故，却常常有金刚护体。那是因为他们有一颗柔软、善良的心。

低调的青青恋爱了。男友是个富二代，而且重点是已经向她求婚。不出意外这个"五一"就要喝她的喜酒。未婚的姑娘都羡慕不已。

"灰姑娘才可以找到王子啊。"

"怎么我没有遇到这样的有钱人？"

"你真好命啊！"

青青只是笑而不语，恬静得就像一株绿意盎然而又生机勃勃的紫藤，不经意，幸福已经爬满了一个人的心房。

前几日，青青的准老公宴请姑娘婚前好友，我也在列。大家纷纷好奇，这个有着良好教育背景、家族生意做得不错、身材长相都不赖的男孩为什么会选择青青时，小伙子扶了扶眼镜说："我见过她两次，就决定要与她共度一生了。"众人屏息，洗耳恭听。

"第一次，我爷爷在公园走丢了，我们全家都急疯了，最后是个好心的姑娘陪着他，直到我们找到他，她才离去。第二次，在街角，一个姑娘把自己买的热狗给了街上一只流浪猫吃，我在不远的地方正好看到这一幕。对，这两个姑娘都是青青。爷爷老年痴呆后，连家里人他都不爱搭理，可是那天，我看到爷爷和青青谈笑风生，亲孙女也不过如此吧！还有，我在德国留学带回来的那只老流浪猫，终于该有女主人了。"

我们为两人的相识相恋惊掉了下巴，又暗暗为青青竖大拇指。男孩摘下自己的眼镜，"呵呵，我的视力其实很好，它不过是副平光镜而已"。简直目光如炬啊，我们惊叹。

我们以为美丽是通行证，原来，善良才决定人生的走向。善良无声无迹，但它确实比外貌、学识、出身、财富、权势来得更加珍贵。它是心灵深处真诚的同情与怜惜，无私的关爱与祝福。

真正的善良是人们内心最原始、最淳朴、最纯洁的感情精华，总有人会视若珍宝。不经意的善举，可能遇见你一世的伴侣。随手的善举，还可能带来你意想不到的回报。

24岁的美国姑娘Liz收到一家汽车经销商打来的电话，让她近期去给新车上牌。姑娘惊讶，她没有足够支付一辆小汽车的存款，也没有奢望买车。对方回答，车款已经付清，只等她来选牌。姑娘惊呆了，好运从天而降了！

事情要从几个月之前说起。24岁的Liz是新泽西州一家餐馆的服务员。那天清晨五点半她上早班，两位筋疲力尽的消防员走进她所在的餐馆，点了两个大杯的咖啡。Liz听到他们的对话才知道，新泽西附近发生了一起火灾，为了救火，他们奋战了大半夜，因此十分疲惫。

姑娘不觉动了恻隐之心，她做了这样一件事，Liz为他们的咖啡买了单，还留下了一张便条：你们的早餐钱由我来出。很感谢你们为大家付出的一切，别人想要逃离的火灾现场，你们却要义无反顾地冲进去。无论你们是什么角色，你们都是最勇敢、最坚强、最英勇的人！谢谢你们。你们是我们的榜样！好好休息吧。

两位消防员错愕，感动，开心，于是把便签和餐馆的照片发布在了自己的脸书上……

在美国，消防员的社会地位极高，消防员一直被视为平民英雄，消防员是受人尊敬的职业之一，总统都在它后面。因为脸书，两位消防员发现Liz家庭并不富裕，她的父亲瘫痪多年，因为没有可以搭载轮椅的汽车，她父亲常常只能待在家里无法出门……于是，两位同样善良的消防员发起了一个筹款页面，希望能为女孩的父亲买一辆汽车，让他们全家一起出游。后来的事情令人感动，有着强大号召力的消防员脸书让素不相识的人纷纷慷慨解囊，很快就筹到了一大笔钱。

当汽车商把钥匙交到Liz手里，她还觉得在做梦。她从没有想到自己小小的善举，居然收到这么大的惊喜。

命运一定不会亏待善心人，它会十倍百倍的回报你曾经的善意。

禅师外出遇到了一个流浪儿，这个小孩很是顽皮，但也非常聪明。于是，禅师把他带回了寺院，对他百般呵护，关爱有加，并让他当了寺院的小沙弥。禅师一边关照小沙弥的生活起居，一边因势利导地教他做人的道理。看到小沙弥接受和领会问题比较快，禅师便教他习字念书，诵读经文，但禅师发现小沙弥虽然聪明伶俐，但心浮气躁、骄傲自满，于是禅师决定点化一下聪明的小沙弥。

　　禅师送给小沙弥一盆含苞待放的夜来香，让他在值更的时候，注意观察夜来香开花的过程。

　　第二天一早，小沙弥欣喜地抱着那盆花来上早课，并当着众僧的面大声地对禅师说："您送给我的这盆花太奇妙了！它晚上开放，清香四溢，可是，一到早晨，它又收敛起了美丽的花瓣"。

　　"噢，"听完小沙弥的叙说，禅师点了点头，用温和的语气问道："它晚上开花的时候没有吵到你吧？"

　　"没有，"小沙弥依然兴奋地说，"它的开放和闭合都是静悄悄的，哪会吵到我呢？"

　　"哦，原来是这样啊，"禅师以一种特别的口吻说，"老衲还以为花开的时候得吵闹炫耀一番呢"。

　　小沙弥怔了一下，脸"唰"地红了，嗫嚅着对禅师说："弟子明白了，弟子一一定痛改前非！"

　　花开无声，却不妨碍人们喜欢它的芬芳，欣赏它的美艳。

　　以前看佛陀拈花，迦叶微笑的故事总也不明了，看了禅师和小沙弥为我们演绎的另一个版本的"拈花微笑"，忽然好像明白了一点儿什么。

　　真正的美不是炫耀出来的，真正的善不是传扬出来的，真正的成功不是吹出来的。山不解释自己的高度，并不影响它耸立云端；海不解释自己的深度，并不影响它容纳百川；大自然从来不解释自己的伟大，并不影响它孕育万物。子曰："四时行焉，百物生焉，天何言哉？"天地载育万物，何其伟大，它说什么了吗？有个老师告诉我，年过了，元宵节也过了，该拜的也都去拜了，年前年后，一天也没闲过。这不，又开学了，算是回到自己的生物钟里。于是，他对着镜子好好洗一洗脸，给自己作几个揖。之所以给自己作揖，是过去的都已经过去，欢乐的、忧愁的统统忘记，那些都已经不再属于自己。新学年，自己要像个爷，要活出个爷的样。

我听了他的话，笑他中了"成者为王，败者为寇"文化的毒。他反问我哪里看出？过去的都让它过去，欢乐也好，忧愁也罢，统统忘记，这个观点我赞成，人不能背着包袱过日子，才能轻装上阵，认真对待明天。但是，朝自己作几个揖，说要活出个爷的样。这样说，要么是说自己有"成者为王，败者为寇"的心理，要么是说自己过去一直跪着，就没有堂堂正正地站直过。跪着而不能站着过日子，这也不能怨别人，是因为自己心里总有依赖思想。有这种思想的人太多，是我们的文化有问题。

夫妻二人都是教师，这个年关假，虽在忙忙碌碌走亲戚，但时刻没有忘记对孩子的教育问题。说起自己孩子的教育问题，就让人头痛。为此，他还多次与妻子发生过争执。因为他家是个儿子，妻子说，中国老话就有"儿大随父，女大随母""养不教，父之过"的说法，他应该多关注儿子的成长。说他作为一个父亲，有时间应该多陪陪孩子，多为孩子设计，设计好如何让儿子学会阅读，如何让儿子写得一手好字，一句话，就是让儿子琴棋书画样样精通，用彩笔绘出理想的天空。

他努力去做了，可是妻子还是觉得儿子离他们的要求相差甚远，一会儿埋怨说小学的老师这个不行，那个也不中，一会儿又说儿子和谁谁比差远了，要一门功课打多少分，门门皆优；一会儿说孩子对参加的培优学习不感兴趣……他假期里把全部精力都用在孩子身上了，因为他们夫妻二人都是搞教育的，好在还可以沟通，觉得有些问题要从自己身上找原因。

面对孩子的教育，既不能用鞭子抽打牛的办法，也不能用绳索套住牛鼻子赶牛上山的办法，应该因材施教。孩子的成长过程不是用来比较和炫耀的，但生活之中，许多父母偏偏用这一点来满足自己的虚荣心，在他人面前夸说自己的孩子读研了，读博了，做官了，赚钱了……就是不能平心静气地说自己的孩子学会做人了。然而，我们都生活在这个国度里，为人父母，总禁不住要在他人面前夸耀，也自知是错误的，不知不觉中把孩子的教育推向了深渊。

编 者 寄 语

大海中的鱼儿对水说："你看不到我的眼泪，因为我在水里。"水对鱼儿说："我能感觉到你的眼泪，因为你在我的心里。"多么美好的生活状态，这里营造出让我们欣赏的人与人之间互相关爱、互相尊重的高尚境界。常怀敬重他人之心，敬重大自然给予我们的一切资源，敬重国家给予我们和谐的环境，敬重父母给予我们健康的身体，敬重老师给予我们丰富的知识，敬重朋友给予我们友善的关怀，敬重陌生人给予我们善意的微笑。如果我们能够做到"己所不欲，勿施于人"，那么我们的敬重他人之心将日益稳固。

拒绝也是一种善良

心 灵 导 读

　　成熟大概是一种通行货币，用来交换年纪，但它让人变得理智、冷静、懂得拒绝，也可以承受拒绝，见怪不怪，我们越长大，离本性越远。不喜欢就拒绝，没人会感激你的善良，他们只会得寸进尺。人际交往，简单明了有时最恰当，懂得拒绝，才能洒脱不纠结。如果你擅长某件事，永远不要免费去做，因为，不懂得拒绝的付出，是一种"低价值付出"。那些老好人用尽自己的时间和精力，以为会感动全世界，却只能感动自己。善良，是黑暗中的一束光，是山间一滴甘露，是无助时的一把搀扶。拥有善良，你的运气不会太差。愿你我心存善念，哪怕置身浊世，也处处都是净土。

　　战国时期，苏秦和张仪都是鬼谷子的学生。苏秦和张仪选的专业都不是热门的儒家、法家等专业，而是一门比较冷门的专业——纵横学，因为他们明白在战乱年代，纵横学才是最适用，也是最好就业的。

　　苏秦很快就学成出师了，经过几年的努力，苏秦以一己之力促成了六国合纵，达到了职业巅峰的苏秦配六国相印，叱咤风云，而纵横学也成了当时的热门专业。就在苏秦达到职业巅峰的时候，这时候张仪也从鬼谷子那儿毕业了。刚刚毕业的张仪开始到处找工作，由于经验不足因此找了很久依然没有找到一份适合的工作，毕竟谁也不放心把国家的未来交给一个初出茅庐的年轻人。张仪很自然地就想到了已经名满天下的师兄苏秦。

张仪很快就来投靠苏秦，张仪想苏秦肯定会看在师傅鬼谷子的面上给自己安排一份相当不错的工作。可是让张仪没有想到的是苏秦却对自己很冷淡，不要说安排工作，就连面都没有见到，苏秦只是让管家把张仪和下人安排在一起住。

张仪刚开始的时候想也许苏秦是有别的用意，也许是在考验自己，于是张仪就坚持了下来。可是让张仪没有想到的是，在一次宴席上，张仪第一次见到了苏秦，可却被安排在了最后面，只能远远地看到苏秦。

就在这次宴席正进行到一半的时候，一名宾客突然大叫起来，原来他随身佩戴的一块玉突然不见了，而这位宾客就坐在张仪的旁边，于是所有的人都把目光聚集在了张仪的身上。张仪百口难辩，而下人并不知道张仪是苏秦的师弟，于是很快张仪就被捆绑了起来，被暴揍了一顿。

张仪躺在柴房中养伤的时候，苏秦派人传过话来说，像张仪这样有才华的人，却沦落到要靠朋友来举荐才能有一份工作，那么他宁肯不去举荐他，而且他也不会再收留张仪了。张仪对此很是愤怒，没有想到苏秦对自己是如此的无情，张仪发誓一定要让苏秦对此付出代价，于是张仪在苏秦一个门人的帮助下来到了秦国。

由于当时六国的合纵让秦国很是忌惮，而张仪的到来让秦惠文王很是高兴，尤其张仪的破解六国合纵的连横大计更是让秦惠文王喜出望外，张仪很快就得到了秦惠文王的重用。果然，经过文王和张仪的努力，十几年后，苏秦苦心经营的六国合纵被秦国瓦解了。

　　这时候的张仪很是得意，他终于报了多年以前的仇。可是让张仪没有想到的是，陪同他一起来的苏秦的门人告诉他，当年的一切都是苏秦有意为之。苏秦知道张仪的才能远远在他之上，所以他不希望张仪在他的庇护下而失去展示自己才能的机会，于是苏秦才在那么多人面前羞辱他，而被张仪视为奇耻大辱的偷玉事件也是苏秦安排的。苏秦并不是不帮助张仪，而是一直默默地帮助他，陪同张仪前往秦国的那个门人就是苏秦特意安排的。

　　张仪这才恍然大悟，原来苏秦的拒绝才是对自己最大的尊重，如果没有苏秦的拒绝，那么自己则永远不会有今天的成就。

　　一个县城里有座城隍庙，庙檐下挂着一个大算盘，这算盘的意思是说：神灵总有一天要与每个人算他的善恶之账。那庙里还有一块横匾，上面写着"你又来了"。两侧柱子上有一副对联，

便是"人恶人怕天不怕，人善人欺天不欺"。

对于有一个信仰的人，神灵无处不在，无时不在。俗语说，"举头三尺有神灵"，所以他们会在没有人看到的地方自觉地约束自己的言行，不做损人利己之事。

"天理昭昭，因果不爽。"是告诫人们善良的人虽然可能会被人欺负，但是善有善报，最终他会有好报的。恶人恶政，普通的民众可能会惧怕他，但是因果报应总有一天会清算他的恶，恶行定会有恶报，冥冥之中自有公道。

其实对于恶人来说，并不是所有的人都怕他，不论是真怕，还是忍让他，在人群里他可以胡作非为、为非作歹，但是，天理不会容他，他总有遭受恶报的那一天。还有一些心恶之人，表面上嘻嘻哈哈，实际上蛇蝎心肠，骗得过人，同样骗不过天理。

善良的人有时被当成是软弱的人，常常受到他人的欺负、嘲笑，但天理必佑之。这种人心胸坦荡，没有私心杂念，不会欺天瞒地，也不会耍阴谋诡计，面对被人欺负时经常一笑了之，不会挂记在心，他们身心清净，心情愉快，因此也就生活在幸福之中。

恶人却正好相反，他每时每刻都生活在罪恶的阴影之中。俗话说，"不做亏心事，不怕鬼敲门。"子曰："君子坦荡荡，小人长戚戚。"提心吊胆的人生与内心坦荡的人生是无法相提并论的。因果报应，丝毫不差，明白此理的人就能洞察天机，就能成为真正的智者，善心常在的人就是人世间的福气之人。

杨修是曹操的谋臣，但他并不了解曹操的个性，乃至经常自作聪明，自以为是，因此引起曹操的不满，甚至是厌恶和忌恨，可以说杨修是因小聪明而死的。

　　有人送给曹操一盒奶酪（或者是果子酪），曹操吃了一点，就在酥盒上写了"一合酥"三字给大家看，没有人看懂是什么意思。按照顺序传到杨修那里，杨修就让大家分食，大臣们不敢吃，杨修自己带头吃了一口，说："曹公是叫我们每人吃一口啊，有什么好犹豫的？"曹操脸上虽有喜色，但心中却大为不快。

　　杨修是丞相府主簿，当时正好在修建丞相府，快要竣工时，曹操亲自前来视察。看完之后，曹操叫人在门上题了一个"活"字就离开了。杨修看见以后，就立刻叫人把门拆了。他说："门里加一个'活'字，是一个'阔'字，魏王是嫌门太阔了。"重新建成以后，曹操又来视察，很是高兴，就问工匠何解此意，答曰："幸有杨主簿赐教。"曹操口中说好，心里却更加忌恨杨修了。杨修一生最不自量力的事，是犯了古代文人的大忌，参与夺嫡之争。曹操在曹丕与曹植之间选择接班人。杨修开始一直辅佐曹植，多半因为揣度曹操会立曹植。曹植失势后，他又想开溜，这都是小聪明的表现，这种小聪明常常使他搬起石头砸自己的脚。杨修很喜欢揣度曹操的心思，常常替曹植预先设想许多问题，并写好答案。每当曹操有事询问时，便把事先准备好的合适答案抄录送给曹植，希望他给曹操留下"才思敏捷"的印象。然而时间长了，曹操便起了疑心，派人一查，就查出了原因，从此便对曹植有了看法，对杨修则更是厌恶至极。

　　杨修不明白，他的主子曹操是一代奸雄。作为曹操这样的独裁者，猜忌心和防范心都是很重的，他希望的是自己能够完全控制住别人的思想行动，而最忌恨的，便是别人猜透他的心思。可是身边就有这样一个聪明人，偏偏喜欢猜测他的想法，且每次都能猜中，这实在太恐怖了，这让他不只是郁闷，而是忌恨。

所以说杨修的死还是因为他太过聪明而挑战了曹操"天威莫测"的底线，以曹操的性格，拔除这个钉子是早晚的事情。所以，虽然杨修并没有犯什么大错，但他必须死已经是曹操心里早有的心思了。

聪明人可以分为两种：一种是有大智慧的，一种是有小聪明的。有大智慧的人，才是真正聪明的人，这种人表面上看并不聪明，反应也不是十分敏捷，也不善于随机应变，但是他们善于思维，看问题十分深远，所以很少失败。大智若愚，说的就是这种人。这类人也善于隐藏自己的聪明，比如刘备。而那些小聪明的人，往往很机灵，思维敏捷，善于随机应变，口舌伶俐，一看就给人极聪明的感觉，但是这类人常常在小事上聪明，在大事上却缺乏深谋远虑，没有远见。他们喜欢卖弄自己的聪明，处处表现自己，也能够赚取许多小便宜，但是常常吃大亏。

生活中这类小

聪明的人不少，其实，杨修就是被"小聪明"作死的人！

孔融，字文举，乃鼎鼎大名的"建安七子"之首，孔子第二十世孙，历任北海相、青州刺史，是一个集文豪、儒宗、名士、军阀为一身的人物。可以说，孔融身世之高，成名之早，口才之好，文章之妙，在天下都是顶尖的，加上手底曾还有块很大的地盘，性格又较为自负，像这样的人，本来是不愿屈居曹操之下的。只可惜他什么都好，偏偏不会用人理政，平靖灾乱，所以地方治理不好，打仗也不行，明明坐拥北海大郡，且文有孙邵，武有太史慈，却搞不定黄巾流民，只得弃郡逃到徐州陶谦处避难，后来刘备又帮助他做上青州刺史，屁股没坐热，袁绍又派儿子袁谭也来做青州刺史，孔融打不过袁谭，打到最后只剩下几百人，他居然安坐屋内，全然不管城外杀声四起，将士正为他浴血奋战。城池很快陷落，孔融的妻子儿女全被俘虏，他自己却夹着尾巴突围逃跑了。

孔融代表了这样一批汉末士族，他们只通文教不谙军政，高谈阔论只务虚名，不懂转变观念，毫无忧患意识，故在时代剧烈变化之时，无法适应新的残酷斗争环境，遂为历史所淘汰，成政治之弃儿，难以自立。

结果还是曹操看重其名望，收留了这个弃儿，让孔融做"将作大匠"，又做"少府"，但孔融仍意不能平，自觉智慧渊博，溢才命世，是大圣之后，是仲尼不死，当时豪俊皆不能及。

所以，孔融虽然表面上吹捧曹操，马屁拍得很响（见其《六言诗三首》中二、三首，也有人说是伪作），却暗地里组织了一帮大臣常在朝堂上捣乱，偏偏他们口才都极好，往往说得天花乱坠，云里雾里，搞得曹操很头疼。

建安五年，官渡之战爆发在即，孔融又在许都城内四处散布失败主义论调"绍地广兵强；田丰、许攸，智计之士为其谋；审配、逢纪，尽忠之臣也，任其事；颜良、文丑，勇冠三军，统其兵：殆难克乎！"在孔融看来，袁绍四世三公，怎么也算是名门望族，他若能执掌政权，总会比曹操这个阉臣之后要体统一些。

建安九年的时候，曹操拿下了袁氏的冀州，成为冀州牧，就想恢复古时候的九州制，增加冀州的面积，以增加自己的权势，又遭到了孔融的反对，结果此事不了了之。孔融更上奏汉献帝主张"宜准古王畿之制，千里寰内，不以封建诸侯。"欲堵住曹操更进一步之途，触犯了曹操的根本利益。

所以，在赤壁之战前夕，建安十三年八月，孔子的第二十世孙，名动天下的大名士，"建安七子"之首，朝廷九卿之一的少府卿孔融被曹操所杀，死时五十五岁。

编 者 寄 语

我们大多人是这样的，生活不甘平凡，却又渴望平淡，常常会莫名的感动，而心软是病，不大懂得拒绝别人，喜欢一个人独处，静静发呆，臆想时光琐碎，厌恶一切欺瞒的言语，以及冗长的隐喻。别人要你做什么，你就做什么，最后会变成苦力。别人需要你时就出现，不需要你时就消失，会慢慢失去自我。做人最大的问题，就是不会拒绝。因为在这个世界上，会哭的孩子有奶吃。你拒绝的越多，得到的才越多。做人就是，忍辱负重的吃苦，挑三拣四的才享福。说不，才能得到，懂得拒绝，活得不纠结。

付出才有回报

心灵导读

在人生的道路上，付出与接受是不可避免的。在荆棘路前，看着条条荆棘，想选择逃避。但当你付出努力，忍住被荆棘划过的剧痛，胜利的女神已经向你露出了灿烂的微笑，这时，请你不要害羞，自豪地去拥抱本就属于你的成功。没有付出哪有收获，没有奉献又怎谈索取？索取是每个人都愿意的，收获也是人人都喜欢的，因为每个人都有各自的欲望。小草生长需要细雨滋润，需要阳光温暖，需要和风呵护。没有细雨、阳光、和风，它就会长得柔弱，甚至枯死。

1985年，因家境贫寒高考落榜后，我没能复读，进大学深造的梦破灭了。我只好带着遗憾，不舍地离开了校园，回乡务农。1986年，家乡村小的一名教师生病请假，校长请我给她代课，我欣然应允。当时每月工资只有35元，但只要能走上讲台，我又怎会在乎工资的多少呢？谁知这一代就是18年，至今我仍是一名代课教师。我深深懂得，作为一名教师（即使是一名代课教师），继续学习是何等重要，于是，我苦苦寻觅自学之路。我的家乡并不算偏僻，但我每天只能在学校、农田、家这三点间奔忙，信息十分闭塞。直到20世纪90年代末，我才知道什么是自考，才找到那条自学之路。

1998年，36岁的我才了解到有关自考的事宜。12月16日，我终于报了名。因酷爱文学，我选择了汉语言文学专业。第一次就报了三科：外国文学、写作、中国当代文学作品选。报名后，我制订了自学计划。白天我是没时间看书学习的，只有挤占休息时间。一开始规定每晚看三个小时的书。白天劳累一天，晚上接着看书总觉得效果不佳，以后改为凌晨起床看书。

自学方法：每科教材看两到三遍。刚看外国文学，连作家名称及作品里的人物名称都记不住，因为这些名称难读拗口。厚厚的两本书共1200多页，要识记、理解和掌握的知识点太多。半年下来，教材看了两遍，可就是记不住。第一次拨打168查分台一查，成绩很不理想，三科只有写作一科通过。

第一次考试失败后，我认真总结经验，吸取教训。因为自学时间有限，觉得每次所报科目不能贪多。第二次报名时，我只报了两科，同时适当地增加了自学时间。我除看教材外，还勤做笔记，把每章的重点内容用图表形式提纲挈领地记下来，每学完一科，总是记上厚厚的一本。可第二次拨打查分热线时，所报两科竟无一科通过，但两科成绩都在55分以上。当时，有同事劝我："还是适可而止吧，自考不是那么容易的，再说了，即使每科都通过了，拿到了专科毕业证书，又有什么用？"可是我并没有气馁。第三次报名后，我调整了自学方法，重新制订学习计划，继续增加自学时间（利用一切可以利用的时间），吃透自学大纲精神，抓住教材的重难点。经过半年的努力，考完试后，自己觉得考得不错，至少每科都能通过。可是第三次查分时，残酷的现实使我不敢相信——所报两科又无一科通过，但每科成绩均接近及格线。

自参加自考已有一年半时间，报了七科只通过一科，我开始感到失望。难道自考真的就这么难？此时，我的内心十分矛盾。

继续参加自考，缺乏成功的信心；不再参加自考，半途而废又确实舍不得。莫名的苦闷压得我喘不过气来。

一次偶然的机会，我遇上一名高中的同学，这位同学也参加了自考。他所选的专业和我一样，且已拿到专科毕业证书。我向他诉说了我的苦衷，他向我介绍了他的自学方法。他说："一开始，我也像你一样，只看教材，结果考试成绩不够理想。后来我改变了方法，买来辅导资料，多做模拟试卷，这是增强记忆的有效方法，效果不错。你不妨试试。"我听取他的意见。第四次报名后，我买来所报科目的辅导资料及模拟试卷。首先把教材看了两到三遍。考前15天，开始"实战演习"——做模拟试题，像正式考试那样，每份试卷做两个半小时，每天做两至三份试卷。做完后对照答案进行批改订正，做错的题目反复记、背。果然效果不错。我至今仍然清晰地记得第四次查分时的情景，当我拨通查分台输入准考证后，电话回音是"您报考的专业是汉语言文学，您报考的科目和成绩如下：马克思主义哲学原理83分，普通逻辑78分"。听完回音，我的眼睛湿润了。参加自考两年来，我第一次感受到成功的喜悦。

找到了合适的自学方法，自学效率大大提高了，以后报考时，我每次均报考三科。要想在短短的半年时间里学好所报科目，自学时间一定要有保障。有时，想要挤出时间来，确实需要一定的毅力。记得2001年10月份，考前半个月正是冲刺阶段，正赶上双晚收割，我必须利用双休日把两亩多田双晚全部收割完，白天割了一天稻，已是筋疲力尽，晚上躺下就一直睡到天亮才醒来。这怎么行呢？于是，我让家里的小闹钟每天三点钟叫醒我。一次，闹钟把我叫醒，因全身酸痛，懒得起床，十分钟过后，我才爬了起来。起床后，我洗了冷水脸，开始做模拟试卷，一份试卷未做完，就又伏在试卷上睡着了……在日记中我狠狠地谴责自己："怎么能这样没有毅力？"于是我又改变了方法，晚上不定时间，什么时候睡醒就立即起床看书学习，实在支持不住，就休息一会儿，但要确保每天有三个半小时的自学时间。

还有一次，晚上特别冷。一觉醒来，刚好12点，我穿好衣服到书桌前看书，不一会儿，冻得直发抖，实在支持不住，就坐在床上看书，手冷就休息一会儿，双手搓揉一会儿，暖和后又继续看书做题。那天是做资料上的习题，当对照答案批改后，发现正确率达90%，这样越做越有趣，竟忘记严寒，一点也不觉得冷了。那晚连续学习到天亮，六个多小时的学习，一点也不觉得困。

有时候，自己也觉得参加自考确实很苦，但苦中有乐，其中之乐趣只有亲身经历过的人才能体会。因为通过参加自考，自己的知识不断丰富，能力不断增强。每当拿到单科合格证书时，喜悦的心情是无法形容的。经过五年的奋斗，2003年11月，我拿到了最后一科的合格证书，12月份办理了毕业手续。2004年2月份，我终于拿到了专科毕业证书，圆了我的大学梦。

五年的自考，使我受益匪浅。它使我养成了良好的学习习惯，磨炼出了坚强的意志；它使我懂得了什么是"有志者事竟成"。专科毕业证书拿到了，但这不是终点，而是新的起点。

管仲是春秋时齐国人，长得相貌堂堂，他博古通今，有经邦济世的才能。年轻时，他与鲍叔牙一起做生意，赚了钱分账时，管仲总是多拿一些。大家都很生气，鲍叔牙说，管仲不是一个贪小便宜的人，他多拿是因为家里穷，我是心甘情愿让他多拿的。

后来，管仲参了军，每次打仗他都缩在最后面，撤退时又跑在最前面，别人都骂他是个胆小鬼，鲍叔牙出面制止别人，说管仲之所以这样做，是因为他家里有老母亲需要他赡养。

管仲听了这些话，十分感动，说："生我的是我的父母，而真正了解我的却是鲍叔牙。"从此以后，他们俩结成了生死之交。

齐襄公有两个儿子，大儿子叫纠，母亲是鲁国人；小儿子叫小白，母亲是莒国人。管仲对鲍叔牙说："齐襄公死后，继承王位的不是纠就是小白，我们俩现在分别去给大儿子纠和小儿子小白做老师，到时不管他俩谁做国君，咱们俩都相互推荐。"

鲍叔牙觉得这主意不错，于是，管仲做了公子纠的老师，鲍叔牙做了公子小白的老师。

齐襄公是个昏君，被大臣杀了。当时公子纠在鲁国，公子小白在莒国，大臣们决定谁先回国，就让谁当国君。

鲁国派人送公子纠回国，莒国派人送公子小白回国，管仲怕小白先回国，就追上公子小白，向他射了一箭。公子小白假装中箭，骗过管仲，然后与鲍叔牙快马加鞭，先回到齐国，当了国君，即齐桓公。

鲁庄公听说公子小白当了国君，十分生气，就派兵攻打齐国，结果大败而还。在齐国压力之下，鲁国杀了纠，把管仲送回齐国。

齐桓公要鲍叔牙当丞相，鲍叔牙说："管仲这个人有经天纬地的才能，他比我强十倍，希望大王不要记恨他射您一箭，让他当丞相。"

齐桓公想了想说："好，我先见见他，看看他有什么能耐。"

齐桓公选了个日子，亲自把管仲接到宫里，管仲就向齐桓公谈起了自己的治国伟略。管仲讲得头头是道，齐桓公听得津津有味，两人连续谈了三天三夜，齐桓公十分高兴，就把所有国家大小事情都交给管仲去处理，称他为仲父。

管仲死后，齐桓公让鲍叔牙当丞相，鲍叔牙说："我这人善恶分得太清，恐怕难以胜任。"齐桓公为了让鲍叔牙当丞相，就把自己宠信的三个小人赶出了宫门，鲍叔牙才当了丞相。

鲍叔牙对管仲的知遇和推崇，最终让管鲍之交成为代代流传的佳话。

宽容是一种强大的力量。它能化害为利，化敌为友。宽容往往能使对方从中吸取教训，重新审视自己的行为。毕竟人心不是靠力量可以征服的，宽容大度可以感化一切心灵的坚冰。

编 者 寄 语

　　愉快中有眼泪，狂喜也有尽止，只有希望像一剂猛烈但却无害的兴奋剂，它能使我们的心马上鼓舞而沉着起来，又不需要我们为快乐而付出智慧做代价。这世界只要留心去看，应该还有许多当做的事。为了找不到工作而怨叹的人，我认为是没有真正付出努力去寻找的缘故。在追求音乐的道路上有艰辛，有快乐，许多人在幕后默默地付出，坚持才有机会实现心中的梦想。

　　不要抄近道，否则会白跑；不要绕远道，否则会迟到；不要走邪道，否则会坐牢；不要走黑道，否则会挨刀；不要只想要，付出不能少；不要急着要，一定要戒躁；不要求回报，该到自然到；不要急得到，心静便无恼；不要怕人笑，看谁笑到老；不要装知道，不懂就请教。

要学会说"不"

心灵导读

　　说"不"是人生的一种挑战，人生之旅往往在"是"与"不"之间徘徊，这两个字划出了幸运与不幸的岔道口。

　　许多场合，说"是"或者说"不"，成了人生的重大选择。大多数时候，我们都会碍于面子，不好意思拒绝，但是不及时说"不"的结果就是让自己陷入困境。尽管这些选择有自觉的和不自觉的，情愿的和违心的，都不容置辩，除了一个"是"或"不"，几乎别无选择！沉默吗？沉默等于默认；摇头吗？摇头表示否认。

　　人生中，就是要把勇于说"不"展示开来。让我们自己去品味人生，自己去裁判是非，规范自我！

中国人长期受到儒家文化的熏陶，习惯于中庸之道，在拒绝别人时很容易出现一些心理障碍，是传统观念的影响，同时，也与当今社会某些从众心理有关。不敢和不善于拒绝别人的人，实际往往得戴着"假面具"生活，活得很累，而又丢失了自我，事后常常后悔不迭；但又因为难于摆脱这种"无力拒绝症"，而自责、自卑。

张凯毕业后在一家外企工作，高薪白领，他又是一个热心人，对朋友的要求往往是一口就答应，从来没有拒绝过。朋友们都夸赞他豪爽，这让张凯自豪感倍增，对朋友的要求更是绝口说不出一个"不"字。

　　工作半年后，张凯拿自己积攒的钱，父母又给添了一部分，他买了一辆车，因为着急在朋友们面前显摆，他交了钱当场就把车开回来了，上牌和保险等手续，都委托4S店事后代办。

　　车子一开回来，听到消息的朋友们都聚拢来，不住口地夸他的车好，有档次，有面子，张凯听得心里十分高兴。

　　好友刘兴提出借车用一用，理由是他老家有个发小要结婚，他开个新车去，也能撑撑门面。张凯二话没说就把钥匙给了刘兴，刘兴也是接过钥匙一脚油门就走了。

　　其实刘兴也是刚拿到驾照，上路时间不超过一周，驾驶技术还不是很熟练，但是他看见好车手就痒痒，今天刚好借此机会去

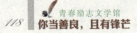

露露脸。

张凯和其他朋友们则是找家餐厅，准备庆祝一下提车的喜悦。菜刚点完，刘兴的电话就来了，电话那头他吭哧吭哧地说不利索，就说车撞了。张凯等人一听急坏了，好不容易问清事故地点，立刻打车赶到。

原来，刘兴开车出来，开始还挺高兴，一路上用手机给发小打电话，说一定要等他回去，结果，一分神，车速不由自主地提高了，前面路口的红灯也没有看见，路口前有两辆车在等红灯。刘兴的车直接就撞上了第二辆车尾，巨大的惯性使第二辆车又冲撞到第一辆车。刘兴下车一看，立刻吓坏了，被撞的第二辆车，后备厢完全变形，前发动机盖子也翻起来了，后挡风玻璃粉碎；第一辆车后备厢也翻起变形；而刘兴开的这辆车，不光是前盖翻起，保险杠变形，连发动机水箱等都受损，在滴答滴答地渗漏。万幸的是车上的人都没受伤。

张凯等人赶到的时候，交警也到了现场，事故判定很明确，刘兴车负全责。交警要双方各自按照保险理赔，张凯这才想起来，他的车今天刚买的，什么手续都没有办齐，保险也没有生效。这下子，张凯心里叫苦不迭。自己的车受损修理要花一大笔钱，光是给前面两辆车修理，就完全要自己全款，可是他又哪里拿得出这笔巨款啊！光是买车就花光了他的积蓄。让刘兴出这笔钱？他张不开这个口，而且刘兴的收入也不高，这可把他难住了。

后来还是张凯的父母知道了这件事，替他出了这笔不菲的修理费用。

张凯的父亲在车子修好后，亲自去把车开回来，把钥匙交到张凯手里，父亲静静地看着张凯，过了一会，说："其实，你那天可以对刘兴说'不'，这不是对朋友的不义，而是为你的朋友好。你知道他才拿的驾照，技术不熟练，你还把车借给他，这是对他的不负责。你那天要是说了'不'，就不会发生这后面的事故了，所幸没有人受伤，否则还不知道怎么样呢！"

张凯满脸羞愧地接过了钥匙。

喜剧大师卓别林曾说：学会说"不"吧！那你的生活将会美好得多。

现实生活中的我们都是个体的存在，而面对社会外界的要求，很多时候是碍于情面才不得不答应对方的要求，轻易承诺了却无法履行到职责，将会给自己带来很大程度上的困扰和沟通上的困难。

对于拒绝，长久以来我们都有一个错误的观念，认为拒绝是一个贬义词。拒绝代表着一种排斥、一种隔阂、一种敌视，是一种迫不得已的防卫，实际上它是一种更主动的选择。

我们在人际交往过程中为了营造所谓的和谐关系，往往对别人的要求百依百顺，不懂得拒绝，因此使自己活得很累，其实这完全没有必要。在智者眼中，恰当地使用拒绝是一种智慧的表现，而这种智慧需要语言的配合。

拒绝是一门艺术，不仅需要技巧，更需要真诚。

我们一定要有勇气说"不"！也许这是个漫长的过程，但通过努力，让所有的"不"说到最正确的地方，用来表示对自己尊严的保护。

做一个会说"不"的人，成长，必须从学会说"不"开始，过好自己的人生才是吸引对的人的不二法则。

编 者 寄 语

生活总有一些事情让我们无可奈何，却又无能为力。但无论何时何地，都别忘了守住自己心里的阳光。

能说"不"，是一件很不容易的事，说"不"是坚持原则。无论什么都是，那就什么都不是。不会说"不"其实就是丧失自我，因为你已经没有独立思考或放弃了原则。在当时可能让人高兴，可后面对自己不利，对他人不利，对社会不负责任。

当然不是什么都说"不"，因为我们不是孤立地存在，他人的思想和观点也不可能都是错误，应该听取和接受他人一切正确的思想和观点，包括支持他人所有正确的行动。之所以说这样的话题，是因为大家喜欢听好听的，说"不"比说"同意"更需要勇气。

结束语

　　善良始终是中华民族的传统美德之一，延续千年仍不失其光彩。它是人性中最闪亮的本真。从牙牙学语到垂垂老矣，可以说善良陪伴着我们的一生。我们可以接受他人的善良，也可以表达自己的善良。正因为植根于善良，我们的社会才如此的和谐，我们的人生才如此的美好。

　　但是，孩子们在享受善良的同时，在付出善良的时刻，请不要忘记一定要先保护好自己，给自己的善良穿上铠甲，让自己的善良留有底线。当自己和他人都是安全的，都能够拥有能力付出善良的时候，就让我们善待自己，善待他人，善待生活，善待人生吧！

山有峰顶，海有彼岸，
漫漫长途，终有回转，余味苦涩，终有回甘

无须苛求人生路，只要你迈步

九月百合／本册编写
张芳／主编

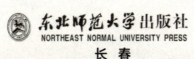

东北师范大学出版社
NORTHEAST NORMAL UNIVERSITY PRESS
长春

青春寄语

　　平凡的日子里，我们每一个人都在用自己的自信与青春创造着不平凡。总有一天，我们会破茧成蝶，用自信成就属于我们的绚烂青春。自信是青春最好的礼物。

　　自信是人不可缺少的一种正能量。因为自信，我们变得勇敢；因为自信，我们不畏困难；因为自信，我们走向成功。

　　自信的力量是不可低估的，但是，自信不是人人都拥有的，自卑的人是不会拥有它的。如果我们过度自信，那自信就不是自信了，而是自大。所以，自信也要适度，不应过度。

　　自卑的人是不会成功的，因为他们害怕困难，害怕未知的危险，认为自己什么都不行。其实他们错了，事情根本就没有他们想象的那样难，他们也不像自己想的那样没用。他们应向前看，多给自己一点鼓励，对自己说一声："我能行！"

　　不要畏惧前面未知的困难，只有勇往直前、永不畏惧，自信才会来到你的身边。

　　有这样一个故事：

　　有一次，一个士兵骑马给拿破仑送信。由于情况紧急，战马长途奔跑，且速度过快，到达拿破仑军营后就倒地而死了。拿破仑接到信后，立即写了一封回信，交给那个士兵，要求他骑上自己的战马，火速把信送回原地。那个士兵看到那匹强壮的战马，身上的装饰华贵，便对拿破仑说："不，将军，我只是一个平庸的士兵，实在不配骑这匹强壮的战马。"拿破仑回答道："世上没有任何一样东西，是法兰西士兵所不配享有的。"

　　这就是拿破仑，他是法兰西第一共和国第一执政，他是法国历史上最出色的政治家和军事家。他身上所表现出来的自信，一直受到后人的敬佩。

　　是的，自信引领我们走上成功之路，带给我们成就。

　　在任何时候，我们都要学会自信，微笑坦然地面对一切，自强不息、不轻易放弃，对自己说："我能行！"

　　自信的力量是无穷无尽的，让我们微笑自信地走向属于自己的成功之路吧！

名人名言

每个人都争取一个完满人生。然而，自古至今，海内海外，一个百分百完满的人生是没有的。所以我说，不完满才是人生。

——季羡林

人生乃是一面镜子。在镜子里认识自己，我要称之为头等大事，哪怕随后就离开人世。

——尼采

人的潜能其实远超过自己的想象，你不挖掘就永远不会知道！

——董卿

得进一寸进一寸，得进一尺进一尺，不断积累，飞跃必来，突破随之。

——华罗庚

成长就是你主观世界遇到客观世界之间的那条沟，你掉进去了，叫挫折，爬出来了，叫成长。

——罗振宇

人生充满着各种梦想，如果你不努力追求自己的梦想，你就会被别人纳入追求他的梦想。

——朱德勇

我宁可做人类中有梦想和有完成梦想的愿望的、最渺小的人，而不愿做一个最伟大的、无梦想、无愿望的人。

——纪伯伦

Contents 目录

第一章

人生不过如此，
且行且珍惜

　　人生的道路总不会一帆风顺，生活的旅途不可能一蹴而就，总有风雨，总有霜雪，挫折失败总会不期而遇，艰难险阻总会不约而至，关键是看你怎么面对、如何处理。如果你有一颗平常心，淡泊于名利，不屈于现实，失败也就并不可怕，挫折也就并不可惧，人生也就变得温馨，生活也就变得安顺。

生活如路

　　李大钊曾说过："人生的目的，在于发展自己的生命，可是也有为发展生命必须牺牲生命的时候。因为平凡的发展，有时远不如壮烈的牺牲足以延长生命的音响和光华。绝美的风景，多在奇险的山川。绝壮的音乐，多是悲凉的韵调。高尚的生活，常在壮烈的牺牲中。"

　　总有人说，人生如路，或宽广，或幽闭；或平坦，或崎岖；或荒芜，或满路风景。人生需要我们耐心走。既然人生是一条通往未知旅途的路，那么帮助我们走过这漫漫人生路的，是什么？

生活如路
有曲曲折折，
也有平平坦坦，
难行时，要坚持；
好走时，别骄傲。
生活路上有坎坷，也有风景。

路在自己脚下，
看你怎么选择去走，
道路千万条，条条通往前方。

我们都是赶路人，
选择平坦的路，就要接受平庸，
选择荆棘的路，就要面对挑战，
选择曲折的路，就要学会勇敢。

无论选了哪一条，
都要坚持下去。
人生没有白走的路，
每走一步都算数。
你走，为的是自己，
你停，看的是风景。

生活如路，

路在脚下，

坎坷与否都要自己走，

没有人替你前行。

别人只能陪你一程，

却不能陪你一生，

艰难和滋味，自己体会，

酸楚和辛苦，自己最懂。

生活如路，

人为路人，

守好自己的心，

走好脚下的路，

做好该做的事，

心放宽，道路才会宽，

心态好，一切才会好！

编 者 寄 语

　　人生如路，必须从最荒凉的旅途中寻找最繁华的美景。我们几十载的人生旅途，看过这边风景，必然错过那边彩虹，有所得必然有所失。

　　有时，我们只有彻底做到拿得起放得下，才能拥有一份成熟，才会活得更加充实、坦然、轻松和自由。

　　每一次繁花似锦都经历了暗涛汹涌，每一次鲜艳夺目都经历了风雨无阻，每一次风光无限都经历了黯然神伤。看得到的美好，看不到的伤痕，只有经历过的人，才更懂得背后的力量。人生，就应越挫越勇！

人生就是一场修行

西塞罗曾说过：人生的跑道是固定的。大自然只给人一
条路线，而这条路线也只能够跑一次。人生的各个阶段都各
自分配了适当特质：童年的软弱，青春期的鲁莽，中年的严
肃，老人的阅历，都各结出自然的果实，须在它当令的时候
予以储存。每个阶段都有值得人们享受爱好的事物。

人生就是一场修行，身体的疼痛是肉体的修行，而心理
的疼痛是灵魂的修行。我们一路走走停停，永远不会知道，
下个路口会遇见谁，会经历什么。

又是一年秋风凉，又是一地落叶黄。俗话说得好：一场秋雨
一场寒。每到这个时候，福建的天气说变就变，今天还穿着短袖
在散步，第二天早上可能就要翻箱倒柜找秋裤穿了。这就是福建
的天气，变化无常。

今天早上起来遛狗，走在人行绿化道上看到身穿橘红色马
甲，将自身包裹得结结实实，脸上还戴着一个硕大的口罩，只显
露出两只眼睛的环卫工人。当我们还在睡梦中时，他们早已在街
头巷尾工作了几个小时。他们每天清晨4点就开始一天的工作，
为的便是让人们在新的一天可以看到一个清洁的城市。不管是炎
热的夏天还是寒冷的冬天，他们从不缺席。人生就是一场修行，
没有谁活得容易。

豆瓣上有一个帖子——说说你觉得人生非常难熬的时期或

瞬间。很多人在下面留言：

大学毕业去一家公司做销售，当时公司没业务给我跑，我就负责追讨5年以上的债务。一次去丹阳，一客户在酒桌上直接一句话："要钱可以，一杯1万。"我一口气干掉了20多杯，喝完以后什么都不记得了，醒来时已躺在浴室包间，头痛得好像要炸开一样，当时觉得生活真的是太难了。我打开窗子，差点跳了下去。

放学回家，看到妈妈在牛圈里，用擀面杖打牛。因为牛挣脱了缰绳，跑到粮仓里糟蹋了很多粮食。我妈边哭边骂："你咋浪费粮食啊，你咋这么不听话啊？"牛眼睛里充满了泪水，但它没有躲，默默站在那里挨打。我当时觉得好伤心："牛是庄稼户的命根子啊，你打它，它也不懂。"后来我爸说："牛是饿极了才挣脱的，最近它干活多，但总是吃不饱。"我永远记得这个瞬间，觉得牛好辛苦，爸妈好辛苦，生活好辛苦。

这样的留言有很多很多。

有人说，成长大概就是将哭声调成静音的过程。我们看到的每个人，都没有我们想象中那么坚强。很多时候，上一秒还在痛哭流涕的人，下一秒转身就可以跟你谈笑风生。我们看到的，往往都是别人调整好状态，希望我们看到的那一面。我们没有看到他们拼命追赶公交的样子，我们没有看到他们躲在厕所痛哭的样子，我们没有看到他们夜里辗转反侧的样子。不是他们有多坚强，而是他们明白，每个人都有自己的苦、自己的难，就不要再给别人添麻烦了。

也许是你身边的人，也许就是你自己，这些人看上去活得好端端的，活得像个没事人一样，但实际上这些人背负着常人难以

想象的痛苦和压力。有些人长期被抑郁症和躁郁症所折磨，痛不
欲生，不得安宁；有些人有滚雪球一样的债务；有些人有甩不脱
的责任；有些人有战争或者灾难的记忆，每天晚上在脑海里一遍
一遍地重播着。可是，无论经历了怎样的痛不欲生，每个人都在
努力扛着，而且都扛得很好。

　　我特别喜欢一位哲人的一句话：

　　"当你抱怨生活太难时，请记住，有些人比你活得还不易。
你拥有过的痛苦，全世界很多人都拥有过。你没有拥有过的更加
深刻的痛苦，这个世界上也早就有人拥有过。"

　　人啊，没有谁活得比谁更容易。

　　人生就是一场修行，修行就是修心，活在昨天的人失去过

去，活在明天的人失去未来，活在今天的人拥有过去和未来。笑对人生，能穿透迷雾；笑对人生，能坚持到底；笑对人生，能化解危机；笑对人生，能照亮黑暗。

编者寄语

人生如茶，静心以对。认得清，放下是聪明；看不透，一场梦无痕。雨花犹落，无风絮自飞。一个人，一辈子，一条路，一片天，随着年龄的增长，人的观点、心态，也就随之改变。不一样的环境，成就不一样的人生；不一样的风景，影响不一样的心情；不一样的态度，就会有不一样的结局。

修行是走一条路，一条通往我们内心最深处的路。而在这条路的尽头，我们可以找到一种智慧，这种智慧能够让我们了解生命的真谛。戏如人生，人生如戏。我们每个人既是自己人生的导演，也是一生的主角，而如何以自己为主角，导演一部精彩的人生之剧，关键在于各自的修行。

一幅漫画

人越长大就越会发现生活很狗血，很多事情都不在自己的掌控之中。因此，很多人就容易陷入怪圈，只看到别人表面的光鲜亮丽，却看不到背面难以言表的痛处。不管你正在经受怎样的挫败，都不要急着去否定自我，也别急着去羡慕别人。

一路成长，我们会遭遇迷茫、困顿和绝望，我们也会落魄，甚至想要放弃一蹶不振。但生活就是如此，它就是要让我们在独自流泪中学会成长。这些打不死我们的，终会让我们更加强大，我坚信一切都会好起来的，你相信吗？

朱德庸有一幅著名的漫画作品——《我从十一楼跳下去》，讲的是一个女子从11楼跳下自杀，在身体下坠的过程中，她看到了10楼以恩爱著称的夫妇正在斗殴，9楼平常坚强的Peter正在偷偷哭泣，8楼的阿妹发现未婚夫跟最好的朋友发生关系，7楼的丹丹在吃她的抗抑郁症药，6楼失业的阿信每天买7份报纸找工作，5楼受人敬重的王老师正在偷穿老婆的内衣，4楼的Rose正在和男友闹分手，3楼的阿伯每天都盼望有人拜访他，2楼的莉莉还在看失踪半年的老公照片。

这时，跳楼的女子才意识到："在我跳下之前，我以为自己是世界上最倒霉的人，现在我才知道，每个人都有不为人知的困境。我看完他们的处境之后，突然觉得自己其实过得还不错。所有刚才被我看到的人，现在都在看着我。我想他们看到我跳楼之后，也会觉得自己过得还不错。"

漫画的最后，所有这栋楼的住户们，都纷纷下楼围观这个刚刚坠落的女子。刚刚经历过风波和悲伤的他们看到这名女子后，顿时也觉得，自己其实过得也还不错……

朱德庸就是想用这幅漫画告诉我们：请别急着去否定自己的生活，也别急着去羡慕别人的风光，你所逃避不及的眼下，或许正是别人心之向往的远方。

电影《这个杀手不太冷》里有段对白：

玛蒂尔达问里昂：生活是否永远艰辛？还是仅仅童年才如此？

里昂回答：总是如此。

生活如山，勤奋为径，循径登山，才知山之高耸；生活如海，艰辛为舟，泛舟游海，才知海之广阔；生活如歌，友爱是曲，和曲高唱，才知歌之动听；生活如云，变幻是风，随风飘

云，才知云之缥缈。

很多时候，我们总觉得上苍对自己不公平，总觉得生活充斥着各种不如意，殊不知这个世上，每个人都有自己的不易，别人也没有你想象中过得那么好。苦难，本就是人生的常态，人生有太多事与愿违，也有太多的辛酸不忍言说，也许只有一个人出门在外，才能体会那种眼泪止都止不住的委屈。

周末去市场买菜，我看到几个年迈的老人在路边摆着一点青菜卖着，城管过来了他们就赶紧收起来跑，他们为何这么努力，只不过想为家里减轻一点负担而已，生活是什么？生下来，活下去，这就是生活。

谁又没有经历过挣扎与困惑呢？总会有人比我们更强，也总会有人比我们更弱；总会有人比我们更幸运，也总会有人比我们更不幸，人生，就是如此。人生就是一场修行，那些貌似历经沧桑的人，未必就遭遇过惊心动魄的往事；而那些看起来安静平和者，可能经历过残酷的生死考验。

米兰·昆德拉曾说："我们常常痛感生活的艰辛与沉重，无数次目睹了生命在各种重压下的扭曲与变形，平凡一时间成了人们最真切的渴望。但是，我们却在不经意间遗漏了另外一种恐惧——没有期待、无需付出的平静，其实是在消耗生命的活力与精神。"

人生之路崎岖坎坷，每个人都活得不容易，过得不轻松，生活艰难，对谁都是一种沉重，一番艰辛。生活永远艰辛，但艰辛的回忆也多了一份珍贵。这如同采蜜，经过蜜蜂辛勤劳作的蜜才最甘甜。

就在这个季节与季节交替的时刻，一回首，生命的历程已经走了很远很远，那一串串深深浅浅的足迹，展示着一路艰辛。生活的艰辛总是为了人生中的美好，美好的人生也总是植根于艰辛。漫漫人生路，走过泥泞，穿越风雨，终会与绚丽的彩虹相遇。

其实我想说的是：我们每个人都是自己的英雄。这一年，很多人跟我一样，经历了很多困难和伤痛，但不管如何，我们终于又挺过来了。所以，请举起你的大拇指，重重地为自己点一个赞吧。因为我们都是自己的英雄，我们值得为自己骄傲。尽管艰辛，但我们依然仰望星空，我们依然要努力爱自己、爱生活、追求美好。

所以，努力地成为自己想成为的人吧，奔赴自己想要的生活，不畏艰辛，不畏劳累。

编 者 寄 语

其实人都是一样的，都有感到命运不公的时候，所以要学会满足和珍惜。心是个容器，烦恼装太多了，快乐就没有空间了。放一放，没什么大不了，好好珍惜现在的时光，不要过多抱怨。

人生需要承受，只有不断地承受，我们才会不断走向成熟，收获生命的欣喜。

雕琢生活是一种能力

《诗经》："如切如磋，如琢如磨。"琢磨原指对玉器的反复雕琢打磨，现代意义上，多指一种反复推敲、沉浸式的思考与行动方式。古代文人雅士，喜在无事时细品一壶茶，研究一幅字，推敲一句诗，陶陶然乐在其中。但在生活变得快餐化的今天，爱琢磨的人似乎越来越少了。

朋友说，每天上班已经够累了，闲余时，只想把自己放空，或是追追剧或是玩玩手机，做些不费脑子的事。琢磨生活中那些小事，耗神耗力，何必为难自己呢？

人总有这种时候——脑中一片空白，失去方向，每天行尸走肉一般，上班、下班、吃饭、睡觉，周而复始。遇到这种情况时，请放下手头的工作，想想自己要过怎样的生活，然后用心雕琢你想要的生活。

成年人的世界，连发胖都不那么容易

住在西城，谋生于东城，每个工作日跨过整个济南城上班，80公里的路程……这是大收的日常。"上班虽远，幸好有车。走二环南快速路，也不算堵。日复一日，竟然也就这么坚持下来了。"大收说完，又补了一句："但要是家附近有合适的活儿，谁也不想跑那么远去工作。"

36岁的大收，是两个儿子的父亲，小儿子一岁半，大儿子已经12岁。媳妇从事销售行业，加班是家常便饭。大收上班虽然远，所幸有双休，周末的时光，常常是爷仨儿一起度过。哥哥已是懵懂少年，弟弟还在不知事满地爬的阶段，拿起健胃消食片当糖吃。"你所看到的现在，就是我周末的日常。"大收夺下小儿子手里的健胃消食片，把他"发配"给大儿子看管。

"没有老二之前，还有点休闲时光，朋友聚聚会，吹个牛打个牌，要是现在你问我最大的爱好是什么，我能想起来的好像只有'看娃'了。"

我问大收，你压力大吗？大收乐了："压力大？为什么大？有人觉得我有两个娃要养，应该被生活压得喘不过气，我觉得还好吧！"父母平时能帮忙带娃，媳妇和大收都有稳定的收入，儿子们活泼可爱身体健康，在大收看来，已经心满意足。"都说成年人的生活，除了发胖别的都不容易，但在我这里，连发胖都不容易，咱这体重，七八年没变过了！"说起这个，大收神采飞扬起来，"吃得也不错，饭量也不小，就是不长肉，只能说明工作没白干，体力没白费，娃也没白看呀！"

张爱玲在《半生缘》里写道，人到中年的男人，时常会觉得孤独，因为他一睁开眼睛，周围都是要依靠他的人，却没有他可以依靠的人。

没有谁活得容易，崩溃无声却是一种能力。

我要眼前的苟且，也要远方的田野

要不是亲口告诉我他31岁了，我会认为眼前的小文是个二十四五岁的小青年。"我女儿都三岁半了，哎呀老了老了。"小文是个自由职业者，平时喜欢摆弄翡翠玉器，朋友圈里晒的最多的就是把件，车钥匙上满满都是挂件。"你看我这块和田玉，雕的什么图案你认识吗？这是龙山文化里的貔貅，聚财的。"

　　除了老婆、女儿和玉器，小文的挚爱就是自驾游了。"要不是刚买的车还没来得及去挂牌，你今天绝对见不到我，我已经在去云南的路上了。我曾经早上八点出发，晚上十点自驾到银川，怎么样，是不是还可以？"爱上自驾游的这些年，小文去过银川、青海、内蒙古、黑吉辽。"上一辆车买了4年，跑了20万公里，每一公里，都好像我用脚步丈量的。这几年因为孩子小，顾及家里，每次自驾游我也不会去太久，现在孩子渐渐大了也可以开始熟悉车轮上的生活了，不是说读万卷书，不如行万里路吗？"

　　"生二胎？不存在的。"小文说，"眼前的苟且和远方的田野，我都想要。再来个老二，可就彻底困住我了。"

　　为了方便自驾，小文刚刚又买了一辆SUV，而未能成行的云南行，变为了带媳妇和孩子的威海自驾游。聊着天，小文打开了

新车上的音乐。一首《浪里个啷》从低沉的音响中传出："浪里个啷哩个啷里个浪呀，胜利就在前方……"车窗摇起来，音乐放起来，身体摆起来，小文活脱脱就是个二十四五岁的小青年。

韩寒在《后会无期》中说，你连世界都没观过，哪来的世界观？

没有谁活得容易，乐活随性只是一种活力。

三毛在《雨季不再来》中说，我唯一锲而不舍，愿意以自己的生命去努力的，只不过是保守我个人的心怀意念，在我有生之日，做一个真诚的人，不放弃对生活的热爱和执着，在有限的时空里，过无限广大的日子。

所以说，没有谁活得容易，雕琢生活却是一种能力。

编　者　寄　语

　　真正热爱生活的人，是从不嫌生活麻烦的。雕琢生活，不仅不麻烦，还能带来创造的快乐。生活中，当我们愿意花心思去琢磨一道菜该怎么做，一株花该怎么养，一小片空间该怎样装饰，并动手去尝试时，内心常常是怀着一股热切之情的。而当这些"作品"在手中渐渐呈现出期待的样子时，我们能感受到一种确定的、踏实的快乐和满足。

　　有句话说，生活不只眼前的苟且，还有诗和远方。我觉得，只要用心，即便没有远方，我们一样可以把生活过成诗，把日子过成画，把自己活成一首歌。

熬过去，天就亮了

心灵导读

　　人生百味，离合悲欢，苦笑泪水，都是经历，不要抱怨生活苦累，现实中又有谁活得顺风顺水？某一天，当你回头再看那些经历过的人和事，会发现：当时天大的事，现在看来似乎也不过如此。要相信，所有的难过，难是难，总会过。能坚持别人不能坚持的，才能拥有别人不能拥有的，你只管努力，剩下的就交给时间。

　　世界上没有白费的努力。

　　诚然，未必所有的付出都能及时收获，但星光不问赶路人，时光不负有心人。踏实往前走，抵达终点只是时间问题。

　　现在的你，是否因生活的种种不如意而感到焦虑，是否被各种压力压得喘不过气来？当你付出的努力和真心遭到忽略和质疑时，一个人走在寒冷的夜里，想要找个依靠却发现身后空无一人……无数个崩溃到想嚎啕大哭的时刻，心里也许充满自责、抱怨、悔恨、不甘和痛苦，可是我们要明白，有些苦难，我们必须承受。

　　凡成功之人，往往都要经历无助的岁月。犹如黎明前的黑暗，熬过去，天就亮了。2018年11月，青年导演胡迁（笔名）的《大象席地而坐》获得第55届台湾电影金马奖最佳改编剧本和最佳剧情长片两项大奖。遗憾的是，胡迁未能亲眼见证这一幕。一年前，29 岁的他在家中自缢身亡。

新闻曝出时，很多人都在惋惜这样一个才华横溢的青年，竟在最好的年华离开了这个世界。获奖后也有网友猜测，如果他再多坚持那么一下，或者这一天早一点到来，他的人生会不会少一些遗憾？我们不知道他经历了什么，也不敢妄加揣测别人的内心。但我想告诉大家：无论在生活中遭遇了怎样的暴击，愿你能心存希望。生活一定会在某一个时刻，回报你该得到的温柔。

曾经我也想过一了百了

中岛美嘉唱过一首歌，名叫《曾经我也想过一了百了》，据说这首歌曾让日本的自杀率降到了最低点，治愈了无数人。歌词的大意是这样的：

曾经我也想过一了百了

因为还未与你相遇

因为有像你这样的人出生

我对世界稍微有了好感

因为有像你这样的人活在这个世上

我对世界稍微有了期待

2010年，音乐事业如日中天的中岛美嘉被检查出了咽鼓管开放症，最直接的结果就是，唱歌的时候听不见自己的声音。于她而言，这就像鱼儿失去了两鳃，鸟儿失去了翅膀。遭受这样的打击后，她选择拼命练习、调整和治疗，把身体和精神上的苦统统扛了下来。

2015年演出现场，在听力有障碍的情况下，她靠着自己跺脚打节拍、抚摸音响找节奏，把这首歌演绎到了极致。

《超级演说家》冠军刘媛媛，出身寒门，曾经是差生。考研期间，为了省钱，她和朋友住在筒子楼里面。住处的家具已经看不出原来的颜色，屋顶散布着蜘蛛网。在这样的环境中，她憋足了劲儿，刻苦学习，考上了北京大学法律系的研究生。生活虐她千百遍，她却坚信一个字"熬"。

德卡先生说："你如果爱着生活，生活一定比谁都清楚。"每当苦难来临时，我们总以为自己很脆弱，甚至不相信自己能够挺过去。可是熬着熬着，当有一天回头看的时候，却发现自己已经咬着牙走了很长一段路。

没有谁的生活是容易的，谁不是一边哭泣一边坚持呢？所以，无论现在的你正在经历怎样的苦难，请不要轻言放弃。每个人都有自己要走的路，谁都不比谁容易。欲戴王冠，必承其重，人前光鲜亮丽，背后谁不是咬紧牙关拼搏和努力。余生还长，生活不易，好在我们都在努力前行。

人生实苦，但请你足够相信：每一个人都能咬咬牙，跺跺脚走下去，生活都会好起来的。人生的奔跑，不在于瞬间的爆发，而在于途中的坚持，就算有千百个理由放弃，也要找一个

理由坚持下去。

成功的秘密只有两个字：坚持！别人不理解的时候坚持；很多人反对的时候坚持；身处逆境的时候坚持；绝望的时候坚持；天寒地冻的时候坚持；孤独无助的时候坚持；实在坚持不住的时候，再咬牙坚持一会儿。有一天，你会发现：你将成为自己都不敢相信的奇迹。

不管是名人，还是我们普通人，每一个人都会有感觉艰难和坚持不下去的时刻，但只要往前看，以"熬"的心态处之，都会有看到光明的那一天。怕什么前途无望，进一寸有一寸的欢喜。熬过去，就能看到光明。

编 者 寄 语

司汤达说："一个人只要强烈地坚持不懈地追求，他就能达到目的。"

人的一生，有梦想不难，要逆风而飞，绝不简单。有时候，前进不得，倒退不得，只能待在那儿，忍耐着面对。 人生进退是常事，想要成功，关键在于"熬"得住。 所谓"熬"，是不轻易放弃，不轻易改变，是欢喜中持有一份凝重，悲哀时多留一丝希望；是对生活的负责任，是谨慎对待每一个属于自己的日子。

看淡一点再努力一点，这世上，没有谁活得比谁容易，只是有人在呼天喊地，有人在静默坚守。

行动起来，豁然开朗

《简·爱》中有这样一句话："人们总得有行动，即使找不到行动也得创造行动。"

没有行动，人生就是一场空想。我们变好的最大障碍不在于其他任何人，而在于我们自己。马云说：很多人晚上想想千条路，早上起来走原路。

每个人都有很多想法，而想法再多，真正实践想法的人却没有多少。因为想一想不用花费多少力气，做起来却需要一番折腾，所以大家都愿意去想，不愿意去做。

慕名来到一家书店，比起各种各样灯光下的书籍，琳琅满目的新鲜小玩意儿更让我好奇。亮眼的钻石笔，炫酷的笔记本，各种90后都没有拥有过的文具用品似乎在闪光。占卜笔，嘻嘻嘻，这都是我们玩剩下的，现在还在流行，心里油然生出一股自豪感。想想就知道占卜笔的问题有多简单，我刮开一看，"我可以考上清华吗？"当时，我下意识地想肯定是可以呀，要不然这笔还有人买吗？我刮开答案，上面写着简短的英文，"Take action."似乎有时你需要这样冷不丁的提醒。当你被茫然的选择扰乱头脑时，答案也许在你的行动中产生。你是否真的能考上清华，谁又能预知呢？如果你此时此刻开始奋勇前进了，努力过后可能你考上了理想的大学，这是一个行动才造成的好结果。所以可能有时我们为结果而劳力伤神，也许都是无用功，未来怎样都

是由现在我们的行动所决定的。

虽然不是发生在我们身边，但这是一个篮球迷和他的偶像科比·布莱恩特的真实故事。科比举办球衣退役仪式之际，一位叫克里斯·胡尔塔的湖人球迷走红了社交网络。他用两年前科比谢幕战当天的照片作为对比，讲述自己的减肥经历：自从科比的最后一场比赛，我已经瘦了77公斤。

科比谢幕战打响两周前，345斤的胡尔塔正处于人生最黑暗的一段时期。有一天，胡尔塔照常坐在一家墨西哥快餐厅里，"为什么我在这里？"胡尔塔突然顿悟，"我明天还会来这里，然后是无限恶性循环，我会永远胖下去。"减肥对三百多斤的人而言，起步就非常困难，胡尔塔想起了科比精神，并勉励自己每天早晨5点起床去体育馆。5周之后，他减掉了32斤。

除了严格执行训练计划，胡尔塔告别了最爱的美食，"我远离乳制品、糖分和碳水化合物（偶尔吃点米饭）。"被节食折磨的减肥者询问如何抵抗饥饿，胡尔塔回答："我每天都早早上床睡觉，避免夜晚的各种诱惑，只要坚持几个星期，自然就远离欲望了。以前我只会喊，'天啊，我要减90斤，怎么可能！'这样的心态让我每天都倍感压力，所以我自然失败了。"胡尔塔说："回顾我刚开始减肥那会儿，我正好24岁，我认为这是一种寓意，在24岁这年我追求科比的精神，为了追求它我付出了实际行动。而付出实际行动，才是最重要的。"

从前有一个渔夫，他每天辛苦地在一片长满了青苔的湖泊里工作，他每天清理苔藓，喂养新的小鱼，人们看到了总是笑他很傻，可他完全不理会没日没夜地工作，终于这片湖泊肥沃了起来，有鱼、有虾……这时过来的人都羡慕他，可他很谦虚地说："当你不行动的时候，你永远不知道行动后的收获。"

开始行动，是一个人开始变得优秀的第一步。现在，有很多的人有一个共同的难题，那就是开始行动。有了很好的想法，也有了很好的计划，但就是没有行动。最终因为没有行动，计划泡汤，自己依然没有任何成长。

由此看来，一个人没有变得优秀，并不是因为这个人不聪明，没有好的想法，做不出好的计划。而是因为这个人缺乏开始做的魄力。只有想法、计划却没有行动，永远无法完成从0到1的蜕变。所以，要想变得更加优秀，需要的就是开始行动！开始行动吧！有了好的想法，也做了好的计划，那还等什么呢？行动起来，干就是了！有所行动才会有所变化，不行动永远都是0。

成功者需要强有力的行动，没有行动就永远不会成功。行动是成功的注脚，行动是成功的油门。立即行动，全力以赴，与成功有约，与成功同路，与成功携手，与成功同行。

不负青春，不负韶华。当你想要过更好的生活时，当你为此而头昏脑涨时，当你不知道如何选择时，那就先开始行动吧，也许尝试过后才会豁然开朗。You never know what you can do till you try.你永远无法知道自己能做什么，直到你真的去做了。

编 者 寄 语

梦想，人人都会有，而每个人的梦想都是不一样的。有的人梦想能赚很多很多钱，有的人梦想能环游世界，有的人梦想身体健康。每一个梦想听上去都是那么美好。

梦想再美，你不去行动，它是不会实现的，永远只会是你梦里的梦想，逐渐成为幻想。这样的生活也是没有亮点的生活。如果你不开始行动，你就会始终迷茫，脑子里每天都是在论证"要不要干了"；而你一旦开始行动，你就开始了"怎么干好"的论证，同时你每多干一步就逼近了成功一步！

第 二 章

成功的捷径就是突破自我

　　在学习中，当你想要退缩的时候，当你消极懈怠的时候，你需要问自己几个问题：

　　我当初学习的初心是什么？

　　我的梦想是什么？

　　我想让自己过上什么样的生活？

　　我希望自己在父母的心中是什么样子的？

　　当我们把这些问题考虑清楚以后，我相信大家会重新给自己制订目标，然后走出自己的舒适圈，寻找最适合自己的方法，然后为之努力。

生命与突破

 心 灵 导 读

　　乔丹曾说："有些人想成功，有些人渴望成功，有些人努力实现成功。"

　　成功的路上没有人会叫你起床，也没有人为你买单，你需要自我管理，自我约束，自我突破。人都是被逼出来的，人的潜能无限。安于现状，你将逐步被淘汰，多逼自己一把，突破自我，你将创造奇迹。千万不要对自己说"不可能"，树的方向，风决定；人的方向，自己决定！

　　所以，在人生的道路上，我们要不断突破自我，挑战自我，提升自我，奋斗永无止境。

生命如歌，
岁月如歌，
追求成功，
突破自我，
风雨之后见彩虹。

漫漫人生一辈子，
生命中有忧伤，
生命中也有快乐，
面对各种各样的打击时，
不要失去了勇气和自我。

人生一辈子不容易，
一定要活出自己。
当挑战来临时，
一定要勇往直前，
无论如何都不退缩。

当你承受过人生的苦难，
你才会明白，
磨难是人生最宝贵的财富，
遇到挑战一定不要放弃，
如同珍珠的诞生，
需要沙子的磨砺；
人生的锋芒，
也需要磨难的洗礼。

人的一生充满挑战和突破，

正如小草突破泥土，

正如春笋掀翻石块。

每次突破并不容易，

突破需要接受挑战，

突破不能退缩。

只有勇敢面对，

只有迎接挑战，

才能自我突破，

超越自我。

编 者 寄 语

　　人生的旅途本来就是起伏不定的，而生命也是由欢笑和泪水编织而成的，就像电影中的角色，不管是主角、配角或是临时演员，只要尽本分，把戏演好，向困难挑战，超越自己，就是懂得生命真谛，突破自我的表现。

　　在实践中突破自我，在梦想中找到热血的自己，人生最大的进步就在于此。扎扎实实地做好每一件事情，不断突破自我，从而创造自己的奇迹。天空因白云而蔚蓝，生命因突破而精彩。

叫我第一名

心灵导读

　　一生中，我们会遇到很多问题，很多困难，比如性格内向、抑郁、孤独、焦虑、自卑、疾病……如何面对这些困难是每个人需要思考的人生课题。如果把这些问题或缺陷看作对手、敌人，那么你总会想战胜它，消灭它。如果你接纳它们，重新认识它们，然后转化它们。最终，它们会成就你，让你的人生更加丰富精彩。

　　最近看了一部电影——《叫我第一名》。刚开始很疑惑，为什么这部电影要叫这个名字，哪里有人会要求别人叫他第一名？但看完电影我才真正明白这个题目的意义。

　　影片的男主人公布莱德，从小就患有妥瑞氏症。这种病会让他控制不住发出狗叫一样的怪声音。由于他这种奇怪的行为，好多人都不喜欢他。他上小学的时候经常被老师认为是故意扰乱课堂秩序，

因此总是被老师和同学讨厌。但是，幸好布莱德有一个爱他、接受他的妈妈，妈妈与他一起迎接挑战，面对质疑。布莱德转学后遇到了一个好校长，他第一次感受到自己的"不一样"也是有价值的。面对顽固的妥瑞氏症，布莱德最终释然、放下，把它当朋友般相处。布莱德完成学业后，立志要成为一名教师。在应聘教师的过程中，他的病症依然是挡路石。尽管求职一次次失败，布莱德从来没有放弃自己的梦想。在求职的时候他从来没有故意回避自己的缺陷，他已经迈过了"自卑"这道坎，所以他可以面带微笑地介绍自己的"残障"。在影片的最后，他成为一名教师并深受学生喜爱。

整部影片中，我感动于布莱德的乐观和坚持。他从不在乎别人的目光，而是做自己梦想着的事情。长大后的布莱德努力寻找

一份教师的工作，可是几乎所有的学校都对他说不，因为他有妥瑞式症，他们认为他不可能胜任。可是布莱德并没有放弃，最后他找到了一家能够接受自己的学校，他教得异常出色，跟自己的学生沟通得很好。他不放弃每一个学生，就像他永远不会放弃自己的梦想一样。终于，他被评选为年度最佳教师。

这部影片带给我的震撼很大，电影中布莱德的病虽然没有治好，但是他努力拥有了正常人一样的生活，他喜爱的教师事业，他知心的爱人，他亲爱的家人，他可爱的学生……他用自己的经历让我懂得了"永不放弃"这四个字要用一生去诠释。只要自己不放弃，就一定会有实现梦想的一天。

平凡者，害怕挑战，优秀者，迎接挑战，卓越者，寻找挑战；平凡者，等待机会，优秀者，把握机会，卓越者，创造机会；平凡者，做完，优秀者，做好，卓越者，做到极致；平凡者，坚持一下子，优秀者，坚持一阵子，卓越者，坚持一辈子。

林丹曾说："人这一辈子，能够做自己喜欢做的事情真的很难得。坚持自己的理想吧，也许会失败，但也不枉这辈子有过一次这么坚持自我，义无反顾地做好一件事的经历。生活永远被人安排好了，你不觉得这样很没意思吗？有时候，成功只是因为你多坚持了一下。"

宋代文学家王安石在《游褒禅山记》中说："世之奇伟、瑰怪、非常之观，常在于险远"，这就是说只有努力不停地向前走，才能领略到绝妙的景色。人生也是如此，在这条人生路上不停地向前奔走，才能体会到人生的多姿多彩。生命始终充满波折，这是我们所不能改变的事实，我们能做到的，就是不断与困难对抗，从而变成更好的自己。

如果你有梦想，请一定坚持，也许真正的收获并不是结果，而是过程本身。如果你没有梦想，请选择一个坚持下去的理由，它将如同一盒火柴，足以点亮你生活的每一盏灯。梦想无关大小，能够支撑信念，让你一直坚持下去，足矣。

编 者 寄 语

影片当中，在布莱德的获奖发言中，有句经典的、鼓舞人心的话："与妥瑞氏症抗争，教会我最宝贵的一课，任何人都得之不易的宝贵一课：那就是别让任何事挡住你追求梦想的脚步，去投入工作，享受人生和陷入爱河。"

我们每一个人都有自己的梦想，都有自己的人生目标，但问题就在于能否坚持去实现。很多时候，我们会因各种事情给自己找各种借口逃避，最终导致梦想没有实现。所以在我们拥有梦想时，不要被任何事情阻挡了我们追求梦想的脚步，要不断勇往直前。

突破自我设限

　　大部分人有自我设限的弱点，会将简单的问题复杂化。在做任何事之前，潜意识给自己的不是"我一定能做好"，而是"我不一定能做好或我做不了！"这种不自信的心理反应足以令自己退缩或无法全力以赴去做事情。

　　过度依赖自己从前所积累的"经验"，自我设限会控制自己的潜力与能量。自我设限就像给自己上了一把心锁，心牢里的人四周都是阻挡自己的铜墙铁壁。

　　人生的意义在于不断挑战和突破自我，因为只有这样才可以使自己强大起来。

　　"人定胜天"这句话想必大家都不陌生，也许很多人都不认同这句话，认为如果这句话是真的，为什么还会有那么多生活不如意，碌碌无为的人呢？我想，这是因为大多数人都给自己的成长空间设定了上限，所以生活也未曾给他们惊喜。其实只要我们敢于突破自我限制，那么生活必定充满无限的精彩。

　　说起外卖小哥，大家脑海中可能会出现一个皮肤黝黑，目不识丁的底层劳动者形象，但有个外卖小哥却是中国诗词大会的冠军，他就是雷海为。在雷海为学习生涯中，父亲雷长根为了让儿子享受优质的教育资源，多次让儿子转学，最终导致雷海为户口和学籍管理的转接出现问题，无法参加高考，只得去读职业中专。中专毕业后，他做过搬砖工和洗车工等多种工作，最穷的时候口袋里连回家的路费都没有。他在上海打工期间，晚上读金庸小说，体会到了学习的乐趣，认为学习能让他忘记现实的痛苦。在杭州送外卖期间，雷海为经常拿着一本微型《唐诗三百首》，在有限的休息时间里争分夺秒地背唐诗。后来在家人的鼓励下他参加《中国诗词大会》，最终勇夺桂冠。假如雷海为只是一味地自怨自艾，认为自己的生活没有希望，那么他可能就真的只是个外卖小哥。正是由于他不屈服于现实，看到了人生的无限可能，突破了自我限制，才有了不一样的人生。

德摩斯梯尼是古希腊著名的演说家。但是他小时候却离一名演说家相距甚远。他天生口吃，嗓音微弱，还有耸肩的坏习惯，在常人看来，他似乎没有一点儿当演说家的天赋。为此，德摩斯梯尼付出了巨大的努力。有一天，爸爸发现小德摩斯梯尼说话总是含含糊糊的，就问他："你说话怎么越来越不利索了？""爸爸，我在嘴里含了块石头，听说这样可以改变发音，我想成为演说家！"爸爸摇头苦笑："你呀！给我把话说清楚就行啦！"其实爸爸不知道，喊着石头说话只是小德摩斯梯尼锻炼自己的方法之一。为了去掉气短的毛病，他常常面对呼啸的海风，不停地吟诗；为了改掉耸肩的坏习惯，他在肩头上方悬挂两柄剑……德摩斯梯尼不仅在训练发音上下了很大的功夫，而且还努力提高自己政治、文学等方面的修养。经过多年的磨炼，他终于成为一位出色的演说家。

别以为只有高个子才能成为篮球健将，没有高大的身材，同样可以成为万人瞩目的球星。在NBA，就有一位身高只有1.6米的篮球天才，他就是博格斯。博格斯的爸爸妈妈都不高，所以博格斯长到1.6米便不长了，但他却偏偏爱上了属于巨人运动的篮球。中学时，博格斯对自己的朋友说，长大要去NBA打球。结果大家哈哈大笑："像你这样的'小松鼠'，能去打NBA？"有的人甚至笑得躺在了地上。但他没有因为同伴的嘲笑而放弃努力，相反他更加努力，天天和同伴在篮球场上练球。其他人回家了，他还在练；烈日炎炎的夏天，别的孩子都去乘凉了，他依然在球场上挥汗如雨。他在篮球场上花了比别人多几倍的时间。博格斯深知像他这样的身高，要想进入NBA必须要有比别人更优秀的地方。所以在球场上，他充分利用自己矮小的优势：行动灵活迅速，运球的重心最低，不会失误；个子小不引人注意，抄球常常得手。终于，他成功了。在NBA，博格斯是最出色、失误最少的后卫之一。他闪电般的突破速度常常把那些大个子球员们搞得晕头转向。他像一只小黄蜂一样，满场飞奔。

雷海为、德摩斯梯尼和博格斯都不是天之骄子，在人海中极不起眼，但他们的理想却十分耀眼。他们的理想与现实极不匹配，可谓"空想"。但是他们没有给自己的人生设定限制，而是

不断突破自我局限，努力进取，实现了自己的美好理想。

井底之蛙因为目光短浅而看不到天地的广袤，墙角的花因为孤芳自赏而局限于自己的世界。生命有尽头，追求无止境；山外有青山，楼外有高楼。唯有挣脱心灵的桎梏，谦虚向上，放宽眼界，才能突破自我、实现人生精彩。

编 者 寄 语

从心理学角度说，自我设限就是在自己的心里面默认了一个"高度"，这个"心理高度"常常暗示自己：这么多困难，我不可能做到，也无法做到，成功机会几乎是零，想成功那是不可能的！"心理高度"是人无法取得成就的重要原因之一。它是一块巨石、顽石，在人生及事业成长道路上，阻碍着人们前进。

每个人确实有自己不愿意揭露的弱点，有的人知道了却要逃避，而作为一个真正想成功的人，你必须勇敢地去面对自己的弱点，改变弱点，在此过程中，你的内心感受是非常痛苦的。但是，只要你有信念，有成功的欲望，就能坚持，就能够挺住，任何困难都将不是困难。

坚持+突破=成功

　　一个池塘里的荷花，每一天都会以前一天的2倍数量开放。如果到第30天，荷花就开满了整个池塘。请问：在第几天池塘中的荷花开了一半？

　　第15天？错！是第29天。

　　第一天开放的只是一小部分，第二天，它们会以前一天的两倍速度开放。到第29天时荷花仅仅开满了一半，直到最后一天才会开满另一半。也就是说：最后一天的速度最快，等于前29天的总和。

　　这就是著名的荷花定律。这其中蕴藏着深刻的道理，成功需要厚积薄发，需要积累沉淀。

　　"语言的巨人，行动的矮子"，这是如今众多青年人的真实写照。捧着公务员、事业单位的铁饭碗，不少人便满足于现状，心安理得地躺在功劳簿上睡大觉，在人云亦云的世俗之流失去了那一份对理想的坚守，成为社会中平庸的一员，放弃了对真我人生的追求。他们忽视了一点：古往今来，只有拒绝平庸的人才能在人生中获得突破。如果不拒绝平庸，怎么会成为人生赢家呢？

没有比脚更长的路

　　那是一支24人组成的探险队，他们到亚马孙河上游的原始森林去探险。由于热带雨林的特殊气候，许多人因身体严重不适等原因，相继与探险队失去了联系。

　　在他们24人当中，有23人因疾病、迷路或饥饿等原因，在原始森林中不幸遇难；他们当中只有一个人创造了生还的奇迹，这个人就是著名的探险家约翰·鲍卢森。

　　在原始森林中，约翰·鲍卢森患上了严重的哮喘病，饿着肚子在茫茫林海中坚持摸索了整整3天3夜。

　　在此过程中，他昏死过去十几次，但心底里强烈的求生欲望使他一次又一次地站了起来，继续做顽强的垂死抗争。他一步一步地坚持，一步一步地摸索，生命的奇迹就这样在坚持与摸索中诞生！

　　后来，许多记者争先恐后地采访约翰·鲍卢森，问到最多的一个问题是："为什么唯独你能幸运地死里逃生？"

　　他说了一句非常具有哲理的话："世界上没有比人更高的山，也没有比脚更长的路。"

　　是的，没有比人更高的山，也没有比脚更长的路。能够主宰自己的只有自己。不管什么境况，哪怕是在逆境中，也不要放

弃，坚持到底，突破自己。困难并不可怕，希望就在前方！

《老人与海》

这本书是现代美国小说作家海明威1952年出版的一部中篇小说。它是作家海明威最著名的作品之一。这篇小说相继获得了1953年美国普利策奖和1954年诺贝尔文学奖。

一部不足百页的作品，却能让一代代人一读再读。我从那朴素、精确而又洋溢着浓郁生活气息的描写中，进入了老渔民圣地亚哥的晚年生活。我读出了他的贫穷、凄凉，也读出了他的倔强和不甘，同时，他虽已年老体衰，对生活却仍保有那份固有的信心。他在经历了一次次失败后，捕到了一条大得惊人的鱼。经过三天三夜的周旋，通过与大鱼的殊死搏斗，他在筋疲力尽的最后关头，终于战胜了大鱼。他曾这样高喊着激励自己："你尽可把他消灭掉，可就是打不败他。"在归途中，饥饿的鲨鱼接二连三地追上来，他拼尽全力，一条条地杀死这些掠夺者；老人回到岸边，他带回的只是一条巨大的鱼骨，一条残破的小船和一副疲惫不堪的躯体。他失败了，但他内心的骄傲丝毫不受损伤。他英勇地失败了，他是真正凯旋的英雄，一身伤痕则成了他非凡勇气的见证。

"千磨万击还坚劲，任尔东西南北风。"圣地亚哥——一个努力突破自己、不畏困难不怕失败的人。

古今中外，名人志士，有多少人共同验证着这样一句话："成功就是坚持到突破自己。"眺望远方，因为有梦想，所以追求。流水潺潺，水滴穿石。人生有道，天道酬勤。骐骥一跃，不能十步；驽马十驾，功在不舍。锲而舍之，朽木不折；锲而不舍，金石可镂。将执着的追求进行到底，让突破的精神永远都在路上。

突破自我，需要摆脱平庸的内心；突破自我，需要拥有长远的目光。精彩的人生需要我们不断去突破自我。生活中的无数障碍，看似无法逾越，其实只不过是因为你在内心中限制了自己，你要试着打破它。只要你能够突破自我的"设限"，你便可以超越困难，完成自己的愿望。

蜗牛一寸寸地爬，每一寸皆是突破；雄鹰一里里地飞，每一里都是奋进。做人就要学习蜗牛往上攀爬的精神，保持快乐；洞悉雄鹰展翅高飞的恒心，一直向前。突破自我，挑战自我，做最好的自己！

编 者 寄 语

　　人能获得成功，关键在于坚持。据说人这一生大概能遇到7次左右的机会，都是可以改变人生的机会，而这样的机会往往都是靠前期的坚持才能遇到。所以说，如果有梦想就要先动起来，然后坚定不移地去执行下去，努力突破自己的潜能。

　　就像金志文在《远走高飞》中唱到：如果迎着风就飞，俯瞰这世界有多美，让烦恼都灰飞，别去理会自我藉慰，如果还有梦就追，至少不会遗憾后悔，迎着光勇敢追……

勇敢向前

坎坎坷坷的是路，永不停歇的是脚步；风风雨雨的是人生，不说放弃的是心灵。因为肩上有责任，所以无怨无悔；因为心中有向往，所以一直去追。既然来到这个世上，就要活得漂亮；既然选择了远方，就要走得倔强。时间改变着一切，一切改变着我们。失败产生了痛苦，也铸就了坚强；经历付出了代价，也锤炼了成长！

梦想，使我们扬帆起航；信心，使我们勇敢向前；勇气，使我们展翅飞翔。只要你足够勇敢，你就会拥有一个美好的未来。

《勇敢的心》

这部影片中，美国导演把苏格兰历史上的一位民族英雄，威廉·华莱士的英雄形象，刻画得淋漓尽致。为了自由，威武不屈的华莱士选择了抗争，在茫茫的英格兰大山之巅，他带领着起义军，与强大的英国统治者英勇奋战，谱写了一曲民族的悲歌。故事的结局有些让人沉重压抑、忧郁愤懑，英雄被人出卖上了断头台，但华莱士不屈的斗志，勇敢面对酷刑、面对痛苦的心，永远感召后人。

什么是勇敢？是面对困境，以智慧与毅力为战斗的武器，为有着共同遭遇的人的利益而斗争的勇气。原本华莱士只是想回家娶妻生子，过平凡安定的生活，但是他终究被逼上了追求自由的道路。他沉睡的心灵苏醒了，他拔出利剑，带领着苏格兰的平民军队，咆哮着向英军冲杀过去。

影片通过多种角度告诉我们，勇气并非是逞一时之气，而是运用自身的智慧去克服自己所面对的困境。华莱士的叔父无疑是个智者，他比死去的兄弟更理解抗争的目的和意义。他要华莱士学习拉丁语，告诫华莱士，在学会用武器前，必须先学会用脑。幼小的华莱士还不能彻底懂得这些，他还沉浸在对故土的留恋和失去亲人的哀伤中。在梦中，父亲对他说："心是无法禁锢的，拿出勇气去追求！"这是华莱士对生命意义的最早理解。

片中最能体现勇气的片段，应该是刽子手对华莱士行刑的场景。华莱士被囚于马车，从看热闹的人群中间经过。随波逐流的平民又怎会明白华莱士追求自由的高尚？华莱士浸没在飞溅而来的唾液和恶毒的咒骂声中，但他坦然自若。

他被吊上行刑架，又在咽气前夕被放下，面对主刑官衣袍上的皇室徽章，他爬起来依旧沉默不语。这是对信念和自由的执着。直到在绞刑架上被拉得关节脱臼，在刑床上被剖割，华莱士一直没有屈服，哪怕是发出一声乞求的呻吟。喧嚣的人群为他的坚忍所感染，直至静默。

终于，一个平民妇女禁不住替他叫出口来："Mercy！"声音牵动了所有人的知觉。"开恩"的呼声在人群里弥漫扩散。主刑官不断怂恿着，华莱士的嘴唇在微微翕动。他以为华莱士会说出那个能让他保留一点征服者虚荣和尊严的词。在所有人窒息般的等待中，华莱士倾尽全力长呼："Freedom！"（自由！）

正像影片中那首主题歌的歌词一样，做人就是要做勇敢的人，要有一颗勇敢的心。

《神秘岛》

《神秘岛》是儒勒·凡尔纳三部曲的最后一部，小说叙述在美国南北战争时期，五个俘虏——塞勒斯、纳布、斯皮莱、哈伯、彭克罗夫乘热气球逃离"死城"里士满后不幸落到一座荒岛上，后经过不懈努力制造出蜡烛、轮舟、升降机的故事。他们最后在全岛爆炸的大难中逃生，搭乘轮船回到祖国。故事情节跌宕起伏，自然场景描写生动真实，人物形象独特鲜明。

很多人都深深地被这本书中所透露出的力量打动了，这正是克服困难，直面挫折，挫而不折的毅力、勇气。其实，这种勇气正是我们所缺少的，也是我们需要的。

在挫折面前，如果胆怯、懦弱，经不起考验，选择逃避、退缩，向困难屈服，就只会被挫折打倒，在生活中将会不思进取，得过且过。反之，当我们拥有了直面挫折的勇气，挫而不折，愈挫愈勇，勇敢地面对挫折，就将会在不断获得的成功中创造出有价值、有意义的人生。贝多芬曾说过："用痛苦来兑换快

乐。"这也让我们记住，挫折是成功的垫脚石，只要我们能直面挫折，不屈不挠，就一定能创造美好的未来！

这一生，我们总是要面对各种各样的挫折，但是不要怕，只要我们勇敢地去面对，风雨过后一定能见到彩虹。

请勇敢地向前走，美好的时光等你来感受；

请勇敢地向前走，努力做真实的自己；

请勇敢地向前走，做最好的自己。

道理真的很简单，你只要相信：草根终有逆袭日，人生再无回头时。所以你只能勇敢向前，因为命运从不亏待勇敢奋斗的人。

编 者 寄 语

华为总裁任正非曾说："我44岁的时候，在经营中被骗了200万，被国企南油集团除名，曾求留任遭拒绝，还背负还清200万债。妻子又和我离了婚，我带着老爹老娘弟弟妹妹在深圳住棚屋，创立华为公司。我没有资本、没有人脉、没有资源、没有技术、没有市场经验，我唯有勇往向前，我用了27年把华为带到世界500强，行业世界第一的位置。我不觉得跌倒可怕，可怕的是再也站不起来。"

所以，请你也一定要勇敢向前，风再怎么喧嚣也不能阻挡前行，大步向前面对风，迎着浪勇敢向前，走出属于自己的一条路。

争渡，争渡，执着一生，光焰无数

心 灵 导 读

　　萨拉说："生命是一条美丽而曲折的幽径，路旁有妍花的丽蝶，累累的美果，但我们很少去停留观赏，或咀嚼它，只一心一意地渴望赶到我们幻想中更加美丽的豁然开朗的大道。然而在前进的程途中，却逐渐树影凄凉，花蝶匿迹，果实无存，最后终于发觉到达一个荒漠。"

　　执着，从表面上看是一种强悍的力量，其实内核是一种无比智慧的秩序。执着是一个人对自己追求的目标、从事的工作所表现出来的一往情深、一往无前的状态。争渡争渡，执着一生，光焰无数。

　　人生的旅途本来就是起伏不定的，而生命也是由欢笑和泪水编织而成的。失败并不可耻，可耻的是不再勇敢地站起来，接受挑战，而是一味地逃避，不敢面对现实！天上下雨地上滑，自己跌倒自己爬。当你遇到困难时，无须自怨自艾，也无须别人拉你一把，才从泥淖中爬起来。跌倒了，自己爬起来，再迈开步伐，再奔向前去。执着向前，才是勇者的表现。

　　人生的路崎岖不平，只有向自我挑战才能前行。且把自我挑战当成一把锐利的刀，用它去斩除旅程中的荆棘，超越巅峰，超越自己，突破自我。

　　人生的旅程，有无数的挫折，可是挫折只是生命旅程中小小的插曲。被挫折击倒的人，如果不再重新振作，便无法实现自我。遇着挫折无须惧怕，那正是向自我挑战的好机会。拾取信心，向自我挑战，打破从前的记录，就从现在开始，把挑战当指南针，失败当试金石，勇敢地向自己挑战，并战胜自己，超越自我，勇往直前。

人生如一次长长的旅行，旅行中有坦途也有弯路，你得以平静的心态面对每一天，挑战自我，执着向前，一如既往地朝着目的地走去。当你到达终点站回看来径时，才发现人生的旅途有喜有忧，有笑有泪，甚至得少失多，而这一切已构成了你生命旅程的全部。

人生的每一步，做出的每一个决定，都组成了我们人生的一部分，所以要认真处理和对待我们遇到的每一个问题，只有这样才不会留有遗憾。

人生是一个领悟的过程，一次次的经历、体验，并不是简单机械地出现，而是为了让你向更高层次迈进的必然。做一件事不论成功与失败，都要有勇气，有毅力。

人只有在平静的状态下，才能理性思考，反省自身的错误，从而稳定踏实地完成任务，树立清晰的目标。

如果一个人没有一个清晰的方向，那就像无头苍蝇一样，翅膀扇得快，却是乱飞。一个人首先要知道自己想要什么，通过什么方法能得到，一步步地计划，最后才能达到目标。欲望是人类社会进步的推动力，真的需要一样东西到寝食难安的地步，一切的一切都不是问题。成功检验的不是一个人的天分，而是一个人对一件事的执着和突破自我的能力。

我们不能自我设限，要敢于突破自己，才能登上人生的高峰；若自己只满足于片面，不但登不上那人生之巅，甚至会狠狠摔下。突破自我，需要有非凡的远见，正如登山时，若只看脚下，怕前方是悬崖，必然畏首畏尾，若能将目光延及整个山脉，你就能体会到"会当凌绝顶，一览众山小"的美景。

人这一生，只有不断地去突破自我才能登上那插入云端，直破天际的山顶。

人这一生，只有不断地去超越自我才能做那棵破石而出，屹立危峰的迎客松。

人这一生，也只有不断地去提高自我才能成为那闪燎原的星星之火。

编 者 寄 语

有人看到一只蝴蝶，挣扎着想从蛹里脱离出来，出于好心他帮蝴蝶剪开了蛹。但没想到蝴蝶出来以后，翅膀却张不开，最终死掉了。

其实挣扎的过程正是蝴蝶成长的过程，你让它当时舒服了，可未来它却没有力量去面对生命中更多的挑战。

如果你也希望能化茧成蝶，那你就要忍受在蛹里挣扎的痛苦过程，拼尽全力，这样才能凤凰涅槃。

生活不是每天的麻木重复，碌碌无为，趁着年轻，去接受风霜雨雪的洗礼，去练就忍耐豁达的内心，去追寻你的梦想吧！

第 三 章

左手握着成长，
右手握着现实

　　每个人会长大三次，第一次是知道自己不是世界的中心，第二次是能够放下得不到的东西，第三次是明知道有些事情无能为力，但还是尽力争取的时候。其实年轻人一腔热血的梦很多是无能为力的。人啊，越了解现实其实越感觉无能为力，但是我们依然会去争取，这就是成长。

幸福的脚步

　　幸福是什么？这是一个简单又深刻的问题。有人说：幸福是拥有一个美满的家庭；有人说，幸福是一生平安；有人说，幸福是衣食无忧；有人说，幸福是一辈子健康；也有人说，幸福是每一天都快乐……网上也有一个段子：幸福就是猫吃鱼，狗吃肉，奥特曼打小怪兽。

　　在我看来，幸福就是一件东西，拥有就幸福；幸福也是一个目标，达到就幸福；幸福还是一种心态，领悟就幸福。请记住：人生由我不由天，幸福，由心不由境。你觉得幸福是什么呢？

小时候，
幸福是一份静静的陪伴，
我，是小老师，
父母，是端坐的小学生。

长大了，
幸福是一份执着的追寻，
我，是追梦人，
一次次肯定便成了一个个脚印。

现在，

幸福是一份深沉的思考，
我在哪？要去哪？怎么去？
每一次深思都会遇见不一样的风景。

将来，
幸福是一份温暖的回首，
那些不曾辜负的曾经，
都成了眼角弯弯的浅笑，
安然……

成长，
是人生的话题；
幸福，
是成长的主题，
感恩，

遇到的每一位贵人，

是你们让我体验到了成长的幸福。

往后余生，

越成长，越幸福，

越幸福，越成长……

过去所有的时光，

在成长中，

已酿成芬芳。

编 者 寄 语

　　《心流》的作者，积极心理学的奠基人米哈里·契克森米哈赖告诉我们，幸福不是人生的主题，而是附带现象。幸福是你全身心投入一桩事情，达到忘我的程度，并由此获得内心秩序和安宁的状态。

　　正如《小王子》中所写："你下午4点钟来，那么从3点钟起我就开始感到幸福。"

　　成长里的幸福，像是催化剂，能让你晕头转向，它能教你品尝甜蜜，人间值得，这种感觉，叫人留恋。

　　只要心存美好，岁月便不会老。只要心中有风景，何处不是花香满径……其实我们所期待的幸福，一直在今天，一直在路上……

桃花般的样子

人生在世，不要苛责自己，也不要苛责这个世界。我们都只是不完美的普通人，会懒惰，会犯错。行动时，重要的是将注意力集中在当下，而不是过去的失败。不要放大负面情绪，也不要过分关注做不到的事情。要知道，即使行动导致错误，也会带来成长。

风的成长是从微微拂面的清风转化为强劲有力的狂风；雨的成长是从那细丝般微微浪漫的绵绵细雨，转化为倾盆大雨。而人的成长到底意味着什么呢？

你还记得阳春四月，烂漫盛开的桃花吗？

它们簇簇相拥，好似一个个粉色的花球，散发着淡粉色的朦胧香气，给空间披上了一层梦幻的轻纱。每一朵桃花都在微笑，像是许多灵巧可爱的精灵，轻轻地浅唱着，低语着……花瓣上那一小处缺口，使它显得更加可爱。正是点点不完美的缺口，缔造了桃花那无与伦比的美丽……

成长的过程像是一杯暖茶，芬芳馥郁而又

略带苦涩，令人琢磨不透。它还像是一罐奇妙的五味瓶，装满了各种不相同的味道。

甜，这种味道，令人快乐。当你达成了自己的心愿，或是取得了些许成功时，这种味道会不自觉地在你的心底蔓延开来。当听到别人对自己的赞美或表扬时，你的心底一定也是这种味道吧。成长的路上因为有它，才充满了温馨与甜蜜。

酸，你们尝试过这种味道吗？它涩涩的，不像甜那样讨人喜欢，却也有着独特的味道。并不是每一个人都十分了解你，当别人因为不了解你而误会你时，你的心底是否会泛起一丝酸楚与委屈呢？"酸"，大概说的就是这样的感觉吧。

苦，当蛹破茧成蝶，当幼苗成长为参天大树，当我们迈步自立，这其中，一定有不少的困难吧。俗话说，不经历风雨，怎能见彩虹。是呀，没有经过狂风骤雨洗礼的树，风一吹一定会倒

下，不经历坎坷人又怎会变得坚强？

辣，每个人都憧憬着一份纯真的梦想，它像暗夜里的伶仃萤火那样微弱，可我们仍然为了自己最初的那份梦想而努力着，现在的我们就像是茫茫大海中的一叶孤舟，成功的彼岸离我们还太远，太远……假如你在中途迷了路，而这时，没有指南针的指导，也没有北极星这个坐标，有的只是冰冷海水的嘲笑。这时，你要选择放弃吗？

咸与甜恰恰相反。正所谓"人言可畏"，当别人对你指指点点，或当你得不到他人支持的时候，不要气馁，也不要灰心，要始终如一地坚持自己的梦想永不放弃。为什么太阳会如此耀眼？因为它从不在意别人的眼光和看法。

苦乐交织，奏出成长最美的旋律。成长的五味瓶中，正是因为放入了这些截然不同的味道，人生才会丰富多彩。

你看，人生经历了那些风风雨雨，成长才如此精彩。这不正像是那每一片花瓣上都有一小处缺口的桃花吗？历经了风雨，人生才美好；拥有了残缺，桃花才更加迷人。

青春是与七个自己相遇：一个明媚，一个忧伤，一个华丽，一个冒险，一个倔强，一个柔软，剩下的那个，正在成长。我们在成长的路上，经历风雨，遇见荆棘，会忍气吞声，也会强势反弹。当然，有时成长是一件很残酷的事情，但成长也是世界上最美妙的事。永远充满希望，永远不怕输，那么多的绚烂风景，只有长大才能摸得到。

我们最终都要远行，最终都要跟稚嫩的自己告别。也许路途有点艰辛，有点孤独，但是熬过了痛苦，我们才能得到成长。每个人在成长的道路上，必须经历种种考验。因为只有挑战才能促使我们更负信心，更好地成长。它能磨砺出我们顽强的性格，使一个人更趋向完善。与其悲观观望，不如直面挑战与磨难，我想，这种勇气应该就是成长。

编 者 寄 语

送给处于花样年华的你

1.不要抱怨苦难，因为那是成长不可或缺的一部分。郁闷的时候放开心胸想想吧，再大的困难都只是一道独特的风景线，终会过去，他们的名字都叫作成长。

2.成长是无尽的阶梯，一步一步地攀登，回望来时的路，会心一笑；转过头，面对前方，无言而努力地继续攀登。

3.成长就是破茧为蝶的过程，挣扎着退掉所有的青涩和丑陋，在阳光下抖动轻盈美丽的翅膀，幸福地颤抖。

4.成长是摘抄本上一首首小诗，或欢快或哀怨，开心时高声吟唱，低落时黯然泪流。

美丽的痛

杨澜说："你可以不成功，但你不能不成长。也许有人会阻碍你成功，但没人会阻挡你成长。"

成长，是心灵从稚嫩走向成熟的过程。成名让你意识到你要忍受孤独，不是一时的，而是时时刻刻的孤独；成名让你认识到你需要关注的是你自己的需要，而不是别人的期待；成名让你认识到，没有人能为你做决定，你要自己面对一切。时间带走了年少轻狂，留下了成熟稳重。所有人都要成长，经过了成长，才会变得更加坚不可摧。

成长是美丽的痛。尼采曾这样描述成长：其实人跟树是一样的，越是向往高处的阳光，它的根就越要伸向黑暗的地底。

王源在《我是创作人》上突然情绪崩溃，没有完成演唱。我点开那段视频，看到他处在情绪崩溃边缘，唱到："你说天塌下来你会陪我，可你又如何同感我寂寞……"在这个视频里，我看见的是成年人的委屈，痛苦，无奈……

我看过一篇文章，

它是这样评价的：突如其来的崩溃，当然不是因为一句歌词，一定是积攒了许久的情绪，正如压死骆驼的，从来都不是最后一根稻草。可是，成年人的崩溃总是无声的，只会在心里化作一团团死灰。情绪宣泄完了，还得向被波及的人道歉。

长大就是岁月剥离掉柔软的皮囊，让能抵抗世俗的坚硬躯壳得以破茧而出，以锋利的姿态向这个世界展现力量。年少的时候曾这样告诉自己：人生没有纯真幼稚是一种遗憾。可是，倘若永远生活在春天里，没有品尝过夏的茂盛，秋的灿烂，冬的严酷，那是不是更是一种生命的遗憾？

成长是一件很复杂的事。它包含了太多的心酸与泪水，无奈与挫折。

成长让你学会人情世故，与形形色色的人交往。

成长让你懂得必须要有一技之长，才能在竞争激烈的环境中立足。

成长让你隐忍自己的情绪，在夜深人静时舔舐伤口。

成长从来不是一件轻易的事。多少无助的时刻，只能蹲在地上把头埋进双臂独自抚慰，害怕别人见到你狼狈的哭相。

成长让你的心性更加成熟，让你懂得上进，拼搏与坚持。再长的路，一步步也能走完，再短的路，不迈开双脚也无法到达。

成长的路，从来不是一路顺途，愿你不断拼搏，历过磨难，收获征途景色，抵达心中之地。一年一年，风吹一阵，雨落几场，等草木从裂缝里长出来，盖满了群山，你就长大了。不乱于心，不困于情，不畏将来，不念过往。

无论是谁都是在痛苦中，在挫折的磨炼中成长。每个人的成长之路不可能是一帆风顺的，总会有这样或者那样的困难，遇到困难一定要勇敢面对。德国最伟大的音乐家贝多芬面对双耳失聪的困境时，他不向命运低头，与命运搏斗，创作出《命运交响曲》这样的华章。

成长的路很长，一路上你会领略到人生的风景，阅读自己巅峰的华章；也会读懂人生的冷暖，读懂世间的目光。走下去，一直努力，你终究会看到彩霞满天！

编 者 寄 语

成长的岁月，如同去摘一枝美丽的玫瑰，鲜艳夺目使人忘了那扎手之痛，又像品一杯浓浓的咖啡，微微苦涩后享甘甜之味。

我们成长中总是伴随着学习，我想对所有在梦想道路上或迷茫或奋斗的少年们说："请不要放弃，机会就在下一秒出现。"残酷的现实面前，你应该勇往直前，你应该以一种积极的心态去面对生活。

海边的故事

　　刘同说："也许你现在仍然是一个人下班，一个人乘地铁，一个人上楼，一个人吃饭，一个人睡觉，一个人发呆。然而你却能一个人下班，一个人乘地铁，一个人上楼，一个人吃饭，一个人睡觉，一个人发呆。很多人离开另外一个人，就没有自己。而你却一个人，度过了所有。你的孤独，虽败犹荣。"

　　孤独是生命圆满的开始，当你回归内心的安宁，不再计较得失，不再挑剔别人，不再搬弄是非，便安住在圆满中，当下即是归处。人的幸福感是自己给的，内心满足即圆满；若内心永远不知足，欲壑难填，就很难得到真正的幸福。所谓圆满不是没苦乐，而是苦乐随喜，悲喜随缘，皆是回归的风景。

　　黄昏的海边，唯我一人在漫步，我看着海尽头的绚烂，目睹夕阳一点点沉浸，色彩自由地变幻，仿佛一切都是那么自由和快乐。海风一阵阵袭来，吹散了近日脸颊满溢的颓靡，海浪依然疯狂地想拥抱岸上的沙子，我则一步步后退，以免冰凉的海水沾染我这身为了面包而奢侈装门面的衣服。当我陷入深思时，身后突然传来脚丫踩踏浪花的"哗啦"声，我转身看到一个小不点，她站在海浪里，低着头，手里的塑料袋装了十来个五颜六色的贝壳，仍一脸认真地搜索着海浪带来的礼物。

　　黄昏的海水是冰凉的，我看她一步步走近，"小姑娘，海水很凉，小心感冒哦。"我俯身微笑地对她轻声说道。

"没事的，阿姨，我习惯了，我是海边长大的孩子，我喜欢海。"夕阳映在她的脸上，温暖的光一时使我恍惚。

"阿姨，你猜我捡贝壳是为了啥？"

"为了啥？"

"阿姨，我不是为了自己玩才来的。我有一个好朋友，他在很远很远的地方。他对我说小时候从来没有人给他讲故事，他好希望有人可以陪他，晚上在他床边讲故事，像我妈妈对我一样。"

"那他在哪儿呢，你可以喊他一起过来玩儿，再说，拾贝壳和讲故事有什么联系呢？"

"阿姨，你真笨，贝壳就是故事啊，你看，我这还有海螺呢！"她拎起自己的胜利品，撇撇嘴，看着我。我不禁"扑哧"一声笑了，我好久好久没真正笑过了，我没笑只是一种习以为常的伪装。

"那你告诉阿姨，贝壳海螺为什么是故事呢？是因为他们在海里漂泊很久，终于有天流浪到你脚下吗？"

"他们没有流浪，他们一直都在生活啊。他们有好多朋友，海星、水母、海豚、鲨鱼……"

我看着她一本正经的样子，想起那些年我曾一次次诚恳而真挚地对他们说："我也很好啊，我想让你了解我……"

"阿姨，阿姨，你听到了没有，你都没有好好听我说话。"女孩看我自顾自地思索偷笑，心生不满。

"阿姨听着呢，阿姨只是觉得你很可爱，那你悄悄告诉阿姨，他去哪儿啦？"

"他，他不在……"

我竟然看到她眼角一瞬间发红，快要哭了出来。"没事，乖啊。"我拍拍她肩膀，安慰着她。

"阿姨，我捡这些就是让他在那边可以每天都开心，让贝壳海螺替我陪他，给他讲故事，他也特别喜欢海。"

"他在一天早晨走了，再也没有回来，他来我们家时才这么大，他从没见过妈妈。"

我看她一边笔画，一边抹眼泪，便慢慢蹲下，轻轻拭去她止不住的眼泪，温柔地告诉她："心中有在乎的人是件幸福的事，他肯定好开心。那你告诉阿姨他叫什么？"

"叮叮。"她从我怀里挣脱，猛地站起来很开心地对我说，"阿姨，他可能被别人带走了，也可能被大海卷走了，但他是快乐的，对不对？"

"他是你的好伙伴吧？"

"对，我和他每天都在一起，他一直'汪汪汪'朝我身上蹭。"

"好了，已经一袋了，他会感觉很幸福的。"我看着她一蹦一跳消失在夜幕中……

看着月光下的影子，发觉不再对明天的到来充满恐惧，因为我也有贝壳和海螺……

编 者 寄 语

孤独的时候总会有想要倾诉的想法，这个时候，会有人听我说话吗？多少次，我深深地向你仰望，只希望与你的目光相遇，只盼望着你对我深深地注视。

你知道，我渴望你的目光会定睛在我的身上；你知道，你的目光可以让我重拾自信。让我看见在你心中，我的位置。你知道，我依然是那样期盼着你的目光，你的目光，引导我归航的方向，你就是我的心最向往的地方。

学会付出

巴金说过："我的一生始终保持着这样一个信念，生命的意义在于付出，在于给予，而不在于接受，也不是在于争取。"

不想付出，就不可能会收获。拿出一百分的努力哪怕只得到一分，也能积少成多！永远不要嫌弃领导对你的要求高，因为那是激励你成长的营养剂。对一份工作没有了激情、耐心和上进心，那就不要做了，因为它会让你沉沦，让你不思进取，更会让你整个人没有精神、没有灵魂！

种瓜得瓜，种豆得豆。任何事物都可能成为因，也可能成为果，没有绝对的因，也没有绝对的果。付出为因，回报为果，因果关系及最终结果会因人的观念态度产生极大的差异。有的人不愿付出，却贪图回报，然而这世界没有不劳而获。有的人兢兢业业、辛勤劳作，所以他获得了应有的回报。因此在现实生活中，我们要学会付出。

沙漠里的抽水机

某人在沙漠中穿行，遇到沙暴，迷失了方向。两天后，干渴几乎摧毁了他生存的意志。沙漠仿佛一座极大的火炉，要蒸干他周身的血液。绝望中他意外地发现了一幢废弃的小屋。他拼尽全力，才拖着疲惫不堪的身子，爬进堆满枯木的小屋。他定眼一看，枯木中隐藏着一架抽水机，他立刻兴奋起来，拨开枯木，上前抽水。但折腾了好大一阵子，也没能抽出半滴水来。

　　绝望再一次袭上心头，他颓然坐地，却看见抽水机旁有个小瓶子，瓶口用软木塞塞着，瓶上贴着一张泛黄的纸条。上边写着：你必须用水灌入抽水机才能引水！不要忘了，在你离开前，请再将瓶子里的水装满！他拔开瓶塞，望着满瓶救命的水，早已干渴的内心开始斗争起来：虽然能不能活着走出沙漠还很难说，但只要我将瓶里的水喝掉起码能活着走出这间屋子！倘若把瓶中唯一救命的水，倒入抽水机内，或许能得到更多的水，但万一抽不上来水，我恐怕连这间小屋也走不出去了……

　　最后，他把整瓶的水，全部灌入那架破旧不堪的抽水机里，接着用颤抖的双手开始抽水……水真得涌了出来！他痛痛快快地喝了一顿，然后把瓶子装满了水，用软木塞封好，又在那泛黄的纸条后面写上：相信我，真的有用。

几天后，他终于穿过沙漠，来到了绿洲。

人生需要付出，在付出的同时我们也在收获着属于自己的人生。付出是一棵稚嫩的果苗，用爱浇灌，我们可以收获一大片果林；付出是一道微光，用心沟通，我们可以收获一道光芒！

年轻人开商店

一个年轻人向父亲征求意见："我想在咱们这条街上开店赚钱，得先准备些什么呢？"

父亲说："你如果不想多赚钱，现在就可租两间门面，摆上货柜，进一些货物开张营业。如果你想多赚钱的话，就得先为这条街上的街坊邻居们做些什么。"

年轻人问："我先做些什么呢？"

父亲想了想，说："要做的事很多，比如，每天清晨扫一扫街上的落叶，关心慰问需要帮助的人……"年轻人听了觉得很奇怪，这些跟我开商店有什么关系呢？虽然心存疑惑，但他还是去做了，他不声不响地每天打扫街道，帮邮差送信，给老人挑水劈柴，渐渐地，这条街上的人们都知道了这个年轻人。

半年后，年轻人的商店挂牌营业了，让他惊奇的是，来的客户非常多，很多人舍近求远，拄着拐杖，赶到他的店里买东西。他们说："我们都知道你是个好人，来你的店里买东西，我们特别放心。"

仅仅几年时间，年轻人就成了拥有千万资产的企业家。有一天记者采访他，问他短短几年为什么能有如此大的收获时，他想了想说："在收获前，先要学会付出！"

人世间，不劳而获的事情终究太少太少。在你收获之前，还是要先学会付出，但在现实生活中也不是每个人都能做到。只有品德高尚、充满智慧的人才会懂得"付出"的含义。

编 者 寄 语

　　成功就在身边，只要把握自己的路途，然后慢慢地去奋斗，坚持自己的选择，就算是没有收获也是一种经历。每一滴汗水，都是付出；每一点努力，都是感动；每一步成长，都是收获。付出就是成功的根源！

拥有感恩的心

《简·爱》里面有一句话很有名："学会感恩。因为有了感恩，才有了这个多姿多彩的世界；因为有了感恩，才让我们懂得了生命的真谛；因为有了感恩，生命之间才能和睦相处。"

只要心情是晴朗的，人生就没有雨天。给自己一个微笑，生活中依旧有很多值得感恩的事；给自己一个微笑，是对自己的一个肯定，也是对未来的一份期许。不辜负身边每一场花开，不辜负身边人的陪伴，用心去欣赏，去热爱，去感恩。

LOVE（爱）=Listen（倾听）+Obligate（感恩）+Value（珍视）+Excuse（宽恕）。学会倾听对方，学会感恩彼此，学会珍视他人，学会宽恕彼此，这就是爱的全部含义。

感恩，是一种歌颂生命活力与精彩的方式，是一个人素养的体现，是一切生命美好的根基与源泉。心存感恩，你会赢得生活中更多的尊重与关爱；常怀感恩之心，你会对生活少一些挑剔和埋怨。

感恩父母，尽享亲情。

我们看动物界，小乌鸦会反哺老乌鸦，老乌鸦年纪大飞不动了，小乌鸦会找食物来喂父母；小羊在喝奶的时候，一定会跪下来感谢母亲的恩德。从我们呱呱落地，来到这个世界上起，父母就开始照顾我们，为我们辛勤付出。父母的爱是天地间最伟大的爱，他们的爱是细腻的、无私的、伟大的。我们需要用心去体会，去感受才能有资格接受这份爱，这份无价的爱。

父母的爱是一缕阳光，让你的心灵即使在寒冷的冬天也能感到温暖；父母的爱是一泓清泉，让你的情感即使蒙上岁月的风尘也依然纯洁明净；父母的爱像一本厚重的书，耐人寻味；父母的爱像一杯甘醇的酒，回味无穷。

感恩父母，感恩他们让我们在受伤时能得到安慰，失败时能得到鼓励。在家庭怀抱中，我们不需要隐藏眼泪，我们可以真心地微笑。

感恩生命，珍惜生活。

生活就像一面镜子，你对她微笑，她就会对你微笑；你寄予她愤怒，她便还你尖锐。有什么样的心态，便会有什么样的人生。无论何时何地，都要保持好心态。好心态是什么？是把别人当别人，客观智慧；把自己当别人，慈悲感恩；把别人当自己，无我换位。

其实生活中的一切，都没有想象中那么糟糕。人活在世上，不能纠结于生活中的点点滴滴，让不好的事情填充你的心房，应该给美好留出最重要的地位。

人生苦短，我们拥有的很少很少，能紧紧抓住手里的幸福，才是最真实的！其实生活是一件很简单的事情，心中有爱，才有遇见美好事物的可能。

感恩友情，善待他人。

朋友在我们的生命中扮演着重要角色，不容改变，也不会动摇。在遇到困难时，朋友会毫不吝啬地提供帮助，在面临不易选择的问题时，朋友也会帮着分析研究。有朋友在的日子，孤独的感觉从未光顾，忧愁可以分担，快乐也能分享。

感恩一直陪伴在身边的朋友，有了他们的存在，就不会感到孤单，也不会为失败而苦恼，因为有他们不离不弃。

当然，也会遇见一些擦肩而过的人。这些人，即使只是短暂停留，也丰富了我们的生命旅程。有的是来帮助你的，有的是来磨炼你的，有的是来保护你的……即使他们是过客，但也在我们的人生中留下了印迹，给我们的人生增添了经历，让我们不断成长，让我们懂得了珍惜。

感恩社会，学会宽容。

中央电视台的著名主持人白岩松写过一篇散文给他的孩子：如果所有的美德可以自选，孩子，你就先把宽容挑出来吧。也许平和与安静会很昂贵，不过，拥有宽容，你就可以奢侈地消费它们。宽容能松弛别人，也能抚慰自己，它会让你把爱放在首位，万不得已才动用恨的武器。宽容会使你随和，让你把一些人很看重的事情看得很轻；宽容还会使你不至于失眠，再大的不快，再激烈的冲突，都不会在

宽容的心灵里过夜。

世界上最广阔的是海洋，比海洋更广阔的是天空，比天空更广阔的是人的胸怀。有了比天空更广阔的胸怀，人才能拿得起，放得下。一个人要想生活幸福，成就事业，就必须有"海纳百川，有容乃大"的胸襟。

感恩是一种心态，感恩是一种品质，感恩是一种心境，感恩是精神上的一种宝藏。学会感恩，才能体会到生活的精彩，才能体会到生命的责任，懂得人生道路上的那些爱，才会走得更远。学会感恩生命中的所有遇见，不管是爱，还是伤害！

学会感恩，学会理解，学会欣赏，学会珍惜，愿自己更阳光！

编 者 寄 语

马云在《浙商》里面说过："我更明白，当年我们是从哪里来的，我们有什么，我们要什么，我们又该放弃什么？我们都是穷孩子出生，一点一滴地做出来的。这么多年来，有两点特别重要，一是感恩之心，感恩今天，感恩昨天；二是敬畏之心，所谓信仰，信就是感恩，仰就是敬畏。"

"年年岁岁花相似，岁岁年年人不同。"成长总是在我们的生命当中不期而遇，年龄总是这样如约而至，长长的人生之路，我们退去了年少轻狂，只希望岁月安好，感恩生命里的每一次相遇。

别向这个世界认输，你还有梦想

真正的尊重，只属于那些不怕碰壁、不怕跌倒、勇于靠近理想的人。梦想不等于理想。光幻想光做梦不行动，叫梦想。敢于奔跑起来的梦想，才是理想。

懂得放弃

　　《绝望的主妇》里面有这样一段话：或早或晚，总有一天，我们都必须成为负责任的成年人。

　　我们总是要懂得放弃一些东西，才能得到另外一些东西，才能拥有更多的意义。

人生，不可能事事顺心
不可能处处完美
花开一季，人活一世
乐天随缘，轻松自在
借完善自己抵达幸福
借宽容别人淡化仇恨

想开了自然微笑
看透了肯定放下
放下了贪念
看淡了得失
才能品尝幸福

花开花落
那是起伏的人生
山峰谷底

那是燃烧的生命
顺风顺水
那是岁月的感悟
冬去春来
那是别致的风景

人生难免会有痛苦
其实痛苦并不可怕
放弃是一种智慧的选择
一如放鸟返林
懂得放弃
才会有收获

放弃，并不是不争取
而是另一种更好的收获
放弃是人生的一门必修课

编 者 寄 语

　　一件事，就算再美好，一旦没有结果，就不要再纠缠，久了你会倦、会累；一个人，就算再留念，如果你抓不住，就要适时放手，久了你会神伤、会心碎。有时，放弃是另一种坚持，你错失了夏花灿烂，必将会走进秋叶静美。任何事都会成为过去，不要跟它过不去，无论多难，我们都要学会抽身而退。

　　当我们转过身奋力向前奔跑的时候，雨越下越大，砸在胸口，将那悲伤疼痛狠狠洗刷。我们也终将明白，有时候放弃你最在意的，你会发觉原来没有它也是幸福的！

坚守梦想

《哈弗家训》里这样写道：心有多大，舞台就有多大，而人生也会因梦想而伟大。梦想是一粒种子，用心浇灌，每一滴雨露都能让梦想绚烂如花，飞舞轻扬。手执梦想之灯，在漫漫人生旅途中，就无惧黑暗与崎岖。怀有梦想，你就握住了成功的脉搏。

每个人来到这个世上，都带着一双幻想的翅膀，或许藏在梦里或许藏在心底。请让你的梦想成真，而不要让它永远只是梦想，无论梦想多么遥远，我们要始终坚信星星会说话，石头会开花，穿过夏天的木栅栏和冬天的风雨后，我们终将会抵达。

我看过一句话很吸引我，是这样写的："数年来，不论多忙，每天下班后我都坚持写作。风雨无阻，从未间断。"事实上，除了感叹和钦佩其顽强的毅力外，更重要的是，当我们艰难徘徊时，他选择了不忘初心，每天比我们多努力一点，朝着梦想前进。日复一日，累积起来，就会看到进步与飞跃。

1864年9月3日这天，寂静的斯德哥尔摩市郊，突然爆发出一声震耳欲聋的巨响，滚滚的浓烟冲上天空，一股股火焰直往上蹿。当惊恐的人们赶到现场时，只见原来屹立在这里的一座工厂成了废墟，火场旁边，站着一位30多岁的年轻人，突如其来的惨祸使他面无血色，浑身不住地颤抖着。

　　这个大难不死的青年，就是后来闻名于世的阿尔弗雷德·诺贝尔。诺贝尔眼睁睁地看着自己所创建的炸药实验工厂化为了灰烬。人们从瓦砾中找出了5具尸体，4个是他的亲密助手，而另一个是他在大学读书的小弟弟。5具烧焦的尸体，惨不忍睹。诺贝尔的母亲得知小儿子惨死的噩耗，悲痛欲绝；年迈的父亲因受刺激而引起脑溢血，从此半身瘫痪。然而，诺贝尔在失败面前却没有动摇。

　　事情发生后，警察局立即封锁了爆炸现场，并严禁诺贝尔重建自己的工厂。人们像躲避瘟神一样避开他，再也没有人愿意出租土地让他进行如此危险的实验。但是，困境并没有使诺贝尔退缩。几天以后，人们发现在远离市区的马拉仑湖上，出现了一艘巨大的平底驳船，驳船上并没有装什么货物，而是装满了各种设备，一个年轻人正全神贯注地进行实验。他就是在爆炸中死里逃生，被当地居民赶走了的诺贝尔！

　　无畏的勇气往往令死神也望而却步。在令人心惊胆战的驳船里，诺贝尔依然持之以恒地实验，他从没放弃过自己的梦想。

皇天不负有心人，他终于发明了雷管。雷管的发明是爆炸学上的一项重大突破，随着当时许多欧洲国家工业化进程的加快，开矿山、修铁路、凿隧道、挖运河等都需要雷管。于是，人们又开始亲近诺贝尔了。他把实验室从船上搬到斯德哥尔摩附近的温尔维特，正式建立了第一座硝化甘油工厂。接着，他又在德国的汉堡等地建立了炸药公司。一时间，诺贝尔的炸药成了抢手货，诺贝尔的财富与日俱增。

然而，不幸的消息接连不断地传来。在旧金山，运载炸药的火车因震荡发生爆炸，火车被炸得七零八落；德国一家著名工厂因搬运硝化甘油时发生碰撞而爆炸，整个工厂和附近的民房变成了一片废墟；在巴拿马，一艘满载着硝化甘油的轮船，在大西洋的航行途中，因颠簸引起爆炸，轮船葬身大海……

一连串骇人听闻的消息，再次使人们对诺贝尔望而生畏，甚至把他当成瘟神和灾星。随着消息的广泛传播，他被全世界的人诅咒。

面对接踵而至的灾难和困境，诺贝尔没有一蹶不振，他身上所具有的毅力和恒心，使他对已选定的目标义无反顾。在奋斗的路上，他已经习惯了与困难朝夕相伴。

无畏的勇气和矢志不渝的恒心最终激发了他心中的潜能，他最终征服了炸药，吓退了死神。诺贝尔赢得了巨大的成功，他一生共拥有355项专利发明。他用自己的巨额财富创立的诺贝尔奖，被国际学术界视为一种崇高的荣誉。

当你拥有梦想，并且为之努力的时候，命运就会给你一些跟这个梦想有关的东西，让你实现你的梦想。

所以，有没有"做梦"的勇气，敢于做多大的梦，决定了你的人生能够达到怎样的高度。苦难犹如乌云，远望去只见黑黑一片，然而身居其中时不过是灰色而已。如果你能对你的梦想有锲而不舍的追求精神，那么成功会为你开辟出一条光辉大道。

编 者 寄 语

　　矛盾说："我从来不梦想，我只是在努力认识现实。"戏剧家洪深说："我的梦想，是明年吃苦的能力比今年更强。"鲁迅说："人生最大的痛苦是，梦醒了，无路可走。"苏格拉底说："人类的幸福和欢乐在于奋斗，而最有价值的是为理想而奋斗。"

　　梦想这个词，以梦为开头，但是要在现实中去完成所有的一切。梦想是你活着的意义，梦想是让你快乐起来的最关键因素，梦想是给你创新和活力的主要原因。梦想，不会随着你的年龄而消逝，梦想存在于你的意念中。

第四章 别向这个世界认输，你还有梦想 | *081*

想到更要做到

梦想不是触不可及的白云，梦想是你最喜欢做的那件事，梦想是你内心深处最强烈的渴望，梦想是你可以为之不顾一切竭尽全力的事情。

其实这个世界上每个人都是有梦想的天使……过于眷恋枝头的安逸，永远也无法飞上天空！翱翔在天空不是梦，只是需要不停地挥动翅膀而已……梦想是什么？梦想的终点和极限究竟在哪里呢？你真的看得见吗？……梦想之路到底该怎么走呢？

古希腊哲学家德谟克利特说："一切都靠一张嘴来谈理想而丝毫不实干的人，是虚伪和假仁假义的。"唯有做到理想与行动二者合一，才有可能让梦境全部实现。每个人心中都有一个梦想，梦想是美好的，但实现梦想的道路是曲折的，无论如何，必须认真面对梦想，行动起来，坚持下去。

安妮是大学里艺术团的歌剧演员。在一次校际演讲比赛中，她向人们展示了一个最为璀璨的梦想：大学毕业后，先去欧洲旅游一年，然后要在纽约百老汇成为一名优秀的主角。

当天下午，安妮的心理学老师找到了她，尖锐地问了一句："你今天去百老汇跟毕业后去有什么差别？"安妮仔细一想："是呀，大学生活并不能帮我争取到去百老汇工作的机会。"于是，安妮决定一年以后就去百老汇闯荡。

这时，老师又冷不丁地问她："你现在去跟一年以后去有什么不同？"安妮苦思冥想了一会儿，对老师说，她决定下学期就出发。老师紧追不舍地问："你下学期去跟今天去，有什么不一样？"安妮有些晕眩了，想想那个金碧辉煌的舞台和那双在睡梦中萦绕不绝的红舞鞋，她终于决定下个月就前往百老汇。

老师乘胜追击地问："一个月以后去跟今天去有什么不同？"安妮激动不已，她情不自禁地说："好，给我一个星期的时间准备一下，我就出发。"老师步步紧逼："所有的生活用品在百老汇都能买到，你一个星期以后去和今天去有什么差别？"

安妮终于双眼盈泪地说："好，我明天就去。"老师赞许地点点头，说："我已经帮你订好明天的机票了。"第二天，安妮就飞赴到全世界最巅峰的艺术殿堂——美国百老汇。

当时，百老汇的制片人正在酝酿一部经典剧目，几百名各国艺术家前去应征主角。按当时的应聘步骤，是先挑出10个左右的候选人，然后让他们每人按剧本的要求演绎一段主角的对白。这意味着应征者们要经过百里挑一两轮的艰苦角逐才能胜出。

安妮到了纽约后，并没有急着去漂染头发、买靓衫，而是费尽周折从一个化妆师手里要到了该剧的剧本。这以后的两天中，安妮闭门苦读，悄悄演练。

正式面试那天，安妮是第48个出场的，当制片人要她说说自己的表演经历时，安妮粲然一笑说："我可以给您表演一段原来在学校排演的剧目吗？就一分钟。"制片人同意了，他不愿让这个热爱艺术的青年失望。而当制片人听到传进自己耳朵里的声音，竟然是将要排演的剧目对白，而且，面前的这个姑娘感情如此真挚，表演如此惟妙惟肖时，他惊呆了！他马上通知工作人员结束面试，主角非安妮莫属。就这样，安妮来到纽约的第一天就顺利地进入了百老汇，穿上了她人生中的第一双红舞鞋。

胡适博士曾鼓励青年人做"梦"。因为"梦"代表一种想象力，一种抱负，一种愿望，以及一种对现实的不满。正如一位西方哲人所说："如果你有胆量堂皇高贵地做梦，这梦会成为预言。"一个人要想有所收获，就得有所付出。很多人往往看重的是一个人所取得的成就，而忽视了这个人的努力。但恰恰是他的努力，才成就了他的成果。成功的秘密，就是每天淘汰旧的自己。

所以不要放弃你曾经心心念念的梦想，就算成功的希望渺茫，那也得行动起来，继续坚持。即使你在绝望的时候，你也能微笑：至少我为梦想坚持和努力过，我的生命旅程是充实的。

追逐梦想的脚步永远不要停下，在这个过程中你可能会遍体鳞伤，但是只要用梦想点灯，与坚持为伴，你一定会到达成功的巅峰。

青少年们赶快迈出自己的脚步，朝着梦想的方向出发吧！敢想敢做，才能成就我们的人生之梦。

编 者 寄 语

我爱你，孩子般的敏感与脆弱；我爱你，浪子般的不羁与洒脱；而我最爱的，是属于你的梦想与坚持。时光总会改变许多，它染白了父母的青丝，也曾遮挡过我们前行的路。还好它留给了我们梦想与坚持。

127个愿望

　　成功来自于内心的强大，来自于对梦想的执着追求以及面对浮躁的淡定与从容。

　　人是需要有梦想的，它是人奋斗的动力和源泉，是一切努力的方向。虽然梦想与现实存在距离，但只要志向不干涸、追求不枯萎、信念不凋谢，人就会以积极的心态实现梦想。

　　人因梦想而伟大，所有的成功者都是大梦想家：在冬夜的火堆旁，在阴天的雨雾中，他们梦想着未来。有些人让梦想悄然绝灭，有些人则细心培育、维护梦想，直到它安然度过困境，迎来光明和希望。而光明和希望总是降临在那些真心相信梦想一定会成真的人身上。

　　美国西部的一个小乡村，一位家境清贫的少年在15岁那年，写下了他气势非凡的毕生愿望："要到尼罗河、亚马孙河和刚果河探险；要登上珠穆朗玛峰、乞力马扎罗山和麦金利峰；驾驭大象、骆驼、鸵鸟和野马；探访马可·波罗和亚历山大一世走过的道路；主演一部《人猿泰山》那样的电影；驾驶飞行器起飞降落；读完莎士比亚、柏拉图和亚里士多德的著作；谱一部乐曲；写一本书；拥有一项发明专利；给非洲的孩子筹集一百万美元捐款……"

　　他洋洋洒洒地一口气列举了127项人生的宏伟志愿。不要说实现它们，就是看一看，也足够让人望而生畏了。少年的全部心思都已被那一生的愿望紧紧地牵引着，他从此开始了将梦想转变为现实的漫漫征程。在历经一路风霜雨雪之后，他硬是把一个个近乎空想的愿望，变成了活生生的现实，他也因此一次次地品味到了成功的喜悦。44年后，他终于实现了127个愿望中的106个。

他就是20世纪有名的探险家约翰·戈达德。

当有人惊讶地追问他是凭着怎样的力量，才把那些"不可能"都踩在了脚下时，他微笑着如此回答："很简单，我只是让心灵先到达那个地方，随后，周身就有了一股神奇的力量，接下来，就只需沿着心灵的召唤前进了。"

目标和努力是成功的一对车轮，没有目标的努力不会持久，

没有努力的目标是画在墙上的饼。目标是什么？目标是认知、情感和意志的有机统一体，是人们在一定的认识基础上确立的对某种思想或事物坚信不疑并身体力行的心理态度和精神状态。每个人都应该树立并坚定自己的目标，当坚定了目标，就会有积极的心态，就不会惧怕任何问题。人们在遇到问题时会不断找原因，并想办法解决，在不断找原因、想办法的过程中，会越来越有智慧，越来越能够轻松地解决问题。有了坚定的信念，成功的距离就会越来越近。

在我们的周围，有一部分人目标散乱，没有树立清晰的目标，做事往往心存疑虑，瞻前顾后，不知是否值得全力以赴，最终他们什么事情都做不好。因此我们每个人都应该树立明确的目标，不断聚焦、聚焦、再聚焦各自的目标。只有目标明确统一了，才能全力以赴，排除干扰因素，全心投入去做好工作。《大学》里面有句话："知止而后有定，定而后能静，静而后能安，安而后能虑，虑而后能得。"只有你确定了目标才能够志向坚定，不再左顾右盼，从而气定神闲，智慧绵绵，有所收获。当你目标明确时，积极性和自信心才能充分发挥作用，才能把一件事情做好。《礼记·中庸》中说："力行近乎仁。"其意为亲身体验，努力实行。每个成功者都有一个特点：认准目标，付诸行动，志在必得。成功其实很简单，就是当你坚持不住的时候，再坚持一下。

以终为始，方知进退。昨日的成就代表不了现在，当今世界，人与人之间的竞争越来越激烈，不进则退，要想保持在残酷的竞争中立于不败之地，唯有坚定信念，才会有创造一切可能性的力量和信心。坚定的信念是人生发展之魂，自己的信念坚定了，才能更好地坚守自己的目标，才能走向成功。

　　梦想再微小，也有磅礴的力量。我相信，只要怀揣着梦想，哪怕穿过漫长黑夜，总有一天，你会穿越人群，发出属于自己的光芒。

　　就像《真心英雄》中那样唱到："把握生命里的每一分钟，全力以赴我们心中的梦。"在追梦的道路上，坚持下去，努力下去，终会摘到那颗属于自己的星星。

编 者 寄 语

　　梦想的道路上，有梦的人是孤独的，不要太在意别人的眼光，坚定自己的信念，相信梦想会开花，哪怕是一个人独行。这个世界上，成功的人只是少数，没有谁能够随随便便成功，前路坎坷，请为自己加油。

年少有为

> 　　如果睁眼便是十年后，你希望自己变成怎样的人；如果睁眼是十年前，你希望自己去做什么。如果梦想有捷径的话，那么这条路的名字叫坚持。如果你从八岁就开始坚持一件事，那么到了十八岁，你便有了十年的坚持。
>
> 　　好，别忘了危机与奋斗；难，别忘了梦想与坚持；忙，别忘了读书与锻炼，人生就是一场长跑。

　　什么是梦？什么又是梦想？梦是期待，而梦想是坚持。梦想是你把缥缈的梦作为自己理想的勇气和执着，是你对自己负责的最高境界。但扪心自问，我们有多少人能够实现自己心中最初的梦想？谁还记得年少的梦想，谁踏上了实现梦想的道路？

　　有个叫布罗迪的英国教师，在整理阁楼上的旧物时，发现一叠练习册，这是皮特金中学B班31位孩子的春季作文，题目叫《未来我是××》。他本以为这些东西在德军空袭伦敦时被炸飞了，没想到它们竟安然地躺在自己家里，并且一躺就是25年。

　　布罗迪顺便翻了几本，很快被孩子们千奇百怪的自我设计迷住了。比如，有个叫彼得的学生说，未来的他是海军大臣，因为有一次他在海中游泳，喝了3升海水，都没被淹死；还有一个孩子说，自己将来必定是法国的总统，因为他能背出25个法国城市的名字，而同班的其他同学最多只能背出7个；最让人称奇的是一个叫戴维的盲人学生，他认为将来他必定是英国的一个内阁

大臣，因为在英国还没有一个盲人进入过内阁。总之，31个孩子都在作文中描绘了自己的未来。有当驯狗师的；有当领航员的；有做王妃的……五花八门，应有尽有。布罗迪读着这些作文，突然有一种冲动——何不把这些本子重新发到同学们手中，让他们看看现在的自己是否实现了25年前的梦想。当地一家报纸得知他这一想法时，为他发了一则启事。没几天，书信纷纷向布罗迪寄来。他们中间有商人、学者及政府官员，更多的是没有身份的人，他们都表示，很想知道儿时的梦想，并且很想得到那本作文簿，布罗迪按地址一一给他们寄去。

一年后，布罗迪身边仅剩下一个作文本没人索要。他想，这个叫戴维的人也许死了。毕竟25年了，25年间是什么事都会发生的。就在布罗迪准备把这个本子送给一家私人收藏馆时，他收到内阁教育大臣布伦克特的一封信。他在信中说："那个叫戴维的就是我，感谢您还为我保存着儿时的梦想。不过我已经不需要那个本子了，因为从那时起，我的梦想就一直在我的脑子里，我没有一天放弃过。25年过去了，可以说我已经实现了那个梦想。今天，我还想通过这封信告诉我其他的30位同学，只要不让年轻时的梦想随岁月飘逝，成功总有一天会出现在你的面前。"

布伦克特的这封信后来被发表在《太阳报》上，因为他作为英国第一位盲人大臣，用自己的行动证明了一个真理：假如谁能把15岁时想当内阁大臣的愿望保持25年，那么他现在一定已经是内阁大臣了。

年少的梦想不知现在剩下几许，曾经的诺言，经过时光的河流洗涤再洗涤，只剩下斑驳的痕迹。曾经吃过苦，流过泪，伤过心，发过誓，打过赌，我们才有了现在。谁又真的甘心就这样平凡地度过一生？人生不会苦一辈子，但在成功之前一定会先苦一阵子，努力吧，奋斗吧，让所有的绊脚石变成垫脚石。

今天依旧有人对生活没有希望，于是感到失望甚至绝望。负面情绪是没有意义的，静静地思考一下，你其实是有目标的，只是没有被挖掘出来，并缺少一份坚持。梦想就是方向，坚持就是态度，做一个有方向有态度的人就能获得成功的人生！

梦想是指引我们飞翔的翅膀，插上梦想的翅膀让自己去飞翔吧！不管前方多么泥泞，多么艰辛，我们都会为了我们最初的希望而勇敢地走下去，追逐明天升起的太阳。

编 者 寄 语

送给追梦的你

1. 人的未来需要梦，梦是一个人前进的动力，就像无边黑暗中的一点亮光。当你失去了这一点亮光，你就会发现，你陷入了无边的黑暗。

2. 让我们都拥有梦想，勇敢地去追逐梦想吧！小小的心灵，大大的梦想，它会让你的人生变得充实而快乐！

没被改掉的梦

三毛说："很多的人，总分不清理想和梦想的不同。理想是一种可能实现也可能不实现的概念，这要天时，地利，加上人和三大条件，才能略知成功与否的一二。而梦想，可以想的天花乱坠，随人怎么想，要实现起来，大半是不成的。"

梦想是一个天真的词，实现梦想是一个残酷的词。梦想它不是梦，也不是空想，不是喜欢就可以，不是努力就有结果，也不是想到就能等到。

梦想，如同黑夜里的烛光，微亮的光芒，足以温暖整个心房。许多人已经忘记了最初的梦想，只因一度认为它不可能实现，太遥远。

美国某个小学的作文课上，老师给小朋友的作文题目是"我的志愿"。一位小朋友非常喜欢这个题目，他飞快地在本子上写下了他的梦想。他希望将来自己能拥有一座占地十余公顷的庄园，在肥沃的土地上植满如茵的绿草，庄园中有小木屋、烤肉区及一座休闲旅馆。游客也可以前来参观，庄园中有住处供他们歇息。

写好的作文交给老师后，这位小朋友的本子上被画了一个大大的红"×"，发回到他手上。老师要求他重写。小朋友仔细看了看自己所写的内容，并无错误，便拿着作文本去请教老师。

老师告诉他："我要你们写下自己的志愿，而不是这些如梦吃般的空想！我要实际的志愿，而不是虚无的幻想，你知道吗？"

小朋友据理力争："可是，老师，这真的是我的梦想啊！"

老师也坚持："不，那不可能实现，那只是一堆空想，我要你重写。"

小朋友不肯妥协："我很清楚，这才是我真正想要的，我不愿意改掉我梦想的内容。"

老师摇头："如果你不重写，我就不让你及格了，你要想清楚。"

小朋友也跟着摇头，不愿重写，而那篇作文也就得到了大大的一个"E"。

30年之后，这位老师带着一群小学生到一处风景优美的度假胜地旅游。在尽情享受无边的绿草、舒适的住宿及香味四溢的烤肉之余，他望见一名中年人向他走来，并自称曾是他的学生。这位中年人告诉他的老师，他正是当年那个作文不及格的小学生，如今，他拥有这片广阔的度假庄园，真的实现了儿时的梦想。老师望着这位庄园的主人，想到自己30余年来的教师生涯，不禁感叹："30年来，我不知道用成绩改掉了多少学生的梦想。而你，是唯一保留自己的梦想没有被我改掉的人。"

不要说你的梦想早被岁月磨灭，不要说你已经不需要梦想这样的话，只要我们还活着，我们或多或少都会有梦想，梦想可大可小，但一定要有，因为它支撑着你走完慢慢人生长路。想要什么就努力拼搏争取得到，定一个小目标，为了实现它去努力把每一天过好，使自己变得更优秀，离自己的梦想更近一步。也许你会迫于生活的压力和各方面的阻碍，但是没关系，只要你肯做，都会有所收获。

如果你在追逐梦想的途中，遭受了冷眼与嘲笑，想要放弃，那么你就大错特错了。许多人，小时候在心里播种了梦想的种子，却忘记给梦想浇水，忘记带着梦想沐浴阳光，梦想最后自生自灭，慢慢地腐朽在脑海里……

播种了梦想的人，请不要忘记带着梦想时常沐浴阳光，请不要忘记不论风吹雨打都要坚持自己的信仰，不要丢弃了梦想。

梦想，永远属于执着的人。别人永远不能为你的未来做主，把握住自己就等于把握了未来！你是自己人生的设计师，成龙、成虫全在自己。被别人设定，并且照着别人的设定去做的人，他的生命注定只能平淡无奇，碌碌无为。只有充满激情和幻想的人，才会不断地超越自己，达到一个又一个高峰。那样的人生才会因此而绚丽多彩，跌宕多姿。

编 者 寄 语

青春和三个想有关，梦想、理想和思想。当我们能够坚持自己的理想，追逐自己的梦想，并且探索自己独立的思想的时候，我们的青春就已经开始了。放弃梦想也意味着结束，青春最大的标志是坚决不承认失败，历经挫折，此心不改。

上帝没有给我们翅膀，却给了我们一颗会飞的心，一个会梦想的大脑。人生因梦想而美好，人性因梦想而伟大。从小给自己一个梦想，一个人生的远大目标，从而让梦想带着自己自由地飞翔。

第 五 章

自信让生命更精彩

乔布斯说："自由从何而来？从自信来。而自信则是从自律来！先学会克制自己，用严格的日程表控制生活，才能在这种自律中不断磨炼出自信。自信是对事情的控制能力，如果你连最基本的时间都控制不了，还谈什么自信？"

相信自己

　　这个世界上总有一些人比别人更出色，人们更喜欢称呼这些人为天才，并且将他们出色的原因归结于某些先天的优势。但人类的构造大体都是一样的，大脑也好肌肉也罢，差异都不大。在我看来，那些被称之为天才的人只是比别人付出了更多——科学家付出的是脑力，运动员付出的是体力。更重要的是，他们都付出了比别人更多的时间在想要达成的目标上。

　　他们相信自己，也相信这个目标一定能达成。其实只要你愿意相信自己，你就能够成为真正的强者。

一个一个梦飞出了天窗
一次一次想穿梭旧时光
插上竹蜻蜓
张开翅膀
飞到任何想要去的地方

只要我们敢想敢做
拥有自信和追梦的精神
每个人都是大梦想家

自信是黑暗中的一盏明灯

是大海中的灯塔

是登山时的云梯

是船上的风帆

自信让我们拥有百折不挠的品质

自信是走向成功的第一步

自信是通往幸福的基石

它让我们的生活充满希望

无论前方怎样艰险

自信能点燃理想火焰

照亮前方的路

一直告诉自己

活着要相信自己

否则就对不起自己

相信自己什么呢

相信自己的坚持能够有所回报

相信自己有能力做好自己

每一次都有无数种选择

而任何一条路都会有分支

人生就像树的枝丫

一个起点

却通向无数个终点

自信是一个人的胆
有了这份胆量
你就会所向披靡

编 者 寄 语

　　命运这东西，最虚无缥缈。与其相信这些虚无缥缈的东西还不如相信自己，相信自己可以拥有一切想要的，相信自己可以成就一切想成就的。有了自信，才会有担当，有行动。不相信自己的人，就没有行动， 就不能坚持自己的梦想，没有任何机会走向成功。

　　绝大多数人，绝大多数时候，都只能靠自己。向前走，相信自己的梦想并坚持，你会有机会证明自己，找到你的价值。

是的，我能！

　　自信的人面对苦难更加勇敢，困难使我们的人生百花争艳。谁的生活中没有几座难以跨越的大山，失之东隅，收之桑榆。勇敢地去跨越这些难关，学会积极面对、承担，珍惜抬头与低头之间的考验，不愧对人生的每一个点。自信的人生处处都有心灵驿站。

　　人生在世，每个人都是自己的设计师，每个人都是梦想的耕耘者。人生在世，谁都会踏上一条不知终点的征途，谁都可能行走于尘世的繁花中或寂寞里。人生，就像棋盘中的卒子，必须勇往直前。活着，不能畏缩；活着，不能气馁；活着，不能颓废；活着，一定要快乐；活着，一定要自信。

从未被老师选上的孩子

　　因为矮胖、害羞，本·桑德斯从来没有被老师选进班里的体育队，同学也几乎不邀请他参加他们的体育活动。"足球、曲棍球、网球、板球，随便什么圆的球，都没我的份儿。我那时候真的很没用。"他大笑着说。在英格兰的那个叫德文镇的小学里，他是学校体育课被大家拿来开玩笑、嘲讽的对象。

　　15岁生日时得到的一辆山地车改变了他的命运。起初，这个十几岁的孩子一个人在附近的森林里骑车。后来他跟在一个跑步的朋友后面骑车。渐渐地，桑德斯开始注意锻炼身体、提高速度。到了18岁的时候，他第一次跑了马拉松。19岁那年，他遇见了约翰·雷德格伟。雷德格伟因在20世纪60年代划船穿越了大西洋而闻名。桑德斯被雷德格伟在苏格兰办的探险学校聘请做了一名教练。在那里他知道了雷德格伟的水上探险故事。桑德斯深受鼓舞，他读了所有能读到的大西洋探险和北极圈探险的故事，而后他坚定地认为，这就是他将来要做的事。

对于一个来自英国乡下的男孩儿来说，去北极冒险可不是一件寻常的事。那些把他的这个梦想当玩笑的人怀疑他是否真的有那个本事。"雷德格伟是少数没说'我不行'的人中的一个，"桑德斯这样说。

2001年，在成为一名出色的滑雪者之后，桑德斯开始踏上了他漫长的南极探险的征途。这次探险比想象中更加艰辛。一路上，他经受了冻伤的痛苦，他曾在风雪中拉着运载物资的雪橇在崎岖不平的冰路上艰难地行进，身体多次达到极限。桑德斯成为到北极独自滑雪最年轻的人，他小时候的同学一定不会相信他这一惊人的壮举。2005年10月，27岁的桑德斯从大西洋海岸往南滑行到南极洲，然后返回。这1800里的路程还没有人用滑雪的方式完成过。

不能跳舞的矮女孩

"我就不能笑一笑吗？"成名前的特怀拉·萨普经常问自己这个问题。就像成千上万来纽约寻梦的女孩一样，特怀拉·萨普也怀揣着一个美好的梦想。这个来自印第安纳州乡下的女孩进了巴纳德大学进修艺术史，想获得一个学位。但是她真正痴迷的是舞蹈。

为了达到学校体育课上的体能要求，她跟着当时的传奇舞蹈家马萨·格兰姆和莫斯·堪宁姆学习舞蹈。很快，她就开始每天上两到三节舞蹈课。就这样，一个梦想诞生了。然而她的梦想之路充满了坎坷。

20世纪60年代中期毕业时，萨普到一些广告公司试镜，希望获得一些角色。但是她似乎到哪儿都不适合。跳芭蕾，她缺乏技巧。而且在一次大公司试镜的时候，她发现自己太矮了。"他们喜欢我踢腿的动作和踮起脚尖的样子，但最终他们都没有录用我。"她在后来的自传中写道。她也认识到："如果去跳拉丁舞，怎么看都觉得自己太矮。"可是她仍然在尝试。于是，萨普不断地问自己："我能不能做一个舞者？我有舞蹈的天赋吗？"在一番苦苦的追寻后，她成立了自己的团体，并且创造出自己的舞蹈风格。

整整五年时间里，萨普和她的舞蹈团几乎每天都在一个叫格林威治村的教堂地下室里训练。有的时候，同情他们的牧师不得不在周日早上把他们"赶出去"。他们为了少得可怜的报酬而工作，而且没有任何名声。五年间，萨普不断地问自己：真的要做这个吗？还要不要再坚持？

40年之后，萨普已经为百老汇编导了100场舞蹈表演，在获得2004年的国家艺术奖章之后还参加了一些影片的艺术指导。现在萨普仍然问自己那个问题。她

的答案仍然是：是的，我能！朋友们，相信自己吧，你们也能！

苏格拉底说："一个人能否有成就，只看他是否具备自尊心与自信心两个条件。"无疑，自信是一种胆量，自信是一盏闪闪发光的明灯，自信是难以描绘的一种力量。一路向前，自信地面对生活，一定会活出滋味，活出风采。一路向前，默默地坚守自己的初心，辉煌的一天一定会到来。

编 者 寄 语

送给自卑的你

1.低头不是自卑，只是为了看清前方的道路；抬头不是自信，只是为了抑制住眼中的泪。

2.哪有什么自信之人，那样的人根本不存在，有的不过是能够假装自信的人。

3.自觉者自知；自知者自爱；自爱者自律；自律者自重；自重者自信；自信者自强；自强者自由；自由者自在。

4.青春期或许是太过自信和不太自信的阶段，太过自信会遍体鳞伤，太不自信会一无所有。

5.从自卑走向自信的人是真正的自信，从一开始就盲目自信的人其实没有自信。

6.人为什么要自信？自信就是相信自己。自己都不相信自己，你还期盼谁相信你？

最优秀的就是你自己

　　微软亚洲工程院院长张宏江曾说："从小我就相信我是最聪明的。即使在后来的日子里我常常不如别人，但我还是对自己说，我能比别人做得好。"自信是对自己百分之百的肯定，是一种内在实力和实际能力的统一体现，是引导自己走向优秀的灯塔。一个人的自信决定了他的能量、热情以及潜能挖掘的程度。一个高度自信的人，一定拥有强大的能量，这股强大的能量使他不断地挑战自我，争取成功。

　　只要你相信自己是最优秀的，你就一定是最优秀的！强大的自信将会为你带来积极的心理暗示，赋予你强大的正能量，带你走出人生的困境，走向灿烂的未来。

　　有一个年轻人，他从很小的时候起，就有一个梦想，希望自己成为一名杰出的赛车手。他在部队服役的时候，曾经开过卡车，这对他的驾驶技术的提升起到了很大的辅助作用。

　　退役之后，他选择到一家农场里开车。在工作之余，他一直参加业余赛车的技巧练习。只要遇到车赛，他都会想尽方法参加。因为得不到好的名次，所以，他在赛车上的收入基本为零，这也使得他欠下一笔数量不小的外债。

　　那一年，他加入了威斯康星州的赛车竞赛。当赛程进行到一半的时候，他的赛车位列第三，他很有希望在这次比赛中取得好的名次。忽然，他前面那两辆赛车发生了碰撞事故，他敏捷地摆

　　动赛车的方向盘，试图避开他们。但毕竟因为车速太快，未能如愿。结果，他撞到车道旁的墙壁上，赛车在焚烧中停了下来。当他被救出来时，手已经被烧伤，鼻子也不见了，体表烧伤面积达百分之四十。医生给他做了七个小时的手术，才把他从死神的手中解救出来。

　　经历了这次事故，尽管他的命保住了，可他的手萎缩得像鸡爪一样。医生告知他："以后，你再也不能开车了。"

　　然而，他并没有因此灰心失望。为了实现梦想，他接受了一系列植皮手术，为了恢复手指的机动性，天天他都不停地训练——用手指的残余部分去抓木条。有时疼得他浑身大汗淋漓，但他依然没有放弃，他始终对自己深信不疑。

　　仅仅九个月之后，他又重返了赛场！他首先参加了一场公益性的赛车比赛，由于他的车在半途意外熄火了他没能获胜。不久，在随后的一次全程200英里的汽车比赛中，他获得了第二名的荣誉。

又过了两个月，还是在上次发生事故的那个赛场上，他满怀信心驾车驶入赛场。经由一番剧烈的角逐，他最终获得了250英里比赛的冠军。

他，就是美国颇具传奇颜色的赛车手——吉米·哈里波斯。当吉米第一次以冠军的姿态，面对热忱的观众时，他流下了激动的眼泪。一些记者纷纷将他围住，并向他提出一个相同的问题："你在遭遇那次沉重的打击之后，是什么力量使你重新振作起来的呢？"

此时，吉米拿出一张此次比赛的宣传图片，上面是一辆赛车迎着太阳飞奔的图案。他不答复，只是微笑着用笔在图片的背面写上了一句话："把失败写在背面，我相信自己一定能胜利。"

吉米·哈里波斯坚韧、不服输的精神和碰到挫折不灰心，不丧气的执着让我不禁想起，知名心理学巨匠卡耐基常常提示自己的一句话："我想赢，我一定能赢，结果我又赢了。"

因此，朋友们请也把所有的失败，写在背面吧，把你的泪水擦干，让你的微笑常在脸上，把悲伤珍藏，把梦想点燃。假如昨天是一道伤痕，把创痕永远忘却吧！只要你也拥有一颗永不服输的心，有一种愈挫愈勇的意志，心里就会升腾起一股一往无前的勇气，从而也就不会再埋怨上苍的不公。只要相信自己能赢，就必定能赢，结果就一定能赢！

一个缺乏自信的人，就如同一根受潮的火柴，无论能力多么强，都很难擦出成功的火花。古往今来，许多失败者之所以失败，并不是因为缺少智慧，也不是缺少能力，而是缺少自信。当机会来临时，缺乏自信的人不敢相信自己可以做到，最终任由机会流入别人的手中。其实，只要敢想敢做，敢于承担责任，一切都有可能，最优秀的就是你自己！缺乏自信的人总是把事情想得比实际要艰难，并且不断地给自己压力："这件事我做不到。"结果错失良机。

光阴飞逝，秋远去，初冬的江岸，留下了一片片碎步斑斓。驻足仰望，风拂面而过，五彩缤纷的念想在心中萦绕。人活在凡间，有些疼痛，只能自己修复；有些难关，只能自己去闯；有些味道，只能自己品尝；有些孤独，只能自己穿越。只要自信满满朝着目标走，一定会迎来灿烂的阳光，一定会登上成功的高地，收获深邃的灵魂。

你可以敬佩别人，但绝不可忽略自己；你可以相信别人，但绝不可以不相信自己。每个向往成功、不甘沉沦的人，都应该牢记：最优秀的人就是你自己！

编者寄语

　　有人曾这样说过："信心是生命和力量，是创立事业之本，是奇迹之源。只要有足够的信心，你就一定能赢得成功！"在这个世界上，并不是因为某些事难以做到，我们才没有自信；而是因为我们缺乏自信，某些事才显得难以做到。

　　世上无难事，只怕有心人。无论什么事，只要肯干，就一定可以干好。或许你面对的是一件你从来没做过的事，你不知道自己是不是能够做成。这时你就需要有敢于尝试的勇气，没有试过，你怎么知道你不能成功？

秉持自己的本色

　　人生中，你要先相信自己，然后别人才会相信你。我们应该相信自己是优秀的，如果你始终这样认为，并朝着这个方向不断前进，总有一天，你会发现你的生命之花怒放得更加艳丽。一个人心有多大，舞台就有多大。世界上没有谁可以限制我们走向成功，除了我们自己。只要打开心扉，相信自己是最优秀的，我们的目标就已经达成一半了。

　　加利福尼亚的伊丝·欧蕾从小就非常害羞非常敏感，她的体重过重，加上一张圆圆的脸，使她看起来更显肥胖。她的妈妈十分守旧，认为伊丝·欧蕾无须穿得那么体面漂亮，只要宽松舒适就可以了。所以，她一直穿着那些朴素宽松的衣服，从没参加过什么聚会，也从没参与过什么娱乐活动，即使入学以后，也不与其他小孩一起到户外活动。她怕羞，而且已经到了无可救药的程度，她常常觉得自己与众不同，不受欢迎。

　　长大以后，伊丝·欧蕾结婚了，嫁给了一个比她大好几岁的男人，但她害羞的特点依然如故。婆家是个平稳、自信的家庭，他们的一切优点似乎在她身上都无法找到。生活在这样的家庭之中，她总想尽力做得像他们一样，但就是做不到，家里人也想帮她从禁闭中解脱出来，但他们善意的行为反而使她更加封闭。她变得紧张易怒，她躲开所有的朋友，甚至连听到门铃声都感到害怕。她知道自己是个失败者，但她不想让丈夫发现。于是，在公众场合她总是试图表现得十分活跃，有时甚至表现得太过头，事后她又十分沮丧。她的生活失去了快乐，她看不到生命的意义，她想到了自杀……

后来，伊丝·欧蕾并没有自杀，那么是什么改变了这位不幸女子的命运呢？竟然是一段偶然的谈话！欧蕾在一本书中这样写道：一段偶然的谈话改变了我的整个人生。一天，婆婆谈起她是如何把几个孩子带大的。她说："无论发生什么事，我都坚持让他们秉持本色。""秉持本色"这句话像黑暗中的一道闪光照亮了我。我终于从困境中明白过来——原来我一直在勉强自己去充当一个不大适应的角色。一夜之间，我整个人就

发生了改变，我开始让自己学会秉持本色，并努力寻找自己的个性，尽力发现自己究竟是一个什么样的人。我开始观察自己的特征，注意自己的外表、风度，挑选适合自己的服饰。我开始结交朋友，加入一些小组的活动，第一次他们安排我表演节目的时候，我简直吓坏了。但是，我每一次开口，就增加了一点勇气。过了一段时间，我的身上终于发生了变化，现在，我感到快乐多了，这是我以前做梦也想不到的。此后，我把这个经验告诉孩子们，这是我经历了多少痛苦才学习到的——无论发生什么事，都要秉持自己的本色！

莎士比亚曾说："自我怀疑就好比是我们自身的叛徒，他人的怀疑我们可以主动发起反击，但自我怀疑却总是在不经意间消耗掉我们原有的希冀和梦想。"自我怀疑好像一剂慢性毒药，让我们放弃了自我成长和面对挑战的勇气。

作家胡因梦说："一个人，若想在众说纷纭的影响下穿透种种的虚荣、投射、幻想和憧憬，充分地活出自我，可不是一朝半昔能达成的，这里面需要太多的诚实以对和勇敢的叛逆。"

人生是一本难读的书，人生是一条难走的路，每个人应该做一个孜孜不倦的探寻者，每个人应该迈开脚步，自信地走，向着希望的方向。自信，是一种美丽。有了自信，就有了成功的前提；有了自信，就有了做事的从容；有了自信，就有了毅力和守望。自信的人，会赶走怯弱和沉睡，竭尽全力开发自己的潜能；自信的人，会接受风雨的考验，走向圆满，在记忆的深处增添一份有价值的回忆。"指点江山，激扬文字"是一种豪迈的自信；"不破楼兰终不还"是一种壮美的自信。爱迪生说："自信是成功的第一秘诀。" 的确， 自信就像一根擎天柱，能撑起理想的天空；自信就像光芒，能照亮前进的路程；自信就像一片翠绿，能愉悦人的心情；自信就像大海，能开阔世人的心胸。

　　每个人都是独一无二的，害羞、孤独、自卑往往成为意志中的障碍，我们无须按他人的眼光来安排自己的生活，要用自己的方式展现自己。

编 者 寄 语

　　泰戈尔说："我相信自己，生来如同璀璨的夏日之花，不凋不败，妖冶如火，承受心跳的负荷和呼吸的累赘，乐此不疲。我相信自己，死时如同静美的秋日落叶，不盛不乱，姿态如烟，即便枯萎也保留丰肌清骨的傲然，玄之又玄。"人生在世不会一帆风顺，但你要相信自己，相信自己的能力，同时憧憬诗与远方，怀揣属于自己的目标。以不将就的态度对待自己的生活，那么一切问题都将迎刃而解，你会成为别人眼中的太阳，你将活出自我。

不要低估自己

> 有人说："看不到太阳，就成为太阳，成不了太阳，就追着太阳。有时候感到寸步难行，也许你已经张了翅膀，却不相信自己可以飞。请相信自己，你可以成为自己世界里的英雄。"
>
> 人要么相信自己要么相信别人，千万不要在该相信自己的时候相信别人，也不要在该相信别人的时候相信自己。爱自己，应该从相信自己开始，相信自己能越来越好，相信自己值得更好，也相信自己能战胜一切困难，不自卑、不自负，温柔地生活。

谢丽尔·桑德伯格在《向前一步》中说："想要持续成长，就必须要相信自身能力。"

还记得那个红遍全世界的苏珊大妈吗？她的自信不仅帮她赢得了尊重，还帮她实现了多年的歌手梦。

苏珊大妈成名于英国第三季达人秀舞台。她一曲《我曾有梦》，不仅震惊了观众和评委，也向世人倾诉着即便是平凡人也拥有自己的梦想。随后她的这段视频在网上疯传，轰动全球，点击量创历史之最。之后的几年，苏珊大妈成了一种现象，只要是带着她名字的专辑都会成为全球销量冠军。

有人说，她的成功凭借的是她拥有的天籁之声，可我认为她的自信才是她圆梦的关键。没有自信和勇气，她又怎敢站上达人

秀的舞台接受众人的审视，没有自信和勇气，她也许一辈子都走不出那个不知名的家乡。未来需要自信支撑，如果一个人缺失自信，他的美丽梦境终将被遗忘。

通过这些励志故事我总结了培养自信的三个方法。

1.假装自信

村上春树说："哪有那么多自信的人，你所看到的更多的是假装自信的人。"如今很多研究都支持"假装自信"理论，它背后的原理是心理暗示，就如我们原本心情很差，但如果脸上一直保持微笑，并努力装出"一切很好"的样子，过不了多久，你会发现生活并没有那么糟糕。当一个人，总是喊着"我不行"时，那么他肯定不行，只有不停地告诉自己"我能行"，我们才有希望把事做成。当你感觉不自信的时候，那么你就努力假装自信，直到变得真的自信为止。

2.全情投入

"自信"不是来源于外界对你的看法，而是源自你内心对自己的肯定。只有你全身心专注，才会获得努力后的回报，而回报让我们更加肯定自己的能力。就如苏珊大妈，她从12岁起开始专注唱歌，她从未在意过别人的看法，只是哼自己的调，唱自己的歌，这么多年她从未间断过，这样的坚持，终究换来了梦想成真。不过多关注外界嘈杂的声音，全情投入我们热爱的事情就好。

3.制订目标，并完成

乔布斯说："自信从自律中来，用目标建立自律，才能磨炼出自信。"制订目标，并努力完成，就如打游戏般，给我们的人生不断增加力量值和自信度。当一个个目标通过我们的努力实现时，价值感和成就感会催发出自信，我们逐渐相信自己是有能力的。我们要在日常生活中不断给自己设立小目标，才有可能实现大目标。比如，你可以给自己设定"每天跑步十五分钟""每天少吃半碗米饭"这样的小目标，每天攻克它，过不了多久，你就会发现自己越来越有信心甩掉肥肉了。

人一定要有自信，做什么事情，无非有两种结果：成功或是失败。也就是说，在决定做某件事情之前，理论上已经成功了一半。既然如此，我们为什么不满怀信心地去迎接另一半的成功呢？人生的高度，是自信撑起来的。人与人相比，只有境遇不同。成功者，也都不是三头六臂。很多时候，我们不是欠缺成功的筹码，而是欠缺自信。所有的路途，只有脚踩上去了才知其是否平坦。敢走第一步，并坚持下去就是一种自信和勇气。自信，是人最大的潜能。

李白说："天生我材必有用。"不管少年、青年、老年，唯有坚信自己"有用"，才会抓住机遇，实现梦想。生活是一棵长满可能的树，谁也难以断定下一步会发生什么，愿我们都能自信地面对当下，获得人生的无限可能。

编 者 寄 语

虽然人生的路有很多条，但你要走出自己的那一条路，你才能成为真正的优秀的自己。没有人有资格批判你的路正确与否，真正能批判的人，其实只有你自己。

所以，请相信自己，努力奋斗，多读书，并把学习视为自己一生的事业，修炼自己的内心，让自己越来越强大。别人有别人的路，你只要坚信自己的路是阳光大道，并且坚持下去，早晚有一天，世界会为你驻足。

自信，人生的支点

　　卡耐基在《人性的弱点》中这样写道："要想成功，必须具备的条件就是，用你的欲望提升自己的热忱，用你的毅力磨平高山，同时还要相信自己一定会成功。"

　　请一定要相信自己，一定要接受、喜欢自己的样子。

　　人不能自卑，在这个世界上，能彻底打败你的只有你自己，所有人都可以看不起你，自己一定不能放弃自己。当然，人也不能自负，过高地估计自己，其实就是一种无知的表现。

尼克松败于自信的故事

　　美国总统尼克松，因为一个缺乏自信的错误而毁掉了自己的政治前程。由于他在第一任期内政绩斐然，所以大多数政治评论家都预测尼克松将以绝对优势获得胜利。然而，尼克松本人却很不自信，他走不出过去几次失败的心理阴影，极度担心再次出现失败。在这种潜意识的驱使下，他鬼使神差地干出了后悔终生的蠢事。他指派手下的人潜入竞选对手总部的水门饭店，在对手的办公室里安装了窃听器。事发之后，他又连连阻止调查，推卸责任，在选举胜利后不久便被迫辞职。本来稳操胜券的尼克松，因缺乏自信而导致惨败。

　　人一定要有自信，无论做什么事情，无非有两种结果：成功或是失败。也就是说，在决定做某件事情之前，理论上已经成功了一半。既然如此，我们为什么不满怀信心地去迎接另一半的成功呢?

自信——我们成功的指路明灯

俄国著名戏剧家斯坦尼斯拉夫斯基，有一次在排演一出话剧的时候，女主角突然因故不能演出了，斯坦尼斯拉夫斯基实在找不到人，只好叫他的大姐担任这个角色。他的大姐以前只是一个服装道具管理员，现在突然出演主角，便产生了自卑胆怯的心理，演得极差，引起了斯坦尼斯拉夫斯基的烦躁和不满。

一次，他突然停下排练，说："这场戏是全剧的关键；如果女主角仍然演得这样差劲儿，整个戏就不能再往下排了！"这时全场寂然，他的大姐久久没有说话。突然，她抬起头来说："排练！"她一扫以前的自卑、羞怯和拘谨，演得非常自信，非常真实。斯坦尼斯拉夫斯基高兴地说："我们又拥有了一位新的表演艺术家。"

这是一个发人深思的故事，为什么同一个人前后有天壤之别呢？这就是自卑与自信的差异。

握住这张白纸

有一位女歌手，第一次登台演出，内心十分紧张。想到自己马上就要上场，面对上千名观众，她的手心都在冒汗："要是在舞台上一紧张，忘了歌词怎么办？"越想，她心跳得越快，甚至产生了放弃的念头。

就在这时，一位前辈笑着走过来，随手将一个纸卷塞到她的手里，轻声说道："这里面写着你要唱的歌词，如果你在台上忘了词，就打开来看。"她握着这张纸条，像握着一根救命的稻草一般，匆匆上了台。也许有那个纸卷握在手心，她的心里踏实了许多。她在台上发挥得相当好，完全没有失误。

她高兴地走下舞台，向那位前辈致谢。前辈却笑着说："是你自己战胜了自己，找回了自信。其实，我给你的，是一张白纸，上面根本没有写什么歌词！"她展开手心里的纸卷，果然上面什么也没写。她感到惊讶，自己凭着握住一张白纸，竟顺利地渡过了难关，获得了演出的成功。

"你握住的这张白纸，并不是一张白纸，而是你的自信啊！"前辈说。

自信源于努力！自信和努力成正比，努力永远是自信的参照物。汗水在哪里，收获就在哪里，要坚信：只有付出了才会有回报，如果暂时没有达到预期，只能说明努力的程度还有待进一步加强。当你的能力还无法撑起你的"野心"的时候，请继续努力吧！

命运只能决定你的出身，却不能狭窄你努力的空间。一位友人曾经开玩笑地说："我老家条件不太好，没做成富二代，我现在之所以这么努力，是因为想让我的孩子成为富二代。"话俗理不俗，不要再去抱怨出身，不要只是一味地羡慕那些含着"金钥匙"出生的各种二代。人活一辈子，靠天靠地不如靠自己，实现美好生活的秘诀就是实打实地干。

编 者 寄 语

　　幸福的人生需要三种姿态：对过去，要淡！对现在，要惜；对未来，要信。人生的答案没有橡皮擦，写上去就无法更改，过去的就让它过去，否则就是跟自己过不去。真正属于你的，只有活生生的现在，只有把握得住当下，才有可能掌控自己的命运。只有相信未来，相信自己，明天的你才能成为更好的人。

　　就算全世界都不相信你，你还是要相信自己，因为唯有相信自己给自己信心，才能让别人看到你的自信，让别人开始相信你。

结束语

　　人的一生当中，总会面对各种各样的艰难险阻，但是不管处在怎样的环境当中，我们都应该保持一颗积极进取的心态。

　　在生活这个万花筒里面，我们总是遇见各种各样的人或事。有时我们或羡慕或嫉妒他人，或抱怨或吐槽自己，总是认为他人比自己要过得洒脱随意。其实当你自己真正地去探寻背后的真相的时候，你会发现——没有谁比谁活得容易。只是有些人是在默默地坚守自己的目标，活出了自己想要的样子。

　　一个人活着，任何时候，都不要无所事事，必须要做自己应该做的事情，坚持不懈地去努力，只有这样，自己才会获得真正的快乐。你要相信，无论你现在经历着什么，过得是否辛苦，总有一天在你念念不忘中必有回响。无论黑夜过得多么漫长，黎明终将如期而至。

少年励志经典

你找不到路，是因为你不敢迷路；
你找得到路，是因为你敢于相信路

你若假装很努力，
结果就是一场戏

张芳 / 主编

九月百合 / 本册编写

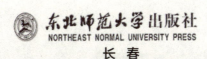

东北师范大学出版社

NORTHEAST NORMAL UNIVERSITY PRESS

长 春

青春寄语

在生活压力巨大的当今社会，我们每个人都需要不懈的努力，无论你是学生还是社会人员，都要认真生活，努力奋斗。然而，为什么有的人通过奋斗成功了，而有的人却依旧停留在原地踏步的状态呢？

首先要方向明确，没有方向的奋斗是毫无意义的，就像无头苍蝇乱撞，越奋斗越迷茫。当你建立了奋斗的目标才会明确奋斗的方向，才会有成功的可能。马在外面拉车，驴在屋里拉磨，它们都一直走啊走，当马朝着一个方向前进的时候，驴一步也没有停止过。但不同的是，驴被蒙上了眼睛，一生就围着磨盘打转，所以它永远走不出自己狭隘的天地。没有了方向，努力就失去了意义，方向真的比只是努力更重要。

好的开端是成功的一半，在你有了明确的方向以后，需要制订详细的计划去帮助你实现目标。你可以制订一个短期计划和一个长期计划，短期计划可以是一个月到一年，长期计划可以是三年到五年。

大多数人失败的主要原因不是没有目标或计划，而是被缺乏持之以恒的耐心所打败，心情好了就坚持一下，心情不好就放弃自己的目标或计划，不懂得坚持的人是永远不会成功的。在奋斗的过程中，一定要积极面对挫折和失败，很少有人在实现目标的过程中顺风顺水，一路畅通。要建立信心，坚信自己的目标是可以实现的，自己的计划是正确的，只要过程正确，结果就一定正确。

努力需要持之以恒，所以在实现目标的过程中要不断给自己打气，古语有云："一鼓作气，再而衰，三而竭。"鼓足干劲儿坚持下去，每天起床前在心中回想自己的目标或计划，精气神提起来，生活才更有意义。

名人名言

拼着一切代价，奔你的前程。

——巴尔扎克

当时间的主人，命运的主宰，灵魂的舵手。

——罗斯福

对于学者获得的成就，是恭维还是挑战？我需要的是后者，因为前者只能使人陶醉，而后者却是鞭策。

——巴斯德

如果我们能够为我们所承认的伟大目标去奋斗，而不是一个狂热的、自私的肉体在不断地抱怨为什么这个世界不使自己愉快的话，那么这才是一种真正的乐趣。

——萧伯纳

人的大脑和肢体一样，多用则灵，不用则废。

——茅以升

想象你自己对困难做出的反应，不是逃避或绕开它们，而是面对它们，同它们打交道，以一种进取的和明智的方式同它们奋斗。

——马克斯威尔·马尔兹

你应将心思精心专注于你的事业上。日光不经透镜曲折，集于焦点，绝不能使物体燃烧。

——毛姆

Contents 目录

第 一 章

努力的时候，
不要做个戏精

有人说努力的人生是苦半辈子，不努力的人生是苦一辈子。北宋诗人林逋说："少不勤苦，老必艰辛；少能服老，老必安逸。"

努力的时候，不要做个戏精，那么戏精到底是什么意思？戏精最早用来描述表演、演戏很厉害的人，而生活中的戏精是指在某些特定的时间和地点，通过表演或模仿的行为，令他人感觉其像剧中的演员一样，产生错觉。

努力成长，是可以在孤独里进行的最好游戏

加西亚·马尔克斯在《百年孤独》中写道："生命从来不曾离开过孤独而独立存在。无论是我们出生、我们成长、我们相爱还是我们成功失败，直到最后的最后，孤独犹如影子一样存在于生命一隅。"

其实我一直觉得，孤独是找寻自我的一个过程，而找寻别人的过程叫作寂寞。也正如著名作家蒋勋所说："孤独和寂寞不一样，寂寞会发慌，孤独则是饱满的。"如果希望孤独变得饱满，我想最好的办法就是不断努力成长。努力成长，是可以在孤独里进行的最好游戏。

孤独
我想，每个人都体会过
或者你可能正处在孤独里

那是什么感觉
或许是，即使在喧闹的人群中
也觉得没有人听自己讲话
想和遇到的每个人讲话
但发现没有人懂你
拍下美丽的夕阳

然而没人与你分享

我所知道最孤独的事
是一只孤独的鲸
它的发声频率在52赫兹左右
正常的鲸只能发出和听到15到25赫兹
因为鲸只能靠声波交流
所以没有同类可以听到甚至察觉到它的存在
于是它像幽灵一样游荡在大海里
游荡在孤独的大海里

慢慢地，你接受了这样的状态
独自吃饭、上学、旅行
看到美丽的夕阳，也只是看看
偶尔你想要迎合别人
去获得欢愉

但总觉得

这样除了孤独，还多了虚无

其实，孤独也没什么关系

请不必着急

至少你还拥有全部的自己

去做想做的事

读书、写字、旅行、认真生活

你会发现

当你不再逃避孤独时，你反而觉得自在

编 者 寄 语

　　孤独是美丽的，置身于孤单之中，你会全身心放松，感受从未有过的清新与宁静。如果在此刻放上一曲轻轻的音乐，捧着一杯淡淡的咖啡，你会觉得整个世界都沉睡了。成长应该是一辈子的，孤独不能教你如何成长，但孤独是成长最好的时机，因为你有大把的时光学习和自我剖析。

　　有些黑暗，只能自己穿越；有些痛苦，只能自己体验；有些孤独，只能自己品尝。但是，穿过黑暗，你一定能感受到阳光的温度；走出痛苦，你一定能企及成长的高度；告别孤独，你一定能收获灵魂的深度！

那个假装努力的人，希望不是你

心灵导读

学生时代，老师告诉我们要努力学习；工作的时候，老板告诉我们要努力工作……在这个时代，我们时刻都需要保持努力的心态来面对这个社会，这样才不会成为一个失败者。

但努力到底是什么？努力需要我们怎么做？这些都没有清晰完整的解释。研究表明，世界上有2000万人在假装努力。他们每天都十分忙碌，用尽全力模仿成功者的方法，但却一无所获。其实，他们只是用身体在努力，而不是用大脑在努力。任何没有走心的努力，都只是看起来很努力。

这个月，冰冰令人意外地被调到了公司的另一个部门。她因为业绩不好，被原有的部门除名了。顶替她的是刚来公司的实习生婉婉。

冰冰觉得很委屈：婉婉比我懒啊，她上班经常迟到，而且还不加班……我在公司明明是很努力的。

我也觉得很奇怪。冰冰在公司确实是一个很努力的人。她很勤奋，永远是公司里第一个上班、最后一个下班的人；她很上进，她电脑上的一个网盘里装满了各种学习资料；她心态很好，永远跟同事们笑脸相对，对工作的事从不抱怨。但是，这样的一个人怎么就被原有的部门除名了呢？

带着疑问，我决定仔细观察冰冰的工作状态。很快我就发现，其实冰冰的工作并不认真。虽然她每天第一个到公司，但她总是先吃早餐、泡茶、浏览网页，这些杂事占据了不少工作时间，等她开始工作的时候，婉婉已经处理好了邮件，列好了一天的工作计划。冰冰工作的时候，虽然不经常和周围的同事说笑，但是她电脑上微信、QQ的界面总是闪烁不停。婉婉上班的时候不时地跟同事说话，但是处理工作时很认真，有时候别人喊她名字她都听不到。我还发现，冰冰的电脑上虽然有很多学习资料，但是她从来没有打开看过。可人家婉婉报了夜校培训班，每天下班后都急忙去夜校上课。

这样一对比，婉婉能够后来居上一点也不奇怪。冰冰的加班只是用来弥补自己浪费的工作时间，并不是因为勤奋。婉婉一个小时能解决的事情，冰冰要花三个小时。那么在工作量不变的情况下，冰冰的工作效率其实很低。

冰冰的努力，只是一种假象。

看着很努力的冰冰，让我想到了我的中学时代。

那时候，我有一个很要好的朋友，他常常不费吹灰之力就能考到满分，是个很聪明的人。可进入初中以后，他再也没有取得过突出的成绩。因为初中的学习科目增加，需要识记的内容变

多，勤奋学习变得非常重要。一向散漫的他，很快在一堆用功的同学中败下阵来。他朗读的时候只是发出声音，却没有用心理解记忆；上课的时候认真记笔记，却没有认真听老师讲课，他的所有努力都是一种懒惰，是一种虚张声势。他中考落榜后才明白：一时的懒惰并不可怕，可怕的是假装勤奋努力，这会让他对自己的懒惰毫不知情，以为自己真的很努力。

生活中，我们经常不知不觉地变成了假装很努力的人。上班的时候，无论多忙，都会打开电脑登录微信、QQ，激情澎湃地聊天。下班回家，点开手机上各种各样精彩的节目就再也舍不得关掉，废寝忘食地观看。第二天顶着黑眼圈去上班，看着一副勤勤恳恳的样子，却没有带来想象中的自我提升。

努力与收获，是永恒不变的因果，是永远成正比的，所有花拳绣腿式的努力，都会是徒劳。表面上在认真工作，实际上在工作时间里没有错过朋友圈的每一条更新，这样的"努力"怎么可能在职场上出人头地！表面上在刻苦学习，实际上在对着书本发呆，这样做怎么可能在知识的海洋里高歌猛进。所以，假把式的努力，最终都会走向徒劳。

自我约束力是成功的根本，没有自我约束的努力只是假装在努力。假装努力是最能消磨人的意志的，它能把我们变得拖延，而且没有办法专注，越来越懒惰，越来越不思进取。最终，那些我们在不知不觉中浪费的时光，都会成为生活中的不堪，再来辜负我们自己。

如果说努力和拼尽全力之间有什么区别，那就是，当你努力的时候，你会觉得自己已经拼尽全力了，而当年你拼尽全力的时候，你会觉得自己还不够努力。努力吧！努力地张开你那小小的翅膀吧！无论是严寒还是酷暑，努力地练习，努力地拍打自己的翅膀！直到有一天，当你离开自己温暖的巢穴，向着天空一跃而起时，你会明白：那里，那个你一直仰望着的地方，才是属于你的世界！只有到了那里，你才会看到完全不同的风景！

编 者 寄 语

　　假装努力是年轻人的幼稚病。你每天跟无头苍蝇一样，一天跑上百个客户，脚都磨破了，的确很励志，但是没有办法，没有成交你就是成不了最优秀的销售员。尽管你每天坐着飞机穿梭于无数个城市，但是没有办法，拿不到投资、招不到人、搞不定项目，热闹过后剩下的也只会是拿着一打等着报销的机票的你。

　　其实这样只是用身体在努力，而不是用大脑在努力。每个人都时不时地会犯这种错误，但并不是每个人都有所察觉。

　　我们真正需要的是合理安排工作和时间的方法。要记住，一切的努力，都是为了你最终的目标而服务的，不要假装很努力。

朋友圈里的"花式秀"

心 灵 导 读

我们常常听到：我们必须很努力，才能遇见更好的自己；我们必须很努力，才能过上自己想要的生活。我们经常会发朋友圈，譬如今年我要阅读50本书；今年我要学习英语，提升自我。我们总是以一副特别努力的样子出现在朋友面前。

为什么我们必须时时刻刻表现得很努力？因为我们知道，除了努力，我们一无所依。我们自己不努力，没有人能替我们负重前行。能帮助我们的，只有我们自己。我们一旦不显示自己的努力，就会有一种背叛自己理想的负罪感。

前段时间，我参加了高中同学聚会才知道一个同学在清华读研。上高中的时候，他的成绩并不突出，大家都没有想到他考研能考上清华，钦佩之余更多的是惊讶。那个同学说，为了不给家里增加负担，毕业后他决定一边工作，一边考研。因为工作繁忙，他常常晚上九点多才到家，然后抓紧时间洗漱就开始复习，凌晨两三点钟才睡，早上七点多又起来上班。"累吗？""当然累，有时候困得睁不开眼睛，我就狠狠地掐自己。"看着他说话时云淡风轻的样子，我的心里却是一片翻江倒海，他在朋友圈里从来没有秀过他的努力，没有英语打卡，没有厚厚的书籍，也没有今天要熬夜学习之类的言语。

反观我周围的其他人，就会有明显的差别。有一次因为一个项目方案没有完成，我和一个同事留在公司加班。晚上9点左右，我们向领导提交了项目方案，然后一起在外面吃了个夜宵，11点左右就分头回家了。结果刚分开，我就在朋友圈里看到了这个同事发的一条动态：照片是同事的办公桌，配文是：真辛苦啊，加班到现在。我觉得很好笑，明明是九点加完班的，却在朋友圈里假装加班到深夜。

前段时间"吕秀才"喻恩泰在一档以台词和配音为特点的综艺节目——《身临其境》中，以标准的英伦口音、过硬的专业配音和精湛的演技登上微博热搜。在《武林外传》之后，喻恩泰似乎消失在大众的视野中了，他推掉很多热门的影视作品，选择攻读博士学位，错过了让他大火的机会。可数十年的低调并没有让他被淹没，回归舞台的他，才华让人惊叹。

而"伪学霸"翟天临，高调炫耀自己的学霸身份，吹嘘自己高考文综取得满分的成绩，秀自己北大博士后的录取通知书，

却被网友发现他不知"知网"为何物，并且他的论文的重复率在40%以上，励志学霸努力向上的人设还没立稳就轰然坍塌，成为学术不端的典例。

你知道学霸们的人生顺利，考上顶级学府，各方面能力出色，幸运之神似乎总是把橄榄枝递给他，却不知道他们的背后是一个个悄无声息、挑灯夜读的夜晚，他们的故事没有被人看到。而有些人的背后，却只有朋友圈里的虚假繁荣，做不到真的努力，却又想安慰自己真的用功，就只能营造出努力的假象，更可怕的是连他们自己都相信了这个假象。一旦没有得到回报，他们就咬牙切齿地嚷着世道不公平，社会不公平。

买本书，拍张照片发到朋友圈里，就当自己已经看过了。偶尔早起，拍张朝阳的照片，就当自己已经很努力地在工作了。真正的努力不是给别人看的，欺骗别人很简单，欺骗自己也容易，但要欺骗这个世界真的有点难。其实看看那些真正努力的人，他们不会在朋友圈里告诉别人自己吃了多少苦，熬了多少夜，因为他们不需要靠在朋友圈里的宣扬得到别人的肯定，也不需要用朋友圈里的点赞和评论来满足自己的虚荣心。他们从不抱怨，也不吹嘘，而是用他们的努力来收获丰盛的果实。

我想起飞行员舒克说过的话："你与别人花费一样的时间，别人用心，而你吊儿郎当，到了最后检验成果的时候，别人成功，而你除了浪费了时间，一无所得。"很多时候，有的人之所以熬夜，是为了假装努力和感动自己，他只看到了自己深夜的奋斗，以为熬夜就了不起，但是没有看到白天自己懒惰的丑陋样子。有的人整天想着自己差劲却不知悔改，沉浸在自己的世界里假装努力。

别在该奋斗的年纪，假装努力！表面上刻苦学习，实际上一直对着书本发呆；表面上认真工作，实际上在工作时间没有错过朋友圈里的每一条更新……骗别人很容易，骗自己更容易，但是要骗这个世界真的有点难。别总是假装努力，因为结果不会陪你演戏。你想要的生活需要你自己的真努力。

"怀才就像怀孕，时间久了总能被看出来。"其实努力何尝不是如此。当你真的拼尽全力地努力，全心全意地做一件事情，当你的奋斗不只是停留在朋友圈里，我相信自然会有一个好的结果在等你。

编 者 寄 语

我们身边总是不乏这样的人，每天都能看到他们在朋友圈里花式秀努力：昨天是六月长长的书单，今天是一本崭新的单词书，明天是健身房里挥汗如雨的身影。可是这些都真实吗？

朋友，别在朋友圈里努力了。朋友圈里的努力都只是向别人证明自己在努力，并不是真实的努力。朋友圈里的打卡式努力会给你留下一个自己已经努力过的幻象，这个幻象成本极低，点赞和评论却能预支成功的快感，然后让你忘记实实在在的努力。最可怕的莫过于你明明什么都没做，却沉醉在努力的自我感动中。

你要相信，当你真正开始努力，把全部的精力投入一件事情中时，你肯定会收获属于自己的果实。

自己骗自己

　　米兰·昆德拉说："生活，就是一种永恒沉重的努力，努力使自己在自我之中，努力不至迷失方向，努力在原位中坚定存在"。

　　不是每条小溪都能融进大海，不流动就会成为死水；不是每粒种子都能长成大树，不生长就会成为空壳；不是每个生命都能绽放光彩，不努力就会成为废人。只有努力才能到达成功的彼岸。可是仅仅知道努力还不够，还需要一点一滴努力的过程，付出自己的真心实意，才能等到开花结果。

　　在根据真实故事改编的电影《当幸福来敲门》里，主角Chris的境遇惨到让人不忍心去看：丢了工作，没了老婆，长期欠房租，被房东赶出来，流落街头，甚至要带着儿子住在公共厕所……

　　一次，他在路边遇见一个开红色跑车的人，Chris上前说："我只问两个问题，你是做什么的？你是怎么做到（买跑车）的？"开车的男人说，我是证券经纪人。虽然Chris只有高中学历，但他对数字敏感，于是他在一家证券公司门口整整守了人力资源主管一个月，终于获得进入证券公司实习的机会。六个月的时间，没有工资，业绩一度雪上加霜地没有长进，但坚持下来的他还是迎来转机，成了唯一转正的实习生，进而改变命运，开了股票经纪公司，成了百万富翁。

这部电影传递了一个观点：努力就会成功。

因为被类似的励志故事所感动，很多人相信自己也会迎来奇迹发生的那一天。于是他们无时无刻不在秀努力：半夜桌子上摆满各种材料，拍一张照片附文"今晚又不能睡了……"；新买了一本书发朋友圈，"从今天开始每天至少看一章"；签到"今天跑了3千米，我要瘦成一道闪电……"但实际情况是，三个月过去了，工作中没有任何创新；半年过去了，书的页脚依旧整齐；一年过去了，腰围只增不减……

多少人的"假装努力"，只是感动了自己。

一、自我感动式的努力，其实在妨碍你的进步

"假装努力"的背后是"真正偷懒"的面目。上了一天班，马上有个材料要上交，这时候有朋友邀约出去喝酒，于是想着，"我都这么辛苦了，出去玩一会儿也无所谓，工作等喝完酒回来再弄"。回来已经很晚了，慌慌张张准备材料一直到后半夜。第二天困得睁不开眼睛，工作也没完成好，非常委屈地发了一条朋友圈说自己工作太辛苦了，连睡眠时间都不能保证。但实际上，是自己把工作推到半夜，才造成了睡眠不足，而且任务也没完成好。心理学家凯利·麦格尼格尔在《自控力》一书中提出概念"道德许可效应"——人做了一件好事以后，在道德上得到了满足，从而会产生一种冲动——允许自己做些"叛逆"的事。相对的，继续做好事的冲动也会变少。有些人在潜意识中认为自己已经足够努力了，所以实际的行动往往与"努力"背道而驰。在自我感动的过程中，拼劲儿和焦虑一个不少，但就是落不到应该有的行动上。例如，在一堆紧急任务当前的情况下，却停下来收拾桌面、整理东西，就这是最明显的一种表现。得不到预期结果的反馈，只能自我安慰已经尽力了。

二、清醒理解：为实现目标而做的并不是目标本身

生活中的常态是"好不容易稍微有点干劲儿了，书一买回来就满足了"。认为自己已经很努力了，这是一种自我认知失调。无论是学习还是工作，一个人所能得到的认可，都有标准的衡量方式。努力刷夜的学生会让老师认可吗？可能会，但升学拼的还是成绩；努力加班的员工会让老板感动吗？可能会，但工资高低还是取决于业绩。组织心理学家Argyris在《理解组织行为》一书中使用了"心理契约"的概念，即除了明文规定的标准任务量和业绩，员工和老板之间都有对彼此暗含的期望。假装努力的人，期望老板被感动，在老板心中留下一个卖力工作的形象，但老板期望的，永远是员工能创造更多的价值。自我认知失调，导致对自己的定位认知同样失调，从而把努力的过程当成了终点——让别人知道自己努力就行了，而结果总不能尽如人意。在牛津大学，有人问郎朗："天赋和后天努力，两者的关系是怎样的？"，郎朗说："有些人确实天生就技艺超群，但是有一点很重要，这不意味着你就能用更少的努力换取更大的回报。"感动换不来成绩和业绩，"只心动不行动"才是真的想走捷径，但这是一条在现实社会中不可行的捷径。

三、想用努力换来成绩，需要勤快点地动脑子

为什么那些真正努力的人，往往很少秀努力？这有点像《孙子兵法》中的"能而示之不能，用而示之不用"。越善战，越装作不能打；越是准备用兵，越装作按兵不动。在高中时常见到这样的学霸，他们对自己有明确的规划，学习的时间看起来比那些起早贪黑的人要少，成绩却从不落后。做无效努力的人，只会模

仿并量化"真学霸"的行为，疯狂刷题、到处提问、一遍一遍地抄笔记，但他们没学到的是在脑子里将知识内化，选用适合自己的理解方法，融会贯通。辩手黄执中曾说，他最不喜欢的人，就是"半吊子"。一边花着时间说服自己在拼命用功，另一边惦记着休闲满足和自己应得的补偿。在任何一边都没有经过思考、让自己升华，而只是两头拉扯，不停消耗元气。他们其实早就能预见结果不会尽如人意，所以在被宣告失败的那一刻，内心毫无波澜。思维上的懒惰，导致无尽的借口与抱怨，会让人丧失斗志。

假装努力的人总是觉得自己怀才不遇，生错了时代，而懂得何为"卖力"二字的人，却总是会从自身找问题。努力不一定要故意让别人看见，把努力变成日常，贯穿在生命之中，就像电影《当幸福来敲门》中的那句台词："我不要似是而非的人生，我要自己做的每一件事都刻骨铭心。"假装努力，是在骗自己，却又骗不过自己。

编 者 寄 语

如果今天的你还没有目标，那么明天的清晨，你用什么理由把自己叫醒，对新的一天道声：早安！努力不一定有回报，但至少可以将你和同样努力、想变得更好的人连接在一起，让你遇到更好的人。如果你没有后台，没有背景，没有关系，那就去比未来，去拼努力，去靠志气！老天从不会亏待任何一个努力生活的人。

但这些的前提是真实的努力。从现在开始，让我们努力地学习、工作，认真地从点点滴滴做起，这将是一件快乐的事情！

你是否是"伪勤奋者"？

心灵导读

　　高考是每个中国孩子必需的人生经历，每个经历过高考的人都能说出点子午卯酉来，那真是"走过童年、穿越少年、跨入青年的一场远征"。在准备高考的那些日子里，考生们每天都在为自己的目标而努力奋斗，过着披星戴月的辛苦学习的生活，但是否每个人都全力以赴了呢？是否有人只是利用表面的努力来掩饰自己呢？即将参加高考的你是否是个"伪勤奋者"呢？

　　2018年参加高考的河南考生大约有100万人，而按照社会大众对"好大学"的判断标准，能考上好大学的考生不到10%，剩下的就是考上普通本科或者仅仅拿个学历而已的考生……真正的努力尚且不能保证考上理想的大学，更何况是假努力。

　　有的同学从早上五点半起床就埋头进入学习状态，基本上除了吃饭、午休、洗漱的时间，他们都在学习。吃饭基本上是靠吞的，尝不出什么味道。当然去食堂也是一路小跑的，等饭的间隙也是要拿出小本本记几个单词的。下了晚自习到寝室，在昏暗的台灯下接着用功，一天不刷够一定量的题、看够一定量的书是不可能安心躺下来睡觉的。睡眠不足，白天打瞌睡是一定的，只能靠意志强撑。疲倦的状态下听课，总有很多疑问，为了弄懂只能接着熬夜。如此循环往复，勤奋到人神共愤。然而，等到考试成绩出来，依然不上不下，前进的脚步维艰，无语问苍天，为什么汗水换不来成功，努力得不到回报。

他们给自己塞了满满的公式、单词、作文素材，却没有工夫想想哪些是自己没有掌握的，哪些是做了无用功的。各种习题册，他们一个也不舍得放过，却没有细细品尝每一道题背后的解题思路，更别提消化了。他们刷真题、刷模拟试卷，试卷一堆堆地写，却从没有思考过哪些是自己需要的，哪些是浪费时间的。要明白，不是耗着时间就一定会进步，不是参加各种补习班就一定会脱胎换骨，不是每天只睡5个小时就一定是勤奋，不是题目做了一本又一本就一定管用……这样的是"伪勤奋"，对于学习的进步毫无用处。

所以我们要尽快走出"伪勤奋"。

1.对"伪勤奋"喊停。高三这场战斗，旷日持久，难免有疲劳期，如果你对自己目前的状态感到无力，那你不妨试着先让自己停下来！给自己两三天的时间停止所有的复习，进行反思、回顾、总结、解疑。在你觉得太忙或者太盲目的时候停下来，会使自

己更清醒，少做无用功。

2.对基础知识做深度思考。爱因斯坦曾说：如果给我1个小时解答一道决定我生死的问题，我会花55分钟来弄清楚这道题到底是在问什么。一旦清楚了它到底在问什么，剩下的5分钟足够回答这个问题。高考状元们普遍表示，只要跟紧老师的复习计划，把课本基础知识掌握好，把基础的题目弄懂弄透，把课堂吃透，就能成为课堂之王，效率之王。事实证明，动脑子把基础知识想清想透，比囫囵吞枣地学很多知识要好得多。

3.寻找适合自己的方法。比努力更重要的是学习方法，建立知识体系这个方法你值得拥有！高中三年的学习，很多知识点都是分散的，但是高考考查的却是各知识点的综合应用，所以一定要搞清各学科的知识框架，明确各知识点的关系、重难点等。平时还可以通过建立错题本的方式进行试卷分析，剖析每道题，找到自己的易错点、失分点！

4.劳逸结合。如果你曾关注每年高考状元的经验分享，你会发现，其实他们很少熬夜，不会挑灯夜读，也不搞"题海战术"，做体育锻炼、玩乐器、看小说、参加社团活动，事实上，他们的生活丰富多彩。在学习的时候我们固然要全身心投入，全力以赴，但也不应该把神经绷得太紧，把所有时间用来学习却不知享受生活，这样往往会事倍功半，不妨留一点时间看看报纸、听听音乐，甚至睡一觉。

5.合理规划时间。时间对每个高三党来说都是弥足珍贵的，在清楚地掌握自己各科学习的情况之后，咱就得合理安排自己的时间！此时，先做什么，后做什么，什么时候完成试卷，什么时候背单词，什么时候读课外书，什么时候看新闻，必须有个计划，最好精确到小时。制订计划的目标一定要细化。细化的目标是这样的：时间限制+任务对象+任务数量+要达成的标准。举个例子：我每天早上要用30分钟的时间（时间限制）熟练记忆并掌握（达成标准）10个英语单词、5个短语（任务数量+任务对象）。

6.正确刷题。备战高考、期末考，有时题海战术是必需的，但千万不能盲目刷题，要针对自己薄弱的知识有目的地刷题，查缺补漏。那么，如何正确有效地刷题呢？固定一天、一周的做题量。每次做题前先将题目"过滤"一遍，把做过多次的普通题筛选出来，重点攻克自己不熟悉的题目，下次找相同题型的不同题目，强化知识点，做题的质量和数量要并重。

编 者 寄 语

　　高考的道路上，似乎每个人都在努力学习，可是否取得了满意的成绩呢？如果没有，你可能是一个低品质勤奋者。你的勤奋是表演出来的，给别人看，也给自己看，也许是为了老师和家长那句"你真努力"的表扬，也许是为了让自己回顾一天的时候不觉得后悔，也许是为了成绩不好的时候安慰自己，"不是我不努力，只是我脑子太笨"。

　　其实你不是笨，只是你用勤奋的伪装掩盖着懒惰的本质。你的假装努力，欺骗的是你自己，永远不要用战术上的勤奋来掩饰战略上的懒惰。唯有脚踏实地的努力，才能在人生的道路上不后悔。

为什么没有结果？

心 灵 导 读

　　每天晚上啃完书或加完班瘫在床上的时候，我们可能都会有同样的困惑："我都这么努力了，为什么没有结果。"因为高水平的人会花更多的时间在思考上，去选择真正值得自己花时间做的事，一旦确定之后，便会投入时间和精力完成到最好。而低水平的勤奋者，做事往往不顾一切，凡事先做了再说，最后再思考为什么，他们不是懒得动手，而是不爱动脑。真正的努力和勤奋并非流于表面，勤于思考，找准努力的方向才能获得数倍成效。

　　以前看《打工仔买房记》时，总感觉男主角武诚治在上司那里受尽刁难。上司派他去买便当，做杂务，武诚治受不了领导的刁难选择了辞职，变成了一个家里蹲。武诚治在家过着衣来伸手饭来张口的生活，父亲多次要他交生活费，他也拿不出钱，赌气地躲在房间里不出来。他认为，自己每天跑腿这么辛苦，已经足够努力了，之所以没有获得成功，是因为没有人挖掘自己。试图掩盖自己的愚蠢和懒惰，比愚蠢和懒惰本身更糟糕。毛姆在《人生的枷锁》里说过："年轻人知道自己是不幸的，因为他们脑子里充满了灌输给他们的种种不切实际的幻想。他们一旦同现实接触，总是碰得头破血流。"成熟的人从失败中总结经验，幼稚的人却习惯把责任推卸给全世界。失败者最常用的感言就是"我都这么努力了，为什么还不行？"

　　你不是不努力，只是看起来很努力。在我们身边这样的现象有很多：加班到半夜是因为白天一直在刷朋友圈，没有按时完成任务；把每月书单上的书从书店买回来，却只是拍照发个微博；每次一晒完单词本，就扔开英语书去回复朋友圈里的点赞和评论；为了鞭策自己多读书买个Kindle，用了三天就放着积灰；看到别人的马甲线心生羡慕，就去报了个健身班，一年也没去几次。这可能是很大一部分年轻人的通病：我都这么努力了，为什么还不行？可是他们自己没有意识到，他们眼里的努力，只是在欺骗自己罢了。

　　朋友圈里的打卡式努力会给自己留下一个自己已经努力过的幻象，这个幻象几乎没有任何成本，点赞和评论这种反馈却能带来成功的喜悦感，使人忘记实实在在的努力。

　　有过这样一个社会心理学实验：两组人分别重复无意义的组装工作一小时，一组被给予一美元的报酬，另一组则可以获得五十美元。同时，实验员告诉受试者，拜托你对下一个进来的人说这份工作很有趣。事后观察受试者态度时发现，同样的工作，

拿到一美元报酬的受试者普遍比拿到五十美元的受试者更愉快。实验员解释：当你重复一份无聊的工作却不得不告诉其他人这份工作很有趣时，内心会出现情绪上的不协调。五十美元的高工资可以让受试者说服自己"我是为了钱才说谎"，但一美元的工资无法达到这样的效果，受试者在潜意识里就会自我说服，相信这份工作真的很有趣。

大部分没有真正努力的人，因为无法被自己的实际成就说服，所以才向表面的赞赏寻求自我安慰。最不求上进的人莫过于此：总是不安于现状又没勇气改变，做着无效的劳动却自我麻痹已经尽力了；怀揣着有奋斗目标的心，却没有践行目标的命；习惯于把"想做"当成"在做"，把"在做"当成"做到"；刷着手机想通过别人的评价寻求努力向上的肯定，关上手机仍然该做什么做什么。

耕耘就是耕耘，有效的耕耘才会带来收获。你要知道，努力不是通关的进度条，而是下一环节的入场券。在人生的游戏中，有目标地前行，有选择地坚持，有效率地打拼，才能多一分成功的可能。就像于宙在《我们这一代人的困惑》里写过的那样："一个人在年轻的时候，做的每一件事情，能清楚地区分其中随机性所占的比例，并能心平气和地接受它，在我看来就是最宝贵的财富。"

你买了英语六级的单词书，占了图书馆的座位，雄心勃勃地要大干一场。最后在脑子里，除了对abandon的滚瓜烂熟，什么也没留下。你的生活特别像这本六级单词书，书的前一小段被翻看了无数次，页角都皱了，但后面的内容，崭新如初，少有触及。这似乎是微不足道的小事，却又是关乎成败的大事。这些细节，折射出的是努力的属性。努力常态化是成功与否的分水岭，各自延伸出的是截然不同的轨迹。

多数人只是在热血和堕落间徘徊：一段时间，猛冲猛打，自己感动得哭了；一段时间，懒散放纵，行尸走肉一般。我相信，每个人都努力过，都有过热血沸腾、立誓发狠的时候，都有过奋进狂飙、强力输出的经历。然而，平庸和杰出之所以泾渭分明，正是因为平庸者的努力是碎片化的、不成系统的，走走停停，断断续续。

我们有时候会想："我都努力了，为什么还是没有得到好结果"。实际上，努力不是重点，常态化才是关键。昙花一现的努力，都是伪努力。

编 者 寄 语

　　无论是在生活中，还是在工作中，都不要做一个伪勤奋者，而要做一个脚踏实地努力的人。一个人即使再努力，如果不懂得脚踏实地，努力也会变成蛮干，这会使努力收效甚微。一个人只有愿意一点一滴地认真努力，努力才会更有成效。

　　在我们的生活中，最让人感动的日子总是那些一心一意为了一个目标而一直努力的日子，哪怕是为了一个微小的目标而努力也是值得我们骄傲的，因为我们做出了真实有效的努力。金字塔也是一块块石头组成的，每一块石头都是简单的，而金字塔却是宏伟而永恒的。

第 二 章

对自己更狠，离目标更近

"对自己狠一点"，这里所说的真正的"狠"是什么呢？就是对自己高标准严要求，激发潜能，理性规划，并且在执行人生规划的同时，要有过人的意志力，要有一种为了完成自己的奋斗目标而百折不挠的坚强决心。

坚持下去

心 灵 导 读

所谓时间宝贵：不是你今天感觉不好就可以随便浪费！这世间最大的公平是坚持！因为大多数人在最初的热情退却后，会有各种说辞来为自己的不坚持找借口：我不适合做这件事情，我天资不够好，我基础不够好，我状态不够好，我和周围的同学关系没处理好，我没法静心……

只有真正不顾一切坚持下来的人，才会看到这个世界原来是如此公平！你要记住：无论你是否坚持，已经有一群始终坚持的人一直在路上！

花儿
开了又落
落了又开
承载着四季的足迹
谱写了人间的七彩
从春到冬……

溪水
不忘初心
一心东流
追随着大海的足迹
留下了澎湃汹涌

从古到今……

月亮
银光四射
普照大地
装扮着黑暗的夜晚
眷恋着晚归的人儿
从晚到早……

这就是信念
这就是坚持

如果你要尝试，就要坚持下去
否则，便不要开始
这可能会让你失去朋友，亲人，爱人
这可能会让你饥肠辘辘
这可能会让你在公园的长椅上受冻
这可能会让你迷茫
这可能意味着被讥讽

所有这些都在考验你是否真的想去做
你会去做的，尽管会遭遇拒绝和困境
一切都会比你想象的还要好

如果你要尝试，就要坚持下去

没有任何感觉可以像这样

你会独自一人

你会带领生活笔直地奔向美好

这是唯一的，也是最好的斗争

编 者 寄 语

　　因为格局太低，考虑得不够远，很多人每次开始做一件事情，不到一年就放弃了。然后说，这件事情不行。很多人，就这样浪费了自己的一辈子，一直在第一年的怪圈里打转。

　　所以，一个人的见识决定了一个人的格局，从而决定了其职业方向是否正确。无论我们是选择在职场打拼，还是自己创业，千万不要总觉得未来发展不怎么好，于是不停地换方向，最后总是在错过一次次机遇。

　　其实，你最大的运气就是坚持下去，相信自己能成。拼命干，然后一切都会为你让路。

没有伞的孩子

有伞的孩子需要奔跑，没有伞的孩子更需要奔跑。

因为没有伞，没有比他人优越的条件，所以才需要通过自己的努力来创造条件，以弥补这一缺陷。我们都说不能让孩子输在起跑线上，但是人生，从来都不是百米跑，而是一场马拉松，从来没有哪个人是赢在起跑线上的。

我们来到这个世界，每个人都是一样的，如果真的还有你没看过的风景，那么我相信，只要努力奔跑，冲破现有的局限，另一扇风景的窗子一定会向你敞开。

要敢于奋斗，更要善于奋斗。

有这样一个故事：在一条大街上，有两个人在闲逛。突然之间下起了大雨，路人甲拔腿就跑，而路人乙却悠闲漫步。路人甲很是好奇地问："你为什么不跑呢？"路人乙回答说："为什么要跑？跑也是在雨中，为什么要浪费力气呢？"

如果你碰到下雨天，雨下得很大，糟糕的是你还没有伞，你会怎么做，是做努力奔跑的路人甲？还是做漫步雨中的路人乙？你觉得路人甲和路人乙有什么不同？他们之间究竟谁对？

在我看来，他们都没有错，只不过是面对人生的态度不同而已。路人甲对待人生的态度是比较积极的，他奔跑的结果可能还是全身湿透，但是他在雨中奔跑，努力争取后，也可能获得比较好的结果，比如衣服只湿了一点点，还可以继续穿，不影响他当天的活动。但是路人乙的人生态度就比较消极了，他知道不努力奔跑的结果是全身湿透，但他选择了接受。正如一句话所说：你期盼什么样的结果，你就会得到什么样的结果。所以路人乙全身湿透是肯定的，这就是路人甲和路人乙之间的不同，路人甲还有机会，而路人乙已经注定了是这样的结果。

奔跑的路人甲意味着：没有后悔，没有抱怨，勇敢的应对，迎接挑战，努力争取，无所畏惧，心中充满理想，对人生充满期望，懂得为自己创造机会，积极主动。漫步的路人乙意味着：消极被动，逃避挑战，忍让妥协，丧失机会，一眼能够望到头的人生，逆来顺受，不思进取。

人生之所以存在不同，是因为我们的想法不同，是因为我们面对机遇和挑战的态度不同，是选择勇敢应对，还是消极逃避。虽然结果不是很明确，但是这两种人生态度却告诉我们一个很明白的道理：第一种人是有机会的，第二种人有的只是失望。

你今天得到的生活和成功，就是你昨天努力的结果；你明天想要的生活和成就，它们的决定因素就是你今天的努力。这就是我们常说的因果报应，天理循环。

在现实生活中，绝大多数人和你我一样，都是没有伞却刚好赶上下大雨的孩子，我们都很平凡，平凡到这个世界可能感觉不到我们的存在。在我们的人生道路上，有可能赶上的雨会比别人的大一些，这时很多人会告诉我们：天将降大任于斯人也，必先苦其心志，劳其筋骨，饿其体肤，空乏其身……于是我们还很高兴地去迎接每一次挑战，去理解每一个让我们死去活来、刻骨铭心的考验，一次又一次，成功和失败如影相随，泪水和汗水交织体会，不是我们没有选取，只是我们选取了一条更难的路。没有伞，我们选取了努力奔跑。我们可能没有傲人的学历，没有显赫的职业，我们的每一天可能都过得很平凡，但我们在向着不平凡努力。

知足的人告诉我们：生要学会知足，但不要轻易满足。知足的人生会让我们体会到什么是幸福，什么东西才值得我们真心珍惜。不满足于现实的人会告诉我们：其实我们还能够做得更好，我们还能够更进一步，也许我们还有更大的机会，一如在雨中奔跑的孩子，我们的知足应是我们至少还能够奔跑，这比起很多无法奔跑的人来说，无疑是世界上最幸福的事情了，但是我们不能满足于此，我们更期望有自己的一片晴空，我们要努力地向前奔跑，奔向那片自由的天空。

高尔基说："世界上没有再比青春更美好的了，没有再比青春更珍贵的了！青春就像黄金，你想做成什么，就能做成什么。" 的确如此，青春的我们意气风发，青春的我们敢为人先，青春的我们斗志昂扬。我们的青春该如何度过？我认为，青春是奋斗，是奔跑。奔跑才是青春最永恒的底色。没有奔跑的

青春是苍白的，没有可供回忆的青春是悲哀的。只有奔跑才能展现青春的绚丽多彩。

奔跑不单是一种潜力，更是一种态度，决定你人生高度的态度。少年，让我们抛弃迷茫，摒弃焦虑，掌握航向，共同奋斗，做个努力奔跑的追梦人吧！

编 者 寄 语

　　业界常常评价京东集团的创始人刘强东为"搅局者"，因为他总是把风平浪静的市场搅得浊浪滔天。刘强东则说，他始终把自己当作"光脚的"孩子，所以才敢肆无忌惮地挑战业界大佬。当当网创始人李国庆曾叫板刘强东："如果京东能拿到10倍于我的30亿美元融资，我就缴械投降。"刘强东则用微博回应："本想忍住不说！可是实在难受。遇到10倍于自己的对手就缴枪，绝非创业者该有的精神！用3000万干掉3个亿的企业，才是创业者该有的追求和气质！"

　　光脚不可怕，没伞也不可怕。只要跑得快，兴许就淋不湿。除了淋不湿，可能一不小心就跑了个第一。

花样年华

佛说："欲知前世因，今生受者是；欲知后世果，今生做者是。"你今天得到的生活和成就，就是你昨天努力的结果；你明天想要的生活和成就，今天的努力和进取就是它们的决定因素。这就是佛家常说的因果报应，天理循环。

如果决意去做一件事，不要公开宣扬个人目标，只管安安静静去做。因为那是你自己的事，别人不知道你的情况，也不可能帮助你实现梦想。千万不要因为虚荣而炫耀，也不要因为别人的一句评价就放弃自己的梦想。其实最好的状态就是坚持自己的梦想，听听别人的意见，然后努力拼搏。

有这样一个故事：

有一个孩子，家徒四壁，他每天都要提着小筐去捡那些从拉煤车上掉下来的碎煤。为了得到一个果腹的面包，他请求面包店的老板让他擦拭面包店的窗户。

这个工作干完了，他又开始忙着寻找其他的工作。他星期六早晨去卖报，星期六下午和星期天向那些坐马车旅行的人兜售冰水和柠檬水，到了晚上还要为报社写关于各处举行的生日宴会和茶会的新闻。此时他才12岁，从西班牙来到美国还不到6年。13岁那年，他离开学校，到一家公司当清洁工，逐渐结识了一些名人，开始有了自信和雄心。

这个孩子就是后来美国新闻史上最成功的杂志编辑鲍克，其创办了世界上发行量最大的妇女杂志《妇女家庭杂志》。

努力是水，浇灌成功之花；努力是灯，照亮人生之路；努力是桥，搭起理想的彼岸。

十七八岁的花样年华，多么好的一个季节。我们每个人都在自己的人生土地上耕耘，期盼着收获的一天。年轻的我们是这样的高傲，一次一次向命运发起挑战。然而，耕耘人生的土地是艰难的，在这个过程中我们也许会受伤，也许会流血。但是我们没有理由逃避，因为我们每个人在获得生命的同时，身上也肩负着拿不掉的职责。我们只能默默低头，在属于自己的那片土地上耕耘，不要企图别人为你承担，因为每个人都有属于自己的那片土地，每个人都有自己需要承担的职责。

我们充满活力，手里握着大把的青春，还有隐藏在心中多年的梦想。在这个竞争日益激烈的社会中，我们只能一直前进，如果退缩就意味着失败。时间转瞬即逝，尽管我们的手中拥有大把的青春，也禁不住我们肆意挥霍。我们在人生的道路上一定要学会努力，懂得抓住机遇。面对挑战，我们一定要迎难而上，只有这样我们才会成长。只有经历更多的磨难，我们的翅膀才会更硬，我们也才能飞得更高。无论花开得是否艳丽多彩、香飘十里，只要开过就好，开过就是最大的收获。我们都知道蝉，它们在树上鸣叫一个夏天，生命就会消逝，然而它却可以在地底下生活几年甚至几十年。这是种什么精神，难道充满青春的我们不应该得到点启示吗？盛开的花儿，人们只是赞美它开放时的美丽，可当初它的芽儿浸透了努力的汗水。我们需要知道，只有把握此刻，做一个努力的人，我们才能在明天驰骋风云。

我们经常听说："努力不用必须成功，而不努力必须不会成功。"努力的人生，不会有碰巧的成功。做自己喜欢的事，不要怕走得慢，没有任何人的进步是能够在短时间内发生的。时间会证明，一切都值得。那些被世人嘲笑的选取，赤手空拳迎难而上的事，终能牢牢地长在身上，成为无欲则刚的真实力。很多道理我们心里都明白，却做不到。人生中遇到失败并不可怕，可怕的是，在失败上失败了却仍然没有意识到失败，没有走出失败。成功的人生要经历失败，最成功的人生要经历最惨痛的失败。

读了几十年圣贤书，走过一些地方，见过一些人，心里对于人生的底线和追求越来越清晰明白。然而更明白的一点是做好自己就够了，而不要用自己的观点强行对别人进行道德绑架。人和人的成长环境天差地别，每个人都各有各的三观和选取。人这一生做好三件事就够了，明白什么是对的，去做，但不强迫别人也去做。成长是一段旅程，生活只是其中漫长的过程，这个过程你要如何发展，一切全凭自己。虽然在这个过程中会有很多不愉快，会有很多需要担负的职责，但在生活的阡陌中，也不必让自己背负太多，且听风吟，坐看云起时，才会走得更简单。命里有时终须有，命里无时莫强求。一些得到未必会长久，一些失去未必不会再拥有。重要的是，让心，在阳光下学会舞蹈；让灵魂，在痛苦中学会微笑；让自己，在历练中逐渐完美。

编 者 寄 语

　　"人生就是奋斗"这句话，既带有总结又带有激励，在漫长又短暂的人生路上不能懒散，不能随波逐流，必须马不停蹄地奋勇前行，只要不断拼搏，总有一天是会成功的，即使没有达到理想的彼岸，你也是成功的。诗人汪国真曾说："也许你永远达不到那个目标，但因为这一路风风雨雨，使你的人生变得灿烂无比，变得充实无比。"因此每个立志成才的人必须脚踏实地、一步一个脚印地艰苦奋斗，开辟一条符合自己理想境界的道路。辛勤劳动、艰苦奋斗是使事业获得成功的一条普遍规律。

我们为什么要努力?

心灵导读

　　理想，是人才成长的灯塔；立志，是人才成长的阶梯；努力，是人才成长的道路。生命有着起点，努力有着开端，生命有着尽头，但努力没有终点。劈开荆棘蒺藜，无视艰难险阻，永不停息，勇往直前，目标一旦确立就应该为之努力奋斗，而不是"知足常乐"，"知足"就是止步不进，就是自甘落后。

　　努力并不一定会达到目的，但努力一定会有一个结果，无论结果怎样，和不努力的结果肯定是不一样的。我们要努力! 努力! 再努力! 因为我们要一直相信，只要加倍努力，就一定会变得更强。

　　所有人都在叫嚣着要努力生活，所有人都在嘶吼着生活不止眼前的苟且，所有人都在极力寻求一种想要的生活，于是我们在生活这条路上奋力前行。

　　我们为什么要努力?

　　估计这是大家一直思考的问题，这篇文章写了许久，望着窗外黑暗深邃的车道，为数不多的汽车在车道上面疾驰而过，不远处的路灯渲染着此刻的宁静，而我自己也好像沉浸在这个时刻，现在给这篇文章做个完结，献给正在努力的自己!

　　所有人都在叫嚣着要努力生活，所有人都在嘶吼着生活不止眼前的苟且，所有人都在极力寻求一种想要的生活，于是我们在生活这条路上奋力前行。

我们为什么要努力？

长江后浪推前浪，一浪更比一浪强。社会竞争拼的就是谁更有潜力，谁更能在社会中取得一席之地。物竞天择，适者生存，你不争不抢不努力，结果只能在原地打转，结果只能高高仰视别人的光芒。在这个世界上，最可怕的不是有人比你优秀，而是比你优秀的人依然在努力，那么这样的你为什么还不去努力奋斗。

努力是为了不让父母失望，不让自己后悔。

最近大火的一句话不外乎"你还年轻，怕什么来不及"。是啊，我们还年轻，怕什么来不及，可是亲爱的，我们是怕父母等不及。怕他们等不到我们成功的那一天，等不到为我们自豪的那一天，等不到我们为他们撑起一片天的那一天。我们长大了，父母也老了，我们开始恐慌害怕，怕他们看不到我们变优秀的那一天，怕自己无法为他们创造一下安心的晚年，怕他们老了之后还在为我们担忧。

也许努力是为了证明灵魂还活着，证明我们还没有放弃自己。

回忆过往，你得到了什么，又失去了什么，我们活着是为了什么？生活的意义又在哪里？浑浑噩噩是一天，把所有安排充分去行动、去享受也是一天，一天过去我们会收获什么？也许我们努力着尝试进步，是为了让自己感觉到存在的意义，让自己在这个世界上还有事可做、有生活可追，证明自己的灵魂还没有完全枯萎，证明自己并没有被打倒。吃了还是会饿，但我们还是要吃饭，睡了依然会困，但我们还是要睡觉，学了不一定有用，但我们还是要学，活着最终也会死，但我们还是要活着。也许这就是生活的意义，你的灵魂在指引着你成为一个更好的人，而不是成为一个不知进取、游手好闲的人。

我听过我们为什么要努力的最好的答案：因为我们只有一辈子。

也许所有我们为什么要努力的答案都比不上这一个：因为我们只有一辈子，我们的人生只有一次！很多同学都觉得自己年轻，一切都还来得及。但是，就算再年轻，我们都只有一辈子。

如果我不努力，我就没法为自己的行为负责，就还得让父母为了我的生活和工作到处求人；如果我不努力，我就实现不了自己的理想，我就做不了自己想做的工作，我就去不了自己想去的远方；如果我不努力，我就遇不到优秀的人，就没有资格和喜欢的人并驾齐驱，谈一场势均力敌的恋爱；如果我不努力，我就……我不敢继续往下想。

时间飞逝，快如流水。我们都只有一辈子，说短不短，说长也不长。有些人有些事错过了就是错过了。时光不会重来，时间不会倒流，那些你错过的风景、错过的路、错过的人，都成了无法回头的记忆。而当日后想起，满满的全是遗憾。

我们的人生只有一次，很多事情现在不做以后真的更没有精力和时间去做了，我们总是习惯拖延，习惯告诉自己时间还很长，可是当下的每一天才是弥足珍贵的。何不在自己最年轻、最有拼劲的几年里去努力得到自己想要的，以后的道路也会更好走。

人生真的说长不长，说短不短，那些你以为你还有的时间，其实也在你的眼皮子底下偷偷溜走了。我们的人生只有一次，我们要在有限的时间里让自己的生命发挥出无限的价值，才不枉来这人世间一场。

你问努力真的有用吗？你问坚持一定会成功吗？我肯定不能确切的回答是。但我可以很明确告诉你，在你真正努力了之后，你所谓的结果如何也就不再那么重要了，因为在努力的过程中，你已经打败了那个不知进取的自己，你已经发现了一个更加积极向上、更加优秀的自己。

努力，是为了遇见更好的自己。更何况，我们从来就不是单单为了自己一个人而活。所以，要努力啊少年，要努力啊！

编 者 寄 语

"孩子，我要求你读书用功，不是因为我要你跟别人比成绩，而是因为，我希望你将来会拥有选择的权利，选择有意义、有时间的工作，而不是被迫谋生。"这是中国台湾作家龙应台写给儿子安德烈的一段话。

努力，可以让我们最大限度地遵循本心，不被世俗限制，不被条框束缚，而我们所做的一切，只是源于内心的向往。努力，让自己拥有更多选择的可能。虽然不是每一次努力都会有收获，但是，每一次收获都必须经过努力，这是一个不可逆转的命题。

那时，花开

心 灵 导 读

生命中所有美好的成果以及荣誉对绝大多数人来说都是
从迎接挑战开始的。上坡路虽然不容易，但却很值得，如果
想要，就要努力让自己得到。

我们的努力不是为了要感动谁，也不是要做给哪个人看，
而是为了有能力跳出自己厌恶的圈子，并拥有选择的权力。
不要努力成为一个成功的人，而要努力成为一个有价值的人。
每努力前进一步，我们所看到的、听到的都会大不一样。不
努力，你永远不会知道自己可以成为什么样的人，可以拥有
怎样的生活。

在一个大花园里有很多美丽的花，其中有一株一次花也没开
过的夜来香。

一天，玫瑰花姐姐奇怪地问："你为什么不开花呀？就算开
不了又大又美丽的花，开一朵小花也可以呀！"夜来香不好意思
地说："我也不知道我为什么不开花。也许我只是一株草吧！"
荷花姐姐凑了过来说："不可能，如果你是一株草，那你为什么
叫夜来香呢？你也没有香味啊！"夜来香说："也是呀！如果我
是一株草，那我就不可能叫夜来香了。"

到了夜里，所有的花都睡了，只有夜来香姑娘在那里想：
"我为什么开不出花呢？是不是我哪里做得不对，如果是我哪里
做得不对，我明天就问问花姐姐们她们为什么能开出美丽的花

吧！"然后，夜来香姑娘就休息了。

第二天，夜来香姑娘问了玫瑰花姐姐："玫瑰花姐姐，你为什么能开出美丽的花呢？"

玫瑰花姐姐说："要想开出美丽的花，就要有一颗善良的心。"

夜来香姑娘又问了荷花姐姐："荷花姐姐你为什么能开出美丽的花呢？"

荷花姐姐说："要想开出美丽的花，就要有耐心。"

然后夜来香姑娘又问了牡丹花姐姐："牡丹花姐姐，你为什么能开出漂亮的花呢？"

牡丹花姐姐说："要想开出漂亮的花，就要有一颗谦虚的心。"

对于姐姐们的话夜来香姑娘铭记于心，而且每天也努力地像花姐姐们说的那样做。

许多天以后，夜来香姑娘的身上长出了许多花骨朵。玫瑰花姐姐着急地问："你这是怎么了？是不是生病了？"夜来香姑娘开心地说："没事，其实我要开花了！"其他的花姐姐都不信。又过了几天，夜来香姑娘在一个月光皎洁的夜晚，在月光的照耀下，开出了让人痴迷的花，到处都弥漫着芳香。其他的花姐姐都对她刮目相看。自此以后，夜来香姑娘一直按照花姐姐们教她的那样做，因此她每年都能开出美丽的花。

只要有真诚的付出，就有丰厚的回报！"有一分汗水，就有一分收获"这是对其最好的诠释。

之前有一次我去爬山，沿着山路往上爬的时候，我突然想，要不我跑着上去吧。结果才跑到一半，我就已经没有力气了，但我一直努力坚持着自己的信念——爬到山顶。当我登上山顶的最后一级台阶的时候，我看到了难以忘怀的景色：天是幽幽的深蓝，阳光明媚却没那么刺眼，远处的云彩好像烧化了似的，消失得无影无踪，一切都是那么美好。这让我了解到，有付出才会有收获。

我们从出生起，就在不停地重复着付出和收获的过程。在这个过程中，逐渐形成了两种人。一种人通过艰辛的付出收获成功，长此以往，越来越努力，越来越成功，所以他们的世界是乐观的；另一种人想要成功，却又懒于付出，只能收获失败，长此以往，越来越失败，所以他们的世界是悲观的。学习看起来简单枯燥，可毕竟占据了生命的十几年，在付出与收获的过程中形成的积极、乐观、勤奋的性格远比成绩好对人生的影响更大。

付出和收获是一对反义词，而且没有付出是很难有收获的。勾践卧薪尝胆数十年，最后才打败吴国；孙膑付出了自己的双腿，才使魏军大败；抗日战士付出了鲜活的生命，我们的祖国才最终获得统一。生活中，我们总会羡慕那些获得成功的人，羡慕人家富裕的生活，羡慕人家"肆无忌惮"的生活……可是你有没有想过在这背后有多少的汗水和艰辛，有没有想过这些是无数的努力积累而成的。

人生如戏，人生的主旨就是付出和收获。我们要相信，我们不付出就不会有收获。我们所承受的痛苦一定是为了得到而付出的代价。

如果你过不上你想要的生活，只能说明你的努力还不够。一个人的收获和付出永远是成正比的，在你能力未能衬托起你的野心之前，请脚踏实地埋头干。没有人能阻挡你的行程，真正让你无法前进的，是你自己的心态。

在学习上，我们应该像夜来香一样，付出自己最大的努力，才会取得满意的成绩。一分耕耘，一分收获，默默地去付出，辛勤地去耕耘，总会有收获的。

编 者 寄 语

　　努力不是一种选择，努力是一种能力。人不一定会因努力而幸福，而幸福的人必有努力的能力。虽然我们可能没有成为我们理想中的人，但我们也不能成为自己最为唾弃的人。我们要一直走在成为理想中的人的路上，不要止步，也不要停歇。

　　有时候努力没那么多理由，只是因为不喜欢现在的自己，想要跳出舒适区，觉得自己理应过上更好的生活。努力的意义不是为了成为无懈可击、万里挑一的自己，而是为了告诉自己能够成为一个什么样的人。

　　努力，很多时候不是为了和别人竞争，只是为了努力就会有收获，没有多么惊天动地，但可以给自己带来更丰厚的报酬，给爸爸妈妈买几件喜欢的衣服。世界那么大，可以带他们去看看。

不经历风雨，怎么见彩虹?

心 灵 导 读

你会发现，想获得真正的独立，就需要足够的努力。而努力的意义，并不仅仅是为了金钱和名誉，最重要的是，它能让你认清自己，让你看见原来自己还有这样的一面——可以跨越重重荆棘，可以爆发出巨大的潜能，可以不听从命运的安排，也成了这么好的人。

在年轻的时候，就要为最好的自己去努力。哪怕梦想再遥远，努力过就不会有遗憾。

虽然你这一辈子也许都不能成为"大人物"，叱咤风云，而只是一个安安分分的普通人，但你可以通过坚持不懈的努力得到你想要的生活就够了。

世界上做任何事都需要努力，胜利往往要用血汗换取，没有人能够随随便便成功。假如有人说，他能够轻而易举地做好每件事，那我不得不承认这个人是天才，因为这毕竟不太可能。有一句话说得好："不经历风雨，怎么见彩虹?"现实生活中有许许多多的事迹可以证明这一点。

在2004年的雅典奥运会上，中国射击运动员、奥运会"六朝元老"王义夫在男子十米气手枪比赛中，沉着应战，发挥稳定，技压群雄，为中国体育代表团夺得金牌，那真是一场惊心动魄的比赛。预赛中，俄罗斯选手涅斯特鲁耶夫打出了591环，名列榜首，王义夫也打出了590环的好成绩，位居第二。决赛开始了，涅斯特鲁耶夫的前5枪都在10环以上，但王义夫也毫不逊色，他奋起直追，逐渐将比分缩小。可在第8枪，王义夫只打了8.9环，因此比分拉开。我当时心一下子就凉了半截，好在在打第9枪时，涅斯特鲁耶夫也出现了失误，而王义夫却有出色的发挥，打出10.7环，场上出现了平局！最后一枪，涅斯特鲁耶夫只打了9.7环。关键时刻，就看王义夫的表现了。只见他深深地吸了一口气，把枪举了起来，瞄准靶心，扣动扳机，9.9环！我们赢了，王义夫最终以0.2环的微弱优势取胜。

时隔十二年，王义夫又一次站在最高领奖台上，听着雄壮的国歌，望着鲜艳的五星红旗缓缓升起，他抑制不住内心的激动，流下了泪水。大家应该知道，在1996年亚特兰大奥运会的决赛场上，王义夫前9枪全部领先，但最后一枪由于脑供血不足，他只打了6.5环，与金牌失之交臂。这么多年来，王义夫从来没有放弃自己的射击事业，他认真训练。据说他是整个射击队里最努力、最刻苦的队员之一，一分耕耘，一分收获，一分努力，一分成功，我认为，王义夫获得这枚金牌当之无愧！

努力到底是什么呢？无非就是无限放大自己的能力，朝着自己的目标去奋斗，去拼搏。听起来似乎很容易，但是要想真正做到这一点，并不是那么简单。在努力的过程中，可能有些人一开始是努力的，但是他们慢慢就忘记了自己的初衷，开始做着无效的假把式，也有可能遇到了困难和挫折，然后被其打败。脚踏实地的奋斗是我们努力时必须拥有的态度，勇敢地与困难做斗争是我们必须具备的能力。成功的第一步就是努力，有了努力做基础，然后再去奋斗，去超越，最终才能到达终点。

当你一无所有的时候，一定不要懒惰，只有肯努力，才可能改变现状！当你穷困潦倒的时候，一定不要泄气，只有肯努力，才可能有转机！当你定下目标的时候，一定不要放弃，只有肯努力，成功才可能会光临！成功，不是轻易做到的；幸福，不是轻易得来的；财富，不是大风刮来的。这所有的都是通过努力和付出挣来的！当你为自己的未来踏踏实实地努力时，那些你感觉不会看到的景色，那些你觉得终生不会遇到的人，你想要的一切，可能正一步步向你走来！

农民辛勤播种，才能丰收；雄鹰练习数次，才能飞上天空；小孩摔倒爬起，才能学会走路！每一个人都在努力，努力地工作，努力地改变，努力地活在人世间！不努力，哪能硕果累累？不努力，如何收获成功？不努力的人生，要么在懒惰中过得悲催，要么在贫困中活得卑微！做一个努力的人，干一些踏实的事，靠自己，用肩膀为家人撑起一片晴空，靠努力，用双手为家人赚取财富。人只有通过努力，才能得到自己想要的，才能换来让自己满意的！

努力，才有一切，努力，才能强大！不管过去经历了什么，不管现在生活得怎样，在年轻的时候，好好打拼，给自己一份满意的答卷，给人生一个满意的交代！

让我们努力起来，坚持奋斗，超越自己，迎接我们的就会是美丽的彩虹和美好的未来！

编　者　寄　语

生活是自己的，奋斗也不是为了别人，努力是每天必做的事情，只有每天都进步才会有稳定的生活。

有时候我们以为自己很努力，其实远远不够。我们不舍得那一顿大餐，不舍得那一晚睡眠，不舍得戒掉成瘾的网络游戏，不舍得牺牲半个月的工资……什么才是努力到无能为力？我想起玄奘大师一人一马在沙漠中的画面，没有水，不知道能活多久。此时玄奘唯一能做的是向西走。除此之外，无能为力！这就是努力到无能为力！

如果真能努力到无能为力，又有什么可以阻挡你前进？

第 三 章

奋斗是你的全世界

　　传说老子遇到一位年逾百岁的老翁，老翁得意地说："我从年少到现在，一直是游手好闲地轻松度日。我的同龄人辛苦一生却早已作古。现在我是否可以嘲笑他们忙碌一生，只是给自己换来一个早逝的结果呢？"老子拿了一块砖头和一块石头放在老翁面前说："如果只能选择其一，您是要砖头还是要石头呢？"老翁选择了砖头并指着石头说："这石头没棱没角，要它何用？"人总要有目标、有梦想，梦想是通过努力奋斗才可能实现的。人生的价值不在于长短，而在于你赋予你做的事情以意义。

拼搏才是人生的态度

　　马云在《不吃苦，你要青春干什么？》的演讲中这样说道：
"当你不去拼一份奖学金，不去过没试过的生活，整天挂着
QQ、刷着微博、逛着淘宝、玩着网游，干着我80岁都能做的事，
你要青春干什么？"

　　是啊，不努力，不拼搏，那我们要青春干什么？青春注
定是一场孤单的旅行。期间，也许会繁花似锦，也许会荆棘
满路，但不论前方如何，你不逼自己一把，怎么会知道自己
有多优秀。请记住：能用汗水解决的问题，就尽量别用泪水。
努力到无能为力，拼搏到感动自己。

世界上没有十全十美的人
世界上也没有一帆风顺的事
只有不拼搏的人
只有不进取的心
你看到的是别人外表的光鲜
你却没看到别人背后的苦楚
与其羡慕别人的风生水起
不如自己努力拼搏，获得成功

给自己的人生定一个目标
给自己的目标指一条道路

给自己的道路规划一个方向
比你好的人都还在前进
比你差的人也还在坚持
你不努力，那你只能被淘汰

放下懒惰
放下坚持
放下浮躁
不要随波逐流
不要被诱惑吸引
静下心来好好做每一件事
拼搏之后，你会发现
你比自己想象中的更加优秀
实力，代表尊严
拼搏，代表成功
唯有拼搏，才能强大
唯有拼搏，才能拥有

不管生活还是感情
都需要你不断努力
只有真正付出了，才能得到自己想要的
与其麻烦别人，不如自己努力
与其静观其变，不如自己改变
人生没有不劳而获
万物不能坐享其成

依靠别人便会受制于人
依靠自己才能更有底气

没有付出就没有回报
人生的路就要努力走
拼搏的人才会更快乐
拼搏，才是人生的态度
拼搏，才会拥有美好的人生

编者寄语

送给独自拼搏的你

1.如果没有目标作为支撑，只是虚幻地想象着提升自己，那么我们就像是在演戏，越发感觉不自在。选择了什么样的目标就会有什么样的人生，每个人的人生都是一个自我选择的过程。

2.如果因工作、生活遭受挫折就封闭自我、不与人打交道，那我们的人生只会愈来愈糟糕。真正的人生意义只有在与人交往中才能体现出来。

3.责备自己一无是处，只会跌落一望无际的深渊。人因不完美而奋发向上，因努力而更趋完美，关键就在于你是否拥有勇气认同自己，直面困难并迎难而上。

走着的重量

心 灵 导 读

　　每个人的人生都有两条路，一条用心走，叫作梦想；一条用脚走，叫作现实。心走得太慢，现实会苍白；脚走得太慢，梦想不会实现。精彩的人生，总是心走得很美，并与脚步合一。

　　漫漫人生路，何处是尽头。也许成功总是和我们擦肩而过，更多接踵而至的是失败和难以预料的结果。青春年华，什么事都要敢想、敢做、敢当，只有你足够努力，才会足够幸运，才能获得自己想要的人生。这世界不会辜负每一分坚持，时光也不会怠慢每一个努力拼搏的人！

　　在一个酒店的大堂里，我一个人毫无目的地走在那些装在鱼缸里长得奇形怪状的鱼儿们面前，它们眨着眼睛看着我，我也很"客气"地眨着眼睛"回礼"。当我转身想要回房间时，一个坐在轮椅上的女孩进入我的眼帘。

　　她，穿着简单的白纱裙，漂亮的粉红色皮鞋，扎着马尾辫，一双水汪汪的眼睛，闪闪发亮！马上，我的注意力又放在了她的手上，她的手红红的，我想也许是因为轮椅太重了吧！想着想着，便不由自主地追上去，说："我来帮你吧！"女孩的眼睛里透露出一丝意外，然后笑着对我说了声"谢谢"。她的笑容很美，我从来没见过这么美丽而又有魅力的笑容。"请问你要去哪里？""我想去那边的大鱼缸看看。"她转过头来，又是一笑。

我调整好方向，推着轮椅向前走去。我又一次来到了鱼儿们面前。女孩伸出手，轻轻地划过鱼缸，鱼儿们便"友好"地游了过来。看着酒店大堂中人来人往，孩子们兴高采烈地跑跳着，这个女孩的眼里透露出些许失落。我担心她会不高兴便立马安慰道："你也不用太伤心，嗯——我不知道能不能说……""说吧，没关系。""那好吧，其实吧，我觉得你的脚应该是可以好的，只取决于你愿不愿意努力……""我知道，我也听医生讲过，周围的人也有说过。"她低下了头，我似乎觉得自己说错了什么……接下来的几分钟里，我们都沉默着。

　　突然，这个女孩做出了一个令我惊讶的动作——她掀起了自己的白纱裙，这时我才发现她的腿竟然如此细。很快，她把裙子放下。沉默片刻后，她说："其实，我穿裙子是为了遮住我的腿，你也看见了，我的腿太细了。""可是你也不能放弃啊。就算只有万分之一的机会你也得试一试啊！""但是……"一个小而坚定的声音打断了我的话。我看到她用坚定的眼神看着我。"我也有努力啊！要不，你去我家看看！"说罢，我们去向家长

们请示。

一会儿，便到了女孩的家。我惊讶地发现她的家竟然和我住的酒店如此近，只隔一条马路。

一进门，我看见她家里有好多支架。"看吧，这就是我的努力。"说罢，她手扶支架用力一撑，慢慢地站了起来！见此情形，谁看了不会揪心！我立马跑上前扶住她，失控地喊道："喂，你不要命啦！快点坐下。"但她只是回眸一笑："我在向你展示我的'努力'啊！""我是说以后，没说现在啊！你快坐下，你摔倒了，我可不知道要怎么办！""没关系。"说完，她迈出了第一步。我的老天爷啊！我不敢看了，但是我从手指缝中看见她一步一步、很努力很努力地走着……她走着的重量很重很重。

现在，我与这个女孩已经分别多年，当时我们互相留了联系方式。在交谈中，她告诉我，她可以走路了，一步一步；可以跑了；可以跳了。她还说她要参加学校的运动会。

有人曾说："苦难几乎是永恒的。每一个时代，有每一个时代的痛苦。苦难绝非是从今天才开始的。今天的孩子，用不着为自己的苦难大惊小怪，更不要以为只是从你们这里才开始有苦难与痛苦的。人类的历史，就是一部苦难的历史，而且这个历史还将继续延伸下去。我们需要的是面对苦难时的那种处变不惊的优雅风度。"面对苦难的人生，这个小女孩用努力换来了自由，再也不用坐在轮椅上过日子了！

是啊，再苦再累再艰难的时光，也总会过去。暴风雨过后，大地披上了新装，种子长出了嫩芽，天地升华，万物复苏，耳目一新，历历在目。正所谓"水到渠成，苦尽甘来"。我们要学会以努力的心态面对生活中的苦难，去迎接人生路途上的每一次艰难险阻。

你想要的，也许明天就会来，也许还要再等上一段时间，但不管怎样，都不要想太多，只管不顾一切地努力吧！希望你的努力都不会白白浪费，希望你历尽千帆后都能如愿以偿，希望你最终可以成为那个让自己感到骄傲的人。

编 者 寄 语

"拼搏到无能为力，坚持到感动自己"是《职来职往》中的著名企业家杨石头说的，这句话带着一种火热的力量，不断地点燃着人们的热情。

很多时候，决定我们人生成就大小的，并不在于我们是否拥有不可比拟的优势，而在于我们是否拥有一颗永不放弃、敢于拼搏的心。如果我们坚持做一件事，过程中没有努力，只是每天都浑浑噩噩的，结果肯定也不会如我们所想的那样美好。所以我们既要坚持又要努力，才会走向成功。

不止一次，我在尝试

　　《中国合伙人》中说："掉在水里你不会淹死，待在水里你才会淹死，你只有游，不停地往前游。"人生就是独角戏，每个人在这个舞台上都要拼尽全力地演好。

　　人生就是要不断尝试、努力、摔倒后再站起来，直到走向成功。温水里能煮熟青蛙，温水是最温柔的陷阱。青春是我们最宝贵的财富，没有在十七八岁去尝试很多事是最遗憾的事，年轻人应该多做些事情，多做些尝试，用热情去融化你遇到的所有问题。

　　人生是一场未知的旅行。在旅程中，你固然会感到春的明媚、夏的热情，但也会体验到秋的萧瑟、冬的寂寥。在每一个季节里奋力拼搏，不止一次地努力尝试，这样的人生才绚丽，这样的旅程才精彩。

种子法则

　　一棵苹果树上可能有500个苹果，每个苹果平均有10粒种子。我们可能会问："那为什么需要那么多种子才能再长出几棵苹果树呢？"大自然教会我们一个道理：并不是所有的种子都能生长。事实上，大部分种子都不会生长。所以，如果你真想做出点什么，你最好多试几次。这也就是说：你将参加20次面试才可能得到一份工作。你将面试40个人才可能找到一个好员工。你将跟50个人谈话才可能卖掉一套房子、一辆汽车、一台真空吸尘器、一份保险单或者一个商业计划。你将结识100个人才可能有一个知心朋友。

在我们懂得"种子法则"后，就不会感到失望了，也不会觉得自己是受害者，我们可以学会如何处理发生在我们身上的事。

在人生的旅程中，会有挫折和磨难，但只要心之所往，便是方向。虽然有过犹豫和彷徨，但只要不放弃，坚持努力，不断尝试，就一定能收获繁花硕果。

《摆渡人》

安逸的生活会一点点地磨灭我们的斗志，对待自己想做的事情总是犹豫不决，觉得自己会失败，于是就慢慢习惯了现在的生活，不愿意去尝试。最终，所有的一切不过只是想一想，带着遗憾度过自己的一生。

无意中读到了《摆渡人》这本书，书中主要讲述的就是摆渡人和灵魂一起穿越荒原所经历的事，书中的故事曲曲折折，读到书中的人物与恶魔抗争的时候，总是有种触目惊心的感觉，好在结局是美好的，然而结局的美好也是通过勇于尝试和挑战换来的，美好的结局总是会伴随着艰难的过程。

正是由于迪伦勇于尝试、冒险才让大家都觉得不可能实现的事情变成了现实。他们如愿回到了人间，崔斯坦也摆脱了摆渡人的束缚，可以在人间自由地生活，最后的场景让人感觉很美好！毋庸置疑，迪伦的幸运源于她的勇于尝试和冒险，从而实现了自己的愿望。她在灵魂之家的时候，很多灵魂当初都有这个想法，但是真正做到的却很少。他们觉得自己好不容易穿越荒原到达了目的地，再回去又是一场生死搏斗，还不如安安稳稳地在这里生活，他们就这样慢慢地磨灭了自己的意志。

想想我们的生活，很多时候，我们也没有勇气去和命运抗争，于是我们将自己的梦想深深地埋葬，殊不知，人生几何，有梦想就要努力尝试一番，无论是成功还是失败，至少我们为之努力过，此生就不会给自己留有太多的遗憾！

人生就是一条没有尽头的长路。在路上，我们努力尝试，尝试着冲破狂风暴雪，到达远处的阳光灿烂；我们努力尝试，尝试着穿过丛生荆棘，到达远处的绚丽花海；我们努力尝试，尝试着走出迷茫黑暗，到达未来的美好时光……今天，青春的梦想五彩斑斓，我们向着理想的彼岸一次次尝试，破风而行，逆流而上！当你披荆斩棘、踏过泥泞时，你实现了一次尝试；当你不畏艰险、勇于攀登时、你也实现了一次尝试。

伟大领袖毛主席曾说过："世上无难事，只要肯登攀"。是啊，只有一次次的努力尝试才能感受到成功的喜悦！狄更斯也曾

说："顽强的毅力可以征服世界上的任何一座高峰。"不错，走在小径上，可能会刺伤身体，但闻到的却是沁人心脾的花香；登上了山顶，可能会伤痕累累，但看到的却是无限风光。

如果你想尝试，那就全力以赴。否则，就不要开始。这可能意味着你三四天不能吃饱饭；这可能意味着你会在冰天雪地的公园里睡在长椅上；这可能意味着你会成为别人的笑柄，被人孤立。孤立是一份礼物，是所有人对你忍耐力的一种考验，测验你有多想去做成一件事。然而，你依然要去做，尽管被拒绝，尽管机会渺茫。

逆水行舟，不进则退。只有不断尝试，才能抵达成功的彼岸。

编 者 寄 语

人不能因为一次失败就气馁，就一蹶不振。就像桑提阿果说过的："一个人不是生来就要被打败的。"屡战屡败，愈挫愈勇，你终会到达成功的彼岸，正如清代诗人郑燮所说："千磨万击还坚劲，任尔东西南北风。"在追求成功的道路上，我们必须不断尝试，不断前进。

一次又一次，我们努力尝试。因为我们相信，终有一天，我们会冲破风雪，穿过荆棘。那时，路上将会开满万紫千红的花朵，阳光将会照耀每一个角落……

如果你开始尝试并能坚持到底，这种感觉会是与众不同的。

走过寒冬

　　苦难是孕育在珠蚌中成年累月而不言放弃的等待，是幼海龟为争取生存的权利破壳后一往无前的决心。苦难是小草的岁岁枯荣，保持生命的活力，也是松柏历经岁月雕琢的见证。

　　你在苦难环境中的煎熬不必向人倾诉，也不必嗟叹自己是多么孤苦无助。别人不会在意你拼得累不累，只会注意你最后站得高不高。无论坎坷路多么漫长，也要告诉自己：坚持就是胜利！无论苦日子多么难熬，必须对自己有信心才能使生活延续下去，要不断鼓励自己：走过寒冬便是暖春。

　　寒冬过后便迎来了暖春的勃勃生机。

　　是什么让你选择了沉默，是什么让你懂得了坚持，又是什么让你喜笑颜开？是开战前的寂静，是内心的执着，还是山花烂漫时会心的笑容？

　　著名小说家刘猛曾在其著作里写道："冰是睡着的水"，暖春时潺潺溪水流淌着的不只是春暖花开，更是一种坚定的执着。冬是沉睡的春，春是苏醒后的冬。岁月流转，时光飞逝，人们都只留恋于春风得意、十里桃花，忽略或是选择性地遗忘了那一份寒冷，那一份孤独，那一份坚定的执着。人们盼望着春的到来，享受着春的惬意，而那枯燥乏味的冬却无人欣赏。殊不知，若不是忍受了无数的冰冷与孤独，又哪来的"春风得意"？正是有了冬天的努力奋斗和坚持不懈，才会有新一年的春暖花开。冬累了，但春却醒了过来。

曾经有一只蝴蝶，它在茧中熟睡。忽然，它晃动了，继而茧开始破裂，小小的触角探到外面，好像对这个世界感到了好奇，感到了兴奋。然后它那美丽的翅膀也缓缓地裸露在蓝天下，裸露在空气中。面对全新的世界，它无所畏惧，双翅用力一挥便直冲云霄，但它掉了下来。那稚嫩的翅膀也被大地亲吻掉了靓丽的色彩。可是，它又摇晃地站了起来，不是放弃与悲愤而是努力与坚持。这一次，它成功了，轻盈地舞动在蓝天白云之中，它是如此美丽，如此令人痴迷。它的努力成功了，像冬后的春一样展现出生命应有的魅力。

其实，我们人类又何尝不是如此。人贵有理想，并能为之不懈努力奋斗，但在追求成功的路上定然不会一帆风顺、一片光明，而往往是曲折坎坷的。幸好，我们都未曾放弃。"厚积薄发，滴水穿石"只有坚持不懈、努力奋斗，最终才可以成功。有了冬的沉淀，才会有春的色彩斑斓。蝴蝶没有放弃，最终才有在大千世界的舞姿翩翩。

导航再好，只能给你指引路线。不加油，你将停滞不前；不掌控，你将横冲直撞。宽阔坦途不会自动铺向远方，光明前程唯有自己努力开创。你若懒怠，靠山也会倾倒塌陷。

世上没有唾手可得的成功，也没有俯首可拾的幸福。人生的路，没有人能替你走；心中的梦，没有人能替你实现。别奢望时来运转，别梦想巧逢贵人。靠自己开拓的道路，走着才脚踏实地；靠努力获得的荣誉，享有着才实至名归。靠天，天上不会掉馅饼；靠地，地上不会长黄金。没有等来的辉煌，只有拼来的精彩。花若盛开，蝴蝶自来；人若努力，幸运自来。

《风雨哈佛路》中说："我觉得我自己很幸运，因为对我来说从来就没有任何安全感，于是我只能被迫向前走，我必须这样做。世上没有回头路，当我意识到这点时我就想，那么好吧，我要尽我的所能努力奋斗，看看究竟会怎样。"生命的价值是需要通过不断努力来实现的，从我们踏入这个世界，我们就被赋予了一种无形的责任，或轻或重，演绎不同的人生。每个人的一辈子就那么长，我们需要在属于自己的舞台上用心演绎，我们要不甘平庸，崇尚奋斗。

二十岁的贪玩，造成了三十岁的无奈！三十岁的无奈造就了四十岁的无为！四十岁的无为奠定了五十岁的失败！五十岁的失败造成了一辈子的碌碌无为！一辈子不长，请不要在该努力的年纪选择安逸，所以努力奋斗吧！无论做什么事，都需要付出长久的努力。世上根本没有所谓的快速成功法，只有日复一日的厚积薄发。人不能选择自己的出身，但可以改变自己的人生。你可以委屈、落寞、难受、埋怨，但千万不要停止向前的脚步，千万不要放弃改变命运的机会。

努力是云，落下霏霏细雨；努力是雨，聚成浩瀚大海；努力是海，托起梦想之船；努力是船，载你迎风远航。蛹，若想成蝶，就要辛苦蜕变，才能破茧；凤，若想重生，就要经受洗礼，才能涅槃。没有一个人的成功是一蹴而就的，谁不是历经千折百回的挫折磨难？别让懒怠的心沉沦了自己的雄心壮志，别让牢骚的话阻碍了自己前进的步伐。

"书山有路勤为径，学海无涯苦作舟。"成功没有捷径，唯有不断的努力。及时当勉励，岁月不待人，让我们一起走过成功前的寒冬，待到春暖花开之时再相聚！

编 者 寄 语

　　蔡康永说过一段话："15岁觉得游泳难，放弃游泳，到18岁遇到一个你喜欢的人约你去游泳，你只好说'我不会耶'。18岁觉得英文难，放弃英文，28岁出现一个很棒但要会英文的工作，你只好说'我不会耶'。" 年少时越嫌麻烦，越懒得学，未来里就越可能错过让你动心的人和事。

　　世界上没有任何一件事是不辛苦的，没有任何学习是容易的，因此努力是我们唯一的选择，全力拼搏，人生就会变得底气十足。

　　干，就要一拼到底！苦，也不要半途而废！付出，才能得到回报！拼搏，人生才能精彩！

越努力，越幸运

努力，是对人生的负责，是对生命的敬畏，是对未来的追求。努力，不一定会成功，但努力的路，一定会留下刻骨铭心的感受，会成为人生的一笔财富。多年之后，蓦然回首，依稀记得那些年的努力，将会是最值得回忆的过往。

路途艰险，我心依旧。在路上，一直努力。

大海广阔无垠，是因为它努力接纳每一条河流；树叶茂盛滋长，是因为它努力吸收每一缕阳光；群山连绵巍峨，是因为它努力珍惜每一块石头。努力会使生命精彩，正如浩瀚的大海、茂盛的树叶和高耸入云的高山。

小鸟在努力地飞

我是一只小鸟，我渴望飞翔，渴望接近璀璨的太阳，所以，我爱飞翔。我，还有我的整个家族，都有一个理想：飞越太平洋。终于在这一天，家族中的每一个成员都找来一截树枝，这就是我们的行李，这就开始了我们的太平洋之旅。飞翔真的很美好！我们在白云间舞蹈，于蓝天下拥抱。累了，我们就把树枝扔到水面上，飞落在上面休息一会儿；饿了，我们就站在树枝上捕鱼；困了，我们就停在树枝上睡觉。飞呀飞，飞呀飞，飞呀飞，直到有一天，我累得实在飞不动了，我趴在自己的树枝上，真想从此趴在上面不动了。这时，族长爷爷飞了过来，把自己的树枝扔在我的树枝旁边，飞落在上面，平静地说："孩子，难道你真的放弃了吗？飞越太平洋可是我们家族中每一个成员的理想呀！"停了一会儿，族长爷爷接着说："悲观的人，先被自己打败，然后才被生活打败；乐观的人先战胜自己，然后才战胜生活。我们鸟类也一样，所以，你一定要振作起来，和家族中的每一个成员一起飞向那片属于我们自己的蓝天。"

我的心中不甚感动，我郑重地点了点头。抬起头，我看到了茫茫苍穹。无垠的天空湛蓝，几朵云朵洁白，在空中飘动，好似一片蔚蓝的大海上激起了几朵洁白的浪花，一轮金灿灿的太阳也闪耀在这无边的蓝色中，这是一幅怎样美丽诱人、和谐清新的图景啊！

我要飞，我要追寻蓝天，我要靠近阳光！在以后的日子里，我和家族中的每一个成员一起努力地飞呀飞，飞呀飞。我们团结协作，搏击风浪，战胜饥饿与疲劳，终于跨越了太平洋。

在生活中，我们应该学习小鸟，为了心中的理想，不畏惧艰难险阻，战胜它们，坚持不懈，勇往直前。

花儿在努力地开

阳光下，风雨中，只要是到了花开的季节，花儿们总会竭尽全力地展现自己的美，那些舒展的花瓣，那些摇曳的身姿，那些沁人心脾的芬芳，无不在向路人暗示她们正在开放。她们努力地伸展自己的身躯，努力地向世界展现她们迷人的笑容。什么阴霾的天气，什么突来的寒流，什么狂暴的风雨，统统都滚到一边去！花儿们正在努力地开，哪怕是昙花一现，哪怕是孤芳自赏，哪怕是花影零乱，只要曾经绚丽地开过……

有一首诗也这样写道："你知道，你爱惜，花儿努力地开；你不知，你恶厌，花儿也努力地开。"花儿总是在努力地开。美好的日子也一天天地流逝，你是欣喜地度过每一天，还是痛苦地挨过每一日？人就是这样，当你以一种坚强、豁达、乐观向上的心态去构筑未来时，眼前就会呈现一片光明；反之，当你将思维困于忧伤的樊笼里时，未来就会变得暗淡无光。长此下去，不仅最起码的信念和勇气会泯灭，身边那些最真的欢乐也将失去。

随着年岁的叠加，我们会渐渐发现：越是有智慧的人，越是谦虚，因为昂头的只是稗子，低头的才是稻子；越是富有的人，越是高贵，因为真正的富裕是灵魂上的高贵以及精神世界的富足；越是优秀的人，越是努力，因为优秀从来不是与生俱来的，也从来不是一蹴而就的。

世界上没有谁一定优秀或一定不优秀，逼到绝路谁都卓越，有了退路，谁都平庸！胆量大于能力，魄力大于努力。胆量不够大，能力再强都是小人物；魄力不够大，努力一生都是小成就。

在成长的路上，我们打败的不是现实，而是自己！在人生的跑道上，战胜对手，只是赛场的赢家，战胜自己，才是命运的强者！

"月有阴晴圆缺，人有旦夕祸福"，假如有一天，你面临命运的刁难，难道还会不如一朵花吗？所以，努力吧！越努力，越幸运。

编 者 寄 语

　　看过《人民日报》的一篇文章《幸运，总是离努力的人更近一些》，我对这句话印象深刻：世界让我遍体鳞伤，但伤口长出的却是翅膀。只有感受过生命不易之后，努力获得的收获，才会显得格外芬芳。

　　努力是一种可贵的品质，信念是人生中的风帆。而生活，是让我们体味人生的一本书。我从来不信什么一夜成名，一夜暴富，只信一分耕耘，一分收获。如果有一天，你的努力配得上你的梦想，那么你的梦想也绝对不会辜负你的努力。记住这句话：越努力，越幸运！

奋斗是一种幸福

心 灵 导 读

　　宁可累死在路上，也不能闲死在家里！宁可去碰壁，也不能面壁。是狼就要练好牙，是羊就要练好腿。什么是奋斗？奋斗就是每天都很难，可一年一年却越来越容易。而不奋斗就是每天都很容易，可一年一年却越来越难。能干的人，不在情绪上计较，只在做事上认真；无能的人，不在做事上认真，只在情绪上计较。

　　成功的路，其实并不拥挤，因为能够努力坚持到底的人实在太少。所有优秀的人，其实就是活得很努力的人。所谓的胜利，最后其实就是自身价值观的胜利。

　　奋斗会有什么结果呢？大概也就两种：一种是得到了你想要的，欣然而归，倍感开心。另一种是什么也没有得到，浪费了时间、精力和情感。这两种没有好坏之分，要看个人心态。如果你是个在意结果大于在意过程的人，那第一种结果就很好。如果你是个对结果看得很淡的人，那么你也能坦然面对第二种结果。但无论怎样，努力都是一种幸福。

奔跑的鸭子

　　康乐是纽约一家公司的一名底层员工，他的外号叫"奔跑的鸭子"。因为他总像一只笨拙的鸭子一样在办公室里飞来飞去，办公室里的每一个人都可以让康乐替他们跑腿。

　　后来，康乐被调到了销售部。有一次，公司下达了一项任务：必须完成本年度五百万美元的销售指标。销售部经理认为这个指标是不可能实现的，他开始怨天尤人，并认为老板对他太苛刻。为了使公司降低年度销售指标，他有意将与之相关的工作计划一拖再拖。只有康乐一个人在拼命工作，距离年终还有一个月的时候，康乐已经完成了他自己的销售指标，但是其他人都没有康乐做得好，他们只完成了指标的50%。

经理主动提出辞职，康乐被任命为新的销售部经理。"奔跑的鸭子"在上任后忘我地工作。他的行为感动了其他人，在年底的最后一天，他们完成了剩下的50%。

不久，该公司被另一家公司收购。当新董事长第一天来上班时，他亲自任命康乐为这家公司的总经理。因为在双方商谈收购的过程中，这位董事长多次"光临"，这位"奔跑的鸭子"先生给他留下了深刻的印象。

"如果你能让自己跑起来，总有一天你会飞起来。"这是康乐传授给他的新下属的一句座右铭。

这个例子意在告诉青少年，要从一点一滴做起，不要操之过急，努力地向前奔跑，成功是属于你们的。

一只手搬砖

一个乞丐来到一个庭院，向女主人乞讨。可是女主人毫不客气地指着门前的一堆砖说："你帮我把砖搬到屋后去吧！"

乞丐生气地说："我只有一只手，你还忍心叫我搬砖，不愿给就不给，何必捉弄人呢？"女主人并不生气，她故意用一只手搬了一趟砖，说："并不是非要两只手才能干活。我能干，你为什么不能干？"乞丐怔住了，然后他俯下身子，用一只手搬起砖来，一次只能搬两块，他整整搬了四个小时才把砖搬完，累得气喘吁吁。女主人递给乞丐二十元钱，乞丐接过钱，感激地说了一声："谢谢你。"女主人说："你不用谢我，这是你自己凭力气挣的工钱！"乞丐说："我不会忘记你的。"说完深深地鞠了一躬，就离开了。

过了很多天，又有一个乞丐来乞讨，女主人让他把之前搬到屋后的砖搬到屋前来，可这个乞丐不屑地走了。女主人的孩子不解地问母亲："上次你让那个乞丐把砖从屋前搬到屋后，为什么这次你又让这个乞丐把砖搬回来呢？"女主人对她的孩子说：

"砖放在屋前屋后都一样，可搬与不搬对他们来说却不一样。"

若干年后，一个很体面的人来到这个庭院，这个人只有一只手。他俯下身，对坐在庭院里已有些老态的女主人说："如果没有你，我还是个乞丐，而我现在成了一家公司的董事长。"女主人只是淡淡地对他说："这是你自己奋斗出来的。"

董明珠曾说："一毛钱都不想投资，一点都不想付出，却想着月入过万，十几万？……那是做梦。成功的人有两会：开会，培训会。普通的人也有两会：约会，聚会。穷人有两会：这也不会，那也不会。奋斗的人有两会：必须会，一定会。正在拼搏的你，是否深有体会！"

心有多大，舞台就有多大，我们要不停地挑战自我，要去创造自己的无限可能。最好的自己尚未出现，每个人都必须坚持奋斗。生命不会在等待中绽放，只会在磨砺中盛开。喜欢奋斗的人，方法会越来越多；喜欢拼搏的人，成功会越来越多。最近流行的"种草"一词，用来形容事物让自己从心里由衷地喜欢。我想，"奋斗"一词应该被每个年轻人，乃至国人"种草"。生命燃烧的时光里，奋斗才是最美的乐章！

奋斗能够创造奇迹，奋斗有点石成金、化腐朽为神奇的力量，奋斗是一种幸福。

编 者 寄 语

白岩松说："没有一代人的青春是容易的。每一代有每一代人的宿命、委屈、挣扎、奋斗，没有什么可抱怨的。"

人们都会信任一个坚忍不拔、努力奋斗的人。不管他做什么事，还没做到一半，人们就知道他一定能成功。因为周围的人都知道，他一定会善始善终。人们知道他是一个把前进道路上的绊脚石当作自己上升阶梯的人，是一个从不惧怕失败的人，是一个从不惧怕批评的人，是一个永远坚持目标、永远不偏航的人，无论面对怎样的狂风暴雨都能够镇定自若、坚持奋去的人。

第 四 章

永远前进，
只为成为更好的自己

  电视剧《我的前半生》中，唐晶说："两个人在一起，进步快的那个人，总会甩掉那个原地踏步的人。因为人的本能，都是希望能够更多地探求生命的内涵和外延。"

  往上爬，的确很辛苦。可是，只有努力往上爬，才能更好地掌控自己的人生。高晓松说："人生的下半场，敌人只有我自己。"我们最大的敌人往往不是别人，而是自己。

生活不易，只为更好的自己

心 灵 导 读

　　每个人都是从什么都没有的地方来，到什么都没有的地方去。生活给予我们很多很多，但同时也会不断地夺去，没有什么是可以长期保存的，只有珍惜当下，不要让自己在失去之后再后悔才是最好的选择。

　　世界上哪有什么岁月静好，这就是生活原本的样子：当汗水打湿了鬓角，才知道生活的苦与累；当泪水吞进了肚子，才懂得没有人能真正帮你。做人不易，但永远不要说放弃；人生不易，更需要坚持的勇气；生活不易，且行且珍惜。

人这一路走来
最心疼的就是自己
辛苦忙碌的是自己
一年的开始到结束
奔波劳累的是自己

累了得自己撑着
倦了得自己扛着
苦了得自己受着
哭了得自己忍着
生不难

活不易
生活辛苦又不易

人这一路走来
最苦最累是自己
为了家庭
为了爱人
为了更好的生活
疲惫不已
累死累活
向着更好的方向拼搏

就算撞得头破血流
也会擦干泪水和汗水
即使心中万般不快
也不会向身边的人提及一句

人这一路走来
不要太为难自己
撑不住的时候
不要自己逞强
要记得每个人都会有脆弱的时候

我们都是平凡人
不是超人

不要把自己伪装成无坚不摧的样子

坦言自己熬不住了

地球不会因你而不转

谁的身上都会有压力

谁的生活都会有难处

咬咬牙坚持一下就过去了

编 者 寄 语

送给努力生活的你

1.生活不能等待别人来安排，要自己去争取和奋斗，不论其结果是喜是悲，可以慰藉的是，你总不枉在这世上活了一场。

2.永远不要为模糊不清的未来担忧，要学会为清清楚楚的现在努力。其实根本没有十全十美的选择，我们只能靠努力和奋斗来使当初的选择显得正确。

3.成功根本没有秘诀，如果非要有的话，那么有两个：第一个是坚持到底，永不放弃；第二个是当你想放弃的时候，请再按照第一个秘诀去做。你想成功，就只能坚持。

进取的心态应该无处不在

季羡林说："生活上要知足，学习上要不知足，工作上要知不足。只要积极进取，努力工作，人民不会亏待，社会不会忘记。"

生命是一场变幻莫测的剧场，我们在剧场里演绎着爱恨情仇，颠簸的心灵守望着一段花期，等待花开花落，结出满心的硕果。在一段功名利禄里抖落了青春和年华，才明了云烟浩瀚里真正的懂得和获取。曾经品尝过失败的滋味，苦辣酸甜涌上心头，泪水那般畅流，努力过就够了，别太在乎结果。

进取心态，是一种神秘的牵引力。它会牵引着我们向着目标不断奋斗，它不允许我们懈怠，它让我们永不止步，每当我们到达一个高度，它就会召唤我们向更高的境界奋斗。拥有进取心态的人，无论承担着怎样的任务，他都会竭力地做并且做得尽善尽美；拥有进取心态的人，无论从事什么样的职业，他都会要求自己奋发向上，力争一流；拥有进取心态的人，无论面临着怎样的现状，他都会努力让自己的状态越来越好。

相信自己，不断努力

"当你消沉时，世界与你一起消沉不振；当你积极进取时，你只能孤军奋斗。"人的一生都有这样或那样的追求，之所以追求，从某种意义上讲，是你自己不安于现状，所以不断进取，不断努力，而不断努力的动力也源于对现状的不满。当某一追求得以实现，会收获一种快乐和欣慰，一种满足感和成就感油然而生！这就是人，这就是人生！一个轮回，从起点跑到终点，又从终点跑到起点，人的一生都在不断地努力追求，从这一个目标的完成到下一个目标的开始。

有这样一个故事：

有三只青蛙掉进了鲜奶桶中。

第一只青蛙说："这就是命。"于是它盘起腿，一动不动地等待着死亡的降临。

第二只青蛙说："这桶看起来太深了，凭我的跳跃能力是不可能跳出去的。我今天死定了。"于是，它沉入桶底淹死了。

第三只青蛙打量着四周说："不可能！一定有办法跳出去，我一定要跳出去。"

于是，它一边划一边跳，慢慢地，鲜奶在它的搅拌下变成了奶油块，在奶油块的支撑下，这只青蛙纵身一跃，跳出了鲜奶桶。

如此说来，是努力的信念救了第三只青蛙的命。很多时候，别人之所以能救你，是因为你自己没有放弃，是因为你自己也相信自己，并且一直努力着。你能相信自己，是因为你的自信和意志战胜了你的恐惧。坚定的意志，自信的信念，努力的行动，一定会创造出属于自己的奇迹。

努力是生命的支柱

有人为了事业的成功，愿意去死，而有人为了同样的理由，努力地活下去。

其实这两类人在本质上是相同的：他们都有一个至死不渝的信念和信仰，他们的一切选择都是为了完成某项使命，实现自己的目标。

《创业史》的作家柳青就是这样一个人，他为了完成《创业史》这部作品，忍辱负重，病中偷生。《创业史》第一部发表以后，在文坛上掀起了巨大的轰动。然而，正当柳青准备完成《创业史》第二部的写作时，"文化大革命"爆发了。柳青被当作"走资派""黑作家"揪了出来，有时候一天要被拉出来批斗十来次。当时的柳青已经是一个老人了，并且患有哮喘，但他依然被残暴的造反派强迫着做"喷气式"（把被批斗者的两只胳膊向后上方或两侧伸直，如同喷气式飞机翘起两个翅膀）。一场批斗会下来，柳青连走路、吃饭的力气都没有了。

柳青在乡下的住所被捣毁了，他被赶回了城里。住在一间狭小的平房里，周围是厕所和醋厂，气味非常难闻，这对患有过敏性哮喘的柳青来说，无异于每天都在遭受着酷刑，他常常在夜里犯病，有几次差点死过去。"文革"弄得他家破人亡，然而他却没有丧失信心，仍然坚持创作，专心地创作《创业史》的第二部。

有时候，放弃挣扎是一件很简单、很容易的事，而痛苦地活着则显得更为艰难。没有坚定的信仰和进取的心态作为支撑是很难坚持下去的。

天行健，君子以自强不息。凡是真正的强者，或许不一定是事业成功者，但一定会有强烈的进取之心。强烈的进取之心，可以使我们不甘心每天颓废下去；强烈的进取之心，可以鼓励我们勇敢地去长征；强烈的进取之心，可以使我们洒下无怨无悔的血与泪；强烈的进取之心，可以使我们在失败中越挫越勇；强烈的进取之心，可以使我们翻越一座又一座困难的大山；强烈的进取之心，最终让我们站在强者之列！

少年的梦想，有时像海天相吻的弧线，可望而不可即，折磨着其进取之心。有人放弃，将梦想视为一种臆想；有人坚持，将进取变成一种信念。我们一定要有一颗进取的心，趁着青春年华，多做点事，多学点东西。一个努力进取的人，总能找到自己的位置，实现自己的价值。

编 者 寄 语

人一旦失去了理想，就等于毁灭了未来。如果你觉得有一项事业值得你去努力奋斗，你就应该为此忍受一切的侮辱和不幸，你应该学会珍惜自己的生命和精力，把自己所有的力量奉献给自己追求的事业，直至最后一刻，成功将非你莫属。

走在自己的道路上，想着自己的心事，做着自己的努力，不在乎他人的目光，我就是我。笑对生活百态，淡忘岁月沧桑，在颠簸岁月间搏过，羡慕过，也悲伤过，最终发现，我还是喜爱那个不完美却努力的自己。不奢华，不艳羡，就那般于淡然间开放，仿如路边的小雏菊，不经意间，演绎着自己的清丽。

一连串的坚持之后就是功成名就

心 灵 导 读

　　歌德曾经说："不苟且地坚持下去，严厉地驱策自己继续下去，就是我们之中最微小的人这样去做，也很少不会达到目标。因为坚持的无声力量会随着时间而增长，到没有人能抗拒的程度。"

　　坚持不一定成功，但不坚持一定不会成功，并不是井里没水，而是挖得不够深。不是成功来得慢，而是放弃得快。成功的路上，最能激励你前行的并非远在天边的励志语录，而是身边朋友积极上进的日常，与勤奋的人同行，相信你会更加独特。只要你坚持不懈，一连串的坚持之后就是功成名就。

　　一对从农村来城里打工的姐妹，几经周折后才被一家礼品公司聘用为业务员。她们没有固定的客户，也没有任何关系，每天只能提着沉重的钟表、影集、茶杯、台灯以及各种工艺品的样品，沿着城市的大街小巷去寻找买主。五个多月过去了，她们跑断了腿，磨破了嘴，仍然到处碰壁，连一个钥匙链也没有推销出去。无数次的失望磨掉了妹妹最后的耐心，她向姐姐提出自己的想法：两个人一起辞职，重找出路。姐姐说万事开头难，再坚持一阵，兴许下一次就会有收获。妹妹不顾姐姐的挽留，毅然辞掉这份工作。

　　第二天，姐妹俩一同出门。妹妹按照招聘广告的指引到处找工作，姐姐依然提着样品四处寻找客户。那天晚上，两个人回到出租屋时却是两种心境：妹妹无功而返，姐姐却拿回自己推销生涯的第一张订单。原来是姐姐曾经登门四次的一家公司要召开一个大型会议，向她订购了二百五十套精美的工艺品作为送给与会代表的纪念品，总价值二十多万元。姐姐因此拿到两万元的提成，淘到了打工的第一桶金。从此，姐姐的业绩不断攀升，订单一个接一个。六年过去了，姐姐不仅拥有了汽车，还拥有了一百多平方米的住房和自己的礼品公司。而妹妹的工作却像走马灯似的换着，连穿衣吃饭都要靠姐姐接济。妹妹向姐姐请教成功的真谛。姐姐说："其实，我成功的全部秘诀就在于我比你多了一次坚持。"

坚持是人在身处逆境、面临考验的时候的一种拼搏精神，是人的一种可贵品质。古往今来，成大事者无不经历过这样的坚持：居里夫人发现镭的实验，其实验条件是非常简陋的，但她没有放弃；莱特兄弟在制造飞机时曾受到无情的嘲笑，但他们没有放弃心中的信念，坚持奋斗，最终取得了成功。我们新时代的青年也要有这样的坚持精神。

社会上常流传着这样的叹息："我只是一个弱者，一没文凭，二没工作经验，终将被社会淘汰……"的确，当今社会是一个充满挑战、洋溢奋斗的社会，它需要竞争支撑，正如"适者生存，弱者淘汰"那样残酷，它也需要坚持奋斗来作证，正如"一波三折"那样激烈。

坚持，是一种耐力，也是一种生存的本领，它以一种顽强不屈的精神去做事情。坚持的过程其实就是磨炼的过程，可有的人往往因缺少这种精神而与成功失之交臂。坚持是凭借自己的能力并做出不懈的努力，而不是依赖于他人。我们要通过敏锐的判断来确定目标，一旦认定了目标，就要坚持到底，不轻言放弃。只有坚持，才能战胜人生道路上的荆棘坎坷，到达人生成功的顶点。

人生，是一个坚持奋斗的过程。有时，坚持奋斗是人生的补充剂。也许奋斗中会遇到挫折，但总是能化险为夷，迎来成功。

爱迪生在一千多次失败后，坚持奋斗，总结经验，终于成功发明了电灯，为人类做出了巨大贡献。

中国的一批先进分子，在不断奋斗、探索中，找到了民族的求生之路，为新中国开拓了新纪元。

……

有时，坚持是信念的必须。

不断坚持，文天祥直指南方，谈笑而死，凸显风骨；

不断坚持，马克思固守清贫，探索斗争，揭示真理；

不断坚持，比尔·盖茨毅然休学，爱其所爱，创立微软。

有蓝天，鸟儿将会自由自在；有大海，鱼儿将会无忧无虑；有绿色，生命将会充满希望……有坚持，人生将会出奇绚丽。

人生，需要靠竞争支撑，也需要与坚持做伴。有人说：鲁迅的人生是呐喊的人生，胡适的人生是实用的人生，林语堂的人生是幽默的人生，梁实秋的人生是雅致的人生，郁达夫的人生是充沛的人生……那何不把我们的人生变成坚持的人生呢？

面对人生的诸多不顺时，我们一定要学会坚持，哪怕再坚持一分钟，成功也许就会到来。有人说，坚持是卓越和平凡的分水岭。所以，在面对学习和生活的困难与挫折时，一定要勇敢地坚持下去。只有坚持正确的目标或道路，坚持到最后一分钟，才能够走向成功。

编 者 寄 语

生命，是一束花开，或安静或热烈；生活，一半是现实，一半是梦想。人生，最快乐的莫过于奋斗。不管昨天有多风光荣耀，抑或苦涩不齿，都已经过去了，无可更改，无法再来。唯有重拾心情，重新上路，才是我们今天唯一的选择。

人最大的对手，就是自己的懒惰。做一件事并不难，难的是坚持；坚持一下也不难，难的是坚持到底。你全力以赴了，才有资格说自己运气不好。你感觉累了，也许是因为你正处于人生的上坡路。只有用尽全力，才能迎来美好的明天！

懂得自己

　　人生之情感，是自己的一场清欢，只要心从容，即便岁月转角，依旧会收获属于自己的人间四月。人生之心态，是繁华与孤独的交集，若懂得于低迷时宽慰自己，于纷杂时修正自己，则一池静水也可见波澜。

　　人和生活的关系，不是人被生活逼迫着残喘生存，就是人主动决定自己的生活。当所有琐碎杂事一股脑地全砸在我们身上时，事情太多，苦衷太多，谁都想要暂时逃离。但是，当你想要逃离时，你得有资本、得有能力，懂得爱自己的人，才有随时逃离的能力。

　　花开无期，花落有雨，不必委屈自己，不必勉强自己，更不必透析自己。因为只有自己才能懂得自己，才能爱自己，才能真正珍惜自己。

　　如何懂得自己，并致力于自己渴望的人生？懂得自己是一件很难的事情，但我们依然心之向往。懂得自己，是慢慢积累而来的，需要去学习和实践。为了懂得自己，在日常生活中，我们可以为自己做点什么呢？

　　记录自己的生活

　　记录，是一种梳理总结，也是一种自我交流和自我发现的行为。我们可以通过写日记、做手账或者在社交平台上发布文章的方式来记录自己。

记录的方式可以没有图片，但一定要有文字，因为文字可以沉潜人的内心，有利于挖掘自己的深度想法，这会引发很多自己的思考，也会有很多自我启发和感悟出现，这样做可以让我们通过自省的方式来对自己进行深入了解。记录自己，通过回顾可以发现自己的喜欢、自己的在意、自己的擅长。

学会倾听内心的声音

我们的心会靠近什么，那么这样的东西一定与我们有关。学会倾听自己内心的声音，能够让我们确定自己真实的渴望，知道自己想要什么。心，是让我们知道自己心意的来源。

心意虽然来源于我们的内心，但是我们依然可能会心猿意马，所以我们要学会倾听自己内心的声音。这需要我们观察自己、留意自己。有时候，我们的喜欢，只是短暂的或者并不是真实的，而是被外界的渲染所影响的。内心真实的声音应该是笃定的，哪怕会出现困难与波折，依然笃定且确定。

一直保持学习的好习惯

懂得自己，是一生的事，学习也是。懂得自己是一件需要知识储备的事情，这是不可忽视的。我认为，心理学是一门认识自己的重点学科，每一个真心想要认识自己、懂得自己的人，都应该好好学习心理学。心理学，会让我们了解自己的心理和行为背后隐藏的动机和内涵。

学会借助别人的力量

通过别人来认识自己，是认识那一半未知的自己很好的途径。互联网时代，已经出现了很多学习与咨询的平台和机构。例如，心理咨询平台、MBTI职业规划机构。我个人是其受益者，所以我会十分鼓励这种方式。但是我们要学会感知和分辨，这样才能做好选择。我们要学会分析和判断，找到适合自己并且靠谱的方法。更重要的是，一定要针对别人的建议去持续行动，深入实践。有的人没有深入了解相关知识，对于别人的建议会有偏见，没有相关的行动。因此，借助别人的力量这件事，也就变成了没有用的事。

敢于去做合理化的行动

哪怕你听了很多有用的知识，甚至感到醍醐灌顶，如果没有行动的支撑，没有足够的行动力，也不会有成长和认知的变化。所以，你要去做合理化的行动。

当你确定你喜欢一件事时，内心笃定且诚恳，那么，你就一定要去为自己做这件事，毫无借口。和这件事交互的过程中，你会看到自己的种种特质，不仅有正向的特质，而且有负向的特质。你也会看到关于自己的更多更深入的东西，比如你的心力、愿力以及长出来的能力你可以由此更多地了解自己。

懂得自己，一定是在为自己做了很多自我探索工作之后的发生，是在受到和自己真实有关的事情所濡染变化之后的发生。

懂得自己，是在生命当中，一件又一件事作用在自己身上之后带来的反馈的发生，带来的见识的发生，带来的领悟的发生。而反馈、见识、领悟的发生，需要有和自己有关的行动的发生。每一个行动的积累，都在靠近一个更加懂得的自己，都在靠近自己渴望的人生。

懂得自己，是一生的要事。只有你知道你应该为自己做什么，才能致力于自己渴望的人生。

懂得自己，了解自己是芸芸众生的一分子，不会自高自大，不会自命不凡。懂得脚踏实地，从最基本的事情做起，不要好高

青春励志文学馆

骛远；懂得只有努力奋斗，开拓进取，才能一步一个脚印地攀登人生的高峰。

懂得自己的情绪并能调节好，懂得自己的目的并能不懈努力，懂得生活的重点并能为之付出，懂得生命的善意并能为此坚持，这样的人才能获取宁静与美好。

编 者 寄 语

当你懂得爱自己时，你才算活敞亮了，看懂了世事无常，明白了人心薄凉，不再挣命地去和谁争，不再玩命地去和谁抢，属于你的珍惜在心里，不属于你的一笑而过。

当你懂得爱自己时，人也就活明白了，心也就变平静了，能脚踏实地去生活，能发自内心地爱自己，珍惜眼前的一切，看淡过去的点滴，经得起生活的大悲大喜，受得了人生的大起大落。

当你懂得爱自己时，你也就看透了人生，你也就明白了生活，不再怨声载道，不再自寻烦恼，苦是生活的原味，乐是生活的本质，经历才能磨炼你的意志，苦乐才能成就你的人生。

梦想,永远前进

心 灵 导 读

　　成功与失败只在一念之间。只要你再坚持往前多走一步，你就成功了。

　　很多人都渴望成功，他们并不缺少远大的理想和向目标前进的动力与热情，可到了最后却依然与成功无缘。这是为什么？他们明明与成功只有一步之遥了，却还是失败了，关键在于他们并没有坚持到最后。在追求的过程中，往往是他们本身不够坚定，自己先动摇了，放弃了，最后成功也就放弃了他们。很多人明明知道这一点，却偏偏做不到，这真的是人生的悲哀。

　　每个人都有梦想，有目标，虽然能力可能不及，但是要知道，不努力的现在，只会成为颓废的未来。所有的事情都是一分为二的，我们要辩证来看，有些事情虽然没有绝对的公平，但是我们要以百倍的努力，追逐我们的梦想，不要停止我们前进的脚步。

不忘初心，方能永远前进

　　乔布斯年轻时，每天凌晨四点起床，九点半前把一天的工作做完。他说："自由从何而来？从自信来，而自信则是从自律来！先学会克制自己，用严格的日程表控制生活，才能在这种自律中不断磨炼出自信来。"

　　自信是对事情的控制能力，如果你连最基本的时间控制都做不到，还谈什么自信？太多的人做事情，总是一天的热度，第二天就回到了原点。人想成功总需要付出点什么，不懂得需要学习，做事需要时间，这都是必须经历的阶段。寒冷的夜，我坐在温暖的办公室看着外面的世界，我所经历的可能正是你曾放弃的，我现在享受的是我曾经坚持的结果。

时刻进步的人，最大的优点就是永远以自己的目标为灯塔，然后抓紧时间，排除一切"执念"的干扰，实现自己的目标。进步快的人始终以答案为第一要旨、以效率为第一依据在寻找方法，他们不会以自我兴趣为干扰而模糊了前方的灯塔。

你在远方想要告诉我一个好消息，我希望你立刻打电话告诉我，而不希望你写信，因为我要的是这个好消息，我要的不是一

封信；等信到了，黄花菜都凉了。如果我要你必须寄信给我，那说明我在乎的是看信的过程，而不是这个好消息。我想要知道一个问题的答案，最快的方式就是在网上搜索，我不会因为不喜欢上网而跑去图书馆花半天的时间查阅资料，因为我的灯塔是答

案，而不是在图书馆查阅的过程。我需要从深圳去北京参加一个重要的会议，我会选择一种最快的交通工具，我不会因为沿途的风景美丽就放弃乘坐高铁，选择绿皮火车。因为我的灯塔是会议，而不是沿途的风景。

保持时刻进步的人，永远能看清灯塔的方向，然后扫清屏障。顶级的思想：价值观决定思维模式，思维模式决定方法论，价值观是第一决策点！

不忘初心是继续前进的基石。继续前进的动力则是不忘初心。二者相辅相成，缺一不可。我们今天在这个心有多大舞台就有多大的时代，如果想要谱写出属于自己的华丽乐章，那么就要勇敢地相信并坚持"不忘初心，方得始终。不忘初心，继续前进"。

永不放弃，方能永远前进

生命的奖赏远在旅途的终点，而非在起点附近。我不知道要走多少步才能到达目的地，迈出一千步时，仍然可能会失败，但成功说不定就在前方。再前进一步，如果没有用，再前进一步，说不定成功就在前面的一步。

事实上，每次前进一点点并不难。我承认每天的奋斗就像对参天大树的一次次砍击。头几次可能没有一点痕迹，一击看似微不足道，但积累起来，巨树终会倒下。这恰如我们今天的努力，坚持不懈，直到成功！

我绝不考虑失败，我的字典里没有"放弃""不可能""办不到""失败""行不通""没希望""退缩"……这类愚蠢的字眼。我要尽量避免绝望，一旦受到它的威胁，立即想方设法向它挑战。我要辛勤耕耘，忍受苦楚。我要放眼未来，勇往直前，不再理会脚下的障碍。我坚信，沙漠的尽头必是绿洲。

雷军说过这样一段话："有梦想是件简单的事情，关键是有了梦想以后，你能不能把这个东西付诸实践，你怎么去实践，怎么给自己设定一个又一个可行的目标。当然，有了这样的目标还不够，因为要成功不是一件简单的事情，需要你长时间的坚韧不拔，百折不挠。"

所以，奔跑吧少年！不论你的梦想是什么，说不定就实现了！

编 者 寄 语

　　梦想，是对未来的一种期望，指在现在想未来的事情或是可以达到但必须经过努力才可以达到的境况。梦想就是一种让你感到坚持就是幸福的东西，甚至它可以被视为一种信仰。人总是要走向远方，走向远方是为了让生命更辉煌。走在崎岖不平的路上，年轻的眼眸里装着梦更装着梦想。不论是孤独地走着还是结伴同行，都应让每个脚印坚实而有力量。

　　梦想是我们前进道路上的指明灯，在远方绽放着耀眼的光芒吸引我们前进，相信自己，以积极的态度、乐观的心态、坚实的脚步，我们必能到达梦想的彼岸。加油！向着梦想前进、前进、前进！

《洛奇》

心 灵 导 读

　　畅销书《逻辑思维》里有这样一句话："如果你有目标，全世界都是你的资源，你在走向目标的过程中，每一步都是获得滋养，哪怕你做错了；如果你没有目标感，全世界都会对你构成戕害，因为你在做应激反应的过程中，永远都是在积累毒素，哪怕你做对了。"

　　生命不息，折腾不止。前进，可能才是生命的常态；前进、别累着、生活在希望中、生活在动态的平衡中，可能才是最舒服的状态。记住：无论做什么，你都要勇往直前；无论有多难，你都要坚持一下。折腾，才不辜负生命给予我们的上场机会。

　　你有看过《洛奇》这部电影吗？你听过这部电影的主演西尔维斯特·史泰龙的事迹吗？

　　在史泰龙成名之前，他在美国只是一个穷困潦倒的年轻人，那个时候他身上全部的钱加起来都不够买一件像样的西服，可他仍然全心全意地坚持着自己的梦想。他想做演员，拍电影，当明星。

　　当时，好莱坞共有五百家公司，他每家都去面试过，而且都不止一次。后来，他又根据自己认真规划的路线与排列好的名单顺序，带着为自己量身定做的剧本前去尝试。但是一遍下来，五百家公司中没有一家愿意聘用他。

面对百分之百的拒绝，这位年轻人没有灰心，从最后一家被拒绝的电影公司出来以后，他又从第一家开始，继续他的第二轮拜访与自我推荐。

在第二轮的拜访中，这五百家电影公司依然拒绝了他。

第三轮的拜访结果与第二轮的相同。但是这位年轻人仍然咬牙坚持，继续努力，开始了他的第四轮拜访，在拜访完第三百四十九家电影公司后，第三百五十家电影公司破天荒地答应愿意让他留下剧本再看一看。

几天之后，史泰龙收到了通知，这家公司请他前去详细商谈。就在这次商谈中，这家公司决定投资拍摄这部电影，并请这位年轻人担任他所写剧本的男主角。

这部电影就是《洛奇》。

史泰龙的故事让我想到了加拿大作家塞维斯的诗句：

孜孜不倦会为你赢得胜利，

临阵脱逃不是好汉。

鼓起勇气；

放弃毕竟是太容易，

抬头继续前进才是难题。

为你受打击而哭泣——

而死亡也是太容易，

撤退、爬行也容易；

但是在不见希望时却要战斗

再战斗——

这才是最好的人生之戏。

虽然你经历每一场激战，

浑身是伤，是痛，

但是再努力一次——

死亡毕竟是太容易，

继续抬头前进才不易。

人们都希望自己的生活中能够多一些快乐，少一些痛苦；多一些顺利，少一些挫折。可是命运似乎总爱捉弄人、折磨人，总是给人以更多的失落、痛苦和挫折。

聪明的你要知道，无论前进的路怎样艰难都不要害怕失败，因为失败所赐予你的力量是巨大的，你或许不可能不被它击败，但这种失败并不可怕。它现在已经过去，你完全可以承接它给你的力量重新来过。当遭遇失败时，要相信：一件事的结束正是另一件事的开始。只要努力下去，就有成功的机会。

编 者 寄 语

送给努力的你

1.努力的最大好处，就在于你可以选择你想要的生活，而不是被迫随遇而安。

2.人生的路上，可能春风得意，也可能坎坷不平。生命的多彩，就是经历了太多的冷暖交替，才能走向完美。

3.生活不会时时厚待我们，会有挫折，会经历失败。走自己的道路，过自己的生活，人生，需要努力，更需要学会选择。

4.不要总认为别人比自己活得潇洒，那是因为别人心里时刻有一种信念：坚强勇敢自信，前进前进再前进。

第 五 章

时光，会把最好的
留给最优秀的

　　拼搏的路上总需要一些借口，一些鼓励的能量，每一个努力拼搏的人都能创造出一个属于自己的奇迹。我们要相信，爱笑的人运气不会很差，只要撑过这一难，大家一定会是成功的，灾难确实够苦，但这样是值得的。就让我们随命运去折腾吧！再大的灾难我们都要战胜，任何事都阻挡不了我们对生活的热情。

人生是自己争取的

心 灵 导 读

　　人生的路真的是自己选择的，一念之差，有的事情就变了，当事情没发生的时候，谁都无法预料事情会是怎样的。只有经历了才能醒悟，所以有些事不要纠结，不利的当教训，有利的与其同行。有些事就得当机立断，不断则乱。我们的人生，只有自己去争取，在人生之路上我们才能谱写出优美的乐章！

　　生命只有一次，如果在相同的时间里，我们比别人争取到更多，那么我们就可以拥有更多。趁着这个美好的时光，为自己的选择拼搏，为自己的未来喝彩！铭记那些让我们脚踏实地的争取，未来的人生，让我们更有力量！

我们有着不同的人生
有着不同的境遇
但是我们又何尝不曾羡慕他人
羡慕他人富裕的生活
羡慕他人自在的人生
临渊羡鱼不如退而结网

我们从不同的起点开始
但是却可以拥有同样的结局
哪怕始于底端

也能走上高峰

自己的人生
是要靠自己争取的
你每个值得纪念的成功的日子
都倒映着你曾经的努力
你的每一滴泪水
你的每一场苦痛
都是你成长的印记

每个人都有过失败的日子
可是短暂的休息之后还是要站起来
你怎么能哭
你还要赶路
人生其实就是这样
不会永远都有阳光
也不全是柴米油盐
还有很多意外

你要相信
只要自己不曾退缩
只要自己一直在努力
你就能找到自己想要的未来
你人生中最重要的时刻
只是在未来的路上

你只要安静等待就好

过好现在的生活

看遍身边的风景

等风等雨等时过境迁

你想要的都会来

你的人生

靠自己争取

编 者 寄 语

　　生活不能等待别人来安排，要自己去争取和奋斗；不论结果是喜是悲，值得慰藉的是，你总不枉在这世上活了一场。有了这样的认识，你就会珍重生活，而不会玩世不恭；同时，也会给自身注入一种强大的内在力量。

　　有句俗语说："靠山山倒，靠树树倒，靠自己最可靠。"世上没有不劳而获，做任何事都要先付出，才会有收获。先行动，再想结果。无论你年轻与否，处境如何，你今后的生活都得靠自己一点一滴地去成全。你想要的人生就掌握在你自己的手中，想要的成功就得靠自己去成全。在你设定人生目标后，只要朝那个方向持续努力，总会有实现目标的一天。

在时间里面奔跑

心 灵 导 读

　　每当想起那首动人、优美、悲凉的《时间都去哪儿了》，总会有一连串的问号浮现在我的脑海里，时间都去哪儿了？赫胥黎说："时间最不偏私，给任何人都是二十四小时；时间也最偏私，给任何人都不是二十四小时。"

　　美好的东西，总不会轻易获得。成长靠的从来不是豪言壮语，而是踏踏实实的努力。如果还有呼吸，就不要停止前行的脚步，真正去坚持一件事，时间会给你答案。让我们一起奔跑，朝着时间奔跑，为梦想奔跑，迎着朝阳与微笑，一起加油！

　　时间在流逝，花儿在成长，夜晚的天空承载着我的梦；时间在流逝，河流在奔跑，不远的将来，我终将走过；时间在流逝，大地在转动，日月交辉，思绪已万千；时间在流逝，我的心在沸腾，不羁的远方，未来在奔跑。

　　有人曾说："在适合奔跑的时间与空间内应尽情奔跑，切莫虚度光阴。"

　　今天我看了一段材料，这段材料主要讲的是人类应该在最好的时光里尽情奔跑，不要虚度光阴。我觉得这段材料很有道理，人类在一生中要尽情奔跑，不能虚度光阴，要付出自己的努力，自己的汗水，去收获成功和喜悦。

　　什么是时间？俄国心理学家巴甫洛夫说过："在世界上我们

只活一次，所以应该爱惜光阴。必须过真实的生活，过有价值的生活。"时间是可贵的，每个人都应该珍惜每一秒钟，去做些有意义、有价值的事，以免碌碌无为，平庸一生。少壮不努力，老大徒伤悲，不要到年老的时候才后悔不已。但由于当今社会的浮躁，人们很难意识到时间的宝贵，快节奏的生活，更让人无暇顾及其他事，完成任务比什么都重要，这让本就浮躁的社会变得更加麻木、不堪。

　　什么是奋斗？奋斗就是为自己的人生勾勒出美好的蓝图，并坚持为之努力，为自己的理想付出汗水，成就自己的一生，这样才算不虚此行。

　　陶行知曾说："奋斗是万物之父。"由此可见，奋斗是多么可贵。许多人却没有奋斗的精神，他们好吃懒做，整日花天酒地，不思进取，遇事总依附于他人的帮助。

　　这让我想到了一个人物——《明朝那些事儿》中的申时行。申时行的生父和一位姑娘一见钟情，生出了申时行。因为私生子是十分见不得人的，所以申时行被送给了当地知府，知府见申时行很机灵，便收养了他。小时候的申时行生活得衣食无忧，十几岁就考上了贡士，考进士时，他的养父告诉他，"其实你

并不是我的儿子，你是我收养的。"申时行明白自己的道路是未知的，以后谁都帮不了他，他只能靠自己。从此以后，申时行便更加努力读书，悬梁刺股，寒窗苦读了三年，终于金榜题名，一举中状，多年后成为内阁首辅。

再想想我们的大文豪——鲁迅。鲁迅十二岁在绍兴城读私塾的时候，父亲患有重病，两个弟弟年纪尚幼，鲁迅不仅经常去当铺、跑药店，还要帮助母亲做家务，为了不影响学业，他必须做好精确的时间安排。此后，鲁迅几乎每天都在挤时间、努力地奔跑。他说过："时间，就像海绵里的水，只要愿挤，总还是有的。"鲁迅读书的兴趣十分广泛，又喜欢写作，他对于民间艺术，特别是传说、绘画，也有深切爱好。正因为他涉猎广泛，多方面学习，所以时间对他来说实在非常重要。他一生多病，工作条件和生活环境都不好，但他每天都要工作到深夜才肯罢休。

是啊，时间并不少，但是，仅仅是但是，又有多少人能做到珍惜时间，努力奋斗呢？

有的同学，每天来到学校时都是一脸的疲惫，上课时就瞌睡连天，让老师难堪。放学后别的同学都是迅速回家做作业，而他是直奔网吧……时间是珍贵的，今天过了就不会再有今天，很多人却总想把今天的事放在明天做，但明日复明日，明日何其多！太阳下山了就不会再有今天的太阳，不要痴心妄想时间很充裕，当我们感到时间紧迫时，很多事都无从谈起了。珍惜现在的时间，努力奋斗，别让我们的人生碌碌无为！

这些故事让我们明白：只有努力奋斗，命运才能掌握在自己手中。

爱默生也曾说："凡事欲其成功，必须付出代价——奋斗。"马丁·路德·金说："如果你不能飞，那就奔跑；如果不能奔跑，那就行走；如果不能行走，那就爬行；但无论你做什么，都要保持前行的方向。"

是的，我们要在最好的光阴里尽情奔跑。奔跑就是起点，奔跑就是过程，奔跑没有终点，奔跑的才是力量，奔跑的才是人生，奔跑的才是王者。每一天，我们都是一匹匹奔跑的骏马，我们把时间远远抛在身后，我们用青春跑遍世界。

编 者 寄 语

人们常说越努力，越幸运，但盲目的努力不仅不会让你前进，还会让你后退，所以请停止无效的努力。时间也是一样，我们只有这么多时间，一天无法超过24个小时，我们要做的就是高效地运用好这些时间。很多人应该都听过二八定律（最重要的只占其中一小部分），我们的精力是有限的，合理分配时间，管理好自己的24个小时很重要。

时间的罗盘一直在均匀地转动，当迫切的时候，就会"缓慢"，越迫切越"缓慢"。当忙碌的时候，就会"奔跑"，越忙碌越"奔跑"。成功需要奔跑的时间，因此我们要学会在有限的时间里尽情奔跑。请记住：时间有限，奔跑无限。

成为真正优秀的人

心 灵 导 读

相信每个人身上都会有"十八般武艺"，比如那个同学擅长琴棋书画，这个同学吹拉弹唱样样在行。在言语中能听出来，你对自己似乎不太满意，但你要知道，你的身上也有很多很多的优点，比如宽容、善良、会关心别人，而且你的歌唱得也不错啊！所以无论到什么时候，你都要相信自己是优秀的。

在真正优秀人的眼中，优秀已经是一种习惯。真正优秀的人从来都不是在方方面面超过别人，而是时时刻刻都能够刻苦努力；真正优秀的人不是不掉眼泪，而是含着泪奔跑。希望我们都能成为这样的人，加油！

有人说："人生最值得追求的东西，一是优秀，二是幸福，而这两者都离不开智慧。所谓智慧，就是想明白人生的根本道理。唯有这样，才能成为人性意义上的真正优秀的人。也唯有这样，才能分辨人生中各种价值的主次，知道自己到底要什么，从而真正获得和感受幸福。"

看似轻松的成功，背后是加倍的努力

前段时间电视剧《都挺好》大火，其中苏明玉的扮演者姚晨更是凭借精湛的演技获得了观众的认可，赢得了事业的"第二春"。于是很多人羡慕她运气好，轻松收获名与利。其实，姚晨的成功之路并非是一帆风顺的。在她成功的背后，更多的是咬紧牙关的努力。

在参加某次演讲时，姚晨曾含泪提及自己因生育而遭遇的事业危机。作为演员的她，在怀孕的那段时间里，错过了太多的机会。当她多年以后再次回到职场时，一度陷入人气不足、无戏可拍的尴尬处境。她说，活到这个岁数，总算明白了一个道理：成功只是偶然事件，失败才是人生常态。只有脚踏实地地努力工作，才会得到选择的权利。

如今的姚晨，在曾经的迷失中找回了自己，踏上了人生的新征途。她用亲身经历告诉我们，要勇敢地面对自己的人生，并要为之奋斗。

改变态度也许会改变未来

美国著名脱口秀女王奥普拉·温弗瑞，是当今世界上最具影响力的女性之一。然而，童年时的奥普拉却是个行为出格、脾气古怪的孩子。她早早辍学，沾染各种恶习，变得消极堕落。没有人对她抱有希望，包括她自己。后来父亲的一席话，让她对生活重燃希望。那句话是这样说的："有些人让事情发生，有些人看着事情发生，有些人连发生了什么事情都不知道。"在父亲的鼓励下，奥普拉有了重新开始的勇气。她重拾学业，经过不懈的努力，成功考上大学，并在大二的时候就成为WTVF电视台最年轻的主播。后来她更是一路闯关，成立公司、创办畅销杂志、参股网络公司。她主持的金牌栏目——《奥普拉脱口秀》，在播25年，共播出5000多集，每周吸引4900万名观众观看。

奥普拉的童年就像是一个泥潭，稍不留神就会被拉扯进去，越陷越深。然而她并没有放任自己堕落下去，而是鼓足勇气从泥潭中挣脱出来，完成了自己人生的蜕变。

这也印证了她所说过的一句话："自古至今人类最大的发现，就是一个人仅仅改变态度，就可以改变他的未来。"

努力的人，最优秀

人这一生难免会遇到诸多挫折，但无论在任何阶段，我们都不应该屈服于命运的安排，放弃成长和努力。只有下定决心，在不断的试错中调整方向、重新上路，才能一步步实现目标，过上理想的生活。

就像姚晨，就像奥普拉，她们是千千万万成功实例的缩影。正因为她们有着极强的抗压能力，任何时候都不忘反省和精进自己，她们最终才实现了华丽的逆袭。努力的人，最优秀。愿你能以良好的心态，积极面对人生的起伏不定，扎实地走好脚下的每一步路，在日复一日的坚持中，成就最优秀的自己。越是有智慧的人，越是谦虚，因为昂头的只是稗子，低头的才是稻子；越是富有的人，越是高贵，因为真正的富裕是灵魂上的高贵以及精神上的富足；越是优秀的人，越是努力，因为优秀从来不是与生俱来的，也从来不是一蹴而就的。

真正优秀的人永远保持着谦虚的态度和努力的心

态。你只有一直保持努力的心态，才能保证自己一直有进步、有收获。这个时代是很残酷的，大家都在往前跑，你一旦停下来，就会被别人甩在身后。

真正优秀的人，是真正勇敢的人，永远执着于自己的天性，坚持内心深处真正的渴望，无论遭遇什么样的打击，都不屈服、不后退。

成为真正优秀的人是一个终极目标，你需要一步一步地走，你需要用点滴的积累来积淀内涵，使自己变得有深度、有气质，这才是真正的优秀。你的独特见解，你的满腹才华，你干净利落的外表，结合在一起就是真正优秀的你。

编者寄语

你有没有羡慕嫉妒恨过那些比你优秀的人，你有没有想过为什么别人会比你优秀？也许你会说别人有有钱的爹可以拼，也许你会觉得自己生不逢时，怀才不遇，也许你会觉得命运对你不够公平，给了别人好的家境，好的长相，所以别人从出生起就注定是白富美，高富帅。是的，确实有一些人生来就比你运气好，但是还有一些普普通通的人依然很优秀，这又是为什么呢？

这是因为他们比你努力。最优秀的人，往往是最努力的人。所以，当你觉得别人比你优秀或者你没有身边的人优秀的时候，不要抱怨命运不公，先认真想想，自己是否为了成功拼命地全力以赴过。

煮沸的水才能唤醒咖啡的香

记得读过一个绘本，名叫《蜗牛的日记》，里面展现了蜗牛的每一天。我们很难改变生活的模样，却可以改变自己的心态。每天别忘了给自己一个微笑。我们可能没有飞驰的人生，但我们可以有蜗牛的人生。

我们也可以像蜗牛一样，爬行人生，在繁重的生活下，背着重重的壳，一路前行，一路留痕。慢慢你会发现，那个沉重的包袱，其实也渐渐成了你的保护色。愿一直在坚持的你不忘初心，熬住生活的枯燥无味，去寻找自己的一片天地。记住，有梦想就要去追！

没有经过沸腾的水，咖啡的香气就不会飘得那么远。经历生活的种种磨难并不可怕，只要你还在不断成长，曾经的磨难都会显得微不足道。

我们总是羡慕那些功成名就的人，他们总是挂着自信满满的笑容，他们似乎生来就是活在闪光灯下的焦点人物，成功对他们来说似乎是信手拈来的事情。而我们自己，一路坎坷，历经磨难，也看不到成功的曙光。

其实，所有能够通往成功的道路，都不可能是畅通无阻的，如果成功真的那么轻而易举，触手可得，那它也不值得人们如此的心向往之。所谓的成功，一定会让你经历一些意想不到的牵绊，甚至一度会迫使你萌生撤退的念头，而当你咬着牙坚持下来时，你才能体会到苦尽甘来的滋味。

只有在经历了磨难之后获得的成功，才会显示出它的珍贵。我们看到的只是闪光灯下，那些获得成功的人衣着光鲜的样子，却未曾看到他们曾经经历的种种，然后我们就开始埋怨人生的不公，羡慕别人的好运气，这未免也显得太过浅薄和无知了。

美国的奥运选手在出征前，都会被要求参加一次特殊的心理测试。这个测试和体育项目毫无关系，而只是一些关于心理承受能力的测验。

这个测试的结果通常与被测试选手的成绩成正比，测试的分数越高，意味着这个选手的成绩可能会越好，而那些测试结果偏差的选手，即使平时的表现还不错，也常会在正式的比赛中出现失常的表现，取得糟糕的成绩。

其实，这个测验测试的就是选手们是否愿意放弃眼前的享乐，接受更多的磨难，对于磨难，他们秉持着怎样的态度。那些渴望得到更多的磨难洗礼、不愿在安稳的生活中平淡度日的人，往往具备良好的心理素质，他们愿意不断地磨炼自己，愿意成为

不断超越自己的人。

佛说："众生皆苦。"老话说："生活有五味，酸甜苦辣咸。"苦是生命所不可避免的一味。叔本华说："人生就是痛苦，我们可以把痛苦转换成幸福。"我们可以把苦当作人生的必经过程。人生就是一个"享受"痛苦和磨难的过程，这个过程是值得体会和拥有的。努力就是转化的过程，尽管在这个过程中，我们可能会感到更加辛苦。人生总要吃苦，有了苦才能知道甜，有了苦才能知道珍惜。伊索曾说："如果你受苦了，感谢生活，那是它给你的一份感觉；如果你受苦了，感谢上帝，说明你还活着。"生命中那些折磨你的人和事，都是助你成长的最好养料。别对让你痛苦不堪的往事耿耿于怀，甚至为此一蹶不振。顽石经过雕琢才能成为艺术珍品，蛹破茧才能化成美丽的蝶，你要敢于承受生活带给你的种种折磨，敢于承受磨难带来的种种痛苦并在磨难中不断进步，你终会成为别人眼中优秀的人。

不要轻易抱怨，所有的付出都是有意义的，只要你能坚持下去，就总会有所收获。而大部分人，在遭遇到不公平的待遇或者被人迎头打击之后，就丢掉了自己的雄心壮志，不再为自己坚持的目标而努力，心甘情愿地混迹在芸芸众生之中，他们甚至可能还会说："我已经成熟了，不再是那个愚呆的新人。"其实，这是因为他们太过在乎一时的得失，这使他们停止了继续成长的脚步。

任何成功之前的准备都是有意义的，都是值得我们集中精力去努力做好的，这样做不但不是在浪费时间，而且还会让我们在未来的道路上体会到其好处。

"天将降大任于斯人也，必先苦其心志，劳其筋骨，饿其体肤，空乏其身，行拂乱其所为，所以动心忍性，曾益其所不能。"所有能够取得成功的人，都曾经历过各种各样的磨难，而能否在磨难的风雨之后看到彩虹，就要看其自己的态度和行为了。要知道，同一个老师教出的学生也是各不相同的。

编 者 寄 语

　　莫泊桑在《一生》中这样写道："生活不可能像你想象得那么好，但也不会像你想象得那么糟。"我觉得人的脆弱和坚强都超乎了自己的想象。有时，我可能脆弱到听到一句触动的话就泪流满面；有时，也发现自己能咬着牙走完从来没走过的很长的路。

　　生活从来不是简单的一件事，它是一门功课，每个人都会遇到不同的难题，有人拿着走运的题目得了满分，就会有人因被困住而不及格，有人答到最后一刻，就会有人提前交卷。重要的是，在面对生活一次次细碎无比的打击和压制之后，能否继续坚持一点点的努力，保持一点点的决心，捡拾一点点的勇气，收获一点点的成长。

逼自己一把

　　毛泽东同志曾经说："有些事不逼我们就做不出来。"无数事实证明：人是被逼出来的。如果你不逼自己一把，你根本不知道自己能有多么优秀乃至卓越！

　　想对所有迷茫的年轻人说：趁着年轻逼自己一把，输了叫青春，赢了叫辉煌。趁着年轻，你更应该多做一些想做的事情，这样才不会荒废青春。艰难困苦，玉汝于成。人就得时不时地逼自己一把，挑战自己一把，否则就会在人生的舒适区停滞不前。不逼自己一把，怎知自己能行，怎知自己有多优秀。

　　电影《无问西东》里说："如果提前了解了你所要面对的人生，你是否还会有勇气前来？"我们来到这个世界，常常要思考自己的命运。上高中的时候思考自己要考哪所大学，考大学的时候思考自己要选什么专业，大学毕业的时候又要思考找一份怎样的工作，选择怎样的人生。人生处处面临抉择，也许一次选择就会决定你的一生。选择逃避现实，终日过得浑浑噩噩，你将永远不会进步。选择面对困难，充满信心，鼓起勇气，将会是你开启美好未来的第一步。未来的生活充满未知，但是我们都必须知道的是，人都是逼出来的，如果不逼自己一把，你永远不知道自己有多优秀。每个人都有潜能，一个人的成长必须经历磨炼。有时候，必须对自己狠一点，否则永远也活不出自己……

稻盛和夫说："要故意大声说出自己的目标，逼迫自己处于'一言既出，驷马难追'的境地。"我认为，像这样给自己设置"枷锁"，正是迈向成功的秘诀。每个人都是有潜能的，生于忧患，死于安乐。所以，当面对压力的时候，不要焦躁，也许这只是生活对你的一次小考验，相信自己，一切都能处理好。时势造英雄，穷则思变，人只有有压力才会有动力。梦想的实现，确实只能自助，没人能为你伸出援助之手。不管周围是怎样一种困境，你只能背着厚重的外壳，一个人勇敢地走下去，就算不被他人理解，也要勇敢地朝着前方行进。

戴安娜·尼亚德就是这样的人。2011年8月7日，戴安娜打算用60个小时，横渡佛罗里达海峡。为保证结果真实，戴安娜没有穿防寒泳衣。在横渡的过程中，她不能触碰皮划艇，也不能向救援人员求助。直到戴安娜穿过海岸边的红树林，走上陆地，横渡才算结束。这片海域常有鲨鱼出没，但戴安娜并未使用防鲨笼防身，她希望借此创下世界纪录。

漫长的过程，不仅消耗体力，更有孤独相随。戴安娜一边游泳，一边思考宇宙的本质、永恒、空间和时间等抽象概念或唱歌。戴安娜刚下海时只是微风轻拂，没想到仅过了两个小时，海上就狂风大作。风浪的阻力愈发增加，气温也急剧下降。一个小时后，戴安娜的右肩疼起来，痛感不断加重。她咬紧牙关，心里有种决不妥协的信念。又过了18个小时，她的哮喘发作。为了缓解肩痛、便于呼吸，她放弃熟悉的自由泳，改用蛙泳。哮喘让她的呼吸越来越困难，随行的医生跳入海中，为她戴上呼吸器……然而，风越来越猛，肩越来越疼，这些让她越来越痛苦。在与哮喘抗争了整整11个小时之后，大风使戴安娜偏离既定路线，体力几乎耗尽的她在大海中瑟瑟发抖。当地时间8月9日凌晨，在与波涛汹涌的佛罗里达海峡战斗了约30个小时之后，戴安娜终因体力不支而登船，放弃横渡。

当她脚踏海滩，看到美国大陆最南端的标志物时，她面对迎接自己的记者和"粉丝"掩面而泣。

壮志虽然未酬，但雄心不折。那不屈不挠的30个小时，体现了一个老妇人在用自己的信念，全力以赴地努力，争取不让自己留有遗憾。虽然这次横渡没有成功，但是她向我们展现了一种努力拼搏的精神。她最终在两年后成功了，在她不懈的努力下。

逼自己一把，才能磨炼自己，努力奋斗；逼自己一把，才能坚持成长，斗志昂扬。人生很长，任何你想要的生活，都不可能凭空而来。只有逼自己一把，你的生命才会有一番不一样的精彩。

逼自己一把，才能展翅翱翔。每个人都是有能力的，当面对压力的时候，要相信自己，一切都能处理好；有时候，必须对自己狠一次，否则永远活不出自己。

逼自己一把，才能坚忍不拔。人们只有在恶劣的条件下才知道自己可以多么坚强。生活就是如此，总需挑战自己的极限，关键时刻是放弃还是坚持，决定着你成功与否。或许你离成功很远，但又或许你离成功很近，逼自己是因为相信自己，而不是无计可施的垂死挣扎。

所以，你必须叫醒那个沉睡的自己，因为时间有限，时间不会等你；你必须叫醒那个沉睡的自己，因为梦境再美，终将一切归零；你必须叫醒那个沉睡的自己，因为你不对自己狠，生活就会对你狠。你不逼自己一把，命运就会逼你一辈子。

编 者 寄 语

作家毛姆讲过："人追求的当然不是财富，但必须有足以维持尊严的生活，使自己不受阻挠地工作，能够慷慨，能够爽朗，能够独立。"这是目前大部分人想要的生活，这样的舒心生活需要我们去奋斗、去努力。

生活是一件需要勇气的事，你永远都不知道明天会发生什么。所以，趁着年轻，趁着一切还来得及，去做你想做的事，去见你想见的人，一件也不要落下，活成你想要的样子！希望你能逼自己一把，我相信，在未来的某一天，待你回首往事时，你会感谢当初的自己。

活出生命的意义

心 灵 导 读

　　纳粹时期，作为犹太人，他们全家都被关进了奥斯维辛集中营，他的父母、妻子、哥哥，全都死于毒气室，只有他和妹妹得以幸存。然而他不但超越了炼狱般的痛苦，更将自己的经验与学术结合，开创了意义疗法。他，就是弗兰克尔。

　　有一次，学生们请弗兰克尔用一句话概括他的生命的意义。他把答案写在一张纸上，让学生们猜他写下了什么。经过认真思考，一名学生的回答让弗兰克尔大吃一惊。那名学生说，"您生命的意义在于帮助他人找到他们生命的意义。"

　　"一字不差，"弗兰克尔说："你说的正是我写的。"

佛门中有句话："高高山顶立，深深海底行，因为拥有了生命，我们应该感到欣喜。因为正在路过生命，所以需要从容。生命的意义在于勇敢向前，努力并且有希望，更需要踏实地安静下来。把生活活成一场过往，生命的意义就在于活了整整一辈子。"

霍金曾经说："生活是不公平的，不管你的境遇如何，你只能全力以赴。"所以，只要我们还活着，就要珍惜时间，活出生命的意义。

有这样一个故事：

工人在工地砌墙。有人问他们在做什么。

第一个工人悻悻地说："没看到吗？我在砌墙。"

第二个工人认真地回答："我在建大楼。"

第三个工人快乐地回应："我在建造一座美丽的城市。"

十年以后，第一个工人还在砌墙，第二个工人成了建筑工地的管理者，第三个工人则成了这个城市的领导者。

思想有多远，我们就能走多远。在同一条起跑线上，态度决定一切。用美好的心情感受生活，你手头的小工作也许正是大事业的开始，能否意识到这一点意味着你能否做成大事业。

如果都像第一个人一样，愁苦地面对自己的工作，我想再好的工作也不会有什么成就；而同样平凡的工作，看似简单重复、枯燥乏味，有的人却能以乐观的心态面对，在平凡中感知不平凡，在简单中构筑自己的梦想，又有什么样的困难不可以克服呢？

世间的每一种生命，都有各自的颜色和独具的精彩。

即便生长在光阴的某个角落，不起眼，不喧闹，也能以无比努力的方式绽放出自己最好的模样，实现自己坚持的梦想。

无论时间走得多快，它都不会带走我们对于生活的希望，也唯有经历过的每一段时光，才能让我们成长，让我们在岁月里寻找最真实的自己。

苦乐参半的年华，自信，阳光，做最好的自己，活出真我的傲人风采！遇见最美丽的人生！

生命短暂，为何不活出生命的色彩？时间会不告而别，你留不住，唯有珍惜时间，不懈努力，才能活出生命的意义。

人生如花，花期很短，何不抓住时间，让花儿尽情开放。

生命的意义，在于你对梦的不断追逐，破碎了又重新燃起另一个梦，梦圆得越多，遗憾就越少，才不会因为错过而沮丧。所以珍惜时间，就是珍惜生命。活着一天，就要有一天的精彩。如果你的生命可以四季如春，那才会有其真正的意义。

那么，生命的意义何在?

有时我想，生命的意义的最高境界就是无意义。因梦想而飞，无论飞跃与否，都是生命的意义。借着人间的一处居所停留，呼吸着世上的一口空气，你已是幸福，生命的意义就是简单的呼吸。

弗兰克尔对此的回答："生命的意义在于每个人、每一天、每一刻都是不同的，所以重要的不是生命之意义的普遍性，而是在特定时刻每个人特殊的生命意义……你不应该追问抽象的

生命意义。每个人都有自己独特的使命，这个使命是他人无法替代的，并且你的生命也不可能重来一次。"

胡适在《人生有何意义》中写道："人生的意义不在于何以有生，而在于自己怎样生活。你若情愿把这六尺之躯葬送在白昼做梦上，白昼做梦就是你这一生的意义；你若贪图享乐，沉迷声色，不知进取，这也是你这一生的意义；当然你若发奋振作起来，决心去寻求生命的意义，去创造自己生命的意义，那么，你活一日便有一日的意义，做一事便添一事的意义。"

生命的意义在于什么？空气与阳光？新生与死亡？和平与战争？生命的意义无法概括，用任何语言表达都显得苍白。人不应该问其生命的意义是什么，而应该承认是生命向其提出了问题。简单来说，生命对每个人都提出了问题，我们必须通过对自己生命的理解来回答生命的提问。对待生命，我们只能担负起自己的责任，活出生命的意义。只要你懂得一点——生命的意义本就在于持续不断的奋斗，那么你的生命就不会没有意义。

编 者 寄 语

如果你问一个冠军棋手："告诉我，世界上最佳的招法是什么？"他是很难回答这个问题的，因为离开特定的棋局和特定的对手，压根儿就不存在什么最佳的招法。人的存在也是这样，不存在抽象的生命的意义。

生命的意义在于每个人、每一天、每一刻都是不同的，所以重要的不是生命之意义的普遍性，而是在特定时刻每个人特殊的生命意义。由于生命中的每一种情况对人来说都是一种挑战，都会提出需要你去解决的问题，而且最后这些问题只能由你自己来解决，所以对待生命，你只能担负起自己的责任。

结束语

努力在《现代汉语词典》中的意思：把力量尽量使出来。这就告诉我们，做任何事情都要全力以赴，不要留有遗憾。

《劝学》一文中说道："骐骥一跃，不能十步；驽马十驾，功在不舍。锲而舍之，朽木不折；锲而不舍，金石可镂。"在人生的道路上，有数不清的坎坷，只有你坚持努力，才能克服困难，走向成功。

青少年，你一字头的年龄，是你这辈子最有价值的年龄，别骄傲，你不是古董，不会随着时间的增长而愈加光彩。所以，一定要低下头，认真学习。

青少年，好好爱自己，再苦再累都要照顾好自己。学习撑不住的时候，可以发发牢骚，但依然要咬紧牙关继续努力。

青少年，你得努力，为了自己，也为了你的父母。你要努力，你想要的，只能自己给自己。

不管前方是康庄大道，还是羊肠小路，你都要脚踏实地一点一滴地去努力、去争取自己想要的未来。

少年 励志经典

人的一生总不会是一帆风顺的，
漫长的人生路上总是荆棘密布

不会拒绝，
那是你愚蠢的善良

张芳 / 主编

宋珊珊 / 本册编写

东北师范大学出版社
NORTHEAST NORMAL UNIVERSITY PRESS
长春

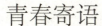

青春寄语

　　人生中有些事是根本不能选择的，但你可以尽量把握自己能把握的，比如面子。相信你一定有过这样的经历，跳进了被自己的"不好意思"挖的坑。不管你承认不承认，"脸皮薄"真的是一种病，今天不治，明天会成为你成长中的大患。

　　为什么有些人对自己的人生无能为力，而另一些人却能主宰自己的人生呢？人生就是这样：你越是不好意思，未来的路就越艰难，不作为的总量越大；今后能做出的选择也就越少。因此，能把握每个细小的瞬间，哪怕是微不足道的，就表明我们掌控了人生的方向。

　　如果你因为"不好意思"而害了自己，你不应感叹：为什么是我？为什么只有我倒霉？而应告诫自己：是我的面子害了我自己！我要承担后果！我们只有真正对自己的人生负起责任，认识到自己的"不好意思"才是痛苦产生的根源，才能真正把人生掌握在自己的手中。

　　掌握人生自然包括功成名就的意思，但是，这并不意味着只有做出了举世无双的事业，才算得上成功。世界上永远没有绝对的第一。看过刘翔跑步的人，还想着打破世界纪录吗？听过帕瓦罗蒂唱歌的人，还想着当著名歌唱家吗？看过李白作品的人，还想着当诗人吗？但是，如果大家都想着比不上别人，都羞于表现自己，这世上也就没有刘翔、帕瓦罗蒂、李白这些人了。

　　掌握自己的人生，不在乎形式是什么，而在于你是否努力去表现自我，实现自我，喊出自己的声音。虽说水可载舟，亦可覆舟，但只要水不渗进船里，船就不会沉。记住一件事，只要确定你是对的，就坚持你的信念。敢作敢当，敢爱敢恨。

名人名言

本来无望的事，大胆尝试，往往能成功。

——莎士比亚

真实的暗疾是渺小，而伟大的暗疾则是虚伪。

——雨果

钻研然而知不足，虚心是从知不足而来的。虚伪的谦虚，仅能博得庸俗的掌声，

而不能求得真正的进步。

——华罗庚

虚伪的友谊有如你的影子；当你在阳光下时，他会紧紧地跟着，但当你一旦越

过阴暗处时，它会立刻就离开你。

——培根

真理之所以为真理，只是由于它是和毛病和虚伪对峙的。

——车尔尼雪夫斯基

欺骗的友谊是痛苦的创伤，虚伪的同情是锋利的毒箭。

——列宁

不能凭最初印象去判断一个人。美德往往以谦虚镶边，缺点往往被虚伪所掩盖。

——拉布吕耶尔

意志若是屈从，不论程度如何，它都帮助了暴力。

——但丁

Contents 目录

第 一 章

越走越窄，
为什么你就是"不好意思"

"好的""好的""好的"是不是你的口头禅？

"行""可以""没问题"是不是你的习惯性回答？

你明明不喜欢做这件事，却开不了口拒绝；你明明不是个哑巴，吞了苦果却"不好意思"表达。积怨颇深，心力交瘁，却放不下面子，摆出一副"没啥大不了"的样子，自己搪塞内心说"没关系，我们是好朋友""下次再拒绝"。

别让"不好意思"，毁了你的人生

心 灵 导 读

"不好意思"是因为对自己过度关注，我们应当把注意力转移到其他美好的事物上，自己就会变得从容和坚强。那么，你见过被"不好意思"硬生生拖垮的人吗？

叮当最近很不高兴，因为自己钢琴弹得不错，已经过十级了。邻居阿姨说："叮当啊，我知道你钢琴弹得好，已经过十级了，我闺女最近钢琴也要考级了，你能不能帮她突击一下？"尽管自己最近也忙着英语考试，但碍于面子，叮当还是在考试前挤出了两天的时间帮邻居阿姨的女儿备考钢琴。

但是几个星期后，叮当在楼下遛弯的时候，无意间听到邻居阿姨说，都是因为叮当，所以她女儿这次考级才没有过。叮当心里很委屈，自己英语考试都受影响了，还落了一身埋怨。

其实，社会上像邻居阿姨这样的人太多太多了。

"你数学这么好，这些题帮我做一下吧。"

"你妈妈不是在医院工作吗，我找她关照一下没问题吧？"

"你们家那么多钱，借给我一点怎么啦？"

但是反过来说，我数学学得好，那是我靠努力一点点得来的；我爸妈钱多，也不是偷的不是抢的，是凭自己本事挣来的，这背后需要多少积累。不是我不愿意帮忙，只是我觉得人要学会感恩才能走得更远。我帮你是情分，不帮你是本分，我的好坏不用你站在道德制高点来评判。

世界上总有些人，一方面享受着你因为"不好意思"而给他们带来的实惠，另一方面狠狠地把你的利益、名声、权益踩在脚下。

做人不能太过善良，一味地善良，时间久了，身边的人会觉得这一切都是你应该做的。

不用对不值得帮助的人不好意思，不要给刻薄的人伤害自己的机会。

那些"好意思"让你利益受损的人，本来就不是什么好人，何必在意他们的眼光，更不用因为"不好意思"就为难了自己。告诉别人你的底线，告诉别人你的权利！

别把希望寄托在他人身上，因为太在乎别人感受的人，往往到最后受伤害的都是自己。连自己都不在乎自己的感受，还能指望别人对自己感同身受吗？

"不好意思"，就是把自己置身于一个卑微的状态。放低自己，一直低到尘埃里，除非你能开出一朵花来，否则别人只会把你当尘土来看。

"不好意思"，长此以往会压抑你自己真正的感受。慢慢地，当自己内心有需求时，却麻木不仁了。只因为担心自己被人讨厌，所以从不拒绝别人；只因为担心自己与人起冲突，于是让自己委曲求全；任何人都可以控制你，但唯独你控制不了你自己。

摆脱"不好意思"的难度不小，但只有经历这种彻骨揪心的疼痛，才能给自己迎来翻盘的机会。

2016年，里约奥运会开幕式被誉为"史上最性感奥运会"，撑起这份性感的，是巴西传奇超模吉赛尔·邦辰。她只用了短短100步就征服了世界。

从进入模特行业的新人到如今每走一米就能赚45万美元的超模，在20多年的T台时间里她惊艳了整个时尚圈，成为很多女孩羡慕并嫉妒的对象。

可是，谁又能想到这个世界顶级美女在小学的时候却被同学们嘲笑为"全校最丑的女孩"，并经常受到同学们的欺负。

吉赛尔身材瘦高，因此从小就有当模特的梦想。可是当她把这个梦想告诉同学的时候，却遭到了无情的嘲笑。"天哪，你不会是在做梦吧？""就你那个长颈鹿身材？""看看你的牙签腿，醒醒吧！"一句句奚落的话语宛如钢针一样，扎在吉赛尔心里。

由于身材瘦高，吉赛尔长期忍受着同学们给她取的各种外号，还有人将她和动画片里大力水手瘦巴巴的女朋友奥利弗相提并论。她想当模特的梦想在当时的人们看来不过是一个笑话，参加舞会时更是常常落单。

自卑的她为了讨好同学们做了各种努力，她甚至为了让腿看起来粗一点，即使高温湿热的天气也穿着两条厚厚的打底裤。但可惜，情况并没有像她期望的那样发生改变，而是越来越糟。

经历一番痛苦的思考，她想：与其一味地迎合别人，还不如让自己过得更好。于是，她不再在意同学们的看法，而是满怀信心地参加各类模特比赛，成绩如何毋庸多言。有专业人士评价称："吉赛尔在模特行业的地位无异于贝利之于足球的意义，世界上再也不会有第二个吉赛尔·邦辰。"

为别人而活，饱受委屈；为自己而活，大放异彩。一味地"不好意思"，忽略自己的感受，没有原则和底线地讨好别人，只会让自己越来越糟糕。你的与众不同，就是你最大的竞争力。

编 者 寄 语

有时候真的很羡慕天真率直的人，羡慕他们有勇气面对形形色色的人。"不好意思"四个字，可以轻松地让自己从万能变得无能。勇敢面对真实的自己吧，何必自己跟自己过意不去呢？

"差"是你自己想出来的

心 灵 导 读

人既然活着，就要走下去，也一定能走下去。一个人的一生可以没有辉煌，但不可以没有创造辉煌的欲望和信心。成功与失败无关紧要，重要的是每一次经历都能丰富人生，给人坚定的信念，本着相信自己、战胜自己、我一定能行的心态，把"不好意思"抛到脑后，向前方看齐！

海滩上，人们在尽情嬉戏，唯有一个女孩披着条厚厚的浴巾，除了偶尔下水，其他时刻一律裹严，包括抹防晒霜，也小心翼翼地在浴巾的遮掩下完成。开始我们都以为她皮肤不好，怕被阳光晒伤，后来才明白她是在担心：捂了一冬天的身材惨不忍睹，腰身不够纤细，小腿和双臂的赘肉还没来得及减下去……但是海滩上很多身材还不如她的人却在尽情地享受阳光。一位体重不下100公斤的外国阿姨，没有任何羞涩的神情，还穿上了漂亮的比基尼泳衣。

其实，你的身材是否标准、泳姿是否到位，又有谁会在意呢？除非你自己把它们放大1000倍，否则没有人会在意你的不完美。或者，那根本算不上不完美，"梅须逊雪三分白，雪却输梅一段香"，人各有各的优点。和特朗普比说中国话，赢了不能证明你有多大本事；和帕瓦罗蒂比高音，输了也不说明你多丢人。"差"是你自己想出来的。

老教授和他的两个学生准备进溶洞考察。溶洞在当地人的眼里是一个"魔洞"，凡是进去的人都有去无回。

随身携带的计时器显示，他们在漆黑的溶洞里走了14个小时，这时一个有半个足球场大小的水晶岩洞呈现在他们的面前。他们兴奋地奔了过去，尽情欣赏，抚摩着那迷人的水晶。待激动的心情平静下来之后，其中那个负责画路标的学生忽然惊叫道："刚才我忘记刻箭头了！"他们再仔细看时，四周竟有上百个大小各异的洞口，洞洞相连，就像迷宫一样，他们转了很久，始终没能找到退路。

老教授在洞口前默默地搜寻着，突然他惊喜地喊道："在这儿有一个标志！"他们决定顺着标志的方向走。老教授走在前面，每一次都是他先发现标志。

终于，他们的眼睛被强烈的阳光刺疼了，这意味着他们已经走出了"魔洞"。两个学生竟像孩子一样，掩面哭泣起来，他们对老教授说："如果没有那位前人……"而老教授缓缓地从衣兜中掏出一块被磨去半截的石灰石，递到他俩面前，意味深长地说："在没有退路的时候，我们唯有相信自己……"

我们从小到大所受的教育与社会对我们的影响，多半是告诉自己，我们很差：你学习没有某某好，所以当你率先计算出一道题的时候，也不好意思表现自己；你长得不如某某好看，所以你不好意思上台表演；你的方案不够完美，所以你不好意思向客户讲解自己的思路……"不好意思"让我们看到的，都是自己的不足。久而久之，连我们也不相信自己了，觉得自己一无所长。也许我们输在起跑上，但起跑慢并不代表不能追上别人，如果失去信心而放弃了追赶，那么就真的没法追上别人了。

每个人都是独一无二的，就像你无法取代别人一样，别人也无法取代你。只要认准了方向，确立好人生目标，就不再回头，向着目标，心无旁骛地前进，即便遭遇坎坷，把"这算什么啊"这句话在心中重复无数次。

打开"不好意思"的心门，需要一把"自信的钥匙"，但不少人却在不知不觉中把它交给别人保管。

一个职员抱怨说："老板不欣赏我，我肯定能力不行。"他把自信的钥匙塞到了老板手里。

一个学生抱怨说："我成绩太差，都怪老师教得不好。"他把自信的钥匙放在了老师手里。

一个生意人抱怨说："我生意太差，都怪他们不识货。"他把自信的钥匙放在了顾客手里。

这些人都做出了相同的决定，就是让别人来控制自己，抱怨和抑郁成了唯一的选择。敢问一声：谁的成功之路是一帆风顺的？谁没有经历过挫折？人类社会没有天才，成功者也并非天才。成功者之所以成功，主要是相信自己一定能成功，敢于向人们展示自己。即使跌倒一百次，第一百零一次也要爬起来继续努力。现实生活中的任何挫折都只是一种感觉，当你把它看得比天还要大的时候，那么你就永远只能臣服于它；当你把它看作一种人生经历的时候，它就是你新征程的起点。相信自己的能力、价值和智慧，直面人生的每一次挑战。

日益严峻的经济形势，让越来越多的人对自己的能力产生了怀疑，觉得自己"没本事"。可是本事从何而来？一个人的本事永远不会超过他的自信，就好像下游的水位永远不会超过它的上游水位一样。一个毫无自信甚至自卑的人是没有资格谈本事的。没有足够的自信储备以及未来生活的重重考验，总有一个会将你击倒。

　　一个推销员羞于向顾客推销自己的产品，虽然产品很好，但最终还是被客户拒绝了。此时，他在想：我的东西这么好，能带给顾客更好的体验，为什么就不能把这些耀眼的产品推销出去呢？一味地"不好意思"，只会让自己退缩，丢失自信，前功尽弃。只有放下面子，换一个角度想：我现在正面临一个巨大的挑战，我有一个能让客户更加喜欢、体验感更好的东西，为什么羞于介绍呢？只有这样的想法，才会在无形中激励自己，才会使你更自信地接受新的挑战。

编 者 寄 语

　　人既然活着，就要走下去，也一定能走下去。一个人的一生可以没有辉煌，但不可以没有创造辉煌的欲望和信心。成功与失败无关紧要，重要的是每一次经历都能丰富人生。何必"不好意思"？始终给自己创造机会，本着相信自己、战胜自己、我一定能行的心态，向前方看齐！

拒绝"脸皮薄"

　　面对未来的人生路，我们最需要的就是放下面子。不要浪费时间去杞人忧天，因为忧愁毫无用处。李嘉诚说："当你放下面子赚钱的时候，说明你已经懂事了。当你用钱赚回面子的时候，说明你已经成功了。当你用面子可以赚钱的时候，说明你已经是人物了。当你还停留在那里喝酒、吹牛，啥也不懂还装懂，只爱所谓的面子的时候，说明你这辈子也就那样了。"

　　"不好意思"的人通常都是脸皮薄的人，相信很多人都有因为脸皮太薄而错失机会的经历。中国人自古的观念就是谦虚有礼、谨慎小心，这无疑又给脸皮薄树立了自我防护的盾牌。由于担心出错被人笑话，就不轻易表露自己的想法；由于担心受到伤害，就过分自我保护拒人于千里之外。脸皮薄的人，太想给人留下一个完美的印象，结果事事迁就别人，事事隐忍退缩，不仅自己心里难受，别人也不把你当回事，严重的时候还会危及自己的身心健康。过度的"不好意思"，是病，得治。

　　笔者的一个初中同学，品学兼优，从小到大，她一直是班干部、三好学生，每年仅全国性比赛的奖项就能拿十几个，并以北京市"银帆奖"的身份被保送进北京最好的高中。在高中，她依然以优异的成绩被保送进一所全国知名的高等学府。然而，就在她刚上大一时，在一次考试中，她禁不住好友的再三请求，间接地帮助了好友考试作弊，结果那次作弊被老师发现了。当时，学校正在严抓校风、校纪，虽然同学和老师再三为她说情开脱，最后她还是受到了留校察看的处分。

这样的结果，不仅她本人，就连学校的老师、同学都不能接受。就在处分公布的几天后，她自杀了。

其实，以她的能力通过雅思、GRE考试轻而易举，中国的大学念不成，国外还有那么多大学可以念，何必自杀呢？可是，她太好面子，太在意别人的眼光了，于是一个处分就要了她的命。

遇到困难，"不好意思"的人往往自己先把自己给压倒了，芝麻绿豆大的事情也想得很严重。因为他们从小习惯了父母的宠爱与朋友的迁就，于是便成了温室中的花朵，文弱而丝毫经受不起狂风的肆虐。残酷的现实表明，这是个充满竞争的社会，物竞天择，适者生存。在这样的环境中，只有最有毅力、最坚强的人才能最终取胜，取得立足之地。而脆弱的人，最后只能以惨败收场，被社会所淘汰。

在一个访谈节目中，大连万达集团股份有限公司董事长王健林陷入了回忆，他突发感慨："当年要不是我脸皮厚，我可能不会有今天。"

在主持人的追问下，王健林回忆起往事。

20世纪90年代，王健林需要一笔2000万元的贷款，但因为资质审核的问题，被银行拒绝了。王健林毫不气馁，去找银行行长，行长见他如此执拗，干脆玩起了躲猫猫。王健林在前门等，行长就从后门溜走；王健林在后门等，行长就从侧门出去。好不容易逮到一次，行长敷衍他说："你下周二来我办公室吧。"结果下周二王健林如约来到办公室，被告知行长出差了。

　　每每回忆起这段往事，王健林说："我当时觉得非常耻辱，自己太卑贱了。前前后后来了几十次，行长各种躲我。"最终这家银行也没有贷款给王健林。但就是这种耻辱感，让王健林暗暗下定决心，一定要把这个项目做起来，让曾经看不起他的人对自己刮目相看。最终，王健林从其他银行获得了贷款，并以此为契机，企业不断发展壮大，直至今天的万达集团。

　　脸皮薄的人受到打击会轻言放弃，而脸皮厚的人会屡败屡战，一次次为自己创造机会。

　　很多人爱面子，谈自尊，于是放不下面子，弯不下腰，却往往忽略了一个现实：不是富二代的你，没有特殊专长的你，如果再放不下面子，你的人生何以开挂？脸皮仿佛路障，你自己尚且不拼尽全力，又凭什么让人家尊重你？

　　王健林自己用"脸皮厚"做了敲门砖，敲开了机会之门。

　　人活一世，为什么非要小心翼翼，为什么过于在意别人呢？"不好意思"脸皮薄的人走到最后，会发现所谓的面子还在，却

一文不值。而脸皮厚的人，从来不把被拒绝、被议论、被嘲讽当回事，他们在意的是，不断向生活提出要求之后的收获。他们放弃无谓的情绪，努力抓住机会，不断寻找舞台，把自己推向更广阔的平台，所以他们更容易尝到生活的甜头。两者的差距不在于机会和能力本身，而在于"不好意思"仅仅安抚了情绪，却将人生其他一切可能扼杀在摇篮中。你要时刻告诉自己，别人能做到的，你也一样可以，一定要相信自己——你是最好的。

编 者 寄 语

人的一生总不会是一帆风顺的，漫长的人生路上总是荆棘密布。只有放下顾虑之心，迎接困难和挫折的考验，才会进步与成长。困难并不可怕，可怕的是遇到困难便惧而远之。应理智地面对每次挫折与失败，勇敢地接受每次的挑战。面对挫折，不要怕。"不好意思"的人，终将一事无成。

别让"贫穷"网住心

心灵导读

贫困的人总因为"不好意思"困住自己，但究其根源，那是自己一次次选择的结果。如何在现有的物质基础上，抛开面子，把个人能力发挥到最大，才是我们真正要思考的。因为一个再富有的人，如果格局狭隘，也有衰败的一天。一个人的眼界和格局，将会决定人生未来的走向。

北京某大学读大一的阿丽正在饱受贫困的煎熬。当初接到大学录取通知书的时候，整个村子沸腾了，父母高兴得不得了。带着村里人的希望，她欢天喜地地来到北京，没想到一切都没有她想象的那么美好。"北京的高楼大厦是挺多的，但我觉得我不属于这个城市。"城里人个个都穿得光鲜亮丽，穿着土里土气的阿丽发现，乘公共汽车时，旁边的人都躲着她。室友们都嘲笑她，嫌她说话有口音，后来她干脆去自习室，快熄灯了才回去睡觉。平日里她除了读书上课以外，几乎没有娱乐活动，同学生日大家凑份子，她拿不出这个钱，于是躲得远远的。最怕在吃饭的时候碰上同学，怕人问她怎么只吃馒头。这一切的一切，都让阿丽变得"不好意思"，心里更加不堪重负，久而久之，阿丽得了轻度抑郁症，学业也受到了影响。

贫困会给人增加很多心理危机，使他们缺乏优越感，缺乏成就感，感觉自己处处不如人，自尊的需要得不到满足。家庭经济的负担、社会价值观的冲击、舆论的误导更加剧了经济困难人群的弱势感，使他们看不到自己的优势、生活乐趣和美好的未来，所以贫困带来的问题不容忽视。

张阿姨和丈夫带着女儿生活在北京，经济并不宽裕，她自己身体也不太好。那时北京曾掀起一股"钢琴热"，条件好的父母都给孩子买架钢琴，希望能培养出个艺术家来。张阿姨也不甘示弱，拼命攒钱要给女儿买钢琴，自己还偷偷打另外一份工。一架钢琴的价格对她来说简直是天文数字，于是整整三年的时间，她和丈夫只吃馒头蘸酱，连青菜也舍不得买。后来虽然钢琴买回来了，但由于长期营养不良，加上超负荷的劳动，她的身体被拖垮了，钢琴买回来没过半年，她就撒手人寰了。而她的女儿，对钢琴并不感兴趣，那架辛辛苦苦买来的庞然大物最终成了摆设。人啊，就要做回自己，打肿脸充胖子，受伤的最终还是自己，你曾经的"不好意思"谁又会在意呢？

如果换个角度分析，贫困可能是福，因为在特殊的环境下，你获得了将来生活所必需的心理承受能力和应对压力的能力。有一个经典的结论：放下身段和尊严是迈进社会的第一步。很多从小娇生惯养的公主、王子在社会上不知吃了多少闭门羹，被讽刺了多少回，才算

通过社会对他们的考核；从农村走出来的孩子，经过贫困的生活，已经培养出了能屈能伸的韧劲，这就是优势。学生时代就精打细算、生活支出有计划的人，工作以后也会保持良好的理财习惯，这是积攒财富的必要条件。闯荡社会，哪有稳赚不赔的生意？但有过为生计所迫经历的人，会从容面对以后生活中出现的各种挫折和苦难。

的确，当我们走在大街上，看到一个个年轻靓丽的帅哥美女全身上下都穿戴着名牌服饰时，恐怕连我们自己也开始瞧不起贫穷；当我们看到越来越多的同学一到假期就世界各地的旅游时，你确实得承认金钱的魅力；当我们对着昂贵的补习课账单自怨自艾的时候，你无法不肯定富有的意义。其实，贫困不是理由，面对贫困要努力抗争，而不能安于贫困，毕竟贫困不能为自己未来的人生增加胜算的筹码。

逆水行舟，会出现三种情况：认为自己无论多么努力，也无法与水流抗争，于是灰心丧气，任由船漂流；不抱太大希望的人会使一点力气，勉强和水流力量相抵，船基本维持原位；拼尽全力的人最终会划到彼岸。

物质的富裕，固然可以为人创造出更好的学习和生活环境，但过于富裕，容易使人放松警惕。倒是贫穷，给了奋起者腾飞的翅膀，使他们不断成长、成熟，不断开启成功之门。

既然生活已经给你做了这样的安排，与其被贫穷弄得"不好意思"，不如抛开面子，让自己拼搏一把，利用一切可以利用的，学习一切可以学习的。不要用贫困的思维来思考一切，也不要沉浸在贫穷之中。无论何时何地，都要记住：面子并不重要，学习才是摆脱贫困的唯一方法。

　　贫穷就像一条鞭子，在无情地抽打我们；像一盆冷水，让我们认清现实，督促我们学会各种生存技能，也让我们更加卖力地逃离它。你可能穷一时，但不会穷一世。越是贫穷，越要改变，年轻就是资本，我们要在困境中磨砺自己，等到破茧的那一刻，你会发现贫穷让自己得到的，远比失去的多！

编 者 寄 语

　　贫困只是一个词语，如果你们真的贫困，首先应该思考的是你们究竟穷在哪儿？先天的贫穷并不可怕，可怕的是对待贫穷的态度。现实是不可逆转的，未来却可以掌控，贫困是暂时的，决定未来的是现在的你，所以，贫困不应成为"不好意思"的理由，而应该成为自己未来成功的"垫脚石"。所以，千万别被贫穷网住心，回过头，依然是万丈霞光。

主动，命运在自己手中

心 灵 导 读

　　放下"不好意思"，你的主动会带来别样的人生。主动的人大多不会被生活所摆布，因为主动的人知道自己要的是什么。即便最后没有成功，他们也不会心存遗憾，因为他们为达到目标而努力付出过，无论结局如何，无论过程怎样。

　　有些事只有自己主动去做，才会有结果。道理人人都懂，然而我们大部分人却往往因为"不好意思"，宁愿停留于现状，也不愿意主动为自己的人生增加一抹亮色。看到一份心仪的工作，还没开始做，就认为自己不能胜任；看到心仪的专业，还没开始报考，就认为自己的对手太多。没有人能保证行动后会有什么结果，但不论是成功或失败，只要主动行动，这个过程就是我们人生的一笔财富。回首往事，我们也一定会感激自己当初的主动，原来还有这么精彩的人生。

　　有人问安德鲁·卡内基成功的秘诀是什么，他不无感慨地说："有两种人绝不会成大器：一种是除非别人要他做，否则绝不会主动做事的人；另一种则是即使别人要他做，可也做不好事情的人。只有那些不需要别人催促，就会主动去做应该做的事，而且不会半途而废的人必将成功！"在卡内基的话里，我们感悟到这样一个真理：只有主动，我们才能为自己创造机会，才能为自己找到发展和超越自我的机遇，才能最终创造人生的辉煌！

　　20世纪20年代的日本，有一个小人物，他怀揣着梦想来到东京想打拼出自己的一片天地。可惜，命运好像在捉弄他，从23岁到27岁四年的时光，他一事无成，甚至吃饭都成了问题。

一次偶然的机会，他听说明治保险公司正在招聘保险推销员，于是马上去应聘。可是没想到面试官根本看不上他，还轻蔑地说："你胜任不了这份工作。我们每月要完成一万日元的任务。"尽管他深知，由于自己的身高只有145厘米，而且相貌平平，很容易被人看轻。但他还是反问面试官，"你凭什么说我不能胜任？我行，我一定行！"

"好吧，"面试官笑了，"你可以来这里上班，不过你不能当正式员工，没有底薪，只有提成，完不成任务就一分钱没有！"

他一咬牙和保险公司签订了合同，成了保险公司的临时工。没有底薪，没有办公桌，还要受一些老员工的刁难。转眼七个月过去了，他一份保险也没有卖出去，连房租都付不起了。他被房东赶了出来，每天晚上只能到公园里的长凳上过夜。他觉得未来前景黯淡，不知道这样的日子还要过多久，也为自己一时赌气成了保险推销员而懊悔。

一天早上，他在公园的长凳上醒来，看见身边坐着一位慈祥的老人。看到他醒了，老人关心地问："小伙子，你怎么不睡在家里？在这里睡觉会生病的。"自从来到东京后，还没有人这么关心他，他不由得眼圈发红。老人又说："小伙子，你睡在这里肯定是有难处，能不能说出来让我听听。"

于是他便把七个月一份保险也没卖出去的事告诉了老人，老人听完之后，一字一顿地说："你知道自己为什么失败吗？因为你认为你推销的是保险，错了！你推销的不是保险，是你自己！你的一言一行，一举一动，都被对方关注着，你以为客户关心的是保险的回报率吗？是保险的赔偿金额吗？不对，他们更关心的是你是否可靠，从你这里买保险是否放心。"

老人的话在年轻人的心里深深地扎下了根，从那一刻起，他明白了，自己要推销的不是手里的保险单，而是他自己，只有把自己推销出去了，让客户信任，让客户认可，那么保险自然也就随之推销出去了。

之后，他去拜访客户，始终面带微笑，用自己的善意、诚心接待每一位客户。他就是日本保险业连续15年全国业绩第一、推销业绩至今无人打破的"推销之神"——原一平。总结成功之道时，原一平只有简简单单的五个字："推销你自己！"

《推销员手册》中有这样一段话："作为一名推销员，你要推销的首要是你自己，你越是自信，就越能表现出自信的品质。"从现在开始，遇事迎难而上，不要不好意思，看看有多少问题是自己能解决的，能解决多少就解决多少。人生如同打网球，运气能帮你赢一球，但是不能帮你赢一局，能帮你一世的只有你自己。

你是不是经常使用一些消极的自我描述用语？如"我就是这样""我天生如此""我不行""我没希望""我会失败"等。

如果你总是把这些消极用语挂在嘴边，就只能使你更加消极。如果把这些句子改成"我以前曾经是这样""我一定要做出改变""我能行""我可以试试""这次会成功的"，并且经常对自己说，就会使你更加积极。

最初行动时，计划要充分留有余地。每个小胜，对你也许不是难事，但积少成多，便会引起质的飞跃。积小胜为大胜，是非常稳妥的成功策略，因为最高峰和大目标可能会把你压垮。习惯上，我们总是把别人的观点作为评价自己是否成功的标准，其实成功与否应由自己来评判。

编 者 寄 语

　　在现代社会，如果你要成功，你要被委以重任，你要走向人生制高点，主动性是不可缺少的，我们很难发现在现实生活中懒惰懈怠的人不费吹灰之力就能轻松成功的例子。世间所有美好珍贵的事物，又岂能坐等而来？心动不如行动，与其一味默默地等待，不如握紧属于你生命里的每一份爱。一切尽在掌握，总比自己被别人掌握要好。

别**不好意思，**
会哭的孩子**才有奶吃**

中国有一句古话，"会哭的孩子有奶吃"。你仔细回想一下，从小到大，是不是会哭的孩子会得到大人更多的关注？而一些听话懂事、把苦憋在自己心里的孩子，除了得到几句不疼不痒的夸奖之外，几乎被大人冷落在一旁。随着你慢慢长大，你会发现善于表达自己的人，会享受到优先满足权。因为他引起了对方的注意，使对方对自己加深了印象，而不会"哭闹"的人，会让人误以为需求不强，而错失一次又一次机会。

忠于自己的内心，正确地表达自己

　　"人无完人"，没有完美的人，也没有完美的性格。缺点和优点是相辅相成的，你温柔娴静，就不能爽朗豪放；你直爽痛快，就不能婉约细腻；你叱咤商海，就不能单纯善良；你独立自主，就不能小鸟依人。同理，如果你是个内敛、含蓄的人，那就免不了要"不好意思"。

　　有一个圆，被切去了一部分，它想自己恢复完整，没有任何残缺，因此到处寻找失去的部分。因为它残缺不全，只能慢慢地滚动，所以能在路上欣赏风景，还和毛毛虫聊天，和小鸟打招呼，享受阳光。它找到各种不同的碎片，但都不合适，它只能继续寻找。

　　有一天，这个残缺不全的圆找到一个非常合适的碎片，它很开心地把碎片安上，继续滚动。现在它是个完整的圆了，能滚得很快，快得使它注意不到路边的风景，也不能和毛毛虫聊天，不能和小鸟打招呼了。它发现滚动太快使它看到的世界完全不同了，便停止了滚动，它把补上的碎片丢在路边，恢复了以前的生活。

　　完美总包含某种遗憾，一个财富、地位、金钱、相貌、健康都有的人，那样的人生还有什么乐趣？没有体验过饥寒的折磨，怎能体会温饱的满足？没有遭遇过背叛的痛苦，怎能感受忠诚的可贵？没有经历过分离的思念，怎能领略相聚的幸福？

　　如果你是个"不好意思"的人，那么你的性格很可能是内向、害羞的。不必烦恼，这样的性格并没有什么不好，好好做自己，将个人的优点发挥到极致，同样可以创造出伟大的成功。记住，不管你拥有怎样的性格，你都是与众不同、独一无二的你，那都是你最珍贵、最独特的模样——认识并接受自己的性格，才能做出不伤害自己的决定，才能更好地保护自己。

看过周星驰电影的人，对他戏里嘻嘻哈哈、神经质的表演印象颇深，但谁知戏里的"喜剧之王"，平日里却是一个沉默寡言、内向害羞的人。在筹备《大话西游》的时候，导演刘镇伟回忆说，作为男一号的周星驰想跟他探讨角色，但由于不好意思直接去找他，不善言辞的周星驰便偷偷写了纸条，从他房间的门缝下塞了进去。内向的性格，使周星驰主动屏蔽了外界的干扰和各种流言蜚语，让自己朝着梦想去奋斗。正是内向含蓄的性格，才成就了今日的周星驰。

在大多数人眼中，教师都是能言善辩、巧舌如簧的。而"锤子手机"创始人、新东方名师罗永浩却说，自己是个内向的人，而且永远是那个沉默不起眼的人。

他去新东方当老师之前，有人曾经质疑过他："你一天都说不了几句话，当老师，一天要说好多话，你行吗？"

犹豫良久，罗永浩还是坚定了自己任教的选择。他深知自己的性格没有优势，但他没有否定自己，而是适应和接纳自己，努力发掘适合自己的方式，通过摸索，他发现自己擅长演讲，就努力储备知识来武装自己的头脑，为学生们奉上了一场又一场妙语连珠的讲座，成了"网红"老师。

你的内敛并不妨碍你的成功，还会让你更专注于自己的优势。内向的人在与外界接触时会感到疲惫，相比之下，他们更关注自己的内心世界，更倾向于从自己内部去挖掘力量，更喜欢一个人思考怎样获取能量。

如果你"不好意思"，也不必太责怪自己，我们要接纳自己内向的性格，爱上不完美的自己。其次，要远离负能量的人，多结交那些正能量的人。因为内向的人，心里承担的压力比别人要大，所以负能量的人，可能会是压垮你的最后一根稻草，让你的生活变得一团糟。

接触正能量的人，可以给自己一个轻松自由、积极向上的生活环境。古人云："近朱者赤，近墨者黑。"正能量是可以传染的，从正能量的人的身上，你可以感受到自己很年轻，很幸运，很有能力，未来的生活充满希望，潜移默化中改变自己。其次是多看积极的文章、成功的人物传记、经典电影，挑战以前自己不敢做的事情，勇于突破自己，渐渐地你会发现，你发生了惊人的改变。

如果你努力之后，还是不喜欢与人交往，那就不要勉强自己，修炼真本事，使自己成为不依靠社交，依然过得很舒服的牛人。因为牛人是自带磁场的，自己光芒万丈，自然会吸引和自己处于同一阶层的人来和你交朋友。

编 者 寄 语

内向就仿佛一朵娇嫩的花蕾，需要比别的植物投入更多的精力和呵护，倾入更多的毅力和耐心，才能长大。花蕾的成长总会伴随着阵痛，但经历了这些痛苦之后，待到绽放之时，就是艳压群芳之日。

改变自己，改变世界

心 灵 导 读

　　年轻人步入社会，会觉得周围太多的事情是那么不尽如人意，太多的想法无法付诸实施，太多的抱负不得不束之高阁，总觉得豪情万丈的自己可以有更大的发挥，当受困于一个不利的环境后，就开始自怨自艾，自我放逐。不利的环境，由不得我们改变，但是我们可以从自身做起，培养自己适应环境的能力。

　　加拿大有个6岁的小男孩瑞恩，一天他看电视，得知在非洲许多孩子因为喝不上干净的水而死去。瑞恩难过极了，但当他听说"70美元可以捐一口井"的时候，小瑞恩激动不已。

　　第二天，瑞恩向爸爸妈妈要70美元，他的爸爸妈妈提出，让他做家务自己挣钱，父母的本意是以此打消瑞恩的积极性，谁知半年过去了，瑞恩非但没有放弃，反而干得更起劲了。后来，家人和邻居知道了这件事，都被瑞恩的执着感动了，他们纷纷加入了"为非洲孩子挖一口井"的活动中。不久，瑞恩的故事就出现在加拿大各大媒体上，从此以后，瑞恩不断地收到捐款，在短短的两个月的时间里，瑞恩筹齐了可以打一口井的钱。几年过去了，瑞恩的梦想已经基本实现了，在缺水最严重的非洲乌干达，有56%的人能够喝上纯净的井水了。

　　有记者问道："是什么让你坚持做这件事情？"瑞恩说："因为我坚信，这个世界上没有什么事是不可能做到的，事实证明，确实如此，只要你想做就能做得到！"

改变别人是事倍功半，改变自己是事半功倍。把期望定得太高，会发现自己不过是一粒尘土；但把目光落在自己身上，从零做起，这世界某一天才会因你而改变。你的不好意思，你的卑微讨好，固然是别人引起的，但不要指望别人因此而改变，改变要从自己开始。

当我们不再将眼睛盯着别人，从改变自己做起，你会发现自己愉快了，别人也跟着愉快了。不是因为有些事难以做到，我们才不相信自己；而是因为我们不相信自己，有些事情才难以做到。哪个伟人生来就注定是伟人呢？大家都是从做好每一件事开始的，其实伟大离我们并不遥远，就隐藏在平凡而普通的生活之中。

英国伦敦举世闻名的威斯敏斯特大教堂，有一块名扬世界的墓碑。这块墓碑的造型非常普通，仅由粗糙的花岗岩制成，与周围牛顿、达尔文、狄更斯等名人的墓碑比较起来，它显得那样微不足道、不值一提，它既没有姓名，也没有生卒年月，甚至上面连墓主的介绍文字也没有，上面只刻着这样一段话：

当我年轻的时候，我的想象力从没有受到过限制，我梦想改变这个世界。当我成熟以后，我发现我不能改变这个世界，我将目光缩短了些，决定只改变我的国家。当我进入暮年后，我发现我不能改变我的国家，我的最后愿望仅仅是改变一下我的家庭。但是，这也不可能。当我躺在床上，行将就木时，我突然意识到：如果一开始我仅仅去改变自己，然后作为一个榜样，我可能改变我的家庭；在家人的帮助和鼓励下，我可能为国家做一些事情。然后谁知道呢？我甚至可能改变这个世界。

这位令人肃然起敬的无名氏是位有理想、有抱负的人，这篇碑文是他心灵的自省，充满着哲理和教益。据说，许多政要和名人看了都感慨不已。曼德拉就是读了这段碑文后，如同醍醐灌顶一般，找到了改变南非，甚至改变世界的金钥匙。

对现实的不满，对环境的抱怨，对人际关系的牢骚，都不是自己不作为的借口，那只是懦弱的个性在作祟。修身、齐家，然后治国、平天下，这是一个循序渐进的过程，面对社会的不公平，临渊羡鱼不如退而结网，牢骚满腹，纠结满心，不如先做好自己，再考虑更高级别的追求。

上帝对每个人都是公平的，关键在于如何去看待事物的双面性。一切的伟大皆始于渺小，真正的优秀皆始于卑微。成功者都曾历经"劳其筋骨，饿其体肤"的过程，再美好的理想都起源于那一点微弱的希望火光，失败的人是因为自己踩碎了那一点火种。

　　大家都是宇宙中的一粒尘埃，又何必为了自己的渺小而悲叹呢！你也许不是最美丽的，但你可以最善良；你也许不是最聪明的，但你可以最勤奋；你也许不是最富有的，但你可以最充实；即便什么都不是，你仍有可能某一天会改变周围，改变世界。

编 者 寄 语

　　再伟大的人，也会有情绪低迷、生活不顺的时候。与其在抱怨上浪费时间和精力，不如积极地寻找自己的突破点，一旦找到了，就要用坚持不懈的毅力去实现，并努力做到最好，这时你会发现，另一道曙光就会出现。这就仿佛身陷漆黑的山洞，一旦找到突破的洞口，万丈霞光就会出现在你的面前。

勇气是成功的关键

心 灵 导 读

　　如果你想彻底摆脱"不好意思"，你就必须学会让勇气扩散。如果有一天，你告诉自己做不了某件事，其实在内心深处，你知道你是能做到的，而且能够做好，你只是缺少了勇气而已！缺少勇气，你自然就难以成长，也难以让你的生活变得更美好。

　　国王想委任一名官员担任一项重要职务，于是就召集了许多聪明机智和文武双全的官员，想看看他们谁能胜任。国王把这些人领到一扇巨大的门前。

　　"你们看到的这扇门，不但是最大的，而且是最重的，你们当中有谁能把它打开？"

　　大臣们有的走近看看，有的则连连摇头。只有一位大臣，他走到大门外，用眼睛和手仔细检查，然后又尝试了各种方法，最后，他抓住一条沉甸甸的链子一拉，这扇巨大的门开了。

　　国王说："我要任命你担任重要职务。"

　　其实，大门并没有完全关死，那一条细小的缝隙就隐藏在假象中，任何人只要仔细观察，再加上有胆量去尝试都能打开它。

　　局限于自己所看到的和所听到的，却没有勇气尝试一下，这就是许多人与机会失之交臂的原因。不断突破自己，勇于尝试，是获得成功的关键。

　　老子曾说："我有三宝，持而保之。一曰慈，二曰俭，三曰不敢为天下先。"道家思想的根深蒂固，使很多人"不敢为天下先"，现代的说法就是"枪打出头鸟"，而实际上，这是一种断章取义的理解。韩非子有段话很准确地诠释了老子的这句话："欲成方圆而随其规矩，则万事之功形矣。而万物莫不有规矩。议言之士，计会规矩也。圣人尽随于万物之规矩，故曰：'不敢为天下先'。不敢为天下先则事无不事，功无不功，而议必盖世，欲无处大官，其可得乎？处大官之谓为成事长，是以故曰：'不敢为天下先，故能为成事长'。"而且，做事有勇气和做人不出风头并不是一对矛盾的概念。

经常有这样的事例，某企业一旦处于行业的前列或者风头盖过其他企业，很快就会成为其他企业模仿、攻击的重点。而且，勇于尝试也意味着风险和失败。

大名鼎鼎的贝尔在发明电话后，率先成立了电话公司，一时间大大小小的电话公司如雨后春笋般冒了出来，而贝尔的公司最后只落得被收购解散的下场。

经过我们仔细研究后发现，真正导致贝尔电话公司解散的根本原因是，它在成为"龙头老大"后，满足于现状，不思进取，市场上同类产品早已更新换代的时候，他们还在固守着老产品。市场日新月异，消费者永远喜新厌旧，被淘汰也是正常的。但如果把"勇于尝试"当作失败的主要原因，实在是大错特错了。

"既然已经成为'出头鸟'，当然要做好随时被打的准备！"中国危机公关第一人游昌乔先生在一堂危机公关课上，曾这样谈道。日本的企业很少率先推出新产品，它们总是在别的企业迈出第一步后，不断研究新产品有哪些不尽如人意、需要改进的地方，并听取使用者的意见，经过充分的准备之后，再推出产品，牢牢把握市场占有率。中国的企业生产几十年风扇了，但样式不变，造成大量库存积压，而日本的企业把风扇头改为可爱的小猫样子，风扇一下子就供不应求了。如果敢于迈出第一步，而你的后续工作不到位，不能随时改正错误，那失败是必然的。

如果第一个故事中的那位大臣，在担任要职后，不思进取，人浮于事，最后还是会被免职。但如果没有勇气，连被赶超、被免职的机会都没有。"一鼓作气，再而衰，三而竭"是勇气，面对暂时的挫折、人生的不如意，也需要勇气。你没有摘到的，也许只是春天里的一朵花，只要你继续努力，整个春天还是你的。鲁迅在《纪念刘和珍君》中写道："真正的勇士，敢于直面惨淡的人生，敢于正视淋漓的鲜血。"面对时日不多的生命，陆幼青写下了《死亡日记》，这也是勇气。

"三顾茅庐"的故事妇孺皆知，但还有一个版本是诸葛亮毛遂自荐。刘备抑郁不得志的时候，诸葛亮主动找到他。起初，刘备并没有在意这个年轻人，还差点把他打发走。但诸葛亮为他分析天下局势，使刘备逐渐感到，眼前的这个人将是辅佐自己成就大业的人。"三顾茅庐"的故事千古流传，显示了一个领导对人才的爱惜，但我更偏爱第二个版本。千里马被埋没，固然可以等待伯乐来发现，但如果千里马勇敢地跳出来，告诉别人，自己是匹千里马，这样成功的概率不是更大吗？

很多年轻人在报考志愿时遭到了父母的反对，不得不违心选择了父母替他们决定的专业。但你要敢于在父母面前表明心意：我想学这个专业，这是我喜欢的，我不后悔。如此，相信你一定能打动他们。

有句话说：真正感动人的，从来不是理想，而是年轻的勇气。在这个离理性越来越远，离功利越来越近的社会，年轻人的热血勇气，会是这片钢筋水泥的丛林里最亮眼的一抹色彩。年轻的勇气、自信的无畏，可以让我们有勇气去质疑，有好奇心去探索，有信心去拼搏。也许我们的想法并不那么成熟，也许我们的思考略显稚嫩，但这都是成长的必修课。

编 者 寄 语

　　我们并不是生而成就的人，所以不应该惧怕失败与挫折。很多事情不是我们自己做不来，而是我们没有勇气和魄力去做，所以千万不要小看自己的这一点点勇气，觉得它并没有多大的用处，其实它可能就是点燃你心中希望之火的那个蜡烛。

当你全力以赴，你的潜能无限

心灵导读

　　一位学者指出："多数人只开发了自己身上所蕴藏能力的1/10，与应当取得的成就相比较起来，每个人都处在半睡半醒的状态。"每个人自身都是一座宝藏，都蕴藏着巨大的潜能和无穷的潜力，而"不好意思"却宛如一座五指山，将我们内在的潜能牢牢地压制在山底。

　　法国一个位于野外的军用飞机场上，一个名叫桑尼耳的飞行员正在专心致志地用自来水枪清洗战斗机。突然，他感到有人用手拍了一下他的后背，回头一看，他吓得大叫一声，拍他的哪里是人，一只硕大的狗熊正举着两只前爪站在他的背后。桑尼耳急中生智，迅速把自来水枪转向狗熊。也许是用力太猛，在这万分紧急的时刻，自来水枪竟从手里滑落了，而狗熊已朝他扑了过去……他闭上眼睛，用尽吃奶的力气纵身一跃，跳上了机翼，然后大声呼救。

　　警戒哨里的哨兵听见了呼救声，急忙端着冲锋枪跑了出来。两分钟后，狗熊被击毙了。

　　事后，许多人都大惑不解：机翼离地面最起码有2.5米的高度，桑尼耳在没有助跑的情况下居然跳了上去，这可能吗？如果真是这样，桑尼耳不必再当飞行员了，而应去当一名跳高运动员，去创造世界纪录。

　　然而，事实确实如此。后来，桑尼耳做了无数次尝试，他再也没能跳上机翼。

人们习惯依赖既有的经验，认为别人做不到的事情自己也没有能力做到，于是变得习惯按部就班，习惯安于现状，习惯墨守成规，习惯守在让自己感到安全的领域，习惯表现自己所熟悉、所擅长的本领，从而不愿意去挖掘自己的潜力，去探索未知的领域。

如此，自身的潜在能力也就得不到挖掘，所有的潜能都在碌碌无为、循环往复中被埋没，并随着年龄的增长、肌体的变化，而彻底沉沦。没有人能随随便便成功，只有那些对成功怀有强烈的企图心、不给自己设框的人，才能激发内在蕴藏的能力，从而比他人更容易获得成功。

潜能的发现，需要自己不断地做各种各样的尝试，面对各种各样的失败，需要漫长的摸索。几条小金鱼被养在鱼缸中，主人以为它们的身长已经定型了。一天，主人不小心把鱼缸打破了，在没有买到合适的新鱼缸之前，不得不把它们暂时寄养在花园的水池中。后来，粗心的主人忘了这件事，直到一个月后才想起来，等他买来一个和原来一样大小的鱼缸后，才发现每条金鱼都比原来长大了两三厘米。有人说，水池的环境适合金鱼生长，也有人说水池的微生物多，给金鱼提供了营养。但可以肯定的是，水池比鱼缸大了很多。

一条小鱼的生长过程，是从碗到盆，再到江河湖海的过程。所以我们一定要给自己设定一个较高的目标，然后不断地放大自己的潜能，仅满足于眼前，会给自己造成很多局限。每个人都有潜能，但能挖掘潜能的人却寥寥无几，因为，潜能是个模糊的概念。今天比昨天更完美，就是多发挥了自己的一份潜能。

自身潜能的发挥，不是一朝一夕可以达到的。如果你没有目标，你就会成为别人目标里的一颗棋子；如果你没有主见，别人就会为你做主。

班·费德雯是保险销售史上的传奇人物。

44岁时，他打破了保险历史销售纪录，年度业绩超过1000万美元；

48岁时，他的年度业绩超过2000万美元；

54岁时，他的年度业绩冲破了5000万美元；

57岁时，他缔造了1亿美元的年度业绩奇迹。

至今的保险史上，仍然没有一位业务员能超过他的业绩。另外需要补充的是，他的业绩是在他家方圆20公里内，一个人口只有1.7万人的小镇中创造出来的。

谈到成功从何而来，费德雯语重心长地说："我的成功就在于我对成功怀有强烈的企图心。我相信自己的潜能，一个对自己的生活方式与工作方式完全满意的人，经常墨守成规。没有强烈的企图心，或者让自己变成更好的人的愿望，那么他们便只能在原地踏步。"

人人都有潜力。只是很多人因为这样或那样的原因，没有充分挖掘潜力。只要你善于挖掘，充分调动自身积极性，你就可能把你的某种能力发挥到最大。所以，千万不要因为"不好意思"，而害怕自己这也做不到，那也实现不了。只要你抛开顾虑，坚信你的能力，并为之拼搏、奋斗，你就有可能某一天把它变为现实。

曾经有人说过：人生伟业的建立，不在能知，乃在能行。人之所以能，是相信能。哪怕今天的一点点成绩，都是向自己挑战前进的一大步。学习基础不算好，不用怕，花时间迎头赶上，就不会永远落后。光阴如梭，人生短暂，错过一秒都是浪费，我们为何不引爆自身潜能，实现开挂的人生呢？

如果你还处在一个对自我潜能很迷茫的阶段，那么就去仔细寻找吧，改变消极的人生观，积极投入进去。你投入多少，它也会回报你多少，你会找到成就感，并因此感觉充实与幸福。不必考虑它是否能给你带来经济收益，只要全心全意地做好它，也许你未来的转机，你未知的潜能都在其中。

编 者 寄 语

只要努力，只要奋斗，只要热爱就能做好，做出色，就能使自己闪光。那些未尽的人生，未尽的梦在等待我们去实现，调动自己的一切潜能，让它释放，让它发挥，让它变成无尽的力量吧，激活自己，去拥抱生活，美好的明天在等待着我们，在召唤着我们。

有压力要学会疏通

心灵导读

"不好意思"的人，习惯给自己施压，其实，不必谈压力色变。先看一下压力的概念，了解之后，我们再想想"御敌之道"。在心理学角度，压力是个体在周围环境要求和自身能力不平衡的时候，产生的一种身心紧张状态。除非是圣贤之人，否则每个人都被心理压力所围绕，丝毫没有压力的情况可能性很小，因为没有压力的人，空虚会向他袭来。

有数据显示，即将毕业的初中生，心理压力尤为突出。学业压力，青春期叛逆，家庭压力宛如"三座大山"，压得他们喘不过气来。适度的压力是好事，能让我们振作精神，应对挑战，没有压力会让我们停止前进的步伐，生活将失去活力。但压力过了界限，就会适得其反，不但没有好处，反而带来一堆坏处。

长期处在高强度的压力下，我们容易情绪失控，比如烦躁、焦虑、愤怒、恐惧、失落、无助，甚至抑郁。此外还会出现记忆力下降，注意力不集中，自我否定，封闭自己等情况。在人际关系上，也会变得冷漠，易怒，让自己的交往能力变得更糟。

有人说，"眼泪吞进肚里并不会自生自灭，积累久了它就会在心里泛滥成灾"。从心理学的角度看，这句话很有道理。负面情绪如果长期不发泄出来，堆积在身体里，就会演变成心理疾病或者危害身体健康。通常女人比男人长寿，就是因为女人觉得委屈会哭出来，而男人通常则把它憋在心里。心理压力难免遇到，但要自己学会疏通。

疏通方法一：三思而后行

设法先让自己平静下来，使心态保持平和，郁闷的时候做任何决定都是冲动的，最好再能约几个好友，请他们帮忙把问题分析得更全面，更透彻，有利于自己做出决定。自己看自己大多是片面的，别人的建议或者意见这时候显得非常重要。所谓"三思而后行"正是说要先冷静思考，切不可冲动行事，如果把存在的问题解决了，那些不良情绪也自然消失了。一个心理健康网站这样建议：随身携带个网球或小橡皮球，当压力过大或需要宣泄的时候，就找个没人的角落捏一捏。效果显然比在大庭广众之下情绪发作要好很多。

疏通方法二：转移注意力

选择那些平时有兴趣却没有时间去做的事，比如跳舞，既是一个学习的过程，又能体会掌握新事物的满足感，它会迅速帮你找回一份愉悦的心情。当然，舞姿标准不标准，又有谁会在乎呢？重要的是打开身体的快感就好。插花、运动……都是减轻压力的好方法。

疏通方法三：偶尔发泄最健康

偶尔发泄一下，疯狂一下，甚至崩溃一回，摆脱束缚自在一下，只要无伤大雅，毋累及他人，也没有什么大不了的。发泄怒火比抑制愤怒更健康。

黄健翔德国世界杯失控的解说依然有人追捧，撞人事件也没影响齐达内被评选为足球先生。俄罗斯总统普京曾经对车臣武装说，即使躲在马桶里也要把他们揪出来，自从普京说完脏话，他在民众中的支持率反倒大大上升了。

疏通方法四：化气愤为食量

据研究，某些食物可以有效地减小压力，比如含有DHA的鱼油、鲑鱼等。此外，硒元素也有减压的功能，金枪鱼、巴西栗和大蒜都富含硒。维生素B_2、维生素B_5、维生素B_6都是减压的好帮手。多吃谷物也可以减压。心理压力大时，来块黑巧克力或者冰爽的奶茶，都能够舒缓心情。

疏通方法五：写作减压

"把烦恼写出来"，美国心理协会倍加推崇此法。早在1988年，美国就有一些心理学家做过测试，写出压力和烦恼，持续6个星期，心态会更加积极，病症也会减轻。1994年另一项测试，将失业8个月的白领分成3组：第一组只写对失业的想法，以及失业对个人生活带来的负面效应；第二组写今后的计划，以及如何找到新工作；第三组什么也不写。结果在连续5天，每天30分钟的写作试验后，在接下来的1个月内，那些写自己如何不幸的失业者更容易找到新的工作。

编 者 寄 语

为心灵减压，调节自己的学习与生活，定期给身心来一次大扫除，我们将会感到前所未有的轻松。找到最适合自己的减压方法，把压力的困扰抛到九霄云外，才能把握住生命中所有的幸福和快乐。

第 三 章

不好意思不可怕，对症下药是关键

　　如果你仔细观察，会发现生活中有这么一类人，他们的行为举止有些"特殊"：比如别人向他们提要求的时候，他们眼神飘忽，一副慌慌张张的样子，不停地摆弄两只手，但他们最终仍会答应别人的要求；与人交往时，说话从不看对方的眼睛，全程冷漠或者只是"嗯嗯"地答应，从不表明自己的想法，总想尽快结束对话。不了解情况的人可能不明所以，但生活阅历丰富的人，一下就能猜透其中的原委，是的，这是一个害羞的人，他总是"不好意思"。

帮助别人，也不必舍弃自己的利益

心 灵 导 读

　　不能否认，本性善良"不好意思"的我们，在遇到朋友求助时，还是希望能帮一下。帮忙当然可以，但是超越了自己的底线，不情不愿地忙，该如何处理？当你投之以桃，回报的未必是李，付出了善心，回赠的未必是好报，以至于"助人为乐"开始和"傻子"画等号的时候，那么还有必要坚持下去吗？

　　其实"助人为乐"可以，但要聪明的"助人为乐"。一天夜里12点，一名黑人妇女在高速公路上忍受着暴风雪的折磨。她的汽车坏了，非常需要有人帮忙，抱着试试看的想法，她敲响了路旁一户人家的门。那是充满种族歧视和冲突的19世纪60年代。开门的是名白人妇女，问明情况后，她让黑人妇女避开邻居的视线，从后门进到屋里，端来热水，并留她住了一晚。第二天，等风雪停了，白人妇女又找人修好了汽车，送她离去。这一切，将黑人妇女感动得热泪盈眶。

　　一晃几年过去了，白人妇女似乎已淡忘了此事，但她的生活却正处于贫困之中，已快揭不开锅了。正当她焦头烂额之时，却意外地收到了一笔巨额汇款，附言上写道："非常感谢你那晚在高速公路上伸手相助。像你这样好心的人，一定会有好报的，上帝祝福你！"

　　这个故事给人以深思：白人妇女的做法，既帮助了落难女子，又保全了自己，避免了被恶言攻击。遇事多替别人着想，这是一种胸怀，也是一种境界。也许不经意的一件小事，挽回的将是一个生命。所以，"助人为乐"还是要坚持，这是肯定的，但要学会"聪明"的助人为乐，也就是说，在做这件事之前，先预想一下会不会伤害自己的利益。不会伤害自己利益的，我们何乐而不为？

一家很有实力的公司准备招聘一名插画师，在经过一层层筛选后，有五名美术学院的学生从数百名竞争对手中脱颖而出，成为进入最后一轮面试的佼佼者。这五名学生各有所长，势均力敌，在他们看来，谁都有可能被聘用，同时谁也都有可能被淘汰。正因为如此，最后一轮的角逐将更加激烈。

　　按照该公司的规定，最后一轮面试，需要五个人早上九点准时到达面试现场。五个人在八点半就赶到了现场，因为距面试时间还有半个小时，几个人就开始聊天。正聊得高兴时，一个青年男子急匆匆地冲进了屋子，他自我介绍说，自己也是来参加面试的，只是由于公司疏忽，今天早上才通知，导致太匆忙，忘记带笔了。他问那五个人是否有笔，想借来填写个人简历表。

　　五个人面面相觑。大家都在想，本来竞争就够激烈的了，半路却又杀出个"程咬金"来，岂不是会使竞争更加激烈吗？要是把笔借给他，那不又多了一个竞争对手？五个人都不回答。

　　马上就要到九点了，其中一个戴眼镜的男生出去了一下，回来后递给他一支钢笔，并礼貌地说："对不起，刚才我的笔没墨水了，我掺了点自来水，还勉强可以写，不过字迹可能会淡一些。"

　　那个青年男子接过笔，感激地握了握"眼镜"的手，然后站起来，跟那四个人说："面试结束了，结果已经见分晓，这位先生被录用了。"他搭着"眼镜"的肩膀，微笑着向其余四人做了一个鬼脸。

　　接着，他又不无遗憾地补上几句："本来，你们能过五关斩六将来到这儿，非常难能可贵。作为一家追求上进的公司，我们不愿意失去任何一个人才。但是很遗憾，是你们的私心使自己失去了机会。"

　　走出面试现场，有人不解地问戴眼镜的学生："如果你因为借出笔，导致自己面试受影响，不会害怕吗？"年轻人意味深长地一笑说："我刚才出去的时候，看到笔筒里有很多备用的笔，想到了这个，我才敢把笔借给别人。"

　　大部分的动物，比如老虎，每到一个新的领地，就会用撒尿的方法，在自己选好的地盘上留下自己的痕迹，仿佛立下了警告牌，阻止别的动物侵入自己的领域。其他动物闻到这种气味，便会离开，免起纷争。

　　人们交往也不妨效法这个原则，在与人交往的初期，就定下规矩，比如哪种忙能帮，哪种忙不能帮，甚至吃饭的时候是AA还是请客，都要在最开始时说清楚。清楚彼此的底线，是人与人交往最大的保障。

编 者 寄 语

　　人性之私，我们不容回避。我们要做的就是营造"我为人人，人人为我"的氛围。我们知道这个世界需要无私奉献，但事实上，生活中的许多事都因为只强调"无私"而收不到良好的效果，那么，我们不如反其道而行之，保证自己的利益，是送给自己最好的礼物。这是一个处处彰显权益的时代，追求公平，无处不见。谁也左右不了谁，唯一能拉伸尺度的就是"共赢"。

记住，自己不重要

心灵导读

很多"不好意思"的人，是太把自己当回事了。其实在匆匆人生中，你只不过是一个过客，在人类历史长河中，甚至还比不上沧海一粟。放下你的自尊，放下你的骄傲，是心态上的一种成熟，是心智上的一种淡泊。用这种心态直面未来人生，不仅能使自己更健康，更大度，也能让生活更轻松，更踏实。

你知道《解放奴隶宣言》是美国哪位总统签署的吗？你知道美国第一位总统叫什么吗？至少你知道美国现任的总统是谁吧。那么恭喜你，你比不少美国人都强，要知道这三个问题可难倒了不少美国人。甚至还有人说："笨蛋，谁当美国总统都不重要！"是啊，地球离开谁都转，无数权倾一时的人物都成了过眼云烟，谁比谁又能重要到哪儿去呢？

一个当红歌星回东北老家，要和几个老朋友在酒店聚会。歌星打车去酒店。司机是个中年男人，问清了目的地后，那人就一言不发了，这让歌星不免有些意外，因为她走过大大小小许多城市，所到之处出租车司机都会认出她来，并和她热情地聊天。到了酒店，歌星发现自己没带零钱，就拿出一张百元钞票，表示不用找了。可是司机坚决不同意："这可不行，车费又不多，要不咱们找个地方把钱换开。"歌星一看时间不早了，就拿出两张她签名的专辑说："师傅，这样吧，就用这两张我的专辑抵车费吧。"接着，她又问一句："您没见过我吧？"但司机的回答大大出乎她的意料："见过，你是唱歌的。"说完，他看了看专辑说："不好意思，我不喜欢听歌，平时我只听二人转。要不，车费就算了吧。"这个时候，有另一位同学也刚好到酒店，替歌星付了车费。

见到老同学，歌星先为自己迟到向大家表示道歉，接着找到聚会的组织者，把自己的200元份子钱交了。歌星的口碑一直不错：没有绯闻，照章纳税，积极参加各种公益演出。

后来歌星在接受采访时说，她时常想起那位出租车司机，因为那时她突然感到自己很渺小，渺小得经常叫人担心来阵风就会把自己吹走了。

光芒万丈的明星尚且如此，平常人更没有机会受到别人的关注，所以根本不必把自己想得那么重要。

每个人都爱面子，特别是在公众社交场合，每个人都在考虑：自己穿衣打扮够不够时髦，说话办事是不是得体，头发发型是不是利落，鞋子、手表是不是够档次。但事实上，很多人可能连你的名字都没记住。认为你重要的，只有你自己。

所以不必纠结自己的衣服搭配是否得当，也不必纠结自己的发型是否利落，其实根本没几个人真的关注你。冰心曾说过：墙角的花，当你孤芳自赏时，天地便小了。井底的蛙，当你自我欢唱时，视野便窄了。

有时候，我们往往因为太在意别人对自己的看法而变得"不好意思"；有时候，我们因为太在意别人的观点而变得"不好意思"；这样的结果，只能是把自己给弄丢了，我们虽然活着，可是却活成了别人想要的样子，而失去了我们本来的样子。

小凡有唱歌的特长，一天被老师临时叫去表演。由于没有时间准备，加上感冒，她的声音有些沙哑，所以有几个地方发挥得并不理想。她对自己的表现很不满意，唯恐给观众留下坏印象，一肚子怨气都发泄在爸爸身上。终于，爸爸忍无可忍地说："别把自己想得那么重要。每个人每天都有自己的事，没有几个人是一心一意地听你唱歌的。"小凡被逗乐了，第二天上课，她看到同学们往来穿梭，根本没人提昨天演出的事。

其实你也一样，比如你同桌上次请假是什么时候，你还记得吗？你上次演讲忘了词，事后还有几个人记得？每个人都在意别人的眼光，在意别人怎么看自己，其实，别人早把这件事抛在脑后了。

习惯于"不好意思"的人，往往在内心中放大了自己的影响力。其实我们生活中碰到的事，诸如：说了不得体的话，被什么人误会，遭遇了什么尴尬……都大可不必耿耿于怀，更不必恨不能揪住所有的人做解释，因为事情一旦过去，没有什么人还有耐心去理会当时的一句闲话、一个

小疏忽……如果我们常这样问自己：别人的一次失误或尴尬，真的会总在心头挥之不去，让你时时惦念吗？你对别人衣食住行的关心，是不是超过了对自己的关心？或者说得干脆透彻些，你真有自己认为的那么重要吗？

最终，你会明白，你的不堪与烦恼，往往不过是杯弓蛇影的自恋和自虐而已。最在意你的，还是你自己。

编 者 寄 语

　　没有不经历风雨的人生，没有不需要努力的成功，无为而为方是事业之本。一颗抬得过高的心，将会摔得更惨，创造人生的悲哀。从20层掉下来，一命呜呼；而从一层掉下来，毫发无损。从20层看1层的人固然很渺小，但从1层看20层的人，又何尝不是一样渺小呢？

勉强答应，不如认真拒绝

心 灵 导 读

　　我的不幸，恰恰在于我缺乏拒绝的能力。我害怕一旦拒绝别人，便会在彼此心里留下永远无法愈合的裂痕。太宰治《人间失格》中的这句话是不是非常戳心？

　　有时候，因为不好意思，而违心的答应，不仅是让自己活受罪，也是对对方的不负责任，给双方平添烦恼。与其不好意思的答应，倒不如认真拒绝。

　　齐伟刚刚来到新班级，老师安排他出一期墙报，五天后参加学校比赛。但是齐伟几天后要参加一个很重要的钢琴比赛，他正在抓紧时间冲刺练习，但他不好意思跟老师直说，就硬着头皮答应了。

　　等到墙报比赛的前一天，老师问齐伟准备得怎么样了，把现有的给他看一下，齐伟才支支吾吾地说没做呢。老师在生气之余，连忙安排另一个人做墙报。结果是，做出来的墙报，匆忙应对，美感不够，比赛评比落选了。

　　很多生气和难过，都是源于期望的落空。满心欢喜，满怀希望，结果却被重重地摔在地上，是彻底地伤害一个人。给别人以希望的火种，又亲手将其掐灭，还不如从不给对方希望。所以，与其勉强答应，不如认真拒绝。就像齐伟，如果能如实作答，自己没有时间做墙报，希望有人能代替自己出一期，就不会惹得双方不愉快。

你要换位思考，你的随口答应，让对方信心满满，你的言而无信，让对方希望落空。这一正一反，对一个人的打击是巨大的。

新新前两天和闺蜜大吵了一架，几乎闹到了绝交的地步。原因是新新马上毕业了，她想去自己心仪的一个重点学校入职，但自己的专业成绩达不到录用的条件。

新新一下子犯了难，虽说可以进一般的学校，但她不甘心，她想了各种办法，想托关系把自己弄进重点学校，但都被回绝了。思想前后，新新想到了陈丽，自己的闺蜜，她的舅舅在教育局上班。

虽然并没有什么把握，但陈丽不好意思拒绝，勉强应了下来。她硬着头皮问舅舅，但是对方回答："这是电脑操作的，没办法处理。"

临近公布录取名单的日子，陈丽吞吞吐吐地跟新新说，这事解决不了，新新勃然大怒："没办法你早说啊，我再想想其他办法，我把希望都寄托在你这里了。马上就要到截止日期了，你才跟我说，你

这不是耽误我吗？"

陈丽也非常气愤，"我替你忙活半天，你一句谢谢没有，还埋怨起我来了，绝交！"

试想，如果当时陈丽能直截了当地拒绝，虽然新新最后可能也没法进重点小学，但至少不会让她空欢喜，同时也不会浪费自己的精力。

"对不起，帮不上忙"，这句话或许你很难说出口，但当你抛开面子，放弃顾虑，说出口之后，会有种如释重负的感觉。

当自己能力不够而爱莫能助时，尽快委婉拒绝，对方会赶紧想其他解决办法，这其实也是在帮助对方。如果自己的把握不是很大，也要把真实的情况告诉对方，让他做好备选方案，别把所有的希望都寄托在自己身上，千万不要满口答应，拍着胸脯打包票。直接拒绝，不会让你们的关系发生什么变化，而满口答应，又无力办成事，反倒会掀翻两人"友谊的小船"。

打肿脸答应，不如痛快地拒绝。既免于浪费别人的时间，也是给自己减轻负担。更何况，答应了又做不到，也会让自己的信誉扫地，给自己招来埋怨和指责。

有人曾邀请胡适担任政府机关秘书，胡适不愿从政，决定不去，打电话回复：干不了，谢谢。说自己才疏学浅，既对友人表示感谢，又委婉推脱了这个职位。

因为"不好意思"而一味地答应，会让自己身心疲惫。所以，勉强地答应，不如痛快地拒绝。因此，我们在答应别人之前，要先思考，自己有没有能力办这件事。做不到的事，不要轻易答应，答应了，就信守承诺，尽自己最大的努力去完成。

如果你拿捏不好尺度，那么如下情况建议你拒绝：超出自己能力范围的请求；会伤害另一个人的请求；会让自己金钱与利益受损害的请求；不被感激和理解的请求。遇到这些情况，何必强撑着答应，做自己不擅长的事，既占用了自己的时间，浪费了自己的精力，最后还会事与愿违，透支自己在别人心目中的诚信度。

学会拒绝，才能活得坦荡，何必让自己"心有千千结"。人一定要学会给自己做减法，减掉那些"不好意思"，减掉那些心不甘情不愿，只留下自己认为最重要的东西，你会发现，原来人生路上，可以轻装前行。

编 者 寄 语

学会拒绝，给自己一个快意的人生。而且很多时候，并不是你为别人做的越多，你在对方心目中的形象就越好，也不意味着，别人也会反过来帮你。所以，适当的拒绝吧，减少不必要的麻烦，去除多余的累赘。

专注于眼前

心灵导读

　　当选择变得容易，是否也意味着容易放弃呢？生活中总免不了诸多的失意、落寞，遭人误解，被人诽谤，甚至被别人"暗算"也是常有的事，如果因为"不好意思"就轻言放弃，实在是不明智之举。专注，也是一种成功之道。

　　种过庄稼的人都有体会，新长出来的小豆苗总会被兔子偷吃，想尽各种办法也无济于事。动物的习性表明，兔子在不睡觉的时候，98%的时间都用来想方设法接近庄稼，兔子的专注使它成功地吃到了食物。平心而论，人也一样，谁比谁也聪明不到哪儿去，区别就在于是否专心致志。初入社会的年轻人，心态浮躁是致命弱点，总觉得做这个好、干那个也不赖，但因为别人给了自己一点小小的打击，玻璃心就碎了，就马上否定自己。这样怎么可能成功？如果你要获得成功，就要让周围的人知道：做好这件事，舍我其谁？

　　一个年轻人拜一位神射手为师，而神射手没有传授他任何射箭方法，只是让他反复地看一枚铜钱，并问他铜钱有多大。年轻人不明所以，说："和普通铜钱一样大啊。"老师走了。过了一段时间，年轻人说自己看一枚铜钱，觉得与碗口一样大，老师仍觉得不满意。又过了几年，年轻人说："那枚铜钱和磨盘一样大。"老师终于满意地点点头。原来，射箭的精髓正在于此。

　　当你身处嘈杂的火车车厢，依然静静地看书，这是一种专注；面对别人的挑剔、责难，有则改之，无则加勉，这是一种专注；而事业不顺利，短暂的郁闷之后又把精力投入工作和学习中，也是一种专注。你今天的心无旁骛，一定会成就未来的你。

桐桐是全校成绩数一数二的好学生，可惜因为家里经济条件不好，不能继续读高中，只能到一所职业学校学习飞机维修。这所学校的学生都是学习很差的学生，都来自社会底层，连他的同学们都瞧不起自己的学校。

但他毫不绝望，他满腔热情地投入学习，去图书馆查各种业务书籍，遇到不懂的问题桐桐总会问个究竟，直到钻研明白为止，考试的时候几乎全都得到满分。毕业的时候，桐桐顺利拿到了学校的推荐信，去机场工作。

几年后，桐桐在机场的收入已经达到了年薪几十万元，维修技术也是有口皆碑。而他的初中同学在高中、大学毕业后，工资水平却在温饱线苦苦徘徊。有一次，桐桐排查了一次重要故障，因此避免了一场大事故，从不轻易表扬下属的机场领导竟然亲自给他打电话，非常赞赏地说："没有小角色，只有小演员。你在平凡的岗位上，做出了不平凡的成绩。"

现代社会，人们的选择多了起来，理科学不好的可以改学文科；这个工作干不下去，可以跳槽去做别的工作……选择的丰富意味着社会的进步。此话不假，但这真的有好处吗？心理学家称其为"过剩选择"。著名音乐人罗大佑在一次访谈中说，"人生不要有太多选择。我是在医生和音乐之间选择了音乐，当时是二选一，如果说有更多的选择，我不知道会选择什么。"经常冒险的"驴友"都知道，迷路后如果有三条路可以选择，往往会走错路。而最好的情况是，只有一条路可以走。

一个人如果不能心无旁骛的话，那么他做什么事情都很难成功。心无旁骛是一种心境，这种心境能有效地调动我们的潜能，就好比气功把所有能量集中到一点，而形成巨大的力量。一个专注的人，往往能够把自己的时间、经历和智慧凝聚到所要干的事情上，从而最大限度地发挥积极性、主动性和创造性，努力实现自己的目标。

我们的耳朵总是听外界的声音太多，聆听自己内心的声音太少。特别是遇到外界质疑、遭受挫折的时候，我们要不为所动，勇往直前，直到最后成功。与此相反，一个人如果心浮气躁、朝三暮四，就不可能集中自己的时间、精力和智慧，干什么事情都只能虎头蛇尾、半途而废。缺乏专注的精神，即使立下凌云壮志，也绝不会有所收获，因为"欲多则心散，心散则志衰，志衰则思不达也"。

专注是把精力和热情集中于某一点上，犹如好钢用在刀刃上，各种困难往往由此解开。做事之前应该考虑周全，但主意确定之后就不能再反复动摇了，踏踏实实地去做，一步一个脚印，不达目的誓不罢休，"撞上南墙"又怎样？

编 者 寄 语

　　也许你会觉得，这个证书太难考了，那个证书考下来就挺轻松；这门功课太难学了，那门功课好学多了。如果你有这样的想法，不如花一天时间去体验一下别人的生活。转了一圈，你会发现，没有人的生活有"容易"二字。那些看起来"容易"，是因为你没有深入了解，不如静下心专注于眼前，专注于现在的每一分每一秒，全神贯注于现在的每一步。

多坚持一下

　　坚持，是让人肃然起敬的一个词语。古往今来，沧海桑田，哪一个人的成功不与坚持有关？不与坚持为伴？"锲而不舍，金石可镂"，这是一位智者对于坚持的认知。坚持的过程中痛苦如影相随，没有坚强的意志，"不好意思"就会成为笼罩你前途的阴霾。

　　20世纪70年代是世界重量级拳击史上英雄辈出的年代。4年未登上拳台的拳王阿里此时体重已超过正常体重20多磅，此时他的速度和耐力也已大不如前，医生给他的运动生涯判了"死刑"。然而，阿里坚信"精神才是拳击手比赛的支柱"，他凭着顽强的毅力重返拳台。

　　1975年9月30日，33岁的阿里与另一拳坛猛将弗雷泽进行第三次较量，因为前两次是一胜一负，所以最后一场比赛尤为重要。在进行到第14回合时，阿里已精疲力竭，濒临崩溃的边缘，这个时候即使一片羽毛落在他身上也能让他轰然倒地，他几乎再无力气迎战第15回合了。然而他拼着性命坚持着，这场比赛与其说在比力气，不如说在比毅力，就看谁能比对方多坚持一会儿了。他知道此时如果在精神上压倒对方，就有胜出的可能，于是他竭力保持着坚毅的表情和誓不低头的气势，双目如电，令弗雷泽不寒而栗，以为阿里仍存有体力。这时，阿里的教练邓迪敏锐地发现弗雷泽已有放弃的意思，他将此信息传递给阿里，并鼓励阿里再坚持一下，阿里精神一振，更加顽强地坚持着，果然，弗雷泽"俯首称臣"，甘拜下风。裁判当即高举起阿里的手臂，宣布阿里获胜。这时，保住了"拳王"称号的阿里还未走到台中央便眼前一黑，双腿无力地跪在了地上。弗雷泽见此情景，如遭雷击，他追悔莫及，并为此抱憾终生。阿里过后说："在受到对手猛烈重击的情况下，倒下是一种解脱，或者说是一种诱惑，每当这个时候，我就在心里对自己喊：挺住，再坚持一下！因为只有我不倒下，才有取胜的可能。胜利往往来自于'再坚持一下'的努力之中。"

长跑过的人都有个体会，跑到中间的时候会有个体能极限，感觉上不来气，马上就要坚持不住了，可一旦过了这个"极点"，就会呼吸顺畅，接下来就是一鼓作气跑到终点了。同样，登山也有一个"极点"，很多人止步在此，但跃过去，就离顶峰不远了。这里说的"极点"也是坚持的临界点，一旦过了临界点，成功也就近在咫尺了。

我们知道，不是凡事只要坚持就一定能成功，更不是所有的失败都具有悲剧的壮美。我们所提倡的"坚持精神"，是完善自我人格、追求远大理想的必然要求，是让我们摆脱"不好意思"的困扰，一个人必不可少的精神力量。

一个具有坚持精神的人，同时也应该是一个有追求、有理想、有主见的人。缺乏主见的人，见他人经商发了大财，便想下海；见他人著书立说出了名，便想舞文弄墨；见他人青云直上做了大官，便想投身仕途，这种见异思迁的人，他那一时半会的所谓"坚持"毫无意义。没有理想的人，更是喜欢左顾右盼，常常随波逐流，极易迷失方向。大千世界，五彩缤纷，充满诱惑，只有真正追求真理、真正有主见的人，才能在各种环境下坚持下去，任尔东西南北风，仍岿然不动，这样的人生才是无怨无悔的人生。

"心急吃不了热豆腐"，坚持本身就是一个百般磨炼的过程，而临界点就是成功前的最后一次考验，熬过"黎明前的黑暗"，必然是一片曙光。以求职为例，每个人都有自己心中理想的职业，但心情的急躁和外界的压力，往往使我们匆匆地接受了另一个职业。其实，也许再多坚持一段时间，我们就可以找到自己喜欢的工作。而匆匆就业的后果，使我们在人生的职业规划上多走了几条弯路，给今后的跳槽、升迁都会带来麻烦。

清代著名的小说家、文学家、《聊斋志异》的作者蒲松龄，曾经创作一幅落第自勉联，"有志者，事竟成，破釜沉舟，百二秦关终属楚；苦心人，天不负，卧薪尝胆，三千越甲可吞吴。"可以给予我们启发。

坚持是一种境界，是执着的精神，是以一种顽强不屈的精神去做一件自己想做的事情。但很多时候坚持会被人嘲笑为固执，其实，执着与固执的唯一差别，就是最后的结果是否成功。只要不到最后成功，必然有人百般奚落。身高仅1.98米的篮球巨星乔丹说："如果有人取笑我，或者怀疑我，那将成为我超水平发挥的动力。"放眼NBA，比乔丹身体素质更好的人比比皆是，但最终只有一个乔丹，就是因为别人缺乏这种把世俗眼光变为前进动力的勇气。

早有熟悉中外教育之差别的学者指出：中国人向来习惯以起点论英雄；而美国人则喜欢以终点论英雄。于是，我们今天出个"哈佛女孩"，明天来个"清华神童"，如果你只是现阶段"比不上"他们，千万不要放弃，神童后来销声匿迹的也大有人在。
不到最后，谁也不能做最后的定论。即便盖棺定论，后人也有可
能推翻前人的观点。因此，他人的嘲笑对你只是一块石头，被它
绊倒，还是把它当作垫脚石，完全取决于自己。

编 者 寄 语

　　有人说，上帝在关上一扇门的同时，会为你打开一扇窗。人生就像一辆前
行的列车，有了目标，就有了方向。那个方向，就是心中的信仰。每个人心
中，都会有一种信仰。其中，有一种信仰，叫坚持。成功，就是要把你的"不
好意思"狠狠地踩在脚下，坚持！再坚持！

不属于自己的，要学会放弃

心 灵 导 读

"不好意思"换个说法就是"死要面子活受罪"，有人为了面子，却把自己弄得囧态百出。在生活中，只有真正放下"不好意思"，你才会发现，很多烦心事都无影无踪了。只有这个时候，我们才能做真正的自己，因为少了一些为了面子而奔波的事情，我们的生活也会更加舒心。其实你苦苦支撑的面子，可能什么也不是，没有任何价值，所以不要顾及面子，拿得起，就要放得下。

现在，请你举起一本书，当然，书的重量并不重要，关键是你能举多久。拿一分钟，相信你没问题；拿一个小时，估计觉得手酸；拿一天，可能得叫救护车了。其实这本书重量并没有变，但是你拿得越久，越不想放弃，你的负担就会越重。生活中，你的"不好意思"常常在不知不觉中重复着类似拿书这样的蠢事。

放弃和拥有不是一对矛盾的概念。如果总是一刻不停地追求拥有，而不知道放弃，结果不但会白白浪费时间和精力，而且也会因为无法实现目标而自寻烦恼。其实，放弃就是明智地绕过暗礁，理性地抵达成功的彼岸。从这个角度看，放弃需要更大的勇气。永不放弃只是个相对的概念，因为你的不放弃，无异于给自己施压；很难想象一个一辈子什么都不放弃的人，会生活得轻松，因为在他不放弃的过程中，要经历无数的坎坷和磨难，每一次的坎坷都会让他遍体鳞伤。当你紧握双手，里面什么也没有；

当你打开双手，世界就在你手中。

舍不得，三个字是我们的软肋，因为舍不得，我们不放弃该放弃的，就没法拿起该拿起的。

这天，陈东的班主任找到陈东的父亲，告诉他一个好消息，陈东可以被保送到本区一所重点中学。一旦被保送，就意味着别的同学初三复习得水深火热的时候，陈东可以优哉游哉地吃喝玩乐，轻轻松松地进入高中。但班主任担心的是，陈东的成绩很好，很有可能考入一所市重点中学。眼看快到中考了，如果选择被保送，就没有进市重点中学的机会了。可是放弃了这次机会，如果中考失利，能进哪个高中就很难说了。

这个消息让陈东左右为难。父亲却大笑起来，边笑边说让陈东做个游戏。父亲把刚买的大西瓜摆在陈东面前，让陈东先抱起一个，再抱起另一个。陈东当时就为难了，一个已经够大够沉了，还要抱第二个。费了九牛二虎之力，陈东勉强地抱起来两个，但因为西瓜太大只能托着，没一会儿就汗流浃背了。一不留神，还差点把两个西瓜都摔坏。

这时父亲叹了口气："孩子，你太傻了，你就不能放下一个吗？"陈东暗叫，对啊，放下一个，自己不就轻松了，他赶紧放下了一个。爸爸又继续说道："你长大了，要明白，世上的事你不可能全部拥有，只有放弃一个，才能有另一个收获。全都想得到，最后往往是什么也得不到。"陈东恍然大悟，最终选择继续努力中考，放弃了被保送。后来，他如愿考进了排名第二的市重点高中。

胡子眉毛一把抓，什么都不想放弃，对我们自身也是一种消耗，又何来梦想成真呢？机会稍纵即逝，想要把握人生的脉搏，就要舍弃该舍弃的，所以，从现在开始就学着放弃，懂得舍得。

　　生活中有太多的无奈。填报志愿，只能选择最喜欢的专业；面对学校，选择自己最倾心的那个；经营人生，放弃自己的劣势；拷问内心，选择自己的良知……一个老板在闲谈中表示，要在临终前把自己的财产捐出去。为什么不留给孩子们呢？老板解释，钱来得太容易，他们就不知道挣钱有多难，容易挥霍一空或是天天惦记争夺财产。放弃财产，是为了让孩子们有更大的出息，闯出自己的一片天地。

　　可见，放弃不是逃避，它是主动把手松开，既不是功亏一篑，也不是半途而废，而是留给自己一个全身而退的空间，更大地发挥自己的优势，因此要"聪明的放弃"。

　　大文豪马克·吐温曾经搞过经济活动，第一次他从事打字机的投资，因受人欺骗，赔进了近19万美元；第二次办出版公司，因为外行，不懂经营，又赔了近10万美元。两次共赔了近30万美元，不仅自己多年心血换来的稿费赔了个精光，而且还欠了一屁股债。马克·吐温的妻子奥莉姬深知丈夫没有经商的本事，却有文学上的天赋，便帮助他鼓起勇气，振作精神，重走创作之路。终于，马克·吐温很快摆脱了失败的痛苦，在文学创作上取得了辉煌的成就。

　　聪明的放弃就是经营自己的长处，因为经营自己的长处能给你的人生增值，经营自己的短处会使你的人生贬值。不再为难自己，也不再勉强别人，以免给自己留下遗憾和伤痕。不要让无谓的东西占据心里最宝贵的空间，不如用一张纸记录下所有的悲伤、烦闷、急躁与空落，然后按顺序，从次要到主要一一将其划掉，看看什么才是自己最想要的。

当你死要面子而痛苦不堪时，可曾反思过，面子能当饭吃吗？面子能给自己带来更多人脉吗？面子能让我们成功吗？每个人都有自己的答案。所以，很多时候，抛开"不好意思"才是明智之举。支撑面子的不是空虚的心态，而是真才实学和真实的本领。

编 者 寄 语

一百五十磅的肌肉和骨骼不足以构成一个真正的人，一个大脑袋也不足以成为真正的人，骨骼、肌肉和大脑必须组合起来。知道哪些应该放弃，脚踏实地地选择适合自己的人生目标。在自己的世界里，抛开顾虑，抛开不必要的自尊，随心所欲地绘出自己的天地。放弃会改善我们的形象，使我们显得更豪爽、更豁达；放弃会使我们的人生变得更精彩。

第 四 章

逃离"不好意思"的怪圈，解开心理谜团

　　"不好意思"可以解释为对自己缺乏正确的认识，做事缺乏勇气，人云亦云，畏首畏尾，这种心理就仿佛一个怪圈，一旦走入这个怪圈，想脱身都很难。不管平时说话，还是处事，都会顾忌别人对自己的评价。其实逃离这个怪圈的方法很简单，就是放下顾虑，卸下心中的包袱，屏蔽流言蜚语，以轻松的心态面对未来，我们并非焦点，只是一粒渺小的尘埃，这样才能体会生活的快乐。

端正"比"的心态

心 灵 导 读

"不好意思"的人，是否没有端正"比"的心态呢？其实，"比"是人生来的潜能，一种与生俱来、无法拒绝更无法消灭的东西。合理科学的"比"，有利于个人提高和进步，但是，攀比就不可取了。攀比之心，往往源于对自己的不了解，和有一个充满欲望的心。盲目的攀比，只会让我们的心灵扭曲，最终被压得喘不过气来，而成为"攀比"的奴隶。

尺有所短，寸有所长。没有完美无缺的人，也没有尽善尽美的选择。无论何时何地，一个人最大的敌人永远是自己。所以我们要端正"比"的心态，与其看着别人的生活百转千回，不如花点时间去修炼自己。只有将提升自己作为目标，才能打开人生的格局。你有什么付出，就有什么收获；你有什么行动，就有什么成绩。端正"比"的心态，封存所有负面的情绪，在正确的位置上不断提升自己，在上坡路上不断前进。

人生的舞台到处都要"比"。生命之始，你从千军万马中脱颖而出，成为一个美丽的精灵；上学了，你的竞争对手是你的同学；你走过独木桥，大学毕业，自以为已经走出象牙塔，谁知到了社会上，才知道自己原先不过是只井底蛙，刚刚从井底跳出来，而四周全是高楼大厦，于是，你"比"的征程又开始了。这么多"比"，你不可能每一次都成功，所以一定要端正"比"的心态。赢不了别人，至少赢了自己，又有什么可遗憾的呢？

红灯亮了，一个男人驾驶的格拉纳达轿车停在了一辆劳斯莱斯轿车旁边。

他们的车窗玻璃是摇下来的，于是驾驶格拉纳达的男人冲着驾驶劳斯莱斯的男人喊道："嗨，你汽车里有电话吗？"

驾驶劳斯莱斯的男人说："有啊，当然有。"

"我也有……看见没？"

"是的，很不错的电话。"

驾驶格拉纳达的男人又问："你车里有传真机吗？"

"是的，我有。"

"我车里也有。看见没？就在这儿。"

这时红灯马上就要变绿了。格拉纳达里的男人说："那么，你的车后座有双人床吗？"

劳斯莱斯里的男人说："没有。你有吗？"

"是的，我车后座有双人床——看见没？"

这时绿灯亮了，格拉纳达轿车绝尘而去。

劳斯莱斯里的男人不想被人比下去，于是他立刻去了汽车改装店，让他们在汽车后部装一个双人床。

两周后，改装工作完成了。他兜来兜去，寻找那辆格拉纳达。

终于，他发现那辆车停在路边，于是靠着它停了下来。

格拉纳达的车窗上全都是雾气，这令他感到有点不知所措，但他还是从新改装的劳斯莱斯上走下来，敲了敲格拉纳达水汽模糊的车窗。

格拉纳达里的男人过了很久才把车窗玻璃摇下一条缝，露出一双眼睛朝外看。

驾驶劳斯莱斯的家伙说："嗨，还记得我吗？"

"怎么了？"

"看看这个——我在我的劳斯莱斯里装了双人床！"

格拉纳达里的男人说："什么？你把我从浴室中叫出来，就是要跟我说这个？"

在"比"的过程中，大家总想追逐别人拥有的东西，而又往往苦于得不到，气喘吁吁地拼命追逐，但人与人之间的距离是永远存在的。当被别人"比"的时候，得到的是一点可怜的"幸福感"，但这种"幸福感"又像昙花一现一样稍纵即逝。苏联由于盲目地和美国比来比去，不顾自身国情，结果被美国的军备竞赛拖垮，最后只能落得个解体的命运。

热衷于"比"是人的天性，平心而论，"比"本身并无过错，关键是采取什么样的心态进行对比。"人比人，气死人"，"人比人得死，货比货得扔"，这样的"比"过于狭隘，显然是不可取的。反之以积极的心态相对比，则可以丢掉害羞，丢掉怯懦，丢掉可笑的面子。

其实，你就是你，没有必要和别人相比较。你羡慕舞者的舞台闪耀，但你愿意成年累月地练习吗？你羡慕运动员的赛场英姿，但你愿意风雨无阻地训练吗？在你和别人"比"的时候，你真的愿意放弃现在的生活，去扮演别人的角色吗？

作为学生，攀比更是一种常见的心理。其实，我们大可不必将攀比看作洪水猛兽，负面的消极的攀比需要制止，但正面的积极的攀比却是上进的动力，是需要提倡的。想铲除负面的攀比心理，就要在思想深处斩断病根，做出改变。要提高自身修养，增强认知，端正自己的"三观"。

层次越低的人，越喜欢物质上的攀比。比赢了，暗暗窃喜，春风得意；比输了，失落不满，郁郁寡欢。人免不了有虚荣心，但是过度攀比，就容易陷入争强好胜的循环，它会影响人的心态，摧毁人的健康，甚至破坏家庭的幸福。"三观"端正的人，是很少热衷攀比的，因为他们的格局更为宽广，眼界更加宽阔。

不忘初心，珍惜现在，放下过往。不虚荣，不浮躁，不盲从，不狭隘。用充实的内心去克服攀比的狭隘，在内心一步步强大的过程中，攀比之心会一点点地被碾压，最终踪迹全无。注重自我的纵向"攀比"，每天让自己有个小小的进步，日积跬步，最后会有千里的变化。

编 者 寄 语

　　我们要端正"比"的心态，选择合适的参照物。如果你一直向上比，就会觉得自己一直在下面；如果你一直向下比，就会觉得自己一直在上面。同样，如果你觉得自己在别人后面，那么你肯定在盯着前面的目标。只要我们明确了自己的定位，在前后左右的比较中，保持一颗乐观向上的心，那么生活也会变得更加轻松愉快。

虚荣不过是三把石粉

心灵导读

"脸皮厚吃饱饭"，此话不假。追究"不好意思"的原因，很大一部分是虚荣在作怪。爱慕虚荣的人心会很累，因为他太在意别人的看法。不得已的时候，该放下面子就放下面子，放下虚荣心，有所舍，有所不舍，更有利我们自己发展。

许多人都知道米开朗基罗是意大利著名的雕塑家，但很少有人知道，因为他，至今在佛罗伦萨市还流传着一句关于虚荣的谚语。

年轻时，米开朗基罗在佛罗伦萨雕刻了一尊石像，是一个人昂首注视着前方。作品预展时，引来无数人围观。几天后，佛罗伦萨市市长来到了雕像前，众多权贵围在雕像前，都等着市长发表意见。

这位市长傲慢地朝雕像看了一眼，问自己的跟班："谁做的？他来了吗？"

米开朗基罗被人请到市长面前，市长指着雕像说："雕石匠，我觉得这个石像的鼻子低了点，影响了整个雕像的艺术氛围。"

米开朗基罗听罢说："尊敬的市长，我会按照你的要求加高石像的鼻子。"

说完，米开朗基罗让助手取出工具，并提着一小袋石粉对石像的鼻子进行加工，其实就是往石像上面抹了点石粉而已。抹完后，他又来到市长面前，说："尊敬的市长，我已经按照你的要求加高了石像的鼻子，你看现在还行吗？"

市长随意地看了一眼，点点头说："雕石匠，现在好多了，这才是完美的艺术。"

那些权贵们就鼓起掌来，市长在掌声中满意地走了。待市长走远了，米开朗基罗的助手百思不解，问他："你只是在石像的鼻子上抹了三把石粉，石像的鼻子根本没有加高。"

米开朗基罗说："可是，市长认为高了。"

那尊石像至今仍矗立在佛罗伦萨的街头，知道那尊石像的人都知道这样一句谚语：虚荣就是石像鼻子上的三把石粉。

市长的虚荣心让他必须要对那座雕塑指出点什么缺点来，也许，他看出了米开朗基罗只是在上面加了三把石粉而已，但这又有什么关系呢？毕竟，米开朗基罗照他的吩咐做了，满足了他的虚荣心，而结果并不重要。

"虚荣"可以说是人的一种"天性"，属于正常的心理需求。"虚荣"看不见，摸不着，像空气一样，看起来虚无缥缈，却又的的确确地存在。但任何事物的发展都要有个"度"，过分的虚荣，苦苦支撑自己的"不好意思"就会活受罪，面对生活，我们更需要的是坦然。

小丽家境贫寒，看着别的同学用起了苹果手机，穿着阿迪达斯的运动服，戴起了运动手环，她也不甘示弱，她不惜借钱购买苹果手机、高档衣服来炫耀自己。周围人羡慕她家庭条件好，直到有一天，有人看到她被许多人堵在一个角落里要债，她周围的老师和同学才明白过来：原来小丽身陷"校园贷"。从此，大家都不再理会她，她自己也不得已退学了。

虚荣心人人都有，于是也就出现了：本来没有实力和别人比阔，但非要打肿脸充胖子，结果自己最后成了"月光族"；本来肚子里没什么墨水，但非要不懂装懂，结果闹出了笑话。所以，我们要追求真善美，让虚荣心没有机会抬头。

"不"，一个字简简单单，干干脆脆，但说出来还真不容易。特别是对于有些人，即使是办不到的事情，也碍于情面，不好意思拒绝，这都是虚荣心在作祟。所以，我们要放下虚荣心，鼓起勇气，对自己办不到的事大声说"不"，就会让自己过得不再纠结，心情舒畅。

菲菲在市里读书，因为住宿在学校，所以每月几百元的生活费是完全够用的。可菲菲却过得捉襟见肘，因为别人叫她参加这个聚会那个活动时，她总是难以说"不"，即使未来几天吃土，她也会答应下来。偏巧这个周末二姨过来办事，叫她一起吃晚饭，菲菲看着这月仅剩的200元钱，暗暗皱起了眉头。

真是怕什么来什么，二姨还选了一个高档饭馆。她点菜时征询菲菲的意见，菲菲瞥了一眼菜单，只是含混地说："随便，我吃什么都行。"心里却想这顿饭吃完，下个星期只能吃馒头喝凉水了。她心中七上八下，满脑子想的都是那200元钱。服务员端来的饭菜，她一点儿也没心思吃。

二姨好像没注意到菲菲的不安，她一面品尝，一面夸赞这家饭店的饭菜可口，可菲菲却食同嚼蜡。酒足饭饱之后，彬彬有礼的服务员拿来了账单，菲菲硬着头皮接过来，准备结账。

二姨这时却温和地笑了，她从自己钱包里掏出现金给了服务员，然后盯着菲菲说："你是我从小看着长大的，我非常了解你的性格。刚才我一直等着你说'不'，可你就是开不了口。我只想告诉你，有时候你一定要把'不'字坚决勇敢地说出来，这是对你，对别人最好的选择。我这次来，就是为了能让你放下虚荣心。"

英国哲学家培根说，"虚荣的人被智者所轻视，愚者所倾服，阿谀者所崇拜，而为自己的虚荣所奴役。"德国哲学家叔本华也说："虚荣心使人多嘴多舌；自尊心使人沉默。"

一个人一旦有了虚荣心，他所要得到的东西就是名不副实的荣誉，所畏惧的东西就是突如其来的羞辱。这一类型的人表面上表现为强烈的虚荣，其深层心理就是心虚。表面的虚荣与内心深处的心虚总是不断地在斗争着：一方面在没有达到目的之前，为自己不如人意的现状所折磨；另一方面即使达到目的之后，也唯恐自己真相败露而恐惧。一个人如果永远被这两方面的矛盾心理所折磨，他们的心灵总会是痛苦的，完全不会有幸福可言。

编 者 寄 语

　　虚荣心所引起的后遗症，几乎都是围绕在其周遭的恶行及不当的手段，所以严格说来，每个人的虚荣心应该都是和他的愚蠢相同的。虚荣心一旦形成后，它所结合的诸多不良的心态、习惯和行为，会让你只看得到眼前，从而离成功越来越远。

忍耐，厚积才能薄发

心 灵 导 读

一个人，如果能忍别人所不能忍，屈别人所不能屈，将来一定会大有作为。忍耐不是软弱，是为了厚积薄发，找个适当的时机，打个漂亮的"翻身仗"。忍耐无疑是痛苦的，但是经历过痛苦的人生才能如凤凰涅槃般重生。

一个人要生存在世上，有些事必须要学会忍耐。人一生中的制高点只有一个，但只要不在这个点上，你所走的路都是上坡路或者下坡路，必然面临人生道路上的种种逆境和困难。规律无法改变，坚定自己的信念固然重要，但更重要的是学会如何忍耐。

"天将降大任于斯人也，必先苦其心志，劳其筋骨，饿其体肤，空乏其身，行拂乱其所为，所以动心忍性，曾益其所不能。"谁能忍受这样的磨难，谁就一定会有所作为，即使他也许不会像孟子所说的那样，即便不是一个叱咤风云的人物，起码也是一个不畏惧任何困难的人。百忍可成精，人生最大的敌人是自己，学会忍耐，就是战胜自己最大的敌人。

炎炎夏日，在英国一座大教堂里，庄严的牧师正在传道。天气十分闷热，再加上这种讲道实在是无趣，许多教徒都昏昏欲睡。可是，有一名绅士看上去却精神抖擞，他腰背挺直，很专注地听牧师讲道。等牧师传道完毕，走出教堂，就有人好奇地问这位绅士："先生，每个人都在打瞌睡，为什么你还能听得这么认真呢？"绅士笑着说："老实说，听这样的讲道，我也很想打瞌睡。可我忽然想到，我何不拿它来试试我到底能够忍耐到什么程度呢？事实证明，我的耐性非常的好。我想，如果我能以这种耐性去面对工作中的各种困难，还有什么是不能解决的呢？"知道这位绅士是谁吗？他就是后来鼎鼎有名的第30位英国首相格莱斯顿。他在听道时所表现出来的不同于人的积极心态或许正是他成功的原因之一。

在这个世界上，很多事情是我们无力改变的，像参加一个无聊的活动，或是学习中我们没法选择自己喜欢的学科，没法选择自己喜欢的老师。常听到别人这么抱怨，当然我自己也曾这么抱怨过，老师真是笨死了，这么简单的问题居然都讲不明白，大不了我自己学。其实，环境无法改变，但至少心态是可以改变的。万事万物皆可以把它们当作是对自己的磨炼。

天然牛黄的价格贵过黄金，我国每年牛黄需求量约为5吨，但自产的天然牛黄还不足1吨。牛黄实际上就是牛身体中的胆结石，没有牛默默忍受身体上的痛苦，也不会有这种珍贵的药材。痛苦永远不会像你想的那么差。相信时间和生活，忍耐痛苦，它总会带来一些新的喜悦。

有时候，当人们身处逆境或遭遇不幸时，鲁莽行事往往都是徒劳无功的。这个时候，除了要耐心等待时机外，没有更好的办法。观时而动，静静地等待时机，也许要不了多久，就会柳暗花明，在你眼前出现希望的曙光。忍耐，是一种更大的智慧。这个世界，挑战我们忍耐的事情和人太多太多。我们必须锻炼自制力，掌握管理情绪的方法，遇事理智地看待，不要冲动。但是忍耐绝非软弱，只是在自己力量不够强大的时候，战略性的先保存自己。因为过早地暴露自己，可能会招来打击和报复。光忍耐是不够的，还要不断地汲取力量，精进自己，发展各种能力，最终某一天击败他们，成为自己的主宰。小事不能忍，就会影响大事，而且不能忍耐的结果，往往是不得不更长久地忍耐。即使面对别人的侮辱和伤害，有时也需要忍耐，何必急急忙忙以一种对抗的方式来证明自己并非软弱可欺呢？你不是好欺负的，并不能说明你是强大的，当你使自己变得强大起来时，你自然就不是好欺负的。比如，有谁敢轻视曾受过胯下之辱的韩信呢？拿破仑，从一个小小的炮兵，成长为驰骋欧洲的战神，他的人生处处闪耀着忍耐的智慧。从退位后被流放，到建立百日王朝，再到滑铁卢战败，他的一生波澜壮阔。尽管他最终兵败滑铁卢，但他至今依然受万人敬仰，无数文人墨客为他立传，人们欣赏的就是他百折不挠的豪气，是他纵然历经100次失败，但是依然有101次站起来的准备。这才是不枉此生！

编 者 寄 语

让我们收起驿动的心，记着把根留住，不要抱怨守住承诺太傻，不要认为一切都是天意。哪怕我们都是笨小孩，哪怕我们最近比较烦，但我们要明白做事要像愚公移山，不做则已，做就把它做好。

沟通，事半功倍

　　人与人之间最重要的相处之道不是宽容，也不是信任，而是沟通，心与心的沟通。友情的破裂，矛盾的产生，很多时候是因为缺少沟通。不经意的一个动作、一句话，都可能是两人矛盾的导火索。

　　有一个自然现象大家都知道，"猫狗是仇家，见面必掐"，猫跟狗之所以"势不两立"，就是因为沟通出了问题，"猫语"和"狗语"是相反的。比如狗在表示友好时，会向上摇动尾巴，而这个身体语言在猫看来，是挑衅的意思；而猫在表示友好时，会在喉咙里发出"呼噜呼噜"的声音，这个身体语言在狗眼里，是即将"开战"的意思。沟通的障碍，导致在现实生活中，狗和猫见面就打，水火不容。因为缺乏沟通而导致的障碍、冲突和矛盾也屡见不鲜。很多学生喜欢我行我素，学习中产生问题了也不愿意与人交流，结果造成常常自己闷着脑袋学，浪费了很多时间也收效甚微，自然成绩也提高不上去。

　　美国金融界的著名人士阿尔伯特始终把"千万要注意与别人沟通"作为自己的第一准则。只有善于沟通，才能选择正确的途径、正确的方法，施展自己的才能；只有善于沟通，才能更好更多地获得老师同学的帮助，提高自己的成绩。有一个形象的比喻：每个人的心就像一扇上了锁的门，如果你用一根铁杆去撬，也许你费了九牛二虎之力还是无法撬开，可只要用一把小小的钥匙轻轻一转，心灵的大门就"啪"的一声打开了。为什么用铁杆费了那么大力气也打不开门，而用钥匙却轻而易举地就把门打开了呢？钥匙说，"因为我最了解它的心"。唯有一把了解内心的钥匙，才能打开心扉，谁的内心都不是永远禁闭的，关键在于是否沟通，相互沟通就能事半功倍。

秋天，我们经常可以看到一字形或人字形的大雁在天空中飞翔。它们之所以采用人字阵或一字斜线型的阵式飞行，是它们在长期适应中所形成的最省力的群体飞翔方式。当雁群以上述阵式飞翔时，后一只大雁的羽翼，能够借助前一只大雁鼓翼时所产生的空气动力，使自己的飞行省力。当飞行一段距离后，大雁们便左右交换位置，使另一侧羽翼也能借助空气动力以减缓疲劳。大雁在天空中飞翔给我们的启示是：相互沟通，相互帮助，就没有去不了的地方，没有达不到的目标。这样的情况经常可见：同样的一句话，两个人说的一字不差，但是效果却有着天壤之别。有的人被喜欢，有的人则被嫌弃。为什么会造成这样的情况呢？这就是沟通的艺术。有人说："与人沟通，70%是情绪，30%是内容。"此话不假。想要提高自身的竞争力，有效的沟通是关键。

很多时候，好好沟通决定了我们人生的高度。人是喜欢相互沟通的，如果心情愉快，即便是"士为知己者死"，也会感到十分愉快，反之，如果"话不投机半句多"，就会彼此产生极大的反感，甚至宁可同归于尽，也不让人占得丝毫便宜。

当然沟通中也会遇到很多问题，重要的是态度要诚恳，如果双方意见发生冲突时，不要意气用事，应理智地化解纠纷，针对问题，一定要本着自己让步的原则，为谋求共同的利益而努力，沟通的目的是"双赢"。如果偏袒或者迁就一方，那么长时间的积累必将打破这种非常规的"平衡"。在弱肉强食的时代，任何人只要拥有力量，就能迫使他人屈从于自己的意志。苏联就是典型的例子，它们依仗强大的国力，欲达到支配其他弱小民族的私欲，结果牺牲了真正的和平。我们进行沟通时，也应记住这个例子，如果仗势欺人，就会导致物极必反，所以，沟通要巧妙地运用"情"的力量——对人"动之以情"，不持强硬的态度。

如果人们要体验爱，或增进他们的关系，就必须学会沟通。爱像一株植物，不是成长、开花结果，就是凋零、死去，全视我们如何对待它而定。沟通就像水，没有了它，植物是活不成的。如果由于一方或双方无法说出自己的想法和感觉，结果，气愤和怨恨就被构筑起来，直到某一方的脾气爆发为止。如果我们学着沟通，委屈可以在还不严重的时候，就被处理掉。真诚地沟通，分享彼此的经验和感觉，可以改变一个人的生活。

编 者 寄 语

独自承受不一定是好事，学会沟通可以让心灵间的距离迅速拉近，让自己的生活更加轻松。日常的工作和生活，纷繁复杂，周围有许许多多与我们有关联的人，即使再忙，也不要忘了沟通，包括一起相处的朋友、父母、兄弟姐妹、同窗和远方期待你的信或电话的人。

用低调作为保护自己的硬壳

心 灵 导 读

　　不擅长社交，可以用低调作为保护自己的手段。因为低调，才不会把宝贵的时间浪费在无效的社交上；因为低调，才没有时间结识一些狐朋狗友；因为低调，可以让一些嫉妒者感到心理平衡，避免给自己招来不必要的麻烦；因为低调，才有时间学习、提升自身的实力。低调，可以从根本上避免"不好意思"的产生。

　　"跪射俑"是秦始皇兵马俑的"镇馆之宝"，也是馆内保存最完整的、唯一一个未经过人工修复的陶俑。为什么单单它能保存得如此完整？馆内的工作人员介绍说，由于它是蹲的姿势，身高只有1.2米，而其他兵马俑大都是站立的姿势，身高平均在1.8米以上，天塌下来有高个子顶着，自然也就首当其冲地受到伤害。由于跪射俑的身高"优势"，使它历经两千多年，依然能保存得如此完好。

　　山不解释自己的高度，但并不妨碍它高耸入云；海不解释自己的深度，但并不妨碍它海纳百川；大地不解释自己的厚度，但并不妨碍它承载万物；太阳不解释自己的光芒，但并不妨碍它霞光万丈……

　　我们难免会产生这样或那样的想法，有时候我们急于辩解，可是，一旦辩解起来，会发现越描越黑，苍白无力。因此，低调是智者的选择。

　　低调，可以不喧闹，不造作，不呻吟，不招来嫉妒，进而被人们所喜爱，所赞赏，所钦佩，不仅能保护自己，与人和谐相处，还能在不显山不露水中成就自己。

　　年轻人往往急于表现自己，锋芒太露，结果是树大招风，随着涉世渐深，他们才学会内敛，不表现自己。保持低调的姿态，避开是非人的视线，是给自己建造一个最好的保护壳。昙花美不胜收，但只能耀眼瞬间；绿树朴素寻常，却能屹立百年；麻雀叽叽喳喳，却只能飞上枝头；雄鹰沉默寡言，却能展翅上天。

　　低调不是安贫乐道，也不是阿Q的精神胜利法，而是一个无法把"不好意思"说出口的人，保护自己的最好方法。生活中，低调的人往往都是聪明的人，这样的聪明使他们不被"次要矛盾"分散精力，集中精力解决主要矛盾。

　　美国前总统富兰克林有一次去一个前辈家拜访，他身材高大，但是前辈家的门框却很低，富兰克林一不小心，来了个"碰头彩"。前辈出来迎接，他微笑着说："很疼吗？但这是我今天给你的最大指导，人要学会低头。"从此，富兰克林把"记得低头"作为自己处世的座右铭。每当骄傲情绪滋生时，就拿这个鞭策自己。

　　"记得低头"也应该是我们的座右铭，人生在世，要懂得低头，敢于低头，乐于低头。低下头，卸下肩上多余的沉重。有谚语说："空谷子才会高高地抬着头，饱满的谷穗都会低低地垂下头。"越是有学识和智慧的人，越是低调；只有腹中空空的人，才会招摇显摆。

　　低调不是自卑，也不是自贬，是自信，是谦卑，是给自己留有余地最好的方式。低调处事，成功了会收获喜悦，跟最好的朋友分享，失败了，也不会招来旁观者的冷言冷语。做人能够坦坦荡荡当然最好，但实际上，又有多少让人坦坦荡荡的环境呢？别人各有自己的打算，只有你坦荡，自然会被伤得遍体鳞伤。著名作家葛拉西安曾说："路中央突出的砖块害人绊倒。名声如易碎的玻璃，宜知收敛，最好保护于谦逊之中。"

要想自己过得舒坦点，安全点，就要学会低调做人。如果你是强者，用不着讨好别人，也能有拨云见日的一天。对不可言说的，我们需要保持低调，或者"顾左右而言他"，这其实是一种最为真诚和老实的态度。当坚硬的牙齿脱落时，柔软的舌头还在。学会在适当的时候，保持低姿态，绝不是懦弱和畏缩，而是聪明的心态，一种人生的大智慧。

低调做人并不是让你与世隔绝，也不是让你拒人于千里之外，而是在社会交往中保持一个真正的自我，你无须勉强自己，也无须惺惺作态，这让你能够面对纷繁芜杂的世界，而不至于迷失自我。即使你认为自己才华横溢，能力远胜于其他人，也要学会低调。

编 者 寄 语

现代社会，总有些人贪得无厌，得陇望蜀。一味地"不好意思"，只会惯坏了这些得寸进尺的人。但宁可得罪君子，不可得罪小人，与其担上得罪人的风险，不如从一开始就把危险的苗头扼杀在萌芽状态。低调就是多思考，少说话；多安静，少出头。保持安静和沉默，别人很难摸透你的深浅，很难猜测你的想法，断然不敢随便小瞧你，相对多的尊重和机会也将属于你。

第 五 章

培养微习惯，
在日积月累中质变

　　"不好意思"的人通常比较柔软，待人接物都会小心翼翼，特别害怕拒绝别人，特别害怕别人的反对，更不敢发出自己的声音，就算自己很不情愿，也不会说出来。这种习惯要在日常生活中慢慢改变，让自己大声说话，勇敢说出自己真实的想法，抛开顾虑之后，你会发现，原来自己的人生自己把握，竟是这么feel倍儿爽。

重建自我，守护"安全距离"

　　有组照片很有意思，都是近距离拍摄的一些美女明星。平时我们看到的她们，光彩夺目，完美无瑕，而在如此近距离的观察下，看到的却是一张张坑坑洼洼，凹凸不平，甚至还有雀斑的脸，使人大失所望。这说明，人与人之间如果距离过近，必定使对方原形毕露，显得一无是处，当然，看到对方缺点的同时，对方也看到了我们的缺点；相反，互相之间保持一定的距离，则始终能欣赏到对方最美好的一面，反而使宾主尽欢。

　　现代社会的好友，互相倾诉，互相包容没错，但友情要"适可而止"，越过了那个距离，对双方都将是伤害。豪猪在冬天要挤在一起取暖，但各自身上的刺迫使它们马上分开，御寒的本能使它们又聚到一起，疼痛则使它们再次分开。这样经过几次反复，它们终于找到了最佳的距离——在最轻的疼痛下得到最大的温暖。

　　有时候，我们与朋友交往时间长了，随着相互之间越来越了解，优点和缺点暴露得越多，相处的时候越发无所顾忌，随之而来的就是戏谑对方，揶揄对方，当众嘲笑对方，言语丑化对方……但实际上，你们俩可能远没有彼此想的那么了解，一旦遇到了错误的场合、错误的时机，或者他认为合适、你认为不合适的情况，你们的玩笑话可能会给对方带来意想不到的伤害。

甜甜和小微是一对好朋友，甜甜是大大咧咧的女生，平时爱说爱笑，心里不装事，吃饱了沾枕头就睡。而小微则敏感多疑，嘴上说没事，心里却计较得很，经常莫名其妙地生气，气得整宿睡不着。

一天，甜甜看到小微的爸爸和一个很漂亮的女人一起吃饭，就在和小微聊天的时候，开玩笑地说："小微，我昨天看到你爸爸和一个漂亮的大姐姐在一起吃饭呢，你们家要小心哦。"

小微马上反驳道："你爸爸才和别人鬼混呢，我爸爸对我和我妈妈可好了，不会乱来的。"虽然嘴上这样说，心里却对甜甜的话极为恐惧，导致心情失落，本来说好一起去看电影，也找个借口先回去了。

小微回家就开始胡思乱想，越想越觉得爸爸有问题，几天后，她实在憋不住，向爸爸开了火，说："你不要瞒着妈妈在外面和别人乱搞。"

"我和谁乱搞了？你听谁说的？"

"我自己看见了！"

"哦？那什么时候啊？在哪儿啊？爸爸经常见客户，吃饭也是正常的。"

"恐怕不只是吃饭那么简单吧？"

"啪！"爸爸一记耳光扇到了小微脸上。

小微找甜甜哭诉，没想到甜甜却说："哎呀，那就是个玩笑，没想到你当真了！那天你爸爸是和一个漂亮的大姐姐一起吃饭，不过当时一桌子人呢，有说有笑的，不止他们两个。"小微听了，心里难受极了，怪自己不分青红皂白冤枉了爸爸，又不肯低头向爸爸认错，结果父女俩关系越来越僵。

甜甜无心的一个玩笑，不仅破坏了她和小微的友谊，还对小微的家庭关系造成了干扰。所以，朋友之间一定要保持合适的距离，不能只图自己一时之快，而口无遮拦，因为说出去的话就像泼出去的水，很容易招来祸端。

比如，你因为犯过一个错误，本来自己已经十分尴尬，唯恐更多的人知道，但如果你的朋友抱着幸灾乐祸的态度，小题大做，大肆宣扬，搞得尽人皆知，你一定要郑重地告诉他："我非常不喜欢这样，我不喜欢你这样开玩笑。"让你的朋友别再继续伤害你的自尊心，保持适当的交往距离。

生活中，各种利益关系使人与人之间需要互相交往，但许多令人生厌的习惯和使人难以忍受的缺点又使人们互相分开……在人际交往的过程中，选择自己要站的位置相当重要。在反复的磨合中，大家才能找到最佳距离。

著名作家张小娴曾经回忆了一件自己亲身经历的事，她上高中的时候，有一个好朋友去美国求学了。

那个时代，电子邮件不是很发达，微信、facebook，更是无从谈起，但即使这样，仍未能阻挡她们的交流，她们经常写信，信中互相倾诉最私密的心事，彼此的生活没有交集，即使被对方知道了心事，也没有任何影响。

万水千山，没有成为她们的阻碍，两颗心，反而在彼此的倾诉中，走得越来越近。

几年后，她的朋友从美国归来了。

起初，两人关系亲密了一阵，但由于对方知道了自己太多的心事，反而逐渐变得疏远，最终失去了联系。

好友之间，彼此了解太多，反而不利于感情的细水长流。有人说，身体贴得太紧，心就会有隔阂；心贴得太紧，身体就要有距离，精准而微妙地形容了相处之道。

人与人之间的距离，最好是大于亲密而小于无间。很多友情之所以容易终成悲剧，就因为没有控制好这个距离，一旦没了距离，就会丧失分寸感。每个人都是独立的个体，保持适当的距离，才能更好地相处，互不介入，互不打扰，双方在各自的空间里做完整的自己。就仿佛两棵树一样，根系在土壤里相握，躯干却是两个相互独立的个体，各自安好，枝繁叶茂，在蓝天白云里尽情舒展，彼此守护。

树与树需要有固定的距离，太近了会有摩擦，会有碰撞，会造成其中一个生长发育受影响。人与人之间也需要有固定的距离，太近了会有磕绊，会有摩擦，会造成双方反目成仇。守护好"安全距离"，就是给两人相处留下缓冲余地，这才是最高质量的交往，这才是重建自我的方式。

编 者 寄 语

"喜欢有你参与我的生活，但别没收我心里的自由。"让我们保持最好的距离，站在最好的角度，守护各自心中的那份美好。

青春励志文学馆
不会拒绝，那是你愚蠢的善良

建立一种积极的习惯

❤ 心 灵 导 读

　　"习惯"这个词的解释为，长期生活中养成的那种带有
自己性格特点的言谈举止。在大多数情况下，这个词不分褒贬，
只不过，在某些情况下，某些习惯会妨碍了我们成功。

　　一个勇猛的将军，年轻的时候，特别喜欢喝酒，他总是到离
家有一段距离的一个村子里喝得酩酊大醉，通常一周光顾一次。
他的青春年华就这样一天天虚度，自己的武艺也渐渐荒废。

　　终于，有一天早上，将军的母亲狠狠地训斥了他一顿，责怪
他不该无所事事。母亲情真意切的话令他猛醒，将军感到惭愧万
分，向母亲发誓说他再也不会去那个村子喝酒了。从此，他开始
拼命练习武艺，立志一心向善，成为一个品行优秀的人。

　　一天傍晚，在进行了一整天的野外训练之后，将军又累又
乏，伏在他的爱马上睡着了。马儿本来应该驮他回家，但这天恰
好是周末，也就是以前他去那个村子游乐的时间，受过主人良好
调教的马儿，竟驮着他往那个村子去了。当将军醒来时，他发现
自己违背了对母亲的誓言，又到了他不该来的地方，想到自己的
失信，将军忍不住掉下泪来。他凝视着自己的马，这是孩提时就
陪伴着他的亲密伴侣，是他的至爱。经过长久的沉默，他拔出剑
来，杀了那匹马。

　　你是否杀了自己的马？很多人在向着自己目标前进的时候，
初衷是单纯的、美好的，但往往不知不觉中养成了一些坏习惯，

导致最终偏离了最初的方向，这就需要我们纠正偏离的错误。

我们每天都能见到的、司空见惯的习惯，或许是导致我们不能成功的根本原因。这里，列举几种常见的习惯，分析一下它们是如何阻碍我们的：

——别人让你帮忙下楼买饭，你不好意思推托，于是你暂停手头的功课，先去下楼买饭；

——老师布置你一个工作，你没有听太懂却也不好意思询问，只好闷着脑袋自己干，结果做的工作和老师要求的"差之千里"；

——舍友上课时经常迟到，你不好意思批评他。

将这些习惯引申一下，我们可以这样理解：

——你帮忙给同学买饭，但也许你正处于解题的关键时期，十分钟的打断，再重新梳理思路可能需要两个小时；

——爱因斯坦说："我没有什么特别才能，不过喜欢寻根刨底地追究问题罢了。"只知道闷头苦干，要知道方向错了，走在错误的路上，付出再多的努力都是白费；

——信用是在外处世的基本准则，更是人际交往中很看重的一点，试问，信用出了问题，谁还信得过你？

这些习惯都是些平时不起眼的习惯，可却左右了个人的发展。一位诺贝尔获奖者接受记者的采访，记者问他，在哪儿学的东西用处最大？获奖者告诉记者，是幼儿园。记者吃惊之余，获奖者告诉他，有问题及时找老师、不懂就问、积极发言……这些幼儿园就养成的习惯对他的影响最大。习惯虽说小，作用可不小，看似不起眼，却足以影响一生。

每个成功的人之所以成功，就在于不同于常人之处。而所谓的"不同之处"，就在于他们具有许多良好的习惯。习惯是一种强大的力量，它可以主宰人的一生，一切天性和诺言都不如习惯有力。好的习惯会使人生受益无穷。威廉·詹姆士说："播下一个行动，收获一种习惯；播下一种习惯，收获一种性格；播下一种性格，收获一种命运。"

在前进的道路上，如果自己不推着自己向前，还有谁能推着你向前走呢？所以，积极主动的习惯，就是助推自己实现个人愿景的助力器。"我昨天的作业没有完成，因为……"，"我迟到了，因为……"，"我不会，因为……"我们总是为自己找这样或那样的理由开脱，在借口或抱怨中消耗自己的人生。而人与动物最大的区别，正是人能建立积极主动的习惯，提升生活的品质。

"不好意思"的习惯，看起来微不足道，但也许已成为自己裹足不前的束缚。好习惯主要依赖于人的自我约束，而坏习惯却像杂草一样，到处生长，且"野火烧不尽"，而使杂草不再继续生长的根本方法，就是除掉它。

编 者 寄 语

突破是一个过程，首先经历心智的束缚，继而是行动的迷惑，最后才是收获的喜悦。许多人最大的弱点就是想在顷刻之间成就丰功伟业，这显然是不可能的。任何事情都是渐变的，只有持之以恒，每天改变一点点，才能有助于一个人最后达到成功。

优势与劣势，只差一个角度

心 灵 导 读

　　每个人都喜欢自己的优势，经营好自己的优势可以作为谋生的手段。但是你想过吗？实际可能恰恰相反，让你强大的可能是你的劣势。因为我们会高估别人的优势，而低估自己的劣势，所以我们会做好充分的准备工作，而对方会凭借自己的优势而疏忽大意，反而，最终取得胜利的会是我们。

　　2004年雅典奥运会，电视直播男子双人三米跳板的比赛。比赛从一开始，直到最后一跳之前，彭博/王克楠这对组合一直遥遥领先，比其他选手显然技高一筹。场外观众包括主持人，都认为，如果不出意外，我们这块金牌稳拿了。然而，谁知偏偏就出了意外，最后一跳中王克楠出现了惊人的失误，手脚一起扎入水中，裁判给这对中国组合打出了0分，这也是跳水历史上的首个0分。这种结果令体育专业人士目瞪口呆，也令观众大惑不解。甚至有人说，只要入水头朝下，就能拿到冠军。明明是到手的金牌，怎么就糊里糊涂地给送出去了呢？事后有媒体评论说，在占据优势的情况下，反而更容易失误。

　　从人类诞生直至今天，人类一直在逆境中不停地奋斗着，因而似乎生来就有一种善于在劣势中取胜的潜能，越是艰险的绝境，越是能发挥出超常的潜力和勇气，将困难踩在脚下。而处在顺境中时，很多人不知道究竟怎样做才能保持优势，往往会麻痹大意，以失败而告终。

　　从某种意义上讲，想在一个领域有所成就，就必须深入了解这个领域，取得相对的优势。没有优势一定不能成功，但是有优势也不一定就能成功。所以说无论有优势或是有劣势都不是你的错，但如果有了优势后，你开始不思进取，心态上放松要求，让优势开始变为劣势，就是你的错了。

一个电器修理工对各种电器配件、专业修理很在行。录音机不响了，修理工把它拆开，把新按钮换上，录音机又可以用了。电视机不出图像了，修理工查出是线路老化了，把烧坏的部分重新接好，又可以看了。后来，冰箱又坏了……总之，他家的电器虽然都破损过，但是经过他的修理，都可以继续使用，修理工对此很自豪。一天有朋友来他家串门："你家怎么还用21时的老电视，我家都用上液晶的了。"修理工到商场一看，才发现原来自己家用的电器早就停产了。于是他明白了：正是自己的手艺阻碍了自家电器的更新。

劣势常常给我们以提醒，而优势常常使我们忘乎所以，既然优势不能一劳永逸，那么"居安思危"才是正确的心态。

有一个现象同学们想必不陌生：很多老学者容易凭借以往的知识，固守于曾经的权威中，而不敢提出新观点。而年轻的学者由于经验少，反而敢于提出一些反权威的观点。我们熟知的牛顿的力学三大定律，几百年来被奉为物理学的经典定律。然而，当爱因斯坦的相对论提出后，力学三大定律轰然倒地。连物理专家也不得不承认，牛顿的定律只能存在于绝对理想的状态下，现实中根本不可能存在。那么我们也可以大胆地说，是不是几百年以后，会有一种新的理论挑战爱因斯坦的相对论呢？世界上有很多现象是我们没有认识到的，每隔几年知识就更新一次，你敢说你现在知道的一定都是正确的吗？

所谓的"优势"和"劣势"，都是相对的概念，想要永远保持优势，唯一的办法就是不断地学习。周恩来总理曾以"活到老，学到老"勉励自己，更是一语道破了保持优势的真谛。有个10岁的小男孩，在一次车祸中失去了自己的左臂。他拜日本一位著名的柔道大师为师。奇怪的是，几个月过去了，大师只教了小男孩一个动作，小男孩疑惑地问："师傅，我只用学这一个招数吗？"大师点点头："嗯，一个就够了。"于是，小男孩继续练了下去。后来小男孩跟着师傅参加比赛，没想到他轻轻松松地赢了前几局。随着比赛剩下的选手越来越少，小男孩的比赛也越来越吃力，但只要使出他唯一的那招，肯定能赢得比赛。最后，小男孩杀入了总决赛。决赛中的对手是个经验丰富的老选手，小男孩有些畏惧，然而大师用眼神告诉他，使出那招，小男孩立刻使出他的那招，于是制伏了对手，获得了冠军。因为，化解小男孩那唯一一招的办法就是，抓住他的左臂。

编 者 寄 语

盲人的眼睛虽然看不见，却很少受伤，反倒是眼睛好的人，动不动就跌跤或撞到东西，这都是自恃眼睛看得见而疏忽大意所致。盲人走路都小心翼翼，脚步稳重，全神贯注，这么稳重的走路方式是健康人所做不到的。一个人处于优势之中，不能消极地保住既得利益，而仍然需要保持进攻的姿态，需要全身心的投入，这样才能真正有效地保持优势，才能永远立于不败之地。

你们的距离并不遥远

心 灵 导 读

　　汪中求的《细节决定成败》一书中说："泰山不拒细壤，故能成其高；江海不择细流，故能就其深。所以，大礼不辞小让，细节决定成败。"很多人知道做大事需要全力以赴，但很少人知道做事也需要精益求精。想做大事的人很多，但愿意把小事做细的人很少；有雄才伟略的人很多，愿意精益求精的人很少。把握细节的人，才是人生赢家。

　　两对兄弟，一起到大城市寻求发展，但他们一无文凭，二无特长，很久都没有找到工作。过了一段时间，他们都选择了卖早点。卖早点属于小本经营，不需要多大手艺，负担也不大。他们在一个市场，摊位隔得不远。几年下来，他们却有了天壤之别。一对兄弟在城里买房买车，并开了更大的餐馆，年获利几十万元；另一对兄弟实在经营不下去，回老家去了。世界上存在奇迹吗？答案是肯定的。许多人想在顷刻之间成就丰功伟业，显然是不可能的，任何事情都要经历从量变到质变的过程。还是那两对兄弟：成功兄弟每天都早到半个小时，他们买新的材料，以保证食物的新鲜，而且不论多累，做饼的面一定前一天晚上发6个小时，第二天早晨起来再揉上两小时，这样做出来的饼更松软一些。失败的兄弟认为没关系，今天卖不动，反正还有明天，东西没那么容易坏的。成功兄弟每天都把桌椅擦得很干净，每天收摊后仔细地清洗碗筷，做饭时带上卫生手套，尽量让人吃得干干净净。失败的兄弟认为没必要弄那么干净，差不多就行了。成功兄弟的摊位规规矩矩，价格明确标出，让人一目了然；失败的兄弟每天把东西一堆，爱怎样就怎样。说实话，两对兄弟做出的东西口感相差不多，但时间一长，一个在城里站稳了脚跟，另一个则回了乡下。

　　天下事情莫不如此。一个高考状元在谈起自己的学习习惯时曾说，我习惯到家后先写完作业，之后再玩。我从小学一年级开始就有这个习惯，因为那个时候自己写得慢，老担心写不完，所以到家第一件事就是写作业，慢慢养成了习惯。而我的同学们，喜欢先玩，玩得筋疲力尽，等到临睡觉前再赶作业，玩的时候总担心作业没写完，时间也耽误了，玩也没玩好，最后赶时间写作业，精神不济，作业写得也潦草、马虎。假期作业也是，我习惯每天按计划完成，但是同学们习惯快开学了赶作业，所以很多作业完成得不尽如人意。可想而知，这么一个小小的习惯，对未来的学习产生了多大的影响。说起来有些乏味，但成败之间，真的只差1%。如今，想轰轰烈烈干一番大事业的人很多，但愿意把小事做细的人很少；侃侃而谈的空想家很多，精益求精的执行者很少。

　　生活中的细节，虽然小得常常被人们忽视，有时候却能反映大的真实。安格鲁是一位著名的雕塑家。一个经常拜访他的参观者奇怪地发现，很长一段时间雕塑家一直忙于同一雕塑的创作，对此雕塑家这样解释："我在这些地方润润色，使面部表情更柔和，全身显得更有力度。"参观者不解："但这些都是琐碎之处，不大引人注目啊？"雕塑家笑道："要知道，正是这些细小之处使整个作品趋于完美，而让一件作品完美的细小之处，可不是一件小事情啊！那些成就非凡的大家总是于细微之处用心、于细微之处着力，这样日积月累，才能渐入佳境，出神入化。"

　　日本丰田汽车，在世界上销量第一，原因是它比同类汽车的密封系数高1%，省油1%，噪音少1%；可口可乐，只有1%的配方是独特的，这个1%使它成了全球饮料市场的老大；而运动员由于0.01秒之差而分出冠亚军，也早已不是新闻。微小的1%，划出了成功与失败。

　　进入太空第一人加加林，在选拔飞行员时因为脱鞋进飞行仓这一个细小的动作，获得了宇航局的认可，为自己赢得"一步登天"的机遇。成功者的统一特征就是能做小事，"勿以善小而不为"，只有注意细节，才会获得更多的机会。成功靠什么？从某种意义上来说，就是靠那些微乎其微的细节。无论你想做多么伟大的事业，无论你有多么远大的理想，你都要"千里之行，始于足下"，注重每一个细节，认真负责，这些点滴的付出，终有一天会"汇集成海"，成为巨大的成就。

　　成功很大程度上取决于做事方式，而做事方式又与做事态度有关。有些人总觉得字写得乱一点，数字计算错了一个小数点，问题并不严重，细节可忽略不计。其实，能取得出色成绩的人，都是那些不放过任何细节的人。一件平常小事很容易做完，但做完和做好却又有区别，见点知面，可以预见他的人生成败。

编 者 寄 语

　　每个人面对未知的生活时，都会感叹它随时会有变化。是的，明天的事情的确难以预测，但把握住细节，就可以让人收获成功的果实。成功与失败，真的不是相差很远，小小的1%，近在咫尺，看得见，摸得到。不过，这1%却是精华所在的1%。

梦想需要自助

> 没有太阳，我们有月亮；没有月亮，我们有星星；如果连星星都没有，我们还有火；甚至连火都没有了，我们依然可以前行；因为我们心里装着灯。心中有光明的人，全世界的黑暗也奈何不了他。

已故著名儿童故事教育家孙敬修讲过一个故事：一个怯懦的男孩总是被大孩子欺负，他的爸爸虽然可以帮他，但毕竟不能随时随地陪着他。于是，爸爸为了鼓励他，就送给他一个小小的魔力"狮子头"。爸爸告诉男孩："孩子，我这儿有个宝贝，这个狮子头是有魔力的，只要随身带在身上，就可以增加你的力量。"于是，孩子每天都高兴地把"狮子头"带在身上，当有人欺负他时，他开始不再像以前那样怯懦，而是勇敢地自我保护。随着男孩一天天长大，他已经成为一个勇敢的少年，这时爸爸才告诉他，其实"狮子头"根本没有什么魔力，真正的魔力是在男孩心中。爸爸送给男孩一个叫"希望"的东西，倘若没有"希望"给予男孩力量，他或许还是一个懦弱的孩子，或许早已被各种磨难所击倒。"希望"虽然无色无味，却是一种神奇的力量。

"希望"是自己萎靡不振或者感觉前途渺茫时，鼓励自己振作起来的信念。当我们对未来的命运无法知晓时，心中怀有希望是不可或缺的。小时候写作文，总爱用"时间像奔腾的流水一去不复返"，如今真的尝到了时间如流水的滋味。刚毕业的时候，也对未来充满希望，可是随着接触社会的时间增多，人就变得现实许多，一天比一天感到希望渺茫，心有余而力不足。真的感到，没有希望的生活，只能是碌碌无为。

涉世不深的年轻人，经常心里满怀希望；到了中年，年少时的希望碰壁了，对希望不再有过高的奢求；到了老年，还能有"老骥伏枥，志在千里"想法的人，更是少之又少，此时的希望，仿佛"秋后的蚂蚱"，一天不如一天了。其实，人的一生中肯定要经过一段黑暗，但心里点着灯，就会大有不同。因为全世界的黑暗也不能使一根小蜡烛失去光辉。希望的力量是摧毁不了的。

有了希望，还要和行动结合起来，希望才会发生作用，实现希望需要我们自助。春天里，我们播种"希望"；"希望"在夏天成长；秋天，"希望"化为果实；于是我们冬天里可以尽情地享用果实，并在雪被下默默地孕育新的"希望"。播种不会立即结出果实，但没有今日的努力，何来明日的成功？

有个年轻人，梦想着有一天能够周游列国。每天他都在想，该带多少盘缠来周游列国，什么时候出发最合适，去哪些地方更好……他也时常与好友说起自己的梦想，终于好友被他说动了，两人决定一起周游。好友等啊等啊，每次碰到他的时候都要问他，什么时候可以出发？他不是说，还没到时候，过两天就出发。就是说，自己身上的盘缠不够，怕路上不够花。很多年过去了，年轻人变成了中年人，而这时，他的好友已经风尘仆仆地周游列国回来了。他惊奇地问好友："你带了多少盘缠？"好友说："没带多少，如果发现钱不够了，就先做工，把钱挣出来再继续走。"

如何才能成为白宫的女主人？1992年，希拉里·克林顿的选择是：嫁给一位美国总统；2007年，她的答案是：让自己成为美国总统。她竞选美国总统的举动让全世界目瞪口呆，相信她在离开白宫的那天起，就已经暗下决心，一定要重返白宫。

当年，她因为丈夫的绯闻所遭遇的尴尬，不亚于撒切尔夫人在人民大会堂那举世瞩目的一摔。应该也是从那天起，希拉里·克林顿明白了"make a wish"必须"do it yourself"，懂得希望自助的女人自然不容小觑。

有了希望，我们必须改变自己的心态，要尽快把希望付诸行动。既然你无法决定生命的长度，就应拓展生命的宽度。无须问天，无须问地，无须问任何人，人生的许多内涵和外延是终其一生也无法言喻，无法解答的。

人来到这个世界，失落了，重新编织理想的经纬。跌倒了，毅然爬起来，不仅要爬起来，还要重新鼓起前进的风帆。因为人不是为了痛苦而活着，而是为了欢乐，为了理想，为了希望而活着。

山一程，水一程，年轻的我们难免会迷茫，但有了梦想和坚定的脚步，我们的人生之路便有了方向。也许最初的梦想会微不足道，但事实上，所有伟大的成功，都源于小小的梦想，然后推着梦想一点点走得更远。

梦想是生活的意义。没有梦想的人，会过着浑浑噩噩的日子，宛如一具行尸走肉，即使最温暖的阳光，也难以照进他的心房。

编 者 寄 语

梦想需要被肯定。有时候，我们的梦想常常被打压，我们也在打压别人的梦想。当我们或朋友身体涌动各种想法的时候，最开始收到的往往是嘲笑，是对梦想的不尊重，导致梦想的夭折。我们对梦想，实则要点赞，要推动，才能让想法从雏形到成型。脑中有梦，脚下有路，心中有灯的人，哪怕前方悬崖万丈、冰天雪地，也有迈开腿走下去的决心，也只有这样，才能梦想成真。

第 六 章

反思促人成长，
自信成就梦想

　　乐嘉老师曾经说过一句话，对我触动很大，
"一个人在其一生当中，要不断地反省自己的缺点，
才能够不断地进步"。在曾经的错误和反思中改进自
己，这样的进步应该是最迅速的。在机遇到来之前，
摘除自己"不好意思"的性格缺点，培养自己的果敢
担当，一旦机会来临，才能及时把握。

换个角度看问题，也许有意外收获

心 灵 导 读

一位著名影星说：我演的最好的电影，是下一部。对自己高标准严要求、让业务精益求精固然没有错，但是这种事情真的没必要太勉强自己，一味地拿自己的缺点和别人的长处做比较，反而会给自己增加心理压力，越来越自卑，当然就越来越不好意思。你以为你在"光明大道"上前进，但也许你已经忘记了为什么出发，忘记了自己的进步，只看到了自己的缺点，感觉别人"一骑绝尘"，领先你十万八千里。

一味地用别人的优点与自己的缺点进行比较，是一件很累的事情，也许你能忍受，但越来越不自信，越来越"不好意思"，最终就会让自己垮掉。只看到自己的缺点，最终打垮的将是你自己。《西游记》也有历史性错误，《红楼梦》也有无病呻吟的句子，但这并不影响它的美，也不妨碍作者把它呈现给读者们。

有一个人，他坐在一棵树下等待自己想要的幸福，一天快乐从他身边走过，但在他的害羞之中，快乐走了。接下来是微笑，再后面是爱，一个接着一个从他身边走过。直到有一天他见到了上帝，他对上帝说："您对我不公平，为什么不给我幸福？"上帝说："我已经给了你，可是因为你害羞，所以失去了。"

有的时候，思想和情绪会左右人的行动。当你沮丧的时候，考虑事情往往都很悲观，所以，做起事情来，就会不由自主地朝着失败的道路走下去；而当你开心的时候，考虑事情往往都很乐观，做起事来也会很积极努力，往往事情会变得越来越好。

《快乐大本营》的主持人吴昕很多人都认识，但她的从艺经历始终伴随着褒贬不一的质疑声。有人说她长得不好看，主持没有特色，站在舞台上很尴尬，甚至还有让她"下台"的呼声。从2006年加入《快乐大本营》，直到2018年退出，12年来，她仿佛舞台上的背景板，一直是个"多余"的存在。有人说，这样挺好，低调踏实，不争不抢，但谁愿意一辈子默默无闻呢？吴昕说，那段时间她被骂的没了自信，也非常痛苦。除了录制《快乐大本营》，其他的时间基本都自己一个人宅在家里。一个娱乐圈资深评论家甚至直言不讳地对她说，"你各方面都不突出，没有才艺，没有颜值，没有身材。"评论家的话让本来就战战兢兢的吴昕，变得更加脆弱和敏感。然而12年的绿叶生涯，也让吴昕磨炼出"以不变应万变"的本领，有了这个坚强的"后盾"，她放开自我，从湖南卫视辞职，去体验不一样的生活。吴昕成立了自己的个人工作室，主持多档脱口秀节目，出色的表现也让网友们相当的叹服。同时，她还自己开餐厅，如今已有了八家连锁店，创立小象品牌，拍摄时尚的街拍，她的优秀已经毋庸多言。那个曾经像你一样"不好意思"的女孩，终于实现了自己的蜕变。

别和往事过不去，过去的就让它随风飘逝，生活本就是酸甜苦辣。人生难免出现不如意，那些令你"不好意思"的事情，从另一个角度看，会发现它有别样的美丽。与其不好意思，不如换一种角度，给自己一次重新审视自己的机会，结果并不重要，重要的是，在换一种角度思考的过程中，你会更多、更深的挖掘自己——如是，人生才会变得厚重和精彩。

一个人，人生是顺还是不顺，其实全在看问题的角度。人生有很多"尽管"，可也有很多"但是"。尽管旧的手机丢了，但是可以换新的手机啊；尽管我这次没考好，但是可以下次好好考啊；尽管今天的约会取消了，但是可以出去逛街啊；尽管这份工作丢了，但是可以找更好的工作啊；尽管岁月无法倒流，但是我们可以扫尽生命旅程中许许多多的遗憾，让生活变得更加快乐啊。"尽管"是人生最大的骗局，千万不要让它占据更多的人生空间。"尽管"越多，你的遗憾、后悔、无奈也就越多，不妨用"但是"击破"尽管"，生活的乐趣会让你忘记了曾经还想过"尽管"。

编 者 寄 语

　　其实生活有许许多多不同的角度，当我们被某种固定的框架弄得不好意思，压得喘不过气时，试着换一个角度。生活是我们自己的，只要我们以一个美丽的角度去看它，它就美丽。生活的精彩与否并非天定，而是完全取决于我们。要永远记得：上帝在向你关上一扇门时，一定会给你打开另一扇窗。

人，不要活得太敏感

心 灵 导 读

　　生活告诉我们，不敏感或不太敏感也许会比较安全。也许，敏感不会伤害到别人，但是最先伤害的，往往正是自己。人生在世，万不可使某一种心态沿着一个固定方向发展到极端，而应在发展过程中充分认识，冷静判断各种可能发生的事情，"人，不要活得太敏感"，是给自己留下足够的回旋余地。

　　《红楼梦》中有一回，周瑞家的奉命给大观园里的女孩子们送花，她先把花送给了迎春、探春、惜春等人，最后才送给林黛玉，林黛玉冷冷地说："我就知道别人不挑剩下的也不给我。"周瑞家的按照先主后宾的顺序送花，本没有什么错，可林黛玉这么一说，不免让周围的人下不来台。即便周瑞家的真的做错了什么，林大小姐就唯独缺这两朵花吗？不要了又能怎样？性格如此敏感，自然会在大观园里，每天都过着"一年三百六十日，风刀霜剑严相逼"的日子了。

　　悲观者看到的是玫瑰花下的小刺，而敏感的人好像生活在玫瑰园里，无时无刻不小心翼翼地欣赏着每一朵花。生性敏感的人，注定比其他人活得都累。同学们窃窃私语，兴许说的只是好玩的事情，你偏要觉得他们在针对你，只能给自己增添烦恼。想过得快乐点，开心点，就不要太敏感，也不要想得太多。

　　在感情方面，敏感的人可能脆弱到不堪一击的地步，可能因为朋友一句无心的玩笑而联想到自己身份的卑微，进而联想到自己可能没法跟对方做朋友，最终选择离开对方。因为敏感的人不能容忍朋友任何一句无意却伤害了自己的话，甚至不能容忍朋友平平淡淡的敷衍。

如果一个人的性格过于敏感，那么他将非常容易被自己的情绪所影响，内心充满不安的他，很久都走不出这种困扰。因为性格敏感，他的情绪感知将比别人更加深刻。同样一件事，性格不敏感的人可能已经忘记了，或者早已不受困扰，而性格敏感的人，心头始终笼罩着一块阴霾，未来很多事情，都将受到自己的情绪影响。

2004年，马加爵杀人案震惊了整个中国，因为打牌不和，马加爵连杀4名舍友，更令人吃惊的是，他还差点杀害第5名同学。究其根源，马加爵的问题在于他的病态心理，他始终活在自己的世界里，对所有的外人都有着"精神洁癖"，性格过于敏感多疑的他，容不得半点质疑，也接受不了一点儿背叛。

他与警察的对话让人印象深刻。在审讯中，警察问他："你为什么杀人？"马加爵说："我觉得自己太失败了。""你为什么觉得自己失败呢？""我觉得他们看不起我。""怎么会有这种感觉？""他们老在背后说我。""他们都说了些什么？""他们都说我很怪，把我的一些生活习惯、生活方式甚至是一些隐私都说给别人听，让我感觉完全是暴露在别人眼里，别人都在嘲笑我。"警察又问："你觉得他们为什么会这样说你？""可能是因为我穷。""还有呢？""还有，以前我很想和他们融合在一起，我试着说一些笑话，但每次都招来他们的嘲笑。"这场凶杀案件中，事后马加爵被媒体渲染为"相貌凶险，肌肉发达"，其实马加爵是典型的敏感、狭隘，由量变到最后爆发的人。男孩之间互相开玩笑，骂两句甚至动起手来，都是常见的事，年轻人火气大嘛，粗心的男孩子事后也就忘了，谁还会计较曾经说过的什么话呢？又何必多心把它们记住呢？

只要我们生活在这个世界，任何一根伸出的触须都有可能触到痛苦和不幸。新事物的产生，旧事物的灭亡都会给敏感的人以迷惑和留恋。第一个觉察到事物变化的人总是无法摆脱那种茫然失措的恐慌感，敏感使他成为一个先驱者。这个世界又是破坏敏感的。有一个敏感的灵魂的人总是最先受到伤害。一个性格敏感的人，一点点鸡毛蒜皮的小事就会让他们深陷泥潭，他们会胡思乱想出各种可能，但结果却无异于自找烦恼、庸人自扰，想得越多，伤害也就越大。敏感的人可以多培养一些兴趣爱好，把闲暇时间填满，把注意力转移，一个又忙又美的人，乐在其中，自然不会再敏感了。

敏感的人，通常有些消极的负能量，社交时要选择积极阳光的人，通过耳濡目染，性格会在潜移默化中受到影响，仿佛一个把你拉出泥潭的大手，帮你解开心结，慢慢地，你也会变得阳光自信。自信的人，对鸡毛蒜皮的小事是自动屏蔽的。

编 者 寄 语

范仲淹在《岳阳楼记》中写道："不以物喜，不以己悲，"这种境界太高，大多数人难以达到这样的境界。但性格敏感的人通过努力，可以慢慢培养出淡薄的心态，不卑不亢，沉着应对，从容自信，小事不猜疑，大事不生气，最终让心胸变得宽广，平和。

自我反省，明天会更好

心灵导读

我们期待"明天会更好"，我们希望"今天比昨天更完美"，但我们如何让明天过得更好？如果我们没有勇气回顾今天的得与失，让今天成为明天的"前车之鉴"，那么明天无疑只能重蹈今天的覆辙。

有人说：只要是金子，总会发光的。但是不要忘记，金子也是经过岁月的磨炼和严酷的拷打才最终成为金子的。法国牧师纳德·兰塞姆去世后，人们将他的感悟刻在墓碑上："如果时光能够倒流，这世界上有一半的人可以成为伟人"。而一位智者在凭吊之后，有感而发："如果一个人能够早日对自己反省，不要等到年纪衰老，而是在年轻时候就开始反省，那么有一半人将有了不起的建树。"

夏朝的时候，有一个诸侯有扈氏起兵叛乱，夏禹派他的儿子伯启带兵迎战，结果伯启吃了一个大败仗。他的部下纷纷表示不服气，要求带兵再次进攻。但是伯启却沉思了很久，才说："算了，我们的地方比他大，兵比他多，武器比他强，但我们却被他打败了，这其中一定有原因。也许是带兵方法不对，也许是我的德行不如他。我先找出我自己的问题，努力改正过来。"从那天起，伯启每日三省其身，粗茶淡饭，日日研读，关心百姓，任用一批有德行、有才干的人。就这样几年过去了，伯启的军队军纪严明，有扈氏知道了，非但没敢再来挑衅，反而主动缴械投降。

自省是对心灵镜鉴的拂拭，是对精神的洗涤。经常反省的人，清静如水，皎洁如月，他们没有妄自尊大、唯我独尊的心态。没有人是十全十美的，自省可以找到自身的不足，从而不断改进，日臻完善。同时，现在这个社会诱惑太多，容易干扰我们前进的方向，及时自省，可以在自己偏离人生方向的时候，及时把自己调整回来。很多人抱怨没有目标，整日浑浑噩噩，碌碌无为，这都与自己没有及时反思有关系。

唐太宗李世民说："以铜为镜，可以正衣冠；以古为镜，可以知兴替；以人为镜，可以明得失。"但如果不能做到自省，那么即使有一万面铜镜摆在面前，也视若无睹，何谈正衣冠、知兴替、明得失呢？作为一个普通人，要想使自己有所发展，就要及时调整自己的方向，然后将自己定位在想要达到的目标，才能真的让自己变得有价值。所以，很有必要把反省当成每日的必修课。反省自己能做到什么？反省自己每天做了什么？比昨天有没有进步？是否虚度了光阴？

一个人只有具备了自省的能力，才算是一个精神健全的人。就像一个人的肢体假如健康正常的话，也必定会具备吐故纳新的功能一样。例如，有的人肺部感染后并不自知，检查身体时，医生告诉他曾患过肺病，已经自愈，机体通过自身调节抵御了病毒，这是日常生活中司空见惯的事。自省正是与此有同等意义的精神上的自我调节功能。

自省是现实的，是人格上的自我认识、调节和完善。它追求的是健康积极的情感、坚强的意志和成熟的个性。它要求消除自卑、自满、自私及愤怒等消极情绪，增强自尊、自信、自主和自强，培养良好的心理品质。自我检查对每个人来说都是严峻的。

要做到真正认识自己，客观而中肯地评价自己，常常比正确地认识和评价别人困难得多。能够自省的人，是大智大勇的人。

平心静气地对待他人，对外界事物进行客观的分析评判，这不难做到。但当这把天平伸向自己的时候，就未必能心平气和、不偏不倚了。然而，自省是自我超越的根本前提。要超越现实的自己，必须首先坦白诚实地面对自己，对自身的优缺点有个正确的认识。在成长的路上，成功者无不需要几番挣扎。挣扎的过程，也就是自我反省、自我提高的过程。对自己的认识越准确、越深刻，取得成功的可能性就越大。就像《化身博士》里的博士一样，每个人的精神世界里，都存在着矛盾两面：善与恶，好与坏。你将成为怎样的人，外因当然起作用，外因固然起作用，但你对自己不断反思，却起到决定性作用。

每个人都有巨大的潜能，每个人都有自己独特的个性和长处，每个人都可以通过自省发挥自己的优点，通过不懈的努力去争取成功。认识自我，是每个人自信的基础与依据。即使你处境不利，遇事不顺，但只要你的潜能和独特的个性依然存在，你就可以坚信：我能行，我能成功。

编 者 寄 语

反省自己的行为，自己就成了自己最好的朋友。哪一件应该做的事情没有完成？哪一件事情本该做得更好？生活中最大的快乐来自尚未发现的快乐，来自于做任何事情能够最大限度地发挥自己的能力。明天的成就将会超过今天的作为。改进永远来自于检查与反思。每个人都应该一天比一天明智。

别让磨刀误了砍柴工

心灵导读

　　青春就是一匹良马，虽然未经驯养，但它本身就有力量；就像貂蝉不必等到妆容化好后才出来示人，即使没化妆，平常女子也要逊色三分；机会本身就是一把刀，虽然鲁莽粗糙，但它本身就有锋芒。

　　你知道香蕉从南方运到北方，什么时候开始启程吗？那次笔者到海南旅游，正赶上果农收香蕉，看到他们将一串串还青着的香蕉放到筐里，准备交给运输商送走。我好奇地问："这香蕉还没熟呢，怎么就急着摘了？"果农说："香蕉熟透就经不起路上的折腾了，还没到北方就坏了，香蕉在路上熟了，到了地方吃到肚子里正合适。"你知道加温到多少度，是葡萄酒保持香醇的最佳温度吗？葡萄酒酿成后很容易变酸，因为有细菌在"作祟"，如何消灭细菌呢？法国生物学家巴斯德经过多次试验，终于发现了其中的奥秘。加温到100度，细菌倒是完全消灭了，可是葡萄酒特有的香醇也消失了。加温到55度，既能保持葡萄酒的香醇，又能消灭其中的细菌，是两者平衡的最佳温度。巴斯德说："许多事物不需要全部沸腾。"

　　世界电影之父斯皮尔伯格刚刚才拿到大学文凭，他揣着一张中学文凭，就拍摄出一部部经典影片，如《大白鲨》《辛德勒的名单》《拯救大兵瑞恩》等。让人啼笑皆非的是，在他满头银发补习本科课程时，很多案例恰恰是他自己的作品。

　　比尔·盖茨跟他的同学说："我们辍学吧，一起去研究计算机。"要知道能进入哈佛大学读书是多么荣耀的一件事，他的同学十分惊讶："你疯了吗？哈佛大学的文凭不要了？"可是结果呢？他的同学辛辛苦苦地拿到文凭，却只是获得了为比尔·盖茨打工的机会。

　　行动与充分的准备其实是组相悖的概念，准备得过于充分却迟迟不付诸行动，只会浪费时间，循环往复周而复始的计划，最终让机会流失。我们要有摸着石头过河的勇气，因为"磨刀也误砍柴工"，不必等到时机成熟、万事俱备才开始行动，符合一定条件就可以开始行动了，在行动中根据暴露的问题，随时完善、调整，推动事情向前发展。越是不尝试，就越不知所措，压力也就越大，最终一无所获。行动是缓解压力、推动事情往前走的一剂良药，即使慢也不要紧，只要能前进就好，只要往前走，就永远比原地踏步要强。如果等到所有的条件成熟时再去行动，那么这个等的时间可能遥遥无期。

　　在一场国际辩论会上，不同国家的学生在一起阐释观点，表明立场，如果遇到观点冲突，还要通过辩论和妥协，最终达成一致。而"不好意思"的中国学生却落了下风。"我们的学生总是不好意思，怕丢面子，所以准备时间特别长，恨不得把每个词都写下来。"一个老师总结，"但是辩论会瞬息万变，越是想准备好，越容易错失机会。"相比而言，不受面子所困的欧美学生没有这么多想法，他们只管表达自己的想法，至于别人怎么看，他们并不在意。

　　我们不能否认，万事俱备固然是理想状态，等到所有条件都完备，肯定会让我们把事情做得更加完美，更加出色。但是，切莫忘记，好多事情往往有时间限制，特别是现在这个瞬息万变的时代，动作稍慢，机会就会稍纵即逝。

著名作家严歌苓在《芳华》中这样写道："逝去的日子，从不需要想起，也从来不会忘记。"光阴如斯，青春难再。不能等到青春逝去，我们回首往事，懊悔不迭。无愧青春，无愧时光，就抓紧现在。青春的花季只盛开一次，青春是最宝贵也是最短暂的时期。正如文豪莎士比亚所说："青春时代是一个短暂的美梦，当你醒来时，它早已消失得无影无踪了。"每当睁张开眼睛醒来，就证明青春已经流逝了一天。面对稍纵易逝的青春，我们要思考"我的青春该怎样度过？"春天不播种，夏天就不生长，秋天就不能收获，冬天就不能品尝。希望每个人都能趁着青春，播种一种勤奋的习惯，一种自律的习惯，一份担当的勇气，一份坚毅的决心，积蓄更多的能量，照亮未来的前程。

编 者 寄 语

香蕉可以在路上成熟，所以我们可以趁早打包出发；葡萄酒不必等到沸腾，所以我们可以新鲜出炉。所以，你要做的就是放下面子，朝着目标披荆斩棘，勇往直前，立刻，马上，现在。

别让心灵染上"流感"

心 灵 导 读

"心灵感冒"就像感冒一样，病态心理往往在心理防线最脆弱的时候乘虚而入，如果任由其发展，可能会影响到人生。而保持健康心理最好的办法就是转变心态，把心态调整到最佳状态。

国王提供了一份奖金，希望有人能画出最平静的画，许多画家都来尝试。国王看完所有的画，他只喜欢其中的两幅。

一幅画是一个平静的湖，湖面如镜，倒映出周围的群山，上面点缀着如絮的白云。但凡看到此画的人都同意这是描绘平静的最佳图画。

另一幅也有山，但都是崎岖和光秃的山，上面是愤怒的天空，下着大雨，雷电交加。山边翻腾着一道涌起泡沫的瀑布，看来一点儿都不平静。但当国王靠近一看时，他看见瀑布后面有一细小的树丛，其中有雌鸟筑成的巢。在那里，在怒奔的水流中间，雌鸟坐在它的巢里——完全的平静。

国王选择了后者，这份奖金给了后一幅画的画家。

保持心态的平静，看似简单，实则难于登天。也不知从哪一天开始，"烦躁""无聊""负能量"开始成为人们的口头禅，"愈堕落愈快乐"成为最无遮拦的时代宣言。在不知不觉中，我们的心灵也染上了"流感"：楼房让我们习惯了封闭；空调让我们淡忘了四季；农作物保鲜大棚让我们忘却了食物的可贵；手机让我们阻碍了沟通；世态炎凉让我们学会了冷漠。

有个自负的学生参加考试。试卷拿到手里，他看到试卷卷头写着"请通读试卷后再答题。"他浏览了一下试卷，是100道选择题，题目不难，以他的水平40分钟就可以搞定。他自信满满地开始答卷，然而过了两分钟，有同学交卷了，而且是笑容满面地走出考场，这个学生暗自嘲笑："肯定是不会做了，交白卷了。"再过了5分钟，又有七八个人交卷了，这个学生开始犯嘀咕："难道他们都交白卷吗？算了，我还是赶紧答吧。"

20分钟过去了，考场内只剩他自己了，紧张不安的他只得加快了答题速度。"唉，就快答完了。"已经答完了80道题，聪明

的他长叹一口气，岂料，他赫然发现，卷尾最后一行写着"本次试卷无须答题，写名字交卷即可，答一道题扣一分。"这个学生不禁痛恨自己的急躁，如果一开始通读试卷，就不会犯这样的错误了。

你过去的人生经历中，是否也发生过类似的事情？自以为是，狂妄浮躁。青春期的我们有想法，有态度，但也有难以控制脾气，做事没有耐心，见异思迁，轻率浮躁等特点。但前辈的经验告诉我们，面对人生抉择时，如果能沉下心思，了解全盘状况，那么你的人生赢的概率会增加很多。

浮躁是社会上比较普遍的一种病态心理。它通常是指轻浮、轻率、急躁，做事无恒心，见异思迁，不安分，总想投机取巧，每天无所事事，容易发脾气等。

感冒大家都得过，一般感冒的时候，也是身体最虚弱的时候，病毒会乘虚而入，而身体不好的人也更容易患感冒，治感冒没有什么特效药，最好的防御办法就是加强体质和平时注意卫生。感冒这病说小也小，说大也大，轻则无大碍伤人害己，重则置人于死地，因为不注意治疗，还会引发气管炎、肺炎、肺癌等疾病。"心灵感冒"也是如此，所以我们要及时地治愈"感冒"，平时也要调节身体，防范"心灵病毒"乘虚而入。

人的一生，得失都无法避免。茉莉淡雅清香，但艳丽不足；牡丹雍容华贵，却又稍逊馨香。诗人说："梅须逊雪三分白，雪却输梅一段香。"自然界尚且如此，那么复杂的人类呢？每个人都应当拥有一份平常心，只有心态平和，才能拥有理智与冷静。得失成败也许只在转念之间，又何必苦苦寻觅，斤斤计较？不如拥有一颗平常心吧。

著名演员陈坤有一次录制《艺术人生》，当主持人问起他多年来是如何低调行事，但又在娱乐圈始终保持关注度的，陈坤一字一顿地说："一个人引起别人注意，不是伸长脖子，瞪大眼睛，张大嘴巴，吸引别人的注意，而我想做一个坐在人堆里，不说一句话，别人也能注意到你的人。"不说一句话，坐在那里就能引起别人的注意，那就是平静的力量。平静不是乏味无趣，不是空洞木然，更不是苍白无力，而是丰富内心的秩序井然。

如果你真的是一个渴望走向卓越的人，那么，你就无须在乎任何人的妒忌或贬低，也无须刻意向别人证明什么，因为在生命的岁月里，你有的是机会展露自己的才华。有本领的人，并不是那些在押注或摸奖中博得头彩的人，而是那些不靠运气，靠实力和智慧，渐渐让自己的才华和能力大放异彩的人，是那些以自己的业绩，而不是以吹嘘来展示自己人生价值的人。

编 者 寄 语

生活中，每个人都有苦恼与悲伤，既然要走下去，那就必须以一颗平和的心来对待所发生的一切。一时的悲伤、无助、颓废、怯懦是可以的，但不能让这些占据你太多的时间。面对打击，每个人都会有情绪波动的一段时期，而在这段时期之后，你选择了什么？这才是关键的关键。反思自己，检讨自己，并以一颗积极、快乐的心去思变，且付诸行动，这才是处于失败中的人擦干眼泪后应该做的。

结束语

也许曾经的你，是个懂事的孩子，总是在顾忌别人的感受。但希望你看过此书后，从今天开始，先顾及自己的感受，再考虑别人的感受。

因为，一个能把你置于两难境地的人，又有什么不好意思拒绝的呢？友情这件事不能勉强，不考虑你感受的人，也不必考虑他的感受。不把你当朋友的人，也不必殚心竭虑地跟他做朋友。

懂得拒绝，就从今天开始。我知道你会害怕，会说不清楚，没关系，你可以慢一点说，保证字词的清楚，重要的是表明你的诉求，你可以让步，但要让对方知道这样就欠了你人情。勇气这东西，需要一点点的培养和塑造。

未来，不让自己为难，也别让别人为难。先做好自己，再帮助别人。尽量不麻烦别人，也避免让别人麻烦自己。用一颗坦荡的心面对未来，不做一个违心的人，不勉强自己，不假装喜欢。

愿你随心一点，率性而为。

是以，本书的初衷。

少年励志经典

运气是努力的附属品，
你必须很努力，才能遇上好运气

愿你历尽千帆

张芳 / 主编

松鼠格格 / 本册编写

东北师范大学出版社

NORTHEAST NORMAL UNIVERSITY PRESS

长春

青春寄语

　　1915 年 11 月，爱因斯坦提出广义相对论引力方程的完整形式。1916 年，他与格罗斯曼合作的论文《广义相对论纲要和引力理论》正式发表，举世皆惊。可是，在这之前，爱因斯坦和你并无两样！

　　1900 年大学毕业之后，爱因斯坦面临着一个大学毕业生的典型生活状态：求职、租房、上班、交友、兼职。毕业成绩一般，留校当助教是不可能了，寄到德国和意大利的求职信也无佳音。因为他递交的论文质量平平，申请博士学位也没成功。美国国家档案馆至今还留存有爱因斯坦 1901 年写给瑞士伯尔尼州工程学院的申请函，自荐为该校物理讲师，未遂。运气不好的爱因斯坦在苏黎世附近的温特图尔和沙夫豪森做学校临时工和家教赚钱，与女朋友一起过着穷困的日子。后来，爱因斯坦在瑞士联邦专利局谋得试用工的职位，总算有了养家糊口的工作。在瑞士伯尔尼克拉姆大街 49 号三楼，爱因斯坦租住了一间 40 平方米的 1 室 1 厅，一住就是两年半。他业余时间研究物理，与同学、好友共同组成了一个物理学爱好者圈子。下班后，他们常常聊研究到深夜。此外，他还会与朋友排练室内音乐，放松心情。1905 年，26 岁的爱因斯坦迎来奇迹年，发表了数篇重要的学术论文。直到 1909 年 9 月他被请去奥地利萨尔茨堡演讲，才第一次在国际学术界亮相。1909 年 10 月，他受聘担任苏黎世大学理论物理学副教授，从此蜚声科学界。即使像爱因斯坦这样的成功者，也曾在青年时代遭遇跟我们年轻人同样的求职、租房、交友等问题。而爱因斯坦之所以成为璀璨的明星，在于他从未放弃对物理学的热爱，始终坚强乐观地追求理想，坚持自我创造，活出真实的个性，不忘初心，积极向上。

　　时代正在飞速发展，但是一个人在社会上的定位与自我实现却跟 100 年前并无二致。只是我们面临的诱惑和选择更多，更容易迷失自我。人的一生是一场限时的旅程，如何在有限的时间里最大化地发展自我，成就人生的价值，是每个年轻人必须面临的人生课题。希望正值青春的你能够尽早设定高尚的人生目标，树立正确的人生观、价值观，始终坚持正义、勇气、忍耐、努力、诚实、谦虚、善良，这些美好的品质将帮助你克服奋斗过程中的艰难，最终活成自己想要的模样。

名人名言

我曾经七次鄙视自己的灵魂

第一次，当它本可进取时，却故作谦卑；

第二次，当它在空虚时，用爱欲来填充；

第三次，在困难和容易之间，它选择了容易；

第四次，它犯了错，却借由别人也会犯错来宽慰自己；

第五次，它自由软弱，却把它认为是生命的坚韧；

第六次，当它鄙夷一张丑恶的嘴脸时，却不知那正是自己面具中的一副；

第七次，它侧身于生活的污泥中，虽不甘心，却又畏首畏尾。

——卡里·纪伯伦

生活就像海洋，只有意志坚强的人，才能到达彼岸。

——马克思

伟大的事业是根源于坚韧不断的工作，以全副的精神去从事，不避艰苦。

——罗素

要做一番伟大的事业，总得在青年时代开始。

——歌德

天行健，君子以自强不息。

——《周易》

世界上最快乐的事，莫过于为理想而奋斗。

——苏格拉底

Contents 目录

第 一 章

命运待我不公，我却报以春风

　　在这个世界上，每个人都有不同的缺点或经历不如意的事情。当我们备受命运折磨的时候，我们会叹息命运的不公。然而并非只有你是不幸的，关键是你如何看待和对待不幸。不要抱怨上天的不公，也不要抱怨命运的坎坷，真正勇敢的人，敢于直面惨淡的人生。只有敢于接受真相，不和过去的事情较劲，才有精力去改变自己不尽如人意的现状。不要只看自己没有的，而要多看自己所拥有的，我们就会感到：其实我们很富有。

不能坐以待毙，你是自己的上帝

心灵导读

世界上，没有哪个人可以永远高枕无忧，没有哪个人能够永远一帆风顺。遇到挫折没关系，打起精神，善待一切，安安静静地坦然面对，你自身坚强与否将决定你最后的成败。

面对命运的不公，要学会成长，学会面对孤独，学会坚强。只有脆弱的人，才会四处诉说自己的不幸，坚强的人只会不动声色地使自己越来越强大。

她叫李晗，东北电力大学理学院081班学生，2010年度"中国大学生自强之星"获得者。

李晗出生于一个贫困的农民家庭。10岁时，父亲突发心脏病去世，家庭重担落在了母亲柔弱的双肩上。为了减轻母亲的生活负担，初中时，她就开始捡废品卖钱以补贴家用。高中时，学校减免了她的学杂费，她坚持利用课余时间做家教、打工，赚取生活费。

2008年9月，18岁的李晗以优异的成绩考入东北电力大学。入学那天，她一个人背着被褥，带着高考后打工挣到的500元钱前去报到。入学的第三周，她就开始做家教，从此几乎没有浪费过一个双休日和寒暑假，她平均每天讲课的时间长达14个小时，最多时一天曾做12份家教。李晗不仅养活了自己，还把自己挣到的钱寄回家补贴家用，让年迈的母亲不再为生计奔波劳累。

更为难得的是，虽然李晗自己是贫困生，但她一直坚持资助贫困学生。从大学开始，她每月从自己挣到的工钱中节省50元，捐赠给比她更困难的学生。

为了让更多人参与帮助贫困学生，2009年5月，李晗在理学院学生党支部书记高海涛老师的指导下发起"N+n助学团队"。"N"代表自立自强、乐于奉献的大学生，"+"代表帮扶，"n"代表品学兼优、家境贫困的小学生。该团队的宗旨是"双重助学，四层帮扶""双重助学"即帮扶对象是家庭经济困难的大学生和小学生；"四层帮扶"即对大学生提供勤工助学岗位的助学帮扶，对大学生进行感恩教育及服务意识的思想帮扶，对小学生进行助学金帮扶和对小学生进行智力帮扶，同时，设立了爱心助学金，利用暑期社会实践对一些贫困、边远、师资力量薄弱的小学进行无偿支教。

"N+n助学团队"成立以来，他们在吉林市船营区越北镇南三道小学建立了暑期社会实践基地，每年暑假团队成员都到南三道小学进行义务支教。2010年7月17日，李晗率领团队一行13人进行了为期一周的走近乡村贫困留守儿童暑期社会实践活动，此次社会实践历程374公里，共走访了20余名特困学生。

如今，"N+n助学团队"由当初仅李晗一人发展到450多人，已为100余名贫困大学生介绍了100余份家教工作，已积累爱心助学金近万元，资助贫困小学生50多人次，为贫困生送去文具用品300余套、图书1000余册、棉服十余箱，同时开展义务授课近千小时。

李晗用坚持不懈的努力和昂扬向上的拼搏精神为母亲和自己换来更美好的未来，用真挚的爱心和耐心帮助着身边每一个需要帮助的人，感染着越来越多的同龄人，感动着越来越多的爱心人士，不断传递着爱心，凝聚成一股强大的助学力量。同时，李晗自己也收获了更多的自信和成功，她连续多次获得优秀学生奖学金、国家励志奖学金、社会实践奖学金、科技创新奖学金，多次被评为优秀学生干部、优秀青年志愿者标兵、社会实践先进个人。

这就是河南籍的李晗，一个用捡废品的钱资助贫困学子，创立家教助学模式的大学生，一个自强不息、精神富有的"90后"阳光女孩。正如她常说的一句话："只要拥有坚韧、自信、努力，即使逆风飞翔，我依然可以飞得高远。"

李晗，她的另一个名字叫自强。

一个家境贫困的女孩自立自强，足以让我们心生敬佩。她不仅自强自立，而且通过自己创建助学工程回馈社会，让更多贫困生得到帮扶和资助，就不能不让我们为之震撼了。

命运永远都掌握在自己手中，一旦握住它，就有无限的机会和可能。

华人女作家严歌苓在30岁的时候，得知美国有专门培训作家的写作中心，便想去提升自己，但当时她的英语水平几乎为零。于是她开始自学英语，从只认识ABC，到超过美国研究生分数线27分并拿到全额奖学金，她只花了一年半的时间。在写作中心，她用英文跟师生交流，并用英文写长篇小说。

为付房租，严歌苓利用假期到餐馆去打工，还做过babysitter、老人看护等等。其中一个打工的地方离学校10个街口，由于下班与上课时间均为上午10点半，因此她每天必须来回长跑，根本没有时间吃饭。有一段时间，她神经高度紧绷，每天晚上都只能靠吃安眠药入睡。

严歌苓付出了超人的努力，她终于在美国站稳脚跟，并一步一步成为华裔当红女作家。

萧伯纳说："在这个世界上取得成就的人，都努力去寻找他们想要的机会，如果找不到机会，他们便自己创造机会。"

编 者 寄 语

生活中，当我们遇到挫折时，坚持是最明智的选择。不要把困难挫败看作命运对自己的不公。我们要把能够通过考验看作一种胜利，把经过努力达成的事，看作一种学习。你会发现无形中提升了自己对生活的信心，尝试克服困难也成了一种乐趣。每个人在一生中，都需要领悟一些道理，使自己变得睿智，都需要接受一些挑战，使生命充满激情。你若不勇敢，谁替你坚强。你是自己的上帝。

问声厄运你好，含着眼泪奔跑

心灵导读

人生就像天气，有时晴，有时阴。不可能每一天都是晴天，当坏天气来临时，我们不是等待暴风雨过去，而是要学会在雨中跳舞。

在海上航行的船，有足够的载重才不至于在惊涛骇浪中被掀翻。当我们遇到挫折，需要负重前行时，这些磨难和重担并不是负累，相反它能激发出一个人的潜力和斗志，促使我们达成意想不到的成就。

没有最终的成功，也没有致命的失败，最可贵的是继续前进的勇气。

人若以命运来划分，大致可以分为两种：一种人，生来就走运；一种人，生来就倒霉。

中国台湾省残疾画家谢坤山就属于后一种，似乎他生来就和好运无缘，而与霉运结伴，倒霉了一次又一次，也倒霉得一塌糊涂，简直成了"倒霉蛋"。

由于家境贫寒，父母没钱供他读书，因此谢坤山很早就辍学了。生活贫困使他很小就懂得父母的劳苦与艰辛，因而从12岁起，他就到工地上打工，用他那稚嫩的肩头支撑着这个家。然而命运偏不垂青这个懂事的孩子，总将灾难一次次地降临到他的头上。16岁那年，他因误触高压电，失去了双臂和一条腿；23岁时，一场意外事故又使他失去了一只眼睛。随后，心爱的女友也悄然离他而去……

面对命运接踵而来的打击，谢坤山并不抱怨，也没有因此沉沦。为了不拖累可怜的父母，也为了不拖垮这个贫困的家庭，他毅然选择了流浪。他带着一身的残疾上路，独自一人，与命运展开了博弈。

在流浪的日子里，谢坤山一边忙于打工，挣钱糊口；一边忙于公益，救助社会。后来，他渐渐地迷上了绘画，他想重新给自己灰色的人生着色。

起初，谢坤山对绘画一无所知，他就去艺术学校旁听，学习绘画技巧。没有手，他就用嘴作画，他先用牙齿咬住画笔，再用舌头搅动，嘴角时常渗出鲜血。少条腿，他就"金鸡独立"般作画，通常一站就是几个小时。他尤爱在风雨中作画，捕捉那乌云密布、寒风来袭的感觉……就在他人生最困顿的时候，一个名叫"也真"的漂亮女孩，不顾她父母的强烈反对，毅然地走进了他的生活。

有了一个支点，从此谢坤山更加勤奋地作画，他到处举办画展，作品也在绘画大赛中不断地获奖。苦心人，天不负。他终于赢了人生的残局。他不仅赢得了爱情，有了一个美满幸福的家庭，而且赢得了事业，成为很有名的画家，同时也赢得了社会的尊重。

他的传奇故事在台湾省早已家喻户晓，他成为无数青年的楷模。曾有人问他："假如你有一双健全的手，你最想用它做什么？"他笑着说："我会左手牵着太太，右手牵着两个女儿，一起走好人生的路。"

面对命运的接连打击，谢坤山没有倒下，而是选择跟命运搏斗。他没有躲避，而是面向困难，迎头痛击！他的坚强和毅力战胜了命运的不公，他的善良和执着又为他迎来了生命的又一个春天。推己及人，帮助需要帮助的人，让他找到身为社会人的意义；钟情绘画，潜心钻研热爱的事业，让他实现了理想，最终获得人生的突破。谢坤山用行动演绎了笑对人生的残局。

当代的年轻人，大都在物质上没有匮乏，成长过程中遇到的挫折也相对较小。而一旦不顺利，他们往往容易陷入痛苦失意，无法自拔，甚至有人走向抑郁。我们确实有必要刻意锤炼坚强的意志，在遭遇不如意时，才有足够的勇气战胜艰难。

日本励志电影《垫底辣妹》中的故事改编自真实事件。从小就没有好好读书的沙耶加，在高二的时候，发现自己未来可能一事无成。一直关爱她的妈妈送沙耶加去了补习班，她遇到对后进学生有无尽责任感且教学方法出奇制胜的坪田老师，沙耶加树立了进入日本名校的目标，她一点一点开始重拾学业。沙耶加只有小学四年级的水平，在老师的指导下，她从看漫画开始学习历史，啃英文字典，复习最简单的习题。她有时因为小小的进步而欢喜，有时又感觉无力几欲放弃。受到老师亲切的鼓励，妈妈无条件地支持，甚至是爸爸和弟弟的反面刺激，沙耶加奋起直追，全力以赴地拼命努力，最终考上了理想的大学，实现了人生的逆袭。

这部改编自真人真事的电影，给予很多年轻人震撼和信心。电影播出的月份正好是学生为考大学全力奋斗最后一年的开始，很多年轻学子因此受到鼓舞。

相信很多同学都有拼命努力准备考试，最后顺利通过的经历。人生的每一次挫折都是一次考试，成功与否取决于我们是否有勇气和信心去挑战它。

日本"经营之圣"稻盛和夫先生说："付出不亚于任何人的努力，就会获得成功。不论困难有多大，只要自己有强烈的信念，不达目的不罢休，全世界都会为你让路。"

编 者 寄 语

　　人生从来就不是一帆风顺的，无论多么幸运的人，都会遇到挫折坎坷和需要付出巨大的努力才能完成的事情。当这些状况出现时，请先学着不要抱怨，这是生命的常态。就像快乐是生命的一部分，痛苦是另外的一部分一样。问声厄运你好，接受它，钻研它，挑战它！其实人生就是一盘棋，而与你对弈的是命运。即使命运在棋盘上占尽了优势，即使你只剩下一子的残局，你也不要推盘认输，而要笑着面对，坚持与命运对弈下去，因为人生就在坚持中有转机，没准就能打它个"闷宫"。请你加油吧！

唯有勇敢坚强，方能挺直脊梁

心灵导读

人生如海上的风帆，有时海面风平浪静，却也不知道什么时候会巨浪滔天。行船的人，只有镇定沉着地对抗风暴，方能平安驶过。我们的人生也是如此，当遇到困难的时候，只有那些意志坚定的人才能继续前进，对于他们来说，这只是一场磨炼罢了，风暴会让他们成长，每一次风暴都带来一次历练，让他们学会更好地去面对以后的困难。只有这样的人，才能达到自己梦想的彼岸。

左右生活的，永远是自己。

生活就像海洋，只有意志坚强的人，才能到达彼岸。

褚（chǔ）时健（1928年1月23日—2019年3月5日），云南红塔集团有限公司、玉溪红塔烟草（集团）有限责任公司原董事长，褚橙创始人，先后经历两次成功的创业人生，被誉为"中国烟草大王""中国橙王"。

1928年，褚时健出生在云南的一个偏远山村。

15岁时，褚时健的父亲离世了。

为了和母亲一起照顾五个弟弟妹妹，身为长子的褚时健主动离开学堂，独自支撑起家传的小酒坊。他每天工作18个小时以上。一个人扛700多斤粮，1000多斤燃料。

在西南联大上学的堂哥不忍心他在山寨里度过一生，鼓励他走出去继续求学，自此改变了褚时健的一生。

22岁时,褚时健失去了母亲。

后来,至亲的堂哥和一个弟弟死于战场,两个弟弟病故。

他说:"很年轻时就知道,把每一天安排好,就是对人生负责任,想的太多,没有任何意义。"

1979年,褚时健出任玉溪卷烟厂厂长。

这是一个暮气沉沉的破落小厂,烟丝扔得遍地都是,厂区院子里鸡鸭乱跑。

1980年,褚时健带着自己厂子生产的香烟参加评吸会,专家只尝了一口,就给出了评语:辣、呛、苦。

从生产到销售,褚时健使出了浑身解数,甚至带人背着香烟走上街头,一根根让人试吸……

到20世纪90年代,玉溪卷烟厂已经成为年创造利税达200亿元以上的大企业,占到云南财政收入的60%。

在云南,一个玉溪卷烟厂,相当于400多个农业县的财政收入总和。玉溪卷烟厂成为亚洲第一烟草企业,被称作"印钞机"。褚时健被称为"中国烟草大王"。

然而在鼎盛时期,褚时健陷入众所周知的一场风波,妻子女儿入狱,他被判无期徒刑,后被减刑至12年。

最让他心痛的,是唯一的女儿自杀身亡。

74岁,他被保外就医。后来和妻子一起承包了2000亩果园。

十年后,他再次进入人们的视野,因为他种的橙子——褚橙。

2012年11月,褚时健种植的"褚橙"通过电商开始售卖,这种味美汁甜的水果迅速脱销,褚橙果园年产橙子8000多吨,年利润超过3000万元。褚橙，成为新的传奇品牌。

褚时健成为"中国橙王"。

2012年，褚时健当选云南省民族商会名誉理事长。2014年，褚时健荣获由人民网主办的第九届人民企业社会责任奖特别致敬人物奖。同年，褚时健当选《财富》（中文版）评选出的"中国最具影响力的50位商界领袖"。

褚时健在跌宕起伏的命运长河里，选择重新创造奇迹。他74岁再次创业的壮举，给无数年轻人树立了榜样。真正的强者是不会被命运打倒的，他只会挺起脊梁，抗争到底。

在一次亚马孙河的原始森林探险中，有一支由24人组成的探险队。由于热带雨林的特殊气候，许多人因身体严重不适应等原因，相继与探险队失去了联系。

直到两个月以后，才彻底搞清了这支探险队的全部情况：在他们24人当中，有23人因疾病、迷路或饥饿等原因，在原始森林中不幸遇难，他们当中只有一个人创造了生还的奇迹，这个人就是著名的探险家约翰·鲍卢森。

在原始森林中，约翰·鲍卢森患上了严重的哮喘病，他饿着肚子在茫茫林海中坚持摸索了整整3天3夜。

在此过程中，他昏死过去十几次，但心底里强烈的求生欲望使他一次又一次地站了起来，继续做顽强的垂死抗争。他一步一步地坚持，一步一步地摸索，生命的奇迹就这样在坚持与摸索中诞生。

后来，许多记者争先恐后地采访约翰·鲍卢森，问得最多的一个问题是："为什么唯独你能幸运地死里逃生？"

他说了一句非常具有哲理的话："世界上没有比人更高的

山，也没有比脚更长的路。"

天无绝人之路。只要有脚，就会有路。这就是支撑约翰·鲍卢森死里逃生的信念。

约翰·鲍卢森在生死挑战的面前，坚定活下去的信念，战胜了死亡的威胁。只有最坚强的人活了下来。

编者寄语

面对生活的痛苦和磨难，有的人一蹶不振，或许再无建树，甚至丢了性命。而只有选择坚强的人，坚定决不屈服的信念，才能看准时机，重新崛起。

中国的古代圣哲勉励后人，"天行健，君子以自强不息。"只要保持永不熄灭的信心，坚持和勇敢，普通的人也可以开创自己的奇迹。

人生的耳光，散发着芬芳

心 灵 导 读

　　人生是一次长途旅行，它的美妙之处就是"未知"，你不知道未来会发生什么。人们往往容易顺境时得意，逆境时失意，其实，没有绝对的"顺境"，也没有绝对的"逆境"，顺境与逆境是可以相互转化的。很少有人永远一帆风顺，关键在于无论在什么样的境况下，都能采取一种正确的人生态度，让逆境为人生助力。

　　看起来不如意的事，也许正是上天送给你的礼物。

　　说到逆境，应当说一说英国物理学家布拉格。

　　青少年时代的布拉格算得上一个准乞丐，衣衫褴褛的程度堪与资深乞丐一比高下，脚上穿着的一双破皮鞋是他爸爸的，可以塞一个鸡蛋进去。人穷志短是不分国界的，幼年的布拉格对于自己以后的人生，也有过迷茫，相比较起来，现实迫切需要解决的问题是怎样填饱肚子而不是读书和做研究。所幸的是布拉格的父亲在生活能力方面，虽然是个低能儿，可在教育儿子树立生活的自信心方面却有着过人的智慧。在布拉格急需有人把舵时，他父亲给他写了一封信，信中说："你一旦有了成就，我将引以为自豪，因为，我的儿子是穿着我的破皮鞋努力成功的，对比起来，我的儿子更了不起，最起码，他给穷人指明了一个奋斗的方向——命运不是不可以改变的"。这封非常及时的信寓意深刻，给了布拉格不一般的启悟，更给了他无穷的力量，使他最终克服重重困难，登上了科学的高峰。

逆境对于布拉格来说，就像在不断地给他插上可以飞翔的羽毛一样，终有那么一天，他在科学的蓝天上自由地翱翔着，他在改变自己人生的同时，还造福了许多人。

诚然，身处逆境之中，无所作为、人生毫无起色的例子不胜枚举。有些人，当他垂暮之年反思自己的一生时，发现当年的自己也有梦想，也有信心，并且也踏踏实实地向目标迈出了脚步，而最终依然是一事无成，错究竟出在哪儿呢？其实，差得并不多，就一步，如果咬紧牙关再奋力一搏，人生没准就是另外一番光景了。

逆境并不能等同于成功，相反，只是在通往成功的道路上设置了重重的路障。一位智者曾经说，世上没有绝望的处境，只有对处境绝望的人。命运的法则就是这样，要么是你主宰命运，要么是命运奴役你，有勇气跳过障碍的人，只要他接近了目标，目标休想再向他板着一张面孔。将逆境变为成功，不仅需要辛勤的汗水，更需要坚韧不拔的毅力，需要大海一样广纳百川般的智慧。当一扇门对你关上，你千万不要把自己也关在里面。因为世界上不止一扇门，一定还有另一扇门，你要做的就是去寻找并打开那扇门。

有一个女孩，从小学到中学，她一直是班干部、三好学生，高中毕业，她以优异的成绩考入一所重点大学，担任系学生会干部，大三时还入了党。大学最后一年，她参加全市应届毕业生洽谈会，与北京一家知名企业签订了就业协议，她满怀欣喜，只等着七月份一毕业就去北京工作。

可是，就在毕业前一个月，她禁不住好友的再三请求，答应替她去参加英语考试。结果，那次替考被同学发现举报了。当时，学校刚换了一位新校长，正严抓校风、校纪，虽然系里老师再三为她说情开脱，最后她还是被处以开除学籍、勒令退学、并给以开除党籍、留党察看一年的处分。这样的结果，不仅是她本人，连学校的老师、同学都有些不能接受。

那段日子，她的痛苦，可想而知。家人怕她想不开自杀，请假轮流陪着她。

男友闻讯从外地赶回来看她。男友非常爱她，知道她出事后，他也非常难过、痛苦。看到她现在这个样子，更令他担忧。他不知道用什么办法，才能安慰她，化解她心中的痛苦。

一连三天，她不吃不喝，蒙头躺在床上。家人的安慰、劝解，她一句也听不进。

到了晚上，男友过来，掀开她蒙在身上和脸上的被子，把一张写满了字的纸放到她眼前，说："我知道你现在非常痛苦，你也完全有理由痛苦。你看，这张纸上写的全是'痛苦'，有100个。我们打个赌，你把它一点点撕成碎片，我保证在10分钟内把它拼好。"

她看了看，接过来，一下一下，撕成碎片，扔在地上。

男友弯下身，一一捡起来，坐在一旁的写字台边，一块一块地拼。果然，用了不到10分钟，就拼好了。

她看着那些刚刚被自己撕成碎片、现在竟又黏在一起的"痛苦"，十分惊讶，终于开口，说了话："你是怎么拼好的？"

"很简单。你看，"男友把纸翻过来，只见纸的背面用红色彩笔写着一个大大的"快乐"，两个字占满了一张纸。"我在它的背面写下'快乐'两个大字，让它充满整张纸。拼的时候翻过来，按照'快乐'的笔画拼，这样，一会儿就把它拼好了。"

"亲爱的，无论何时，你要记住，痛苦的背面，就是快乐！中国的大学你读不了，可是，全世界，不止中国有大学呀！你不是一直想去美国留学吗？其实我也非常想去。我们比赛好吗？我们俩一起报考托福，一起申请去美国读书，看谁先通过。"

她泪流满面，扑进男友的怀抱，用力点点头。

遭遇打击令人痛苦，这痛苦是一个深渊，如果不能控制，只能是越陷越深。可是不要忘记，即使再大的痛苦也有翻转的可能，而翻过来，就是快乐，快乐是战胜自己的前提。

编 者 寄 语

苦难是化妆的祝福。世界保持着能量守恒定律，否极泰来，在最低谷的时候，也就意味着后面就是上升的空间。同样处在逆境中，有的人不屈服，不退缩，敢于"扼住命运的咽喉"，变不利为有利，他们成才的概率就高；相反，有的人不努力，不进取，不去和命运搏斗，如何能够成才呢？换句话说，未成才的人缺少的不是"逆境"，而是自强不息的精神。

对于我们来说，需要的是拿出十分的奋斗勇气，接受顺境，也不惧怕逆境，努力不息，战斗不止。在低潮来临时，学习用冷静镇定的态度面对，相信很快你就会看到柳暗花明又一村。

当我们在低谷徘徊，难忘的是那些陪伴我们，给予我们勇气的人，是他们的不离不弃，给了我们前进的动力。所以，为了那些爱我们的人，勇敢地微笑吧！

第 二 章

不经一番寒彻骨，怎得梅花扑鼻香

人生只有经过苦难的洗礼，才能腾飞，生命才能发生质的改变。是生活磨炼了我们坚持真理、坚强不屈的品格和意志，教会我们在困难和失败的环境下，不畏艰难，勇敢突破。

"天生我材必有用"，相信自己，珍惜自己，怀着勇气和希望，坚定心中的梦想，一路前行，相信经过不懈的努力，梦想终有一天会成为现实。

胜人者有力，自胜者强。——《老子》

吃得苦中苦，方为人上人

心灵导读

　　一个人的成功通常都不是一蹴而就的。比尔·盖茨曾经说过："我阅人无数，没一个成功人士天赋异禀。"今天在社会上取得成就的人，不一定从小就很优秀，而是他们比别人付出得更多。

　　最新的神经科学研究显示，除非有认知缺陷，大多数人都能够达到所谓的天才能够达到的水平。但条件是，他们必须拥有对待学习的端正态度，而且要具有大多数高成就者的共同特质——好奇心、韧性和勤奋。

　　因此真相是，成功来自于刻苦和努力。

　　法国记者博迪因心脏病发作，导致四肢瘫痪，并且丧失了说话的能力，他全身唯一能动的就是左眼。

　　病倒前，他已经构思好的一部作品还没有写出来，但现在他还是决心把它完成并出版。出版商派了一个叫门笛宝的笔录员来做他的助手，每天工作6小时，笔录下他的著作。

　　博迪只能用眨动左眼的方式来和门迪宝沟通。他们采取的方法是：门迪宝按顺序读出法语的常用字母，博迪通过眨眼来选择。由于博迪是靠记忆来判断词语的，所以经常出现差错。刚开始，遇到很多障碍和问题，进程非常缓慢，一天最多只能录一页，后来才慢慢增加到三页。经过几个月的努力，他们终于完成了这部著作。

这本书的名字叫《潜水衣与蝴蝶》，共有150多页。有人粗略估计了一下，为了写这本书，博迪左眼共眨了20多万次。

一个人只要有了坚定的决心和坚韧的毅力，就没有办不到的事情。别人眼中的奇迹，对他们来说，只是努力的结果罢了。只有在任何情况下都不放弃，我们才能取得成功。

伟大的成就总要经过痛苦的磨难，甚至需要经过像凤凰涅槃般的考验。

"俞敏洪"这个名字一说出口，人们头脑里立即浮现出的总是：亿万海外学子心目中的"留学教父"，胡润财富榜的杰出新秀，新东方品牌的缔造者，"天下无人不识君"的英语教学专家等等光环。然而，当这个响亮的名字与"失败"两个字联系到一起时，当我们透过光环看到成功者身后一路崎岖的征程时，也许我们就能更好地理解"在绝望中寻找希望"的意义。

我们来听听俞敏洪自述的两次失败经历。

第一次是我的高考。我在一篇文章中讲过我高考的故事，那时我并没有远大的志向，作为一个农民的孩子，离开农村到城市生活就是我的梦想，而高考在当时是离开农村的唯一出路。但是

由于基础知识薄弱等原因，我第一次高考失败得很惨，英语才得了33分；第二年我又考了一次，英语得了55分，依然是名落孙山；我坚持考了第三年，最终考进了北大。这里我想说明的有两点：第一点是坚持的重要，因为无视失败的坚持是成功的基础；第二点就是能力和目标成正比，能力增加了，人生目标自然就提高了。我一开始并没有想考北大，师范大专是我的最高目标，但高考分数上去了，自然就进了北大。这算是我第一次体会到失败和成功交织的滋味。

我的另一次刻骨铭心的失败是我的留学梦的破灭。20世纪80年代末，中国出现了留学热潮，我的很多同学和朋友都相继出国了。我在家庭和社会的压力下也开始动心。1988年，我托福考了高分，但就在我全力以赴为出国而奋斗时，动荡的1989年导致美国对中国紧缩留学政策。以后的两年，中国赴美留学人数大减，再加上我在北大学习成绩并不算优秀，赴美留学的梦想在努力了三年半后付诸东流，一起逝去的还有我所有的积蓄。为了谋生，我到北大外面去兼课教书，因触犯北大的利益而被记过处分。

为了挽回颜面我不得不离开北大，生命和前途似乎都到了暗无天日的地步。但正是这些折磨使我找到了新的机会。尽管留学失败，我却对出国考试和出国流程了如指掌；尽管没有面子在北大待下去，我反而因此对培训行业越来越熟悉。正是这些，帮助我抓住了个人生命中最大的一次机会：创办了北京新东方学校。

一个人可以在生命的磨难和失败中成长，正像腐朽的土壤中可以生长鲜活的植物，土壤也许腐朽，但它可以为植物提供营养。失败固然可惜，但它可以磨炼我们的智慧和勇气，进而创造更多的机会。只有当我们能够以平和的心态面对失败和考验，我们才能成熟、收获。而那些失败和挫折，都将成为生命中的无价之宝，值得我们在记忆深处永远珍藏。

如果一个人真有德才，就好比是金子总会发光，到时候想遮掩都遮掩不住。对于埋头苦干、不计得失的人，工作常常会给予他意想不到的奖赏。

无论是想在某个领域取得巨大的成功，还是想在工作中获得赏识与机会，崭露头角的方法只有一个：吃别人吃不了的苦，用别人不会用的功。有行动的困难，千方百计克服它；有情绪的落寞，宽怀大度化解它。只要瞄准前进的目标，坚持不懈的努力，终有一天，会越来越靠近心中的理想。

编 者 寄 语

著名的一万小时理论指出，只要经过1万小时的刻意练习（deliberate practice），普通人也能成为专家。

20世纪80年代，美国著名教育学家本杰明·布鲁姆（Benjamin Bloom）研究了一群在某些领域里顶尖的人才，比如芭蕾舞、游泳、钢琴、网球、数学、雕刻和神经科学等领域。结果发现，这些顶级人才都有刻苦训练的习惯，而且他们从小开始就对自己的领域产生了持续的浓厚兴趣；这些人的父母也有非常强的职业道德准则。

没有无缘无故的成功，成功的背后是刻苦练习的汗水。而今天的所谓吃苦也并不全是身体上的痛苦，更在于磨炼一个人内在的心理素质，锤炼我们的内心，让它更坚韧、开放、乐观，能够经受磨难的考验。

苦难之门，坚强之魂

心灵导读

　　苦难像极了成功路上的绊脚石。不良的出身环境，实现理想的各种障碍，无不令人心烦恼怒，如果没有这些该多好！

　　可是，苦难既能带来痛苦，也可能成为生命的滋养，一切不利的因素同时也是一种动力、一种激励，让人充满不屈的斗志，让人向往奋斗后的成功。而跨越了苦难的人，都会迎来更美好的黎明！

　　乔·吉拉德（原名约瑟夫·萨缪尔·吉拉德），是美国著名的推销员。他不仅是吉尼斯世界纪录大全认证的"世界上最成功的推销员"，还是全球单日、单月、单年度，以及销售汽车总量的纪录保持者。从1963年至1978年，他总共推销出13001辆雪佛兰汽车，平均每天销售6辆车，他所保持的世界汽车销售纪录至今无人能破。

　　乔·吉拉德，1928年11月1日出生于美国底特律市的一个贫民家庭。当时，正值美国大萧条时期，他的父辈是四处谋生的西西里移民。9岁时，乔·吉拉德开始给人擦鞋、送报，赚钱补贴家用，但还是经常遭到父亲的辱骂和邻里的歧视。当被父亲辱骂一事无成时，他痛下决心，要证明父亲错了；幸而还有关爱鼓励他的母亲，使他始终坚信自己的价值。

　　35岁以前，乔·吉拉德是个彻头彻尾的失败者，他患有相当严重的口吃，换过四十多个工作仍一事无成，甚至他曾经当过小偷，开过赌场。35岁那年，乔·吉拉德破产了，负债高达6万美元。走投无路时，乔·吉拉德向朋友求得汽车销售员的工作，上班第一天，他因积极地卖出一辆车给一名可口可乐销售员，而能向老板预支薪水，他从超市买回一袋食物让妻儿饱餐了一顿，"在我眼中，他（指第一个客人）是一袋食物，一袋能喂饱妻子儿女的食物，那天回家我对太太琼发誓，从今以后不再让她为温饱而烦恼"。

"通往成功的电梯总是不管用的，想要成功，就只能一步一步地往上爬。"这是乔·吉拉德最爱挂在嘴边的一句话。凭着不想再过苦日子的决心与毅力，乔·吉拉德自创了许多行销方法，在上千汽车业务精英集结的底特律，杀出了一条血路。

因为有严重的口吃，乔·吉拉德特意放慢了说话的速度，他比谁都更注意聆听客户的需求与问题。

而没有人脉的乔·吉拉德，最初靠着一部电话、一支笔，和顺手撕下来的四页电话簿作为客户名单拓展客源，只要有人接电话，他就记录下对方的职业、嗜好、买车需求等生活细节，虽吃了不少闭门羹，但多少有些收获。曾有人在电话中用"半年后才想买车"这样的理由打发他，半年后，乔·吉拉德便提前打电话给这位客户。他靠着掌握客户未来需求、紧迫盯人的黏人功夫，促成了不少生意。

乔·吉拉德很有耐性，从不放弃任何一个机会。或许客户五年后才需要买车，或许客户两年后才需要送车给大学毕业的孩子当礼物。没关系，不管等多久，乔·吉拉德都会打电话跟踪客户，一年十二个月更是不间断地寄出不同花样设计、上面永远印有"I like you！"的卡片给所有客户，最高纪录他曾每月寄出一万六千多张卡片。

乔·吉拉德还特意把名片印成橄榄绿，令人联想到一张张美钞。每天一睁开眼，他逢人必发名片，每见一次面就发一张，坚持要对方收下。乔·吉拉德解释，销售员一定要让全世界的人都知道"你在卖什么"，而且一次一次加深印象，让这些人一想到要买车，自然就会想到"乔·吉拉德"。

花了三年时间扎马步，乔·吉拉德很快打响了名号，让人生演出大逆转。他第三年卖出343辆车，第四年就翻涨，卖出614辆车，从此业绩一路飙升，连续十二年成为美国通用汽车零售销售员第一名，甚至成为世界上最伟大的汽车销售员。

但乔·吉拉德15年的汽车销售员生涯，碰到美国经济大环境最紊乱的时刻，1964年越南战争爆发，美国经济受战事拖累，1973年全球又爆发了第一次石油危机，使得美国汽车销售量下滑，他在逆势中，一年还能卖出1400多辆车子。他在15年的汽车推销生涯中卖出的13001辆汽车，全部是一对一销售给个人的。他也因此创造了吉尼斯汽车销售的世界纪录，同时获得了"世界上最伟大的推销员"的称号。

乔·吉拉德生于贫穷，长于苦难，却在苦难的泥土中开出最绚烂的花。越是困苦的环境，越能激发出昂扬的斗志和坚强的品格。

一只小老鼠想要去海边旅行，它的父母反对说："那么远，而且到处都隐藏着危险，千万不能去！"

"我决心已定，"小老鼠坚定地说，"我一定要看看大海是什么样子的，你们阻止不了我！"

小老鼠大清早就上路了。一路上它遇到野猫和蛇的追杀，还有不知名的大鸟的袭击。小老鼠拼命地逃跑和躲藏，总算是有惊无险。

天黑了，小老鼠待在一块岩石的缝隙里。它想念它的父母，感到孤独、悲伤。但是它没有放弃它要去海边的决心。

第二天，它慢慢地爬上了一座山，它的眼前陡然一片开阔。"大海，我终于见到了大海！"小老鼠兴奋地呼喊着。一望无际的大海，天边是缤纷的晚霞，金色的海浪一波接一波地拍打着岸边。

小老鼠躺在山顶上，看着夜空里的星星渐渐明亮起来，心中充满了幸福。它想，要是爸爸妈妈现在和它一起欣赏这美景该多好啊！

每个人都向往自己心中的美景，但并非每个人都能实现自己的梦想。下定决心，不怕艰险，排除阻挠，向着我们心中的目标出发，就一定能达到。

编 者 寄 语

苦难是通往幸福的天梯。是苦难磨砺了意志，不惧怕苦难，就有机会锻造坚强的灵魂，从而实现看似不可能的目标。

如果不幸生于逆境，那么就像乔·吉拉德一样，把痛苦当成养料，鞭策自己前进。如果实现目标的路上有很多艰难险阻，就要像小老鼠一样，不预设障碍，勇往直前，去向幸福的彼岸。

纵使荆棘遍布，我亦不曾退步

心 灵 导 读

　　每一个人的成长道路都不是一帆风顺的。真正杰出的人物，总是能突破逆境，崛起于寒微。艰难的环境既能毁灭人，也能造就人；不过，它毁灭的是庸夫，而造就的往往是伟人！

　　一位伟人说过："并不是每一次不幸都是灾难，早年的逆境通常是一种幸运。与困难做斗争不仅磨砺了我们的人生，也为日后更为激烈的竞争准备了丰富的经验。"事实上，每一位杰出人物的成长道路都不是一帆风顺的。正是他们善于在艰难困苦中向生活学习，磨砺意志，才在最险峭的山崖上扎根成长为最伟岸挺拔的大树，昂首向天。

　　大约在250年以前，在法国里昂的一个盛大宴会上，来宾们就一幅绘画到底是表现了古希腊神话中的某些场景，还是描绘了古希腊真实的历史画面，彼此间展开了激烈的争论。看到来宾们一个个争得面红耳赤，吵得不可开交，气氛越来越紧张，主人灵机一动，转身请旁边的一个侍者来解释一下画面的意境。

　　这是一位地位卑微的侍者，他甚至根本就没有发言的权利，来宾们对主人的建议感到不可思议，结果却大大出乎人们的意料，这位侍者的解释令所有在座的客人都大为震惊，因为他对整个画面所表现的主题做了非常细致入微的描述。他的思路非常清晰，理解非常深刻，而且观点几乎无可辩驳。因而，这位侍者的解释立刻就解决了争端，所有在场的人无不心悦诚服。大家对侍者一下子产生了兴趣。

"请问您是在哪所学校接受教育的，先生？"在座的一位客人带着极其尊敬的口吻询问这位侍者。

"我在许多学校接受过教育，阁下，"年轻的侍者回答说，"但是，我在其中学习时间最长，并且学到东西最多的那所学校叫作'逆境'。"

这个侍者的名字叫作让-雅克·卢梭。他的一生确实都是在逆境中度过的。早年贫寒交迫的生活，使卢梭有机会成为一个对整个社会的方方面面有着深刻认识的人，尽管他那时只是一个地位卑微的侍者。然而，他却是那个时代整个法国最伟大的天才，他的思想甚至对今天的生活仍有着重要的影响。让-雅克·卢梭的名字，和他那闪烁着人类智慧火花的著作，就像暗夜里的闪电一样照亮了整个欧洲。

这一切伟大成就的取得，莫不得益于那所叫"逆境"的学校。

"逆境"是最为严厉、最为崇高的老师，它用最严格的方式教育出最杰出的人物。人要获得深邃的思想，或者要取得巨大的成功，就要善于从艰难穷困中摒弃浅薄。不要害怕苦难，不要鄙夷不幸。往往不幸的生活造就的人，才会深刻、严谨、坚韧并且执着。

很多年轻人也许都心存愤懑，也许都在抱怨命运的不公平，抱怨环境对自己的不利影响，那么，读一读英国著名作家威廉姆·科贝特当年如何学习的故事，一定能让你停止这类的抱怨。

科贝特回忆说："当我还只是一个每天薪俸仅为6便士的士

兵时，我就开始学语法了。我铺位的边上，或者是专门为军人提供的临时床铺的边上，成了我学习的地方。我的背包也就是我的书包。把一块木板往膝盖上一放，就成了我简易的写字台。在将近一年的时间里，我没有为学习而买过任何专门的用具。我没有钱来买蜡烛或者是灯油。在寒风凛冽的冬夜，除了火堆发出的微弱光线之外，我几乎没有任何光源。而且，即便是就着火堆的亮光看书的机会，也只有在轮到我值班时才能得到。为了买一支钢笔或者是一叠纸，我不得不节衣缩食，从牙缝里省钱，所以我经常处于半饥半饱的状态。"

"我没有任何可以自由支配的用来安静学习的时间，我不得不在室友和战友的高谈阔论、粗鲁的玩笑、尖利的口哨声、大声的叫骂声等等各种各样的喧嚣声中努力静下心来读书写字。要知道，他们中至少有一半以上的人是属于最没有思想和教养、最粗鲁野蛮、最没有文化的人。你们能够想象吗？"

"为了一支笔、一瓶墨水或几张纸，我要付出相当大的代价。每次，揣在我手里的用来买笔、买墨水或买纸张的那枚小铜币似乎都有千钧之重。要知道，在我当时看来，那可是一笔大数目啊！当时我的个子已经长得像现在这般高了，我的身体很健壮，体力充沛，运动量很大。除了食宿免费之外，我们每个人每周还可以得到两个便士的零花钱。我至今仍然清楚地记得这样一件事情，回想起来简直就是恍如昨日。有一次，在市场上买了所有的必需品之后，我居然还剩下了半个便士，于是，我决定在第二天早上去买一条鲱鱼。当天晚上，我饥肠辘辘地上床了，肚子在不停地咕咕作响，我觉得自己快饿晕过去了。但是，不幸的事情还在后头，当我脱下衣服时，我竟然发现那宝贵的半个便士不知道在什么时候已经不翼而飞了！我一下子如五雷轰顶，绝望地把头埋进发霉的床单和毛毯里，就像一个孩子般伤心地号啕大哭起来。"

但是，即便是在这样贫困窘迫的不利环境下，科贝特还是坦然乐观地面对生活，在逆境中积蓄力量，坚持不懈地追求着卓越和成功。

科贝特后来成了著名的作家。艰难的环境不但没有消磨他的意志，反而成为他不断前进的动力。他说："如果说我在这样贫苦的现实中尚且能够征服艰难、出人头地的话，那么，在这世界上还有哪个年轻人可以为自己的庸庸碌碌、无所作为找到开脱的借口呢？"

读到这里，你是否感觉到心灵一震，那好，如果你想出人头地的话，就让一切借口和抱怨都见鬼去吧！

编 者 寄 语

卢梭和科贝特，在他们成长的道路上，都遭遇过无数坎坷，然而，他们都不惧怕命运的折磨，仍然乐观进取，勇敢地坚持，向理想目标迈进。

高尔基说过："苦难是最好的大学。"逆境和苦难常常能锻炼人们的意志，一旦具备了像钢铁一般的意志，成功对于他们而言，也是理所当然的事情了。

哪怕遍体鳞伤，也要闻到花香

心 灵 导 读

　　有一句话是这样说的，"不因梦想遥远而放弃"。世界上，没有哪个人的成长是一帆风顺的，如果你有一个梦想，坚持实现梦想，更不容易。在遇到困难与挫折时，我们要有坚强的意志，永不绝望的心态，勇往直前的激情，努力去冲破重重阻碍，决不退缩。

　　人若有志，万事可为。平庸与卓越之间的差别，不在于天赋，而在于长期的坚持，持续的投入，和反复的锤炼。朱镕基曾对清华大学的学子们讲"要大胆地试，不要怕失败；你们还年轻，失败了也无所谓。"世界是你们的也是我们的，但归根结底是那些有志向且勤劳、勇敢坚定、内心强大的人的。

　　在南极，海水中的企鹅想上岸，要面临巨大的考验，因为水陆交接处全是滑溜溜的冰层或者尖锐的冰凌。企鹅身躯笨重，没有用来攀爬的前臂，也没有用来飞翔的翅膀，那么它们是怎样上岸的呢？原来，企鹅在将要上岸时，总是猛地低头，从海面扎入水中，拼力沉潜。潜得越深，海水所产生的浮力就越大。企鹅一直潜到适当的深度，再摆动双足，迅猛向上，犹如离弦之箭蹿跃出水面，腾空而起，落于陆地之上。企鹅的沉潜是为了蓄势待发，看似笨拙，却富有成效。

　　企鹅的沉潜法则，同样适用于我们人类。没有沉潜，就没有爆发；没有积蓄，就没有力度。做一只勇于沉潜的企鹅，才能顺利到达成功的彼岸。动物尚且努力达成目标，人类又该如何突破困境，获得成功呢？

埃文·特纳的童年，充斥着各种悲惨的回忆。他到3岁才学会说话。就在家人为这个孩子能说话而感到欣喜后不久，一场灾祸发生了，特纳在横穿马路时被车撞飞，妈妈眼睁睁地看着他头部着地，他只是轻微脑震荡，缝了几针就没事了。可是，从此以后，各种疾病就接踵而至，和他如影随形。

麻疹、水痘、肺炎、湿疹、哮喘、皮疹、扁桃腺肥大……一个病接着一个病，虽然不致命，但要一个孩子整天同病魔做斗争，惨痛是可想而知的。特纳至今还清楚地记得自己10岁那年面瘫的事。他本准备刷完牙去参加节日游行，可在刷牙的时候，他的半边脸突然提不起来了。他非常想去参加游行，但只能再一次被妈妈送往医院。

在去医院的路上，他问妈妈："妈妈，真的有上帝吗？"妈妈说："当然有了。"他说："那上帝为什么对我这么残忍，让我总是和医生打交道。"妈妈抱着他的头，对他说："孩子，不是上帝残忍，他也许是在考验你，把你磨炼得无比强大。"

一个10岁的孩子因为疾病，过早地懂事了，也过早地学会了坚强。因为面瘫，他不得不接受脊椎穿刺手术，其实也就是抽骨髓。别说一个孩子，就是成人也难以忍受手术所带来的剧痛。医生把一根针扎进他的脊椎里，他疼得大喊大叫，但他却没有丝毫挣扎，没有对医生说："太疼了，我不做了。"做完脊椎穿刺，两周过后，面瘫的症状消失了。但是，不幸并没有放过这个坚强的孩子。

面瘫消失后，本来说话就晚的他说话有些口齿不清。每次他张嘴说话，别人都弄不明白他想表达什么。甚至在家里，也只有和他朝夕相处的哥哥达柳斯能完全明白他想表达的意思，连妈妈偶尔也需要达柳斯的"翻译"。为此，他不得不又去令他深恶痛绝的医院，还去上演讲课。直到上高中，特纳在众人面前发言，才变得没有障碍。

多病的童年留给他的是痛苦的回忆，还有弱不禁风的身体。但这个体弱多病的孩子却非常喜欢打篮球，尽管在篮球场上他经常被别人碰倒在地，常常伤痕累累，但特纳却对篮球永远充满激情，他觉得在篮球场上，自己能强壮起来。

由于他的身体实在太弱，除了哥哥达柳斯愿意和他一起打篮球外，没有谁愿意带他打篮球。贫困的家里没有篮球场，也没有篮球架，哥俩便把一个装牛奶的板条箱固定在一根电线杆上，用铁棍捏了一个篮球筐。哥俩日复一日、年复一年地在自家后面的小巷子里追逐着篮球，也追逐着梦想。

特纳的身体越来越强壮，篮球技术也越来越高，高中时，他收到了俄亥俄州立大学提前录取的通知。而在2009年的大学联赛中，他有场均20.3分、9.2个篮板和5.9次助攻的精彩表现。

谁能想到这个被病魔缠身的孩子真的变成了一个强壮有力的巨人。2010年夏天，在众多年轻人参加的美国NBA选秀大会上，特纳以榜眼的身份被费城76人队选中，签订了三年价值1200万美元的合同，这也是NBA规定的榜眼秀所能签订的最大合同。专家们对他的评价是：综合能力极强，是融合了天赋、身材、爆发力、篮球智商、篮球大局意识的优秀球员。而此时的他身高1.97米，体重95公斤，臂展2.03米，原地摸高2.7米。在接受记者采访时，他说："别人的人生满是故事，而我的人生却满是事故。不过，我不埋怨。我和妈妈想的一样，那些疾病，只不过是命运的考验，只为把我磨炼得强大。我反而要感谢它们。"

没有谁愿意遭受不幸，但它总是会发生。与其抱怨，不如把它看作是命运对我们的磨炼。与其害怕退缩，不如坦然接受。患难困苦，是淬炼强者的最好熔炉，而奇迹也往往是在厄运中出现的。

编者寄语

世界上最快乐的事，莫过于为理想而奋斗。——苏格拉底

人生的真正欢乐是致力于一个自己认为是伟大的目标。伟大的理想只有经过忘我的斗争和牺牲才能实现。前面的路还很远，你可能会哭，但是一定要走下去，一定不能停。即使没有人为你鼓掌，也要优雅地谢幕，感谢自己的认真付出。

没有一颗心会因为追求梦想而受伤，当你真心想要某样东西时，整个宇宙都会联合起来帮你完成。没有风浪，就不能显示帆的本色；没有曲折，就无法品味人生的乐趣。梦想不抛弃苦心追求的人，只要不停止追求，你们会沐浴在梦想的光辉之中。

第 三 章

只有远去的时间，没有重来的青春

　　人生最珍贵的年华，它叫青春。逝去的年华，无忧的往事，像一条河流，悄无声息地经过。

　　郭沫若曾说："人世间，比青春再可宝贵的东西实在没有，然而青春也最容易消逝……谁能保持得永远的青春的，便是伟大的人。" 我们都知道时间宝贵，又感觉时间不够用。其实生活品质的好坏，不在于我们是否忙碌，而在于我们以怎么样的态度生活。因为生活的态度，决定了生活的品质。只要时时认真对待，就会看到青春时光里成长的自己。活在当下，每段经历都有意义。

成功需要勇气，非常善于等待

心 灵 导 读

　　生活中我们需要成功的喜悦，需要挫折痛苦，需要欢声笑语，更需要奔向前方的勇气。勇气就是敢想敢做，毫不畏惧的气势。

　　勇气，是你在人生道路上获得成功的助力。是相信自己能做成某件事，勇气是超越自己。

　　我们除了具备勇气，有时还需要耐心等待。每一种等待之中，都蕴藏着无限的机遇和无尽的可能。生命因等待而充实，生活因等待而丰富，人生因等待而精彩。所以，我们要善于用一颗从容平和的心，等待该到来的一切。

　　在一个农场里，佃农们向农场主缴谷租。一个黑人小女孩推开门走了进来，靠在门旁。

　　农场主看到小女孩，就对她粗声粗气地喊："你要干什么？"小女孩细声细气地答道："妈咪说，请你给她5美分。""我不会给的，"农场主呵斥道，"你现在就给我回去。"

　　农场主接着忙他自己的事情，没有留意到小女孩并未离去。等到他突然抬头的时候，看到她仍然站在那里，农场主非常恼怒，就对她咆哮："你怎么还没走？现在就走，再不走，我就拿棍子来揍你。"小女孩说："好的，先生。"但是她仍一动没动。

　　农场主放下手中的活，拿起做谷仓的板条，满脸怒容地朝小女孩走去。可是当他刚走近门边，小女孩便飞快地往前一跨，大眼直视农场主的眼睛，用最高亢的声音尖叫："妈咪要拿到那5美分。"农场主停下脚步，端详了小女孩一下，然后他慢慢放下木条，从口袋里掏出了5美分，递给了小女孩。小女孩拿了钱，直盯着农场主，慢步退向门外。小女孩走了之后，农场主坐在箱子上，愣愣地望着窗外，好久。

　　这个女孩因为她毫不畏惧的勇气，使表面强大的农场主折服了。只要有坚定的信念和不屈不挠的决心，就一定会实现眼前的目标。再大的困难和阻挡，在你的面前也会退却。

　　1927年6月，美国有一个穷困潦倒的年轻人带着他的新婚妻子来到旧金山谋生，他们在这里开起了一家冷饮店。事实上，这个店只是在一家面包店隔出了一角而已，根本不能算是店，而且它只是个冷饮摊，只卖汽水。没多久，因为全球经济衰退，他们的冷饮店就被迫关门了。但他们并没有就此放弃而离开这里，随后他们把冷饮摊摆在了附近的一个十字路口，不久年轻人发现这里来来往往的人很多，不管将来做什么生意，都是很理想的位置，所以尽管关门歇业了，他还是照样付房租。

　　有一天，当他收摊回来的时候，看到隔壁面包店的生意好过往常，受此启发，他与妻子商量决定开一家小吃店。他推出的热食品，有辣椒红豆、墨西哥薄饼、夹烤肉三明治等，再加上广告标语的渲染，更显得奇妙无比。此外，他还以强调"热"来表现特色。他煮了一大锅玉米汤，他不时地掀开锅盖，热气从锅里涌出来，缭绕在店面上空，给人一种热气腾腾的感觉。尤其在冬天，这一招特别吸引人。同时，这种小店，炉灶跟店面连在一起，他把炉灶做成白色的，妻子则穿着时髦的衣服，围了条白色围裙，站在炉边烤肉。

在夫妇两人齐心协力的经营下，小吃店的生意有了很大起色。年轻人一看发展的时机来临，立即着手准备扩展的计划，他让妻子亲自训练厨师，他自己则一有空闲就到外面去勘查地点，以备将来增设分店。

这时候的美国经济仍在阴霾的笼罩之下，豪华的餐厅，一家接一家地倒闭，而大众化的小吃店，却成为饮食业的一支新秀。再加上年轻人经营的小吃店别具特色，生意就更加兴隆了，到了1932年，年轻人所经营的小吃店已增加到7家。

经过多年的奋斗，年轻人拥有了大小餐馆近千家，员工3万多人，年营业额也在4亿美元左右，创造这一奇迹的就是离世界500强企业只有一步之遥的梅瑞特公司的创办人约翰·梅瑞特。

很多人总是抱怨没有成功的机会，其实只是因为他们没有发现机会。机会总是存在的，只要你善于捕捉，它就在你周围。在成功的道路上，如果你没有耐心去等待成功的到来，那么，你只好用一生去面对失败。

编 者 寄 语

生命，是一场需要鼓起勇气面对，同时又无休无止的等待过程，我们在等待中变得理智和成熟，在等待中变得自信和勇敢，在等待中变得坚强和乐观。

请相信，胸怀勇气，善于等待的人，一切都会及时来到。

就算倒地不起，也要绝地反击

心 灵 导 读

雨果说过，所谓活着的人，就是不断挑战的人，不断攀登命运险峰的人。

命运其实就掌握在每个人自己手里，人有能力向命运挑战，并以自己的力量创造和改变命运。

命运是个顽固的敌人，如果说得宽泛些，人每时都在与命运进行着搏斗，但只有那些有宏大志向、理想的人，才能在与命运的挑战中创造辉煌的人生，进而改变自己的命运。

英国人马洛瑞是第一位向珠穆朗玛峰发起挑战的人。从1921年开始，他三次攀登珠穆朗玛峰都以失败告终，而他本人也在第三次攀登中失踪。

他的队员激奋地在媒体面前说："珠穆朗玛峰！你可以打败我们一次、二次、三次，但是你不要忘记，我们总有一天会征服你，因为我们会不断地成长、进步，至于你，就只有这么高而已！"

他们接下来的四次攀登仍未成功。

第八次，那是1953年5月29日，新西兰人希拉里和尼泊尔人藤森·诺盖伊终于成功地登上了珠穆朗玛峰顶。

他们是第一次登上珠穆朗玛峰顶的人。

历经32年，人类终于征服了这座地球上最高的山峰。

这项顽强不屈的挑战，来自一代一代登山者前赴后继的拼搏与牺牲。他们向世界证明，人类不会被困难打倒。遭遇挫折时，不泄气，吸取失败的经验，越挫越勇，以不屈不挠的精神继续向目标前进，你就一定会成功。

尼克·胡哲出生于1982年12月4日。他一生下来就没有双臂和双腿，只在左侧臀部以下的位置有一个带着两个脚趾头的小"脚"，因为尼克家的宠物狗曾经误以为那个是鸡腿，想要吃掉它，他妹妹戏称它为"小鸡腿"。

看到儿子这个样子，他的父亲吓了一大跳，甚至忍不住跑到医院产房外呕吐。他的母亲也无法接受这一残酷的事实，直到尼克·胡哲4个月大才敢抱他。

父母对这一病症发生在自己孩子身上感到无法理解，多年来到处咨询医生，也始终未得到医学上的合理解释。

"我母亲本身是名护士，怀孕期间一切按照规矩做，"英国《每日邮报》7月1日援引尼克·胡哲的话报道，"她一直在自责。"

但是，尼克·胡哲的双亲并没有放弃对儿子的培养，他们希望他能像普通人一样生活和学习。

"父亲在我18个月大时就把我放到水里，"尼克·胡哲说，"让我有勇气学习游泳。"

尼克·胡哲的父亲是一名电脑程序员，还是一名会计。尼克·胡哲6岁时，父亲开始教尼克·胡哲用两个脚趾头打字。后来，父母把尼克·胡哲送进当地一所普通小学就读。尼克·胡哲行动得靠电动轮椅，还有护理人员负责照顾他。母亲还发明了一个特殊的塑料装置，可以帮助他拿起笔。没有父母陪在身边，尼克·胡哲难免会受到同学欺凌。"8岁时，我非常消沉，"他回忆说，"我冲妈妈大喊，告诉她，我想死。"10岁时的一天，他试图把自己溺死在浴缸里，但是没能成功。后来，父母一直鼓励他学会战胜困难，他也逐渐交到了朋友。直到13岁那年，尼克·胡哲看到一篇刊登在报纸上的文章，介绍一名残疾人自强不息，给自己设定一系列伟大目标并完成的故事。他受到启发，决定把帮助他人作为人生目标。

如今，回想起那段倍感艰辛的学习经历，尼克·胡哲认为这是父母为让他融入社会做出的最佳抉择。"对我而言，那段时间非常艰难，但它让我变得独立。"

事实上，他拥有"金融理财和地产"学士学位。

经过长期训练，残缺的左"脚"成了尼克的好帮手，它不仅帮助他保持身体平衡，还可以帮助他踢球、打字。他要写字或取物时，也是用两个脚趾头夹着笔或其他物体。

"我管它叫'小鸡腿'，"尼克开玩笑地说，"我待在水里时可以漂起来，因为我身体的80%是肺，'小鸡腿'则像是推进器。"

游泳并不是尼克唯一的体育运动，他对滑板、足球也很在行，他最喜欢英超比赛。尼克还在美国夏威夷学会了冲浪，他甚至掌握了在冲浪板上360度旋转这样的超高难度动作，由于这个动作属首创，他完成旋转的照片还刊登在了《冲浪》杂志封面。"我的重心非常低，所以可以很好地掌握平衡，"他平静地说。由于尼克的勇敢和坚韧，2005年他被授予"澳大利亚年度青年"称号。

尼克·胡哲从17岁起开始做演讲，向人们介绍自己不屈服于命运的经历。随着演讲邀请信纷至沓来，尼克·胡哲开始到世界各地演讲，迄今他已到过35个国家和地区。他还创办了"没有四肢的生命"组织，帮助有类似经历的人们走出阴影。2007年，尼克·胡哲移居美国洛杉矶，不过演讲活动并没有停止。他计划去南非和中东地区演讲。他用带澳大利亚口音的英语告诉记者："我告诉人们跌倒了要学会爬起来，并开始关爱自己。"

尼克·胡哲向命运发起挑战，不仅帮助了自己，还帮助了世界上无数健康的人和像他一样的人。

如果生命是一场冒险，走得最远的人常是愿意去做并愿意去冒险的人。

编 者 寄 语

一个人若无超越环境之想，就做不出什么大事。 如果你从不接受挑战，就感受不到胜利的刺激。万无一失意味着止步不前，那才是最大的危险。为了避险，才去冒险，避平庸无奇的险，值得。人生要不是大胆地冒险，便是一无所获。 接受挑战，就可以享受胜利的喜悦。 你要相信命运给你一个比别人低的起点，是希望你用你的一生去奋斗出一个绝地反击的故事。有志者，事竟成，破釜沉舟，百二秦关终属楚；苦心人，天不负，卧薪尝胆，三千越甲可吞吴。

不负青春，逆流而上

心灵导读

　　青春是一朵美丽的花，随时间流逝开花结果。青年是正当时候的烈阳，耀眼而旺盛。用光和热散发正能量，有梦想，有激情，有力量，心怀远方，追逐梦想……

　　每一个想获得成功的人都应该在青春年少的时候找到自己人生的目标，否则就会像一艘在大海中漫无目的漂流的船。这艘船应当一直驶向梦想的目标，即使遇到风浪，也要逆流而上，乘风破浪。

　　1965年7月31日，乔安妮·凯瑟琳·罗琳在英国格温特郡耶特车站大道240号的考特奇医院出生。1970年9月，罗琳在圣迈克大教堂英语学校开始上小学。从小就喜欢写作和讲故事的她在6岁时写了一篇跟兔子有关的故事。1974年9月，罗琳在塔茨希尔教堂小学上学。1976年秋，罗琳开始在塞德伯里的韦迪恩综合中学上学。1982年，罗琳成为韦迪恩综合中学的学生代表。1983年夏，罗琳从韦迪恩综合中学高中部毕业，参加了牛津大学的入学考试。同年秋，罗琳开始在英国埃克赛特大学学习，主修法语和古典文学。1985—1986年大学第二学年，罗琳因参加埃克塞特大学的"法国实践活动"而来到巴黎。她在那里教英语，这是她首次任教。

　　1987年春，罗琳从埃克塞特大学毕业。1989年，24岁的罗琳在曼彻斯特前往伦敦的火车旅途中，一个瘦弱、戴着眼镜的黑发小巫师，一直在车窗外对着她微笑。他的出现使她萌生了创作哈利·波特的念头。虽然当时她的手边没有纸和笔，但她已经开始天马行空地想象。于是，哈利·波特诞生了——一个11岁的小男孩，瘦小的个子，黑色乱蓬蓬的头发，明亮的绿色眼睛，戴着圆形眼镜，前额上有一道细长、闪电状的伤疤。哈利·波特成为风靡全球的童话人物。

1990年，罗琳勉强同意男友提议搬到曼彻斯特和其居住。同年，罗琳在曼彻斯特商会找到一个秘书的工作，后又在曼彻斯特大学工作了一段时间。1991年，罗琳在葡萄牙的奥波多一家英语学校做英语教师。

1996年2月，罗琳把《哈利·波特与魔法石》小说大纲和故事的三章寄给了克里斯托弗·里特尔所在的代理商。同年6月，罗琳得到了教师资格证。教学实习后，她在利斯学院教学。

1997年2月，因为罗琳之前的申请，苏格兰艺术协会给了罗琳一笔13000美元的费用，以资助她进行创作。出版社于1997年6月推出哈利·波特系列第一本《哈利·波特与魔法石》，获得英国国家图书奖儿童小说奖，以及斯马蒂图书金奖章奖。随后，罗琳又分别于1998年和1999年创作了《哈利·波特与密室》和《哈利·波特与阿兹卡班的囚徒》。

2001年，美国华纳兄弟电影公司决定将小说的第一部《哈利·波特与魔法石》搬上银幕。2003年6月，她创作出哈利·波特系列第五部作品《哈利·波特与凤凰社》。2004年，罗琳荣登《福布斯》富人排行榜，她的身价达到10亿美元。2005年7月，推出了哈利·波特系列第六部《哈利·波特与混血王子》，2007年7月，推出终结篇《哈利·波特与死亡圣器》。截至2008年，

《哈利·波特》系列7本小说被翻译成67种文字在全球发行4亿多册。2010年，哈利·波特电影系列的完结篇《哈利·波特与死亡圣器》拍摄完成。

2017年12月12日，罗琳被英国王室授予名誉勋位(Companion of Honour)。剑桥公爵威廉王子为其授勋。

《哈利·波特》系列电影和原著取得如此巨大的成功，不管大人、小孩，几乎无人不知，无人不晓。一个不知内情的人大放厥词，说女作家一定是学过行销的，要不，怎么会一下子成名？

其实，《哈利·波特》成功的背后是作者罗琳艰苦而又漫长的奋斗历程。罗琳小时候是个戴眼镜的相貌平平的女孩，她热爱学习，有点害羞，从小就喜欢写作和讲故事。作为一个单身母亲，刚开始哈利丛书的创作时，罗琳的生活极其艰辛。她的第一本书《哈利·波特与魔法石》前后共写了5年，罗琳因为自家的屋子又小又冷，时常到家附近的一家咖啡馆里写作。故事完成后，罗琳多次寄出书稿均遭到拒绝。

不过，她的努力终于得到了回报。在Bloomsbury接下印刷权后，《哈利·波特与魔法石》一经出版便备受瞩目，好评如潮，并获得英国国家图书奖儿童小说奖，以及斯马蒂图书金奖，她的生活也发生了天翻地覆的变化。她被称为"哈利·波特之母"，罗琳以天才的想象力孕育了风靡全球的小魔法师哈利·波特，她也从一个贫困潦倒、默默无闻的"灰姑娘"，一跃成为尽享尊荣、财产超过英国女王的作家首富。

成功是一个曲折的过程，其中的快乐和辛酸只有当事人才能体会，旁观者只是看到他（她）成功的一面，却很少去了解成功的背后包含着多少艰辛和泪水。然而有理想的奋斗者，在逆境中依然热情不减，以泪水和汗水滋养出绚烂的花朵。

　　玄云寺坐落在山西省大同市著名的云门山风景区南侧。寺前流过一条大河，叫沙河。沙河水流湍急，而且从上游冲来大量泥沙。经年累月，沙河河床上淤积了大量的泥沙，河床也在逐年升高。若干年前，在通往玄云寺的河面上有一座浮桥，浮桥由四根铁索牵引而成，铁索被分别固定在河两岸的两对大石狮上。每个石狮高约两米，重约三吨，威武而雄壮。可后来一场百年不遇的洪水，将浮桥冲垮，两岸的石狮也滚落到了河中。

　　许多年后，前去玄云寺烧香的香客们为了往来方便，集资重修浮桥。于是，工匠们乘船到河中，在石狮原来滚落的地方进行挖掘，希望能让那四头石狮重见天日。由于泥沙俱下，河床升高，他们估计石狮可能被深埋在河床底下，可工匠们几乎是掘地三尺，石狮却像蒸发了一样，了无踪影。

　　于是就有人笑道："水流那么急，时间又那么久远了，石狮子怎能还在原地呢，一定是被冲到下游去了。"工匠们恍然大悟，于是架着小船，拿着铁钩在河中探寻。令人十分沮丧的是，连续数日，工匠们沿河而下几公里也没有找到石狮的影子。石狮子难道生了鳍，游到东海去了？正当工匠们无计可施时，玄云寺方丈慧弘法师建议说："为何不到河的上游找找看呢？说不定能有所发现。"

　　"河水那么急，石狮那么重，难道会被冲到上游？真是天方夜谭，根本不可能！"尽管工匠们觉得老方丈的说法属无稽之谈，但仍将信将疑地划船溯流而上，去寻找石狮的下落。三天以后，奇迹出现了：工匠们在石狮落水位置上游半公里远的地方找到了第一个石狮！几天后，其他三个石狮也在附近相继被发现。

望着被打捞上来的石狮，原来肯定地说"根本不可能"的人都惊呆了。如此庞大的石狮怎么会"游"到了上游？难道是玄云寺佛光普照，法力无边，连石狮也有了灵性，所以才逆流而上……

众人惊问其故，慧弘法师捋须笑道："其实，道理很简单。当湍急的河水冲到巨大的石狮身上时，就会产生回流，石狮脚下的泥沙因此被冲散，时间长了，在石狮靠近上游的地方就出现一个坑穴，石狮失去平衡就会跌到上游的坑穴里，于是经年累月，周而复始，石狮就一步一步地向上游'走'了。"

人们这才恍然大悟。

世界上，奇迹总会出现，有时候只需要你让思维转一个弯。

人生在世，没有什么困境是天生注定无法改变的，只要你头脑足够清醒，思维足够灵活就没有什么"不可能"。就连重约数吨的石头在湍急的河水中也能逆流而上，那么，当我们遇到人生中的风雨时，还有什么理由不去勇敢面对，顶风冒雨，去创造人生的奇迹呢？

编 者 寄 语

青春无语，却焕发出活力；鲜花无语，却散发出芬芳；春雨无语，却滋润着大地。青春不是华美的诗篇，它是深沉的意志，恢宏的理想，炽热的感情。青春是生命的源泉，不息的涌流。我们不能辜负青春，要让我们的青春绽放出属于自己独特的光芒。生活赋予我们机遇，也同时奉上挑战，在这光明美好的青春时代，扬起求知和斗争的志向，初心不改，积聚力量，朝着理想的明天出发。以梦为马，不负韶光。

真正的勇敢，是内心强大

心 灵 导 读

　　真正内心强大的人，一定有平静的内心，有温柔的心肠，有智慧的头脑。一定经历过狂风暴雨，体验过高山低谷，也见识过人生百态。

　　一个内心不强大的人，心中永远缺乏安全感。不够强大，意味着很容易受到外界的影响，通常表现为：要么特别在意别人的看法，要么活在他人的眼目口舌之中。从而失去独立的判断能力，变得摇摆不定和坐立不安。

　　唯愿我们在人生的道路上，不论何种境遇都能充满智慧，成为内心强大的人。

　　很久以前的一天，罗马大主教发布了一道命令，要求其领地上的犹太人派一个代表，前去同一位基督教大学者辩论。辩论将在教堂的广场上举行，失败者将被流放，或被杀头。说是辩论，实际上是较量谁的学问多、学问大。

　　许多犹太人听到这个消息之后感到很可怕，没有人敢去同博学多才的基督教大学者辩论。负责主持犹太教宗教仪式的拉比想不出更好的办法，便向教徒们发出布告，征集勇敢的智者。一天、两天、三天，时间一天又一天地过去了，限期将至，还是没有人报名，大家越来越着急。在临近辩论的前一天，突然有一位小裁缝自告奋勇，挺身而出，表示愿意前往。当时别无选择，只好让小裁缝前去，所有的犹太人都为小裁缝捏了一把汗。

辩论的日子到了，许多人聚到广场上，可谓人山人海。

小裁缝请求说："尊敬的大主教，请允许我在辩论中首先发问。"

罗马大主教见代表犹太人前来参加辩论的只不过是个初出茅庐的小裁缝，便轻蔑地说："小裁缝可以先发问两次。不管哪一方，只要有两次回答'我不知道'，即算在辩论中失败。谁也不准做任何辩解。"

犹太小裁缝不慌不忙地问道："请博学多才的基督教大学者告诉我：'希伯来文'是什么意思？"整个广场鸦雀无声。

"我不知道。"大学者不以为然地回答道。

"什么？您说您'不知道'？"小裁缝兴奋地叫道，"我再问您一遍：'希伯来文'是什么意思？"

这次大学者有点不耐烦了，大声地回答："我不知道！"

罗马大主教和所有的人都清清楚楚地听到基督教大学者两次承认了自己不知道，只好宣布辩论结束。

大学者满腔怒火，请求申诉，但罗马大主教有言在先，"谁也不准做任何辩解"。结果，大学者是哑巴吃黄连，有苦说不出。不久，基督教大学者就被流放了。

事后，许多犹太人认为小裁缝是英雄，纷纷向他表示祝贺，同时也纳闷地问道："告诉我们，你怎么能预测到用这么一个问题就能难倒基督教大学者呢？"

小裁缝说："我实话告诉大家，我并不认识希伯来文，我也没难倒大学者，但我知道，意第绪语对'希伯来文'这几个字的翻译就是'我不知道'。我料定，博学多才的大学者肯定知道这个意思，但罗马大主教十有八九不知道。于是，为了犹太人的尊

严，我冒险参加了辩论。值得庆幸的是，我的判断对了。尽管大学者的回答正确，但却让不知道底细的罗马大主教上了当，受到了愚弄，以为大学者是真的不知道。"

拉比也十分佩服地向小裁缝问道："要论知识，你远远不是大学者的对手，可你为什么能战胜他呢？"

小裁缝说："知识好比是一匹马，智慧好比驾驭马的技术。当智慧足以驾驭知识这匹马的时候，人就可以跃马扬鞭；当智慧无力驾驭知识这匹马的时候，人就会被掀翻落马。"

知识的价值不在于占有，而在于应用。如果说知识就是力量，那么智慧就是驾驭知识的力量，可见智慧胜过知识，智慧比知识更重要。拥有智慧的人，才能做到内心强大。

有一位名医诊治的病人子宫长了瘤子，准备实施手术。可偏偏名医也有误诊的时候，下刀以后，豆大的汗珠就冒上了他的额头，原来病人子宫里长的不是肿瘤，而是个胎儿。

名医陷入了痛苦的挣扎：要么继续下刀，硬把胎儿拿掉，然后告诉病人，摘除的是肿瘤；要么立刻把肚子缝上，然后告诉病人，看了几十年的病，这回他居然看走了眼。

三秒钟的内心挣扎，名医浑身湿透。三十分钟后，他从手术室回到了办公室，静待病人苏醒。"对不起。"只见他站在病人的床前说，"太太，请原谅，是我看走了眼，你只是怀孕，并没有长瘤子，所幸及时发现。孩子安好，你一定能生一个可爱的小宝宝。"

病人和家属全都惊呆了。然后，病人家属突然冲了上去，抓住名医的领子吼道："你这个庸医，什么东西！"

有朋友笑这位名医："为什么当时你不将错就错？说它是个

肿瘤，又有谁知道。"

名医淡淡一笑，说："可是我知道。"

一个人的战无不胜取决于他的内心，而内心的强大则源于他在深知生命的奥义后，始终坚持正道，不偏不倚，并最终修得心静如水的淡然。

编 者 寄 语

弱者易怒如虎，强者平静如水。内心不平静的人，处处是风浪。再小的事，都会被无限放大。内心强大的人不是征服什么，而是能承受什么。有些事情，只有经历过了，才能明白其中的道理，和懂得人生的真谛。

学会渴慕真理胜过追求智慧。真理能使人更有智慧地看待世间万物，用宽容的态度面对错综复杂的人际关系，具备无比坚定的信念，奔走在人生之路上，从容淡定地直面人性的黑暗和世间的悲剧。

内心的强大，归根结底就是敢于直面现实，能做到遇事全力以赴，但又因识天命而知进退。

第 四 章

世间充满险恶，
我自风情万种

你一定听说过，人心险恶，社会复杂，要知道
如何保护自己。诚然，世界本来就是多元的，难免
会遇到不如意的事、不喜欢的人，也难免被误解，
被伤害。有的人，因此用铠甲把自己包裹起来，让
自己的心也变得坚硬、冷漠。

然而幸福快乐属于内心有阳光的人，试想，为
了不受伤害而变成冷酷的人，最后失去的岂不是整
个美好的人生？

纵然人生不易，我亦迎风而立

心 灵 导 读

　　人活一世不易，有甘甜美好，也有苦涩伤痛。但每个人都不是生活的旁观者，需要自己去创造生活，了解生活，平衡生活。如果把生活比作一堂课，试着去理解它，喜欢它，品味它，再多的艰辛和不易，其实都是一场励志。

　　年轻时，往往容易被那些愤世嫉俗的人影响，以为生活是一场战斗。但是还是多跟那些自觉幸福的人在一起吧，真正幸福的人对外部的世界更多是正面的反馈。活着应该是为了感受人世的美好，用乐观的视角看待人生，你的人生路应该洒满阳光。

　　古希腊时代的雅典，苏格拉底像平时一样在广场的一角开始了自己的演讲。这个时候，一群学生来到他的身边，他们正为很多问题难以解决而烦恼、忧愁和痛苦。他们向苏格拉底请教："老师，我们每天都被这些问题困扰着难以自拔，我们的快乐到底在哪里？我们怎么才能寻找到人生的快乐呢？"

　　苏格拉底看着这些可爱的年轻人，轻松地说："你们先不要急于寻找快乐，你们先帮我造一条船吧，然后我带着你们乘船去寻找快乐。"

　　这群学生暂时把寻找快乐的事儿放在一边，锯倒了一棵又高又大的树，找来造船的工具，挖空树心，用了七七四十九天，造出一条巨大的独木船。

他们来到广场告诉苏格拉底，独木船造好了，请他去看。苏格拉底指挥着独木船下水，然后与学生一起登上了木船，他带领这群学生，一边合力划桨，一边欣赏着河流两岸的旖旎风光，一边齐声歌唱。青年学生们跟随在老师身旁，划船，唱歌，完全陶醉在这忘我的情景当中了。

苏格拉底看着这群天真无邪的学生问："孩子们，你们快乐吗？"学生早已忘记了他们先前向老师提的问题，他们齐声回答："老师，我们快乐极了！我们正行驶在去天堂的路上。"

苏格拉底说："快乐就是这样，它往往在你为着一个明确的目的忙得无暇顾及其他的时候，突然来访。"

苏格拉底长相十分丑陋：扁平的鼻子，大腹便便，粗而矮的身材，还有些秃顶。但是，在当时的雅典城邦，他丑陋的相貌与他睿智的哲学思考同样享有盛名。人们知道雅典有一个长相十分丑陋的苏格拉底，同时更知道苏格拉底无与伦比的智慧。

苏格拉底本人从来也没有介意过自己丑陋的长相，他并不在乎自己出现在什么地方会给他人留下难堪的印象，他总是衣衫褴褛，光着脚到处走。他大部分时间都会准时出现在市中心的广场边，发表演讲，撒播智慧，告诉人们幸福的真谛。只要他一出现，整个城市似乎就动起来了，人们立刻会从四面八方围拢到他的身边。他立刻就成为城市的核心，不是被围观嘲笑，而是大家都静静地听他演讲，感受他的智慧。

有人问过苏格拉底，你长得这样丑陋，怎么丝毫没有羞耻的感觉？苏格拉底这样回答：每个人的容貌都是天生的，生得美和丑都没有必要炫耀和自卑，再漂亮的面孔也会衰老，只有美化自己的心灵，用自信和智慧去塑造你在每个人心目中的形象，你才会具有永恒的魅力。

面对苏格拉底，人们容易想到这样一句话：上帝是公平的。上帝给了他无比丑陋的外貌，同时又给了他超凡绝伦的智慧。当他出现在城市街头的时候，人们关注他什么呢？是他的丑陋容貌，还是他的智慧？答案是显而易见的，人们只是对他的智慧津津乐道，没有人因为他的丑陋而否定他的哲学。

其实，长相并无美丑的特定标准。有的人以小巧精致为美，有的人以强悍粗犷为美；有的人欣赏杨柳细腰的纤弱，有的人喜欢丰腴富态的高贵。美是一种你在他人心目中的感觉。苏格拉底喜欢去公共场合，他没有考虑自己的容貌会引起什么议论，而是考虑用自己的智慧和口才吸引他人，征服他人，引领人们走进自己的心灵，获得心灵的快乐和幸福。事实上，当时的苏格拉底，依靠自己的智慧和口才，完全征服了人们。人们心目中的苏格拉底，不再是那个长相丑陋的人，而是一个具有高深智慧、充满魅力的哲人。

后来苏格拉底被人诬告反对民主政治，用邪说毒害青年，他因此被捕入狱。大约公元前399年，苏格拉底因"不敬国家所奉的神，并且宣传其他的新神，败坏青年"的罪名被判处死刑。其实，说到被判入狱的真正原因，是他的言论自由的主张与雅典民主制度发生了严重冲突。收监期间，苏格拉底的朋友买通了狱卒，劝他逃走，但他决定献身，拒不逃走。

公元前399年6月一天的傍晚，在雅典监狱中，年近七旬的苏格拉底与妻子、家属做最后的道别。这位智者，散发赤足，衣衫褴褛，但是神情却非常坚定，丝毫看不出将要被处以死刑。妻子和家属走后，他又与几个朋友交谈起来。不知过了多久，一个狱卒端着一杯毒汁走了进来，老人接过杯子一饮而尽，然后，安详地躺在床上。突然，他好像想起了什么似的，翻了个身面向他的朋友说："我曾吃过邻居的一只鸡，还没给钱，请替我还给他。"说完永远地闭上了双眼。

作为一个伟大的哲学家，苏格拉底使哲学真正在人们生活中发挥了作用，为欧洲哲学研究开创了一个新的时代、新的历史。

编 者 寄 语

苏格拉底完全不在乎那些所谓的命运挫折，他拥有的智慧和学识足以让他的生命充满非凡的意义，作为智者，他也一直引领人们追寻有意义的人生。他把自己变成了真善美的象征，甚至到了几千年后的今天，他的精神依然在全人类闪耀着灿烂的光辉。

今天的社会，人们容易被各种挫折打倒，长得不好看，工作不理想，生活不如意，有一些人就因为这些问题让自己抑郁痛苦，跌进深渊。如果我们能从苏格拉底的生平中受到启发，努力加强自我的涵养，追求有价值的人生目标，那么所谓人生的坎坷也会变得微不足道了。

坚强忍耐，成就非凡

心灵导读

　　坚强是成功的推动力，忍耐是缓冲力。

　　在遇到艰难境地时，坚强让我们不被打垮，在暴风雨中毅然挺立，而忍耐能让人长久地积聚力量，展现坚韧的姿态，并在最后的搏击中反败为胜。忍耐是思想真正成熟的表现。

　　大文豪王安石说："忍一时之气，免百日之忧，一切绪烦恼，皆从不忍生。莫之大祸，起于斯须之不忍。"一切的忍耐都是为了成功。

　　忍耐，再忍耐一下。

　　春秋时期，吴国和越国同处江南，相互交战，积下了很深的矛盾。先是越国杀死了吴王阖闾，后来阖闾之子夫差又将越王勾践俘虏了。勾践为了保住自己的性命，由他的大臣文种买通了吴王的大臣，以割地、赔款、进献美女等极为优厚的条件向吴王投降。

　　在这些利益的驱使之下，夫差同意越国投降，但仍把勾践夫妻作为俘虏押往吴国，这样越国就再也不会对吴国构成威胁。

　　夫差将勾践押回吴国都城后，将他们夫妇软禁于一间石室之中，让他们干最脏最累的活，勾践整天蓬头垢面地干活，丝毫没有怨言，似乎忘记了屈辱，已甘心为奴了。夫差还经常派人去察访，察访的人向他报告说，勾践夫妇生活非常艰辛，但干活却很勤快，从不偷懒，并没有看到不轨的举动。

夫差出门时，还让勾践为他牵马，来到大街上，侍从还特意高声大喊："快来看呀，现在站在你们面前的是越王勾践，他现在已经沦落为大王的马夫了。"于是路人纷纷上前，对勾践又是推搡又是打骂。尽管勾践受尽了羞辱，但并没有异常的行为，似乎已麻木不仁了。

时间一长，夫差认为勾践已经胸无大志，也逐渐放松了对他的管束。

一次，夫差受了风寒，在宫中养病。勾践知道后，带着焦急的神情前去探望。当他进门时，夫差正在大便，为避免尴尬，夫差赶紧钻进被窝。勾践走到跟前，揭开马桶盖子，观察了一下粪便的颜色，再探出头去闻粪便，最后竟用手蘸了粪便放在嘴里尝了一下，然后对夫差说："恭喜大王，大王的病已无大碍，马上就会好的。"

夫差被他的异常之举搞糊涂了，忙问："你怎么知道的？"

勾践回答说："我看大王的粪便是黑色的，闻了以后有奇臭，尝了以后却带了一丝苦味，说明肚中的毒物已经经过粪便排出，毒物既出，大王的病也就没有大碍了。"

夫差听了非常高兴，说："难得你如此真心。"勾践煞有介事地回答说："儿子为父亲尝便，古时候就已经有了，臣子为君王尝粪，就从我开始吧。"

夫差听了十分感动，说："等我病好了以后，就会放你们回国。"

几天之后，夫差的病真好了，他履行了自己的诺言，放勾践夫妇回国。

回国以后，勾践卧薪尝胆，励精图治，十年生聚，十年教训，使越国恢复了元气。后来，他趁吴王夫差出兵与中原大国争霸之际，攻打吴国，经过多次战斗，终于把吴国打败了，夫差走投无路，只得自杀。勾践忍小谋大，发奋图强，不仅打败了吴国，而且一度称霸诸侯。

小不忍则乱大谋。成大事者，应该忍受得住眼前的屈辱，敢于和命运抗争。

抽烟的人都知道，一旦上瘾，再想戒掉是很不容易的。盖迪曾经是个大烟鬼，烟抽得很凶。有一次，他开车去度假经过法国，天公不作美下起大雨，他的汽车又抛锚了，只好在附近一个小镇上的旅馆过夜。吃过晚饭，疲惫的他很快就进入了梦乡。

深夜两点，盖迪醒来，他想抽一支烟。打开灯，他自然地伸手去抓睡前放在桌上的烟盒，不料里面却一支也没有了。他下床搜寻衣服口袋，毫无所获。他又打开装行李的箱子翻来覆去地找，结果又令他失望了。那就去买一盒，盖迪穿上衣服来到旅馆门外，这时候，餐厅、酒吧早关门了。雨还在下个不停，街上一片凄清，所有的店铺都已经打烊了。唯一的办法就是冒雨到自己停在几条街外的车里去拿。

越是没有烟的时候，想抽的欲望就越大。有烟瘾的人都有这种体会。

盖迪打算去自己的车里拿烟，想起帽子至少还可以遮遮雨，他又回到房间，刚准备拿帽子时，他突然停住了。他问自己：我这是在干什么？

盖迪坐在床边寻思，一个有教养的人，而且是相当成功的商人，一个自以为拥有理智的头脑的人，竟要在三更半夜离开旅馆，冒着大雨走过几条街，仅仅是为了得到一支烟。这是一个什么样的习惯，这个习惯的力量难道那么强大？

不一会儿，盖迪下定决心戒烟。他站起来使劲地伸了个懒腰，然后把那个空烟盒揉成一团扔进了纸篓，脱下衣服换上睡衣回到了床上，带着一种解脱甚至是胜利的心情进入了梦乡。

至此，盖迪一生中再也没有碰过一支香烟。他就是闻名世界的美国石油大亨——保罗·盖迪。

自制力是每一个成功人士必不可少的素质之一。当我们面临诱惑时，要用理智的头脑分清楚孰是孰非，再做出正确的选择。

编者寄语

俗话说："忍一时风平浪静，退一步海阔天空。"忍耐是成功路上必需的品格。充实的生命，幸福的人生，需要能够忍受寂寞，忍受他人的恶意羞辱，忍受生活的磨炼，在忍耐中坚强，在坚强中成长。生活中有些事情，或许你永远也不习惯，但你必须得学会克制，学会忍耐。

忍耐不是懦弱。懦弱是对生活的消极妥协，而忍耐是智者暂时的避其锋芒，是更加积极的蓄势待发，忍耐是一种坚强。萧伯纳曾说，忍耐是最强者的本能。

学会忍耐，你就坚强！

置之死地而后生，为东山而再起

心灵导读

　　人这一辈子无不是在大起大落中挣扎奋斗，有时生活给不了你机会，却会赋予你痛苦，只有经历最痛苦的坚持，才配得上最长久的辉煌。

　　要获得最终的胜利，必须断绝退路，把自己逼到死地，退到无可后退，爆发出强大的潜力而重生。如果失败了，只要不灰心丧气，一切从头开始，终有获得成功的机会。就像火把倒下，火焰依然向上一样，虽九死其犹未悔。

　　八岁那年，她进伦敦皇家音乐学院学习作曲。

　　这很了不起，对于一个哑巴女孩来说。

　　她创办的电子杂志曾获奖，里面的诗歌、游记等大多出自她的笔下。

　　这很了不起，对于一个13岁的女孩来说。

　　有一年的1月到3月，她在别人的陪同下，从英国南部的家里出发去旅行，英格兰、澳大利亚、坦桑尼亚、孟加拉、美国都留下了她的足迹。

　　这很了不起，对于一个双腿残疾的女孩来说。

　　乔伊·南丁格尔的身体是独一无二的，她与轮椅为伴，身体即是她的监狱。她罹患的不是大脑性麻痹、多发性硬化症或者帕金森病，尽管这几种病的症状都一一出现在她的身上。那是一种非常罕见的未知疾病，医学界只能将它描述为深度精神性肌肉失用症及神经紊乱。她还常常发高烧、尿路感染、腹泻、癫痫发作……她是各种各样的疾病的载体。

面对这样的情况，乔伊并非没有气馁过，想到自己哪里也去不了的时候，她感到万分悲伤。她上网与许多国家的残疾人交流，大家相互鼓励，不久后她就创办了属于自己的电子杂志。这是一份叫"From the window"的杂志，你不会想得到，乔伊竟能够令许多普通人难以接近的名人为她的电子杂志投稿，如作家玛格兰特，大主教乔治·加里，曾经的联合国秘书长安南，著名的残疾物理学家史蒂芬·霍金……

没有谁比乔伊更能体现这句话了：疾病禁锢了身体，但锁不住的是坚强的灵魂。她谱曲作乐，让音乐代替她的声音；她创作诗歌、散文、小说，用美妙的文字与他人交流；她到各国旅游，向人们证明坐在轮椅上也能亲睹世界的精彩……

真正摆脱困境只能依靠自己的信念，不论生命的功课如何困难，我有无限的智慧与勇气接受挑战，勇敢面对，绝地反击！

1809年，查尔斯·皮尔逊出生于英国伦敦。在他7岁那年，父亲因为与农场主发生争执，遭到农场主的报复。但由于家境贫穷，他们请不起律师，父亲只能一个人承受伤害。从那时起，皮尔逊就发誓，将来一定要学习法律成为一名律师，替穷人捍卫尊严。

大学毕业后，他真的成了一名律师。一天，皮尔逊早早地出门，他今天要为一个穷苦的农民夺回属于他的房子。可糟糕的是，他的马车被堵在街上，眼看着就要开庭了，他只好跳下马车，向法院狂奔……

案子胜诉了，可皮尔逊在回来的路上却陷入了无尽的沉思。

这已经不是他第一次跑着往法院赶路了，放眼望去，熙熙攘攘的伦敦街头好像车辆的海洋。皮尔逊预想，随着伦敦的发展，车辆肯定会越来越多，那时候肯定会出现更加严重的交通问题，如果学生上学被堵在路上，工人上班被堵在路上，突然有病人急诊被堵在路上……他不敢再往下想了。

一天，皮尔逊又在思考这个问题。他突发奇想，如果能将火车开进城市不就可以缓解交通压力了吗？火车速度快，载人多，可火车那样庞大，在城市里跑会占去整个街道，那时，不更拥挤吗？如何设计一套合理的方案呢？他觉得这是一个可行的办法，如果能设计出合理的方案，伦敦的交通将彻底改变，他决定把这件事做下去。

1847年，皮尔逊干脆辞掉了律师工作，独自在家潜心研究这项伟大的计划。此时，他已是伦敦知名的律师，有着不菲的收入，可他辞掉工作去研究火车，真的让人无法理解。为此，朋友说他疯了，家人骂他傻子，妻子也因为他不务正业和他离婚了，但谁也无法改变他。

几年过去了，皮尔逊因为没有正式工作，成了一个穷困潦倒的人，可他依然坚持设计让火车跑进城市的方案。有一次，他半夜起床上卫生间，发现墙角有一个老鼠洞，而且一直通到墙外，有一只老鼠正在洞里跑进跑出。皮尔逊自言自语地说："老鼠真是厉害，不但能在地上活动，还能在地下活动。"刹那间，一束智慧的火花在他的脑海里一闪：如果让火车在城市的地下跑，节省了地上的空间，那所有的问题不都解决了吗？

1850年，皮尔逊的设计方案终于出炉了，他立即将它交给了伦敦市政厅，可惜他的方案没有受到重视，被搁置起来。直到10

年后，伦敦城市的交通拥挤已经到了必须解决的地步，他设计的城市地铁系统方案才被重新提起，并获得通过。

不过，方案刚实施时却遇到了许多麻烦。比如没有安全预案，刚修建时就遇上小河塌岸，工地进水两米多深，几个工人瞬间没了性命，没有考虑居民的搬迁……伦敦各大报刊都对此进行了批评。可皮尔逊没有气馁，他变卖了所有家产当生活费，什么也不干，继续潜心设计配套方案。

1862年，世界上第一条地铁在伦敦诞生了，第一天乘客就达到四万多人次，整个伦敦的交通突然间通畅了。此后不久，世界各国拉开了兴建地铁的序幕，地铁也成为当时世界上最伟大的创举之一。

编 者 寄 语

没有退路时，潜能就会发挥出来。只要你自己一直努力，有从不曾放弃自己的决心。

当你再也没有什么可以失去的时候，就是你开始得到的时候。所有的力量都在我们心中。心存希望，幸福就会围绕你；心存梦想，机遇就会光临你。

一个人只要强烈地坚持不懈地追求，他就能达到目的。——司汤达

锲而不舍，金石可镂

如果我们有一个好的点子，要把创意变成现实，需要克服很多的障碍，要想走到成功的一天，必须依靠坚持的信念。凡是伟大的作品，都不是靠力量而是靠坚持才完成的。

任何事情，如果你半途而废，就注定只有失败。但反过来，只要你能坚持做下去，就有了成功的可能。

坚持是一个漫长的过程，信念是它的基石。如果不能在坚持中找到意义，过程可能很痛苦而且容易动摇；如果在坚持中找到了意义，坚持就是快乐而且简单的。

马莎·贝丽是位于美国佐治亚州罗马市的贝丽学校的创始人。20世纪初的美国虽然已经有了不少知名的私立学校，但公立学校却还是凤毛麟角。身为教师的贝丽深知教育对于人生的重要意义，为了让穷人的孩子也能有学上，她决定自己筹资在当地兴建一所公立学校。

贝丽听说有个叫亨利·福特的汽车商很有钱，而且经常资助一些公益事业，于是她便去向他求助。然而，当得知眼前这个女人的来意后，早已厌恶别人把自己当成捐款专业户的福特从衣兜里掏出一枚10美分的硬币，扔在办公桌上，不屑地说："我兜里就这么多钱了，快拿着离开这里吧！"

面对福特的傲慢无礼，贝丽并没有恼怒。她从桌上拾起硬币后就离开了。回到罗马市后，她用那10美分买了一包花生种子并把它们种到地里。在她的精心照料下，一年后，花生种子已经长成了繁茂的花生园。

这一天，贝丽又来到了福特的办公室，但这回不是来要钱的，而是来还钱的。她把花生园的照片和一枚硬币一起交到福特手中，并对他说："这是您去年送给我的10美分，钱虽然不多，但是如果投资得当，就会带来丰厚的回报。"福特看过照片后惊讶不已，他不得不对面前这个女人刮目相看。随即他便签了一张25000美元的支票交给贝丽，这在当时可是个天文数字。

不仅如此，在之后的几年中，福特还陆续为贝丽学校捐助了一幢以他的名字命名的教学楼和几座哥特式建筑。当看到孩子们坐在宽敞明亮的教室里专心致志地学习时，福特深信正如贝丽所言，他的投资势必会带来丰厚的回报。

马莎·贝丽为贫苦孩子们建学校的信念，使她能够锲而不舍地努力，最终获得福特的信任与支持，这份坚持的背后是一颗为他人谋求福祉的利他之心。

坚持是一件简单却不容易执行的事，让我们看看生活中坚持的结果会带来怎样的变化？

国外有一个叫摩根的青年，有一天他突发奇想——连续吃30天麦当劳会怎样？他说干就干，一日三餐都吃麦当劳，连吃30天，还用摄像机记录下了这一过程。30天后，摩根的体重增加了25磅，还出现了轻度抑郁和肝脏衰竭的症状。要知道，之前摩根可是非常健康的啊。

摩根连续30天吃麦当劳的视频引起了另一个人的关注。他叫马特·卡茨，是著名的谷歌工程师。他告诉自己，既然30天可以改变一个人，那为什么不朝好的方向改变呢？于是他给自己列了一份30天挑战计划。

完成4个任务：骑车上班，每天步行10000步，每天拍1张照片，写一本50000字的自传。克服4个习惯：看电视，吃糖，玩推特（相当于我们刷朋友圈），咖啡因。

除了那本50000字的自传，其他7项都是非常小的挑战。然而就是这本自传，平均到每天也只有1667个字。

30天后，马特·卡茨从一个肥胖的宅男工程师变成了一个拥有健康、乐观、文采等多种美好要素的人。他说："做那些小的、持续性的挑战，30天后你会感谢自己。"

在一个荷花池中，第一天开放的荷花只是很少的一部分，第二天开放的荷花数量是第一天的二倍，之后的每一天，荷花会以前一天二倍的数量开放……

假设到第30天荷花就开满了整个池塘，那么请问：在第几天池塘中的荷花开了一半？第15天？错！是第29天。这就是著名的荷花定律，也叫30天定律。

很多人的一生就像池塘里的荷花，一开始用力地开，但渐渐地开始感到枯燥甚至是厌烦，你可能在第9天、第19天甚至第29天的时候放弃了坚持，这时往往离成功只有一步之遥。

荷花定律告诉我们这样一个道理：越到最后，越关键。拼到最后，拼的不是运气和聪明，而是毅力。

有人提到"改变"就头大，其实是他们把"改变"想得太复杂了。如果你想养成早起的习惯，你只需要在前一天早睡，早睡的前提无非是少看一集肥皂剧或者少玩一个小时的游戏，仅此而已。

要记住，所谓改变，指的并不是"脱胎换骨"。改变就像蒸桑拿，出出汗，排排毒，治治病。由外到内，由浅到深，由皮肤到肌理。改变，是一个循序渐进的过程。

不必追求立竿见影，只要每天能比前一天有一点突破、一点改善，而且朝着正确的目标持续地做下去，就一定能成功。

一辈子太长，一秒钟太短，30天不长不短刚刚好。你可以改掉一个坏习惯，也可以培养一个好习惯。

把东西放在固定的位置；一周集中采购一次生活必需品；把第二天的计划写在纸质日历上；在前一天晚上准备好第二天要用的东西；以分钟为单位来计时，而不是以小时；随身携带笔记本，记录时间都去哪了；每天静坐冥想5分钟；早起；记账……

这些习惯小得不能再小，但若能长期坚持，必能改变你的人生。思想决定行动，行动决定性格。接下来的30天喜不喜欢都要过，既然如此，何不尝试一下改变呢？

编 者 寄 语

　　坚持的好习惯会让人一生受用。"大道至简，贵在坚持。"复杂的事情要简单去做，简单的事情要重复去做，重复的事情要用心去做，长期坚持下去，世界上就没有做不成的事情。

第 五 章

所有扛下的苦，
都变成身上的光

　　苦难像幸福一样，是生命的常态。我们在成长的路上，尤其在二十几岁的年纪，常常会经历很多起起伏伏和太多的无能为力。

　　没有谁比从未遇到过不幸的人更加不幸，因为他从未有机会检验自己的能力。我们的人生那么长，总该有一段时光用来浪费，总要有一段糟糕的日子用来逼自己成长，当你经历很多事后，在今后闪闪发光的日子，要感谢当初那个一直在坚持的自己。

哪怕千辛万苦，也要自带风骨

心 灵 导 读

　　无论命运多么晦暗，无论人生有多少挫折，都会有摆渡的船，这只船常常就在我们自己手里。

　　假如人生没有磨难，其本身就是一种灾难。长期生活在一顺百顺、无忧无虑的环境中，淘汰不了劣者，筛选不出强者，人类就不会进化，社会也不会向前发展。而我们每个人认真审视自己的内心，总会欣然发现，点燃自己灵魂之光的，往往正是一些当时被视为磨难和困苦的境遇或事件。完美的人生，真的需要历练。

　　你战胜了苦难并远离了苦难，只有在这时，苦难才是你值得骄傲的一笔人生财富。

　　西斯廷教堂建成时，米开朗基罗只是一位崭露头角的雕塑家，并没有在绘画方面表现出特殊的天赋。建筑师布拉曼特因为嫉妒米开朗基罗，有意让他出丑，所以极力向教皇推荐由米开朗基罗完成教堂的天顶壁画。教皇没有多加考虑，便要求米开朗基罗接下这个浩大的工程。米开朗基罗以无奈和悲愤的心情接下了任务，4年的时间里，每天独自站在18米高的脚手架上仰头工作。

　　一天，米开朗基罗结束苦闷的工作后，去酒吧喝酒，啜了一口，说："酒有其他的味道！"老板二话不说，立刻拿起斧头，把酒桶全砸烂了。酒吧老板对质量的坚持，让米开朗基罗顿悟：

不是最好的，就没有保存的价值。

于是他转身回到教堂，把之前画的画通通刮掉，他在工作中注入了创作的激情，完成了不朽的巨作《创世纪》。《创世纪》的问世，使米开朗基罗成为与达·芬奇齐名的最伟大的画家。

"不是最好的，就没有保存的价值"，这个信念的坚持，促使米开朗基罗走上了艺术成就的辉煌。正是艰苦的工作，让米开朗基罗找到了自己的方向，并最终把他推向了艺术殿堂的巅峰。

一幅收藏在大英博物馆中的拿破仑一世的肖像纸质印刷品，看起来崭新，实际上它已经有200多年的历史了。博物馆收藏它时，画面已经严重起皱，缺失了大部分底部画面，可是经过一个华人女孩的修复，作品得以"重获新生"。这个女孩就是大英博物馆的古画修复师——王徐悦。

王徐悦从事文物修复工作主要来自家人的熏陶。她出生于书画世家，王徐悦的母亲是一位美术老师，她小时候跟着母亲参加过不少书画比赛，看过很多书画展览，这让她对书画艺术和历史故事产生了极大的兴趣。

报考大学时，王徐悦毫不犹豫地选择了南京艺术学院文物修复与鉴赏专业，家人对此非常支持。在选择专业方向前，王徐悦看到书画修复老师为清洗画心上的污迹，将滚烫的开水直接淋在画上，不仅没有把画心烫坏，反而起到了清洁的效果，她感到格外好奇，也因此坚定了主攻中国传统书画装裱的决心。

文物修复专业，被王徐悦开玩笑地称作"最难学的专业，没有之一"。本科期间的学习内容非常繁杂，除了基本的修复装裱技能，还要涉猎化学、昆虫学、地理学等学科。残缺、裂缝、表面覆盖酸性物质或硬结物，这些都是文物的常见病害。如果不对它们进行科学有效的处理，那么文物的寿命就会大大缩短。因此鉴定、分析纸张成分，了解不同植物纤维的纸张的韧性，都是王徐悦日常的学习内容。

2016年，王徐悦本科毕业，她的很多同学和好友都选择进入拍卖行工作，但王徐悦选择去英国伦敦艺术学院继续深造，用她的话说就是，因为喜欢，所以坚持。

正因为这一决定，也让王徐悦有机会走进全世界最著名的博物馆——大英博物馆。王徐悦还记得那是一个阳光明媚的早晨，没有大大的广场，也没有高高的台阶，站在这座由罗马式圆柱支撑的简易建筑前，她感受到了梦想成真的喜悦。

从大学学习文物修复专业开始，王徐悦对大英博物馆就有一种无法言说的向往，大学四年她常常"白日做梦"，幻想自己可以去大英博物馆修复文物。而这之后的半年，王徐悦每天走进仿古希腊帕特农神庙的大门，穿过游客尚未到来的古希腊馆、埃及木乃伊馆，去修复工作室上班，都有一种穿越时空的错觉。

实习间隙，王徐悦抓住每一次机会到各个场馆观赏，每一件文物都让她欢喜。其中，中国陈列室就占了好几个大厅，作为海外收藏中国文物最多的博物馆，在这里，中国文物藏品总数有2.3万余件，珍品如山。从商周的青铜器，到唐代的瓷器、明代的金玉制品，很多文物都是绝世珍藏。河北行唐县清凉寺壁画、东晋顾恺之《女史箴图》的唐代摹本、西周的康侯簋、唐代的殉葬三彩更是被世人称赞。

其中，《女史箴图》摹本让王徐悦挪不开脚步。"这幅画一直存在于书本里、老师的课堂讲述里、我的脑海里。我凑近看了许久，整幅画极其细致精美，人物神态极为传神，笔迹周密，紧劲连绵，如春蚕吐丝，春云浮空。"王徐悦现在还记得第一次看到真迹时的兴奋。"看真东西，看好东西"，这是书画修复师常常挂在嘴边的一句话，平时，王徐悦会尽量多抽时间去看书画展，以此训练自己的眼力。

更幸运的是，负责修复《女史箴图》的邱锦仙成为王徐悦的入门导师，手把手地教她传统的中国书画修复和装裱手艺。

如今，英国留学归来的王徐悦已经入职上海市历史博物馆，做了一名文物修复师。新馆落成以来，上海市历史博物馆采购了一批高科技的仪器，王徐悦这些中国修复师，不仅传承了中国传统的修复手艺，也在不断地向西方学习，引进并运用一些高科技技术，提高完善文物修复、保护的手段。

王徐悦说："'90后'是富有文化自信的一代，我们在成长过程中目睹了祖国国力的日益强盛。我选择文物修复领域，也是希望靠着自己的手艺，尽全力留住中华历史的痕迹、文化的脉络。"

编 者 寄 语

为了实现理想的人生，哪怕经历千难万险也要勇往直前。终有一天，你对过去的艰难不再在意，你更在乎的是那些日子成全了现在的自己，让你变成了一个对生活、对自己有所期望的人，也让你对未来的每一天都充满执着和期待。

愿你以后所有的选择都不是因为身不由己，而是真的喜欢；愿你以后的日子无论遇到什么困难险境，都能平和应对；愿你的每个明天都永远新鲜，愿你的每个未来都充满期待。

不要尽力而为，而要全力以赴

心 灵 导 读

我们经常会听到这样一些声音：我真的很努力了，但是运气不好，我没能成功。我真的非常用心了，但我的能力有限，我没法胜任这份工作。很多人都认为自己在尽全力做事，但是他们真的全力以赴了吗？答案是No。

如果一个人真正做到全力以赴，那么这世界上就没有他完成不了的事！从现在开始，请不要抱怨自己的付出与收获不成正比，那是因为你付出的还不够。想一想你正在做的事情，你真的全力以赴了吗？你在这件事情上花了多少时间？不要给自己找任何借口，把你的所有时间、精力、能力都集中起来，真真正正地全力以赴一次！

他原本家道寒微。他年轻时胸怀大志。为帮补家计，他凭借自己壮硕的身体，从事各种繁重的工作。

有年夏天，他在一家汽水厂当杂工，除了洗瓶子外，老板还要他抹地板，搞清洁等等。他毫无怨言地认真去干。一次，有人在搬运产品时打碎了50瓶汽水，弄得车间一地玻璃碎片和团团泡沫。按常规，这是要弄翻产品的工人清理打扫的。老板为了节省人工，要干活麻利的他去打扫。当时他有点气恼，欲发脾气不干，但转念一想，自己是厂里的清洁杂工，这也是分内的活儿。于是，他尽力地把满地狼藉的脏物扫除揩抹得干干净净。

过了两天，厂里负责人通知他：他晋升为装瓶部主管。自此，他记住了一条真理：凡事全力以赴，总会有人注意到自己。

后来他又以优异的成绩考进了军校。再后来，他官至美国参谋长联席会议主席，衔领四星上将；又曾膺任北大西洋公约组织、欧洲盟军总司令的要职；最后担任了美国国务卿。

他在西点军校演说时，对学员们讲述了一个极富哲理的故事：在建筑工地上，有三个工人在挖沟。一个工人心高气傲，每挖一阵就拄着铲子说："我将来一定会做房地产老板！"第二个工人嫌辛苦，不断地抱怨说干这种下等活儿时间长、报酬低。第三个工人不声不响地埋头干活，同时脑子里琢磨如何挖好沟坑令地基牢实……若干年后，第一个工人仍无奈地拿着铲子干着挖地沟的辛苦活儿；第二个工人虚报工伤，找个借口提前病退了，每月领取仅可糊口的微薄退休金；第三个工人成了一家建筑公司的老板。

他那次演说的标题叫：凡事要全力以赴。他就是美国前国务卿鲍威尔。

全力以赴是一种负责态度，也是一种敬业精神。全力以赴的结果是双赢，自己获得了技能经验的提升，组织发掘了有能力、有担当的人才。凡事全力以赴，总会有人注意到你的。

20世纪的某天，美国一所普普通通的学校里，正在进行着每年都举办的越野赛跑。

一共46个高矮胖瘦各不相同的孩子在路上争先恐后地跑着，路边的行人不时地向这群奔跑的孩子们张望。

其中一个个子矮小的孩子是刚刚才入学的新生，他控制着自己的节奏，紧闭双唇表情严肃地跑在队伍里面。他才加入校田径队不久，没有人对他抱予希望。他得做出点什么让大家见识到他的潜力，于是他加快了步伐，努力想赶超前面的人。

但他毕竟是个新手，个头又小，步幅很小，跟那些大孩子相比，根本没有竞争力，于是他加快了步伐的频率，这才跟着前面队伍向前进。时间一分一秒地过去，由于体力下降，他的步频一点点降下来了。

后面的孩子一个一个地从他身边跑了过去。

他数着数着，发现跑在他前面的学生数目正在增长，他想要努力赶超，可是他步长就那么短，而步频也由于体力的下降没有办法保持在高频率。

但他还是努力地跟着大队伍向前奔跑。

终于，他到达了终点，回头张望，只有两个更加瘦弱的孩子远远地落在队伍后面。成绩显而易见，他"当之无愧"地排在了整个越野比赛的倒数第三名。

在终点，还有些孩子因为没有得到冠军而异常的沮丧，而这位倒数第三名的新同学却一脸泰然。

同学们渐渐地围住他，等待着他回答为什么跑了倒数第三名还是一副泰然自若的样子。

他笑了，带着自信对那些以得冠军为乐趣的同学说："我坚持跑完了全程，而且不是最后一个。"这，就是他骄傲的全部理由。

这个男孩就是海明威。小小年纪的海明威已经有了一套属于他自己的评价世事的标准，没有盲从于求好求全的成功观。冠军只有一个，可是因为环境、自身、条件等等的差异，不是得第一才算得上成功。只要你曾经做过百分之百的努力，对得起自己，对得起奋斗的过程，至于结果并不是我们能控制的，但求尽力便无愧我心。

海明威带着他的自信，参加过两次世界大战，他做过记者，还是最早到中国采访的美国记者之一，他还做过斗牛士、拳击手，打狮子的猎手和帆船上的渔夫。每一种职业，他都尽力而为。当然，这些精彩纷呈的生活为他的创作提供了无尽的源泉，他成为作家后这些都成了最好的素材。

1954年，海明威凭着一部两万余字的《老人与海》获得诺贝尔文学奖。在这部书里，他用简洁明快的手法写出了一个真正的老人和一片真正的海。他在《老人与海》里把他深刻领悟到的真理告诉了大家："人可以被毁灭，但不能被打败。"

全力以赴并不一定意味着成为冠军，它是对自己的要求和肯定，只要百分百的努力过，就是最值得骄傲和赞赏的。

编者寄语

全力以赴的起点是内心的信念，在于始终如一的追求，不可动摇的决心，更在于自我约束，关爱与真诚，无所畏惧，追求卓越，同时谦逊礼让。

全力以赴是逆境的克星，咬紧牙关坚持下来，无论被打倒多少次，总能再爬起来。

因此，确定了目标，就必须全力以赴。只要一如既往地坚持最初的热情，你就一定能成功！

生命不息，坚强不止

心 灵 导 读

每个人都有脾气、压力与无奈，尘世中没有哪一方净土能让人不受伤害。或许是学业的压力，或许是工作的困难，又或许是感情的挫折。面对周围的人，总觉得自己活得不够洒脱，冲破不了自己心中的藩篱，只能在自己和环境限定的圈子内，继续重复着日复一日的忧伤和欢乐。

可是，即使有一千个理由让我们暗淡消沉，我们也必须一千零一次地选择坚强面对。坚强，是我们活在这个世界的有力支撑，我们应始终以包容和柔和的眼光看待坚强。坚强，其实是一种自然而然的生活状态。

BBC的纪录片《初生之犊》将实时野生动物片和独特的故事相结合，讲述了一些世界上最特别的动物在生命最初、最脆弱的几周里接受生活的终极挑战。

第五集讲述的是猫鼬的故事。猫鼬是群居动物，它擅长挖洞，夜晚休息，白天活动。胡须家族，是一支由25只猫鼬组成的强大队伍，家族老大是只雌性猫鼬——厄尼莉。

当时正值一年中食物最为匮乏的冬季。猫鼬遭遇了比以往更为恶劣的环境——滴雨未下，食物紧缺。猫鼬幼崽能活到两个月大的概率只有50%。

为了找到足够的食物维持幼崽的生命，厄尼莉不得不冒险，带着全家进入沙漠。

　　纪录片中让我印象最深的是一只叫作欧内斯托的猫鼬，它夜晚在洞穴里被黄金眼镜蛇咬伤了。

　　一条黄金眼镜蛇的毒液，能毒死很多人，欧内斯托体重不到一公斤，却一直顽强地对抗着毒液。天亮时，它挣扎出洞，呼吸逐渐变得困难。

　　胡须家族其他成员察觉了欧内斯托的困境，却爱莫能助。

　　在荒凉的地方，猫鼬们各有各的难处，特别是要找到足够的食物。猫鼬们必须外出觅食，它们别无选择，只能将欧内斯托留下。

　　欧内斯托顽强地挣扎着追赶大家，蛇毒发作后，它几乎丧失了视力，全身麻痹，后因体力不支渐渐落在了后面。

　　镜头聚焦在欧内斯托独自趴在洞口，场面让人心酸。旁白说，这是猫鼬必须面对的残酷现实，它们生活在一个危险的世界里。每一天，它们都要面对毒蛇和其他致命天敌。它们之中，时不时就会有同伴丧命。

　　后来，欧内斯托再没出现，我以为，它已经死了，不由得难过。

　　两天之后，在纪录片快结束时，忽然不远处出现了一只公猫鼬的身影，镜头拉到近处时，摄像师欢呼起来，欧内斯托回来了。

　　虽然脸上留下了被毒蛇咬伤的伤疤，但它顽强地求生，熬过了难关，最终战胜了死神。它是一个真正的战士。

　　你不知道，电视屏幕前的我，已经热泪盈眶，忍不住为欧内斯托鼓掌喝彩。

　　猫鼬顽强的求生意志，是不是让有些人都会羞愧？

坦白地说，人生是由无数个艰难随机组合而成。这艰难里，有快乐，有幸福，有痛苦，有磨难。

恋爱失意，工作不如意，同事不友好，赚不到钱，买不起房，买不起车，养不起孩子，同学聚会与他人差距过大……

这种种挫折和困境，要如何解决？

仓央嘉措说："世间事，除了生死，哪一桩不是闲事。"

人生唯有一次的机会，你怎么舍得转手赠予死神。

活着是件多么美好的事情，世界上还有那么多曼妙的风景和美好的人，值得我们去看，去感受，去遇见。

只有好好活着，才有机会，不是吗？

像所有城里的孩子一样，王亦恺一直在父母手心里长大，要什么有什么，娇生惯养。他从小学习成绩优异，数学更是他的强项，他曾获得全国华罗庚金杯赛银牌、江苏省数学竞赛一等奖等各类奖项。2005年7月，王亦恺以高考632分、全班第一名的成绩，被东南大学建筑系录取。

就在一家人沉浸在快乐中时，一场悲剧却突然降临。2005年7月12日，为了庆祝家里乔迁新居以及王亦恺考上大学，父母决定为王亦恺买台电脑作为奖励。回家路上，王亦恺突然被一辆轿车撞倒，头部受到严重撞击，当场昏迷不醒。

短短一周之内，王亦恺经历了5次开颅手术，气管被切开，生命无数次告危。医生的结论是"死马当活马医，救活也是植物人。"好心人劝母亲"长痛不如短痛"，可母亲流着泪紧握儿子的手，说："不，我儿子会创造奇迹！"而东南大学在获知王亦恺的不幸遭遇后，迅速答应为他保留学籍一年。

漫长的抢救之后，王亦恺成了一息尚存的植物人。沉睡了10

个月之后，又如婴儿般睁开了眼睛——他醒了，却失去了所有的
记忆。头颅CT显示：王亦恺右半脑四分之三脑叶损坏，四个脑
叶只有枕叶相对较好，他除了左侧肢体偏瘫外，还有空间障碍、
视力偏盲、执行功能障碍等问题。他对着妈妈叫"阿姨"，身体
失去活动能力，连吃饭都要别人一口一口地喂。

接下来，王亦恺被父母背到南京、上海等地就医。上天见
怜，他慢慢可以下床了，装上器械依靠拐杖可以走路了。他像是
刚学会走路的孩子，走几步就跌倒，但就这样也让家人惊喜而满
足。半年后，他恢复了记忆，叫了一声"妈"，母亲的眼泪止不
住地流，不停地点头。

2006年8月，东南大学再为王亦恺办理休学一年。全家都看
到了希望。王亦恺玩命似的加倍进行康复训练，再苦再累都不叫
一声。每天在康复室里，他都是流汗最多的病人。

两年内，前后6次住进康复病房，经过6次针对脑神经网络
进行的"刺激"训练，加上母亲对他的悉心照顾，王亦恺奇迹
般地恢复了，除了左手活动不自如外，生活已能自理，智力迅
速恢复。

2007年9月，顶着有两块钛合金"补丁"的脑袋，王亦恺走
进东南大学的校门。刚一进宿舍，王亦恺就将一张纸贴到了自己
的床前，纸上是海明威的一句名言：人生来就不是为了被打败
的，人能够被毁灭，但是不能够被打败。

考虑到右脑受损，在运动能力和空间想象能力方面存在一定
缺陷，王亦恺从建筑专业转到了经济管理学院会计专业。

东南大学江宁校区校园很大，占地近4000亩，一个教学楼
和另一个教学楼离得很远，从教室到宿舍，从食堂到图书馆，中

间都有不少路程，还要上下楼梯，这对走路一瘸一拐的王亦恺是很大的挑战。

但他总是咬牙坚持，不论刮风下雨，还是严寒酷暑，从不缺席。天道酬勤，王亦恺顺利地考过了高等数学。

这样，他的学习劲头更足了，他明白了坚强的内涵就是把自己的事情做到最好！2011年5月，王亦恺以优异的成绩完成了30多门功课，取得了本科毕业证书。

2011年6月4日晚，东南大学举办2011年"最具影响力毕业生"评选。当主持人叫到王亦恺的名字时，他慢慢地站起来，向大家挥了挥手，走上台去。他的左腿有些不便，左手也"不太听话"，从第一排座位走到舞台中央，他微笑着，展开讲稿念起来："高三暑假遭遇严重车祸的我，在昏迷十个月后幸存下来，严重的脑外伤让我变成一个肢体二级伤残的偏瘫病人，而更大的不幸是严重的脑外伤让我的右侧大脑只残存了四分之一的脑细胞……"讲稿才念了个开头，台下已有同学在小声地抽泣。

"我必须坚强！命运将我推向悬崖，我不能跳下去！'半脑奇迹'是我留给东大的故事，而我带走的是一张沉甸甸的毕业证书。"那一刻，现场掌声雷动。最后评选结果是，王亦恺以绝对优势当选2011年"最具影响力毕业生"。

最近，王亦恺又被推选为"南京首届自强不息好青年"候选人。喜欢文学的他忙着整理自己的作品，希望能出一本自己的书，书名就叫《我的大学》。

"车祸让我的身心受到了严重的创伤，这是不可改变的事实，它把我甩出了同龄人的群体，把我边缘化了，在常人看来我是个异类，或许很多人更认为我是个废人，大学的四年生活完成了我的回归，找回了该属于我的那份自信。人生如织，车祸似箭，是结束，也是开始！"这样一段话，袒露了王亦恺的心路历程，明显比同龄人多了一份成熟和睿智。

脑细胞只剩下常人的四分之一，却没有抱怨，没有停止脚步，有的是意气风发、踌躇满志，同命运进行不屈的抗争，让梦想重新上路，王亦恺给我们上了很好的人生一课：生命不是要不要坚强，而是必须坚强！

编 者 寄 语

真正的酷是在内心。你要有强大的内心。要有任凭时间流逝，不会屈服的信念。给自己一个远大的前程和目标。记得常常仰望天空，也看看脚下。每一位成功者都走过不同寻常的路。这一路上挫折困难是家常便饭，只有选择坚强面对，才能够跨越关卡，走出一片光明。

任何不能杀死你的，都会使你更强大。

只有破釜沉舟，才能华丽转身

心灵导读

　　人的一生，求学，工作，结婚，育儿……或许会遇到"不可思议"的事，即便如此，也请你面对困难，努力坚持。

　　你的处境或许困难重重，或许残酷无情，或许荒诞不经，令你深恶痛绝。也可能遭到信赖的人背叛，令你深陷泥沼。

　　面对厄运连连的处境，要想不被打倒，只有下决心不顾一切地斗争到底，抱定不达目的不罢休的决心，用顽强的毅力坚持到最后，才能达成目标。

　　1994年，斯琴格日乐和伙伴们来到了北京，在他们即将被赶出招待所大门时，斯琴格日乐他们得到一个消息：三里屯附近有个酒吧新开张，通知他们去试唱。

　　试唱的结果是他们被录用了。晚上，斯琴格日乐将圈子里的朋友都叫出来一起吃饭。在酒桌上，斯琴格日乐喝了很多酒，迷迷糊糊地有人问她："你们去的酒吧到底是哪家啊？有时间我们好去捧场。"斯琴格日乐咯咯地笑了："真够义气，就在三里屯一个叫摇滚乐的酒吧。"

　　第二天上午，斯琴格日乐他们从睡梦中醒了过来，迅速地梳洗打扮之后，便拿着自己的乐器来到酒吧准备开工。到了酒吧门口，一推门，斯琴格日乐看到了昨天一起吃饭的朋友，"真的来捧场啊，这么给面子，等我今天拿到了钱，一起吃饭喽。"那几个人只是微微点一下头，支支吾吾不说话。这时候老板走了出来，对斯琴格日乐说："不好意思啊，他们愿意以比你们更低的价钱来这里唱，所以你们另谋高就吧。"说完老板转身走了，只剩下斯琴格日乐他们愣在那里。她无法想象，一个把朋友看得无比重要的人，最终会"死"在朋友的手里。

斯琴格日乐和吉他手的相恋是美好的，他们在一起13年。一天晚上，吉他手安静地坐在斯琴格日乐的身边："咱们一起回草原吧，这里的生活压力太大了。"斯琴格日乐摇摇头："不闯出个样子，我不回去！"听了她的话，吉他手的眼里闪过一丝失望："那我先走了，你累了记得回去。"第二天早晨，斯琴格日乐陪吉他手一起到了火车站，在站台上他们深情地拥抱在一起。此时斯琴格日乐似乎感觉到他的心已经走了，再也不会回来了。

吉他手走后，骑士乐队也散了。偌大的北京，只剩下斯琴格日乐一个人为了音乐在挣扎。那天唱完了晚场的斯琴格日乐回到新租的地下室时，桌上的电话响了起来，一种莫名的预感让她猜到是他。电话接了起来，足足有十几秒钟，那边只有呼吸的声音，熟悉的呼吸声。她轻轻地问："是你吗？"对方有了浅浅的叹息："我要结婚了，欢迎你回到草原来参加我的婚礼。"说完又是一阵沉默，随后电话就断了。斯琴格日乐举着电话僵住了：整整13年的感情真的结束了吗？可是她还记得当初他们说过要买最大的钻戒，要一直相爱到老的呀。带着这些回忆斯琴格日乐喝得大醉。

拿着吉他手的照片，斯琴格日乐泪眼模糊："也许这一切，都是我自己造成的，如果我们能一起回草原，也许今天我就是你的新娘。今天的一切我真的不怪你，我只是担心你，还有没有人会像我一样唱歌给你听？有没有人愿意跟你面对一切困难？"

失去了那个整整陪伴了13年的他，斯琴格日乐的天空一下子垮了，生活的滋味也变得苦涩起来。

一连几天的喝酒，一连几天的睡觉，斯琴格日乐已经身无分文。于是她只好提着一把贝斯来到平时排练的排练场，她将自己安置在排练场的一个角落里。

北京的那个冬天出奇的冷，斯琴格日乐只有一个薄薄的被单，被她当作被子盖在身上。当她一头栽倒在那张单人床上时，斯琴格日乐放声大哭，她什么都没有了，没有钱，没有家，没有一个爱她的人，而且更痛苦的是，此时她正身患肺炎。

因为发烧，斯琴格日乐头晕晕的，但她不敢给家里人打电话，她怕自己一拿起电话就会哭，她怕自己一时忍不住跑回草原去，她怕自己的虚弱会引起父母的猜疑。可是就在此时，斯琴格日乐的爸妈却因为半个多月未接到女儿的电话，急得像热锅上的蚂蚁。最后斯琴格日乐的爸爸连夜启程，从草原赶到了北京。

经过四处打听，斯琴格日乐的爸爸在排练场里看到了她，隔着玻璃他看到了自己瘦小的女儿正蜷缩在床上，她偶尔的咳嗽声使爸爸的心跟着颤抖。

爸爸坐在斯琴格日乐的床边，他掏出2000元钱，"我知道，你不会和我回草原，你有你的追求，爸爸不勉强你。这些钱你拿着，好好照顾自己，现在咱们去医院看病。"看着爸爸头顶的白发，听到爸爸的话，斯琴格日乐的心像被锥子扎："爸，对不起，我没能做出个样来让你和妈妈骄傲。但是我一定会努力的。我不去医院，北京看病太贵了，我现在想喝一碗小米粥。"听着女儿的话，爸爸的眼泪再一次流了出来，女儿如此简单的愿望在此刻显得那么辛酸。抹了抹泪水，老人家叹了一口气，"孩子，爸爸现在就去给你买。"

和爸爸在一起的日子让斯琴格日乐又找回了快乐，整个人一下子又鲜活起来。几天以后，爸爸要离开北京回家了。在站台上，斯琴格日乐说不出一句话，她只是哭，拼了命地抱住爸爸。她知道也许以后很长的一段时间，她都无法再将头埋进这个温暖的怀抱里了。

爸爸走后，斯琴格日乐又投入音乐中去了。此时，一个电话改变了她的命运："三里屯新开了一个叫男孩女孩的酒吧，你去

试试。"结果是令人欣喜的，斯琴格日乐真的成了那家酒吧的驻场贝斯手。也正是在那里，她结识了臧天朔，签约正大唱片公司，于是她的第一张唱片《新世纪》在2001年创造了大陆乐坛的一个神话，一举横扫了当年所有的最佳新人奖，随后而来的《寻找》，更奠定了她"中国女性摇滚第一人"的绝对地位。

想起从前那些辛酸与委屈，斯琴格日乐淡淡一笑："在辛酸的浪漫里，我已经学会了坚强。"

　　一点一滴不懈的努力，都是未来成功最好的铺垫。周星驰用10年的决心和付出，从1982年出演，到1992年走红，完成了票房神话。周迅同样用了10年的决心和努力，从没有规划的无名之辈一跃成为一线明星。

编 者 寄 语

　　追寻理想的路上，有时候我们会遭遇狂风暴雨，还有时候阳光太过暴烈。即便如此，也请保护好你渴望绽放的心。这颗心不死，就会等到机遇来临的那一天。

　　生命的能量，往往在你下定决心的时候，可以全部被激发出来。

　　希望你能了解决心的力量，在每次遇到困难的时候，激发出自己的生命潜能，勇敢地面对眼前看似不容易通过的挫折。

寒风冽冽，青松坚挺

　　成长之所以残酷，是因为它要将你不断地打倒，这个过程充满了疼痛、苦涩。可成长的美丽之处，正在于打倒之后的重新塑造。

　　当人生的磨难扑面而来时，越是困难，越要看到自己每一点细微的努力和改变。凭着这股韧劲儿，不断挣扎，某一天你会忽然发现自己好像换了一个人，变得更平静，也更有力量。

　　黑暗中，不要停下脚步，要自己去寻找光明。

　　下面是毕淑敏老师的一段回忆。

　　1969年，那时我不到17岁，就穿上军装从北京出发去新疆。我们坐上了大卡车，经过6天的奔波，翻越天山，到达了南疆的喀什。我的战友们几乎都留在了喀什，只有我们5个女兵又继续坐上大卡车，向藏北出发了。这一次，世界在我的面前，已经不是平坦的了，它好像完全变成了一个竖起来的世界。每一天的海拔都在升高，从3000米到4000米，从4000米到5000米，直到最后，翻越了6000米的界山达坂——它是新疆和西藏分界的一个山脉，进入了西藏阿里。我恍惚觉得这里已经不再是地球了，它荒凉的程度，让我觉得这是不是火星或者是月亮的背面？我记得大概在1971年，我们要去野营拉练，时间正好是寒冬腊月。我们要背着行李包，要背着红十字箱，要背上手枪，要背上手榴弹，还有几天的干粮，约60斤重。高原之上，寒冬腊月，滴水成冰，当时的温度大概是零下40摄氏度。

有一天凌晨3点钟，起床号就吹起了，上级要求我们今天要翻越无人区。无人区一共有60公里的路，中间不可以有任何的停留，要一鼓作气地走过去。因为那里条件特别恶劣，而且没有水，走啊走啊，在下午两三点的时候，我觉得十字背包的包带已经全部嵌到我的锁骨里面去了，勒得我一句话都说不出来，喉头发咸发苦，我想我要吐一口的话，肯定是血。

我在想，这样的苦难何时才能结束呢？我在想，为什么我所有的神经末梢，都用来忍受这种非人的痛苦？当时我就做了一个决定：我今天一定要自杀，我不活了，这样的苦难我已经无法忍受。

做了这样的决定以后，我就开始寻找合适的机会。找啊找啊，终于找到了一个特别适合的地方。那地方往上看是峭壁高耸，往下看则是深不见底的悬崖。我想，我只要掉下去，一定会死。但是在最后一刹那，我突然发现我后面的那个战友，他离得我太近了，如果我掉下去的话，我一定会把他也带下去的。我已经决定要死了，可是我不应该拖累了别人。

队伍在行进，这样的机会稍纵即逝，之后的地势又变得比较平坦，我再想找这么一个理想的自杀的地方，就不容易了。这样走着走着，天就黑了，我们也走到了目的地。60公里路就这样走过去了，背上那60斤的负重一两都不少地被我背到了目的地。当时我站在雪原之上，把自己的全身都摸了一遍——每一个指关节，自己的膝盖，包括我的双脚，我确信在经历了这样的苦难之后，我连一根头发都没有少。

那一天给了我一个特别深刻的启示：当我们常常以为自己顶不住了的时候，其实这并不是最后的时刻，而是我们的精神崩溃了；只要你坚持精神的重振，坚持精神的出发，即使是万劫不复的时刻，也可以挺过去。

我知道，年轻的朋友们，在我们的生活当中，会有各式各样的苦难，有时候一些家长会问我：您能告诉我一个方法，让我的孩子少受苦难吗？我说，我能告诉你的唯一可以确定的事情是，你的孩子必然会遭受苦难。

年轻的时候，我们的神经是那么敏感，我们的记忆是那么清晰，我们的感情是那么充沛，我们的每一道伤口都会流出热血。尽管有很多人告诉你们，年轻是一个人最美好的时代，但我还是想告诉你，年轻也是我们最痛苦的时候，我们会留下很多很多的遗憾，而最大的遗憾，就是断然结束自己的生命。我想这是对生命的大不敬。而且以我个人的经历来讲，那一天我没有结束自己的生命，我坚持下来了，我才发现，原来最不可战胜的，并不是我们的遭遇，而是我们内心的脆弱。

我们每一个人的生命，都是一张单程车票，我们每一个人都没有拿到回程的那张票，所以生命从我们出生那天开始，它就像箭一样射向远方，我们能够把握在自己手里的，就是此时此刻这无比宝贵的生命。

年轻的时候太容易看到好的东西，并受到诱惑，想着如果我也能拥有它们，那就太好了。但这个世界上太好的东西是永无止境的，而在我们的心里，能够燃烧起熊熊火焰，并且给我们的一生以指引和动力的，是我们对最美好价值的追求。

举我个人的一个小例子，我一直有看看这个世界的想法，在

2008年的时候，我终于用我的稿费买了一张船票去环球旅行。然而走了没多远，才走到南中国海，就听到了汶川地震的消息。当时船上有1000多个外国人，只有6个中国人。我当时提议，一定要为中国汶川发起一场募捐，但我们的团队里有人说，那些外国人要是不给咱们捐钱，我们多么丢脸呢。我说，我们是中国人，要不为自己的祖国做点什么，那才是丢脸呢。

我们商量着我们自己一定得捐美元和欧元，然后带动大家一起捐美元或欧元，这样的话，会让我们的捐款数字变大。这场募捐很成功，当所有的捐款都汇总到一起统计的时候，船长对我说，他完全没想到能够募捐到这么多钱，里面还有2000元人民币。我们很惊讶，谁捐了人民币呢？我们只有6个中国人，所以容易查，吃饭的时候，我们就互相问：谁捐的人民币？我们不是说了要捐美元和欧元吗？最后发现我们都没有捐人民币。后来我就问船长：这船上除我们以外还有中国人吗？他们说在深不见底的底舱，永远不能到甲板上来的那些工人里，有你们中国人。

之后我就下了船，回到北京把这个钱捐了。捐了之后，北川中学知道我回国了，就打来电话，希望让我到北川中学去当一次语文老师。因为我有一篇小散文，叫作《提醒幸福》，收在了全国统编教材初中二年级的课本里。

接到这个邀请后我有些犹豫，我不怕地震，可是我有点担心，因为我写的这篇文章的题目叫《提醒幸福》。可是在那样的大地震之后，他们的老师有伤亡，他们的同学有很多再也不能回到教室里，而我要去跟他们讲"提醒幸福"，在这个时候，幸福在哪里呢？

但是那一次北川中学之行，给予了我巨大的教育，因为北川中学初中二年级，所有的同学们会聚在一起，他们告诉我说，他们是世界上最幸福的人。我说，你们说自己是最幸福的人，你们能告诉我，你们的幸福在哪里吗？他们告诉我说："那么多人死了，我们还活着，这就是幸福！我们在马路上看到，全中国所有省份的汽车都来了，全国人民都在帮助我们，这就是幸福！在大地震才过去了十几天的时候，我们就可以继续上学了，难道我们还不是世界上最幸福的人吗？"

我听了以后真的热泪盈眶，我才知道在生死面前，最宝贵的东西是什么。所以当我们重新享有生命的时候，一定要把自己价值观中，那些最重要的东西放在前面。

毕淑敏老师对生命的感悟值得每一位年轻人借鉴。我们要珍惜青春的年华，树立正确的人生观、价值观，赋予生命更美好的含义。

编 者 寄 语

其实，对于人生来说，挫折、失败、打击和不幸等苦难，也是种子。只要我们拥有一颗不屈服苦难的心，这些苦难的种子，就会在我们的心血和汗水的浇灌下，开出美丽的花朵。

所以，最想放弃的时候，更要坚持。那个历经劫难后重获新生的你，更加坚强美丽，宛如破茧之蝶。

第 六 章

愿你历尽千帆，归来仍是少年

　　人生，就是一场远行，我们为了实现梦想跋山涉水，要记得自己的初心。经常回头望一下自己的来路，回忆当初为什么启程；经常让自己回到起点，给自己鼓足从头开始的勇气；经常净化自己的内心，给自己一双澄澈的眼睛。

　　不忘初心，才会找对人生的方向，才会坚定我们的追求，抵达自己的初衷。

你不坚强，谁替你飞翔

心 灵 导 读

挫折，最能历练坚强的品格。人生的路可能荆棘满地，可能布满陷阱，可能遭众人阻挠，但是如果我们足够坚定，就没有什么能阻挡我们的脚步。

其实每个人都可以做到坚强，命运掌握在自己的手中，只要你不沉湎于自怨自艾，肯于行动，你就一定会有所成就。

把苦难遗忘在时光里，化为生活的动力，坚强地活下去。苦难最终会变成一种记忆、一种力量。

20世纪70年代初，年轻的美国姑娘桑德拉·库特兹格在通用电器公司做销售员。那个时候，查询库存及生产信息这方面的管理非常滞后和原始，但因为一直以来都是这样，所以也没有任何人想过要改变这一切。

桑德拉结婚后要生孩子，她就辞职回家，准备在家相夫教子。然而还没等孩子满周岁，桑德拉很快就发现自己并不喜欢成天无所事事地过日子，那时候个人电脑刚刚兴起，酷爱学习新知识的桑德拉就花了2000美元在自己的卧室里安装了一台电脑。那时候的电脑远没有现在这么多的娱乐功能，只能做一些非常专业的工作，桑德拉就自学起了程序编写和软件设计，没到一年居然就小有所成，她为自己设计了一套统计每日收支的软件。

有一天，桑德拉突发奇想，电脑在各行各业的普及率一定会越来越广，以后依靠电脑完成的工作肯定会越来越多，她决定挑战自己，在自己的卧室里开办一家软件设计公司。丈夫得知她的想法后，非常反对，说："你要工作就正正经经地找份工作，不愿意工作就在家里好好做你的家庭主妇，你想在自己卧室里成就一番事业，简直是痴心妄想，更何况这种事情如果真能成功，也根本轮不到你！"

桑德拉却不这样认为，她觉得任何事情都有"第一人"，把自己的想法坚持下去，远比因为害怕失败而放弃更有意义。桑德拉想起了自己在通用电器公司上班时碰到的种种问题，决心要设计一款可以查询库存和提供生产信息的软件，如果真能设计出来，通用电器公司一定用得上，而且她敏感地意识到其他厂商也会需要这种软件。

从那以后，桑德拉几乎把所有的精力都投入到设计软件的工作中，有时候简直就到了废寝忘食的地步。功夫不负有心人。经过近半年的努力，桑德拉终于成功设计出了一套针对通用公司使用的试用软件，当她把这款软件介绍给当时的通用公司总裁琼森时，琼森兴奋得直催她尽快完成。

桑德拉看到了希望，于是就聘用了几个电脑工程专业的大学生，指导他们编写标准的应用软件来解决生产商遇到的每个问题，由于桑德拉的"公司"实在太小，所以吸引不到风险投资资金，她只能依靠自身的收入来发展业务。没钱买更多的电脑，她就想了一个非常有建设性的主意，她说服了附近一家惠普分公司的主管，让她的程序员在惠普公司下班后，进去使用公司的电脑直到次日8点，同时每个月付给惠普公司一定的租金。

就这样，几个月之后，桑德拉终于推出了一组名为"Manman"的生产管理软件，但当时桑德拉没钱雇佣销售人员，也没钱做广告，为了打开市场，桑德拉采取了独特的策略，她专门把客户瞄准了大公司，向通用、惠普、休斯敦等大公司销售，而这种销售本身就具有非常好的效应，没用多久，桑德拉就建立起稳定的客户群，而且业务量还不断地扩大。

1979年桑德拉公司的销售额已经达到了280多万美元，到1981年成功上市时，桑德拉公司的排名为全美第11位。现在，她的公司已经成为一个年销售额达4.5亿美元的软件王国。没错，它就是鼎鼎大名的美国ASK软件公司，而桑德拉就是"ASK女国王"。

桑德拉有一句常说的口头禅："有想法就去做，任何一个想法都有可能会改变你的一生。"确实，她的软件王国不就是在一个看似不可能的想法里缔造出来的吗？看来这不仅是一句励志的话语，更是桑德拉对自己的一个总结。时刻记住心中的目标，一直盯住前方，不要有半点的踌躇或犹豫，并以自己的每一步攀爬为起点，坚持向上，你也会成为自己的"女王"。

他是一位脑瘫患者，生活在爱尔兰一个单亲家庭里。他的

身体除了脖子和头部能够活动之外，其他部位全部瘫痪。不仅如此，因为发音神经末梢坏死，他不能说话。不过，他的大脑是清晰的，听力也没有任何障碍。而这些功能对于一个如此可怜的生命来说，恰恰是最痛苦的。因为，他有自己的思想，却无法用口说出来，也无法用四肢去实现。

在经历了无数次失败的自杀行动之后，他决定活下去，而且要坚强、精彩地活下去。

他的起点是从看电视开始的。母亲为了排除他的寂寞，在他的卧室里安装了一台电视机，并且把电视遥控器固定在床头，又往他的头上绑了一个兽角。这样，母亲不在的时候，他可以通过头部的移动来点击电视遥控器，从而完成电视频道的转换。

他终于可以"自理"了。虽然，这种"自理"只是调节电视频道，但他还是很高兴。因为，电视为他打开了一条心灵的通道。不仅如此，他很快从电视的字幕上认识了许多英语单词。一次，电视里播放了一个残疾人打字机的广告，他一下子喜欢上了那个东西。

母亲下班归来，他特意把电视调到那个广告上。开始，母亲并不知道他的意思，可是，他三番五次地让母亲看这个广告，母亲终于明白了儿子的意思：儿子想要一台这样的残疾人打字机。母亲马上把打字机买回来，在床头安装好。他用捆绑在头上的兽角打出了他人生中的第一句话："妈妈，谢谢你！"母亲看到这句话，奇怪地问："你怎么认识字？"他又打出来了一行字："我是跟电视学习的。我要写作，我要当诗人，当作家！"母亲一下子抱住了儿子的头，放声大哭。母亲滚烫的泪水落下来，打湿了他的脸颊。

虽然，他每敲一个单词都要付出巨大的代价，甚至会弄伤自己的头部，但是，他依然坚持着。终于，他发表了自己的处女作。他看着编辑部邮寄来的样刊和稿费，泪水禁不住涌了出来。这一年，他只有13岁。

自此，他的作品一发而不可收。他迷上了写作，甚至完全忘记了自己的处境，忘记了自己的残疾。他用坚强找到了青春的眼睛，找到了快乐和幸福。

他的名字叫克里斯多夫·诺兰。目前，他已经出版了《梦幻爆裂》《时钟的眼睛》等诗集和小说。他的作品以一位残疾人的眼光构造了许多虚幻而又真实的意境，讲述着残疾人的渴望和对生命的独特思考。他和他的作品激励了千千万万的人，打动了千千万万的读者，被网友们称为"少年乔伊斯"。

坚强是青春的眼睛。人的一生都会遇到挫折和不幸，但是，只要你拥有一颗坚强的心，你就会打开青春的眼睛，看到光明和希望。

编 者 寄 语

对于有些人，每迈出一步，都要付出比别人多百倍千倍的血汗。每迈出一步，都有那么一些事，支撑着自己走下去；都有那么一些话，支撑着自己的信念，找到坚持下去的理由。

最伟大的胜利，就是战胜自己。你要相信，命运在自己手中。每个人都有能力克服一切。我们可以变得更有自信，更从容自在。

在这个世界上，创造出奇迹的人，凭借的都不是一时的勇气，而是把最初的那点勇气坚持到最后。

勇敢到无能为力，坚强到感动自己

　　生活的意义，并不在于你是否在经受挫折和磨难，也不在于要经受多少挫折和磨难，而在于你是否坚持不懈。如果把经受挫折和磨难比作射击，那么瞄准成功的机会也是射击，但是只有经历了99颗子弹的铺垫，才会有一枪击中靶心的结果。

　　人生对于我们而言也许从来都不是一帆风顺的，而成功也绝不是人生中一场美丽的"意外"。每个成功人士的背后都曾付出了无数的艰辛和努力，也许正应了那句"不经历风雨，怎么见彩虹"。所以我们要学会勇敢和坚持，风雨中不屈不挠的经历才是最美丽的人生。

　　由于在阿富汗战场上踩到爆炸装置，英国记者吉尔斯·达利失去了双腿和左臂。从重伤中恢复后，吉尔斯在朋友的帮助下，拍下了冲击力极强的自拍照《成为故事》，毫不掩饰地展示他残疾的肢体和清晰可见的伤痕，照片随即在摄影界引起强烈反响，被评选为"有史以来最伟大的自拍照"。这既鼓舞了其他人，也让吉尔斯开始逐渐接受自己没有双腿和左臂的身体。

　　随着病情逐渐好转，吉尔斯发誓要重新学会走路。每天清晨7点，吉尔斯准时起床，然后装上假肢进行大量的康复训练。在训练过程中，他跌倒、失败过很多次，但通过坚持不懈的努力，他终于可以利用假肢慢慢地行走了。在逐渐适应用假肢走路后，吉尔斯便想继续从事他热爱的摄影工作，于是他拿起相机，又返回了阿富汗战场。如今他已经成为全球最著名的独臂战地摄影记者。吉尔斯在接受媒体采访时，说："我将那些不能杀死我的厄运，当作自己最好的助手，这促使我变得更加坚强。"

在这个世界上，从来没有真正的绝境，有的只是绝望的思维，只要心灵不曾干涸，再荒凉的土地，也会变成生机勃勃的绿洲。

演员黄渤成名前经历过很多坎坷，他曾在广州的歌厅驻唱。因为那里都唱广东歌，黄渤的粤语不比别人好，后来就转战东北唱粤语歌，人家以为他是香港的，他说对。有一年在东北参加"香港三星闹春演唱会"，黄渤和两个朋友打着"香港威猛演唱团"的旗号参与演出，排练完了，他舍不得打的，就坐公交车，被观众认出来，那人问你不就是演唱会那小子吗，怎么还坐公车呢？黄渤说感受你们当地人的生活。

在东北唱了一段时间，学会了各种演出套路，黄渤觉得这样唱下去没有意义，他开始慢慢退出这样的演出，进入人生的迷茫期。有一段时间，黄渤经历着精神上的痛苦，他说："我说的这个'苦'，很多时候是精神上的。那种苦不是我吃不上饭了，没地方住了，生活拮据了，更多的是你老觉得自己这一天天白过了，今年多大了，23了，明年24了，日历抽一张，随着马桶就冲下去了，你会有那种特慌的感觉，就觉得今天没做点什么。每天早上在床上坐着想半个小时我做什么，我觉得这个是挺苦的。"

黄渤也遇到过很多选择的机会。他姐姐觉得这么混下去不像回事儿，曾经叫他一起做生意，但是黄渤觉得他对演艺行业、对北京非常不舍，虽然目前没有方向，但是如果离开，就等于放弃曾经追求过的那段生活。直到出演《上车，走吧》，黄渤第一次做演员获得电影节的认可，他的内心很复杂，他觉得那是对以前歌唱事业的一个巨大的讽刺。他突然发现原来拍戏这条路适合自己。他也体会到人是可以变通的。当年雄心壮志的一帮人，有人坚持，有人转变。变化不一定就是背弃了当时自己的诺言，只要是做自己喜欢的事就好。

拍完《上车，走吧》，黄渤觉得自己火了。突然回家，在马路上有很多人认识他，他感到非常的喜悦。黄渤认为是软坚持，成就了今天的成绩。困难忍一忍，再试一下别的方式。黄渤一路走来，就是靠软坚持，不论唱歌、拍戏，遇到困难时不轻易放弃，凭着左右突围，一直冲着目的地往前走。喜欢他的观众称他为"喜剧之王"，黄渤表示自己距"喜剧之王"还差得很远，他觉得现在自己只不过有点儿特点而已，比起周星驰、葛优等人，自己演戏的经历还太少，应该继续保持谦逊和低调。黄渤以才华和幽默被观众熟知。我们看到了他的坚持，在有很多选择的时候，他依然坚守自己的爱好、理想，这些不知不觉的努力，感动了他自己，也感动了合作的同行，最终感动了观众。

编 者 寄 语

真正的勇气不是压倒一切，而是不被一切压倒。

正是在对未来没有任何希望的时候，一个人能坚持到什么地步，才真正体现出这个人有多坚强。

真正的强者，不是没有眼泪的人，而是含着眼泪奔跑的人。

居逆境中，周身皆针砭药石，砥节砺行而不觉；处顺境中，眼前尽兵刃戈矛，销膏靡骨而不知。——洪应明《菜根谭》

坚持自律，改变人生

心灵导读

人不会生来完美，但自律的人，懂得用适合自己的方式，把不完美一点点雕去，用毅力把自己的懒、馋关进小黑屋，变得更健康、更美丽、更优秀。

每一个放纵自己的人，都是输给了自己。其实只要你咬牙挺住一段时间就会发现，自律可以成为一种习惯。而一个约束不了自己、明知道不可为却为之的人，常常会感到沮丧、失落、愧疚，容易进入不思进取、得过且过的恶性循环。

自我控制是最强者的本能。真正的强者都是高度自律的人。你自律的程度，将决定你人生的高度。生活终会奖赏一个自律的人。

著名作家村上春树是一个严格自律的人。让我们来听听他的自述。我33岁那年秋天决定以写小说为生。为了保持健康，我开始跑步，每天凌晨4点起床，写作4小时，跑10公里。我是那种容易发胖的体质，我妻子却无论怎么吃也胖不起来，这让我时常陷入沉思："人生真是不公平啊！一些人无须认真就能得到的东西，另一些人却需要付出很多才能换来。"不过转念一想，那些不费吹灰之力就能保持苗条的人，不会像我这样重视饮食和运动。什么才是公平，还得从长计议。

几年之后，我终于步入小说家的行列，还成功减掉了多余的体重，并戒掉了烟瘾。说起坚持跑步，总有人向我表示钦佩：
"你真是意志超人啊！"说老实话，我觉得跑步这东西和意志没
多大关联。能坚持跑步，恐怕还是因为这项运动合乎我的要求：
不需要伙伴或对手，也不需要特别的器械和场所。

人生本来如此：喜欢的事自然可以坚持，不喜欢的怎么也
长久不了。在这期间，我坚持每年都参加一次马拉松比赛，不过
100公里长的"超级马拉松"只跑过一次，那次经历真是终生难
忘。那是1996年6月23日，我报名参加了在日本北海道佐吕间湖
畔举行的超级马拉松大赛，全程100公里。

清晨5点，我踌躇满志地站在了起跑线上。比赛的前半段是
从起点到55公里休息站间的路程。没什么好说的，我只是安静地
向前跑、跑、跑，感觉和每周例行的锻炼一样。

到达55公里休息站后，我换了身干净衣服，吃了些妻子准备
的点心。这时我发现双脚有些肿胀，于是赶紧换上一双大半号的
跑鞋，又继续上路了。

从55公里到75公里的路程变得极其痛苦。此时的我心里念叨
着向前冲，但身子却不听使唤，我拼命摆动手臂，觉得自己像块
在绞肉机里艰难移动的牛肉，累得几乎要瘫倒在地。

一会儿工夫，就有选手接二连三地超过了我。最让人心焦的
是，一位70多岁的老奶奶超过我时大喊："坚持下去！""怎么
办？还有一半路，如何挺过去？"这时，我想起一本书上介绍的
方法。于是我开始默念："我不是人！我是一架机器。我没有感
觉。我只会前进！"这句话反复在脑子里转圈。

我不再看远方，只把目标放在前面3米远处。天空、风、草
地、观众、喝彩声，现实、过去——所有这些都被我排除在外。

神奇的是，不知从哪一秒开始，我浑身的痛楚突然消失了，整个人仿佛进入了自动运行状态。我开始不断地超越他人，接近最后一段赛程时，已经将200多人甩在身后。下午4点42分，我终于到达终点，成绩是11小时42分。这次经历让我意识到：终点线只是一个记号而已，其实并没有什么意义，关键是这一路你是如何跑的。

人生也是如此。当时的我只有30多岁，但也不能称为"小伙子"了。这是耶稣死去的年龄。在这个年纪，我正式站在文学的起跑线上，虽然已不再年轻。自律，克制，才能活出人人眼中的励志史。那些坚持晨练的长寿老人，时刻忌口的苗条美女，又忙又有条理的职场强人……那些我们欣赏的、羡慕的、崇拜的人，他们都有一个共同的优点——自律。

我有位医生朋友，在癌症儿童的病房工作，他说那里的设计很特殊，孩子的病房里有电视、有玩具，却没什么医疗器材，完全看不出是医院。因为得癌症的孩子往往要长期住院治疗，必须让他们觉得自己是在家里，更不能让他们有恐惧感，所以打针、抽血这些例行的工作，都要在另一个房间做，到了时间，才把孩子带过去。

奇妙的是，刚开始带孩子过去的时候，孩子知道要打针了，都会又哭又闹地抗拒，但是如果每天定时做，过不了多久，孩子就会适应。有时候时间到了，小孩甚至会自动走到那个房间打针、抽血，再回自己的房间玩耍。好像那些痛苦的事，已经成为他们生活中理所当然的一部分。

还有一件事，我女儿初中的时候，因为不再去中文学校，我决定自己教。起初她找一堆理由，还发小姐脾气，说她学校的功课已经做不完了，没时间学中文。但是当我坚持每个星期天下午两点上课之后，她连吵几个礼拜不管用，后来到了时间，自己就去书房等着我去教课了。

我举这两个例子，是要谈谈学习的纪律。各位想想，为什么那些癌症病童起先抗拒打针、抽血，当他们每天必须定时这么做的时候，过不久，就不抗拒，甚至主动前往了？我的女儿又为什么一到上中文课的时间，就不再耍小姐脾气？因为当他们把工作，甚至把打针、抽血、上中文，都看成生活中不可逃避的一部分，习惯之后就不会觉得辛苦了。那些能写大部头的书、能有惊人创作力的人，都因为他们有纪律，每天维持一定的工作量，久而久之，累积出了了不得的成绩。

梁实秋先生跟我是忘年之交，我知道他每天天不亮就起床写作，他的第二任太太韩菁清对我说，梁教授早睡早起，她晚睡晚起，她不得不把早餐、午餐先做好，放在冰箱里，要梁教授自己用微波炉加热。即便如此，梁教授还是坚持天不亮就起来创作。

柏杨先生不也一样吗？他在监狱里，按时起床、按时读书、按时创作，一大套《中国人史纲》和《中国历史年表》，就这样经年累月地完成了。

当然我不是要大家也进监狱。只是，如果每个人都能在自己心里设个栅栏，自己告诉自己，我必须完成每天固定的工作，才能走出栅栏，这种锲而不舍的精神，绝对能使你成功。

作为新新人类，更得自我要求，设定工作目标，而且坚持到底，决不妥协。因为在未来，人们越来越可能成为独立工作者。不信你观察，现在是不是个人工作室越来越多？好些公司为了节省开支，不再聘用全职人员，而是改成把事情交给那些独立的工作室完成。时代的趋势是，人们越来越不必出门上班，而可以在家里工作。

当你在家里工作，做一人公司的老板，最重要的就是纪律。了解了这一点，无论你是上班族还是学生，都应该给自己设定一个生活的规范，为自己定个工作的时间表。

当别人没空做，你有空做，别人不能坚持，你能坚持，别人会妥协，你不妥协，别人觉得辛苦，你却乐在其中的时候，成功的当然是你。

编 者 寄 语

被称为世界上最帅的男人吴彦祖曾经发过一篇微博，大致意思是：

父母之言，尊听兮；工作之事，尽力兮；身之固本，自律兮。

大家喜欢他的，不仅仅是那张脸，而是因为脸传递出来的自律、克制、自持的生活方式。

你有没有为自己好好努力过一次？如果没有，从现在开始做起，总有一天，你会蜕变成一个完全不一样的人，一个更好的人。那种骄傲，就是你生命中最闪耀的时刻。

自律的人生真的好酷啊！

适时转弯，成就人生

　　谁见过笔直流进大海的河流？每个人要到达成功的彼岸，就必须学会在不同的环境下变通，懂得转弯。河流懂得转弯，才能流进大海。

　　我们每个人都是奔向大海的河流，在我们的人生之路上，不同的阶段有不同的环境。有些是树林，我们就缓缓流过去；有些是山峰，我们就想方设法绕过去。

　　人生最大的幸运不是我们能一帆风顺，而是我们掌握了不停变通的生存智慧。人们常说，每一项重大发明的诞生，都隐藏在我们转弯的黑暗处，只有不畏艰险，迎难而上才能成功。

　　麦瑞·格丽丝13岁时，想做一名出色的医生。

　　圣诞节，在床头挂上袜子时，她许下的心愿，是拥有一套完整的人体骨骼模型。那副被处理过的骨架，被父亲带了回来，但它不能塞进床头的袜子，只能摆在家中的猎物室里。这副模型是用金属挂钩把人体的骨骼组装起来的，麦瑞只用了两周时间，就可以把它完全拆卸，然后组装得毫无瑕疵。她有在手里攥一块白骨揣摩的习惯，这让她失去了不少朋友，孩子们当中，没有几个人喜欢这种阴森森的东西，她"怪人"的绰号不胫而走。在被霍普金斯医学院录取时，虽然没有实际坐诊经验，但就对疾病的深入研究来说，麦瑞或许不亚于一些在医学院学习了四年的学生。

她的特殊，让霍普金斯医学院决定破例允许一个新生提前跟随教授们研究课题，到医学院的附属医院去坐诊，学习实际诊断技术与经验。副校长说："为什么不呢？既然她已经为到'罗马'付出了那么多努力，我们不妨让她的速度更快一些。"在一次手术中，麦瑞发现，自己竟然晕血。当看到医师的手术刀割出剖口，鲜血涌出时，她四肢冰冷，头晕目眩，接着就昏了过去。麦瑞认为，自己不能就此止步。为洗刷耻辱，弥补缺陷，私下里，她在实验室解剖青蛙、豚鼠，她戴上墨镜，想通过看不到殷红色的鲜血来缓解自己的紧张，可是，这也失败了，她闻到血腥的味道，也会出现晕血的症状。

学校建议，麦瑞转修内科，这不需要与鲜血和手术接触。可大家都忽略了一点，内科的病人也有咯血等症状。查房时的再次晕倒，让麦瑞无法把握自己的前途。她心灰意冷，休学回到家中，常常在卧室里一待就是一天，甚至想自杀。最疼爱麦瑞的祖母决定找她谈一谈。那天下午，祖母拿着从《国家地理》上精心找出的一摞图片，来到麦瑞的卧室。她把那些美丽的风景图片一张张地展示给麦瑞看。麦瑞不理解祖母想向自己表达什么。看完最后一张图片后，祖母抚摩着她的头发，柔声说："孩子，这个世界上不仅仅只有罗马，只要你愿意，你完全可以到达同样美丽，甚至更加美丽的地方。"

看着祖母温暖的目光，麦瑞哭了起来。眼泪，冲走了她之前对于理想的所有憧憬。无论什么原因，当自己与目标不得不擦肩而过，或者永远无法重合时，强求只能是自取其辱，而方向不对，最好的方法就是半途而废，重新开始。麦瑞重新选择了一所大学。毕业后，她在报纸上看到关于风靡世界的芭比娃娃的讨论。"粉丝"们说，芭比的身体实在是太僵硬了，能活动的关节不多，眼睛不够大，与大家对她越来越像真人的期望相差太远。

麦瑞想起了组成人体的那些骨骼，想起了自己积累的知识。她进入Mixko公司，完成了芭比娃娃征服世界之旅的重要一步，她发明了骨瓷环，让芭比娃娃更接近真实的人体，赋予了芭比娃娃更宽的额头，更大的眼睛，更灵活、更多的活动部位。麦瑞无法想象，那个曾经固执的自己如果坚持下去，现在会是什么样子。或者一事无成，或者幻想着自己的罗马，但永远无法到达。其实，祖母说得直白，却无比的正确，世界上不仅仅只有罗马那么美丽，而前方，更不仅仅只有罗马。

励志语中出现频率极高的是"坚持到底"，它告诉人们做什么都要坚持到最后，这样就会取得成功。可是铁杵，一定要磨成针吗？其实磨成擀面杖也是有用的。有时坚持非要苛求到底，便成了"孤注一掷"，就钻进了牛角尖，难以回头。

华盛顿邮局每年都会有很多没投递出去的信件，这些信件因地址不详或其他原因，就被丢在邮局的角落里，时间长了，只有等待被销毁。

一天，一位小伙子来到邮局，说要帮助邮局处理这些信件，他将代邮局继续送这些信，并且承诺和邮局签合同，不但不向邮局要一分钱，还给邮局保证金。还有这等好事？邮局不花一分钱，还能有些收入，说不定还真可能有些收信人被找到呢，于是邮局同意了。接着，小伙子就骑着人力三轮车开始在华盛顿大街小巷寻找这些收件人。第一天，第二天，第三天……一个星期过去了，一无所获。小伙子坚持下去了，不过他并没有坚持到底。是他放弃了？不是，是突然峰回路转。

　　某天有人让他帮忙送一封急信，之所以选择他，不选邮局，是因为那人看到小伙子在大街上仔细寻找收件人认真的样子。

　　于是小伙子有了他的中途拐弯的职业，他开了速递公司，几年后他在美国开了138家分公司，他就是美国的速递大王——乔治·肯·鲍尼。

编 者 寄 语

　　人生的确需要拼搏，拼搏的确需要坚持，但坚持何必非到底？若眼睛只看目标前方，不如有时坚持到一半，向两边瞧瞧，抓住机会，及时向两边寻找岔路。毕竟地球是圆的，如果一直走向前，是会走回原地的。

　　要想成功，就要学会适时转弯。其实，生活中许多事情往往都要转弯。转弯是一种变化与变通，生命将因转弯而精彩。

人生只有一次，干了这碗鸡汤

心 灵 导 读

　　生命是人类的一场奇特之旅，是人生中最宝贵的东西，生命对于每个人来说，都只有一次。让我们永远记住《钢铁是怎样炼成的》中的主人公保尔·柯察金的一句名言："人，最宝贵的是生命；它，给予我们只有一次。人的一生，应当这样度过：当他回首往事时，不因虚度年华而悔恨，也不因碌碌无为而羞耻；这样在他临死的时候，他就能够说：我已经把我的整个生命和全部精力，都献给了这个世界上最壮丽的事业——为了人类的解放而斗争。"

　　稻盛和夫先生是日本的经营之圣，他对人生的领悟启发了很多人。让我们读读他的成长故事。

　　上小学时，稻盛学习不用功。老师布置的作业他经常不做，他常遭到老师的斥责，在走廊里被罚站，是一个成绩不好的学生。比起学校的学习，稻盛有更有趣的事情要忙。夏天，他在自家门前的甲突川捕捉鲫鱼、鲤鱼、虾蟹；冬天，他则在附近的城山上捉白眼鸟。

　　因为学习成绩差，上中学时，稻盛只好进入私立中学。那一刻，他开始后悔以前没有认真学习。因为在小学时没认真学算术，所以当学习代数和几何这些比较困难的数学科目时，他就跟不上其他同学了。于是，他把小学的课本翻了出来，花了一个月时间，又重新自学了一遍。很快，对稻盛来说曾经很难的数学，不仅跟得上了，还成了他擅长的科目，学习成绩在整个年级里数一数二。

但是，升入高中后，他又开始懈怠起来。放学后，他十分热衷于在学校的操场上打棒球。战争结束时，家里的房子被炸毁，家里已经变得非常贫困。作为家中次子，本应该好好帮助父母，稻盛却沉迷于玩耍。

直到有一天，母亲恳切地对稻盛说："我们家的条件和你那些有钱朋友不一样，你兄弟姐妹多，过着穷日子。你能不能稍微考虑一下你爸爸和哥哥的辛苦，为家里出点力？"稻盛想起了当初恳求家里允许他上高中时的情景，羞愧难当。于是，他痛下决心，再也不和朋友们打棒球了，一放学他就赶回家帮父亲做事。父亲那个时候正好开始手糊纸袋的业务，稻盛负责纸袋子的销售工作。

当时跟稻盛一样一放学就回家的，是那些认真学习的同班同学，他们都是要考大学的。从他们那里，稻盛借来了《萤雪时代》这本面向高考生的杂志。稻盛本来打算高中一毕业就找工作，根本就不知道有这种关于高考的杂志。在翻阅过期旧刊《萤雪时代》的过程中，他萌生出"原来还有这条路可走，那个世界我也想去"的想法。此后，在卖纸袋之余，稻盛全身心地投入学习中。本来在学校里他成绩就不错，也是从那时开始，更激发了他的学习欲望，所以，高中毕业时，稻盛的成绩在学校里已经名列前茅了。

遗憾的是，稻盛没有考上心仪的大学，只考入了本地鹿儿岛大学的工学部。因为没有钱，反而觉得这所能走读的大学对他来说正合适。以后的日子里，稻盛每天穿着拖鞋，披着夹克，从家里走去上学。

稻盛从高中的后半段开始就对学习产生了强烈的兴趣，在大学里他甚至成了学霸。由于对学问孜孜以求，所以从学校回家的路上他一定会顺道去一趟县立图书馆，借阅他最喜欢的化学书籍，回家后就如饥似渴地阅读起来。回想起来，稻盛觉得大学的四年，他比谁都用功，而且，考试成绩也非常拔尖。

稻盛本来并不擅长学习。凭着"想要学得更好"这种强烈的愿望，他一步一个脚印地持续努力，才获得真正的成长。

人生仅有一次，稀里糊涂，虚度此生，未免太可惜了。一步一步，不懈努力，持之以恒，精益求精，只要这么做，工作就能逐步提升，人生就能日臻完美。同时，这也体现了我们作为人的价值。

在植物的世界中，有成长较早、结果较早的"早熟"品种，也有成长较晚但会结出更大果实的"晚熟"品种。孩子也是一样，既有从小就聪明伶俐的，也有最初学习不好但其后逐步崭露头角的。所以，请相信自己的无限可能性，切勿虚度光阴，每一天都要全力以赴。

卡耐基有一次在成年班的一堂课上留下了一道家庭作业："在下周以前，去找你最想向他们表达爱的人，告诉他们，你爱他。"

一周后，在课堂上，卡耐基问他的学生是否有人愿意同大家一起分享其中的故事。一个中年男子站起了身，说："自从6年前我和父亲发生过激烈的争吵后，我们就开始彼此躲避，除了在圣诞节或其他不得不见的家庭聚会，我们避而不见，即使见面也从不交谈。所以，当老师布置下作业，我就想，也许这是个机会，以缓解我和父亲的矛盾。"

"晚上，我回到了父母家，按门铃，祈祷爸爸会出来开门——如果是妈妈来开门，我恐怕会失去告白的勇气。幸运的是，爸爸打开了门。我一点儿没有浪费时间，踏进门就说：'爸，我只是来告诉你，我爱你'。"

"父亲听了我的话，不禁哭了，伸手拥抱我说：'我也爱你，儿子。'这一刻如此珍贵，我甚至期盼时间能就此停止。但这不是我要说的重点，重点是两天后，从没告诉过我他有心脏病的爸爸忽然病发，在医院里结束了他的一生。"

"这一刻来得如此突然，我毫无防备。如果当时我退却，而没有告诉爸爸我对他的爱，那就意味着永远都没有机会了。所以我想对所有儿女们说：爱你的父母，不要迟疑，从这一刻开始吧！"

这是一个令我们感动，也值得我们深思的故事。

人生最悲伤的事情莫过于"子欲养而亲不待"。也许，年少时不能完全理解父母的爱，等自己也为人父母、理解了父母的苦心时，想给父母一点回报，尽点孝心的时候，父母可能已不在我们身边了。

比尔·盖茨曾说过这样一句话：在这个世界上，什么事情都可以等待，只有孝顺是不能等待的。时间如流水，青少年时期每

个人都有很多事情要忙，忙学习，忙游戏……等成人了，还要忙工作，忙事业。当我们认为拥有了可以孝顺父母的能力的时候，父母已经吃不动了，有的父母甚至已经远离了尘世。

所以，亲爱的读者，如果父母还在你的身边，一定要趁父母还健在的时候多为父母做点事，用实际行动来表达我们对他们的爱和感激。孝敬父母要趁早，不要等父母不在了才想起要孝顺，为时已晚，只能空留遗憾。

编 者 寄 语

在难得的生命里，每个人都希望尽力演出，不留遗憾。为了实现心中的理想和抱负，我们必须全力以赴！人生只有一次，不妨勇敢一些，去做你想做的事，去做让你充满生命力的事。

而推动这一切的动力，是因为有人深爱着我们。爱是一切的源泉，在成功快乐时，他们分享我们的喜悦；在痛苦失意时，他们给予我们拥抱、安慰与鼓励。因为有爱，我们才能成为真正成功的人。

感谢支持我们的人！感谢鞭策我们的人！感谢对我们不离不弃的人！感谢激励我们的人！感谢帮我们加油打气的人！感谢所有爱我们的人！让我们勇敢地创造美好的人生！

结束语

亲爱的青年朋友，当你羽翼逐渐丰满，正预备走上人生的征程时，你可曾想过未来的模样？

你可能是家里备受宠爱的孩子，也可能年纪轻轻就尝到了生活的艰辛，不论你有怎样的成长经历都没有关系，每一种经历都是人生最宝贵的财富。

生命的过程是最值得赞颂、最美好动人的时光，但它却永远不是一帆风顺的。命运对每个人都公平，不论出身，贫富贵贱，都一样会经受考验。

请你好好把握自己的内心，在顺利时提醒自己，在逆境中自我鼓励。

也请你珍惜亲情、友情，牢记自己并非孤立无援。

爱能抵挡所有的艰险，爱自己，爱他人，将令你获得无穷的力量。

希望有一天，当你走过所有的荣辱悲欢，历尽千帆归来之时，在你的脸上依然有灿烂的笑容，在你的胸中依然充满爱与光明。

祝福你，我亲爱的青年朋友！

创造机会的人是勇者，
等待机会的人是愚者

你若坚持，终将发光

廖晨\本册编写

张芳\主编

东北师范大学出版社
NORTHEAST NORMAL UNIVERSITY PRESS

长　春

青春寄语

　　人们常说，年轻时吃苦不是苦，是福气，这不是纯粹的心灵鸡汤，这是有逻辑基础的。年少吃苦，是种逆风飞翔的快乐，年老吃苦，是风中残烛的悲哀。先苦后甜，可以忆苦思甜；先甜后苦，只能催泪抑郁了。

　　生活是什么？就是苦中作乐，只有不断地坚持，你的未来才可能成功，才能有轻松的生活。如果你觉得很难，难得你受不了了，那你当然可以选择放弃；可当别人取得成功时，你就不要抱怨，不要后悔，不要遗憾。别人在坚持不住时选择了坚持，你在坚持不住时选择了放弃。原因不同，结果也不同。

　　稻盛和夫说过，一个人实现梦想最忌讳的就是缺乏坚持。那种朝三暮四的做事方式，绝对是成功最大的绊脚石。只有瞄准了方向，坚持不懈地走下去，才能扫除一切障碍，到达梦想的彼岸。坚持绝对不是说说而已，必须真抓实干，落实在行动上。在坚持的道路上，你会遇到各种拦路虎，有别人对你的否定与质疑，有你自己对自己的怀疑，甚至还有坚持后的没有实现理想的打击……如果这时候你放弃了，那就不是坚持，坚持的人必然要承载无上的压力，必然要忍受多重痛苦，忍常人所不能忍，方能成就别人无法取得的成就。

　　做一个不屈服于命运的人，我命由我不由天，如果我们的命运天生不好，那就用不断的坚持去改写自己的命运。不屈服于命运，坚持最初的梦想。只要坚持还在，未来就无限精彩。

名人名言

最可怕的敌人，就是没有坚强的信念。

——罗曼·罗兰

只有毅力才会使我们成功，而毅力的来源又在于毫不动摇，坚决采取为达到成功所需要的手段。

——车尔尼雪夫斯基

只要功夫深，铁杵磨成针。

——佚名

一日一钱，千日千钱。绳锯木断，水滴石穿。

——班固

一个人做事，在动手之前，当然要详慎考虑；但是计划或方针已定之后，就要认定目标前进，不可再有迟疑不决的态度，这就是坚毅的态度。

——邹韬奋

我之所以能在科学上成功，最重要的一点就是对科学的热爱，坚持长期探索。

——达尔文

无论什么时候，不管遇到什么情况，我绝不允许自己有一点点灰心丧气。

——爱迪生

我们最大的弱点在于放弃。成功的必然之路就是不断地重来一次。

——爱迪生

Contents 目录

为什么你**不能坚持**？

很多情况下，你刚开始做某事时信心满满，可是没过多久，就不知不觉犯了"懒癌"，所谓的坚持不知所踪。大家有没有想过，自己为什么不能坚持？问题到底在哪里？是自己对自己放松了警惕，还是外部因素对自己的影响？我们今天就一起来"吾日三省吾身"……

牢记儿时的梦想

心 灵 导 读

恐怕很多人都已经记不清自己儿时的梦想了吧。当我们懵懵懂懂时，肯定想过自己的梦想，那时候梦是甜的，是那么美好，可是随着年龄的增长，我们与梦想渐行渐远，早已忘记曾经美好的梦，现在就让我们一起重拾那美好的梦。

梦想是美好的，儿时的梦想更是美好的，后来的人生轨迹渐渐偏离了梦想的航向，你可能被生活的琐事困扰，可能被工作的压力烦扰，根本无暇顾及曾经的梦想，于是美好的梦想最终只是一个梦，只是一个幻想，你如果不去坚持就什么都做不到。

百岁夺冠梦

有个女孩一直坚持着自己儿时要做世界冠军的梦。为此，她每天都早早起床跑步，课余时间除了帮父母做家务就是参加各种体育活动。

后来，她不得不忙于学业；再后来，她又结婚、生子；然后要照顾孩子；孩子长大后，婆婆瘫痪了，她又要照看婆婆；接下来，她又要照顾孙子……转眼间，她已经六十多岁了。总算没有什么让她分心的事情了，她重新开始锻炼身体，想实现童年的梦。开始，她的丈夫总是笑她，说没见过一个六十多岁的人还能当冠军，后来却被她的执着感动，开始全力支持她，并陪她一起锻炼。三年后，她参加了一项老年组的长跑比赛。本来就要实现她的冠军梦了，谁知就在即将到达终点的时候，她不小心摔了一跤，她的手臂和脚踝都受伤了，与冠军失之交臂的她痛惜不已。

伤好了以后，医生却警告她，以后不适合再参加长跑比赛了。她沮丧极了，多年的心血白费了，难道冠军梦就永远也实现不了了吗？这时，她的丈夫鼓励她说："冠军有很多种，你做不了长跑比赛的冠军，可以做别的项目的冠军啊。"从此，她开始练习推铅球。

允许老年人参加的比赛并不多。七年后，她才等到了机会，报名参加了国外一场按年龄分组的铅球比赛。但就在出国前夕，她的丈夫突然病倒了。一边是等待了多年的赢得冠军的机会，一边是陪伴了自己大半生的丈夫，她最终放弃了比赛。

又过了很多年，她终于等到了世界大师锦标赛。这场赛事不仅包括铅球比赛，还不限制参赛选手的年龄，并按年龄分组比赛。不过，这项赛事是在加拿大举办的，离她的国家太远了。她的儿孙都不让她去，因为当时的她已经快八十岁了。虽然不能去，但她依然坚持锻炼。她坚信，自己有一天一定能当上冠军。

转眼又过去二十多年，2009年10月份，世界大师锦标赛终于在她的家乡举办了。来自全世界95个国家和地区的近3万名运动健将参加了这届全球规模的体育赛事。虽然当时的她已经年过百岁，但没有人能阻止她的冠军梦了。

那一天是10月10日，阳光明媚。她走上赛场，举重若轻地拿起四公斤多重的铅球放在肩头，深呼吸，然后用力一推，铅球飞出4米多远。这一整套流畅的动作让现场的观众惊呼不已，纷纷站起来为她鼓掌。她也凭此一举夺得了世界大师锦标赛女子100岁至104岁年龄组的铅球冠军。

记者问她："您这么大年纪还能举得起这么重的铅球，真是令人惊叹。您是怎么锻炼的？"她骄傲地回答说："我每周5天定期进行推举杠铃训练，我推举的杠铃足有80磅（约36.29公斤）。虽然我知道，只要我参赛就一定能获得冠军（在这个年龄段，能举得起这个重量，还能来这里参赛的人只有她一个），但那样对我来说太没意义了。我要向所有人证明，我不是靠运气，而是靠实力夺取冠军的。"她的话赢来了众人热烈的掌声。

她就是澳大利亚的百岁老人——鲁思·弗里思。

一个将梦想坚持了百年的人，魔鬼也许可以阻挡她实现梦想的脚步，却无法阻挡她梦想成真！对于鲁思·弗里思来说，梦想早已经深深地融入她的生命，这个冠军是对她儿时梦想的最好回报，是对于人生梦想的最好诠释。每个人现在都想要活出未来的样子，可又有几人真的能实现自己的梦，真的能一砖一瓦搭建起梦想的城堡？对比之下，我们不禁自惭形秽，百岁老人的人生轨迹就是最好的启示，不论成就有多大，起码她的人生早已了无遗憾。

只需做100次

这是发生在大学里的一件事，公共课"社会学"的老教授给大家出了这样一道题目：如果一件事的成功率是1%，那么反复尝试100次，至少成功1次的概率大约是多少？备选答案有4个：10%、23%、38%、63%。

经过十几分钟的热烈讨论，大部分人都选了10%，少数人选了23%，极个别人选了38%，而最高的概率63%却被冷落，无人问津。

老教授没做任何评价，沉默片刻后，微笑着公布了正确答案：如果成功率是1%，意味着失败率是99%。按照反复尝试100

次来计算，那失败率就是99%的100次方，约等于37%，最后我们的成功率应该是100%减去37%，即63%。

全班哗然，几乎震惊，倘若反复尝试一件事，成功率竟然由1%奇迹般地上升到不可思议的63%。

有一句名言是这样的："要在这个世界上获得成功，就必须坚持到底，剑至死都不能离手。"不要被一件看似无望的小事吓破胆，只要坚持去做，就肯定会有希望。就好比儿时的梦想，都看似很夸张，很难实现，但是有的人把这看似不可能实现的梦想变成了现实，谁说希望渺茫等于没有希望。

编 者 寄 语

怎么去坚持自己的梦想？恪守自己最初的梦不失为一个好办法。最初的梦代表了最原始的自己，是最纯真最真实自己的体现，当你坚持不住时，想想最初的梦想。

目标，只有一个

心 灵 导 读

　　一些有梦想的人在逐梦的路上通常为自己设立很多目标，既想要干这又想要干那，可是一个人的精力是有限的，没有多少人真正天资聪颖，有精力去完成那么多的目标。树立众多目标不如没有目标，目标都没有达成，反而浪费了大把时间与精力，到头来什么都没有坚持，什么都没有完成。因此，目标，我们只需要树立一个。

　　中国有句古话，百通不如一精。对于普通人而言做到百通很难，所以我们只需要一精，即树立一个既定目标，全力以赴去完成它，凝聚起自己人生的全部力量，集中火力去完成它。

目标益少

　　有人向世界著名男高音歌唱家鲁契亚诺·帕瓦罗蒂讨教成功的秘诀。帕瓦罗蒂提到自己问父亲的一句话。

　　师范院校毕业时，痴迷音乐并有相当高的音乐素养的帕瓦罗蒂问父亲："我是当教师呢，还是做歌唱家？"父亲告诉他："如果你想同时坐在两把椅子上，你可能会从椅子中间掉下去。生活要求你只能选一把椅子坐上去。"

　　帕瓦罗蒂选了一把椅子——做个歌唱家。经过七年的努力，帕瓦罗蒂才首次登台亮相。又过了七年，他终于登上了大都会歌剧院的舞台。

　　有两个以上目标等于没有目标。你的职业目标只能确定一个，这样才会凝聚起你人生的全部力量。如果帕瓦罗蒂选择了两个目标，在当教师的过程中利用业余时间来唱歌，那么帕瓦罗蒂很可能会成为一位称职的教师和业余的歌手，绝对不会成为一位殿堂级歌唱家。

其实我们只能从很多事中选择一个，多了反而让自己不精，不精则没有登峰造极的成就，成为某一方面的好手绝对不如成为这一方面的不可替代者。确定了职业目标，坚定信念、脚踏实地地走一条道路，哪怕这条路崎岖不平，同行者寥寥无几，你只要甘于忍受孤独和寂寞，在诱人的岔路口仍不改初衷，就会苦尽甘来，如愿以偿。

目标益易

巴黎一家现代杂志曾刊登过这样一个有趣的竞答题目："如果有一天卢浮宫突然起了大火，而当时的条件只允许从宫内众多

艺术珍品中抢救出一件，请问：你会选择哪件？"

在数以万计的读者来信中，一位年轻画家的答案被认为是最好的——选择离门最近的那一件。

这是一个令人拍案叫绝的答案，因为卢浮宫内的收藏品每一件都是举世无双的瑰宝，所以与其浪费时间选择，不如抓紧时间抢救一件算一件。

在成功的道路上，如果你确定了三个以上的目标，那么最佳的选择往往不是最绚丽最诱人的那个，而是离你最近、最容易实现的那一个。选择目标不可以好高骛远，不能贪多，一定要结合自己的实际，预判一下经过自己的努力能不能完成。选择自己力所能及的目标，相对来说比较容易实现。正如珍宝能拿出一件是一件，目标能实现一个是一个。目标不能求多、求难，结合自己实际、量力而行才是明智之举。

目标益实际

一位武术大师隐居于山林中，人们都千里迢迢来跟他学武。

人们到达深山的时候，发现大师正从山谷里挑水。他挑得不多，两只木桶里的水都没有装满。人们不解地问："大师，这是什么道理？"

大师说："挑水之道并不在于挑得多，而在于挑得够用。一味贪多，适得其反。"众人越发不解。大师笑道："你们看这个桶。"众人看去，桶里画了一条线。大师说："这条线是底线，水绝对不能超过这条线，否则就超过了自己的能力和需要。我开始还需要画一条线，挑的次数多了以后就不用看那条线了，凭感觉就知道是多是少。这条线可以提醒我，凡事要尽力而为，也要量力而行。"

众人又问："那么底线应该定多低呢？"

大师说："一般来说，越低越好，因为低的目标容易实现，人的勇气不容易受到挫伤，相反会激发更大的兴趣和热情。长此以往，循序渐进，自然会挑得更多、挑得更稳。"

脱离实际的目标形同虚设，在制订和规划自己的目标时，一定不要脱离自己的实际情况。自己确立的目标不能超过自己的能力和需求，应根据自己的实际，先确立一些小目标，在保质保量完成目标后就会信心倍增，很有成就感，进而鼓起更大的勇气去完成更高的目标。要循序渐进，最终实现自己的终极目标，还能避免许多无谓的挫折。

编 者 寄 语

　　我们每个人都渴望成功，但是成功的方式大同小异。所谓的成功学不过是总结别人成功的经验，让自己少走弯路。确立目标不求多而求精，不求难而求易，不求高而求实际。罗马不是一天建成的，成功不是一下子达成的，目标也不是一天可以实现的，我们只有在坚持的基础上，掌握正确的方法，才能一步步迈向成功。

哪里有洪荒之力

成功的花，人们只惊美她现时的明艳！然而当初她的芽儿，浸透了奋斗的泪泉，洒遍了牺牲的血雨。只有经历过地狱般的折磨，才有征服天堂的力量。只有流过血的手指，才能弹出世间的绝唱。

哪里有什么洪荒之力，靠的全是自己的坚持。当下，我们常把使别人突然成功的力量称作"洪荒之力"，可是没有自身平时日积月累的修炼，哪里会有突然而来的"洪荒之力"？量变积累到一定程度才会引发质变，没有不经历量变的质变。

笑谈中成就美谈

2016年的奥运会上，傅园慧说的那句"洪荒之力"虽然是一句笑谈，但是恐怕只有傅园慧自己知道在平时训练的时候吃了多少苦头，经历了多少辛酸才铸就她的洪荒之力。这位朴实无华的女孩忍不住自己内心的真情流露，激动地对记者说："每天的训练真的是太辛苦了，真的是这样子，自己受了很多的伤，能取得这样的成绩自己真的很庆幸。"

其实，我们天生就有着无坚不摧的洪荒之力。逼着我们往前走的，不是前面的诗和远方，而是身后的万丈深渊。泰戈尔说："除了通过黑夜的道路，无以到达光明。"是的，命运的路程很长，夜很黑，我们别无退路，只能克制所有的恐惧，咬牙走过那段独行的夜路。走着走着，天就亮了……

这"咬牙坚持"来自于比别人更多的坚持，付出更多的精力，甚至还要经历更多的痛苦。正如冰心所说："浸透了奋斗的泪泉，洒遍了牺牲的血雨。"

从羞涩女孩到为梦想奔波

从小，张韶涵就非常喜欢唱歌，但无奈家人和朋友都对她的歌声表示"不敢恭维"。在唱诗班里练习了一段时间后，她的歌唱才能渐渐显现。她的歌声开始受称赞，加拿大同学也开始喜欢邀她一同去卡拉OK唱歌，那时的感觉，是一种受到肯定的感动，令她永生难忘。

"我要成为歌唱比赛冠军！"15岁那年，在一个同学的生日聚会上，张韶涵终于大声向朋友们宣布了自己的理想。但是，正如她所料，回应她的是一阵善意的哄笑。因为唱歌不是一件很容易的事。而且，多年来，在加拿大的中学演唱比赛中，还没有一个华人得过冠军。最重要的是，韶涵平时文静乖巧，她真的有勇气走上舞台，在众目睽睽下放声歌唱吗？

但张韶涵一旦决定了的事，从不轻易放弃。她不断地鼓励自己，终于鼓起勇气报名参加了歌唱比赛。第一次走上舞台，她紧张的心情可想而知。而且比赛是残酷的，既不可能像平时在家里唱歌那般放松，也不像在唱诗班里那样，只要怀着一颗虔诚的心就足够了。舞台上，要面对的是严厉的评委和挑剔的观众，唱得稍有失误就会得到一个令人难堪的分数，令人无所适从。第一次的比赛，她紧张得都不敢看评委，手一直在抖，最后是哭着跑下舞台的，4分钟的时间，她整整在台上呆了3分钟，脑中因为紧张而一片空白，背得滚瓜烂熟的歌词完全想不起来；第二次比赛，韶涵上台时一紧张，脚下一绊，当场摔了一跤，十分尴尬；

第三次比赛，虽然还算顺利，但是她却连半决赛都没进就惨遭淘汰……一次又一次，她信心十足地报名参赛，却是屡战屡败。但她从未想过放弃，有比赛就想参加。那时候，张韶涵到处"露脸"，在华人音乐圈里开始小有名气，却没得到什么成绩，于是，当有人在某次比赛上再碰到她，总不免怀着一种取笑的心态打量："瞧，她又来了。"慢慢地，连朋友们也开始认为她执迷不悟，言语中夹杂了一丝嘲弄。

但是张韶涵绝对不允许自己服输，她把大家的嘲讽当作激励自己努力的动力，决定用实际行动来雪耻！为了打破"华人不能夺得冠军"的记录，张韶涵默默忍受着，奔波于各大歌唱比赛现场。短短两年时间，她就参加了20多场演唱比赛。在17岁那年，张韶涵终于拿到了她歌唱生涯中的第一个冠军！

如今的张韶涵已经是炙手可热的明星，其个人音乐造诣得到了圈内人士的一致好评，其嘹亮高亢的嗓音更是为大家津津乐道。张韶涵用自己的行动诠释了什么是隐形的翅膀，你能推我下悬崖，我能学会飞翔。为了自己的梦想敢于突破自己，改变自己的个性，为了梦想，执着下去，就会成功。

编 者 寄 语

逐梦的路上永远不会一帆风顺，只有自己不断坚持走下去，迎难而上，才能看到希望的曙光。从来没有什么洪荒之力，只有自己默默付出的汗水，找对自己的梦想，总有一天你会流露出欣慰的微笑。

你是否全身心投入

心 灵 导 读

　　每次开始一件事情时总是满心欢喜地奔向目标，可只有三分钟热度似乎是很多人生活的常态。想要实现的梦想有很多，可是因为没有坚持下去，最后都成了泡影。坚持说容易很容易，说困难又很困难，想要坚持下去要自律才行。

　　确实有一些人按照计划一步步来完成目标，但更多的人是实践几天以后就放弃了。"今天天气太冷，不适合跑步""晚上大家聚餐，不去不合适，课以后再听""昨天睡得太晚，早上实在醒不过来"……到最后，计划本上可能只有前三天打了对钩，剩下的白纸都是讽刺。

　　白天不努力，睡前发毒誓，醒来依旧走老路。前一秒为自己的不争气黯然神伤，下一秒在游戏的世界里风生水起。我们总是有太多理由去逃避，殊不知，纸上未完成的计划表满满都是你懦弱和无能的证据。

打不倒的欧拉

　　过度的工作使欧拉得了眼病，最终他不幸右眼失明了，这时他才28岁。1741年欧拉应普鲁士腓特烈大帝的邀请，到柏林担任科学院物理数学所所长，直到1766年，他在沙皇喀德林二世的诚恳敦聘下重回彼得堡，不料没有多久，他的左眼视力衰退，最后完全失明。不幸的事情接踵而来，1771年彼得堡的大火灾殃及欧拉的住宅，带病且失明的64岁的欧拉被围困在大火中，虽然他被别人从火海中救了出来，但他的书房和大量研究成果全部化为灰烬。沉重的打击仍然没有使欧拉倒下，他发誓要把损失弥补回来。欧拉完全失明以后，虽然生活在黑暗中，但仍然以惊人的毅力与黑暗搏斗，凭着记忆和心算进行研究，直到逝世，竟达17年之久。

1783年9月18日，在不久前才刚计算完气球上升定律的欧拉，在兴奋中突然停止了呼吸，享年76岁。欧拉生活、工作过的三个国家：瑞士、俄国、德国，都把欧拉看作自己的数学家，为有他而感到骄傲。

我不知道如果大家坚持下去的话，是不是就可以像欧拉一样成为殿堂级数学家，但我清楚地知道，只要努力坚持下去，我们都会比现在更好。很可惜我们身边的人很少去这样做，其实只要我们稍微约束下自己，有进步的想法，每天多花一点时间去学习，就会有很大的收获。

王小波说："人一切的痛苦，本质上都是对自己无能的愤怒。"我相信每个人都有这样的时刻，对自己恨铁不成钢，一次次迷茫，一遍遍神伤。既然会愤怒，说明我们对自己不满，既然不满，何不坚持梦想？有人会说，道理我都懂，就是做不到。

很多人会树立很多目标，想画画，想写作，想健身。但说实话，现代社会生活节奏这么快，领导整天追在后边要报表，要资料，很多人精力有限。因此我们应该明确自己的兴趣所在，从一而终。

当你坚持不下去的时候，想想曾经的付出。就像跑800米，刚跑半圈，你可能就会觉得呼吸急促，上不来气，但是你已经跑过了200米，在那200米里，你竭尽全力，如若中途放弃，还是得重新开始。那我们为什么不一鼓作气，坚持到最后呢？

还有，就是不要被外界的眼光干扰。你可能会因为害怕被说不合群，害怕别人调侃，而"被迫"放弃自己的计划。但是坚持过这一段岁月，当你变得更好了以后，别人对你更多的是佩服。况且，在你为梦想坚持的时候，大家更多没有表现出来的，其实是羡慕和嫉妒。

No与Yes之间

在伦敦的一家科学档案馆里，陈列着英国物理学家法拉第的一本日记。日记第一页上写着：对！必须转磁为电。以后的每一天，日记除了写上日期之外，都是写着同样一个词：No。从1822年直到1831年，每篇日记都如此。但在日记的最后一页，却写上了一个新词：Yes。

这是怎么回事？

原来，1820年丹麦物理学家奥斯特发现：金属通电后可以使附近的磁针转动。这一现象引起法拉第的深思：既然电流能产生磁，那么磁能否产生电呢？法拉第决心研究这一课题，并且用实验来验证。

接下来，法拉第实验、失败、再试验……九年的时光过去了，法拉第终获成功。他在历史上第一次用实验证实了磁也可以产生电，这就是著名的电磁感应原理。这一原理，日后引导了发电机的诞生。

开始只不过是一个简单的想法，但是法拉第对这个想法充满了希望，于是数年如一日，他潜心研究，不舍昼夜。从电生磁到磁生电的过程用了他整整九年的光阴，在无数的挫败下法拉第全身心投入自己的研究，从来没有想过放弃，其中的挫败感只有他自己体会得到，但是梦想之门也在他的努力下缓缓开启。就像一位数学家说过的：直觉告诉我微积分是充满希望的，我们应该呵护它成长。呵护一个想法就像呵护自己的孩子，在千万人的冷眼相对下，自己用尽全身心的爱去助它成长。

编者寄语

　　若是缺乏了一份坚持到底的恒心，法拉第可能一无所获。而对大多数人来说，人生最不能缺乏的，大概就是这样一份韧性了。并不是所有的坚持到底都能看到希望，但是所有的希望都必须坚持到底。

像蜗牛一样坚持

什么是成功？成功就是坚持对的事；什么是坚持？就是不舍昼夜地前进。一叶扁舟能到达彼岸，绝不是仅仅靠着永恒不变的目标，目标只是一个总体方向，付诸实践的是航行过程中蜗牛般的坚持。

蜗牛在向上爬时，如果掉了下来，它会义无反顾地重新开始，不管速度有多慢。所以在实现梦想的征程中，我们一定要学习蜗牛的精神，像它一样坚强。

给自己插上飞翔的翅膀

一百多年前，一位穷苦的牧羊人带着他两个幼小的儿子以为别人放羊为生。

有一天，他们赶着羊来到一个山坡上，一群大雁鸣叫着从他们头顶飞过，并很快消失在远方。牧羊人的小儿子问父亲："大雁要往哪里飞？"牧羊人说："它们要去一个温暖的地方，在那里安家，度过寒冷的冬天。"大儿子眨着眼睛羡慕地说："要是我也能像大雁那样飞起来就好了。"小儿子也说："要是能做一只会飞的大雁该多好啊！"

牧羊人沉默了一会儿，然后对两个儿子说："只要你们想，你们也能飞起来。"

两个儿子试了试，都没能飞起来，他们用怀疑的眼神看着父亲，牧羊人说："让我飞给你们看。"于是他张开双臂，但也没能飞起来。可是，牧羊人肯定地说："我因为年纪大了才飞不起来，你们还小，只要不断努力，将来就一定能飞起来，去想去的地方。"

两个孩子牢牢记住了父亲的话，并一直努力着，只为了心中的一个目标：能够飞上蓝天，遨游天际。等他们长大，哥哥36岁，弟弟32岁时，他们果然"飞"起来了，因为他们发明了飞机。这两个人就是美国的莱特兄弟。

心若在，梦就在；用心灌溉，梦想之花终会开。是父亲给了莱特兄弟飞翔的种子，莱特兄弟把这粒种子种在心间，小心灌溉，终于有一天这粒种子生根发芽，长成了参天大树。这就是蜗牛般的坚持，为了心中的梦想，义无反顾，从不言弃。

一个动作重复做

开学第一天，古希腊大哲学家苏格拉底对学生们说："今天咱们只学一件最简单也是最容易做的事。每个人把胳膊尽量往前甩，然后再尽量往后甩。"说着，苏格拉底示范做了一遍："从今天开始，每天做300下。大家能做到吗？"

学生们都笑了。这么简单的事，有什么做不到的？过了一个月，苏格拉底问学生们："每天甩手300下哪个同学坚持了？"有90%的同学骄傲地举起了手。又过了一个月，苏格拉底又问，这回，坚持下来的学生只有八成。

一年过去了，苏格拉底再次问大家："请告诉我，最简单的甩手运动，还有哪几位同学在坚持完成？"这时，整个教室里，只有一个人举起了手。这个学生就是最后成为古希腊另一位大哲学家的柏拉图。

开始所有人认为如此简单的动作，做起来毫不费力，但是随着时间的推移，一天天过去，坚持做这么简单的工作的人随之减少，最后只剩下柏拉图一人能够完成。因此，柏拉图的成功绝不是偶然的，他的坚持，他的毅力无人能及，他的成功是必然的。

世间最容易的事就是坚持，最难的事也是坚持。说它容易，是因为只要愿意做，人人都能做到；说它难，是因为真正能够做到的，终究只是少数人。成功在于坚持，这是个并不神秘的秘诀。

想要取得成功并不容易，因为要坚持信念和梦想；想要取得成功很容易，只要坚持信念和梦想。这个社会非常浮躁，很容易出现两极分化的人群。一边是死守在自己生活圈的人，因为贪图安逸，没有什么追求。尽管也算是坚持，但没有梦想的支撑，这种坚持恐怕也只是空壳。另一边是只有梦，总是幻想一夜暴富，不付出半点力就想实现梦想的人。每个人都要把自己打造成一只全副武装的蜗牛，努力奔向自己的目标，在追逐梦想的路上不断坚持，心中存着大方向坚定不移，紧随时代的潮流，永远不落伍。

编 者 寄 语

没有不经风雨就出现的彩虹，梅花香自苦寒来，没有随随便便的成功。坚持的路上一定会伴随着无数人的嘲讽、质疑，我们此刻一定要有咬定青山不放松的信念，蜗牛虽小，却能坚忍不拔，终将抵达胜利的彼岸。

第 二 章

不是所有事情**都要坚持**

　　一些人对一些事特别执着，美其名曰"坚持不懈"，哪怕是在不断碰壁的情况下也在"执着"，殊不知这时的坚持早已经变了味，坚持不再是坚持，而是转化成了固执。坚持，一定要坚持有意义的事，有价值的事，这件事值得自己去做，并且有可能成功，若是坚持那些天马行空的事情，只能叫不切实际的幻想。我们不要做唐·吉诃德，要做越王勾践，学会辩证地看待问题。

放弃，不是软弱

　　是否真的要不顾一切去追寻遥远的梦想？是否真的要奋不顾身去实现自己的愿望？是否真的要用尽全部精力完成求而不得的事？很多时候我们口中的梦想，只不过是自己的梦，客观条件制约我们难以实现它们，这个时候选择放弃，不是一种软弱。

　　追逐梦想的前提是对自己有一个客观公正的评价，不要好高骛远，去追逐一个自己根本完不成的目标，这是不切实际。确立的梦想要在自己力所能及的范围内，通过自己的努力可以完成再去做。

寻找属于自己的风景

　　她问："你能买得起任何自己想要的东西吗？"

　　我说："能。"

　　她说："你真有钱。"

　　我说："不是我有钱，而是我有自知之明，不再总想要自己买不起的东西，去奢望跳起来都完不成的愿望，我明白能得到什么，该放弃什么，知道有些风景注定不属于我，所以，不给自己找麻烦和遗憾。"

　　她说："这么轻易就放弃，你难道没有梦想？"

　　我想了想，说："曾经有位朋友用听起来有点刻薄的语言形容过梦想和梦的区别——使出吃奶的劲去坚持之后能得到

的，都是梦想；而全力争取之后也得不到的，都是梦。我觉得
这很真实。"

　　然后，她追问："不是要坚持吗？不是要努力吗？不是要用
尽全力追逐梦想吗？"

　　我们再努力也别忘记，世界上终究还有另外一种存在——无
论如何争取都得不到的东西，因为有些风景注定不属于你。很多
时候我们确实努力了，但是结果却让我们大失所望，不是自己不
够努力，是自己的目标太高，自己在短期内无法实现。最后换来
的只有悲愤和沮丧。生活中很多的事情我们是永远无法做到的，
我们不是神仙，必须接受这个现实。有些风景我们看不到，但是

并不妨碍我们把属于我们的风景尽收眼底。

这不是懦弱

多年前朋友去高原旅游，出发前导游问大家是否有高原反应，其实朋友有一点，但觉得山峰海拔不到4000米，还有缆车，所以偷偷跟着去了。

缆车上升时，朋友已经觉得越来越不舒服了，在山顶待了5分钟，朋友头晕恶心，但他不想打扰周围的人欣赏风景的心情，所以尽力忍住。

身边不时传来各种惊叹，为了一朵壮观的云，或者一座泼墨画般的山峰，但朋友丝毫体察不到这些美，他闭着眼睛，脸色苍白，呼吸困难直想吐，最终，大家为了迁就他，只好全部提前下山。

到达山脚呼吸到浓郁的空气，幸福感扑面而来，他说："此刻任何美景，都不如舒适重要。"

导游笑着说："你这种'低海拔'体质以后不要挑战'高海拔'风景，湖区和平原一样很美，人一辈子不可能看全所有风景，有些美景注定不属于你。"生活中，有多少痛苦来自于我们用"低海拔"的体质挑战了"高海拔"的风景？一个买不起的东西，一个爱而不得的人，一件总也做不好的事，它们都是"高海拔的风景"，并非人人可有，在强求的过程中反而把自己弄得神经紧绷，得不偿失。

我见过很多"过度用力"的女孩，包括曾经的我自己，我们活得铁骨铮铮咬牙切齿，身上有种"每一根钉子都是自己挣来的"努力，我们心里有好多委屈，觉得我们都那么努力了为什么还是得不到、做不好、买不起、爱不成？我们的心里充满了努力而不得的戾气。

戾气太多会驱散生活的和气。我的建议是：用你最舒服的方式，一点点接近目标；真做不到，也懂得调整方向。承认并且接纳得不到，放弃无用功，把手中的牌打得舒服，而不是只注重输赢，也是生活的必修课。

抛开戾气，和和气气地生活，普普通通的日子尽管给不了轰轰烈烈的答案，但是，时光自有积少成多的力量，在某个转角给出惊喜。那时，你再也不会为买不起的东西、得不到人、做不成的事懊恼不已，你想要的，已经尽数握在手里。

编 者 寄 语

转角遇到爱，你在失去的同时可能会得到意想不到的收获，既然不是自己的又何必强求，没有得到你想要的，你可能会得到更好的。不要在乎一时的得失，人生的成败不在一时，暂时的放弃，对自己来说是一种解脱。我们可以暂时放弃，这不是软弱，是暂时的蓄力待发。

坚持不必到底

心 灵 导 读

　　从小到大，我们耳边一直充斥着这样的声音：坚持到底！
什么是坚持到底？到达生命的什么程度叫作到底？不论任何
事都要坚持到底吗？答案是否定的。

　　明知不可为而为之，就进入恶性循环的牛角尖，非但没有成
就，反而浪费大把的时间。坚持很重要，但是为什么而坚持同样
很重要，方向没有了，就没有必要再去坚持。

坚强与愚蠢的蚂蚁

　　一只蚂蚁沿着光溜溜的瓷砖墙往上爬。一次又一次，它摔
了下来；一次又一次，它又执着地努力向上爬去。一个人看到这
一幕后感慨道："多么坚强勇敢的蚂蚁，失败了毫不气馁，继续
向目标努力。"另一个人看到后则感叹道："多么愚蠢可怜的蚂
蚁，简直太盲目了，假如它改变一下方式，也许很快就能到达目
的地。"

　　面对生命里不期而遇的挫折，我们通常有两种选择：一是
沿着既定的路继续走下去，不屈不挠；一是当道路堵塞时，换一
个方向实现生命的突围。对前者，我们曾奉献过太多的掌声；对
后者，我们常冷嘲热讽，说这样的人是懦夫，他们只知道投机取
巧。然而，生活一次又一次用铁的事实嘲笑了我们的偏执与无
知——它一次次地让后者品尝成功的甘甜。

思路转换发现天花疫苗

18世纪，天花这个可怕的瘟疫在整个欧洲蔓延，还被勘探者、探险家和殖民者传播到了美洲，人们因为天花难以遏制的传染而惶恐。英国著名医生爱德华·琴纳忙于解决天花这个难题，他研究了许多病例，仍未找到可行的治疗办法。后来，他把思路放到了那些未染上天花的人身上，最后终于发现挤奶女工因为从牛身上得到牛痘而不会得天花，他提取了微量牛痘疫苗，接种到一位八岁男童的胳膊上。一个月以后的试验结果证明，他找到了抵御天花的武器。琴纳由此而成为"天花疫苗接种的先驱""免疫学之父"。

其实，对生活中的很多问题，当我们无所适从、茫然不知所措时为何不换一种思路呢？一条道走到黑往往不是明智之举，"山重水复疑无路"的时候，换一个方向，拐一个弯儿，你就能体会到"柳暗花明又一村"的惊喜。

困境往往意味着一个潜在的机遇，关键就看你有没有发现机遇的那双慧眼。

坚持不必到底，有多少坚持配得永远，又有多少永远值得坚持？人的一生想得到的东西太多太多，当无法拥有时，我们应该学会而且必须学会放弃。选择放弃，需要的不仅仅是勇气，更多的是对人生的透彻领悟和一种超然的境界。

生活要求我们学会争取，也要求我们学会放弃；要求我们在一些事情上坚持，也要求我们在另一些事情上退让。什么也不愿放弃的人，最终什么也不会得到。

坚持不必到底，我们既要坚持该坚持的，又要放弃该放弃的。坚持该坚持的是执着，坚持不该坚持的是无知；放弃不该放弃的是懦弱，不放弃该放弃的是愚蠢。

半途而废成就速递大王

以前，华盛顿邮局每年都会有很多没投递出去的信件。这些信件因地址不详或其他原因而找不到收件人也退不回去，就丢在邮局的角落，时间长了，只有等待被销毁。

一天，一位小伙子来到邮局，说要帮助邮局处理这些信件，他将代邮局继续送这些信，并且承诺和邮局签合同，不但不向邮局要一分钱，还给邮局保证金。还有这等好事？邮局不花一分钱，还能有些收入，更好的是说不定还真可能有些收信人被找到，于是邮局同意了。接着，小伙子就骑着人力三轮车开始在华盛顿大街小巷寻找这些收件人。第一天，第二天，第三天……一个星期过去了，他一无所获。

小伙子坚持下去了，是他放弃了？不是，是突然峰回路转。某天有人让他帮忙送一封急信，之所以选择他，不选邮

局，是因为那人看到小伙子在大街上仔细寻找收件人的认真和真诚。于是小伙子有了他中途拐弯的职业，他开了速递公司，几年后他在美国开了138家分公司，他就是美国的速递大王——乔治·肯鲍尼。

励志语中出现频率极高的是"坚持到底"。它告诉人们做什么都要坚持不懈到最后，这样就会取得成功。可是铁杵一定要磨成针吗？其实磨成擀面杖也是有用的。有时非要苛求坚持到底，便成了孤注一掷，就钻进了牛角尖，难以回头。

人生的确需要拼搏，拼搏的确需要坚持，但坚持何必要到底？若眼睛只看前方目标，不如有时坚持到一半，向两边瞧瞧，抓住机会，及时向两边寻找岔路。毕竟地球是圆的，如果一直走向前，是会走回原地的。

编 者 寄 语

人生有两驾马车，坚持与方向。若是坚持没了方向，那是不撞南墙不回头，白白地浪费力气，到头来事倍功半；若是目标没了坚持，那是心血来潮，终究一事无成。听惯了太多的坚持到底，不妨想一想很多事情没必要孤注一掷，钻牛角尖。我们要在适当的时候善于发现并且抓住机遇，然后付出自己的努力，这时候的坚持到底才会事半功倍。

坚持做自己

> 真的每件事都要去坚持吗？看到别人怎么样，自己也盲目跟风，坚持走别人的路，却不考虑自己的实际情况，最后越走越歪，自己变得不是自己了，把自己给学没了。

"东施效颦"的例子是最好的证明，一味地不结合实际，去盲目跟风学别人，最后只能学成四不像，成为众人的笑柄。无论外界发生怎样的变化，不管风吹雨打，我们都要坚持做自己，坚持自己的路，毫不动摇，不受任何外界的打扰。千磨万击还坚劲，任尔东西南北风。

毛毛虫的悲哀

毛毛虫有种"跟随者"的习性，只顾跟从前面的虫子爬，把它们排成一个圈，首尾相接，整个毛毛虫队就无始无终，每个毛毛虫就跟着他前面的虫子爬啊爬，周而复始，最后精疲力竭。不难看出，毛毛虫失去了自己的判断，盲目跟从，从而进入了循环的怪圈。所以说要拒绝盲从，要坚持做自己!

我们以为跟随大众的步伐就能够到达胜利的彼岸，我们以为大多数人觉得对的事就是真理，我们以为跟随大众的步伐总是没有错，我们以为……殊不知还有一句话，叫作"真理掌握在少数人手中"，改变你能改变的，接受你无法改变的，学会区分这两者是我们一生都要学习的智慧。能够改变而不去改变，就可能沦为平庸之辈，能够改变并且敢于改变，坚持做自己，很可能会开创另一番天地。

在生活中坚持自我

在生活中亦步亦趋是要不得的，要坚持自己的想法，坚持走自己的路。生活中看到别的同学穿名牌衣服、名牌鞋子，别人用最新款的电子产品，自己就由衷羡慕，不去考虑自己家庭的经济状况盲目向家长索要，别人怎么样自己就非要怎么样，觉得自己不跟随就沦为俗人，不再是圈子里的人。盲目跟风，不坚持做自己，没有自己的主见，终究是一事无成。要知道人的差别是天然存在的，这是无法改变的客观情况，与其羡慕别人是富二代，不如自己努力赚钱将来让自己的孩子成为富二代。这才是生活的强者。

你要是一直为了你改变不了的不公平抱怨、想不开，和别人攀比那些超出你能力范围的东西，那你跟人家的差距会越来越大，让自己陷入困境。魔云兽说："攀比如果能带来奋进的动力，那很好。但大部分时候，它带来的只是财务透支、强烈的不平衡感以及无力的抱怨，并极有可能把生活拖向深渊而举步维艰。"

坚持做自己不仅表现在物质方面，更重要的是精神方面，我们要有自己的独立人格，对事情有独立思考的能力，不盲目跟从别人的观点与看法，要有自己的主张，并且敢于坚持真理，坚持自我。环境不会因为你的抱怨而变得公平，如果我们暂时无法改变社会，至少我们每个人要坚持自我，坚持自己的初心，坚持自己的本来面目。

坚持自己的想法

生活中总是有很多人看到别人怎么样自己就去怎么样，本来已经是想好坚持做一件事了，事情刚开头，看到别人做的另一件事很出色，在别人的稍微劝说下，自己就开始动摇，对自己的目标不够坚定，对自己的事业不够热诚，这样终究是一事无成。在走向成功的路上，朝三暮四，朝秦暮楚，是要不得的。今天觉得这个好就去学这个，明天觉得那个好就去尝试那个，这样终究是一事无成的。

善于听取别人的意见是好事，可以博众家之长，取长补短，完善自己的不足。但是，一味地听取别人的意见，别人说什么就是什么，看到别人怎么样自己就怎么样，自己毫无主见，这样的人终究会一事无成。古人云：小事依众谋，大事当独断。说的就是在大方向上一定要坚持自己的想法，原则性问题一点都不能变，我们一定要坚持做自己，坚持自己的人生道路，走出自己的康庄大道。

编 者 寄 语

　　坚持做自己，对自己来说是一种尊重，是一种本我的体现。穿衣打扮有好多种风格，每个人的风格是不一样的，这是在长久人生观的基础上形成的，别人这样穿很漂亮，但却不一定适合自己。我们不要沐猴而冠，要坚持做真我。

可以坚持，别太执着

心 灵 导 读

在现代汉语词典里，执着被解释为：指对某一事物坚持不放，不能超脱。执着本是佛教用语，在佛教里，不能超脱，即是不圆满。用现代语说，即不幸福。坚持本是一件好事，但是过分坚持就是过分执着，执着过了头，人非但看不到希望，反而会走很多弯路。

文雅地说，执念是认真、坚持；从行为病态上来说叫作强迫症。执着是一个人做事的态度，是一个人处世的哲学，从这个层次上讲并没有什么问题。但是如果运用不当，执着在有些场合会变成认死理、钻牛角尖。因此要学会分清你是在坚持一件有意义的事，还是认死理对某件事抓着不放。

执着的徒弟

一对师徒走在路上，徒弟发现前方有一块大石头，他就皱着眉头停在石头前面。师父问他："为什么不走了？"徒弟苦着脸说："这块石头挡了我的路，我走不下去了，怎么办？"师父说："路这么宽，你怎么不会绕过去呢？"徒弟回答道："不，我不想绕，我就想从这个石头前穿过去！"师父问："可能做到吗？"徒弟说："我知道很难，但是我就要穿过去，我要战胜它！"

经过艰难的尝试，徒弟一次又一次地失败了。

最后徒弟很痛苦："连这个石头我都不能战胜，我怎么能完

成我伟大的理想！"师父说："你太执着了，你要知道有时坚持不如放弃。"

当你强行做而又做不到一件事的时候，必然会变得浮躁，你不妨学会放弃，放弃痛苦的追求。很多时候，坚持未必会成功。如果你百般努力却成功无期，你可以选择放弃，换一个活法，那会给你带来新的契机，或许你会因此而惬意无比。

追求完美到残缺之美

发现骨癌是两个月前，那时他正在办理出国去澳大利亚的手续，他相恋多年的女友在那里。他们约好这个冬天一起去滑雪。拿到签证的时候，他高兴地飞奔，去给女友打长途电话，路上他摔倒了。右腿软软的，抬不起来，去医院检查，发现是骨癌。医生让他立刻住院动手术，截去右腿，这是保住生命的唯一方式。但是，他拒绝了。

家人、朋友、医生、病友们反复劝他："还是动手术吧！毕竟，还是命要紧！" 他却坚定地摇着头："不，对我来说，腿和生命同样重要！我宁可失去生命，也不会截断这条腿！"

没有他的签字，手术无法进行。医院和家人只能尊重他的选择，为他做药物治疗。因为化疗，不到两个月，他的一头黑发都掉光了！而这两个月里，他想要保住腿的强烈愿望和想要活命的强烈愿望每一刻都在交织争斗着，相互妥协着。最后，终于还是想要活命的愿望占了上风，他改变了最初的决定，同意做手术，截去患病的右腿！

他在手术单上签下自己的名字，然后，最后一次凝视了一眼自己的右腿，就被推进手术室了。手术进行了整整 4 个小时，他一直在昏睡中，他一会儿梦见自己和女友手拉手在白茫茫的雪山上滑雪、驰骋；一会儿听见金属锯在骨头上的摩擦声。等他再一次醒来的时候，只感到右下侧剧烈的疼痛，他慢慢把视线转过去，那里已经空空荡荡。他的眼泪顷刻间流了下来，他感到心在剧烈疼痛，比身体的疼痛剧烈１００倍！

但是，事情的结果是最坏的那种。因为错过了做手术的最佳时间，他的病情急剧恶化，癌细胞已经扩散了。他的这条腿白白被锯掉，他将要带着缺少一条腿的残缺身体走向生命的尽头！

知道这个消息时，我们所有的人都哭了，为他，和他那条被截断的腿。"后悔吗？"当他拄着拐杖，重新走进我们的病房时，我们所有的人都沉默地看着他，虽然什么也没说，但目光中的疑问他已经看出来了。"后悔。但不是后悔做手术晚了，而是后悔根本不该做这个手术！"

我望着他，那一刻，我一遍一遍不停地问自己：如果换作是我，我会如何选择？最后的答案是：我也会和他一样，在开始的时候，选择第一个方案，保住腿；然后随着时间的推移，病情加重，再改成第二个，保住命。然后两个都失去，然后再后悔。

许多时候，我们不都是这样，最初要坚守完美，后来却变得残缺，进而失去。我们总是抱着最初的一点幻想，执着于完美，却不考虑因为执着于完美而白白丧失的机会。很多时候鱼和熊掌不可兼得，我们不能苛求完美，忽略眼前的机会。

林黛玉的执着，使得她由"亭亭玉树临风立，冉冉香莲带露开"到"态生两靥之愁，娇袭一身之病。泪光点点，娇喘微微"，再到最后"香魂一缕随风散，愁绪三更入梦遥"。执于情而不得，便是连命也不要了。最后的话亦是："宝玉，宝玉，你好……"留恋与不甘，只留给后人空生感慨。

　　唐·吉诃德对骑士生活的执着，是一个理想主义者的执着，他一次次古怪而荒唐的举动，每次的行动失败，没有使他清醒，相反他仍然执迷不悟，直到几乎丧命，才被人抬回家来，临终时才醒悟过来。"举起长矛，用力向它刺去"，结果只有让自己头破血流。有人认为他是一个傻子，而他只是对一件事情无谓地执着罢了。

　　在人生中，人们需要做的是放下，而不是放弃。而许多人恰恰相反，他们最常做的是放弃了不该放弃的，放不下该放下的。如何拥有分清两者的智慧呢？多读书，多与人交谈，不要顽固地守着自己的观念，打开视界方能充裕内心，内心丰盈方能收放自如。

编 者 寄 语

　　可以坚持，但是别太执着。太多的事情是自己根本做不到的，哪怕是用尽全身的力气，也很可能看不到希望的曙光，这个时候我们不妨放弃自己的执念，接受不完美的自己。

第 三 章

坚持的方法

　　有了有意义的目标，并且有惊人的毅力，便可以去坚持，但是有时候我们还是事倍功半。究其原因是因为没有有效的方法，工欲善其事必先利其器，只有有了切实可行的方法，我们才能快速取得成功，不然会走很多的弯路，让自己遭受很多不必要的挫折。有了有效的方法，我们便可以大踏步前进。

当爱好遇上坚持

心 灵 导 读

　　什么是才华？当爱好遇见坚持，就是才华。我们常常会询问怎么去坚持？答案是用爱好做坚持的润滑剂。没有什么事比做自己喜欢的事更值得开心。

　　生活中谁能把一件事做到极致？谁能把一件事坚持数年而始终如一？我们会有很多爱好，能把爱好和坚持结合起来的人微乎其微，但如果能把两者结合起来就会取得成就。

一分辛苦一分才

　　华罗庚的坚持是出了名的，华罗庚坚持的故事也有很多。在他小的时候，因为家境不好，他初中毕业后因交不起学费便辍学在家。辍学后的他对数学格外热爱，五年之内，通过自学，他将高中到大学的基本数学课程都学会了。可是学习资料太少，他手里仅有一本关于几何和一本关于代数的书，另有一本从老师那里借来的微积分。

　　在辍学期间，他一边在父亲的杂货铺里帮忙打理，一边在空余时间学习数学，甚至到了茶不思饭不想的地步，可见他对数学的痴迷。白天，他在店里帮助父亲招呼客人，顾客来了便招待一下。顾客走了，他再次埋头苦读或做练习，有时候实在是太专注，客人来了他也不知道。日子一长，父亲便很生气，于是把他的练习本和草稿纸撕烂扔到大街上或是扔进火炉烧掉。每当这个时候，华罗庚就拼命护着自己的宝贝，不让父亲抢走。

在邻居还没起来磨豆腐的时候，他已经点着油灯在学习了。在炎热的夏天别人都出去乘凉，他却待在闷热屋子里，只因对数学太痴迷。在寒冷的冬天，他把砚台放在手边，一边磨墨一边做练习。逢年过节他都不去走访亲戚，只会在家里埋头看书。坚持到了这样的地步也是一种境界。

华罗庚的专注与坚持常常不被人理解，但是世界上很多事情都是这样，越不被人理解就越要坚持，尤其是自己的爱好遇到坚持更要努力前进。他承受的磨难比常人多得多，也正是这样能坚持的精神使他最终成为一名著名数学家。

一个有着非传统才华的人，往往会有一种向上的力量，这种力量本身就是一种吸引力。如果一个人把自己喜欢的事情，持续用心地做下去，数年之后，那些没有被现实的琐碎打败的爱好沉淀之后，就是才华。也许你不需要用才华去谋生，但这是不可替代的财富，足以支撑你度过虚无的时光。

爱因斯坦说，只要你有一件合理的事去做，你的生活就会显得特别美好。生活中一点点的热情与积极，都会成为战胜茫然的最有力武器，它可以让我们保持向上的心态迎接生命中的每一次挑战，在我们快乐或失望的时候提供一个宣泄口。如果你还没有发现自己的天赋，那么你可以保持你的爱好并一直坚持下去，你会发现，这会成为你的骄傲。

鲤鱼不跃，岂可成龙？大鹏驻足，焉能腾空？

东晋大书法家王羲之从小酷爱书法，勤奋好学。为了写出一手冠绝古今的书法，17岁时他把父亲秘藏的前代书法论著偷来阅读，看熟了就开始练习写，他每天坐在池子边练字，送走黄昏，迎来黎明。他每天练完字就在池水里洗笔，天长日久竟将一池水都洗成了墨色，这就是人们今天在绍兴看到的传说中的墨池。

王羲之练字的刻苦精神是常人所不能理解的，他平常走路吃饭时都会练字。王羲之经常是一边走路，一边在自己衣服上用手比画着，时间一久，连衣服都被他划破了。更为出奇的是，王羲之在练字到忘我的境界时，经常会忘记吃饭一事。家人送来饭菜后，王羲之会很自然地将馒头蘸上墨水往嘴里送，还觉得味道不错，浑然不知他的嘴角已经全黑了。

自己的爱好加上艰苦卓绝的坚持成就了一代书法大家，王羲之的才华不是与生俱来的，是自己不懈的坚持，不舍昼夜的苦练才得以形成的。所谓坚持的捷径，爱好是一个很重要的路径，凡事就怕坚持，爱好更怕坚持。爱好遇上坚持，很容易会成功。

编 者 寄 语

没有不努力就会成功的天才，再有天赋的人不努力也会变成平庸之辈。每个人都有自己的兴趣爱好，若是我们坚持做下去，就很容易把自己的爱好变成一项事业，最终达到事半功倍的效果。当然这需要惊人的毅力和自律精神，只要坚持自己的初心就一定能够到达胜利的彼岸。

坚持的灯塔

> 很多时候，我们不是无法实现自己的目标，而是根本不知道自己的目标是什么，像一只无头苍蝇，在瓶子里到处横飞乱撞，撞得头破血流也没有飞出去。生活中很多人都是这样，对于自己做的事没有明确的目标，甚至白白浪费了自己的很多精力，仍然一无所成。他们不是不努力，不是不能够坚持，而是失去了坚持的灯塔——目标。

很多人在生活中并不是不努力，也不是不勤劳，但是仍然没有多大作为，究其根本是因为他们没有一个明确的目标，其结果只能是南辕北辙，一无所获。

失去灯塔就是原地踏步

白龙马随唐僧西天取经归来，名动天下，被誉为"天下第一名马"，众驴马羡慕不已。于是很多想要成功的驴马都来找白龙马，询问为什么自己这样努力却一无所获。

白龙马说："其实我去取经时大家也没闲着，甚至比我还忙还累。我走一步，你也走一步，只不过我目标明确，十万八千里我走了个来回，而你们却在磨坊里原地踏步。" 众驴马愕然。

很多时候，我们的悲剧不是无法实现自己的目标，而是不知道自己的目标是什么。成功不在于你身在何处，而在于你朝着哪个方向走。没有明确的目标，再多的努力也只是原地踏步，劳而无功。其实，在磨坊原地踏步和去西天取经付出的艰辛同样多，但是结果有很大差距，只是因为白龙马有自己的目标，做的是一件有意义的事，付出努力而开出的花朵才那样鲜艳。而推碾子拉磨虽然辛苦，但是终究是一项没有目标的工作，付出再多汗水也无济于事。

夜晚，一个人在房间里四处搜索着什么东西。另一个人问道："你在寻找什么呢？""我丢了一个金币。"他回答。"你把它丢在房间的中间，还是墙边？"第二个人问。

"不是，我把它丢在了房间外面的草地上了。"他又回答。"那你为什么不到外面去找呢？"

"因为外面没有灯光。"

这个人看似很可笑，其实生活中我们很多人都像他一样，在错误的方向默默坚持，却不知自己已经深陷泥潭不能自拔。不要在不必要的地方付出你全部的精力，若要有所收获，必须选择正确的目标，否则换来的只能是原地打转，疲于奔命。

瞄准灯塔

老阿爸带着自己的三个儿子去草原打猎。四人来到草原上，这时老阿爸向三个儿子提出了一个问题："你们看到了什么呢？"

老大回答说："我看到了我们手中的猎枪，在草原上奔跑的野兔，还有一望无际的草原。"老阿爸摇摇头说："不对。"

老二回答说："我看到了阿爸、哥哥、弟弟、猎枪、野兔，还有茫茫无际的草原。"老阿爸又摇摇头说："不对。"

而老三回答说："我只看到了野兔。"这时老阿爸才说："你答对了。"

要想捕获自己的猎物，眼中必须只有自己的目标，就像老三眼中只看到了奔跑的野兔，如此才能心无杂念，一击即中。我们有时之所以不成功，是因为看到的太多，想得太多，禁不住太多的诱惑，失去了自己的目标和方向。一个人只有专注于真正想要的东西，才会得到它。

坚持的灯塔就是我们做事的目标，若是目标没有了，就是在做无用功，辛辛苦苦那么久，换来的依然是一无所获。确立了目标，眼中只有这一个目标，用自己的全部精力去完成它，此时才是一分辛苦一分收获，有多少付出就有多少回报。

编 者 寄 语

坚持到最后达成目标，这是最好的结果，还有很大一部分人，坚持到最后却没有美好的结果，不是他们不够努力，而是目标没有选好。选择适合自己的目标，为了这一目标不懈奋斗，最后肯定可以事半功倍，在自己的行业做出伟大的业绩。

坚持也要技巧

所谓坚持，不是一门心思对一件事一直做下去，不知变通。坚持需要背后的技巧做支撑，因为很多事情只是傻傻的坚持并不会有结果。坚持不是钻牛角尖，是对一件可以取得成功的事情的执着。

很多人的成功绝对不是傻傻的坚持，坚持只是一个宏观方面，坚持的大背景下包含着众多小技巧。不能因为坚持而忽略技巧，也不能只是追求技巧而忘记坚持。

为什么单独你成功了？

1964年秋，美国乔治敦大学迎来一批新学员。由于该校收费偏高，外交专业31名新生一致联名给参议院写信，恳请政府给每人提供一份兼职，以缓解家庭的经济压力，同时让他们提前适应社会。

参议院很快回复，以没有空缺岗位为由拒绝他们的请求。大家都很失望，纷纷另寻出路，唯独有个名叫威廉的小伙不想放弃，接连又寄出了八封信，但还是没结果。偶然的机会下，威廉打听到参议院主席富布赖特与自己一样来自阿肯色州，便又以老乡的名义接连给他写了七封信，全都石沉大海。威廉仍不甘心，暑假结束后从家乡返校，他再次给富布赖特去信。这次终于如愿以偿，他很快得到一份兼职，月薪高达3500美元。

同学们见威廉风光地出入参议院，羡慕不已，于是个个暗中给参议院去信，无一例外都遭到了拒绝。而威廉则好运连连，当上学生会主席，还被富布赖特指定为助理。同学们不禁疑惑地问："为何你总是交好运，难道真有上帝帮忙吗？"

威廉笑了，隔了很久才说："你们看到我多次写信，以为这样就能幸运地得到兼职？其实那年暑假我专程回到家乡，找到了一位与富布赖特交情很深的法官，无偿为他服务了两个月，最后才感动了他，他答应为我写封推荐信给富布赖特。我能得到兼职，全靠法官的推荐呀！"

威廉的全名叫威廉·杰斐逊·克林顿，此后他仍旧好运不断，直至多年后当选美国总统。这位从平凡家庭走出来的总统，常对崇拜者说："千万不要把成功寄托在运气上，所谓的好运，往往意味着在背后下了更大的功夫，采取了更加有效的方法。"

克林顿的成功在于坚持，却不仅仅是坚持。坚持在于像大多数人一样一如既往给参议院主席富布赖特写信，但是克林顿却没有傻傻坚持，而是接连变通，先是主动了解富布赖特，得知他和自己是同乡，便打出感情牌，再是了解富布赖特的好友，通过好友的渠道进入富布赖特的视野。

一生奔波传教梦

利玛窦的父亲当过省长，在利玛窦16岁的时候，他的父亲送他去罗马学习法律，希望他将来也能从政。可19岁时，利玛窦加入了教会，在罗马学院学习哲学、数学、几何学、地理学、天文学和音乐理论。利玛窦很快成长为一个百科全书式人才，此后成为一个坚定的基督教徒，把布道作为自己一生的事业，而遥远的东方——古老中国，还是一片未曾开垦的土地，利玛窦从此踏上了打开中国大门的艰难传道路。

当时的中国明朝时期实行海禁政策，禁止西方人进入中国，于是利玛窦解释来中国的原因："我是从遥远的西方而来的教士，因为仰慕中国，希望可以留下，至死在这里侍奉天主。"他不敢直接回答传教的目的，否则他可能会被驱逐。1582年，利玛窦到达澳门，此后在广州、肇庆、南昌、南京等地辗转居住了十几年，为了方便传教，利玛窦决定先要了解中国人，于是他学会说汉语和写汉字，阅读《四书》《五经》等儒家经典，结识了许多中国官员和文人。他对中国官员自称来自"天竺"，致使中国人以为他是佛教徒。为了传教，他从西方带来了许多用品，比如圣母像、地图、星盘和三棱镜等，其中还有欧几里德的《几何原本》。利玛窦带来的各种西方的新事物，吸引了众多好奇的中国人。特别是他带来的地图，令中国人眼界大开。后来他觉得中国人对西方的自鸣钟特别感兴趣，于是他开始制作各种精巧的自鸣钟，以此博得中国人的好感，更好地接受他这个"外来人"。他渐渐地在当地小有名气，于是他开始尝试让中国人慢慢接受基督教的教义。但是利玛窦的最终目的是要见到中国的皇帝，如此自己的理想才有希望实现。

当时明朝在位的皇帝是贪恋财富的万历，万历皇帝派众多亲信太监四处收税。在天津监督税务的太监马堂，得知利玛窦为了进京求见皇帝预备了许多珍贵礼物，遂决定安排利玛窦以进贡名义进入北京。

万历二十九年（1601年），49岁的利玛窦终于来到北京，他进奉给万历皇帝世界地图、铁丝琴和自鸣钟等30余件礼物。当时，朝廷规定外国人进贡之后要限期离境，可是精巧奇异的西洋自鸣钟令万历皇帝爱不释手，他担心自鸣钟一旦损坏无人修理，遂特许利玛窦定居京城，并且发给他俸禄。如此利玛窦终于完成了自己定居北京的愿望，他后来慢慢地在北京接触各界人士，广泛交友，有了良好的人际关系，更加方便了他传播基督教的教义。

利玛窦的坚持不可谓不令人敬畏，数十年如一日，只是为了心中的一个梦想。但是他并没有故步自封，强行传教，这样肯定会被敏感的中国人驱逐出境，他先用世界地图打开中国人的视野，引起大众的好奇心，再用自己制造的自鸣钟博得大众眼球，才使得中国人接受他。如此波折，可谓煞费苦心，坚韧之心不可谓不大，其用心不可谓不巧，而他的开天辟地般的历程同样流芳千古。

编 者 寄 语

　　坚持的道路是孤独寂寞的，在坚持的路上必须学会寻找捷径，学会一定的技巧，如此才能事半功倍，达到自己的预期效果，否则非但不能成事，还会事与愿违。成功是多种因素综合作用的结果，我们必须学会用巧心思办大事。

傻坚持好过不坚持

心 灵 导 读

　　罗曼·罗兰曾说，与其花很多时间和精力去凿很多浅井，不如花同样的时间和精力去挖一口深井。如果一个人能专心地做一件事情，反而更加容易出成就。对于年轻人来说，如果能反复做同一件事情，那么你就是专家，终究会做出自己的成就。

　　1946年7月，他出生在纽约曼哈顿一所慈善医院里。不幸的是他被助产钳伤到了面部神经，导致他的左脸颊部分肌肉瘫痪，左眼睑与左边嘴唇下垂，语言能力也受到极大的影响。

　　幼年时期，他一直和保姆生活在一起，只有周末才能见到父母。因为长相的原因，大家都不喜欢他，也不愿意和他玩。他十分渴望得到友谊和别人的关爱，得到别人的赞赏和尊重，可人们总是将他拒之门外。

　　他11岁那年，父母在不断争吵中分道扬镳，唯一让他感到温暖的母亲也离开了他。和父亲在一起的日子并不如想象中那样温馨美好。父亲对他十分严厉，几乎到了苛刻的地步，稍有不慎，就会招来一顿斥责和辱骂。父亲经常朝他嘶吼："你为什么不能变聪明一点儿？你为什么不能强壮一些？"那段时间，他觉得自己简直一无是处。

　　15岁那年，他来到费城，与母亲和继父生活在一起。他的学习成绩一塌糊涂，被人认为是一个带坏其他同学的典范。他一共换了12所不同的学校，常常待不了多久就被学校找个理由开除了。

经过苦难的童年和少年，他渐渐长大成人，并且在体育方面表现出过人的天赋。他想成为一名足球运动员，可是没有一所体育院校愿意录取他；他想参加海军，可是又不够年龄。无奈之下，他只好来到瑞士，一边给女学生上体育课，一边学习戏剧课程。一次偶然的机会，在排演阿瑟·米勒的名剧《推销员之死》时，他终于找到了自己的理想和追求——做一名演员。

不久，他满怀信心地回到了美国，进入迈阿密大学，正式学习表演艺术。然而他的导师很不喜欢他，认为他不是演戏的料，永远也不会有前途，还劝他尽快退学。尽管他不相信命运，也不愿意服输，但还是以三个学分之差被迈阿密大学拒之门外。

随后，他来到了纽约。迷恋于星相占卜的母亲断言，他会成为一个明星，但不是演员，而是以作家的身份。于是他听从了母亲的建议，暂时放弃了做演员的梦想，潜心研习剧本的写作。他想："人们总是在试镜时拒绝我，因为我的眼睑下垂，因为我的声音太过低沉。既然我无法改变自己的外部形像，我总有能力去修改润色自己创作的剧本吧！"

1974年，他突发灵感，创作了一个叫《洛奇》的剧本。当时不少制片人都很看好这个剧本，但因为他坚持要求出演其中的男主角而被所有的制片人拒绝。他不甘心，又带着剧本分别拜访了美国的500多家电影公司。终于，在被拒绝了1850次后，有一家电影公司被他的诚心感动，答应了他的要求。片子以很低的成本在一个月内就拍完了，可谁也没想到，这部电影会成为好莱坞电影史上的一匹黑马。

1976年，这部电影的票房突破了2.25亿美元，夺得了奥斯卡最佳影片与最佳导演奖，并获得最佳男主角与最佳编剧的提名。著名导演兼制片人弗兰克·科波拉由衷地赞叹道："我真希望这部电影是我拍的。"

一夜之间，他成了全球炙可热的人物。他就是观众心目中的超级偶像、单片酬金超过2000万美元、好莱坞武打动作巨星史泰龙。

回眸往事，史泰龙感慨万千。如果不是经历了那么多的挫折，也许他根本不会有今天的成就。是别人的拒绝激发了他的斗志，磨砺了他的意志，洗礼了他的灵魂，从而改变了他的人生。用史泰龙自己的话来说："我必须干出点儿什么名堂，来为自己赢得一点儿自尊与自信。"

在浮躁的社会中，很多人总是急功近利，把目光放在眼前的薪水、福利、人际关系等，却忽视了长远的发展前景。史泰龙在找到自己的人生方向后，就一直勇敢前行，遭受了那么多的挫折，他都始终如一，遵循内心的想法，不管遭受多少白眼、冷嘲热讽，他都深信终有一天有人会承认他，他的坚持终有回报。

编 者 寄 语

傻坚持看起来很傻，但是这是一种踏实的作风、一种勤恳的态度，不坚持就代表之前付出的一切都没了，任何机会都没有了。我们必须明白这样一个道理：机会小永远好过没机会。

适合的才是最好的

心 灵 导 读

条条大路通罗马，说的是成功的方式千万种，不必因一次失败而灰心丧气，有一种成功叫作适合自己的才是最好的。也许你付出了很多的努力，到头来却处处碰壁，究其原因是因为也许你的目标是好的，但是不适合你，不符合你的特长，到头来事倍功半，这不得不说是一种遗憾。

每个人生而不同，有的人偏好这个，有的人爱好那个，但是我们都有一个取得个人成功的初心。要想达到这个目的，我们要找对方向，找对目标，对自己定位准确。

《伊索寓言》中有则关于乡下老鼠和城市老鼠的故事。

城市老鼠和乡下老鼠是好朋友。有一天，乡下老鼠写了一封信给城市老鼠，信上这么写着："城市老鼠兄，有空请到我家来玩。在这里，可享受乡间的美景和新鲜的空气，过着悠闲的生活，不知意下如何？"

城市老鼠接到信后高兴得不得了，立刻动身前往乡下。到那里后，乡下老鼠拿出很多大麦和小麦，放在城市老鼠面前。城市老鼠不屑地说："你怎么能够老是过这种清贫的生活呢？住在这里，除了不缺食物，什么也没有，多么乏味呀！还是到我家玩吧，我会好好招待你的。"于是，乡下老鼠就跟着城市老鼠进城去。

乡下老鼠看到那么豪华、干净的房子，非常羡慕。想到自己在乡下从早到晚都在农田上奔跑，以大麦和小麦为食物，冬天还得在那寒冷的雪地上搜集粮食，夏天更是累得满身大汗，和城市老鼠比起来，自己实在太不幸了。

聊了一会儿，他们就爬到餐桌上开始享用美味的食物。突然，"砰"的一声，门开了。有人走了进来。他们吓了一跳，飞快躲进墙角的洞里。

乡下老鼠吓得忘了饥饿，想了一会儿，戴起帽子，对城市老鼠说："还是乡下平静的生活比较适合我。这里虽有豪华的房子和美味的食物，但每天都紧张兮兮的，倒不如回乡下吃麦子来得快活。"说罢，乡下老鼠就离开都市回乡下去了。

两只老鼠在一开始便有了自己的不同，一个适合在乡村，一个适合在城市，一旦习惯了乡村生活的老鼠非要去城市，习惯了城市生活的老鼠非要去乡村，突然改变了自己的生活状态必然有千百般的不适，它们在乡村和城市都找不到自我，倍感煎熬，所以不得不离去。重新找回自我，去过属于自己的生活，无论条件怎么样，适合自己的才是最好的，找到自己的定位才是最好的选择。

个性、习惯、需求的不同，最终会使我们回归到自己所熟悉的生活方式里。我们在构筑自己的目标的时候，也要充分考虑自己的个性、习惯。不考虑自己的优势和个性的目标，不仅舍近求远、难以实现，即便实现了也不会是自己喜欢的生活。

正如世界上没有两片相同的树叶一样，世界上也没有两个完全相同的人。同样生活在这个世界上，每个人都各有所长。他在这一行干得非常优秀，我们没必要去攀比，更没必要非得超过他，因为他擅长的可能不是你擅长的，你擅长的可能不是他擅长的，一定要找准自己的定位，清楚自己喜欢什么以及擅长什么。不要盲目去和别人攀比，结果只能是把自己弄得不知所措，就算你干出了成绩，发现并不是自己的喜欢的，不是适合自己的，你也丝毫感觉不到快乐。

编 者 寄 语

　　差别是永恒存在的，是不以人的意志为转移的，我们要接受这种现实。但是，这并不是说我们就注定比别人差，我们都要善于发现自己的特长，找到适合自己的定位，不盲目和别人攀比。条条大路通罗马，相信自己，只要自己喜欢，坚持下去，一定能有所作为。

小目标——星星之火

心 灵 导 读

　　为什么有的人很容易取得成功，而有的人却很难？消极者的答案是，人家是含着金钥匙出生的，人家天资聪颖，人家运气好……对于积极者来说成功就是目标加上无数次的重复。人只要有毅力，重复应该不难，可是确立目标就不是那么容易了，目标大了，太难实现，容易放弃；目标小了，没有挑战性，最后荒废。因此，究竟怎么确立目标以取得成功呢？

大目标拆分成小目标

　　一个小伙子初次到工厂做车工，师傅要求他每天"车"完三万个铆钉。一个星期后，他疲惫不堪地找到师傅，说干不了想回家。

　　师傅问他："一秒钟'车'一个可以吗？"小伙子点点头，这是不难做到的。

　　师博给他块表，说："那好，从现在开始。你就一秒钟车一个，别的都不用管，看看你能车多少吧。"小伙子照师傅说的慢慢干了起来的，一天下来，他不仅圆满完成了任务，而且居然不觉得累。

　　师傅笑着对他说："知道为什么吗？那是你开始就给自己心里蒙上了一层阴影，觉得'三万'是个庞大的数字。如果这样分开去做，不就是七八个小时的工作吗？"

　　很多时候我们被一些所谓大目标吓倒，甚至对自己说，这太难了，我怎么能做到。如果我们换个思路，别去理会大目标多么可怕，把大目标拆分成若干个小目标，在生活中每天坚持完成小目标，完成一次庆贺一次，再加上自己的坚持不懈，长此以往，我们回过头来看，就会无比惊讶自己的小目标的总和，没想到自己以为不可能的事居然完成了。

大目标就像一把利剑悬在头上，如果我们每天心心念念着这个大目标，不禁倍感压力，使自己心烦意乱，徒增颓丧之气。这个时候把大目标划分为诸个小目标，按时保质保量完成，不仅可以体会完成目标的喜悦之情，而且大方向不会变，总体趋势不会变，长此以往，小目标终成燎原之势。

进步一点点

有三个人一起去参加声势浩大的马拉松比赛。在这些参加比赛的人中，不乏一些非常出色的运动员。最后虽然这三个人都很努力地跑出了自己的最好水平，金牌仍与他们无缘。

这个结果是否意味着这三个人都是失败者？绝对不是，因为他们都是怀着不同的目的参加比赛的。第一个人想通过比赛检验自己的耐力，他做到了，他的成绩超出他的预期；第二个人想提高自己以往的成绩，他也达到了目的；第三个人从没跑过马拉松，他的目标就是跑完全程，到达终点，他也做到了。

由于这三个人都达到了目的，因此不管是否得金牌，他们都是胜利者。

获胜只是一个事件，做一名胜利者才是一种精神。金牌固然是我们参加比赛的终极需要，却并不是唯一目的。给自己定下一个应该实现的小目标，实际上只要实现了自己立下的小目标，就是一种成功。大目标获胜是一种成功，小目标获胜也是一种成功。胜利是一种精神，是成功的象征，我们有了这种精神便有了继续走下去的勇气，正是小目标的这种精神不断激励我们前进，使我们不断战胜自己，最终打开胜利的大门。

没有人一生下来就是天才，也没有人一生下来就是世界冠军，更没有人一生下来就是成功者。所有的一切，都是从点滴小事做起，不断努力的结果，从婴儿爬行到蹒跚学步再到健步如飞，都是量变到质变的积累，量变积累到一定程度才会发生质变。确立目标，不能好高骛远，先完成小目标，战胜它，今天的自己战胜昨天的自己本身就是很大的成功。假以时日，你都会惊讶自己的进步，不要总是和别人攀比，只要战胜了自己，终究有一天你会发现，你已经遥遥领先于其他人。那些所谓的特别优秀的人，现在看来，你都不想再去和他们比较，因为你早已有了更高的目标。

星星之火，可以燎原，燎原之时就是大目标实现之日，同样不以人的意志为转移。只要你去做，就一定能够成功!

编 者 寄 语

　　每个人都应该有青云之志，带着鸿鹄之志出发，路上播撒下辛勤的种子，且行且珍惜，有始有终。把大目标当成自己的信仰，把小目标作为自己心心念念的事情，小目标的达成就是每天最快乐的事情。我们辛勤播撒下小目标的种子，有一天发现，一点星星之火，居然成就了燎原之势，催生大目标的实现。就像万达掌舵人王健林所说，先确立一个小目标，先挣一个亿。而对于普通大众来说，一个亿太遥远，但是什么位置立什么目标，我们可以先挣一万块，兢兢业业，越积越多，最后也会事业有成，生活无忧。

第 四 章

坚持成功的故事

很多人通过自己的坚持取得了惊人的业绩，他们身上散发着光芒，可以说是我们人生前进的灯塔，是值得我们学习的榜样。既然前辈们已经做出了骄人的业绩，那么我们现在就一起循着他们的步伐探知一个又一个真理吧。

为自己的想法坚持

心 灵 导 读

　　生活中有谁真正为自己而活，不忘初心，牢记使命？我们在工作学习中肯定会有一些突发奇想，也会有一些冲动，想要去做些什么，但是我们是否坚持了下来？如果我们能够坚持，或许这些小的想法能成就我们自己。

　　做任何事都不如做自己感兴趣的事，都不如去坚持自己的想法，因为这是为自己而活，这是做自己，为自己的想法坚持，是一件光荣而幸福的事。

　　"不是最好的，就没有保存的价值。"

　　西斯廷教堂建成时，米开朗基罗是一位刚开始崭露头角的雕塑家，但他并没有在绘画方面表现出特殊的天赋。建筑师布拉曼特因为嫉妒，有意让米开朗基罗出丑，所以极力向教皇推荐由米开朗基罗来完成教堂的天顶壁画。教皇没有深入考虑，便要求米开朗基罗接下这个浩大的工程。米开朗基罗以无奈和悲愤的心情接下了，4年的时间里，他每天独自站在18米高的脚手架上仰头工作。

　　一天，米开朗基罗结束苦闷的工作后，去酒吧喝酒，啜了一口，说："酒有其他的味道！"老板二话不说，立刻拿起斧头，把酒桶全砸烂了。酒吧老板对质量的坚持，让米开朗基罗顿悟：不是最好的，就没有保存的价值。

　　于是他转身回到教堂，把之前画的画通通刮掉，他在工作中注入了创作的激情，完成了不朽的巨作。《创世纪》的问世，使米开朗基罗成为与达·芬奇齐名的伟大的画家。

"不是最好的，就没有保存的价值"，对这个信念的坚持，促使米开朗基罗达成了辉煌的艺术成就。米开朗基罗正是认准了这句话才促使自己不断进步，力求完成完美的作品，使得自己的作品无可替代，最终名列文艺复兴三杰之一。对一个信念的坚持需要惊人的毅力，只有精益求精的精神才让我们的事业经得起时间的检验，经得起人们的点评。

"有想法就去做，任何一个想法都有可能会改变你的一生！"

20世纪70年代初，年轻的美国姑娘桑德拉·库特兹格在通用电器公司做销售员。那个时候，查寻库存及生产信息这方面的管理非常滞后和原始，但因为一直以来都是这样，所以也没有任何人想过要改变这一切。

两年后，桑德拉结婚后要生孩子，就辞职回到了家，准备在家相夫教子。然而还没等孩子满周岁，桑德拉便发现自己并不喜欢成天无所事事地过日子，那时候个人电脑刚刚兴起，酷爱学习新知识的桑德拉就花了2000美元在自己的卧室里安装了一台电脑。那时候的电脑远没有现在这么多的娱乐功能，只能做一些非常专业的工作，桑德拉就自学起了程序编写和软件设计，没到一年居然就小有所成，她为自己设计了一套统计每日收支的软件。

有一天，桑德拉突发奇想，电脑在各行各业的普及率一定会越来越广，以后依靠电脑完成的工作肯定越来越多，她决定挑战自己，在自己的卧室里开办一家软件设计公司。她的丈夫得知她的想法后，非常反对："你要工作就正正经经地找份工作，不愿意工作就在家里好好做你的家庭主妇，你想在自己卧室里成就一番事业，简直是痴心妄想，更何况这种事情如果真能成功，也根本轮不到你！"

桑德拉却不这样认为，她觉得任何事情都有"第一人"，把自己的想法坚持下去，远比因为害怕失败而放弃更有意义！桑德拉想起了自己在通用公司上班时碰到的种种问题，决心要设计一款可以查寻库存和提供生产信息的软件，如果真能设计出来，通用公司一定用得上，而且她敏感地意识到其他厂商也会需要这种软件。

从那以后，桑德拉几乎把所有的精力都投入设计软件的工作中，有时候简直到了废寝忘食的地步。功夫不负有心人，经过将近半年的努力，桑德拉终于成功设计出了一套针对通用公司使用的试用软件，当她把这款软件向当时的通用公司总裁琼森介绍时，琼森兴奋得直催她尽快完成！

就这样，几个月之后，桑德拉终于推出了一组名为"Manman"的生产管理软件，但当时桑德拉没钱雇佣销售人员，也没钱做广告，为了打开市场，桑德拉采取了独特的策略，她瞄准了大公司，向通用、惠普、休斯敦等大公司推销，而这种销售本身就具有非常好的效应，没用多久，桑德拉就建立起稳定的客户群，业务量不断扩大。

到了1979年的时候，桑德拉公司的销售额已经达到了280万美元，到1981年成功上市时，桑德拉公司的排名为全美第11位。随后，她的公司成了一个年销售额达4.5亿美元的软件王国！没错，它就是鼎鼎大名的美国ASK软件公司，而桑德拉就是在不久前退休的"ASK女国王"！

桑德拉有一句常说的口头禅："有想法就去做，任何一个想法都有可能会改变你的一生！"确实，她的软件王国不就是从一个看似不可能的想法里被缔造出来的吗？这不仅是一句励志的话语，更是桑德拉对自己的一个总结！

桑德拉的成功在于对于自己初心的坚持，一个不经意间的思维火花，需要主人对它的百般呵护，它会遭受许多人的质疑，它会遇到千难万险，关键在于主人是否拼尽全力去呵护这个星星之火，如果能够奋不顾身地呵护它，它也会毫无保留地回报你，正所谓星星之火可以燎原。

编 者 寄 语

一个小小的想法，包含了一个人的思维创造力，生活中很多人都有创造力，但是很少有人坚持自己的想法。你不去坚持自己的想法，希望之光也会随之熄灭，何谈成功呢？

我们都不是上帝的儿子

❤ 心 灵 导 读

　　喜欢历史的人，常常惊叹于伟人的杰出成就，于是常常
幻想自己能如同他们那样开辟丰功伟业；关注时事的人，常
常羡慕当代名人的权势、富贵，伴随而生的不是不屑一顾就
是冷嘲热讽。暂且不去评论这些人观点的对与错，我们是否
想过这些问题：是什么铸就了伟人的成就？他们真的是天才
吗？我们都不是上帝的儿子，谁都不例外。

　　有一个人被法国人民至今当作最伟大的英雄，他的事迹家喻
户晓，他的功绩与世长存，他的名字永垂不朽，他就是犹如一卷
飓风席卷整个欧洲大陆的拿破仑。拿破仑被誉为欧洲神话，司汤
达曾说："在这个世界上无一人可以与他相提并论，拿破仑是在
向世界证明：经过多少个世纪之后，恺撒和亚历山大终于后继有
人。"然而这样一位伟人，他的才能却不是与生俱来的，他也不
是上帝的儿子。

　　拿破仑出生于科西嘉岛一个穷困没落的贵族家庭，他父亲
送他进了一个贵族学校。他的同学都很富有，大肆讽刺他的穷
苦。拿破仑非常愤怒，却一筹莫展，屈服在权势之下。他就这
样忍受了五年的痛苦。但是每一次被嘲笑，每一次受欺辱，每
一种轻视的态度，都使他增加了决心，他发誓要做给他们看，
证明自己比他们更优秀。

　　他心里暗暗计划，决定利用这些没有头脑却傲慢的人作为桥

梁，去争取自己的富有和名誉。当他接受第一次军事征召时，必须步行到遥远的发隆斯去加入部队。等他到了部队，看见他的同伴正在用多余的时间追求女人和赌博。而他的贫困却使他失掉了争取到的职位。于是，他改变方针，用埋头读书的方法去努力和他们竞争。读书是和呼吸一样自由的，因为他可以不花钱在图书馆里借书读，这使他得到了很大收获。他并不读没有意义的书，也不以读书来消遣自己的烦闷，而是为自己理想做准备。

他下定决心，要让全天下的人都知道自己的才华。因此，他以这种决心作为图书的选择范围。他住在一个既小又闷的房间里，在那里，他孤寂、苦闷，但是他却不停地读下去。几年艰苦

的用功，他的读书记录印刷出来的就有四百多页。他想象自己是一个总司令，将科西嘉岛的地图画出来，地图上清楚地指出哪些地方应当布置防范，这是用数学方法精确计算出来的。因此，他的数学才能获得了提高，这使他第一次有机会表现他的能力。长官发现拿破仑的学问很好，便派他在操练场上做些工作，这是需要极复杂的计算能力的。他的工作做得极为出色，于是他获得了新的机会，开始走上有权势

的道路。这时，一切的情形都变了。从前嘲笑他的人都拥到他面前来，想分享一点他得到的奖金；从前轻视他的人都希望成为他的朋友；从前挖苦他矮小、无用、死用功的人也都变得非常尊敬他。他们都变成了他的忠实拥护者。

如果没有不懈的努力，谁又会是天才？哪怕他是法兰西帝国的皇帝，他也不是上帝的宠儿，拿破仑所得到的一切都是他自己努力的结果，这就是坚韧的力量。为了自己的不甘平庸，为了自己的理想，默默选择坚持，哪怕是面对别人的嘲笑，别人的不屑一顾，拿破仑都没有自暴自弃，没有因为自己的身材矮小而自卑，没有因为自己的贫穷而丧失志向，反而越挫越勇，抱着一颗坚韧之心勇往直前。

几乎每个人都会说，是金子总会发光的，然而我们只记得"发光"二字，却忘记了"金子"，锻造金子的过程比发光的过程更加痛苦，想要成为"金子"就要自己锻造自己，自己磨炼自己，需要极强的自律精神，必须耐得住寂寞，具有坚韧精神。不能因为一两次的失败而自暴自弃，就此认命，这样的人永远成不了大事；也不能只有一腔热血，自己却不努力，不弥补自己的短板，这样的人终会志大才疏。拿破仑没有孤寂沉默地读书，几年来默默地坚持，他哪里会得到长官的赏识，哪里会从一个小小的炮兵上尉一跃成长为法兰西第一帝国的皇帝。每一个人的成功都离不开不懈的努力，都离不开背后默默的付出，我们都不是上帝的儿子，上帝不会眷顾我们每一个人，一分辛苦一分才，甚至十分辛苦一分才。

成功之路并不容易，不要再去羡慕别人站在山巅的荣耀，而应设身处地想想他们背后的磨难，磨难有多少，成就才有多大。

而取得成功的重要方法就是坚韧，抱定一颗必胜之心，一颗执着的心，只管去做。你我都不是上帝的儿子，但是我们都要成功，该怎么办？坚韧地付出，坚韧地忍受别人的冷眼，坚韧地选择自己的方向，哪怕受到再多的冷嘲热讽也不要去怀疑自己的目标，抱着一颗坚韧之心，耐住寂寞，勇敢地走下去。

编 者 寄 语

　　每一个伟人的出现都不是偶然的，在辉煌灿烂的伟业背后，又有谁真正了解他们背后的付出？这才是我们不甘平凡的人真正要学习的地方，我们要坚持不懈，执着地去做每一件事，心比石坚，若我们真能这么执着，终有一天，我们就是上帝的儿子。一个人应养成信赖自己的习惯，即使在最危急的时候，也要相信自己的勇气与毅力。

一颗千锤百炼的心

心 灵 导 读

生活中我们常常看到无数的成功人士光鲜亮丽的身姿，他们光彩的背后辛勤的汗水却鲜有人知。只有一颗千锤百炼的心才能承担成功之后的喜悦。歌德说过：不苟且地坚持下去，严厉地驱策自己继续下去，就是我们之中最微小的人这样去做，也很少不会达到目标。因为坚持的无声力量会随着时间而增长，到没有人能抗拒的程度。

越是伟大的成功，越是要承受最大的痛苦，越是需要最强大的坚持。生活不易，十有八九是苦的，但是我们也要坚持下去获得那一点甜味。不要被生活的苦难所打倒，越是伟大的人生，遭受的苦难越多，越是平凡的人遇到的困难越少，我们要迎难而上，坚持不懈，劈波斩浪，去做命运的弄潮儿。

做生活的强者

英国福音传道者怀特菲尔德在追求梦想的过程中，经历了许多舆论的谴责和世俗的刁难，甚至有人扬言要杀掉他。他的敌对者把他逐出教会，关闭他的教堂，甚至逼迫他离开所住的城镇。但他始终不渝地在沿途传道。敌对者雇用一些人去嘲弄他，向他扔烂泥、臭鸡蛋、烂番茄和一些动物的死尸，并且不止一次地向他扔石头，把他砸得头破血。许多上层社会的人都对他大加鞭挞和嘲讽，但是，所有的这一切均未能阻止怀特菲尔德继续他的传道梦想。因为，他深信他的梦想是有益于大众的。最后，他终于取得了成功。

怀特菲尔德的人生是悲怆的，但正是这样的人生才铸就了他坚韧不屈的品格，铸造了他千锤百炼的心，不幸也是幸，正是这样才使他更加坚定自己布道的决心，才有了他后来的伟大成功。

要做生活中的强者，首先要做精神上的强者，做一个坚韧不拔、威武不屈的人。世间不存在人无法克服的艰难和困苦。在你面临绝境无法摆脱时，在你气喘吁吁甚至精疲力竭时，你只要再坚持一下，奋力拼搏一下，你就会战胜困难，同时磨炼了自己的意志。

像秒钟一样每秒摆一下

一只新组装好的小钟放在了两只旧钟当中。两只旧钟"滴答滴答"一分一秒地走着。其中一只旧钟对小钟说："我老了，你也该工作了，可是我有点担心，你走完三千二百万次以后，恐怕就吃不消了。""天啊！三千二百万次。"小钟吃惊不已，"要我做这么大的事情？办不到，办不到！"

另一只旧钟说："别听他胡说八道，不用害怕，你只要每秒钟滴答摆一下就行了。"

"天下哪有这么简单的事。"小钟将信将疑，"如果这样，我就试试吧！"

小钟很轻松地每秒摆一下，不知不觉中一年过去了，它摆了三千二百万次。不知不觉中十年过去了，小钟还坚持在自己的岗位上。

每个人都渴望梦想成真，成功似乎远在天边遥不可及。其实我们不必想以后的事，只要想着今天我要做些什么，明天我要做些什么，然后努力去完成，就像每秒"滴答"摆一下，成功的喜悦就会慢慢浸润我们的生命。其实只要每天坚持一点就能成就惊人的成绩，关键还是坚持，坚持把一件小事做下去就会成就不凡。

一个人有了坚定的人生方向，可以提高他对于小挫折的忍受力。他知道目标逐渐接近，挫败只是暂时的耽搁，如果坚持不懈，问题一定能迎刃而解。因此，追求人生目标的决心愈坚定，你就愈有勇气坚持不懈。

坚持不懈说起来很容易，可是身体力行何其难？我们不要被困难吓破胆，要勇于先从身边的小事做起，一点一滴，坚持不懈，只要坚持下去，就可以打造一颗千锤百炼的心。有了这颗心以后，做任何事都能事半功倍，都能做得出色，成就一番伟业。千锤百炼的心志，源自于生活中的小事，正所谓九层之台起于累土。

编 者 寄 语

若想成功就得付出比别人多得多的汗水，这是亘古不变的真理，没有捷径可循。或许有的人有长辈的庇荫，可得一时的荣耀，但是想要真正立于不败之地，必须自己亲自动手追梦。然而追梦的过程注定不是一帆风顺的，必得经得起磨炼才能有所成就，所以我们必须怀有一颗千锤百炼的心。

再坚持一会儿

所谓坚持取得成功，其实要自己和自己比较，而不是自己和别人相比。最大的敌人是自己，只有自己战胜自己，自己去坚持到底，自己在人生路上努力奔跑才会取得意想不到的收获，一味看别人，去和别人比较，只会让自己患得患失，最后非但达不到自己的目标，还会迷失方向。

再跑一下就会成功

记得读初一的时候，学校组织了一次冬季长跑比赛。比赛的规则别出心裁：比赛的起点是学校，终点是哪里却没有说明。校长只是说，终点有李老师在等候，看到了李老师也就是完成了比赛，而且只要跑到终点的同学都会有奖。

我平时和柱子能蹦能跳，班主任一直说我俩很有运动天分，所以这次长跑自然少不了我俩。班主任带着全班人在旁边给我俩鼓劲，我和柱子拉了拉手，满怀信心互相鼓励，一定要拿个好名次。

比赛开始了，大家争先恐后地撒腿朝前跑。我和柱子自然不甘示弱，"嗷嗷"叫着以箭一般的速度朝前跑去，很快就将参赛的其他同学甩在身后。路旁观战的老师和同学被我俩的气势激起了情绪，纷纷大喊着为我俩加油。跑道因地制宜，就是山脚下的山路，围着大山呈弧形一直朝前延伸。刚开始我和柱子很轻松，一直跑在前面。半个小时后，我已经浑身出汗，厚重的衣服黏在身上，很不好受。我就招呼柱子："我跑不动了，要不咱俩歇一歇？"柱子斜了我一眼，说："赛跑还有歇歇的？刚开始的信心哪儿去了？"我只好跟着柱子继续向前跑。柱子为了不落下我，也放慢了脚步。经过这么一放松，我们被一个胖同学后来居上赶超了过去。那个胖同学只穿着一件薄衣，手里拿着一瓶水，一边跑一边喝上几口。看到他喝水，我这才觉得口干舌燥，嗓子冒烟，出发前我和柱子竟然没准备瓶装水！我一边跑一边注意道旁，希望能够发现一处山泉来解渴。跑没多远，山泉是发现了几处，可由于是冬季，它们都已经风干了，只见水的痕迹不见水的踪影。又跑了一会儿，胖同学竟然跑过山脚，不见了。

我看看身后，后面的那些同学也跑不动了，有的已经停了下来。我心脏跳得厉害，大口大口地喘气，弯下腰对柱子说："你愿意跑就自己跑吧，我是跑不动了。"柱子说："再坚持一会儿，你看看那胖同学都跑没影了。"那位同学平时深藏不露，没想到关键时候还真能跑！我对柱子说："这次我就暂且让着他，待下一次比赛我一定胜过他！"柱子说："这次都跑不好，还说什么下一次！不要停下，坚持到底就是胜利！再跑一会儿，终点就在前面！"

我摆摆手，说："真不跑了，再跑也拿不到第一了。"柱子说："那也得跑到终点啊，咱们班里的人可是等着咱们拿好名次的！"我不知道还得跑多长的路才能到达终点。我决定弃权，在路旁的石头上坐下来，对柱子说："你接着跑吧。"柱子无奈地朝前跑去。

那次比赛，柱子拿下了第一名。原来拐过山脚不远就是终点。柱子拐过山脚的时候，发现胖同学也正坐在路旁歇息。胖同学是为了奖品才不惜衣衫单薄努力往前跑的，跑到这里已是强弩之末。见柱子猛然杀出，吃了一惊，反应过来时，柱子已经跑到了他的前面，而且越跑越快，第一个接过了候在终点的李老师手里的锦旗。

我之所以跑不到终点一方面是因为自己不够坚持，另一方面是因为我一直关注着别人，让别人牵着鼻子走，觉得别人已经领先，自己没有再争的必要了，从而放弃了自己。要知道，我们的坚持是为了自己，不是为了别人，自己的路自己走好，别去管其他因素，你怎么知道不会出现奇迹呢？

脚下的路，没人替你去跑；心中的梦，没人替你完成。人生就是一个不断坚持、不断奔跑的过程，再坚持一下，就会到达终点。只要坚持，就一定会拼出自己的精神。

荷花定律

在一个荷花池中，第一天开放的荷花只是很少的一部分，第二天开放的荷花数量是第一天的两倍，之后的每一天，荷花会以前一天两倍的数量开放……

假设到第30天荷花就开满了整个池塘，那么请问：在第几天池塘中的荷花开了一半？第15天？错！是第29天。这就是著名的荷花定律，也叫30天定律。

很多人的一生就像池塘里的荷花，一开始用力地开，但渐渐地开始感到枯燥甚至是厌烦，你可能在第9天、第19天甚至第29天的时候放弃了坚持，这时往往离成功只有一步之遥。

荷花定律告诉我们这样一个道理：越到最后，越关键。拼到最后，拼的不是运气和聪明，而是毅力。有人提到"改变"就头大，其实是他们把"改变"想得太复杂了。如果你想养成早起的习惯，你只需要在前一天早睡，早睡的前提无非是少看一集肥皂剧或者少玩一个小时的游戏，仅此而已。

要记住，所谓改变，指的并不是"脱胎换骨"。改变就像蒸桑拿，出出汗、排排毒、治治病。由外到内，由浅到深，由皮肤到肌理。改变，是一个循序渐进的过程。

不必追求立竿见影，只要每天能比前一天有一点突破、一点改善，而且朝着正确的目标持续做下去，当你坚持不住的时候，再坚持一会儿，就一定能成功。一辈子太长，一秒钟太短，30天不长不短刚刚好。你可以改掉一个坏习惯，也可以培养一个好习惯。要知道习惯能成就一个人，也能毁灭一个人。

编 者 寄 语

所谓坚持就是要不管风吹雨打地走自己的路，努力完成自己的目标，不要和别人攀比，走完自己的路就是最大的成功。每天坚持一个好习惯，假以时日，小习惯最终会成就你。

最后一分钟

心 灵 导 读

我们可能还在为那些不懂坚持的人感到遗憾，还在为那些半途而废的人而惋惜，但最值得同情的是那些离成功只有一步之遥的人。他们不是输在不努力不坚持上，而是输在心态上。其实只需要坚持一点点，再坚持一点点，就不会与辉煌擦肩而过。

成功有时来得那么容易，让人羡慕让人眼红；有时又是那么遥远，遥远得让人几乎绝望。坚持，谁都会，坚持不懈却很难。

只有五丝米的距离

电话机是谁发明的？相信很多人会异口同声地说出美国发明家贝尔这个名字。

然而，很多人不知道的是，在贝尔之前，还有一位发明家曾为研制电话机做出过不小的贡献，他就是莱斯。莱斯研究过一种传声装置，能用电流传送音乐，可惜的是不能用来传送话音，无法使人们相互交谈，莱斯研究过的这种传声装备之所以不实用，除了其他原因外，一个至关重要的原因是这装置里的一颗螺丝钉往里少拧了二分之一圈——大约五丝米。

贝尔在莱斯研究的基础上，一方面采取了新措施，例如不使用交流电，改为使用直流电，从而解决了传送时间短促、讲话声音多变等问题。另一方面就是将莱斯装置里的那颗螺丝钉往里拧了二分之一圈。

莱斯的疏忽被贝尔发现并纠正了，奇迹也随之出现：不能通话的莱斯装置神话般地变成了实用的电话机。

失之毫厘，谬以千里。莱斯的装置距离成功通话只差半毫米。

贝尔的改进使莱斯目瞪口呆。莱斯感慨万千地说："我在离成功五丝米的地方灰心了，我将终生记住这个教训。"

一位流芳千古，彪炳史册，一位名不见经传，只是因为五丝米。若是讽刺，这讽刺太过诛心；若是幽默，这幽默太过揪心。仅仅是一步之差，结果却截然不同。如果莱斯能再坚持一下，更前进一步，为自己的梦想再义无反顾一次，结果会不会有所不同？

出现这种结果，莱斯值得我们同情，但是有人说，莱斯是不幸运的，贝尔是幸运的，这样是不对的。所有的结果都是先前的努力的反映，莱斯之所以成不了贝尔，不是莱斯没有努力，不是莱斯不幸，是因为他没有坚持到底。假如他再执拗一点，再倔强一点，相信以他的能力肯定可以揭开这层神秘的面纱，但很遗憾，他没有坚持下去，与伟大成就擦肩而过。

就差一块石头

有一个寻宝人已经在河边找了很长的一段时间，整个人筋疲力尽，全身痛得几乎动弹不得。他坐在河床的石头上，对他的伙伴说："你看，我已经捡了九万九千九百九十九块石头，却还没找到一块宝石，我实在不想捡了，也实在捡不动了。就算我命苦吧，好不容易下定决心干一件事，没想到又是劳无所获，落得如此下场！"

他的伙伴开玩笑地回答："那你最好再捡一块，凑足十万吧，反正多捡一块也累不死你，少捡一块也不能使你的累减轻一分。" 寻宝人疲累地闭上眼睛， 随手在一堆石头中捡起一块石子，说："好! 这就是最后一块了。"

当他握着手中的石子时，感觉到这石头比一般的重，于是他睁眼看，惊讶地大叫。因为他手中握着的正是一块价值连城的宝石。

柏拉图说过："成功的唯一秘诀就是坚持到最后一分钟。"失败的次数越多，离成功也就越近，成功往往是最后一分钟来访的客人。

最后一分钟说说容易，身体力行又何其艰难，事情没有成功，谁都不知道最后一分钟在什么时候，坚持到最后一分钟就是成功。当你坚持不住的时候，再坚持一下，你就会成功。

编 者 寄 语

我们常常说最后一根稻草压垮了一个人，压垮的其实是一个人的精神，在精神上败给了敌人，那才是真的彻底失败。我们做任何事不管遇到多么大的困难都要一如既往，把敌人彻底打败，不给其喘息之机，坚持到最后一分钟，你就是胜利者。

第 五 章

坚持以后的路

　　毋庸置疑，坚持取得成功是值得称赞的，但是成功之后的坚持更加难能可贵。好多人在困境中用惊人的毅力把一件事做成功，但是成功之后的顺境却把自己慢慢腐蚀了。困境中如此多的磨难，必然可以磨炼他们的心志，使他们做到贫贱不能移。可是在顺境中有几人能够抵御得了诱惑？回顾历史，多少英雄豪杰在逆境中取得了丰功伟业，却在顺境中功败垂成，只留下遗憾让后人惋惜。贫贱不能移容易，富贵不能淫难。

伴随一生的坚持

心 灵 导 读

　　有的人一出生就含着金钥匙，光鲜无比，而有的人一出生就伴随着坎坷的命运，不得不通过自己的奋斗才能换取一个又一个的成功，多年的苦难才成就了伴随他们一生的坚持。

　　宣帝是西汉四位拥有庙号的皇帝之一。

　　汉宣帝刘询，原名刘病已，是汉武帝曾孙，废太子刘据的孙子。汉武帝征和二年（前91年），"巫蛊之祸"爆发，刘病已的祖父、当时的太子刘据和他的父亲史皇孙刘进均因此被杀，刚刚出生不久的刘病已也被投入大牢。因为有人说长安狱中有天子气，武帝下令处死所有犯人，廷尉监邴吉据理力争，可怜他还是个身在襁褓中的婴儿，于是保住了刘病已的性命，邴吉在狱中挑选两位女囚做他的奶娘。刘据一案平反后，刘病已寄居在祖母史良娣的娘家。汉昭帝元平元年（前74年），汉昭帝驾崩，其侄子昌邑王刘贺被霍去病的同父异母弟霍光拥立为帝。刘贺在即位的27天内就做了很多荒唐事，于是被废。时任光禄大夫的邴吉此时向霍光推荐刘病已，于是霍光立时年十八岁的刘病已为皇帝，是为汉宣帝。

　　由于宣帝长期在民间生活，体会过民间的种种磨难，深知民间疾苦，他立志要造福百姓，还给百姓一个太平盛世。刘病已少时向东海人澓中翁学习《诗经》，他高材好学，但也喜欢游侠，斗鸡走马，游山玩水，了解风土人情。他虽养于掖庭，却常常出行宫外。他屡次在长安诸陵、三辅之间游历，常流连于莲勺县的盐池一带，尤其喜欢跑到其祖父刘据的博望苑以南的杜县、鄠县一带地方，光顾杜、鄠两县之间的下杜城。他从这些市井的游嬉当中深切体会了民间疾苦，也因此学会辨别奸邪之辈，探查吏治得失。

宣帝在位时期，勤俭治国，进一步确定儒家地位，而且不限制人民的思想，对大臣要求严格，特别是宣帝亲政以后，汉朝的政治更加清明，社会经济更加繁荣。宣帝兴于民间，知道百姓对官员贪腐切齿痛恨，所以他一当政，就主张要严明执法，惩治不法官吏和豪强。一些地位很高的、腐朽贪污的官员都相继被诛杀。宣帝不仅以执法严明著称，还以为政宽简闻名。他在任用地方官时，除启用了一些精明能干的能吏去严厉镇压不法豪强外，还任用了一批循吏去治理地方，从而改变了吏治苛严的现象，大大缓和了社会矛盾，安定了政治局面。由于他有过牢狱之灾的经历，所以，对冤狱他深恶痛绝，提出要坚决废除苛法，平理冤狱。他亲政后不久，就亲自参加了一些案件的审理。在亲政的二十年中，他着重于整肃吏治，加强皇权，其余如废除一些苛法，屡次蠲免田租、算赋，招抚流亡，在发展农业生产方面继续霍光的政策。对周边少数民族的关系，则软硬皆施，他击灭西羌，袭破车师。时匈奴发生内乱，呼韩邪单于于甘露三年（前51年）亲至五原塞上请求入朝称臣，成了汉朝的藩属，宣帝又得以完成武帝倾全国之力用兵而未竟的功业。

宣帝统治期间，"吏称其职，民安其业"，号称"中兴"，应该说，宣帝统治时期是汉朝武力最强盛、经济最繁荣的时期，因此史书对宣帝大为赞赏，曰："孝宣之治，信赏必罚，文治武

功，可谓中兴。"他与前任汉昭帝刘弗陵的统治被并称为"昭宣中兴"。

宣帝是中国历史上唯一一位在即位前受过牢狱之苦的皇帝。正是因为受过牢狱之苦，体会到民间的疾苦，刘病已在即位后严于律己，不断地严格要求自己，不论是整肃吏治，还是国家中兴，他都夙兴夜寐，不敢稍有松懈。当政期间，他时刻体会皇位的来之不易，民间生活的疾苦，许多为政举措都是利国利民的好事，加强对百姓的教化，对百姓广施仁政。这种思想伴随了刘病已的一生，他一生坚持为民，哪怕是在国家中兴时都体察百姓疾苦，这种品格值得每个人学习。

编者寄语

身为皇帝，刘病已不好大喜功，穷兵黩武，而是时时刻刻体察百姓，保境安民，心中以百姓为己任，这种观念深入骨髓，伴随一生的坚持信念值得我们每个人去学习。

目标，也是一种力量

心 灵 导 读

　　人生目标是人生的不竭动力，这种动力可以成就一个人，
而一旦失去这种目标，则可能毁灭一个人。目标是一种方向，
是让我们奋发勇为的冲锋号，是让我们砥砺前行的不竭动力。

　　古往今来，历史长河中许多的英雄人物的出场背后必然有一
个人生目标作为他们激励自己的力量，有了这股力量，他们才能
在历史的舞台上唱一出千古大戏。目标的力量是无穷的，它是人
生前进路上的灯塔，我们只有有了目标，才能做出更多的努力，
不断完善自己，成就自己。

　　目标，其兴也勃焉，其亡也忽焉。

　　五代十国时期，天下大乱，正所谓乱世出英豪，割据江东的
晋王李克用是其中翘楚。后来李克用含恨而终，他曾交给儿子李
存勖三支箭，并对他道："梁贼朱温是我晋国不共戴天之敌。燕
王刘仁恭是我所立，契丹耶律阿保机与我约为兄弟，但都背叛了
我，投靠朱温。我未能灭此三贼，死有余恨。我给你三支箭，你
将来一定要消灭这三个敌人，以告慰我在天之灵。"李存勖将这
三支箭供奉在宗庙中，每逢出征都要以少牢之礼祭祀，将箭矢请
出，放在锦囊中，背负上阵，战胜后再送回宗庙。他平桀燕、败
契丹、灭后梁，每战都是如此。李存勖以这三支箭作为自己的人
生目标，严于律己，许下誓言一定要完成父亲的遗志。此后，他
犹如战神下凡，连战连捷，天下莫与之匹敌，历经15年，李克用

留给儿子李存勖的三大仇——实现。

然而在一系列的成功之后，李存勖日益满足于自己的丰功伟业，开始沉湎于声色，治国乏术，不理朝政，用人无方，荒淫无度，甚至大力信任伶人，导致国将不国，人心涣散，举国上下一片颓靡之象。后来终于众叛亲离，他的部将纷纷兵变，他也在心力交瘁中身首异处。

曾经的沙场宿将，如今众叛亲离，曾经手握三支箭扫平诸雄，如今因志得意满不思进取而国破家亡。今天的人们不得不从李存勖的前车之鉴中吸取教训，可见人生目标对一个人的成长起到了莫大的作用，有了这份目标，心中便压着一个巨大的石头，虽然有时很压抑，但是能够严于律己，让自己在慢慢的成长的过程中变得更强，以便把这个巨石搬开。可我们搬开巨石之后呢？没有及时为自己树立更高远的目标，反而浑浑噩噩，不思进取，深陷在自己的成功光环之下，浑然不知，人生如逆水行舟，不进则退。

目标，是一个伴随一生的人生目的。我们不能因为暂时的巨大成功而沾沾自喜，认为就可以给自己的一生画上最圆满的句号。我们只要活着，无论前期有多大的成就，都不能裹足不前，要在达成一个目标后，马上树立更高的目标，不断地激励自己奋发向上，翻过一个又一个山峰，走过一段又一段路。最后，我们在回顾往事时，才能无愧于心，可以给后人讲述自己波澜壮阔的一生。

目标，镶嵌在人体中的灵魂。

英国伦敦有个叫斯尔曼的青年，他是一对登山家夫妇的儿子。斯尔曼11岁时，他的父母在乞力马扎罗山上遭遇雪崩，不幸遇难。临终前他们留给了年幼的斯尔曼一份遗嘱，希望他能攀登上世界著名的高山：乞力马扎罗山、阿尔卑斯山、喜马拉雅山……

　　这样的遗嘱对斯尔曼来说，简直是一场灵魂的地震。因为他的一条腿患了慢性肌肉萎缩症，连走路都有些跛。但面对父母的遗愿，斯尔曼没有退缩。他坚持不懈地锻炼身体，参加越野长跑，在南极适应冰天雪地的艰苦生活，到撒哈拉沙漠锻炼野外生存能力。19岁时，他来到珠穆朗玛峰脚下——他要首先登上这座世界最高峰。经过半个多月艰苦卓绝的攀登和一次次死里逃生的险境，斯尔曼终于站到了世界之巅。接着，21岁时，他登上了阿尔卑斯山；22岁时，他登上了乞力马扎罗山；28岁前，他登上了世界上所有著名的高山。

　　斯尔曼的壮举赢得了世人的尊敬，但是，当世人祝福并期待他再次创造新的辉煌时，却传来了惊人的消息——年仅28岁的斯尔曼自杀了。他在遗言中写道："我创造了那么多征服世界著名高山的壮举，那都是父母的遗嘱给我的一种人生目标，都是这种目标产生的巨大精神力量在起着作用。如今，当我攀登了那些高山之后，功成名就的我感到无事可做了，我没有了继续奋斗的新的方向……"斯尔曼因失去人生的精神支柱，进而失去了人生的全部。

　　斯尔曼以病弱之躯征服世界之巅的奇迹和令人意外地选择放弃生命的悲剧，其间鲜明的反差让人感到人生目标对于生命的重要。成就一个人与毁灭一个人的过程在历史的长河中转瞬即逝，但这对个人的影响无疑是至关重要的，甚至对历史的发展也是至关重要的。斯尔曼从一个跛者迅速成长为一个有名的登山家，从星光璀璨的登山家转瞬即逝为一个亡魂，我们在对他感到惋惜的同时，不免对他的人生历程有些许感悟……

目标可以让一个人克服自身的不足，迅速成长，让人可以完成似乎不可能完成的事情，这是目标对个体自身的巨大促进作用，让人披荆斩棘，迎难而上。可人一旦失去目标，便觉得人生无望，不思进取，停滞不前，于是从高山之上迅速跌落下来，直至粉身碎骨。这充分说明目标对人生的重要性，目标可以成就一个人，也可以毁灭一个王者。我们必须在完成一个目标之后，继续树立更高的目标，如此才能不断进步，不断取得一个又一个成就。

编 者 寄 语

　　没有比脚更长的路，没有比人更高的峰。目标的力量能够使人把潜力发挥到极致，能够让人战胜许多难以想象的艰难险阻，能够让生命生生不息。目标是人生路上的灯塔，指引着我们前进。目标可以成就一个人，在完成目标后，有的人洋洋得意，于是不思进取，从山巅跌落，有的人无所适从，不知人生何去何从，在迷茫中堕落……

　　所以，我们不仅要有目标，更要及时树立新的目标，这样我们的人生才能持续辉煌，像星辰一样永远熠熠生辉。

胜利后的坚持

心 灵 导 读

拉罗什夫科说过，取得成就时坚持不懈，要比遭到失败时顽强不屈更重要。居安思危，思则有备，有备无患，人的本性是在处境艰难时总是可以坚持不懈，对自己严格要求，可是在取得胜利后却沉浸在自己的成就下沾沾自喜，不思进取，不再对自己那么严格，以至于铸成大错，因此胜利后的坚持显得尤为重要。

凡百元首，承天景命，善始者实繁，克终者盖寡。这句话告诫人们要善始善终，古往今来，善始者多矣，善终者少矣。

功成开元盛世，祸始天宝危机

武则天时期，为了维护自己的统治，大兴告密之风，李隆基的母亲被身边的丫鬟诬陷说诅咒他的祖母，便被他的祖母给秘密处置了，最后连尸体都不知道埋在什么地方。他的父亲虽然胆小怕事，畏首畏尾，但是身陷深宫之中必然不能置身事外，受到武则天的多方猜忌，也差点因此被杀害，他也被幽禁于宫中数年。

后来，武则天年事已高，他终于得以自由活动，看到自己的父亲中宗并没有好好治理国家，他在心里发誓，一定要静待时日将大唐国权掌握在自己手里，将大唐的辉煌再次展现出来。一定要恢复太宗时期的伟业，这是年轻的李隆基内心深处最为伟大的梦想。

后来经过一系列的宫廷政变，李隆基掌握了皇权，这位年轻的皇帝也渐渐成熟，慢慢地开启了他的时代。李隆基先从选拔贤才开始，大力启用前朝时期的贤相姚崇，并且答应其十条主张，后来这些主张成为复兴唐室的纲领性文件，一步步将朝廷的萧条状况变成了一代盛世。他积极听取大臣们的意见，并积极执行，使得国家渐渐步入正轨，百姓生活安定。当政期间，他积极听取大臣们的谏言，严于律己，并积极改革朝廷各方面的制度，使得国家兴旺。他不仅注重朝廷的吏治和自身的言行，更知道百姓是国家的根本，注重百姓的生活和赋税，他制定了一系列的政策，使得百姓的赋税压力大大减轻，反而使朝廷的国库越来越充盈。终于，他实现了自己最初的想法，成为一代明君。

　　可当李隆基看到当时唐朝国力强盛，百姓们也已经有了较好的生活时，他也渐渐放松了自己，认为自己劳碌了那么久，是该好好享受一番。但是一旦皇帝荒淫享乐，疏于国政，这个国家也开始走下坡路了。随着姚崇、宋璟等一批贤臣的离去，李隆基开始宠信一批佞臣，比如：李林甫、杨国忠、安禄山等人，使得国力日渐衰弱。特别是他对于安禄山的谄媚之词深信不疑，对他恩宠有加，丝毫不加提防，最后酿成"安史之乱"的悲剧，使得大唐国力日

渐衰弱，一蹶不振。

如果李隆基一直坚持明心治国，不贪图享乐，可能还能维持国家的安定，百姓们也可以安稳地生活，但是一步走错，剩下的路再怎么改正也是难以恢复的，他终究是不能回去了。历史的经验告诉我们，不论自身取得了何等成功，也不应该松懈，这只会给自己留下无可估计的隐患，只有不断积极进取，才能够永垂不朽！胜利后的坚持非常重要。

以史为镜、以人为镜都不如以自己为镜

汉武帝的雄才大略，不仅体现在富国强兵，还体现在开拓疆土，为中国多民族统一国家的发展所做的贡献上。中原王朝大规模远距离奔袭草原民族的现象在中国历史上并不多见，而汉武帝终其一生，始终保持了对北方民族军事上的优势，在历次大战中一直保持进攻态势，这在中国历史上也是少见的。正是由于这一点，西汉王朝借势打通了西域的道路，加强了中原与天山南北地区的联系。

更为难得的是，武帝晚年能反思自己一生得失，公开检讨自己的过错。在泰山祭祀时，对天神和大臣检讨自己一生好大喜功，"使天下愁苦"，并发誓："自今，事有伤百姓，糜费天下者，悉罢之！"回到长安，他遣退了所有的方士，当桑弘羊上疏，请求在轮台(今新疆轮台)筑亭帐、驻军屯田时，汉武帝下了一个著名的"罪己诏"，向天下宣示，自己不忍再"扰劳天下"，而要"禁苛暴，止擅赋，力本农"，与民休息。虽然诏书对自己的过错有过于严厉的成分，但是不难看出汉武帝的悔过之心，在胜利之后坚持对自己的检讨。

武帝一生，南征北讨，耗费无数财力，建立巨大功业。晚

年却能检讨自己，向天下表示忏悔，及时改弦易辙，在中国古代帝王中是少见的。正由于武帝晚年政策的调整，西汉社会又趋于安定，为以后的"昭宣中兴"奠定了基础，西汉盛世又延续了一段相当长的时间。司马光评论"其所以有亡秦之失，而无亡秦之祸"正是由于他"晚而改过"。

编 者 寄 语

每个人都追求自己一生的业绩能够彪炳史册，千百年后受到万人敬仰，但是取得成功已经实属不易，在胜利之后仍然坚持自我的胸怀更是难得。后者要比前者难太多，历史上也少有人能够对自己的人生做出最公允的评价。

胜利之后

心灵导读

坚持，已经实属不易，然而在一番苦心经营后的胜利的
路更是难走。历史上多少英雄好汉成功于艰难困苦的逆境，
却失败于胜利之后的沾沾自喜。因此，胜利之后仍然能够严
于律己显得尤为重要。

闯王的兴败人生

李自成出身贫苦，童年时给地主放羊。崇祯二年（1629年）
起义，后为闯王高迎祥部下的闯将，胆略超群。崇祯八年荥阳大
会时，他提出分兵定向、四路攻战的方案，受到各部首领的赞
同，声望日高。次年高迎祥牺牲后，他继称闯王。崇祯十一年在
潼关战败，仅率刘宗敏等十余人，隐伏商雒丛山中（在豫陕边
区）。次年出山再起。崇祯十三年又在巴西鱼腹山（腹一作复）
被困，以五十骑突围，进入河南。其时中原灾荒严重，阶级矛盾
极度尖锐。李自成在荥阳崭露头角。他在艰难困苦的推翻王朝的
战争岁月中，绝不向任何敌人屈服，与战士同甘苦、共患难，提
出了有利于百姓的"均田免粮"口号。当时的歌谣说："吃他
娘，着他娘，吃着不尽有闯王，不当差，不纳粮。"这个歌谣当
时远近传播，深得人心。他的部队发展到百万之众，成为农民战
争中的主力军。崇祯十六年（1643年），李自成在襄阳称新顺
王。同年，在河南汝州歼灭明陕西总督孙传庭的主力，并乘胜进
占西安。次年正月，建立大顺政权，年号"永昌"。

　　1644年，李自成的起义军占领北京，推翻了统治276年之久的朱明王朝。李自成进京后，军纪严明，基本保持了农民军的本色，但是在胜利之中，滋生了骄傲情绪。他不仅对复杂多变的东北边关形势没有清醒的认识，更没有想到如何对付清军，对于部下、士兵的日益腐化也没有采取必要的防范措施。武将忙于"追赃助饷"，文官忙于开科取士、登基大典，士兵沉溺于胜利之中，认为战斗已经结束，可以高枕无忧了。

　　这样一来，起义军丧失了斗志。由于清军对吴三桂的支持，迫使李自成起义军撤回北京，而清军直逼京城。山海关战役的失利使形势发生了重大的变化，原来投降起义军的明朝官吏纷纷出来对抗起义军。比如牛金星，原来是明朝的一个举人，为了避祸加入李自成的起义军，早期为起义军的扩建做出很大的贡献，为此被册封为天佑殿大学士。但他却以开国功臣自居，私下对人说像李自成这样的农民政权，一定会失败。在起义军形势不利的情况下，他开始设计捕杀起义军将领李岩兄弟。刘宗敏得到这一消息后，怒斥牛金星。牛金星不久离开了李自成，前往河南，这样大顺政权的内部出现了分裂。最终在清军的追击下，李自成被迫离京出走，退到西安。顺治元年

（1644年）十二月，清军出击潼关，大顺军队列阵迎战，清军因主力及大炮尚未到达，坚守不战。顺治二年（1645年）清军以红衣大炮攻破潼关，李自成战败向南溃退，经襄阳入湖北，逼走南明将领左良玉，占领武昌，但被清军一击即溃，最后死于湖北。

李自成本人"不贪财，不好色，光明磊落"，但却犯了胜利时骄傲的错误，值得记取历史教训。回想当初农民军起义时的种种艰难，为了胜利，为了突破围剿，转战南北，一路奔波，可当取得胜利后，他们完全忘记了之前创业的艰难，众多将领陶醉在胜利的喜悦中，贪图安逸，不思进取，生活腐化导致军心涣散，没有战斗力的军队屡战屡败，最终功败垂成。他们被胜利冲昏了头脑，胜利之后忘记了坚持，自我松懈，不再像之前那样约束自己，最终饮恨而终。

才情的落寞

金溪百姓方仲永，世代以耕田为业。仲永长到五岁的时候，不曾认识书写工具，有一天忽然哭着要这些工具。

他的父亲对此感到诧异，借邻居的书写工具给他，仲永立刻写了四句诗，并且自己题上自己的名字。他的这首诗把赡养父母、和同一宗族的人搞好关系作为内容，被传送给全乡的秀才观赏。从此，指定物品让他写诗，他能立刻完成，诗的文采和道理都有值得观赏的地方。同县的人对此感到非常惊奇，渐渐对他父亲以宾客之礼相待，还有的人用钱求仲永题诗。他的父亲认为这样有利可图，每天带着仲永四处拜访同县的人，不让仲永学习。

我听说这件事很久了。明道年间，我跟从先父回到家乡，在舅舅家里见到他，他已经十二三岁了。让他作诗，写出来的诗不能与从前的名声相称了。

　　又过了七年，我从扬州回来，再次到舅舅家，问起仲永的情况，回答说："仲永的才能已经消失，完全如同常人了。"

　　有天赋固然是一件好事，可是有了天赋之后不能够坚持律己，反而贪图富贵，放纵自己，为世俗所累，这就是一件悲凉的事了。方仲永本来可以成为一代才子，但是父亲的做法彻底抹杀了他的天赋，只有天赋而不知道学习，不知道自我进步，最终只能是泯然众人矣。

编 者 寄 语

　　古人云：创业容易守业难，这不是简单的难与易的关系，是说创业时在当时的困难环境下我们能够严于律己，拼搏进取，才能有后来的一番事业，而胜利之后的舒适环境最容易滋生骄傲自满的情绪，放松对自己的要求，太多的末路英雄一幕幕上演。所以，我们在胜利之后，更要严于律己，对自己有更高的要求，才能不断进步。

这不是结局

> 在取得胜利之后，是不是还要继续坚持？答案是肯定的。
> 在取得胜利之后如果跌落人生低谷，是不是还要继续坚持？
> 答案也是肯定的。满怀希望地坚持到底，就会迎来新的结局。

50岁！他已经50岁了，人生却迎来流亡。

巴黎火车站。当他不得不从这里离开自己的祖国到邻国避难的时候，他护照上的名字不再是大名鼎鼎的维克多·雨果，而是一个请人伪造的假名"兰文"先生；他的身份也不再是受人景仰的著名作家，而是一个经营食品生意的普通商人；他不再穿着优雅高贵的法兰西学士院的院士服，而是穿着一身临时借来的衣服，头上戴着一顶大街上随处可见的鸭舌帽……

就这样，他避开了警察的搜捕，躲过了火车站的层层检查，踏上了流亡之旅。那一刻的尴尬和落魄，那一刻的前路迷茫甚至生死未卜，如果有人目睹，恐怕会叹息着认定：那颗闪耀在法兰西文坛上空的巨星即将黯然陨落了；他在50岁的人生暮年时孤独踏上的，恐怕是人生的最后之旅。

好在，后来，我们都知道，这不是故事的结局。

如果这是结局，我们将看不到，他和他的妻子儿女们，在被放逐的小岛上，共同度过了许多艰难却温馨快乐的时光。他甚至为了实现妻儿的心愿，自造木筏，载着他们游览海岛风光。

如果这是结局，我们将无缘欣赏到他的抒情诗杰作《静观集》，无缘感受他那波澜壮阔、气势恢宏的《历代传说》，更会与不朽巨著《海上劳工》《悲惨世界》失之交臂。而雨果，他为法国和世界文学史所创造的辉煌和奇迹，也将因此而大打折扣。

如果这是结局，我们也不会看到这一幕：在他18年后重返祖国时，巴黎火车站外，上千人在倾盆大雨中，挥舞着鲜花和旗帜，热情迎接他的归来。而此时他的身份，不仅仅是一位伟大的作家，更是一位民族和国家的"英雄斗士"。原来，50岁时开始的磨难，不是他辉煌人生的结束，而是另一段更加伟大人生的开始。雨果没有告诉我们，他为何能做到，他如何能做到。可是，如果请他写一本那段时期的回忆录，我们一定会从中读到这样几个故事：

——在开始流亡生涯的第二天，他给留在法国的妻子写信："我现在很好。我唯一能做的事，就是想念你和孩子们。我们会平安在一起的！"他爱他的妻子和孩子，他带给他们希望，也留给自己希望。

——流亡之初，他在一家廉价的小旅馆安顿下来后，便立即投入文学创作。而在此后漫长的流亡岁月里，他从来没有停止过写作。那些后来在世界文学殿堂里熠熠生辉的文字，见证了一位身处逆境的老人对自己事业的执着与热爱，并且，带给他生活的勇气和力量。

——他经常参加流亡者聚会，撰写文章声援国内民众的反独裁运动。后来，当自己的祖国在普法战争中面临危机的时刻，他申请成为一名国民自卫军战士参加战斗……他自己是时代动乱的受害者，可是他对自己的祖国和人民，只有眷恋与深爱。

原来，50岁的雨果心中依然满怀着希望和热爱，满怀着对美好和光明的执着向往与坚定追求，他从毁灭走向重生，从湮没走向精彩，从尴尬走向伟大——他让一切不好的结局不是结局。

在距离被流放33年之久后，雨果以83岁高龄辞世。他留给世人的故事结局是，当他与这个世界做最后的告别时，巴黎全城万人空巷，彻夜无眠。凯旋门周围，成千上万的民众含泪朗诵他的诗歌；而在他的灵车后面，两百万人紧紧跟随，护送着他们钟爱的伟人与英雄前往国家墓地先贤祠。

这样的结局，是雨果的人生的最好结局。

维克多·雨果在成名之后，跌落人生深渊，但是他并没有被困难吓倒，而是痛定思痛，在艰难的环境下创作出了更加杰出的作品。雨果是一位有良知的老人，他的一生都在为真善美而奋斗，他是生活的斗士，是正义的化身，是光明的一把利剑。

让我们和50岁时的雨果一起相信吧：这世间从没有末路，每一个故事都没有不好的结局。如果结局不好，只是因为，那还不是结局。

编 者 寄 语

　　这还不是结局，要怀抱一种乐观精神去面对生活，更要在取得胜利之后秉持继续坚持的真性情，面对生活的荣辱与悲喜，不骄不躁，勇往直前。人生是一个永远坚持，永远前进的过程，哪怕是在前进的路上，上帝跟你开了个玩笑，让你掉下来一大截，也不碍事，因为活着就要做生活的勇者，不问因果地坚持到底。

第 六 章

逆境中的坚持

　　所有人都会遇到逆境，但是每个人对待逆境的态度却有天壤之别，有的人选择了随波逐流，有的人选择了逆流而上。不同的选择，不同的结果，选择了随波逐流的人最后也只能是趋于平庸，选择了逆流而上做人却有可能青云直上。请珍惜逆境，珍惜逆境中的坚持，这是锻炼心志的最好磨刀石。

逆境成就伟大

心 灵 导 读

　　恰普曼曾说，无论是美女的歌声，还是鬣狗的狂吠，无论是鳄鱼的眼泪，还是恶狼的嚎叫，都不会使我动摇。要在逆境之中秉持一颗赤诚之心，无论遇到何种艰难险阻都不要放弃自己的希望，勇往直前才能造就伟大。

　　逆境中的坚持最可以锻造人的心志，身处逆境，历经波折，才能百折不挠，而顺境会让人贪图安逸，不思进取，不利于磨炼人的心志，会使人遇到困难便轻言放弃。

抽打出的丰收

　　张三和李四是一墙之隔的邻居，两家的庭院里各种着一棵枣树。两棵枣树是同一年栽种的，且移自于同一座枣树园。但奇怪的是，张三的枣树年年枝繁叶茂，硕果累累；而李四的那棵枣树结的枣子却总是寥寥可数。

　　难道张三家的庭院比李四家的庭院土地肥沃、阳光充足？非也！禁不住李四的再三请求，张三向李四道出了枣树成材的秘诀。

　　张三说，需用鞭子抽打枣树，越是抽打枣树，来年结的枣子就越多。仔细观察你会发现，被抽打过的断枝处，一定会长出新枝，这便是枣树结果的关键所在，越是敲打越是果实累累，这就叫逆境中成材。

　　这让笔者联想到种树之道。精于种树的人，不会天天给树苗浇水，适当地旱它一旱，有助于树根扎向大地的深处，根深才能叶茂，最终长成参天大树。

我的儿子不可能成为一名优秀的球星

世界球王贝利喜得贵子，有记者祝贺说："你的儿子长得多壮实，将来一定会成为像你一样的体育明星。"球王立刻不假思索地回答："狮子要是不饿的话，是不会去捕猎的。我的儿子不可能成为一名优秀的球星，因为他现在就很富有，缺乏先天竞争意识，而我小时候是很贫穷的。"

温室里培养不出强悍的花朵，荣誉的桂冠总是在争斗中用荆棘编成。所以我们不要害怕身处逆境，古今中外身处逆境而有卓越建树的大有人在。相信在逆境中进行锻造，我们也能成才。

炸不破的希望

在克里米亚战役的一次战斗中，一颗炮弹把战区中一座美丽的花园炸毁了，但是在那被炮弹炸开的泥缝中，却发现有泉水在喷射。从此以后，那里就有了永久不息的喷泉。不幸与忧患，也能将我们的心灵炸破，而在那炸开的裂缝中，会有新鲜的经验和欢愉不息地喷射出来。

有许多人不到穷途末路，不能发现自己的力量。一位著名的科学家说，当他遇到一个似乎无解的难题时，他知道，自己快要有新的发现了。凡是环境不顺利，到处被摒弃、被排挤的青年，往往到后来有坚实的事业。那些自小不曾遭遇任何艰难险阻的青年，到后来往往一事无成。火石不经摩擦，火花不会发出。人不遇刺激，生命的火焰不会燃烧。

塞万提斯写《唐·吉诃德》时，他贫困不堪，甚至没钱买纸。路德隐居在瓦特堡的时候，把圣经译成了德文。但丁被宣告死刑，在逃亡生涯的20年中，写出了他不朽的名著《神曲》。贝多芬在两耳失聪，生活最悲惨的时候，创作了他最伟大的音乐作品。席勒被病魔缠身15年，而他最有价值的著作，也是在这个时期写成的。弥尔顿在双目失明、贫困交迫时，写下了他的名著《失乐园》。

障碍不是我们的仇敌，而是恩人。它可以锻炼我们克服障碍的能力。森林中的橡树，要是不和暴风雨搏斗过千百回，树干就不能长得十分结实。所以一切的磨难，忧患与悲哀，都足以助长我们，锻炼我们。

一个大无畏的人，越为环境所逼迫，越加奋勇。"命运"不能阻挡这种人的前程。忧患、困苦不足以损害他，反而会增强他的意志、力量和精神。

编 者 寄 语

不要抱怨逆境的种种不好，抱怨是无济于事的，徒增伤感，相反，把逆境当作生活中的一种考验，一块磨砺自己的磨刀石，才能把自己锻造得更加锋利，一步步走得更远更高。我们应该爱上逆境，去享受逆境带给我们的种种磨难，因为这样可以把我们的心打造得更加坚韧，我们才能开创一片更加辉煌的业绩。当我们成功的时候，再回过头看自己之前的困苦，会淡然一笑，觉得一切都是值得的。

神奇的樱桃

　　在平常的生活中，你肯定有这样一种感觉，觉得日子过得没情没趣，没滋没味，说不出来苦，更道不出来甜，说不上浑浑噩噩，也谈不上朝气蓬勃。我们被一只无形的手推着前进，很多时候这并不是我们所愿意的，可我们必须得走，像一个没有灵魂的躯体，漫无目的游走。总之，我们只是在简单地活着，没有目的，没有方向，不知道人生之乐在哪里？

　　伊朗导演阿巴斯的电影里曾经讲过一个故事，对我影响深远，小小的故事大大的力量。

　　从前有个人每天过得很不开心，虽然在外人看来他并没什么特别的苦衷，平凡的四口之家，一位勤劳的妻子，一对活泼的儿女，虽然日子算不得宽松，但也能安稳度日。可这个人怎么也高兴不起来，或许因为壮志难酬，或许因为没有富贵之命，又或者不能做人上人……

　　妻子也不懂他心里想什么，因为他自己都不知道自己怎么了，就好像丢了灵魂，不知道为什么活着。思前想后，他再也忍受不了了，一个人离开家，漫无目的走着，耷拉着脑袋，路人跟他打招呼他也不理，好似他是一个透明体，以为别人看不到他。走了一段路，来到一棵樱桃树下，他慢慢抬起头看着这棵高大的樱桃树，下定决心爬上这棵树，然后跳下来，离开这个生无可恋的世界。就在他决定往下跳的时候，不远处的一所小学放学了，小学生成群走过来，看到他站在树上。一个小学生问他："你在树上干什么？"他看着小孩，心想，总不能告诉小孩他要自杀吧，这样对小孩子实在是不好，没必要让他的事情影响小孩子，于是他只好说："没事，我在看风景。""难道你没有看到身旁有许多樱桃？"小学生问。他低头一看，之前根本没有注意到树上结满了大大小小的红色樱桃。"你可不可以帮我们摘樱桃？"小学生说，"你只要用力摇晃，樱桃就会掉下来了。拜托啦，我们爬不了那么高。"

虽然失意的人很不情愿，但是终究拗不过小学生，只好先答应帮忙，先把小孩子打发走再说。他开始在树上又跳又摇，很快地，樱桃纷纷从树上掉下来，好似一场樱桃雨。孩子们争先恐后地抢着樱桃，边捡边吃，这件事很快就把周围的小朋友吸引过来，他也被要求更加卖力地一跳再跳，一摇再摇，就像一只活蹦乱跳的小猴子。然后是小孩的欢笑声、大呼小叫声。看到小孩子们那么开心，他不知怎么嘴角露出一丝丝微笑。一阵嬉闹之后，樱桃掉得差不多了，小学生们也渐渐散去了。

失意的人坐在树上，看着小学生们欢乐的背影，心里觉得特别满足，好像一直空落落的心被一下子填满了。不知道为什么，自杀的念头一下子就没有了。

他看了看周遭，摘了些还没掉到地面的樱桃，无可奈何地爬下樱桃树，拿着樱桃慢慢走回家里。他回到家后，家仍然是那个破旧的家。老婆问他到哪里去了，他拿出了那些樱桃。老婆露出了笑脸，没再说什么，孩子们全都又叫又跳，好高兴爸爸带樱桃回来了。他也露出了久违的微笑。

看着大家，他忽然有种新的体会和感动。他心里想着，或许这样的人生还是可以过下去的吧……故事就是这样了。

我常常在想，这个神奇的故事迷人的地方到底在哪里？

毋庸置疑，每个人在生活中都会起起伏伏，心绪不宁，有一阵子很像无头苍蝇，于是我们心生失落，甚至厌世。在产生这些消极情绪时，我们有没有问过自己的内心：我真的不快乐？还是只是没有主动开启快乐的大门？快乐是一个未出阁的姑娘，你不去寻她，她又怎么会来找你？我们一直在自己的生活模式中挣扎，明明知道很枯燥，没有意义，可就是不愿意去改变，没有勇气换一种生活方式，更不想去寻找新的生活目标。换言之，哪怕无法改变当下的生活模式，我们也不去发现周围生活的美，不去主动迎接快乐舒适的心情，被生活的枷锁牢牢锁住自己的脖子，明明已经喘息不止，却不去寻找开锁的钥匙。生活中处处是美，处处是快乐，换一种心境，就能发现世界真的多姿多彩。

编 者 寄 语

人的态度和心境决定自己的行动，人们常说要乐观生活，说说容易，身体力行又何其难！有几个人真的能百折不挠，乐观上路？可人生除了乐观，还有更好的选择吗？难道要背上伤心的枷锁前行？生活本来不易，何苦自己折磨自己。当你感到生活无趣时，换一种心境，去体验新的事物，不要说你会得到什么，勇于体验新的生活就说明你已经得到了很多，心底的充实只有你自己知道。

为自己喝彩

心灵导读

　　有的人一生经历了太多的苦难，可是始终都没有放弃自己的梦想，无论逆境伴随自己多少年，仍然努力坚持着。不忘初心，方得始终，哪怕是一生默默无闻也不改初衷，终有一天会有世人承认的一天，只要自己默默坚持下去。

　　古往今来，不知多少的仁人志士为了自己的理想前赴后继，哪怕生前不被世人承认，若干年后总会还历史一个真相，当事人生前可能是不幸的，可是人生终归是化作一抔黄土，若是留下自己的贡献和名字，这对当事人来说又是幸运的。

　　一个被同学起名叫斯帕奇（木头脑袋）的小男孩读小学时，各门功课常常亮红灯。到了中学，他的物理成绩通常都是零分，他是学校有史以来物理成绩最糟糕的学生。斯帕奇在拉丁文、代数以及英语等科目上的表现同样惨不忍睹。

　　在斯帕奇的整个成长时期，他笨嘴拙舌，社交场合从来就不见他的人影，这并不是说其他人都不喜欢他或讨厌他。事实是，在人家眼里，他这个人压根儿就不存在。如果有哪位同学在校外主动问候他一声，他会受宠若惊并感动不已。

　　斯帕奇真是个无可救药的失败者。每个认识他的人都知道这点，他本人也清清楚楚，然而他对自己的表现似乎并不十分在乎。从小到大，他只在乎一件事情——画画。他深信自己拥有不凡的画画才能，并为自己的作品深感自豪。但是，除了他本人以外，他的那些涂鸦之作从来没有其他人看得上眼。上中学时，他向毕业年刊的编辑提交了几幅漫画，但最终一幅也没被采纳。尽管有多次被退稿的痛苦经历，斯帕奇从未对自己的画画才能失去信心，他决心今后成为一名职业漫画家。

到了中学毕业那年，斯帕奇向当时的沃尔特·迪士尼公司写了一封自荐信。该公司让他把他的漫画作品寄来看看，同时规定了漫画的主题。于是，斯帕奇开始为自己的前途奋斗。他投入了巨大的精力与非常多的时间，以一丝不苟的态度完成了许多幅漫画。然而，漫画作品寄出后却石沉大海，最终迪士尼公司没有录用他——失败者再一次遭遇了失败。

走投无路之际，斯帕奇尝试着用画笔来描绘自己平淡无奇的人生经历。他以漫画语言讲述了自己灰暗的童年、不争气的青少年时光——一个学业糟糕的不及格生、一个屡遭退稿的所谓艺术家、一个没人注意的失败者。他的画也融入了自己多年来对画画的执着追求和对生活的真实体验。连他自己都没想到，他所塑造的漫画角色一炮走红，连环漫画《花生》很快就风靡全世界。从他的画笔下走出了一个名叫在理·布朗的小男孩，这也是一个失败者：他的风筝从来就没有飞起来过，他也从来没踢好过一场足球，他的朋友一向叫他"木头脑袋"。熟悉小男孩斯帕奇的人都知道，这正是漫画作者本人——日后成为大名鼎鼎漫画家的查尔斯·舒尔茨——早年平庸生活的真实写照。

斯帕奇未成名之前的人生可谓很糟糕了，但是他后来之所以能够名声大噪还是要感谢之前的坚持。无论经历多少逆境都默默坚守自己的信念，无论经历多少打击都始终坚信自己的天赋，无论受到多少人的否定都相信自己能行。斯帕奇看似无意之间走出了一条成功之路，但他的成功并不是偶然的，他之前那么多的努力不正是给今天的这条光明大道收集铺路石吗？成功绝非偶然，人生许多努力不会一下子可以看到成果，需要足够的耐心和坚韧。只要愿意付出坚持的代价，你终究可以享受到成功的甘甜。要明白，上帝不会辜负任何一个费尽心思打磨自己的人，你终究会光彩照人，星光闪闪。

凡是成大事者均是默默坚持的人，最后都会因为自己的成就获得喝彩。昔日梵高一生郁郁不得志，穷困潦倒，无法糊口度日，被无数人忽视，可是当他去世后，却成为一个巨人，俯瞰世界。如果梵高因为自己的穷困潦倒而放弃了自己的绘画事业，去做一份衣食无忧的工作，就不会有后来极高的艺术成就，因为他的坚持，最后才能获得喝彩。

编 者 寄 语

没有无缘无故的失败，同样没有无缘无故的成功，任何人的成功都源自于他的坚持不懈，任凭风吹雨打，无惧风雨，砥砺前行，心里始终秉持一个执念：成功总会属于自己，终有一天会为自己喝彩。

扬起信念的风帆

心 灵 导 读

什么是信念？信念是自己可以确信的观点和看法。有了信念，我们便不再彷徨，不再犹豫，不再朝三暮四，而是对自己充满了信心，勇敢地走下去。让我们扬起信念的风帆，劈波斩浪，去做大海的弄潮儿！

信念，既可以别人给予，又可以自己萌生。这种无形的力量可以促使自己成功，如同一粒种子，在心里生根发芽，进而产生惊人的力量。本以为自己做不到的事情，自己居然做到了，本以为是很遥远的目标，自己居然已经把它踩在脚下，因为心中始终有信念做支撑。

信念被别人给予，自己不会让身边的人失望。

一个小村子叫尚书村，这个小村子因为这些年来几乎每年都有几个孩子能考上大学而闻名遐迩。方圆几十里以内的人们没有不知道尚书村的。

周围十几个村的村民，只要是在尚书村里有亲戚的，都千方百计地把孩子送到这里。

在惊叹尚书村奇迹的同时，人们也都在问，都在思索：是尚书村的风水好吗？是尚书村的父母掌握了教孩子的秘诀吗？还是别的什么？在二十多年前，尚书村调来了一个五十多岁的老教师，听人说这个教师是一位大学教授，不知什么原因被贬到了这个偏远的小村子。这个老师能掐会算，他能预测孩子的前程。原因是，有的孩子回家说，老师说他将来能成数学家；有的孩子说，老师说他将来能成作家；有的孩子说，老师说他将来能成音乐家，等等。

不久，家长们又发现，他们的孩子与以前不大一样了，他们变得懂事而好学，好像他们真的是数学家、作家、音乐家的材料了。老师说会成为数学家的孩子，对数学的学习更加刻苦，老师说会成为作家的孩子，语文成绩出类拔萃。

孩子们不再贪玩，不用像以前那样严加管教，孩子也都变得十分自觉。因为他们都被灌输了这样的信念：他们将来都是杰出的人，而好玩、不刻苦的孩子都是成不了杰出人才的。

就这样过去了几年，奇迹发生了。这些孩子到了参加高考的时候，大部分都以优异的成绩考上了大学。

这个老师在尚书村人的眼里变得神乎其神，他们让他看自己的宅基地，测自己的命运。可是老师说，他只会给学生预测，不会其他的。

　　这个老师年龄大了，回到了城市，但他把预测的方法教给了接任的老师，接任的老师还在给一级级的孩子预测着，而且，他们坚守着老教师的嘱托：不把这个秘密告诉村里的人们。

　　据几个从尚书村走出来的朋友说，他们从考上大学的那一刻起，对于这个秘密就恍然大悟了，但他们这些人都自觉地坚守起了这个秘密。

　　别人给自己一个坚定的信念，给自己种下一颗信念的种子，这颗种子慢慢生根发芽，然后产生惊人的力量。这种力量可以激发出自己的潜能，使自己做出超越自身力量的事。假如没有老教授对孩子们莫大的期许，对他们施以厚望，孩子们便不会坚定自己的信念，深信老教授的话，努力去做一个数学家、作家或音乐家该做的事，发自内心地好好学习，为了自己而学，为了自己的明天而学，为了自己的前途而学。

　　信念从自己心中产生，促使自己激发出无穷力量。

　　有一年，一支英国探险队进入撒哈拉沙漠的某个地区，在茫茫的沙海里跋涉。阳光下，漫天飞舞的风沙像炒红的铁砂般，扑打着探险队员的面孔。口渴似炙，心急如焚——大家的水都没了。这时，探险队队长拿出一只水壶，说："这里还有一壶水，但穿越沙漠前，谁也不能喝。"一壶水，成了队员们穿越沙漠的信念之源，成了他们求生的寄托目标。水壶在队员手中传递，那沉甸甸的感觉使队员们濒临绝望的脸上又露出坚定的神色。终于，探险队顽强地走出了沙漠，挣脱了死神之手。大家喜极而泣，用颤抖的手拧开那壶支撑他们的精神之水——缓缓流出来的，却是满满的一壶沙子!

　　是探险队员心底的信念最终带领他们走出了绝境。真正救了他们的是他们自己，是他们的信念，又怎么会是一壶沙子呢？他们心底的信念，对走出去的莫大信心，对于生命的渴望，这些才是拯救他们生命的关键。只要心中有信念，就可以走出绝境。

编 者 寄 语

目标很容易确立，可是我们对目标能够完成所抱的信念因人而异，尤其是在遭受许多打击之后，有的人一次次彷徨，不知所措，从开始坚信自己的目标到最后怀疑、犹豫与否定，有的人面对多次打击，却是愈挫愈勇，不断奋进，一次次磨炼自己的内心，最终变得心比石坚，在反思中总结经验，走向成功。所以，有了信念就要守住，不能因为打击而去质疑，不能因为别人否定而去怀疑，不能因为大家反对而去示弱。正所谓：小事依众谋，大事当独断。

知难不畏难，迎难而上

心 灵 导 读

　　逆境中的坚持要比平时没有压力地做一件事情来得更加艰难，在逆境中我们不仅要面对不利因素带给我们的困难和考验，还要面临强大的心理压力。即便如此，我们也要迎难而上，不畏艰难。

　　在顺境中，我们可能会冷静下来，找到解决问题的方法，最后坚持下去，找到成功的出路，但是，生活注定不是一帆风顺的，通常是祸不单行，在逆境中谁更能坚持自我，找到成功的方向，永不放弃，谁才是生活的真正强者。

在逆境中起舞

　　心理学家克拉特曾经做过这样的实验——他把一只小白鼠放到一个装满水的水池中心，这个水池尽管很大，但依然在小白鼠游泳能力可及的范围之内，小白鼠落水后，它并没有马上游动，而是转着圈儿发出"吱吱"的叫声，小白鼠是在测定方位，它的鼠须就是一个精确的方位探测器：它的叫声传到水池边沿，声波又反射回去，被鼠须探测到，小白鼠借此判定了水池的大小、自己所处的位置以及离水池边沿的距离，它尖叫着转了几圈以后，不慌不忙地朝着一个选定的方向游去，很快就游到了岸边。几次试验都是如此。

　　实验至此尚未结束，心理学家又将另一只小白鼠放到水池中心，不同的是这只小白鼠的鼠须已被剪掉。小白鼠同样在水中转着圈儿，也发出"吱吱"的叫声，但由于"探测器"已不复存在，它探测不到反射回来的声波……几分钟后，筋疲力尽的小白鼠沉至水底，死了。关于第二只小白鼠的死亡，心理学家这样解释：鼠须被剪，小白鼠无法准确测定方位，看不到其实很近的水池边沿，自认无论如何是游不出去的，因此停止了一切努力，自行结束了生命。心理学家最后得出如下结论：在生命彻底无望的前提下，动物往往强行结束自己的生命，这叫"意念自杀"。

被剪掉鼠须的小白鼠丧生于水池，但不是被水淹死的，而是被它意念中的那片"无论如何是游不出去的"水域所淹死。这样的悲剧不仅发生在小白鼠和其他动物身上，也往往不同程度地发生在人的身上。在人生旅途中，每个人都有可能遭遇小白鼠所遭遇的"水池"。对于人而言，溺死小白鼠的"水池"就是所谓的逆境、困境或者说厄运。

观察一个正处于逆境中的人，你才能真正了解他是什么样的人。有的人即使被厄运撞得浑身伤痛，仍一如既往地对生活怀抱着理想和希冀，没有音乐也照样跳舞。有的人与厄运刚一接触，怀里泛着金属光泽的理想顷刻间就破碎了，从此他们眼里只看到自己的失败，每天拿着酒瓶子躲在隐蔽的角落里诅咒命运，又或者每日"只为吃米而活着"，尽做些无益之事，消遣有生之涯，他们就像被剪掉鼠须的小白鼠，无限夸大了自己所遭遇的逆境，认为横亘在面前的是厄运的海洋，"无论如何是游不出去的"。对处境感到无比绝望的他们放弃了进行最后一搏的信念，松开了不该亦不能松开的手，任满腔的理想、抱负、雄心壮志全部淹死在很浅很窄，根本就不足以伤害到自己的"水池"里……

一个人无论遭遇怎样的逆境和厄运，一定不能绝望，轻易

"淹死"自己的理想。要知道在这个世界上，没有绝望的处境，只有对处境感到绝望的人。

从灰姑娘到万人迷

她是个遭人嫌弃的女孩，母亲被关进了精神病院。而她，也可能慢慢成为和母亲一样的人。她不得不住进孤儿院，然后被安置在某一个家庭里。

只要接纳她，这个家庭每周就可以得到5美元。大部分家庭都有自己的孩子，他们永远排在第一位，穿着五彩缤纷的衣服，拥有很多玩具。

她的衣服一成不变，包括一件褪色的蓝色衣裙与一件白色的男士衬衣。

每个周六晚上，全家人都要用一个澡盆洗澡，而换水是奢侈的，她永远是最后一个去洗澡的人。她的麻烦不断，那些孩子总是诬陷她是一个小偷。

她的世界里没有亲吻，也没有希望。在这样的窘境里，她总是通过幻想来取悦自己。她幻想所有人都为她的美貌倾倒；幻想

自己出入某个豪华酒店，所有人走进就餐大厅时，都会大声赞美她。靠着内心的坚强，她长大，结婚，当电影演员并成为明星。

1999年，她被美国电影学会选为百年来最伟大的女演员之一，她的名字叫玛丽莲·梦露。

那些励志的榜样，其实就是生活中的路人甲。不管你有没有醒悟并且开始执行，那些相信时间力量的人，已经在路上了。与其抱怨自卑，不如把别人的精神拿来激励自己。我相信天赋的力量，更相信天赋背后的坚持。

编 者 寄 语

无论身处任何逆境你都不要放弃希望，一定要相信时间的力量，相信自己的双手可以改变一切，相信自己在逆境中的坚持是有意义的，相信自己在不远的将来会获得想要的一切。

结束语

　　坚持，天下事没了坚持什么都无法做成。就像果戈理所言：您得相信，有志者事竟成，只有当勉为其难地一步步向它走去的时候，才必须勉为其难地一步步走下去，才必须勉为其难地去达到它。

　　人人都说坚持，人人都云坚持，可是生活中真正能够坚持的人少之又少，成功者也是凤毛麟角。平庸之人不要羡慕成功者优越的物质生活和社会地位，因为他们的所得和自己的付出是成正比的。拥有一颗坚韧不拔之心，才能成就青云之志，才能活出自己想要的样子。